21世纪高等学校网络空间安全专业系列教材

计算机网络安全技术原理与实验

◎ 唐灯平 编著

清華大學出版社

北京

内 容 简 介

本书培养学生理论和实践相结合的能力，实践验证理论，理论促进实践。主要内容包括计算机网络安全技术相关概念，主要网络安全防护技术及防护设备，计算机病毒相关概念、工作原理以及分类，密码学相关知识及与密码学相关的散列函数、消息摘要、数字签名、数字证书及公钥基础设施，相关认证技术中的消息认证和身份认证，系统安全、防火墙技术、入侵检测和入侵防御技术以及 VPN 技术等网络安全知识。

本书共 11 章，第 1 章讲解计算机网络安全相关概念、主要威胁、体系结构等；第 2 章讲解网络安全防护技术及防护设备；第 3 章讲解计算机病毒的相关概念、特征、工作原理及分类等；第 4 章讲解密码学相关知识；第 5 章讲解散列函数、消息摘要以及数字签名；第 6 章讲解相关认证技术，包括消息认证以及身份认证；第 7 章讲解数字证书与公钥基础设施；第 8 章讲解常见的系统安全，包括操作系统、数据库系统安全；第 9 章讲解防火墙，包括相关概念、相关技术、分类以及部署模式等；第 10 章讲解入侵检测及入侵防御技术；第 11 章讲解 VPN 技术。

本书适合作为高等院校计算机科学与技术、网络工程、物联网工程专业高年级专科生或应用型本科生教材，同时可供企事业单位的网络管理人员、广大科技工作者和研究人员参考。

本书封面贴有清华大学出版社防伪标签，无标签者不得销售。
版权所有，侵权必究。举报：010-62782989，beiqinquan@tup.tsinghua.edu.cn。

图书在版编目(CIP)数据

计算机网络安全技术原理与实验/唐灯平编著. —北京：清华大学出版社，2023.3
21 世纪高等学校网络空间安全专业系列教材
ISBN 978-7-302-62592-6

Ⅰ. ①计…　Ⅱ. ①唐…　Ⅲ. ①计算机网络－网络安全－高等学校－教材　Ⅳ. ①TP393.08

中国国家版本馆 CIP 数据核字(2023)第 017734 号

责任编辑：张　玥
封面设计：刘　键
责任校对：申晓焕
责任印制：丛怀宇

出版发行：清华大学出版社
网　　址：http://www.tup.com.cn，http://www.wqbook.com
地　　址：北京清华大学学研大厦 A 座　　**邮　　编**：100084
社 总 机：010-83470000　　**邮　　购**：010-62786544
投稿与读者服务：010-62776969，c-service@tup.tsinghua.edu.cn
质量反馈：010-62772015，zhiliang@tup.tsinghua.edu.cn
课件下载：http://www.tup.com.cn，010-83470236
印 装 者：三河市龙大印装有限公司
经　　销：全国新华书店
开　　本：185mm×260mm　　**印　　张**：25　　**字　　数**：578 千字
版　　次：2023 年 3 月第 1 版　　**印　　次**：2023 年 3 月第1 次印刷
定　　价：79.80 元

产品编号：099235-01

前言

为主动应对新一轮科技革命与产业变革，支撑服务创新驱动发展、“中国制造2025”等一系列国家战略，2017年2月以来，教育部积极推进新工科建设，先后形成了“复旦共识”“天大行动”和“北京指南”，并发布了《关于开展新工科研究与实践的通知》《关于推进新工科研究与实践项目的通知》，全力探索形成领跑全球工程教育的中国模式、中国经验，助力高等教育强国建设。

新工科建设要求创新工程教育的方式与手段，落实以学生为中心的理念，增强师生互动，改革教学方法和考核方式，形成以学习者为中心的工程教育模式。推进信息技术和教育教学深度融合，充分利用虚拟仿真等技术创新工程实践教学方式。

本书以此为指导思想编写，培养学生理论和实践相结合的能力，实践验证理论，理论促进实践。主要内容包括作为理论基础的计算机网络安全相关概念。计算机网络安全防护的相关技术及设备。作为计算机网络安全重要概念的计算机病毒。作为计算机网络安全基础的数据加密技术，包括密码学的概念、古典密码体制、对称密码体制以及公钥密码体制。进一步介绍散列函数、消息摘要和数字签名技术。作为计算机网络安全的认证技术部分包括消息认证以及身份认证技术、数字证书与公钥基础设施。作为计算机网络安全重要内容的常见的系统安全，包括DOS操作系统、Windows操作系统、Linux操作系统以及数据库系统的安全。作为计算机网络安全重要应用的防火墙技术、入侵检测技术、入侵防御技术以及VPN技术。所有实践项目都可以通过搭建虚拟仿真环境实现。本书适合作为高等院校计算机科学与技术、网络工程、物联网工程专业高年级专科生或应用型本科生教材，也可供相关人员参考。

本书共分11章，第1章主要讲解计算机网络安全的基础知识；第2章介绍计算机网络安全防护技术及防护设备；第3章讲解计算机病毒的相关知识；第4章主要讲解数据加密技术；包括密码学的概念、古典密码体制、对称密码体制以及公钥密码体制等；第5章主要讲解散列函数、消息摘要和数字签名技术；第6章主要讲解认证技术，包括消息认证以及身份认证技术；第7章讲解数字证书与公钥基础设施；第8章讲解常见的系统安全，包括DOS操作系统、Windows操作系统、Linux操作系统以及数据库系统的安全；第9章讲解防火墙技术；第10章讲解入侵检测及入侵防御技术；第11章讲解VPN

技术。

本书编写过程中考虑以下几点：

(1) 针对应用型本科和专科院校学生的特点，既加强理论知识的讲解，又注重实践能力的培养。

(2) 通过设计容易实现的仿真实验项目，将实验带入课堂，趁热打铁提高学生的学习兴趣。在讲解理论知识的同时在课堂上进行实验的验证。详细设计每个实践项目，使其容易在课堂上实现。避免全理论或全实践的枯燥授课过程。

(3) 理论和实践统一安排，将实践穿插于理论中，不另外统一放置。让学生感觉很连贯，形成一个整体。理论和实践相辅相成，互相促进提升学生的学习兴趣。

本书由唐灯平编著。在编写过程中，编者通过搜索引擎查阅了大量资料，也吸取了国内外教材的精髓，对这些作者的贡献表示由衷的感谢。同时听取了苏州大学计算机科学技术学院各位同仁的意见和建议，并得到了苏州城市学院领导的鼓励和帮助，还得到了清华大学出版社张玥编辑的大力支持，在此表示诚挚的感谢。

由于作者水平有限，书中难免有不妥和疏漏之处，恳请各位专家、同仁和读者批评指正，并与笔者讨论。

作　者

2022年8月

目 录

第1章 计算机网络安全概述

本章学习目标

- 掌握计算机网络安全与信息安全的概念
- 了解计算机网络安全与信息安全的关系
- 掌握计算机网络安全面临的主要威胁
- 掌握计算机网络安全体系结构
- 了解计算机网络安全存在的必然性
- 了解我国计算机网络安全的现状
- 了解黑客常见的计算机网络攻击过程
- 掌握基本的计算机网络安全实验环境搭建过程
- 掌握在计算机网络安全实验环境下利用 Wireshark 抓取 FTP 登录的用户名和密码以及利用 pcAnywhere 实现远程控制两个实验

1.1 计算机网络安全

计算机网络安全(computer network security)与信息安全(information security)容易混淆,它们既有联系又有区别,有必要对它们进行深入理解。

1.1.1 信息安全的概念

信息安全概念的出现远远早于计算机的诞生,但随着计算机的发明,尤其是计算机网络出现以后,信息安全变得更加复杂、更加"隐形"。现代信息安全区别于传统意义上的信息介质安全,是专指电子信息的安全。

从学科和技术的角度来说,信息安全是一门综合性学科。它的研究范围很广,包括信息人员的安全性、信息管理的安全性、信息设施的安全性、信息本身的保密性、信息传输的完整性、信息的不可否认性、信息的可控性以及信息的可用性等。综合起来说,就是保障电子信息的"有效性"。随着计算机应用范围的逐渐扩大以及信息内涵的不断丰富,信息安全涉及的领域和内涵也越来越广。

1. 信息安全的定义

目前信息安全常见的定义如下。

(1) 美国联邦政府的定义:信息安全是保护信息系统免受意外或故意的非授权泄露、传递、修改或破坏。

(2) 国际标准化组织(international organization for standardization,ISO)的定义：信息安全是为数据处理系统建立和采取的技术和管理的安全保护,保护计算机硬件、软件和数据不因偶然和恶意的原因而遭到破坏、更改和泄露。

(3) 我国信息安全国家重点实验室的定义：信息安全涉及信息的保密性、可用性、完整性和可控性,就是要保障电子信息的有效性。

2. 信息安全的三要素 CIA

信息安全的三要素是指：机密性(confidentiality)、完整性(integrity)以及可用性(availability),通常简称为 CIA,它是信息安全的三大基石。

(1) 机密性：确保信息在存储、使用、传输过程中不会泄露给非授权用户或实体。

(2) 完整性：确保信息在存储、使用、传输过程中不会被非授权用户或实体篡改,同时防止授权用户或实体不恰当地修改信息,确保信息未经授权不能改变。

(3) 可用性：确保授权用户或实体对信息及资源的正常使用不会被异常拒绝,允许其可靠、及时地访问信息及资源。

信息安全的三要素是信息安全的目标,也是基本原则。

1.1.2 计算机网络安全的概念

计算机网络安全的概念可以从狭义和广义两方面分析。从狭义来说,计算机网络安全涉及计算机网络系统的硬件、软件及其系统中的数据受到保护,不因偶然或者恶意的原因而遭受到破坏、更改以及泄露。确保计算机网络系统连续、可靠、正常地运行而不中断。计算机网络安全,从本质上来讲就是计算机网络上的信息安全。从广义来说,凡是涉及计算机网络上信息的保密性、完整性、可用性、不可否认性和可控性的相关技术和理论都是计算机网络安全的研究领域。所以,广义的计算机网络安全还包括网络设备的物理安全性,如场地的环境保护、防火措施、防静电措施、防火防潮措施、电源保护措施、空调设备保护措施以及防止计算机辐射等。

计算机网络安全是一门涉及计算机科学、网络技术、通信技术、密码技术、信息安全技术、应用数学、数论和信息论等多学科的综合性学科。它包括两方面的内容：一是网络系统安全;二是网络信息安全,而保护网络信息安全是最终目的。

计算机网络安全的具体含义同时也会随着不同"角度"的变化而变化。从用户(个人、企业)的角度来说,希望涉及个人隐私或商业利益的信息在网络上传输时受到机密性、完整性和不可否认性的保护,避免其他人或对手利用窃听、冒充、篡改和抵赖等手段侵犯,即用户的利益和隐私不被非法窃取和破坏。

从计算机网络运行和管理者角度来说,希望其网络的访问、读写等操作受到保护和控制,避免出现后门、病毒、非法存取、拒绝服务以及资源被非法占用、非法控制等威胁。最终达到制止和防御黑客攻击的目的。

对安全保密部门来说,希望对非法的、有害的或涉及国家机密的信息进行过滤,防止机要信息泄露,对社会产生危害,给国家造成损失。

从社会教育和意识形态角度来讲,网络上不健康的内容会对社会的稳定和人类的发展造成阻碍,必须对其进行控制。

1.1.3　计算机网络安全与信息安全的关系

信息安全包含的范围广，包括防范商业企业机密泄露，防范青少年对不良信息的浏览，防范个人信息的泄露等。计算机网络环境下的信息安全体系是保证信息安全的关键，包括计算机的操作系统安全，各种安全协议，安全机制（数字签名、消息认证、数据加密等），只要存在安全漏洞，便可以威胁全局安全。

从历史的角度看，信息安全早于计算机网络安全。随着信息化的深入，信息安全和计算机网络安全内涵不断丰富。信息安全随着计算机网络的发展具有新的目标和要求，计算机网络安全技术在此过程中也得到不断创新和发展。

从两者的定义可看出，无论是狭义的计算机网络安全，还是广义的计算机网络安全，都是信息安全的子集。

1.1.4　计算机网络安全的防护原则

计算机网络安全工作的防护原则为：进不来、拿不走、看不懂、改不了以及跑不掉，如图 1.1 所示。具体解释如下：

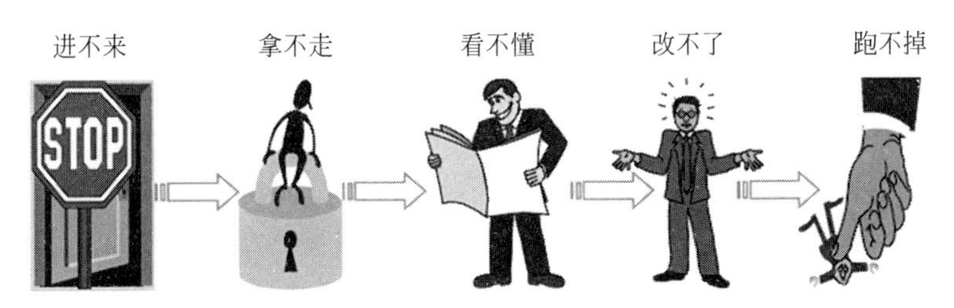

图 1.1　计算机网络安全工作的防护原则

(1) 进不来：这是计算机网络安全工作的第一级防护工作目标，即通过在网络边界架设防火墙等硬件设备，配置各种安全策略来阻断非法访问，它是发生在网络边界的安全工作。

(2) 拿不走：这是对进不来的第二级防护工作目标。它是在黑客突破第一道防护措施的情况下所采取的第二道防护措施。该防护工作的目标是确保黑客进入系统后什么也拿不走，主要涉及对数据库、重要文件等信息的保护。

(3) 看不懂：这是第三级安全防护的工作目标。即使黑客突破了信息，也看不懂。主要通过数据加密技术来解决，包括数据库加密、文档加密等，保证信息的保密性。

(4) 改不了：这是第四级安全防护工作目标。即使黑客看到了数据也改不了，保证信息的完整性。

(5) 跑不掉：这是第五级安全防护工作，即当黑客得逞后，可以通过记录行为信息等相关技术手段来追踪到黑客。

1.2 计算机网络安全面临的主要威胁

计算机网络安全面临的主要威胁包括计算机网络实体威胁以及计算机网络系统威胁。实体是指计算机网络中涉及的关键设备,具体包括各类计算机(服务器、工作站等),网络通信设备(路由器、交换机、集线器、调制解调器等),存放数据的媒体(磁盘、U盘、移动硬盘、光盘等),传输线路,供配电系统,防雷系统和抗电磁干扰系统等。计算机网络系统的威胁主要表现在网络中的敏感数据有可能泄露或被修改以及从内部网向公众网传送的信息可能被他人窃听或篡改等。

计算机网络安全面临的主要威胁表现在以下几方面。

1. 来自自然灾害的威胁

常见的自然灾害有风、雨、雷、电等,计算机网络系统作为一种以电为能源的系统,组成该系统的硬件设备有可能受到自然灾害的影响而导致信息丢失。

2. 由于操作失误造成的损失

计算机网络系统的操作者由于操作失误造成信息泄露,从而导致计算机网络不安全现象产生。计算机网络世界是虚拟的,攻击者利用一些诈骗手段对用户进行欺骗,造成用户操作失误,导致信息泄露,造成经济上的损失。

3. 来自黑客的恶意攻击

除了自然灾害和用户操作失误引发的计算机网络安全隐患外,黑客的恶意攻击也是引发计算机网络安全隐患的重要原因之一。黑客攻击有两种方式:一种是主动攻击,以破坏计算机网络用户的信息为主要目的,主动对计算机网络用户发起攻击;另一种是被动攻击,攻击者主要是为了盗取计算机用户的信息,而不会破坏计算机的正常工作。

4. 来自计算机恶意程序的破坏

计算机恶意程序往往被黑客夹杂在所设计的程序当中,很难被发现。计算机恶意程序一旦成功入侵计算机,会破坏计算机系统正常运行,甚至引发计算机网络安全。

1.3 计算机网络安全体系结构

计算机网络安全涉及立法、技术、管理等诸多方面,包括网络信息系统本身的安全问题,即计算机网络实体威胁,以及信息、数据的安全问题,即计算机网络系统威胁。计算机网络安全保障体系就是从实体安全、平台安全、数据安全、通信安全、应用安全、运行安全以及管理安全等层面上进行综合分析和管理。计算机网络安全保障体系总体架构如图1.2所示,下面分别介绍。

(1) 实体安全:包含机房安全、设施安全、动力安全等方面。机房安全涉及机房的温度、湿度、电磁、噪声、防尘、防静电等环境安全,以及门禁、围墙等防盗安全;设施安全包括通信设备可靠性、通信线路安全性、辐射控制与防泄漏等;动力安全主要涉及电源的保障。实体安全防护的目标是防止攻击者通过破坏业务系统的外部物理特性达到使系统停止服务的目的,或防止攻击者通过物理接触方式对系统进行入侵。

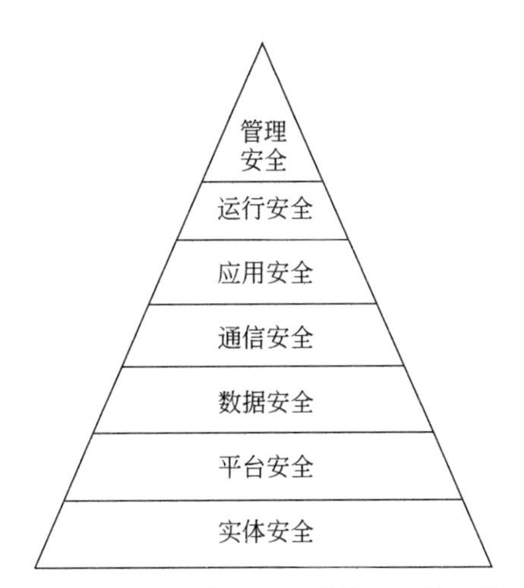

图1.2 计算机网络安全保障体系总体架构图

(2) 平台安全：包括操作系统漏洞检测与修复，网络基础设施(路由器、交换机、防火墙等)漏洞检测与修复，通用基础应用程序漏洞检测与修复，网络安全产品部署，整体网络系统平台安全综合测试以及模拟入侵与安全优化。

(3) 数据安全：包括介质与载体安全保护，数据访问控制(如系统数据访问控制检查、标识与鉴别等)，数据完整性，数据可用性，数据监控和审计以及数据存储与备份安全。

(4) 通信安全：包括通信及线路安全。为保障系统之间通信的安全，采取的措施有：通信线路和网络基础设施安全性测试与优化，安装网络加密设施，设置通信加密软件，设置身份鉴别机制，设置并测试安全通道以及测试各项网络协议运行漏洞等。

(5) 应用安全：包括业务软件的程序安全性测试，业务交往的防抵赖，业务资源的访问控制验证，业务实体的身份鉴别检测，业务现场的备份与恢复机制检查，业务数据的唯一性、一致性、防冲突检测，业务数据的保密性，业务系统的可靠性以及业务系统的可用性。

(6) 运行安全：以网络安全系统工程方法论为依据，为运行安全提供的实施措施有：应急处置机制和配套服务、网络系统安全性监测、网络安全产品运行监测、定期检查和评估、系统升级和补丁提供、跟踪最新安全漏洞及通报、灾难恢复机制与预防、系统改造管理、网络安全专业技术咨询服务。

(7) 管理安全：管理是网络安全的重要手段，为管理安全设置的机制有人员管理、培训管理、应用系统管理、软件管理、设备管理、文档管理、数据管理、操作管理、运行管理、机房管理。通过实施管理安全，为以上各个方面建立安全策略，形成安全制度，并通过培训和促进措施保障各项管理制度落到实处。

1.4 计算机网络安全存在的必然性

计算机网络安全存在的必然性主要从内因、外因以及暗网3方面进行探讨。

1.4.1 内因方面

由于计算机网络系统本身就是一个人机系统，系统生命周期的每一个过程都离不开人的参与，而由于存在人的技术和管理能力的有限性以及自然环境的不可控性，计算机网络系统不可避免存在一定的脆弱性，它是计算机网络安全风险生成的内在因素。计算机网络安全存在的必然性的内因主要有互联网的安全问题、操作系统的安全问题、数据的安全问题、传输线路的安全问题以及网络安全管理问题等几方面。

1. 互联网的安全问题

互联网具有不安全性。它的设计最初主要是为了实现网络互联互通和资源共享，以用于科研和学术研究目的，并不考虑安全性。因此，它的技术基础存在不安全性。互联网是对全世界所有国家开放的网络，任何团体或个人都可以在互联网上方便地传送和获取各类信息。开放性、国际性和自由性是互联网的基本特点，这就对安全提出了更高的要求。

(1) 开放性的网络：互联网的技术是全开放的，使得互联网所面临的破坏和攻击来自多方面。

(2) 国际性的网络：意味着网络的攻击不仅仅来自本地网络的用户，还来自互联网上的任何一个节点。也就是说，计算机网络安全面临的是一个国际化的挑战。

(3) 自由性的网络：互联网设计之初，对用户的使用并没有提供任何的技术约束。用户可以自由地访问网络，自由地使用和发布各种类型的信息。

另外，互联网采用的网络协议为传输控制协议/网际协议(transmission control protocol/internet protocol，TCP/IP)，而TCP/IP本身存在安全漏洞。TCP/IP是建立在可信环境之下的，网络互联缺乏对安全方面的考虑。互联网技术屏蔽了底层网络硬件细节，使得异构网络之间可以互相通信，这就给“黑客”攻击网络提供了便利。由于大量重要的应用程序都以TCP作为运输层协议，因此TCP的安全性问题会给网络带来严重的后果。网络的开放性使得TCP/IP完全公开，这给攻击者远程攻击网络提供了便利。

2. 操作系统的安全问题

操作系统设计时的疏忽或考虑不周而留下的“破绽”导致操作系统软件自身的不安全，这给危害网络安全的攻击者留下“后门”。

操作系统体系结构的不安全是计算机系统存在隐患的根本原因之一。操作系统的程序是可以动态链接的。例如，I/O的驱动程序和系统服务可以通过打“补丁”的方式进行动态链接。许多UNIX操作系统的版本升级、开发也都是采用打补丁的方式进行。这种动态链接的方法容易被黑客利用，还为计算机病毒的产生创造环境。另外，操作系统的一些功能也带来安全隐患。例如，支持在网络上传输可执行文件映像，以及网络加载程序的功能等。

操作系统不安全的另一个原因在于它可以创建进程，支持进程的远程创建与激活，这些机制提供了在远端服务器上安装“间谍”软件的条件。若将间谍软件以打补丁的方式“打”在一个合法的用户上，尤其是“打”在一个特权用户上，黑客或间谍软件就可以使系统进程与作业的监视程序都监测不到它的存在。

另外，操作系统的无口令入口，以及隐蔽通道（当初是为系统开发人员提供的便捷入口），也都成为黑客入侵的通道。

3. 数据的安全问题

在网络中，数据存放在数据库中，供不同的用户共享。然而，数据库存在许多不安全性，例如，授权用户超出了访问权限，从而对数据进行更改的活动；非法用户绕过安全内核，窃取信息资源等。对于数据库的安全而言，要保证数据的安全可靠和正确有效，即确保数据的安全性、完整性和并发控制。数据的安全性就是防止数据库被故意破坏和非法存取；数据的完整性是防止数据库中存在不符合语义的数据，以及防止由于错误信息的输入、输出而造成的无效操作和错误结果；并发控制就是在多个用户程序并行地存取数据库时，保证数据库的一致性。

4. 传输线路的安全问题

从安全的角度来说，没有绝对安全的通信线路。尽管在光缆、同轴电缆、微波或卫星通信中窃听信息是很困难的，但是从安全的角度来说，没有绝对安全的通信线路。

5. 网络安全管理问题

网络系统缺少安全管理人员，缺少安全管理的技术规范，缺少定期的安全测试与检查以及缺少安全监控。网络安全管理问题是网络最大的安全问题之一。

6. 硬件的安全问题

硬件的安全问题也是计算机网络安全存在隐患的因素，而硬件安全问题往往不被人们所重视。2017 年 11 月下旬，英特尔公司宣布在其出售的英特尔处理器（包括第 8 代核心处理器系列）上发现了多个严重的安全漏洞（bug）。而这些安全漏洞主要集中在英特尔芯片的“管理引擎”功能上。该芯片级漏洞将允许黑客加载和运行未经授权的程序，破坏系统或者冒充系统安全检查。

1.4.2 外因方面

计算机网络安全存在的必然性的外因方面主要表现在对手的威胁与破坏，下面分别从基本威胁以及主要可实现的威胁两个阶段进行分析。

1. 基本威胁

基本威胁包括信息泄露、完整性破坏、拒绝服务以及非法使用 4 方面。

（1）信息泄露：信息被泄露或透露给某个非授权的人或实体。这种威胁来自诸如窃听、搭线或其他更加错综复杂的信息探测攻击。

（2）完整性破坏：数据的一致性通过非授权的增删、修改或破坏而受到损坏。

（3）拒绝服务：对信息或资源的访问被无条件地阻止。这可能由以下攻击所致：攻击者通过对系统进行非法的、根本无法成功的访问尝试使系统产生过量的负荷，从而导致系统的资源在合法用户看来是不可使用的。拒绝服务也可能是因为系统在物理上或逻辑上受到破坏而中断服务。

（4）非法使用：某一资源被某个非授权的人或以某种非授权的方式使用。例如，侵入某个计算机系统的攻击者会利用此系统作为入侵其他系统的“桥头堡”。

2. 主要的可实现威胁

在安全威胁中，主要的可实现威胁应该引起高度关注，这类威胁一旦成功实施，就会直接导致其他任何威胁的实施。主要的可实现威胁包括渗入威胁和植入威胁。

渗入威胁主要有以下几种。

(1) 假冒：某个实体(人或系统)假装成另外一个不同的实体。这是突破某一安全防线最常用的方法。非授权的实体提示某个防线的守卫者，使其相信它是一个合法实体，此后便获取了此合法用户的权利和特权。黑客大多采取这种假冒攻击方式来实施攻击。

(2) 旁路控制：为了获得非授权的权利和特权，某个攻击者会发掘系统的缺陷和安全漏洞。如攻击者通过各种手段发现原本应保密但又暴露出来的一些系统"特征"。攻击者可以绕过防线守卫者侵入系统内部。

(3) 授权侵权：一个授权以特定目的使用某个系统或资源的人，却将其权限用于其他非授权的目的。这种攻击的发起者往往属于系统内某个合法的用户，因此这种攻击往往属于"内部攻击"。

植入类型的威胁主要有以下几种。

(1) 特洛伊木马：该名称来源于古希腊和特洛伊之间的一场战争。古希腊传说中称，特洛伊王子帕里斯访问希腊，诱走了希腊王后海伦，希腊人因此远征特洛伊。9 年间，围城久攻不下，到第 10 年，希腊将领奥德修斯献了一计，把大批勇士埋伏在一匹巨大的木马腹内，将其放在城外后，佯作退兵，特洛伊人以为敌兵已退，就把木马作为战利品搬入城中。到了夜间，埋伏在木马中的勇士跳出来，打开城门，最终希腊将士内应外合攻下了城池。后来用"特洛伊木马"来指寄宿在计算机里的一种非授权的远程控制程序，该程序能够在计算机管理员未发觉的情况下开放系统权限，泄露用户信息，甚至窃取整个计算机管理权限。例如，一个表面上具有合法目的的应用程序软件，如文本编辑软件，它还具有一个暗藏的目的，就是将用户的文件复制到一个隐藏的秘密文件中，这种应用程序就被植入特洛伊木马，此后，植入特洛伊木马的攻击者就可以阅读到该用户的文件。

(2) 陷门：在某个系统或其部件中设置"机关"，允许攻击者利用该"机关"，通过违反安全策略进入该系统。如在一个用户登录子系统上设有陷门，当攻击者输入一个特别的用户身份信息时，就可以绕过常规的检测口令。

另外，黑客入门的门槛较低，原因是前辈已经开发出大量的黑客工具，只要学会使用这些工具即可成为黑客。再加上网民数量剧增，导致黑客数量也剧增。

1.4.3 暗网的存在

暗网(不可见网、隐藏网)是指那些储存在网络数据库里，不能通过超链接访问而需要通过动态网页技术访问的资源集合，该网络不能被标准搜索引擎索引。

迈克尔·伯格曼将当今互联网上的搜索服务比喻为像在地球的海洋表面拉起一个大网的搜索，大量的表面信息固然可以通过这种方式查找得到，但是有一些信息由于隐藏在深处而被搜索引擎错失掉。这些隐藏的信息绝大部分是通过动态请求产生的网页信息，传统的搜索引擎"看"不到存在于暗网的内容，除非通过特定的方式搜查这些页面。相对地，暗网也就隐藏了起来。

第一次使用“暗网”这一特定术语是在2001年伯格曼的研究当中。“暗网”并不是真正的“不可见”，对于知道如何访问这些内容的人来说，它们是可见的。对于这些隐藏的互联网信息，人们通常通过特殊的浏览器，如 TorI2P、Freenet 进行访问。

暗网技术最早源于美国军事技术，它是在20世纪90年代中期由美国海军研究实验室的员工数学家保罗·塞维利亚森以及两位计算机科学家麦可·里德和大卫·戈尔德施拉格为保护美国情报通信而开发的软件。暗网技术和洋葱路由(the onion router，TOR)起初研发的意义是用于军事。

暗网因其与生俱来的隐匿特性，被不法分子运用于网络犯罪。从个人行为的网络黑客窃密到数字货币交易，都依托暗网的隐匿服务，因此暗网的存在对保护网络安全提出了严峻的挑战。暗网因其巨大的危害性被列为新型网络安全威胁之一。

1.5　典型计算机网络安全事件及危害分析

1.5.1　典型的计算机网络安全事件

1. 历史上一些计算机网络安全事件

历史上发生过多起计算机网络安全事件，下面介绍一些具有代表性的计算机网络安全事件。

1983年，凯文·米特尼克因被发现使用一台大学里的计算机擅自进入 ARPA 网(互联网的前身)，并通过该网进入美国五角大楼的计算机，而被判在加州的青年管教所管教6个月。

1988年，凯文·米特尼克被执法当局逮捕，原因是 DEC 指控他从该公司网络上盗取了价值100万美元的软件，并造成400万美元的损失。

1995年，来自俄罗斯的黑客“弗拉季米尔·列宁”在互联网上上演了精彩的偷天换日，他是历史上第一个通过入侵银行计算机系统来获利的黑客，1995年，他侵入美国花旗银行，并盗走1000万美元，之后他把账户里的钱转移至美国、芬兰、荷兰、德国、爱尔兰等地。

1999年，梅丽莎病毒使世界上300多家公司的计算机系统崩溃，该病毒造成的损失接近4亿美元。它是首个具有全球破坏力的病毒，为此该病毒的编写者戴维·史密斯被判处5年徒刑。

2000年2月6—14日情人节期间，绰号为“黑手党”、年仅15岁的男孩成功侵入包括雅虎(Yahoo)、易贝(eBay)和亚马逊(Amazon)在内的大型网站服务器，成功阻止服务器向用户提供服务，该黑客当年被逮捕。

2001年中美撞机事件发生后，中美黑客大战愈演愈烈。美国黑客组织 PoizonBOx 不断袭击中国网站，我国网络安全人员积极防备美方黑客的攻击。中国一些黑客组织在“五一”期间打响了“黑客反击战”。

2002年，英国著名黑客加里·麦金农被指控侵入美国军方90多个计算机系统，造成约140万美元的损失，美方称此案为史上“最大规模入侵军方网络事件”。

2007 年，俄罗斯黑客成功劫持 Windows update 下载服务器。

2008 年，一个全球性的黑客组织利用 ATM 欺诈程序，在一夜之间从世界 49 个城市的银行中盗走了 900 万美元。最关键的是，目前美国联邦调查局（federal bureau of investigation，FBI）还没破案，甚至据说连一个嫌疑人还没找到。

2009 年 7 月 7 日，韩国总统府、国会、国情院和国防部等国家机关以及金融界、媒体和防火墙企业网站遭到黑客攻击，网站一度无法打开。2009 年 7 月 9 日，韩国国家情报院和国民银行网站无法访问。

2. 影响较大的计算机网络安全事件

1）棱镜计划

棱镜计划是一项由美国国家安全局（national security agency，NSA）自 2007 年起开始实施的绝密电子监听计划，该计划的正式名号为 US-984XN。英国《卫报》和美国《华盛顿邮报》2013 年 6 月 6 日报道，美国国家安全局和联邦调查局于 2007 年启动了一个代号为“棱镜”的秘密监控项目，直接进入美国网际网络公司的中心服务器里挖掘数据、收集情报，包括微软、雅虎、谷歌、苹果等在内的多家国际网络巨头皆参与其中。

该计划能够对即时通信和既存资料进行深度的监听。许可的监听对象包括任何在美国以外地区使用参与计划公司服务的客户，或是任何与国外人士通信的美国公民。

2013 年 6 月，美国中情局前职员爱德华·斯诺登揭露了美国的棱镜计划。根据斯诺登披露的文件，美国国家安全局可以接触到大量个人聊天日志、存储的数据、语音通信、文件传输以及个人社交网络数据。美国政府证实，确实要求美国公司威瑞森公司提供数百万私人电话记录，其中包括个人电话的时长、通话地点、通话双方的电话号码。

美国前总统奥巴马事后回应媒体时称“你不能在拥有 100％安全的情况下同时拥有 100％隐私、100％便利。”美国官员在辩解时都会解释道“阻止恐怖主义高于保护隐私权”。

2013 年 10 月 23 日，德国政府得到情报，说总理的手机可能被美国情报机关监听。德方质询美方，要求美方立即全面地给予澄清，并警告美国此举会损害两国互信。同一天，意大利总理当面要求美国国务卿解释美国监控意大利公民的问题。而前一天，墨西哥外长表示，美对墨西哥总统进行的这种间谍行为违反了基本原则，践踏了双边伙伴国家间的互信！法国外交部也就有关美国国家安全局在法国境内进行监听的报道紧急召见了美国驻法大使。

斯诺登说：“我愿意牺牲一切的原因是，良心无法允许美国政府侵犯全球民众隐私和互联网自由……我的唯一动机是告知公众美国政府以保护他们的名义所做的事。”

2）震网病毒

震网病毒又名 Stuxnet 病毒，是一个席卷全球工业界的病毒。震网病毒于 2010 年 6 月首次被检测出来，是第一个专门定向攻击真实世界中基础（能源）设施的“蠕虫”病毒，例如核电站、水坝、国家电网等。

作为世界上首个网络“超级破坏性武器”，震网病毒感染了全球超过 45000 个网络，伊朗遭到的攻击最为严重，60％的个人计算机感染了这种病毒。该病毒是“蠕虫”病毒，它能自我复制，并将副本通过网络传输，任何一台个人计算机只要与染毒计算机相连，就会被感染。

震网病毒利用了微软视窗操作系统之前未被发现的4个漏洞。通常意义上的犯罪性黑客会利用这些漏洞盗取银行和信用卡信息来获取非法收入。而震网病毒不像一些恶意软件那样可以赚钱，它需要花钱研制。这是专家们相信震网病毒出自情报部门的一个原因。

由于震网病毒感染的重灾区集中在伊朗境内，因此美国和以色列被怀疑是“震网”的发明人。这种新病毒采取了多种先进技术，因此具有极强的隐身能力和破坏力。只要计算机操作员将被病毒感染的U盘插入计算机的USB接口，这种病毒就会在神不知鬼不觉的情况下（不会有任何其他操作要求或者提示出现）取得一些工业用计算机系统的控制权。

3）美国前国务卿希拉里遭遇“邮件门”事件

希拉里任职美国国务卿期间，在没有事先通知国务院相关部门的情况下使用私人邮箱和服务器处理公务，并且其处理的未加密邮件中有上千封包含国家机密。同时，希拉里没有在离任前上交所有涉及公务的邮件记录，违反了国务院关于联邦信息记录保存的相关规定。2016年7月22日，在美国司法部宣布不指控希拉里之后，维基解密开始对外公布黑客攻破希拉里及其亲信的邮箱系统后获得的邮件，最终导致美国联邦调查局重启调查，由此民主党总统竞选人希拉里的支持率暴跌。

4）CSDN账号泄露事件

CSDN是国内开发者社区。2011年12月21日，有黑客在网上公开了CSDN网站用户数据库，包括600余万个明文的注册邮箱账号和密码。这些密码并未经过后台的再次加密处理，普通人只要下载就能看到账号信息，并可直接通过他人的账号登录。此事引起整个业界及数亿网民的关注。

由于大部分用户在多个网站注册时采用了相同账号，多家知名网站先后被卷入泄密风波，中国互联网史上最大的信息泄露事件由此爆发。CSDN在网上发表了致歉声明，称CSDN网站早期使用过明文密码，后来的程序员始终未对此进行处理。2009年4月，程序员修改了密码保存方式，将明文密码改成了密文密码。声明表示，CSDN账号数据库从2010年9月开始全部是安全的，9月之前的有可能不安全。

1.5.2　计算机网络安全造成的危害分析

信息网络化的特点既为信息资源的共享创造了条件，也为敌对国家的信息入侵提供了几乎不设防的“边境”。随着信息技术应用的深化，对现有的信息网络结构安全、数据安全和信息内容安全的威胁程度不断增加，信息已经和国家经济、政治、文化和国防紧密相连，计算机网络安全威胁的危害涉及多方面，下面通过一些案例来分析计算机网络安全威胁经济安全以及个人隐私安全两方面的问题。

1. 计算机网络安全严重威胁经济安全

以下分别从钓鱼网站、勒索病毒以及孟加拉国央行事件3方面分析计算机网络安全威胁经济安全。

1）钓鱼网站

网络钓鱼（phishing，与钓鱼的英语fishing发音相近，又名钓鱼法或钓鱼式攻击）是通过大量发送声称来自银行或其他知名机构的欺骗性垃圾邮件，意图引诱收信人给出敏感信息(如用户名、口令、账号、ATM PIN 码或信用卡详细信息)的一种攻击方式。

网络钓鱼并不是一种新的入侵方法,但是它的危害范围却在逐渐扩大。入侵者通过处心积虑的技术手段伪造出一些以假乱真的网站来诱惑受害者,当受害者根据指定方法操作——E-mail、在线填写信息等,就暴露了重要信息。钓鱼欺骗事件频频发生,给电子商务和网上银行业务蒙上阴影。

冒充银行网站是典型的钓鱼网站,从外观上看,钓鱼网站与真正的银行网站一样,用户以为是真正的银行网站而使用网络银行服务时,导致自己的账号及密码被窃取,从而蒙受损失。防止这类钓鱼网站的最好办法是记住银行的官方网站,尽量不要通过使用超链接的方式从其他网站链接进入银行网站。

2) 勒索病毒

2017 年 5 月 12 日,全球范围爆发针对 Windows 操作系统的勒索病毒感染事件。该勒索病毒利用此前美国国家安全局网络武器库泄露的 Windows SMB 服务漏洞进行攻击,受攻击文件被加密,用户需支付比特币才能取回文件,否则赎金翻倍或是文件被彻底删除。全球 100 多个国家数十万用户中招,国内多个行业的计算机系统均遭受不同程度的影响。

勒索病毒是一种新型计算机病毒,主要以邮件、木马程序特别是网页挂马的形式进行传播。该病毒性质恶劣、危害极大,一旦感染,将给用户带来无法估量的损失。这种病毒利用各种加密算法对文件进行加密,被感染者一般无法解密,必须拿到解密的私钥才有可能破解。

2018 年 3 月,国家互联网应急中心通过自主监测和样本交换形式,共发现 23 个锁屏勒索类恶意程序变种。该类病毒通过对用户手机锁屏勒索用户付费解锁,对用户财产和手机安全均造成严重威胁。

3) 孟加拉国央行事件

2016 年 2 月 5 日,孟加拉国央行被黑客攻击,导致 8100 万美元被窃取,攻击者通过网络攻击或者其他方式获得了孟加拉国央行环球银行间金融通信协会(society for worldwide interbank financial telecommunications,SWIFT)系统的操作权限,攻击者进一步向纽约联邦储备银行发送虚假的 SWIFT 转账指令。纽约联邦储备银行总共收到 35 笔、总价值 9.51 亿美元的转账要求,其中 8100 万美元被成功转走。

2. 计算机网络安全严重威胁个人隐私安全

下面分别从脸书事件、京东事件、顺丰事件、雅虎事件、徐玉玉事件、微软事件以及国内酒店事件分析计算机网络安全威胁个人隐私安全的问题。

1) 脸书事件

2018 年 3 月 16 日,脸书公司宣布暂时封杀两家裙带机构 SCL(strategic communication laboratories)和剑桥分析公司(Cambridge analytica)。理由是它们违反了公司在数据收集和保存上的政策。

2018 年 3 月 18 日,爆出剑桥分析公司对脸书公司的数据使用是“不道德的实验”。剑桥分析公司被指在未经用户同意的情况下,利用在脸书公司上获得的 5000 万用户的个人资料数据来创建档案,并在 2016 年总统大选期间针对这些选民进行定向宣传。

2018年3月19日，受到丑闻影响，脸书公司的股价应声大跌7%，市值缩水360多亿美元，扎克伯格也因此损失了60多亿美元的股票价值。

2）京东事件

2017年3月，京东与腾讯公司的安全团队联手协助公安部破获了一起特大窃取贩卖公民个人信息案，其主要犯罪嫌疑人乃京东内部员工。该员工2016年6月底才入职，尚处于试用期，即盗取涉及交通、物流、医疗、社交、银行等个人信息50亿条，通过各种方式在网络黑市贩卖。

3）顺丰事件

2016年8月26日，顺丰速递湖南分公司宋某被指控“侵犯公民个人信息罪”，在深圳市南山区人民法院受审。此前，顺丰速递出现过多次内部人员泄露客户信息事件，作案手法包括将个人掌握的公司网站账号及密码出售给他人；编写恶意程序批量下载客户信息；利用多个账号大批量查询客户信息；通过购买内部办公系统地址、账号及密码侵入系统盗取信息以及研发人员从数据库直接导出客户信息等。

4）雅虎事件

2016年9月22日，雅虎公司证实至少5亿用户的账户信息在2014年遭人窃取，内容涉及用户姓名、电子邮箱、电话号码、出生日期和部分登录密码。2016年12月14日，雅虎公司再次发布声明，宣布在2013年8月，未经授权的第三方盗取了超过10亿用户的账户信息。2013年和2014年这两起黑客袭击事件有着相似之处，即黑客攻破了雅虎用户账户保密算法，窃得用户密码。

5）徐玉玉事件

2016年8月，高考考生徐玉玉被电信诈骗者骗取学费9900元，发现被骗后突然心脏骤停，不幸离世。据警方调查，骗取徐玉玉学费的电信诈骗者的信息来自网上非法出售的高考个人信息，而其源头则是黑客利用安全漏洞侵入了“山东省2016高考网上报名信息系统”网站，下载了60多万条山东省高考考生数据，高考结束后开始在网上非法出售给电信诈骗者。

6）微软事件

法国数据保护机构警告微软公司Windows 10过度搜集用户数据。2016年7月，法国数据监管国家信息与自由委员会向微软公司发出警告函，指责微软公司利用Windows 10系统搜集了过多的用户数据，并且在未获得用户同意的情况下跟踪了用户的浏览行为。同时，微软公司并没有采取令人满意的措施来保证用户数据的安全性和保密性，没有遵守欧盟的“安全港”法规，因为它在未经用户允许的情况下就将用户数据保存到了用户所在国家之外的服务器上，并且在未经用户允许的情况下默认开启了很多数据追踪功能。

7）国内酒店事件

2013年10月，国内安全漏洞监测平台披露，为全国4500多家酒店提供数字客房服务商的浙江慧达驿站公司因为安全漏洞问题，使与其有合作关系的酒店的入住数据在网上泄露。数天后，一个名为“2000w开房数据”的文件出现在网上，其中包含2000万条在酒店开房的个人信息，这些信息的开房时间介于2010年下半年至2013年上半年，涉及姓名、身份证号、地址、手机号码等14个字段，其中包含大量用户个人隐私，引起全社会的广泛关注。

1.6 我国计算机网络安全现状

我国已成为网络大国，网络规模全球第一。中国互联网络信息中心负责开展中国互联网络发展状况等多项互联网统计调查工作，如图 1.3 所示。据第 48 次中国互联网发展状况统计报告显示，截至 2021 年 6 月，我国网民规模达 10.11 亿，互联网普及率达 71.6%，手机网民规模达 10.07 亿，我国网民使用手机上网的比例达 99.6%。

图 1.3 中国互联网络信息中心网站

1. 网民网络安全事件发生状况

1）网络安全问题

截至 2021 年 6 月，61.4%的网民表示过去半年在上网过程中未遭遇过网络安全问题。此外，遭遇个人信息泄露的网民比例最高，为 22.8%；遭遇网络诈骗的网民比例为 17.2%；遭遇设备中病毒或木马的网民比例为 9.4%；遭遇账号或密码被盗的网民比例为 8.6%。网民遭遇各类网络安全问题的比例如图 1.4 所示。

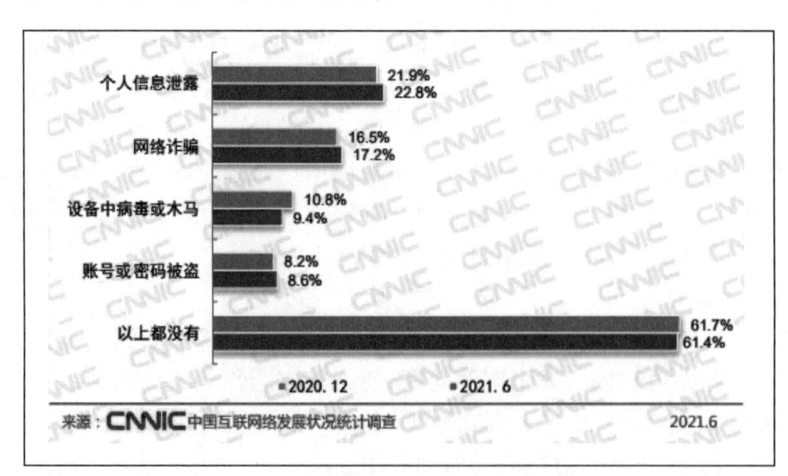

图 1.4 网民遭遇各类网络安全问题的比例

2）网络诈骗问题

网民遭遇各类网络诈骗问题的比例如图1.5所示。

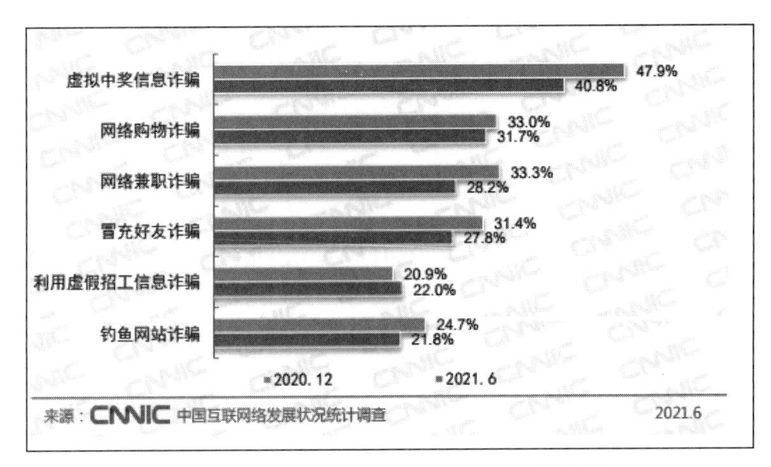

图1.5　网民遭遇各类网络诈骗问题的比例

2. 网络安全攻击和信息系统漏洞

1）分布式拒绝服务攻击数量

2021年上半年，中国电信、中国移动和中国联通公司总计检测发现分布式拒绝服务攻击(distributed denial of service，DDoS)378374起，如图1.6所示。

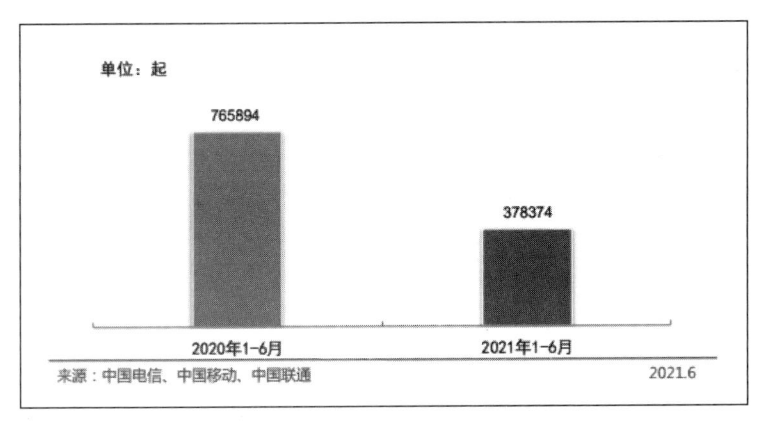

图1.6　分布式拒绝服务攻击数量

2）信息系统安全漏洞数量

2021年上半年，工业和信息化部网络安全威胁和漏洞信息共享平台收集整理信息系统安全漏洞11656个，其中，高危漏洞2353个，中危漏洞5985个，如图1.7所示。

3. 网络安全相关举报和受理

1）接报网络安全事件数量

2021年上半年，工业和信息化部网络安全威胁和漏洞信息共享平台总计接报网络安全事件49605件，如图1.8所示。

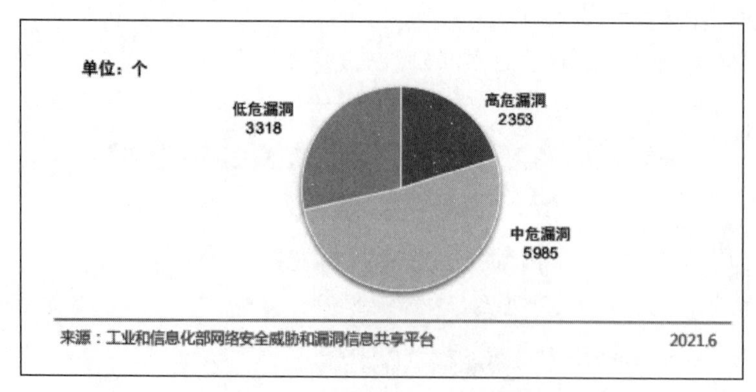

图 1.7　信息系统安全漏洞数量

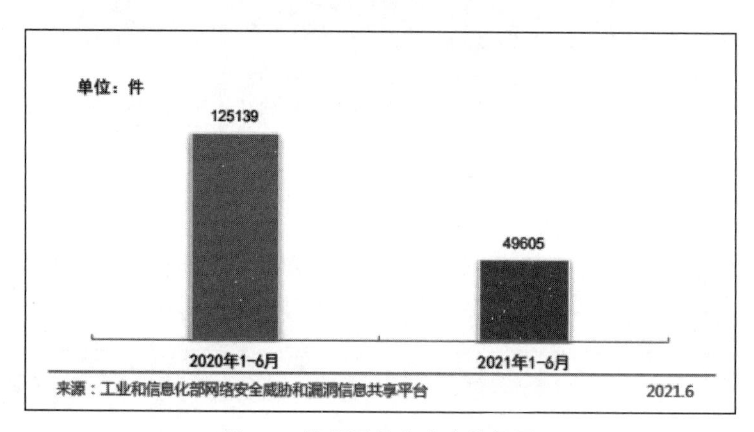

图 1.8　接报网络安全事件数量

2）网络安全举报

2021 年上半年，全国各级网络举报部门共受理举报 7522.5 万件，如图 1.9 所示。

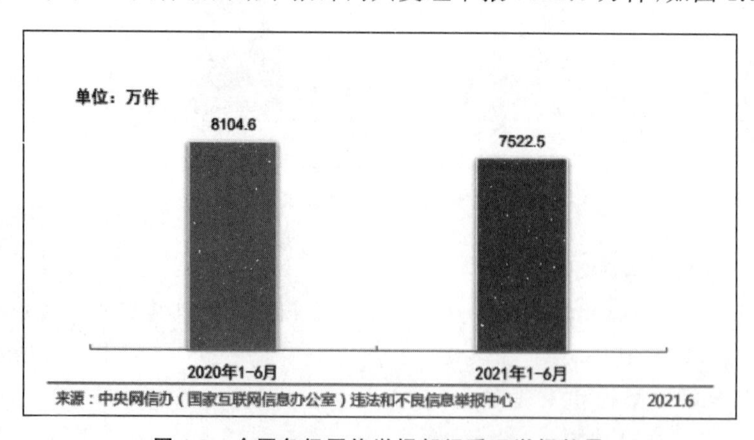

图 1.9　全国各级网络举报部门受理举报数量

计算机网络安全已经上升到国家安全高度，没有网络安全就没有国家安全。网络空间已经成为继陆、海、空、天之后的第五空间，成为新形势下维护国家安全的重要领域之

一。美国重新启动《网络安全框架》，这是美国在大数据时代网络安全顶层制度的设计与实践。德国总理与法国总统探讨建立欧洲独立互联网（绕开美国）。作为中国邻国的俄罗斯、日本和印度也一直在积极行动。目前已有四十多个国家颁布了网络空间国家安全战略，五十多个国家和地区颁布了保护网络安全的法律。

2014年2月27日，中央成立"网络安全和信息化领导小组"，由习近平总书记亲自担任组长，并且在第一次会议上就提出"没有信息化就没有现代化，没有网络安全就没有国家安全"，标志着我国计算机网络安全已上升为"国家安全战略"。

1.7　黑客常见的攻击过程

黑客（hacker）泛指擅长IT技术的计算机高手，是一个统称。红客（honker）指从事网络安全行业的爱国黑客，他们是伸张正义、为保护民族利益而专门从事黑客行为的人。骇客（cracker）是"破解者"的意思，他们从事恶意破解商业软件、恶意入侵别人的网站等事务。黑客攻击大致可以分为五个步骤，分别为搜索、扫描、获得权限、保持连接以及消除痕迹。下面分别介绍这几个阶段。

第一阶段：搜索。

搜索通常比较耗时，有时会持续几星期甚至数月。黑客会利用各种渠道尽可能多地了解被攻击的计算机网络，具体采取的手段包括在互联网上搜索、社会工程、垃圾数据搜寻、域名信息收集以及非侵入性的网络扫描等。这些典型的活动很难防范。很多公司的信息在互联网上都很容易搜索到，员工也往往会无意中提供相应的信息，公司的组织结构以及潜在的漏洞容易被发现。

第二阶段：扫描。

黑客一旦对公司网络的具体情况有了足够了解，就可以使用扫描软件对目标进行扫描，以寻找潜在的漏洞。通过扫描可以获得以下信息：①设备的品牌和型号；②开放的端口及应用服务；③操作系统及其漏洞；④保护性较差的数据传输。扫描目标时，黑客往往会受到入侵防御系统（intrusion prevention system，IPS）或入侵检测系统（intrusion detection system，IDS）的阻止，但情况也并非总是如此，技术高超的黑客可以绕过这些防护措施。

第三阶段：获得权限。

当黑客收集到足够的信息，了解到系统的安全弱点后，就会发动攻击。黑客会根据不同的网络结构、不同的系统情况而采用不同的攻击手段。一般黑客攻击的终极目的是能够控制目标系统，窃取其中的机密文件等，但并不是每次黑客攻击都能够控制目标主机，有时黑客也会发动拒绝服务（denial of service，DoS）之类的攻击，使系统不能正常工作。

第四阶段：保持连接。

黑客利用种种手段进入目标主机系统并获得控制权之后，通常并不会马上进行破坏活动，如删除数据、修改网页等。为了能长时间地保持和巩固对系统的控制权而不被管理员发现，黑客成功入侵后通常会留下后门，包括更改系统设置、在系统中种植木马或其他一些远程操纵程序等。

第五阶段：消除痕迹。

实现攻击的目的后，黑客通常会采取各种措施来隐藏入侵的痕迹，例如：清除系统的日志。

1.8 实　　验

1.8.1 实验一：计算机网络安全技术基本实验环境搭建

在本课程中，需要搭建基本的网络环境来完成相关实验，通常搭建成客户/服务器(client/server，C/S)方式，其中服务器端安装网络操作系统，客户端安装个人操作系统。为了便于实验的开展，通常将网络环境搭建在虚拟环境中。

搭建虚拟环境需要使用 VMware(virtual machine ware)仿真软件。VMWare 是一款功能强大的桌面虚拟机软件，用户可在单一的桌面上同时运行 Windows、Linux 等不同操作系统，从而进行开发、测试、部署新的应用程序。VMWare 在某种意义上可以让多系统“同时”运行。通过下载安装 VMware Workstation，在 VMware Workstation 里创建多个虚拟机，为虚拟机安装操作系统，每个虚拟机操作系统都可以进行分区、配置而不影响硬盘的数据。同时可以将虚拟机组建成一个局域网。

本实验是在 VMware 虚拟机中安装两台主机，将它们组建成一个局域网。在具体安装过程中，可以利用虚拟机的克隆功能减轻工作量。

1. VMware 的安装

以 VMware 15.5 版本为例，具体安装过程如下。

(1) 双击安装文件，出现“安装向导”，单击“下一步”按钮，出现“用户许可协议”。接受安装协议后单击“下一步”按钮，出现“安装位置”对话框，单击“下一步”按钮，出现“用户体验设置”对话框，选择默认设置，再单击“下一步”按钮，出现“快捷方式”设置对话框。

(2) 在“快捷方式”设置对话框中选择默认设置，单击“下一步”按钮，出现图 1.10 所示的准备安装对话框。单击“安装”按钮进行安装，安装完成后出现图 1.11 所示的完成安装界面。

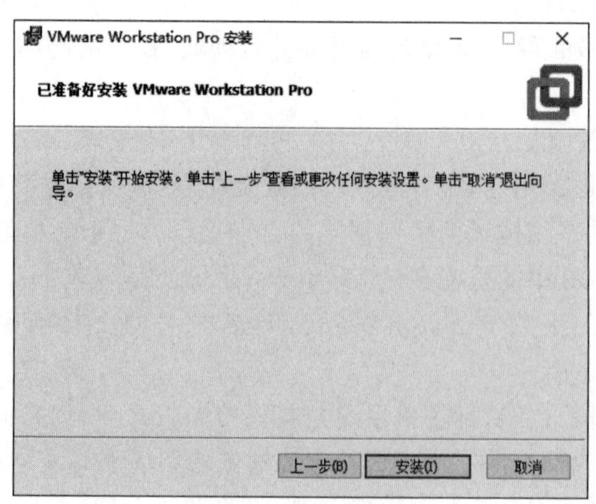

图 1.10　准备安装

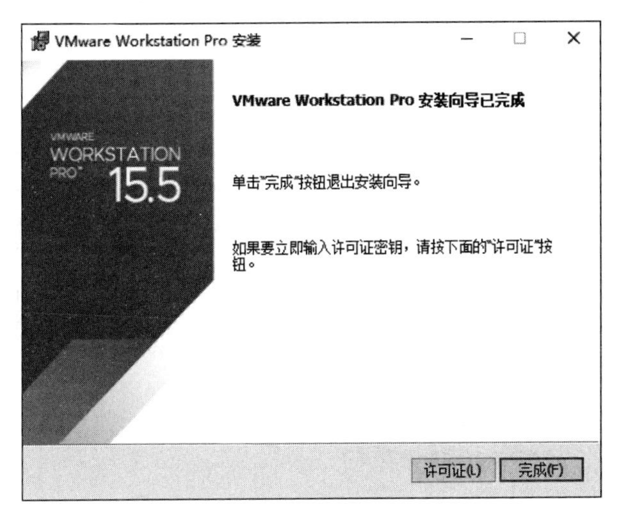

图 1.11　安装完成界面

(3) 在图 1.11 中单击"许可证"按钮，弹出图 1.12 所示的"输入许可证密钥"对话框，在其中输入许可证号码，单击"输入"按钮，弹出完成安装界面，单击"完成"按钮，完成安装过程。

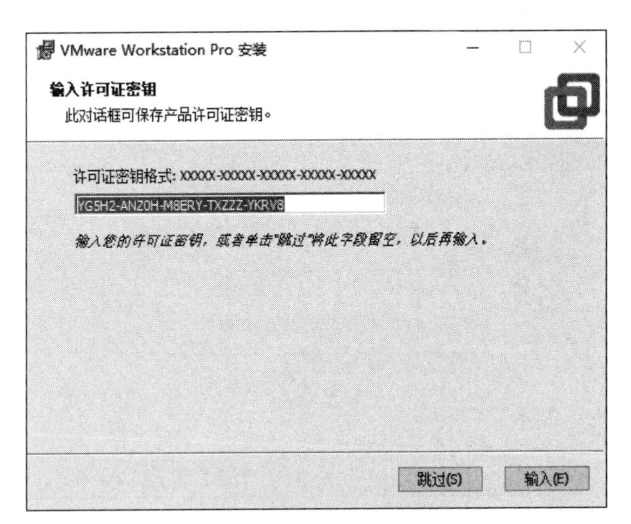

图 1.12　输入许可证号码

2. 在 VMware 上安装操作系统

以安装 Windows Server 2008 操作系统为例，首先下载操作系统的 iso 文件，在 VMware 运行的首页面中选择"创建新的虚拟机"，在弹出的对话框中选择"典型"配置选项，单击"下一步"按钮，弹出图 1.13 所示的设置对话框，在其中设置"安装程序光盘映像文件(iso)"路径。设置好路径后单击"下一步"按钮，弹出图 1.14 所示对话框，在其中输入 Windows 产品的密钥。

单击"下一步"按钮后弹出图 1.15 所示的设置虚拟机操作系统安装路径对话框。在

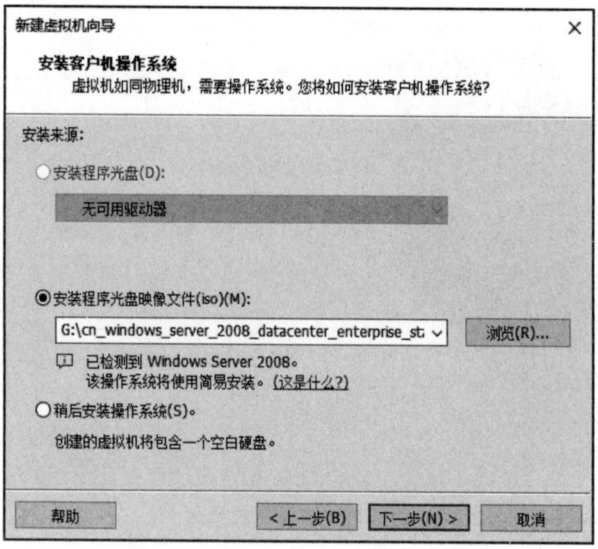

图 1.13　指定安装系统的 iso 路径

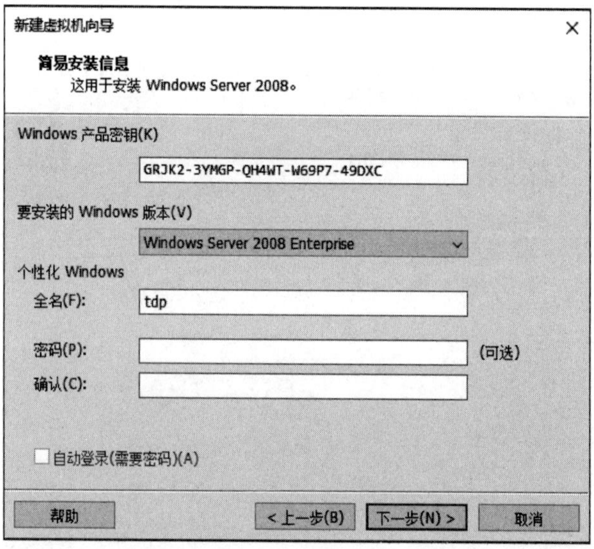

图 1.14　输入 Windows 产品的密钥

其中设置好操作系统的安装路径，单击“下一步”按钮，出现设置最大磁盘大小的界面，在该界面中设置磁盘的大小。

单击“下一步”按钮，弹出创建虚拟机最终结果界面，单击“完成”按钮，最终完成操作系统安装设置过程。自动重启虚拟机，进入操作系统安装界面。在安装过程中可能自动重启系统，自动重启后继续进行操作系统的安装，最后进入准备桌面阶段。安装完成后如图 1.16 所示。

为方便操作，将操作系统的桌面设置为传统桌面，设置过程如下：右击“开始”按钮，

图 1.15　设置虚拟操作系统安装路径

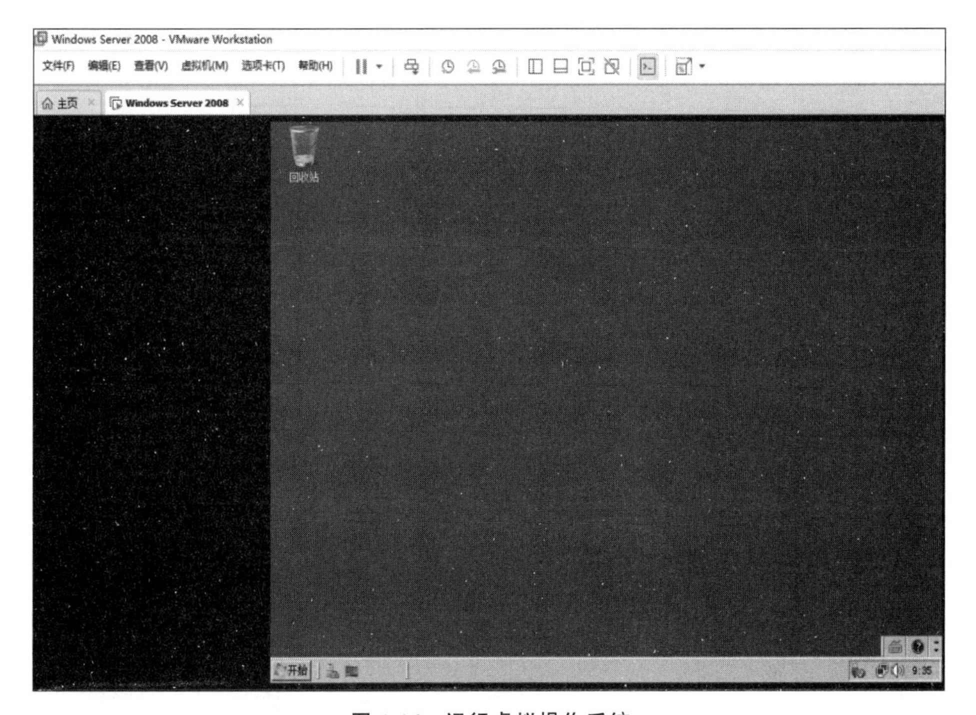

图 1.16　运行虚拟操作系统

在弹出的快捷菜单中选择“属性”，在“属性”对话框中选择“传统开始菜单”，最后单击“确定”按钮，结果如图 1.17 所示。

为了搭建网络环境，需要安装另一台操作系统。可以利用 VMware 的克隆功能非常方便地克隆出另一台操作系统，具体操作过程如下。

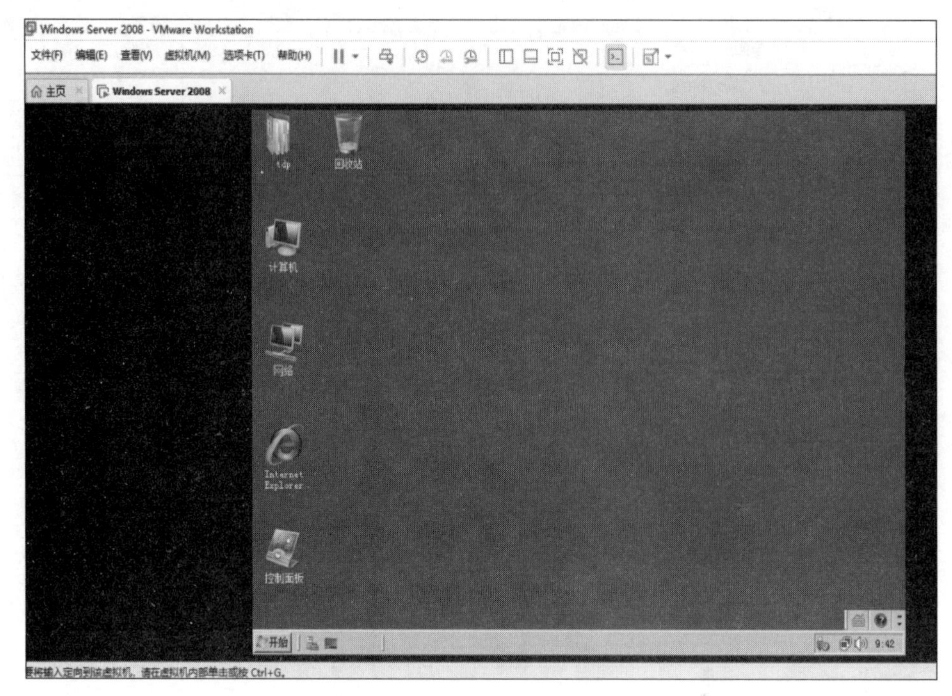

图 1.17 最终系统运行结果

首先，关闭刚刚安装好的操作系统。

其次，选择 VMware 软件菜单中的“虚拟机”→“管理”→“克隆”命令，如图 1.18 所示。弹出“克隆虚拟机向导”对话框，单击“下一步”按钮，弹出“克隆虚拟机中的当前状态”对话框，单击“下一步”按钮，弹出“克隆方法”对话框，选择“创建链接克隆”后单击“下一步”按

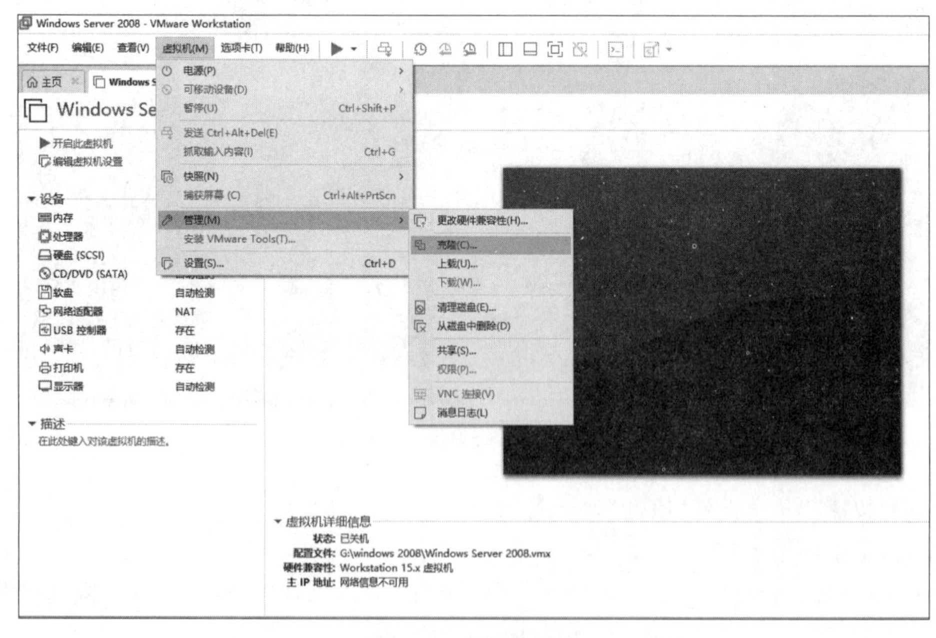

图 1.18 克隆虚拟机

钮，弹出图 1.19 所示设置克隆虚拟机位置对话框，设置好克隆位置后单击“完成”按钮。图 1.20 为克隆成功的情况。

图 1.19　设置克隆虚拟机位置对话框

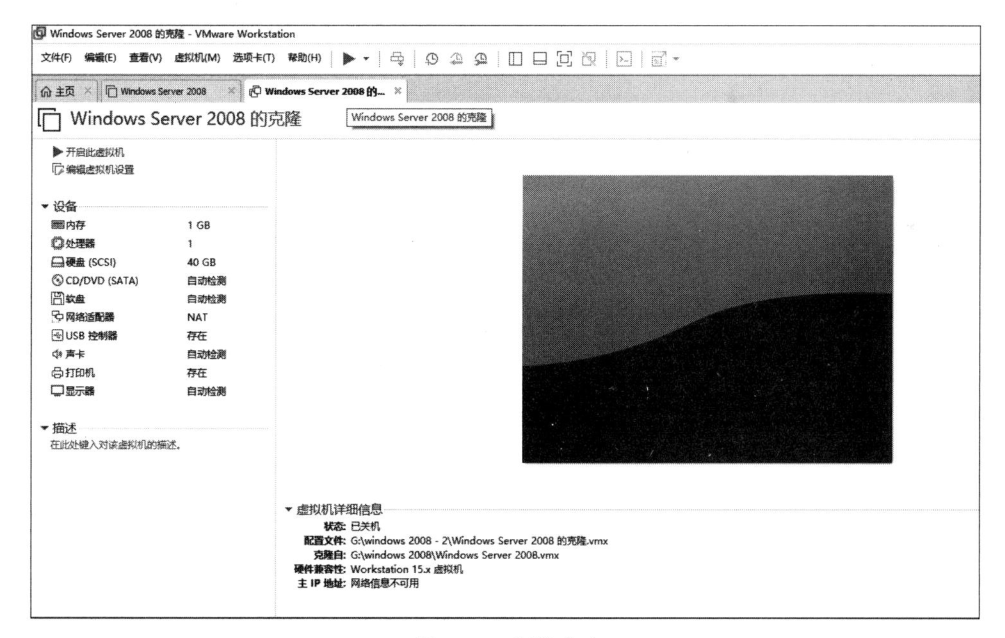

图 1.20　克隆成功

虚拟机运行会占用本机的内存资源，占用的内存越大，对本机系统运行的影响越大。因此，通过适当减小虚拟机的运行内存可改善本机的运行状态。更改虚拟机内存大小的具体操作如下。

右击虚拟机名称，在弹出的快捷菜单中选择“属性”，如图 1.21 所示，弹出“虚拟机设置”对话框，选择“内存”，在右边窗口调整内存大小，单击“确定”按钮，如图 1.22 所示。同样设置另一个操作系统的内存大小。

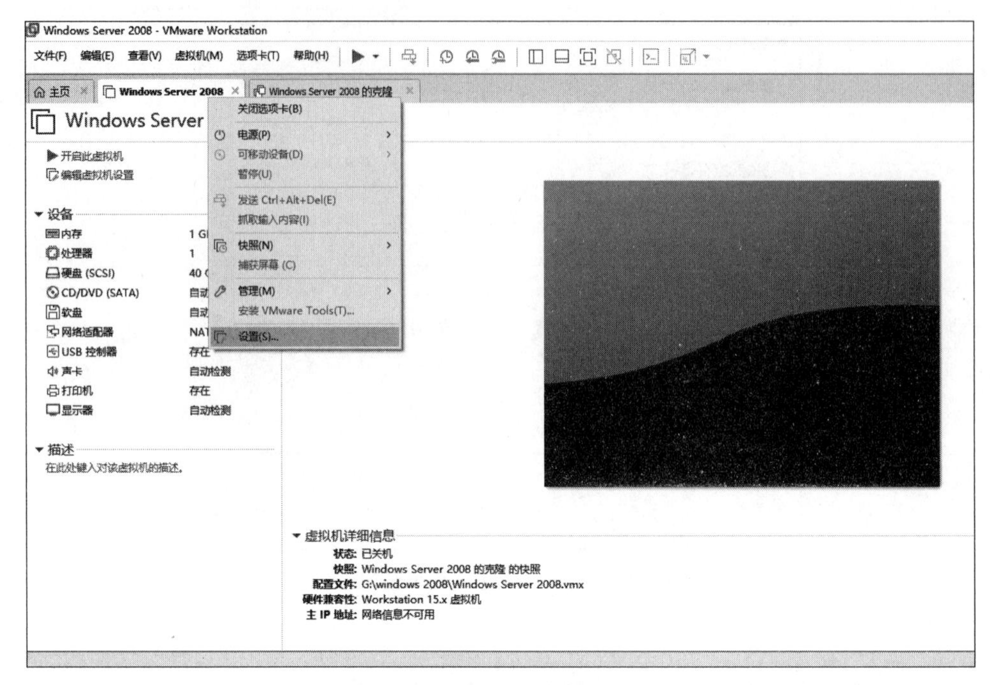

图 1.21 设置虚拟机运行内存

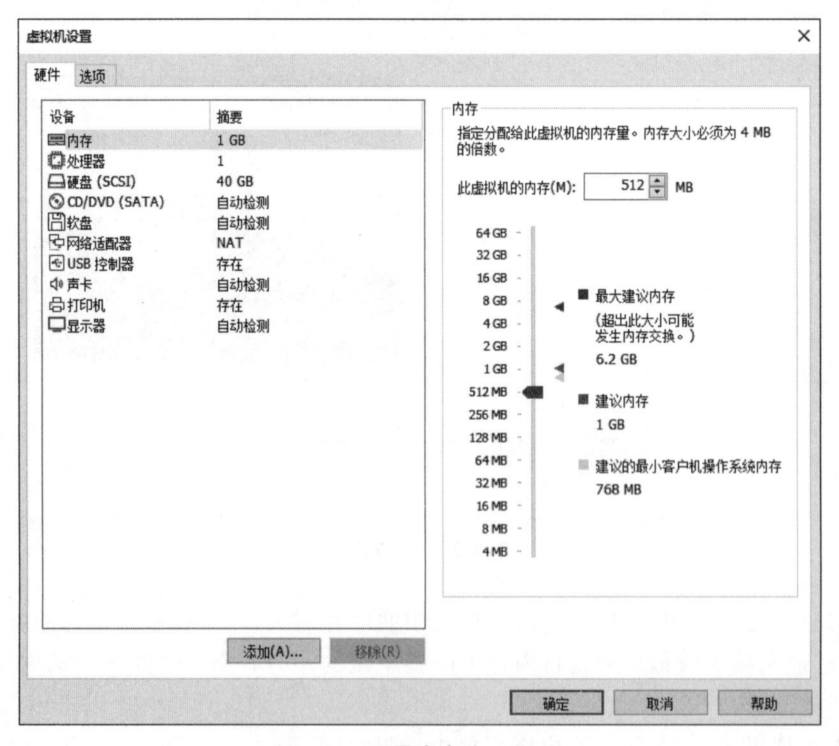

图 1.22 设置内存为 512MB

3. 设置网络参数，使网络互联互通

设置计算机网络参数，具体设置过程如下：右击“网上邻居”，在弹出的快捷菜单中选择“属性”，在弹出的“网络和共享中心”对话框中选择“管理网络连接”，在弹出的窗口中右击“本地连接”，单击“属性”按钮，在弹出的图 1.23 所示对话框中选择“Internet 协议版本 4 (TCP/IP)”，弹出图 1.24 所示对话框，在其中设置相关网络参数，其中 IP 地址为 1.1.1.1，子网掩码为 255.0.0.0，最后单击“确认”按钮。同样设置另一个操作系统的 IP 地址为 1.1.1.2、子网掩码为 255.0.0.0。

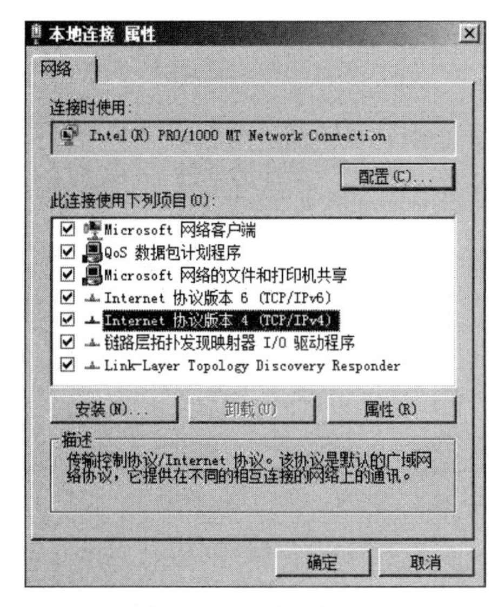

图 1.23　选择 Internet 协议版本 4(TCP/IP)

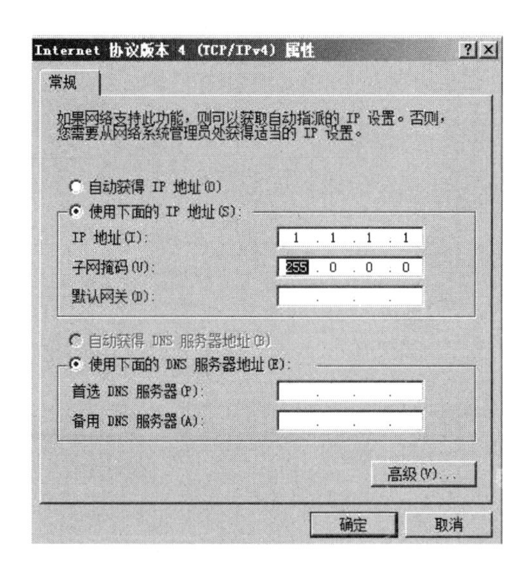

图 1.24　更改适配器设置

为了使两台计算机能够正常通信，需要关闭防火墙功能，具有操作过程如下：右击桌面的“网络”图标，在弹出的快捷菜单中选择“属性”按钮，弹出图 1.25 所示的“网络和共享中心”窗口。在该窗口中的“请参阅”中选择“Windows 防火墙”。

在 Windows 防火墙对话框中单击“启用或关闭 Windows 防火墙”，弹出图 1.26 所示的对话框。在其中单击“关闭”按钮，关闭防火墙功能。

采用同样的方法关闭另一台计算机的防火墙功能。

另外，由于其中一台机器是另一台机器的克隆，因此两台机器主机名相同，需要修改主机名。具体操作过程如下：右击桌面的“计算机”图标，在弹出的对话框中选择“属性”，弹出“系统”界面，在其中单击左边的“高级系统设置”，弹出“系统属性”窗口。

在“系统属性”窗口中单击“计算机名”选项，再单击“更改”按钮，弹出图 1.27 所示的“计算机名/域更改”对话框。

将计算机名更改为 WIN-tdp-2，如图 1.28 所示。单击“确定”按钮。重新启动计算机，计算机名更改成功。同样更改另一台计算机的主机名为 WIN-tdp-1。

最后测试两台计算机的连通性，从一台计算机 ping 另一台计算机，测试结果如图 1.29 所示。结果表明两台虚拟机是连通的。

图 1.25　网络和共享中心

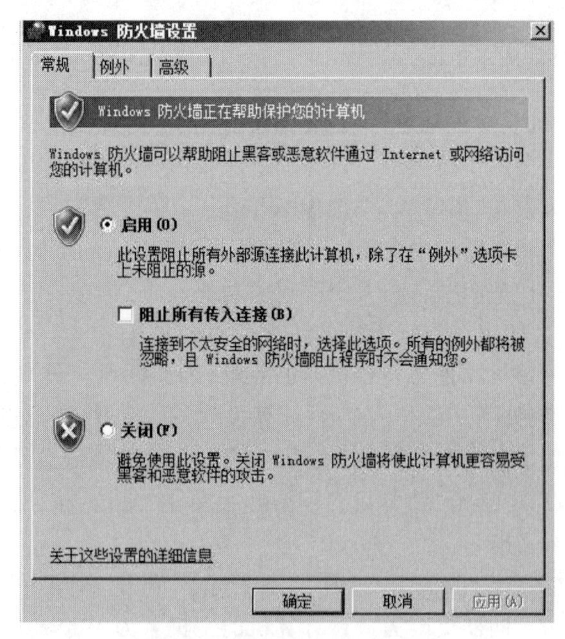

图 1.26　Windows 防火墙设置

图 1.27　"计算机名/域更改"对话框

图 1.28　更改计算机名

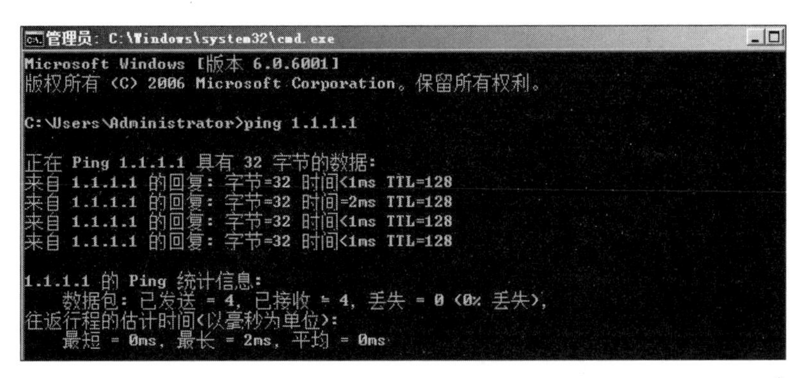

管理员: C:\Windows\system32\cmd.exe
Microsoft Windows [版本 6.0.6001]
版权所有 (C) 2006 Microsoft Corporation。保留所有权利。
C:\Users\Administrator>ping 1.1.1.1
正在 Ping 1.1.1.1 具有 32 字节的数据:
来自 1.1.1.1 的回复: 字节=32 时间<1ms TTL=128
来自 1.1.1.1 的回复: 字节=32 时间=2ms TTL=128
来自 1.1.1.1 的回复: 字节=32 时间<1ms TTL=128
来自 1.1.1.1 的回复: 字节=32 时间<1ms TTL=128
1.1.1.1 的 Ping 统计信息:
数据包: 已发送 = 4，已接收 = 4，丢失 = 0 (0% 丢失)，
往返行程的估计时间(以毫秒为单位):
最短 = 0ms，最长 = 2ms，平均 = 0ms

图 1.29　测试连通性

1.8.2　实验二：通过 Wireshark 抓取 FTP 登录用户名和密码

文件传输协议(file transfer protocol，FTP)使得主机间可以共享文件。FTP 使用 TCP 生成一个虚拟连接用于控制信息，然后再生成一个单独的 TCP 连接，用于数据传输。FTP 是在 TCP/IP 网络和 Internet 上最早使用的协议之一，属于网络协议族中的应用层协议。

由于 FTP 在设计时是建立在一个相互信任的平台上，没有采用加密传送，FTP 客户与服务器之间所有的数据传送都是通过明文的方式，其中也包括口令。交换环境下有了数据监听技术后，这种明文传送就变得十分危险，因为别人可能从传输过程中捕获一些敏感信息，如用户名和口令等。FTP 只使用用户名和密码进行登录，用明文传输用户名和密码会造成安全性问题，在网络安全威胁越来越严重的今天，FTP 的安全性问题也越来越严重。

该实验的具体实现过程如下。

1. 在搭建的实验平台中的服务器端架设 FTP 服务器

采用实验一搭建的实验环境，实验过程如下。

(1) 在服务器端操作系统(以 Windows Server 2008 为例)上安装 FTP 服务器。

① 单击“开始”→“管理工具”→“服务器管理器”命令,在弹出的窗口中选择“角色”→“添加角色”命令,在“添加角色向导”里单击“下一步”按钮,进入“选择服务器角色”窗口。

② 将“Web 服务器(IIS)”前面的框里打钩,选择安装 Web 服务器。单击“下一步”按钮,弹出“Web 服务器(IIS)简介”窗口,再单击“下一步”按钮,在弹出的“选择角色服务”窗口中将“FTP 服务器”勾选上,单击“下一步”按钮,再单击“安装”按钮,进入 FTP 服务器安装过程。

③ “安装结果”窗口中显示“安装成功”,最后单击“关闭”按钮。

(2) 配置 FTP 服务器。

① 添加 FTP 账号:单击“开始”→“管理工具”→“服务器管理器”命令,在“服务器管理器”窗口中选择“配置”→“本地用户和组”→“用户”命令,在右边的空白处右击,在弹出的快捷菜单中选择“新用户”,输入用户名、密码,可以选择“用户不能更改密码”和“密码永不过期”复选框后单击“创建”按钮,如图 1.30 所示。

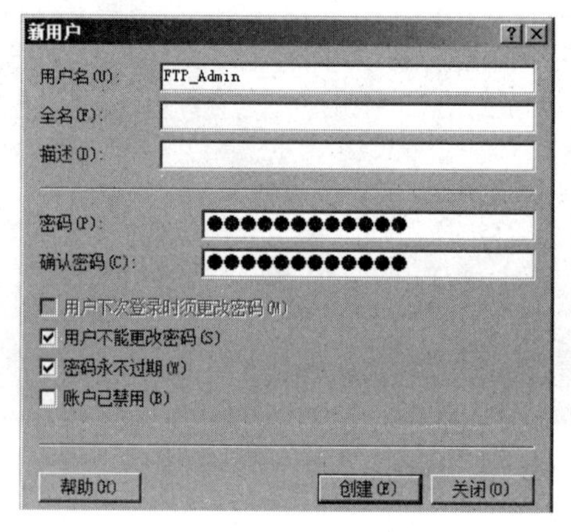

图 1.30 创建 FTP 账号

② 打开“服务器管理器”,选择“角色”→“Web 服务器(IIS)”→“Internet 服务(IIS)管理器”命令,从而打开 IIS 管理界面。

③ 启动添加 FTP 站点向导,右击,在弹出的快捷菜单中选择左侧连接中的“网站”→“添加 FTP 站点”命令,如图 1.31 所示。

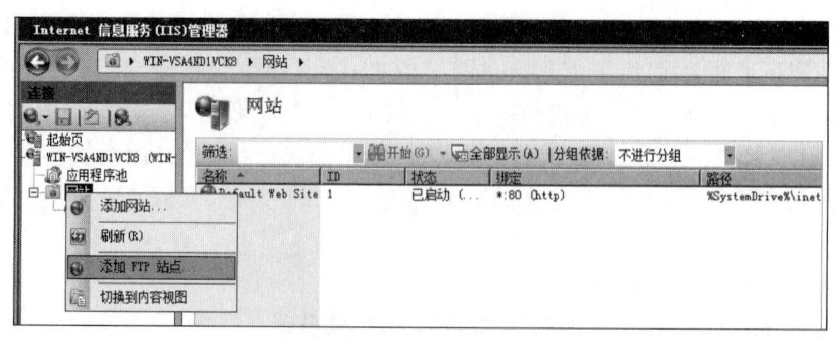

图 1.31 添加 FTP 站点

④ 启动“添加 FTP 站点”向导，输入 FTP 的站点名称和 FTP 指向的路径，选择“下一步”按钮。

⑤ 绑定和 SSL 设置，选择 IP 地址(默认选择全部未分配，即所有 IP 都开放)和端口(默认选择 21)。SSL 根据具体情况做出选择，如无须使用 SSL，请选择“无”，再单击“下一步”按钮。

⑥ 身份验证和授权信息中的身份验证选择“基本”，不建议开启“匿名”；授权中允许访问的用户可以指定具体范围，如果 FTP 用户不需要很多的话，建议选择“指定用户”，权限选择“读取”和“写入”；最后单击“完成”按钮，如图 1.32 所示。

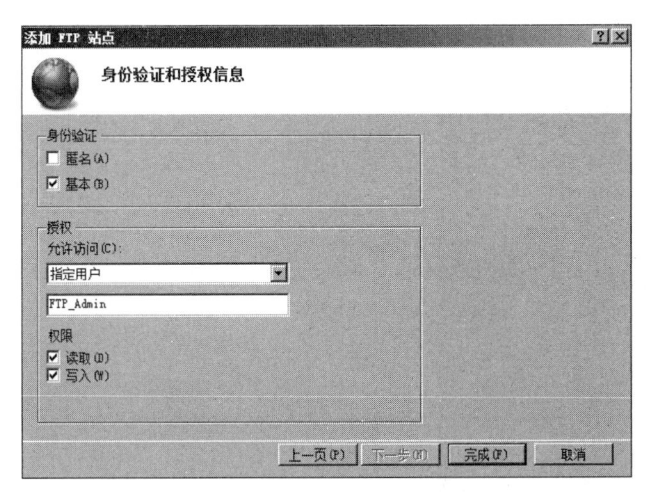

图 1.32 设置身份验证和授权信息

⑦ 测试 FTP 连接。

测试 FTP 连接可以在“我的电脑”地址栏中输入“FTP：//IP”(具体 IP 地址与实际的网络环境有关)来连接 FTP 服务器，根据提示输入账户和密码，如图 1.33 所示。输入正确的用户名和密码，就可以浏览 FTP 内容了。

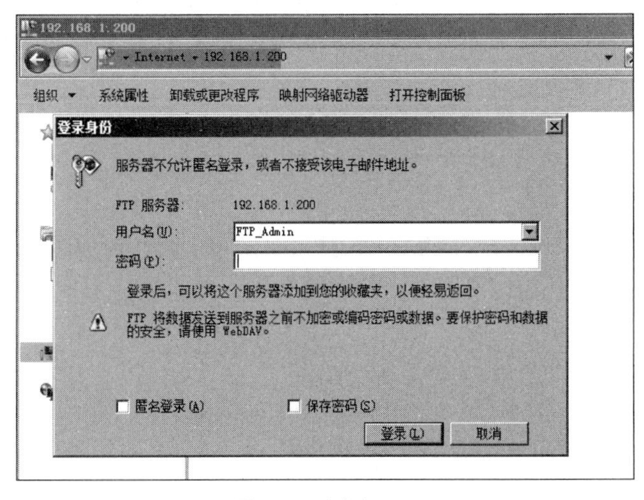

图 1.33 测试 FTP

如果计算机开启了 Windows 默认的防火墙，是连接不了 FTP 的，需要设置防火墙，最简单的处理是关闭 Windows 防火墙功能。

2. 在客户端计算机上安装 Wireshark 抓包软件

Wireshark(其前身为 Ethereal)是一个网络封包分析软件。网络封包分析软件的功能是撷取网络封包，并尽可能显示出最为详细的网络封包资料。Wireshark 使用 WinPCAP 作为接口，直接与网卡进行数据报文交换。

(1) 安装 Wireshark。

安装 Wireshark 比较简单，只需按照安装向导一步步安装即可。安装完成如图 1.34 所示。

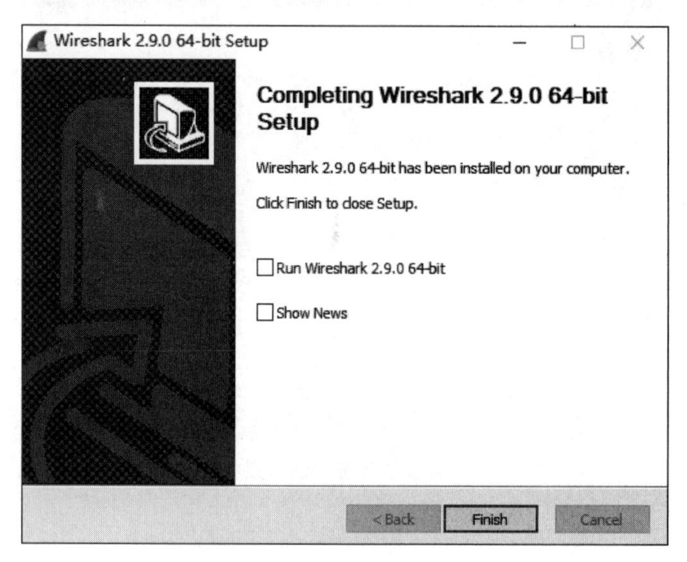

图 1.34　单击 Finish 按钮最终完成安装

(2) 抓取报文。

运行 Wireshark，在接口列表中选择需要抓取数据包的网络接口名，然后开始在此接口上抓包。若要在无线网络上抓取流量，单击“无线接口”。单击 Capture Options 可以配置高级属性。

单击网络接口名之后，可以看到实时接收的报文。Wireshark 会捕捉系统发送和接收的每一个报文。如果抓取的接口是无线的且选取混合模式，就可看到网络上的其他报文。

显示界面的每一行对应一个网络报文，默认显示报文接收时间(相对开始抓取的时间点)、源和目标 IP 地址、使用协议和报文的相关信息。单击某一行，可以在下面的窗口中看到更多信息。“+”图标显示报文里面每一层的详细信息。底端窗口同时以十六进制和 ASCII 码的形式显示报文内容，如图 1.35 所示。

需要停止抓取报文时，单击左上角的“停止”按键。

Wireshark 通过颜色让各种流量的报文一目了然。例如默认的绿色是 TCP 报文，深蓝色是 DNS 信息，浅蓝是 UDP 用户数据报，黑色标识出有问题的 TCP 报文。

正在捕获 WLAN [R2 Serial1/0 to R1 Serial1/0]

文件(F) 编辑(E) 视图(V) 跳转(G) 捕获(C) 分析(A) 统计(S) 电话(Y) 无线(W) 工具(T) 帮助(H)

Apply a display filter … <Ctrl-/> 表达式…

No.	Time	Source	Destination	Protocol	Length	Info
1	0.000000	192.168.0.103	180.163.251.208	TCP	1506	52181 → 80 [PSH, ACK] Seq=1 Ack=1 Win=260 Len=1452 [TCP segment of a reassembled PDU]
2	1.075961	LiteonTe_3d:65:…	Tp-LinkT_37:0e:63	ARP	42	Who has 192.168.0.1? Tell 192.168.0.103
3	1.078891	Tp-LinkT_37:0e:…	LiteonTe_3d:65:fe	ARP	42	192.168.0.1 is at dc:fe:18:37:0e:63
4	1.264835	192.168.0.103	180.163.251.208	TCP	1506	52180 → 80 [PSH, ACK] Seq=1 Ack=1 Win=260 Len=1452 [TCP segment of a reassembled PDU]
5	3.710008	192.168.0.1	255.255.255.255	UDP	157	1024 → 5001 Len=115
6	4.800274	192.168.0.103	180.163.251.208	TCP	1506	[TCP Retransmission] 52181 → 80 [PSH, ACK] Seq=1 Ack=1 Win=260 Len=1452
7	5.655408	Tp-LinkT_37:0e:…	Broadcast	ARP	42	Who has 192.168.0.102? Tell 192.168.0.1
8	6.678304	Tp-LinkT_37:0e:…	Broadcast	ARP	42	Who has 192.168.0.102? Tell 192.168.0.1
9	7.221130	192.168.0.103	192.168.1.1	DNS	78	Standard query 0x49b7 A wup.browser.qq.com
10	7.246769	192.168.1.1	192.168.0.103	DNS	110	Standard query response 0x49b7 A wup.browser.qq.com A 111.13.34.176 A 111.13.34.18
11	7.248308	192.168.0.103	111.13.34.176	TCP	66	52182 → 443 [SYN] Seq=0 Win=65535 Len=0 MSS=1460 WS=256 SACK_PERM=1
12	7.282495	111.13.34.176	192.168.0.103	TCP	66	443 → 52182 [SYN, ACK] Seq=0 Ack=1 Win=14400 Len=0 MSS=1440 SACK_PERM=1 WS=128
13	7.282637	192.168.0.103	111.13.34.176	TCP	54	52182 → 443 [ACK] Seq=1 Ack=1 Win=262144 Len=0
14	7.282994	192.168.0.103	111.13.34.176	TLSv1.2	233	Client Hello
15	7.316957	111.13.34.176	192.168.0.103	TCP	54	443 → 52182 [ACK] Seq=1 Ack=180 Win=15488 Len=0
16	7.317961	111.13.34.176	192.168.0.103	TLSv1.2	1494	Server Hello
17	7.318023	192.168.0.103	111.13.34.176	TCP	54	52182 → 443 [ACK] Seq=180 Ack=1441 Win=262144 Len=0
18	7.321939	111.13.34.176	192.168.0.103	TCP	1494	443 → 52182 [ACK] Seq=1441 Ack=180 Win=15488 Len=1440 [TCP segment of a reassembled PDU]

```
> Frame 1: 1506 bytes on wire (12048 bits), 1506 bytes captured (12048 bits) on interface 0
> Ethernet II, Src: LiteonTe_3d:65:fe (40:f0:2f:3d:65:fe), Dst: Tp-LinkT_37:0e:63 (dc:fe:18:37:0e:63)
> Internet Protocol Version 4, Src: 192.168.0.103, Dst: 180.163.251.208
> Transmission Control Protocol, Src Port: 52181, Dst Port: 80, Seq: 1, Ack: 1, Len: 1452
```

图 1.35 抓取数据包的界面

利用 FTP 传输明文的缺陷可以抓取用户名和密码,图 1.36 所示为 FTP 登录界面(注意 IP 地址与实际的网络环境有关)。利用 Wireshark 抓取数据如图 1.37 所示。利用 Wireshark 抓取的明文密码如图 1.38 所示。

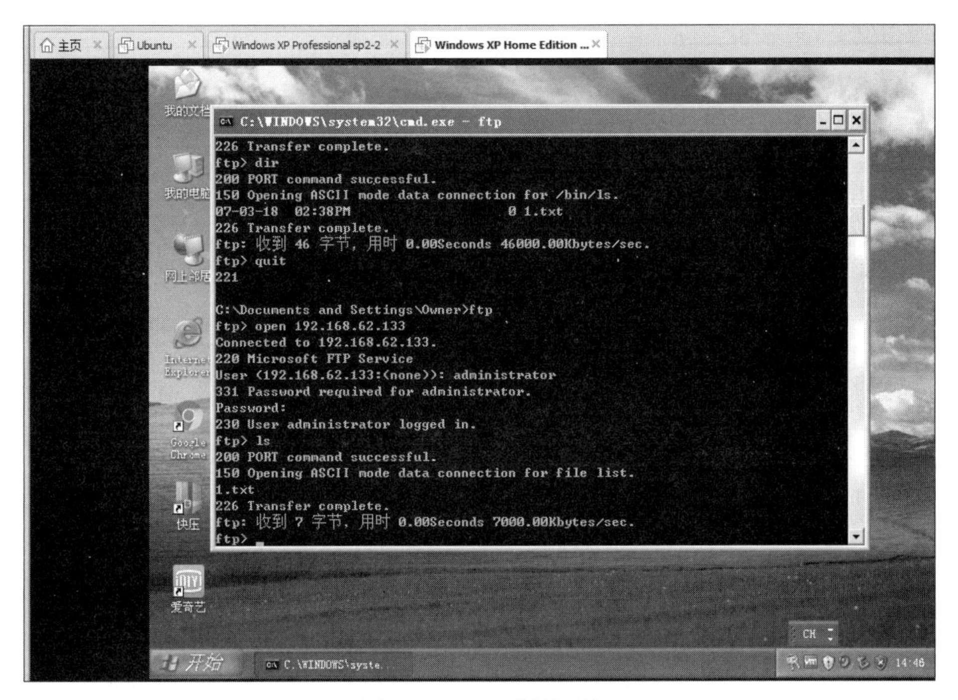

图 1.36 FTP 登录界面

图 1.36 所示 FTP 登录过程如下所示。

```
C:\Documents and Settings\Owner>ftp
ftp> open 192.168.62.133          具体 IP 地址与实际的网络环境有关
Connected to 192.168.62.133.
```

```
220 Microsoft FTP Service
User(192.168.62.133:(none)): administrator
331 Password required for administrator.
Password:
230 User administrator logged in.
ftp> ls
200 PORT command successful.
150 Opening ASCII mode data connection for file list.
1.txt
226 Transfer complete.
ftp: 收到 7 字节,用时 0.00Seconds 7000.00Kbytes/sec.
ftp>
```

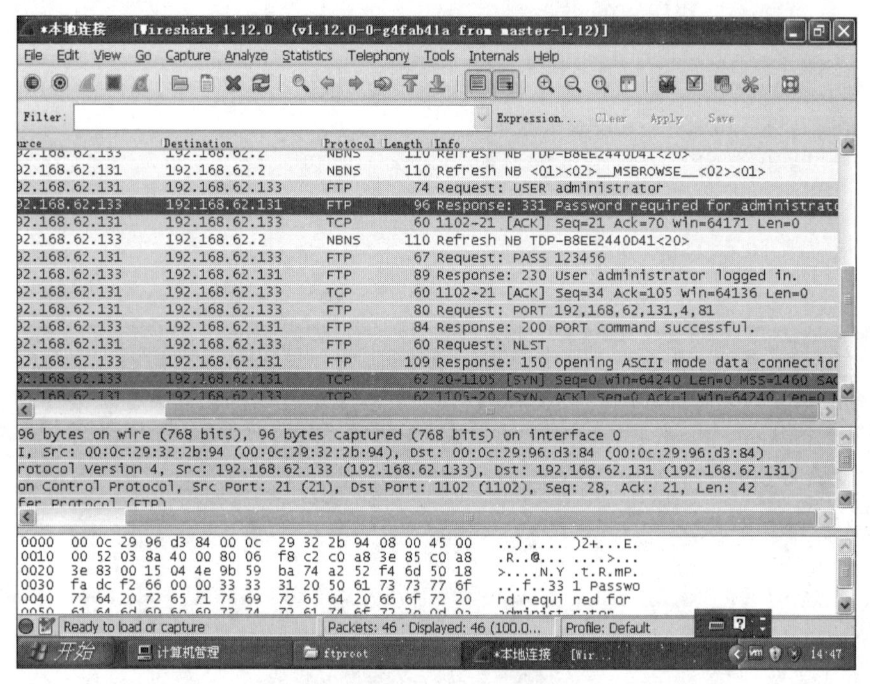

图 1.37 利用 Wireshark 抓取数据

1.8.3 实验三：pcAnywhere 远程控制工具使用

pcAnywhere 是一款远程计算机控制工具。它能够帮助用户远程控制另一台也安装该软件的计算机，并且通过用户计算机实现与被控端之间互传文件功能。它们之间采用加密传输，安全等级高，确保文件传输安全以及连接的保密性。为了区分这两台虚拟机，将两台虚拟机名称进行改名，分别改为控制端和被控端。

首先在被控端安装 pcAnywhere 软件，安装过程比较简单，只需按照安装向导安装即可。图 1.39 为安装完成界面。

接着安装汉化修正补丁，如图 1.40 所示。汉化修正补丁的安装比较简单，只需一步步安装即可，完成安装界面如图 1.41 所示。

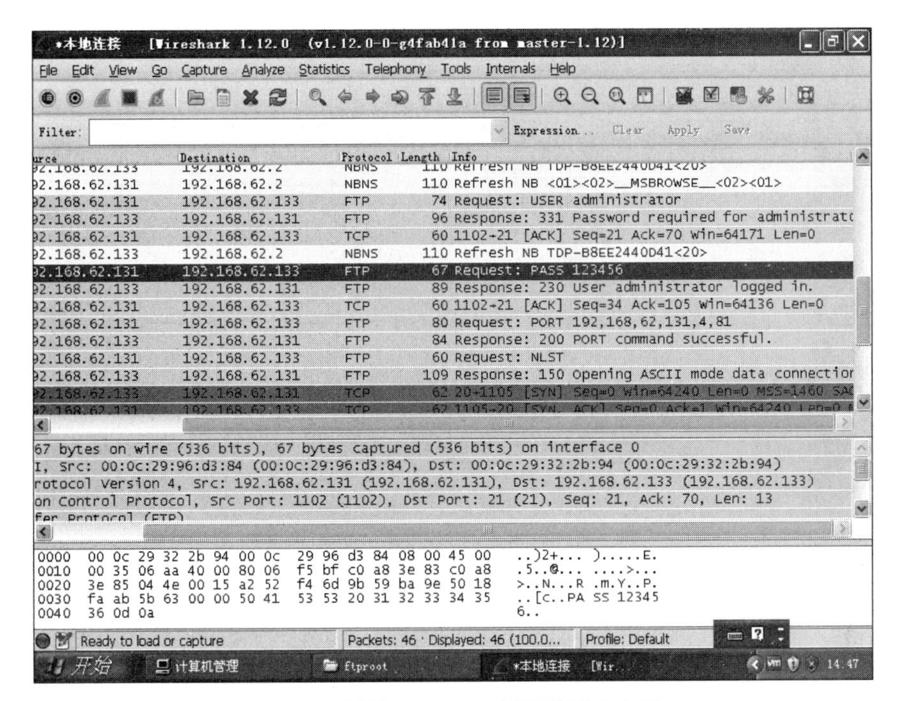

图 1.38　利用 Wireshark 抓取的明文密码

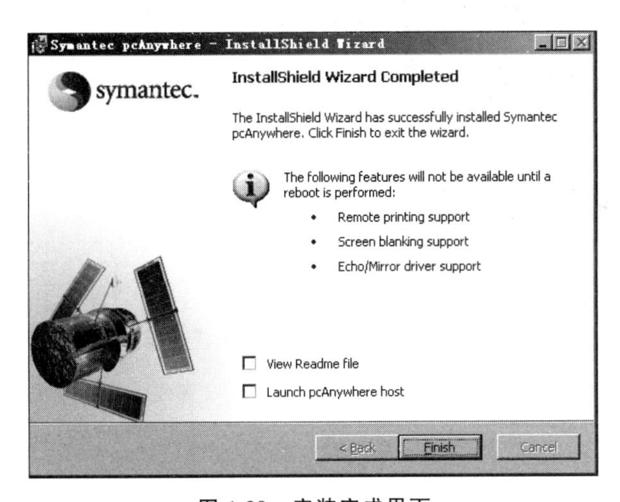

图 1.39　安装完成界面

采用同样的操作过程，在控制端安装 pcAnywhere 软件。

接下来对控制端进行设置，操作过程如下：首先打开“控制端”，选择 Register Later，“执行联机向导”选择“我想连接到另一台计算机”，选择“联机方式”为“我想使用 cable modem/DSL/LAN/拨号 Internet ISP”，将“你将要联机电脑的 IP 地址”设置为 1.1.1.1，如图 1.42 所示。

单击“下一步”按钮，完成联机向导，如图 1.43 所示。

图 1.44 所示为生成新的主控端。

设置被控制端联机向导，如图 1.45 所示。

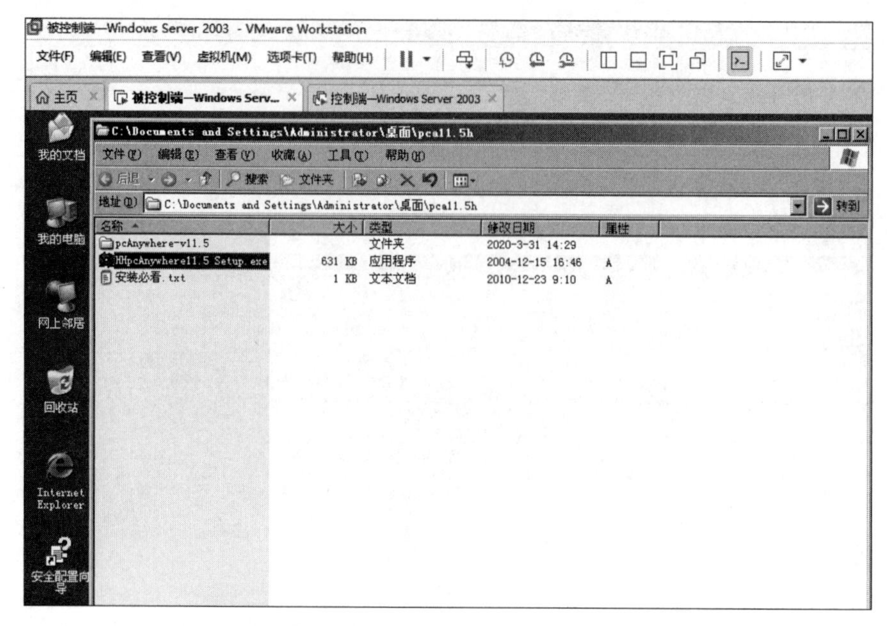

图 1.40 安装汉化修正补丁界面

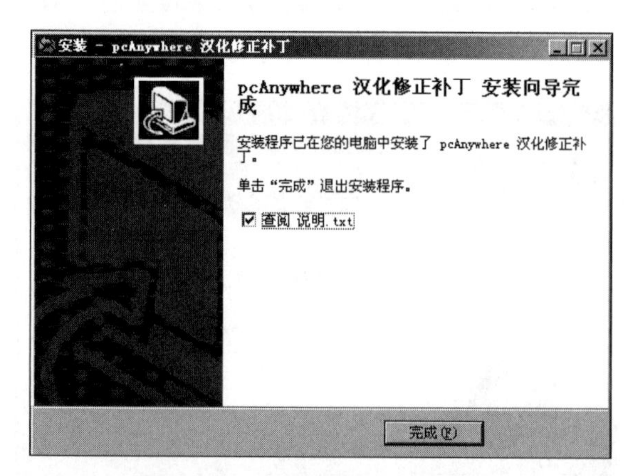

图 1.41 汉化修正补丁安装完成

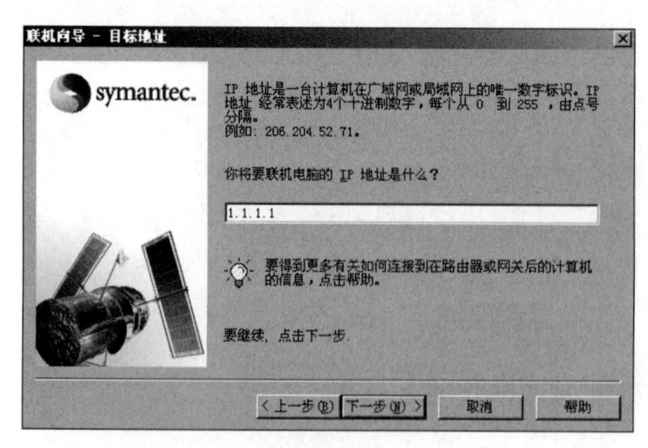

图 1.42 设置联机目标的 IP 地址

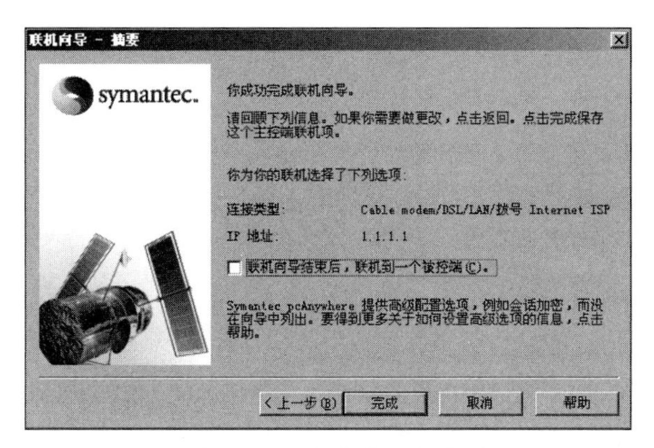

图 1.43　完成联机向导

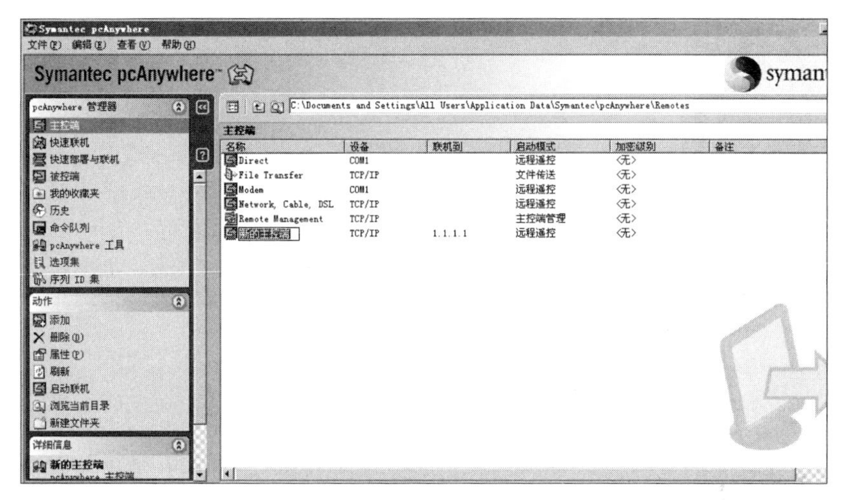

图 1.44　生成新的主控端

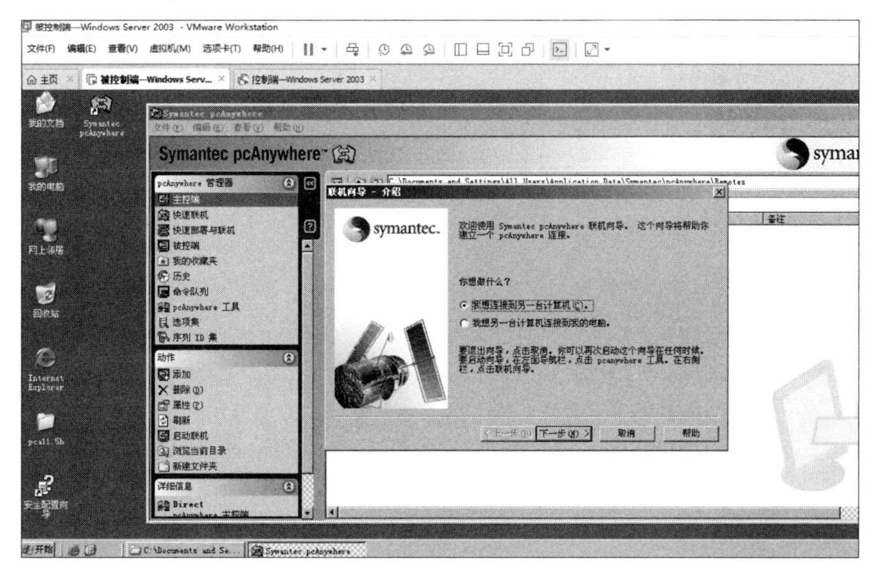

图 1.45　设置被控制端联机向导

单击“取消”按钮，新建“联机向导”，在“联机方式”中选择“我想使用 cable modem/DSL/LAN/拨号 Internet ISP”，在“验证类型”中选择“我想使用存在的 Windows 账户”。在“选择一个账户”的界面中选择本地账户 Administrator，单击“完成”按钮，即可“完成联机向导”设置，生成新的被控端，如图 1.46 所示。

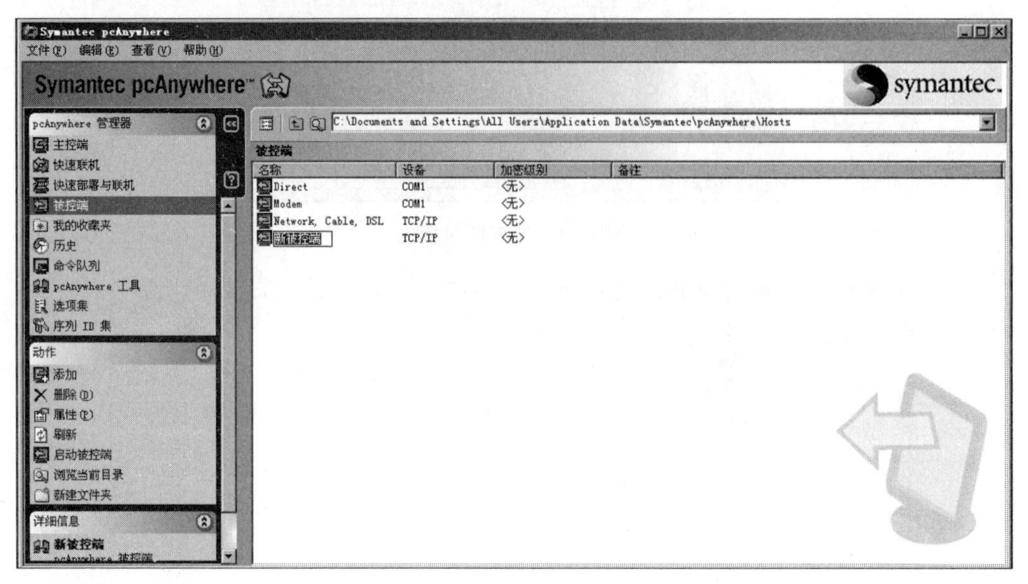

图 1.46　生成新的被控端

主控端控制被控端操作，操作过程如图 1.47～图 1.51 所示。

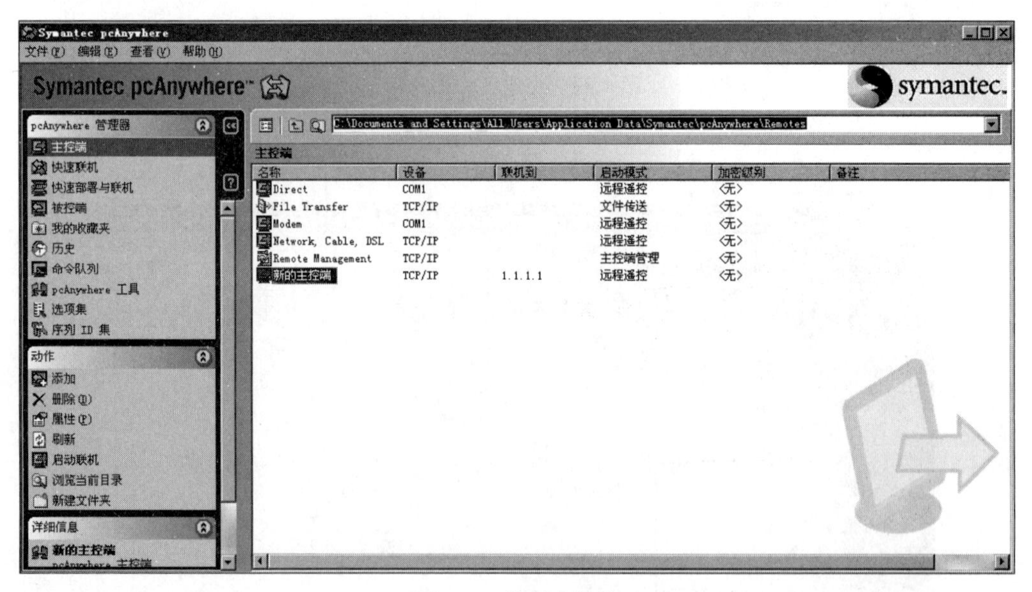

图 1.47　执行主控端

图 1.48　正在等待连接

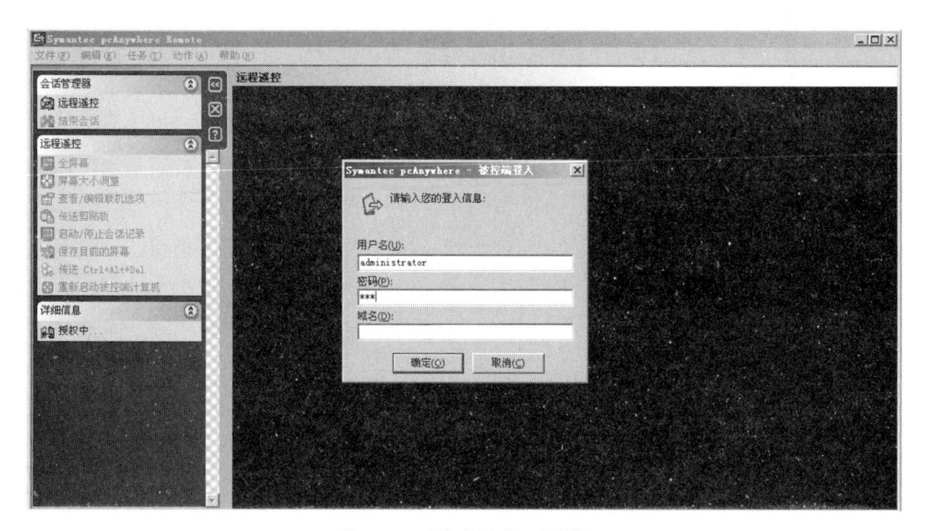

图 1.49　弹出连接对话框

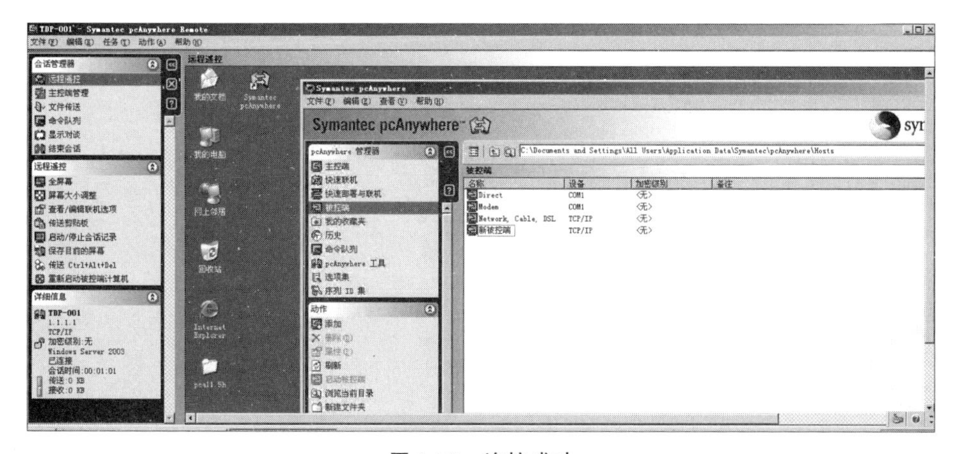

图 1.50　连接成功

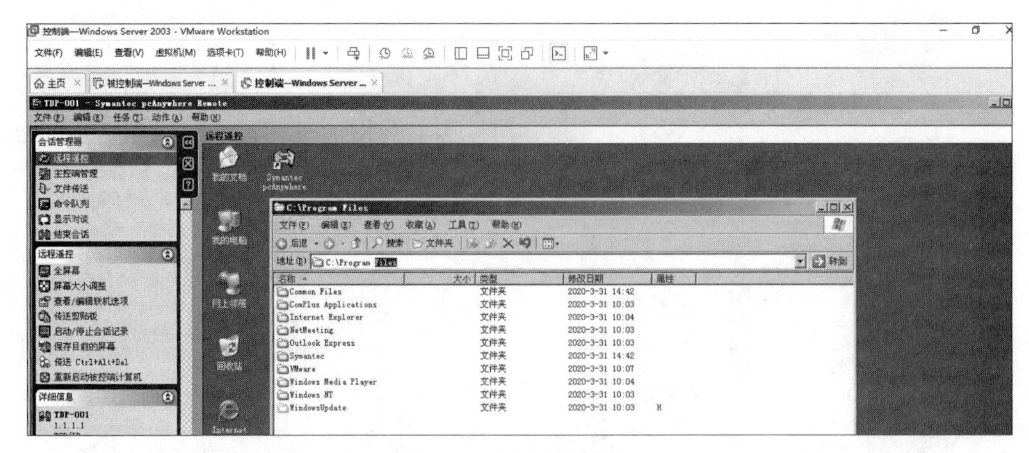

图 1.51　可以远程操作

1.9　本 章 小 结

本章首先讲解了计算机网络安全、信息安全的概念以及它们之间的关系。接着分别从计算机网络安全面临的威胁、计算机网络实体威胁以及计算机网络系统威胁 3 个方面介绍了计算机网络安全面临的主要威胁，并探讨了计算机网络安全体系结构。最后分析了计算机网络安全存在的必然性，探讨了典型的网络安全事件，同时分析了我国计算机网络安全的现状以及黑客常见的攻击过程。

本章完成 3 个实验，具体包括实验环境的搭建过程、利用 Wireshark 抓取 FTP 登录的用户名和密码以及利用 pcAnywhere 实现远程控制。

1.10　习　题　1

一、简答题

1. 什么是信息安全?
2. 什么是计算机网络安全?
3. 信息安全与计算机网络安全的关系是什么?
4. 谈谈计算机网络安全的防护原则。
5. 谈谈计算机网络安全面临的主要威胁。

二、论述题

1. 分析计算机网络安全存在的必然性。
2. 分析黑客常见的攻击过程。

第2章 计算机网络安全防护技术及防护设备

本章学习目标

- 熟悉常见的计算机网络安全防护技术
- 熟悉常见的计算机网络安全防护设备
- 掌握操作系统备份及还原工具 Ghost 的使用
- 掌握常见数据恢复工具的使用

2.1 计算机网络安全防护技术

计算机技术和网络技术的广泛应用正深刻影响着人类社会的发展,改变了政治、经济运行模式和人们的工作、学习以及生活方式。随之而来的互联网安全问题越来越突出,网络极易遭受到不断产生和传播的计算机病毒和网络黑客的袭击,计算机网络安全问题成为网络应用与服务进一步发展亟待解决的问题。

计算机网络安全的目标是保护网络系统的硬件、软件及其系统中的数据。确保网络上的信息和资源不被非授权用户使用,不因偶然或恶意的原因而遭到破坏、更改、泄露,最终达到网络和系统连续可靠正常运行的目标。计算机网络安全防护技术主要包括物理安全技术、密码技术、认证与授权技术、防火墙技术、入侵检测技术、访问控制技术、审计技术、防病毒技术、安全检测技术及备份技术等。

1. 物理安全技术

物理安全是保护计算机网络设备、设施以及其他媒体免遭地震、水灾、火灾等环境因素的破坏,以及免遭人为误操作和各种计算机犯罪行为导致的破坏过程。它是整个计算机网络安全的前提。计算机网络系统面临的物理安全威胁主要包括以下 3 方面。

(1) 环境安全：主要是对计算机网络系统所处环境的区域保护和灾难保护。环境安全具体包括自然环境威胁(如地震、洪水、风暴、龙卷风等)以及人为环境威胁(如火灾、漏水、温度湿度变化、通信中断、电力中断、电磁泄漏等)。要求计算机场地具有防火、防水、防盗措施和设施,有拦截、屏蔽、均压分流、接地防雷等设施,有防静电、防尘设备以及将温度、湿度和洁净度控制在一定的范围等等。

(2) 设备安全：主要是对计算机网络系统设备的安全保护,包括设备的防毁、防盗、防电磁信号辐射泄漏、防止线路截获以及对 UPS、存储器和外部设备的保护等。

(3) 媒体安全：主要包括媒体数据的安全及媒体本身的安全。目的是保护媒体数据的安全删除和媒体的安全销毁,防止媒体实体被盗以及媒体设备的防毁和防霉等。

物理安全领域提供了从外围到内部办公环境,包括所有计算机网络系统资源的防护技巧。涉及与计算机网络资产物理防护相关的威胁和抵抗措施以及与设施、数据、媒介、设备以及支持系统相关的物理安全。

物理安全技术主要从大楼周边、门禁系统、监控措施、环境保护措施、数据中心(服务器)机房安全、计算机设施保护、重点对象保护、电磁泄漏防护几方面探讨。

(1) 大楼周边。

周边安全控制是防护的第一道防线,可以起到划分"领地"和物理屏障的作用。保护的屏障分为天然的和人造的。天然屏障通常指那些难以穿越的场所,如山川、河流、沙漠等。人为屏障包括围墙、多刺的灌木、护柱等。

(2) 门禁系统。

门禁系统主要从门、锁、窗、门卫、数据卡片访问控制以及生物特征系统这几方面考虑。

(3) 监控措施。

监控措施主要从监控设备、照明系统等方面考虑。

(4) 环境保护措施。

环境保护措施主要从防火、防水、防电这几方面考虑。

(5) 数据中心(服务器)机房安全。

机房安全分为A类、B类以及C类,A类是对计算机机房的安全有严格的要求,有完善的计算机机房安全措施。该类机房放置需要最高安全性和可靠性的系统和设备。B类是对计算机机房的安全有较严格的要求,有较完善的计算机机房安全措施。它的安全性介于A类和C类之间。C类是对计算机机房的安全有基本的要求,有基本的计算机机房安全措施。该类机房存放只需最低限度的安全性和可靠性的一般性系统。

(6) 计算机设施保护。

涉及保护设备本身以及设备内的信息。

(7) 重点对象防护。

重要目标应当放置在安全存放点,如服务器等。

(8) 泄漏防护。

主要涉及计算机系统和其他电子设备的信息泄露及其对策;如何抑制信息处理设备的辐射强度或采取有关的技术措施使对手不能收到辐射信号,或从辐射信号中难以提取出有用的信号。

2. 密码技术

密码技术(cryptography)是保障计算机网络安全的核心技术,是一种研究如何隐秘地保存和传递信息的技术。密码技术在古代就已经应用,但仅限于外交和军事等重要领域。随着现代计算机技术的飞速发展,密码技术正在不断向更多领域渗透。它是集数学、计算机科学、电子与通信等诸多学科于一身的交叉学科。

密码技术是保障计算机网络安全的基石,它以很小的代价,对信息提供一种强有力的安全保护。现代密码技术不仅仅提供信息的加密与解密功能,还能有效地保护信息的完整性和不可否认性。

3. 认证与授权技术

1) 认证

认证(authentication)的基本思想是通过验证称谓者(人或事)的一个或多个参数的真实性和有效性,以验证称谓者是否名副其实。认证技术是防止主动攻击(如伪造、篡改信息等)的重要手段,对于保证开放环境中的各种安全性有重要作用。认证的目的有两个:一是验证信息发送者是否合法,是否冒充,即实体验证。具体包括信源、信宿等的认证和识别,称为身份认证;二是验证信息的完整性以及数据在传输或存储过程中是否被篡改、重放或延迟等,称为消息认证。认证极为重要,它是许多应用信息系统中的第一道安全防线。

认证系统中常用的参数有口令、标识符、密钥、信物、智能卡、指纹、视网膜等。

2) 授权

系统正确认证用户之后,根据不同的用户标识分配不同的资源,这项任务称为授权,授权即决定用户能做什么。通常是建立一种对资源(如文件和打印机)的访问方式,授权也能处理用户在系统或网络上的特权。

授权一般基于以下几种方式。

(1) 基于角色的授权(role-based access control,RBAC)。

对于一个已经被系统识别和认证了的用户,还要对他的访问操作实施一定的限制。对于一个通用计算机系统来讲,用户范围很广,层次不同,权限也不同。用户类型一般有系统管理员、一般用户、审计用户和非法用户。系统管理员权限最高,可以对系统的任何资源进行访问,并具有所有类型的访问操作权力。一般用户的访问操作要受到一定的限制。根据需要,系统管理员对这类用户分配不同的访问操作权力。审计用户负责对整个系统的安全控制与资源使用情况进行审计。非法用户则被取消访问权力或被拒绝访问系统。

(2) 访问控制列表(access control lists,ACL)。

日常生活中也有类似的使用场景,如某些社交场合只有被邀请的人才能出席。为了确保只有被邀请的嘉宾才能参加,需要将一份被邀请人的名单提供给门卫,门卫会将来宾的名字与名单进行比对,以此来判断是否允许入内,这是简单使用访问控制列表很好的例子。

计算机网络系统也可以使用 ACL 来确定所请求的服务或资源是否有权限。访问服务器上的文件通常由保留在每个文件的信息所控制。

(3) 基于访问规则的授权(rule-based access control,RBAC)。

访问规则定义了若干条件,在这些条件下可准许访问一个资源。一般来讲,规则使用户和资源配对,然后指定该用户可以在该资源上执行哪些操作,如只读、不允许执行或不允许访问。由负责实施安全政策的系统管理人员根据最小特权原则来确定这些规则,即在授予用户访问某种资源的权限时,只给他访问该资源的最小权限。如用户需要读权限时,则不应该授予读写权限。

4. 防火墙技术

防火墙(firewall)是一个由计算机硬件和软件组成的系统,部署于网络边界,是内部网络和外部网络之间的桥梁，同时对进出网络边界的数据进行保护，防止恶意入侵、恶意代码的传播等，保障内部网络数据的安全。几乎所有的企业内部网络与外部网络（如互联网）相连接的边界都会放置防火墙，起到安全过滤和安全隔离外网攻击、入侵等有害的网络安全行为的作用。

防火墙的作用主要体现在以下几方面。

（1）过滤进出网络的数据。

（2）管理进出网络的访问行为。

（3）封堵某些禁止业务。

（4）记录通过防火墙的信息内容和活动。

（5）对网络攻击进行检测和告警。

5. 入侵检测技术

入侵检测（intrusion detection，ID）是指通过对行为、安全日志、审计数据或其他网络上可以获得的信息进行操作，检测到对系统的闯入企图以及对系统的闯入。入侵检测技术是为保证计算机系统和计算机网络系统的安全而设计与配置的一种能及时发现并报告系统中未授权或异常现象的技术。

入侵检测系统是一种对网络传输进行即时监视，在发现可疑传输时发出警报或者采取主动反应措施的网络安全设备。入侵检测的目的就是提供实时的检测及采取相应的防护手段，以便对进出各级网络的常见操作进行实时检查、监控、报警和阻断，从而防止针对网络的攻击与犯罪行为，阻止黑客的入侵。

随着网络安全风险系统不断提高，作为对防火墙有益的补充，IDS能够帮助网络系统快速发现攻击的发生。它扩展了系统管理员的安全管理能力（包括安全审计、监视、进攻识别和响应），提高了信息安全基础结构的完整性。

入侵检测方法以及入侵检测技术很多，如基于专家系统的入侵检测方法、基于神经网络的入侵检测方法等。目前入侵检测系统在应用层入侵检测中也已有实现。

入侵检测通过执行以下任务来实现：①监视、分析用户及系统活动；②系统构造和弱点的审计；③识别反映已知进攻的活动模式，并向相关人士报警；④异常行为模式的统计分析；⑤评估重要系统和数据文件的完整性；⑥操作系统的审计跟踪管理，并识别用户违反安全策略的行为。

6. 访问控制技术

访问控制技术（access control）是指防止对任何资源进行未授权的访问，从而使计算机系统在合法的范围内使用。它使用用户身份及其所归属的某项定义组来限制用户对某些信息项的访问，或限制对某些控制功能使用的一种技术。访问控制是维护计算机网络系统安全、保护计算机资源的重要手段，是保证网络安全最重要的核心策略之一。访问控制技术的实现以访问控制策略的表达、分析和实施为主。其中访问控制策略定义了系统安全保护的目标，访问控制模型对访问控制策略的应用和实施进行了抽象和描述，访问控制框架描述了访问控制系统的具体实现、组成架构和部件之间的交互流程。

7. 审计技术

审计（audit）是记录用户在使用计算机系统以及计算机网络系统进行所有活动的过

程，即记录用户违反安全规定使用系统的时间、日期以及记录系统产生的各类事件。安全审计为安全管理人员提供大量用于分析的管理数据，根据这些数据可以发现违反安全规则的行为和对违规行为进行取证。利用安全审计的结果还能调整安全策略，及时封堵系统的安全漏洞。

常见的审计分为日志审计、主机审计以及网络审计。

(1) 日志审计。

目的是收集日志，从各种网络设备、服务器、用户计算机、数据库、应用系统和网络安全设备中收集日志，进行统一的管理、分析和报警。

(2) 主机审计。

通过在服务器、用户计算机或其他审计对象中安装客户端的方式进行审计。

(3) 网络审计。

通过旁路和串接的方式实现对网络数据包的捕获，并且进行协议分析和还原，可达到审计服务器、用户计算机、数据库、应用系统的安全漏洞、合法和非法操作或入侵操作，以及监控上网行为和内容、监控用户非工作行为等目的。

8. 防病毒技术

计算机病毒(computer virus)的防范是网络安全性建设中重要的一环，杀毒不如防毒，防范计算机病毒，可掌握工作的主动权。防范计算机病毒主要从管理和技术两方面着手。

(1) 严格的管理。

制定相应的管理制度，避免蓄意制造、传播病毒的事件发生。

(2) 有效的技术。

除管理方面的措施外，采取有效的技术措施，防止计算机病毒的感染和蔓延也是十分重要的。

计算机病毒预防是指在病毒尚未入侵或刚刚入侵时就拦截、阻击病毒的入侵或立即报警。目前预防病毒采用的技术主要有以下几方面。

① 将大量的杀毒软件汇集在一起，检查是否存在已知病毒，如在开机时或在执行每一个可执行文件前执行扫描程序。

② 检测一些病毒经常要改变的系统信息，如引导区、中断向量表、可用内存空间等，以确定是否存在病毒行为。

③ 监测写盘操作，对引导区或主引导区的写操作报警。

④ 对计算机系统中的文件形成一个密码检验码和实现对程序完整性的验证，在程序执行前或定期对程序进行密码校验，如有不匹配现象即报警。

⑤ 设计病毒行为过程判定知识库，应用人工智能技术，有效区分正常程序与病毒程序行，是否误报警取决于知识库选取的合理性。

⑥ 设计病毒特征库(静态)、病毒行为知识库(动态)、受保护程序存取行为知识库(动态)等多个知识库及相应的可变推理机。

除了从管理和技术两方面着手防范计算机病毒外，还需要从个人行为意识上加以重视。

(1) 养成良好的上网习惯。

例如：提高警惕性，不要打开一些来历不明的邮件及其附件，若条件允许，应当及时删除；尽量不要登录不明网站；通过加大密码的复杂程度尽可能避免网络病毒通过破译密码得以对计算机系统进行攻击的事件；对于从互联网下载但未经杀毒处理的软件等不要轻易执行，以防病毒借此侵入计算机。

(2) 培养自觉的信息安全意识。

鉴于移动存储设备也是计算机病毒攻击的主要目标之一，也可成为计算机传播病毒的主要途径，因此，使用移动存储设备时尽可能不要共享设备。在某些对信息安全具有高要求的场所，须关闭计算机的 USB 接口。

9. 安全检测技术

网络安全检测(漏洞检测)是对网络的安全性进行评估分析，通过实践性的方法扫描分析网络系统，检查系统存在的弱点和漏洞，提出补救措施和安全策略的建议，达到增强网络安全性的目的。

10. 备份技术

备份技术是指利用备份系统实现数据备份和恢复的技术。一般来说，各种操作系统都附带了备份程序，但是随着数据的不断增加和系统要求的不断提高，附带的备份程序根本无法满足日益增长的需要，要想对数据进行可靠的备份，必须选择专门的备份软件和硬件，并制定相应的备份及恢复方案，采用备份技术可以尽可能快地全盘恢复运行计算机网络所需要的数据和系统信息。备份可以分为系统备份和数据备份。

(1) 系统备份。

系统备份指的是用户操作系统因磁盘损坏、计算机病毒或人为误删除等原因造成的系统文件丢失，从而造成计算机操作系统不能正常引导，因此使用系统备份，将操作系统先储存起来，用于故障后的后备支援。

(2) 数据备份。

数据备份指的是用户将数据包括文件、数据库、应用程序等存储起来，用于数据恢复时使用。

2.2 安全防护设备

常见的网络安全防护设备有防火墙、入侵检测、入侵防御以及统一威胁管理等。

1. 防火墙

防火墙是比较常见的网络安全防护设备之一，防火墙设置在不同网络(可信任的企业内部网络和不可信任的公共网络)或网络安全域之间。在逻辑上，防火墙是一个分离器、限制器、分析器，能有效监控流经防火墙的数据，保证内部网络和隔离区的安全。防火墙产品如图 2.1 所示。

2. 入侵检测

入侵检测系统指的是依据一定的安全策略，对网络、系统的运行状况进行及时监视，尽可能发现各种攻击企图、攻击行为或者攻击结果，以保证网络系统资源的机密性、完整

图 2.1　防火墙

性和可用性。IDS是一种积极主动的安全防护技术，主要分为基于主机的入侵检测系统、基于网络的入侵检测系统以及分布式入侵检测系统。

3. 入侵防御

入侵防御系统是针对网络攻击技术不断提高，网络安全漏洞不断发现，传统防病毒软件、防火墙以及入侵检测系统无法应对新的安全威胁形势而产生的网络安全设备。它是对已有安全设施的补充。入侵防御系统能够监视网络或网络设备的行为，对恶意报文能够及时中断、调整或隔离，对滥用报文进行限流，以保护网络带宽资源。

4. 统一威胁管理

这是一类集成了常用安全功能的设备，必须包括传统防火墙、网络入侵检测与防护以及网关防病毒功能，并且可能会集成其他一些安全或网络特性。可以说统一威胁管理是将防火墙、入侵检测系统、防病毒和脆弱性评估等技术的优点与自动阻止攻击的功能融为一体。

由于网络攻击技术的不确定性，靠单一的产品往往不能满足不同用户的不同安全需求。信息安全产品的发展趋势是不断地走向融合，走向集中管理。通过采用协同技术，让网络攻击防御体系更加有效地应对重大网络安全事件，实现多种安全产品的统一管理和协同操作、分析，从而对网络攻击行为进行全面、深层次的有效管理，降低安全风险和管理成本，成为网络攻击防护产品发展的一个主要方向。

2.3　实验：操作系统备份及还原工具Ghost的使用

Ghost是赛门铁克公司(Symantec Corporation)开发的对操作系统进行镜像克隆，从而对操作系统进行备份，系统遭到破坏时对系统进行灾难性恢复的工具。当操作系统遭受破坏不能正常启动时，可以简单地利用事前制作的系统硬盘镜像文件快速地恢复整个系统，从而将系统恢复到故障前的状态，极大地缩短了系统灾难恢复所需的时间。

Ghost是将硬盘一个分区或整个硬盘作为一个对象来操作，可以完整复制对象(包括对象的硬盘分区信息、操作系统的引导区信息等等)，并打包压缩成为一个镜像文件，需要时将该镜像文件恢复到对应的分区或对应的硬盘中。Ghost 使用较多的功能是分区备份功能,将硬盘的一个分区(通常为操作系统分区)压缩备份成镜像文件,然后存储在硬盘的另一个分区中或者别的存储介质中。当操作系统发生故障导致系统崩溃时,就可以使用 Ghost 将所备份的镜像文件复制回系统分区,可以使操作系统恢复正常工作。具体实验过程如下。

1. 对操作系统进行备份

(1) 制作 U 盘启动盘。

在磁盘操作系统(disk operating system,DOS)下对操作系统进行备份,首先需要制作启动盘,目前使用较多的是将 U 盘制作成 DOS 启动盘。制作 U 盘启动盘需要使用 U 盘启动工具,可以使用大白菜 U 盘装机工具,该工具可以从网上下载。U 盘启动盘制作过程如下:首先运行大白菜超级 U 盘装机工具软件,如图 2.2 所示,选择需要制作启动的 U 盘,按照提示进行安装,最终成功安装 U 盘大白菜 Windows 10 PE,如图 2.3 所示。

图 2.2 大白菜超级 U 盘装机工具运行界面

(2)在虚拟机中创建新的盘符,以便存放 Ghost 备份文件。

默认情况下,虚拟机中只有一个 C 盘。为了存放 Ghost 备份文件,需要创建一个新的分区。打开虚拟机,选择虚拟机中的“设置”菜单,如图 2.4 所示。

在“虚拟机设置”界面中选择“硬件”→“硬盘”命令,单击“下一步”按钮,选择虚拟磁盘类型为 SCSI(s),单击“下一步”按钮,在选择磁盘中选择“创建新虚拟磁盘”,单击“下一步”按钮,在“指定磁盘容量”界面设置“最大磁盘大小”,单击“下一步”按钮,在窗口中“指

图 2.3　启动 U 盘制作成功

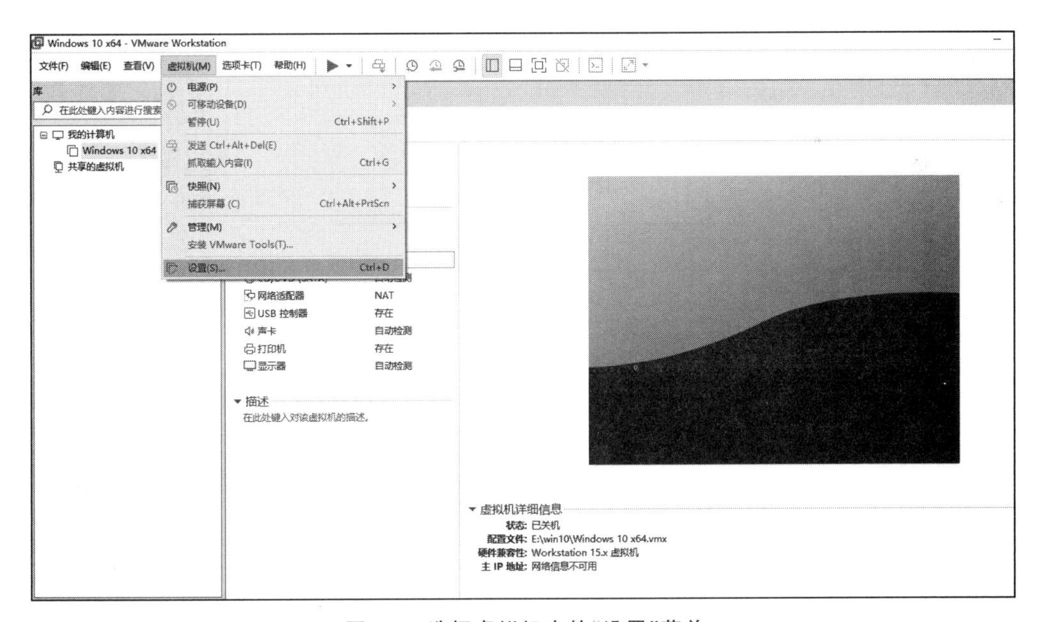

图 2.4　选择虚拟机中的“设置”菜单

定磁盘文件”。创建好新的硬盘如图 2.5 所示。

打开虚拟机操作系统，创建新的驱动器。在操作系统中右击“开始”按钮，在弹出的快捷菜单中选择“管理”，出现“初始化磁盘”界面，如图 2.6 所示。

图 2.5　创建好新的硬盘

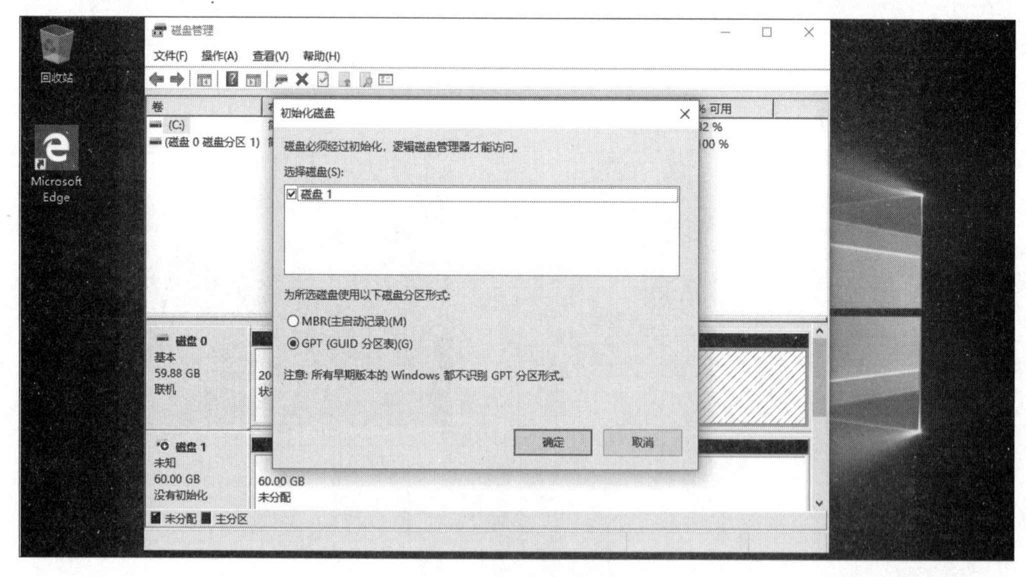

图 2.6　初始化磁盘

接下来，在“磁盘管理”界面中“新建简单卷”，通过新建简单卷向导完成新的简单卷的创建，结果如图 2.7 所示。

最终在此电脑中查看到新加卷，如图 2.8 所示。

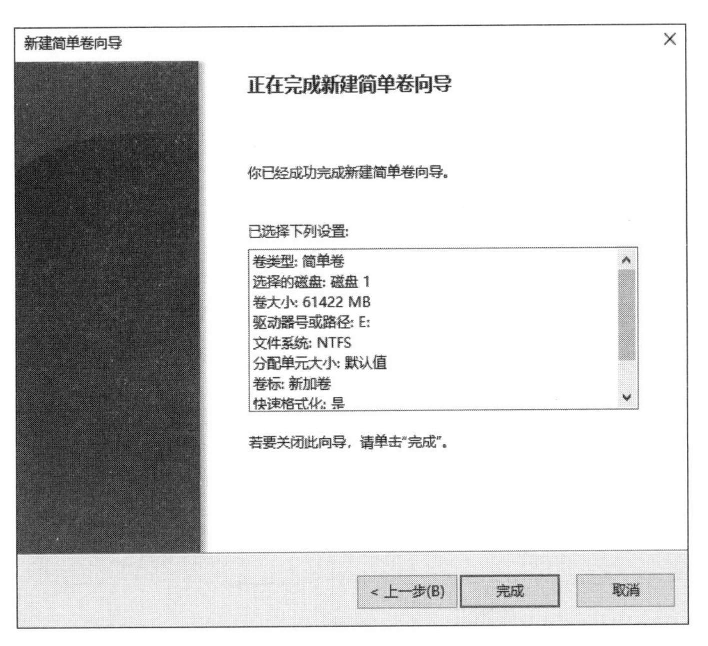

图 2.7　完成新建简单卷向导

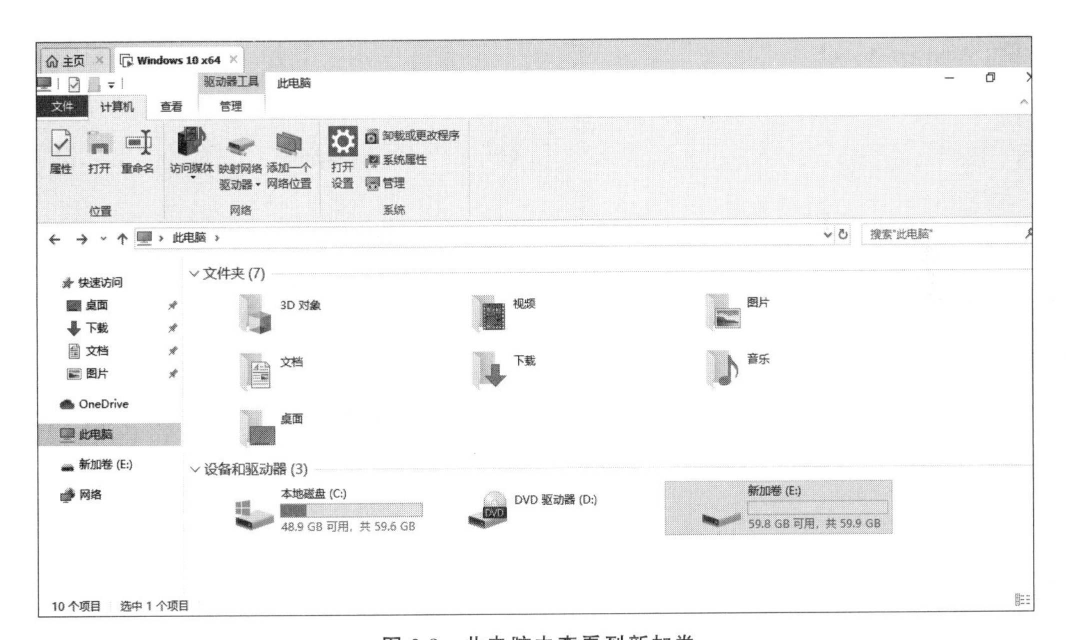

图 2.8　此电脑中查看到新加卷

(3) 在虚拟机中添加 U 盘，并设置从 U 盘启动系统。

在虚拟机中选择“虚拟机”→“设置”命令，在“虚拟机设置”窗口中“添加硬件”，在“添加硬件向导”中选择“硬盘”，单击“下一步”按钮，在“选择磁盘类型”窗口中选择 SCSI(s)，在选择磁盘里选择“使用物理磁盘(适用于高级用户)(P)”，单击“下一步”按钮，选择设备 PhysicalDrive1，如图 2.9 所示。单击“下一步”按钮，再单击“完成”按钮。

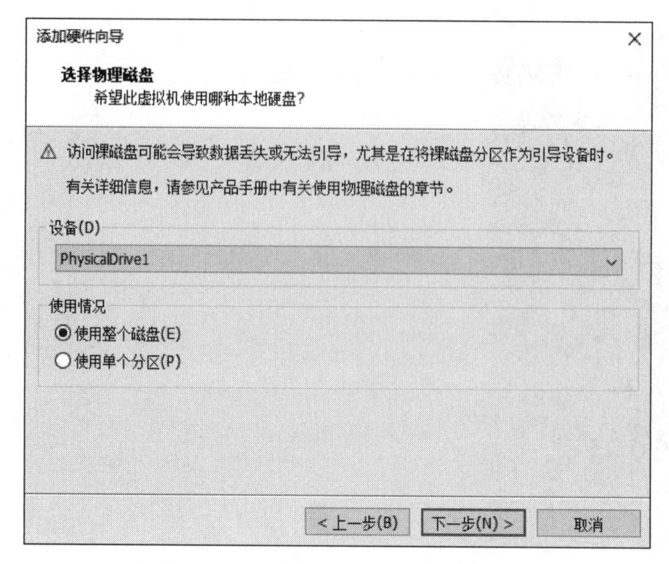

图 2.9 选择设备为 PhysicalDrive1

显示硬盘信息，如图 2.10 所示。

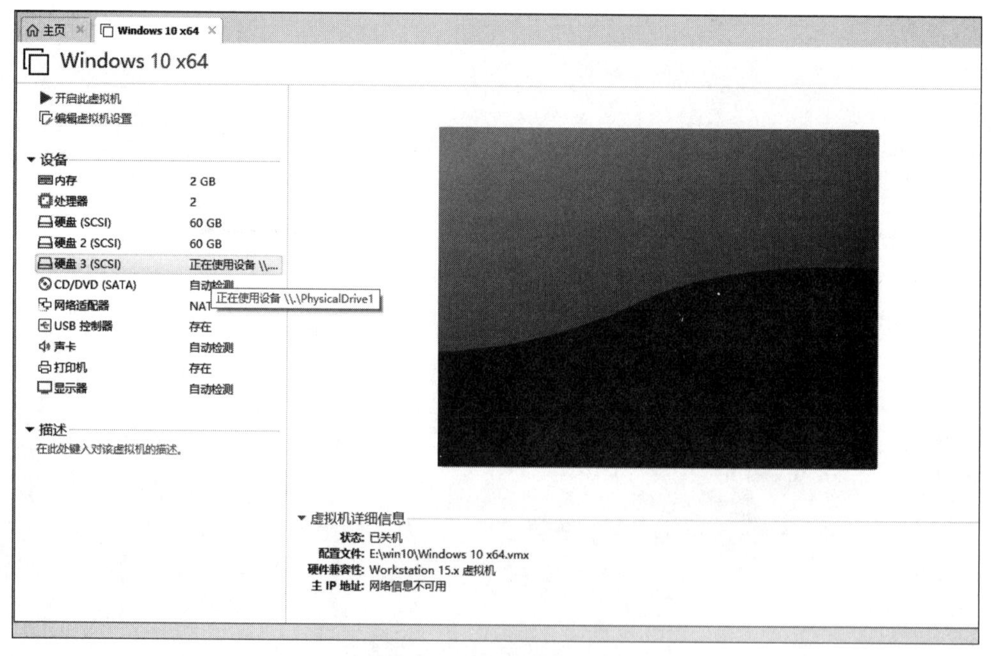

图 2.10 显示硬盘信息

打开电源时进入固件，如图 2.11 所示。

设置从 U 盘所标识的硬件驱动器启动，如图 2.12 所示。

启动 U 盘中的大白菜 Windows 10 PE，如图 2.13 所示。系统启动完成后的界面如图 2.14 所示。

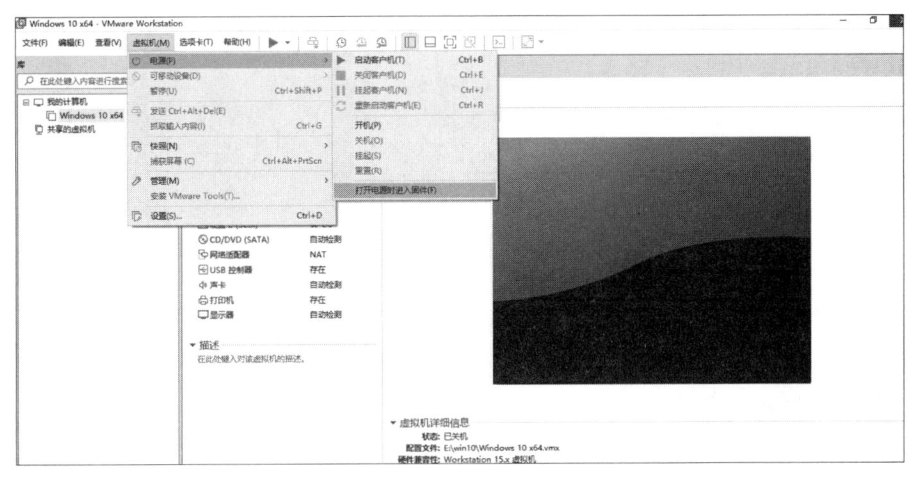

图 2.11　打开电源时进入固件

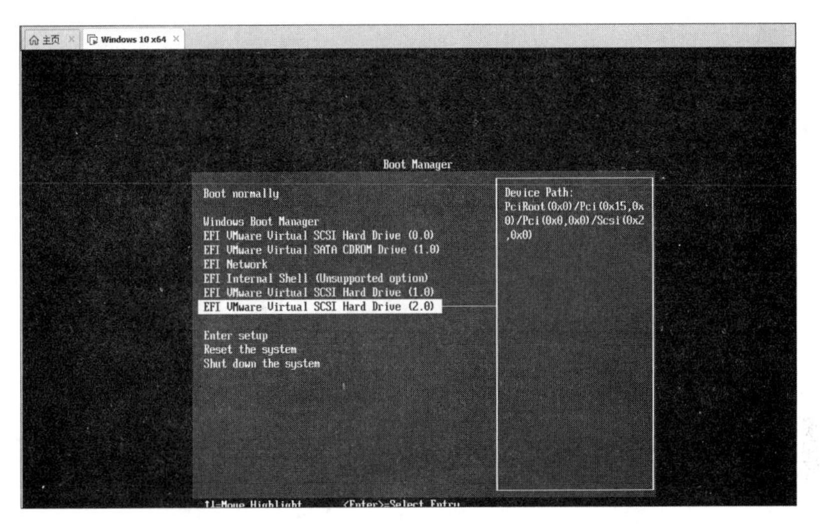

图 2.12　设置从 U 盘所标识的硬件驱动器启动

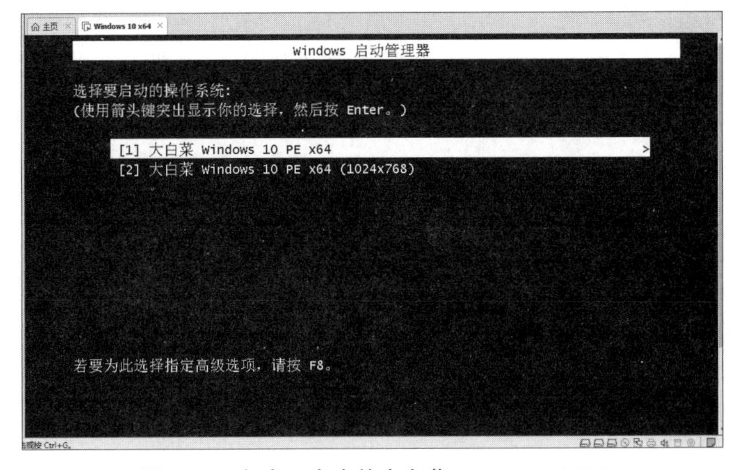

图 2.13　启动 U 盘中的大白菜 Windows 10 PE

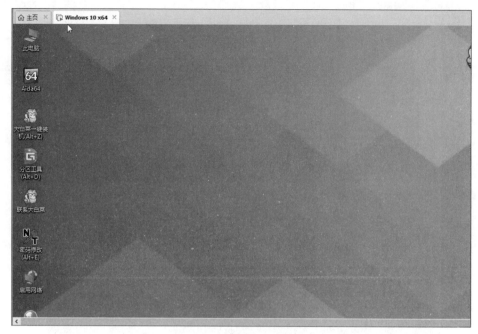

图 2.14　系统启动完成界面

(4) 备份操作系统。

首先,在 Windows 10 PE 中查看磁盘,并修改磁盘标识符,以方便辨认,接下来运行 Ghost 程序,在 Ghost 运行程序中选择 Local→Partition→To Image 命令,如图 2.15 所示。

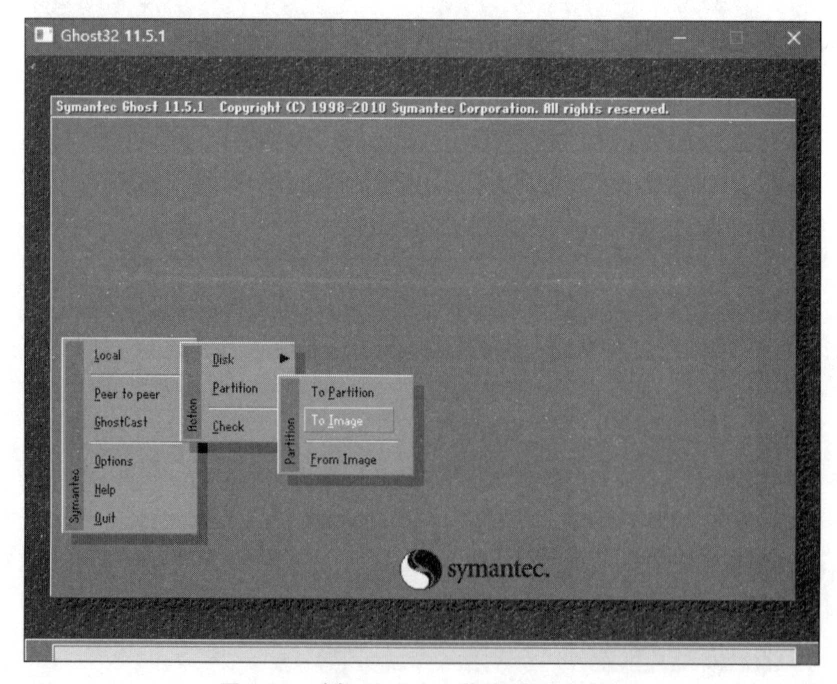

图 2.15　选择 To Image 菜单(制作备份)

选择需要备份的操作系统所在的源分区，如图2.16和图2.17所示。

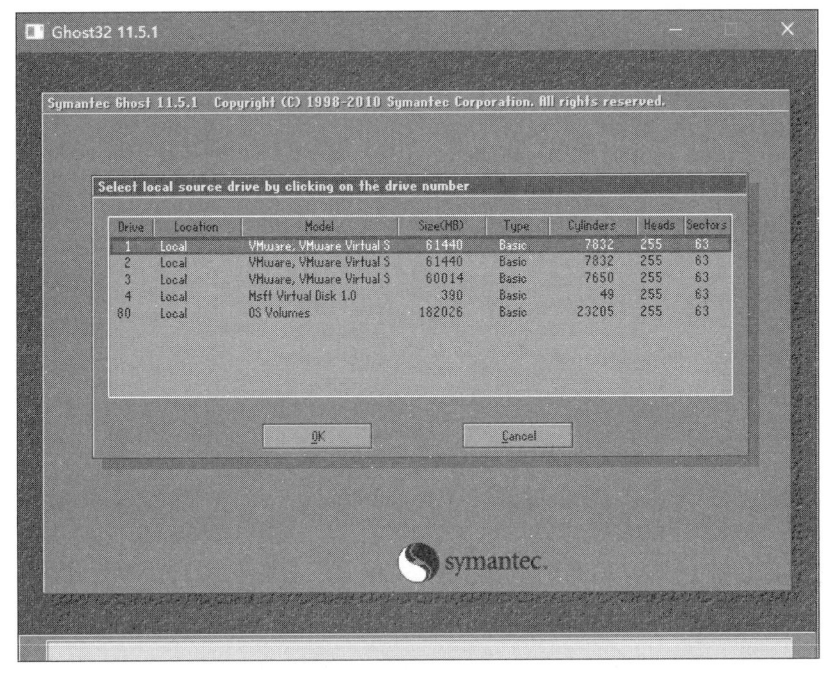

图2.16　选择源分区

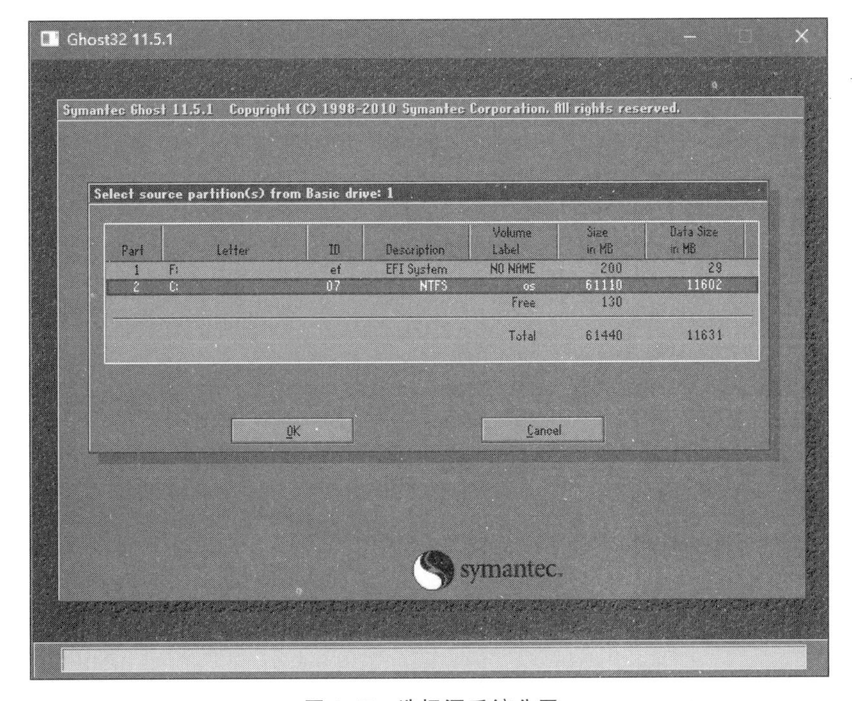

图2.17　选择源系统分区

接下来指定存放备份的分区及备份文件名，如图 2.18 和图 2.19 所示。

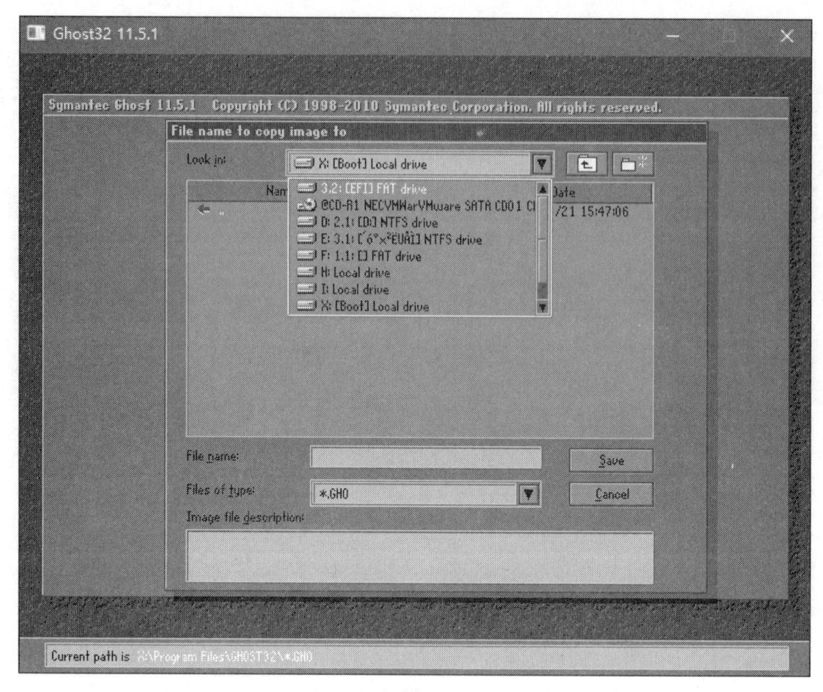

图 2.18　选择需要存放的目标分区

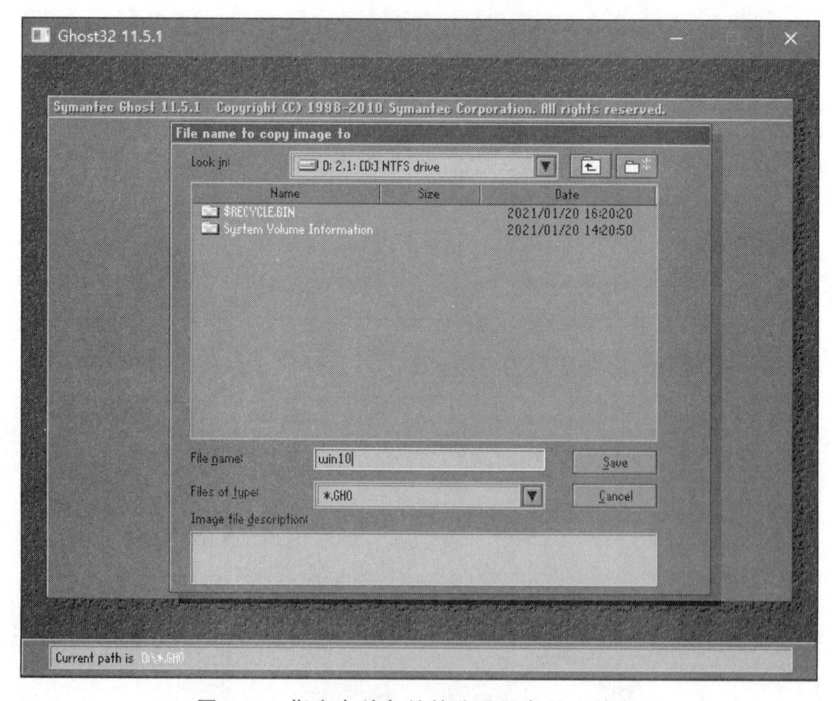

图 2.19　指定存放备份的分区及备份文件名

接下来的操作如图 2.20～图 2.24 所示。

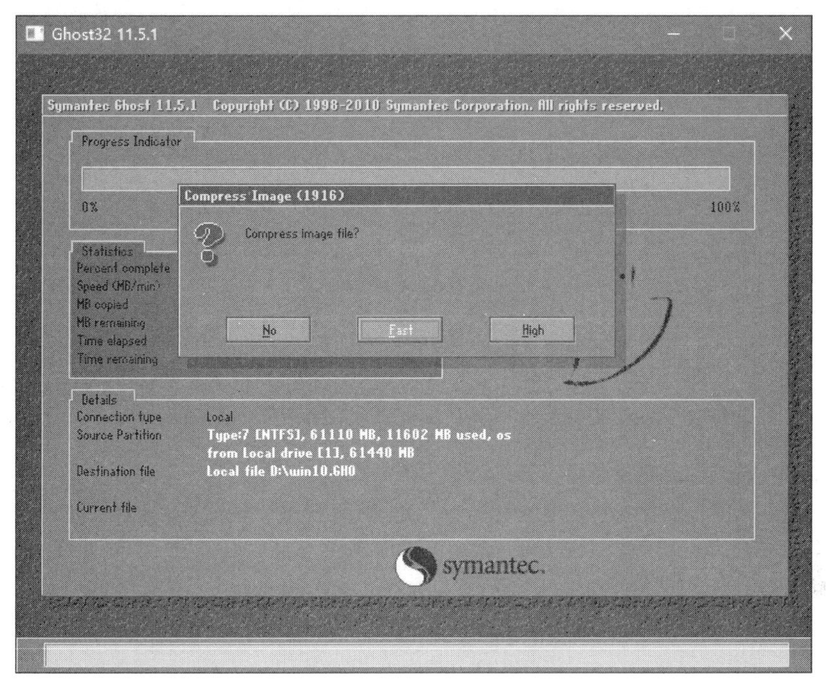

图 2.20　选择压缩镜像类型

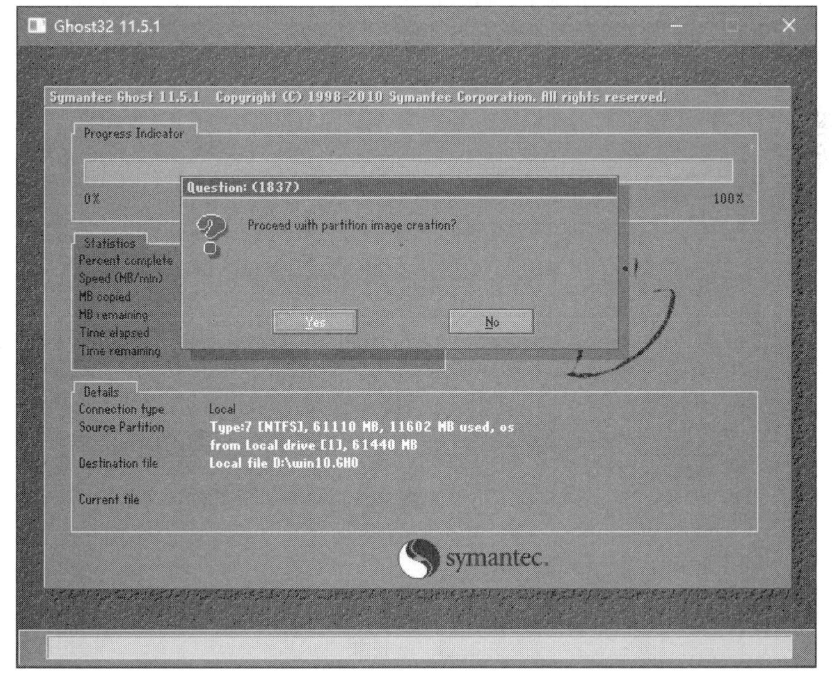

图 2.21　确定备份

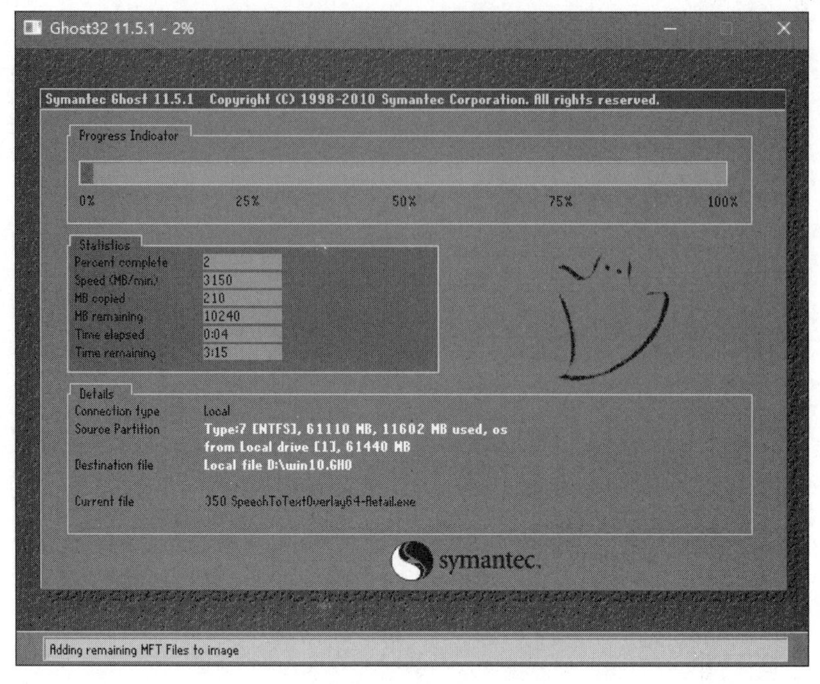

图 2.22 系统备份过程中

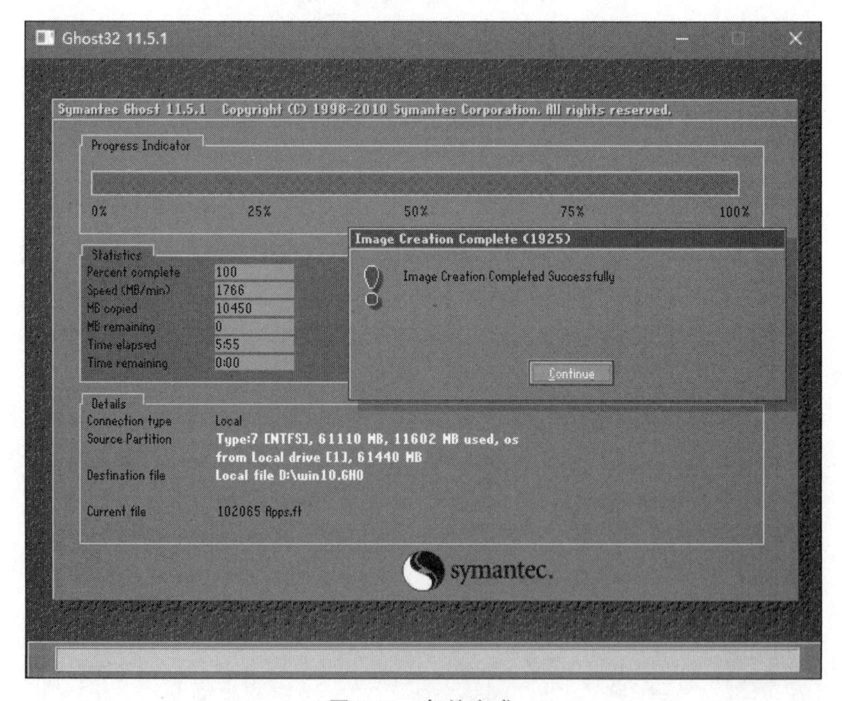

图 2.23 备份完成

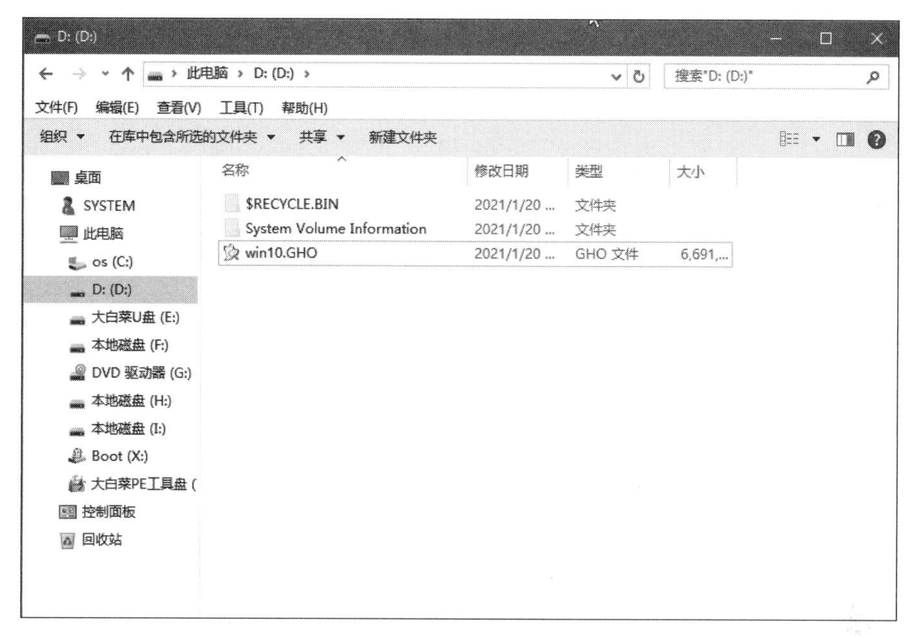

图 2.24　查看备份文件

2. 还原操作系统

若系统损坏，不能正常运行，如图 2.25 所示，需要通过 Ghost 对系统进行恢复，具体操作如下。

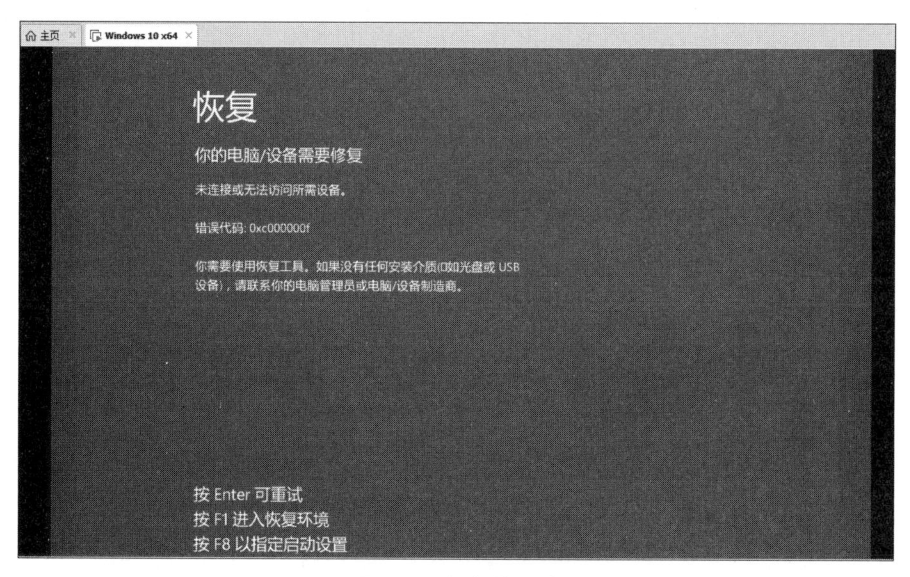

图 2.25　损坏的系统

首先关闭损坏的虚拟机操作系统。

接下来通过 U 盘启动大白菜 Windows 10 PE，这里注意的是，需要设置启动时进入固件，在固件中设置从 U 盘启动，然后通过 U 盘启动大白菜 Windows 10 PE 操作系统。

接着在该操作系统中运行 Ghost，如图 2.26 和图 2.27 所示。

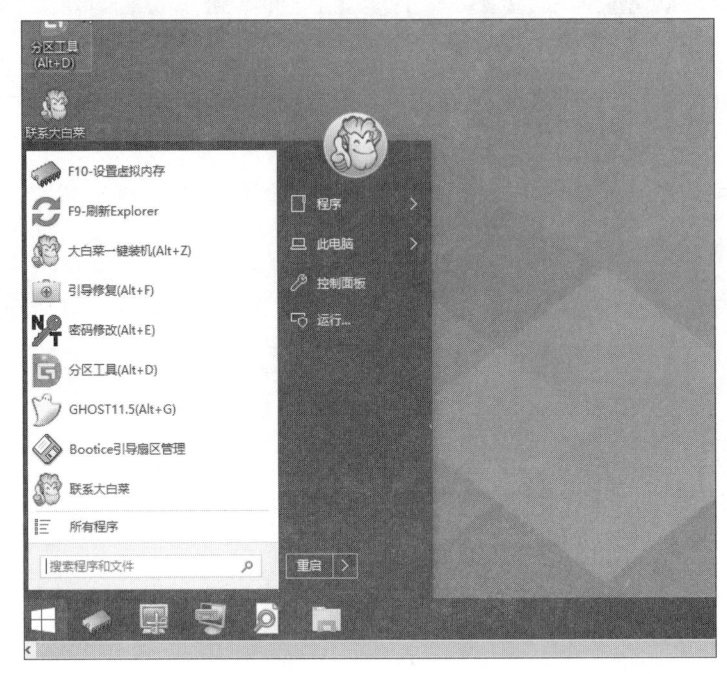

图 2.26 运行 Ghost 程序

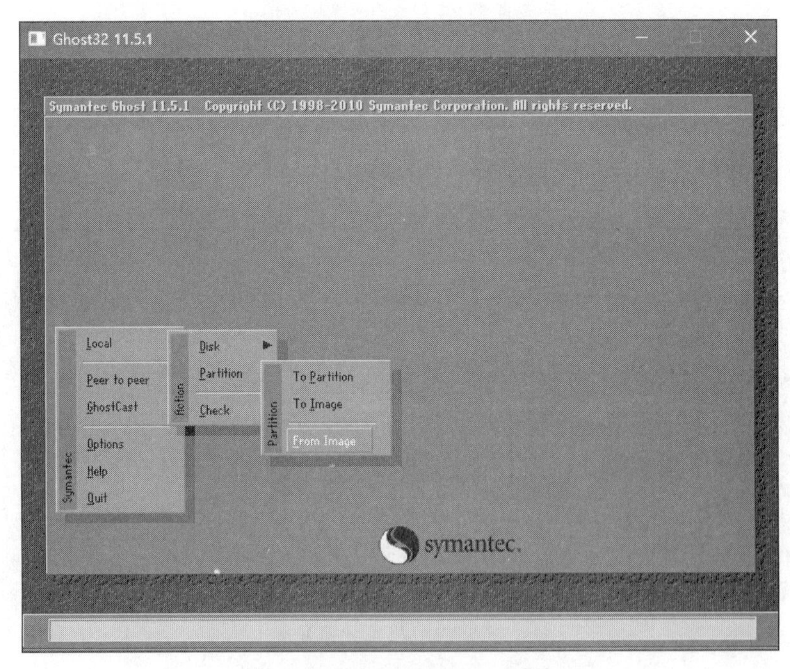

图 2.27 选择 From Image 菜单

在 Ghost 运行程序中选择 Local→Partition→From Image 命令，如图 2.27 所示。

接下来的操作如图 2.28～图 2.35 所示。

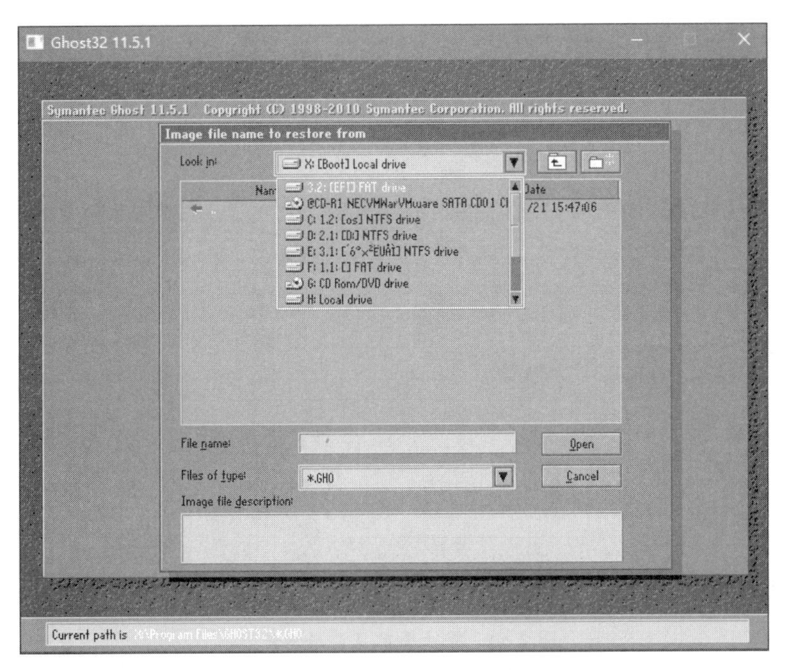

图 2.28　选择镜像文件存放的位置

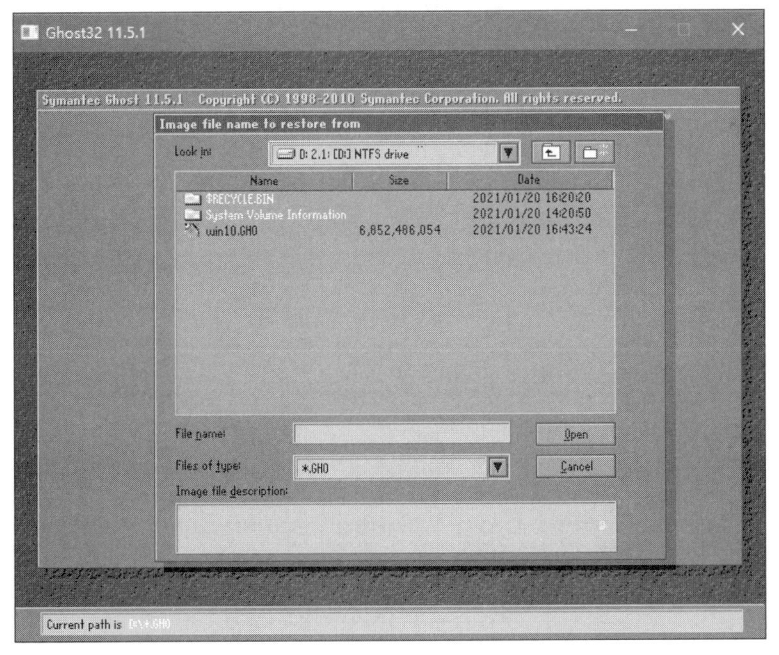

图 2.29　找到镜像文件并选择该文件

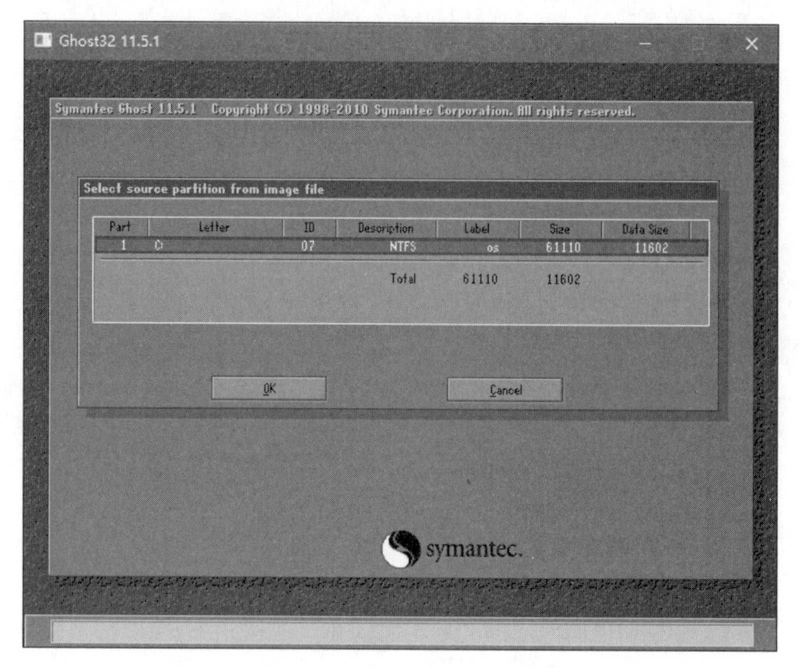

图 2.30 显示镜像文件备份信息

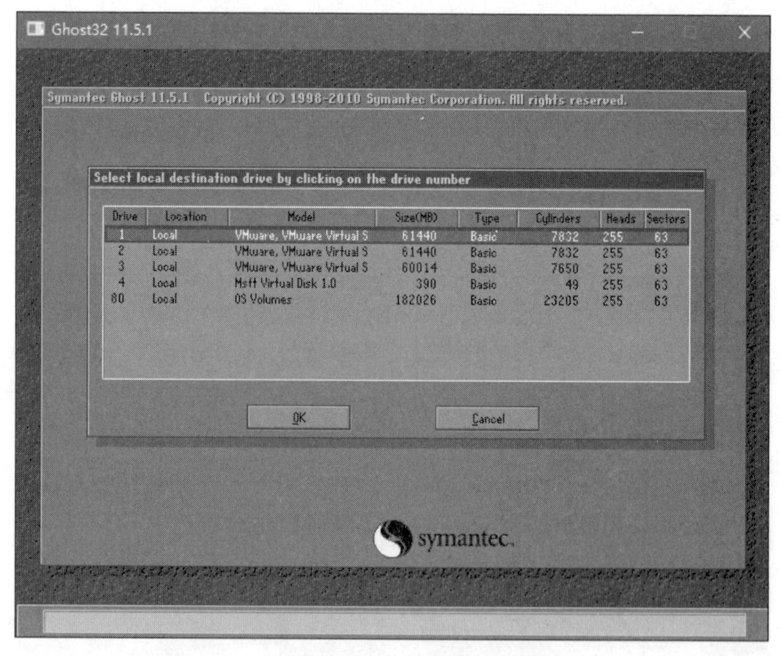

图 2.31 选择将镜像文件恢复到的硬盘分区

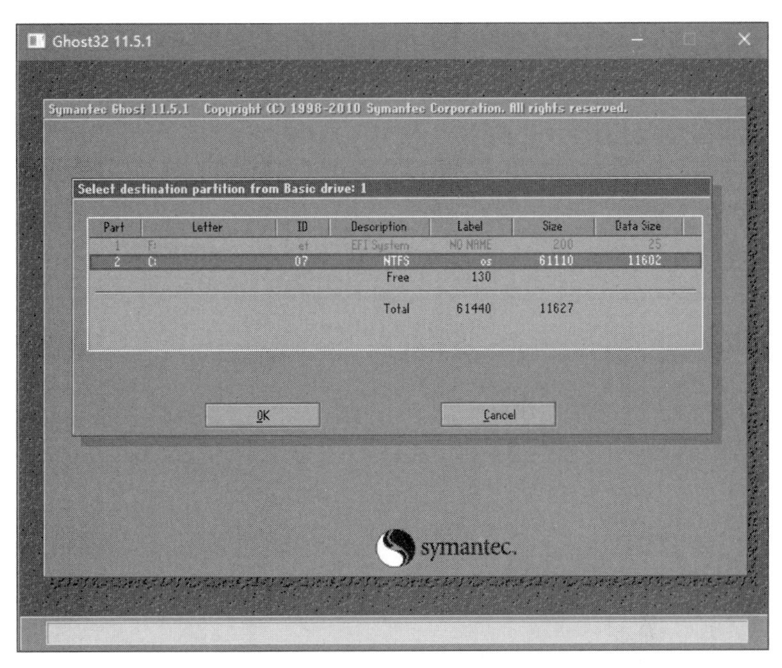

图 2.32　确定要恢复到的分区

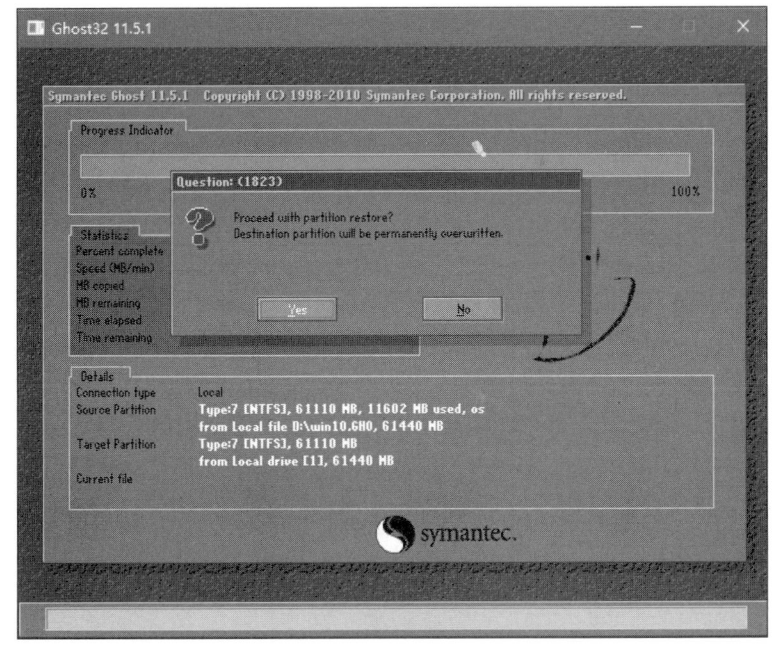

图 2.33　确认恢复分区内容

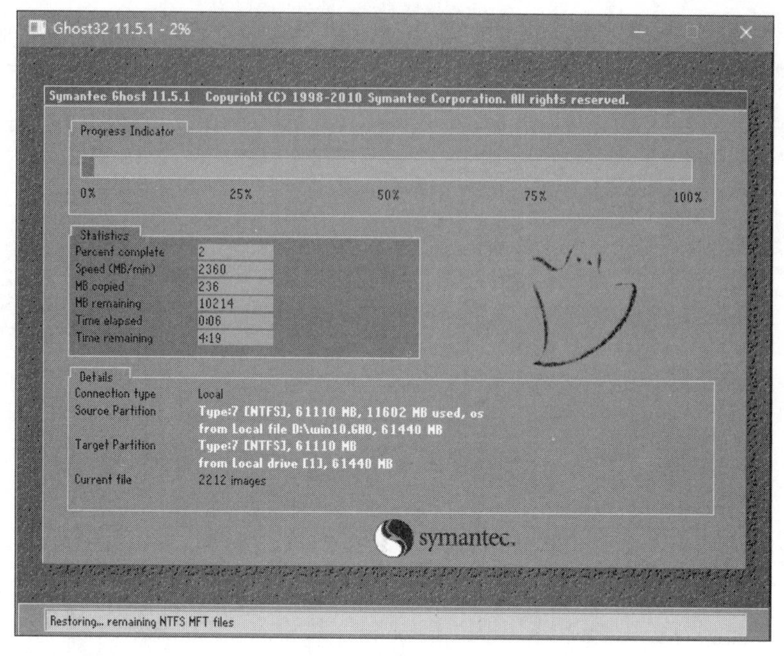

图 2.34 恢复过程中

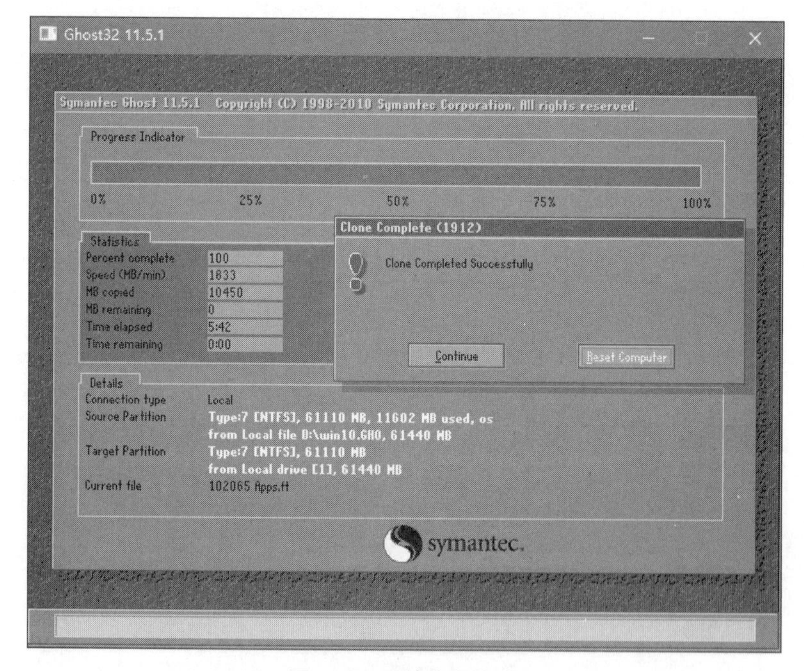

图 2.35 系统恢复完成

2.4 本章小结

本章介绍了计算机网络安全防护技术，包括物理安全技术、密码技术、认证与授权技术、防火墙技术、入侵检测技术、访问控制技术、审计技术、防病毒技术、安全性检测技术以及备份技术。还简单介绍了计算机网络安全常见的设备，包括防火墙、入侵检测、入侵防御以及统一威胁管理。

实验部分完成操作系统备份及还原工具 Ghost 的使用。

2.5 习　题　2

论述题

1. 探讨计算机网络安全防护技术有哪些，各有什么特点。
2. 探讨计算机网络安全防护设备有哪些，各有什么特点。

第3章 计算机病毒

本章学习目标

- 掌握计算机病毒的概念
- 了解常见的计算机病毒
- 掌握计算机病毒的特征
- 熟悉计算机病毒的危害及防护措施
- 了解计算机病毒的工作原理
- 掌握计算机病毒的分类
- 掌握冰河木马程序的使用

3.1 计算机病毒概述

3.1.1 计算机病毒的概念

"计算机病毒"的概念最初来源于20世纪70年代美国作家雷恩出版的《P1青春》一书。世界上公认的第一个在个人计算机上广泛流行的病毒是1987年诞生的大脑(C-Brain)病毒,这个病毒程序是由一对巴基斯坦兄弟巴斯特和阿姆捷特所写。他们在当地经营一家贩卖个人计算机的商店,由于当地盗拷软件的风气非常盛行,为了防止软件被任意盗拷,他们编写了该病毒程序。只要有人盗拷他们的软件,C-Brain就会发作,将盗拷者的剩余硬盘空间给"吃掉"。

计算机病毒是编制者在计算机程序中插入的破坏计算机功能或者数据、影响计算机使用并能自我复制的一组计算机指令或程序代码。计算机病毒不但会破坏计算机软件,也会损坏计算机硬件,如破坏计算机操作系统、损坏计算机硬盘等。它有独特的复制能力,可以很快地蔓延,又常常难以根除。

计算机病毒一般不独立存在,而是隐蔽在其他可执行的程序之中。计算机感染病毒后,轻则影响机器运行速度,破坏系统,导致系统死机,重则盗取用户隐私(如账号信息)、加密用户文件,从而导致经济损失,甚至导致系统瘫痪。

计算机病毒有自己的传输模式和不同的传输路径。通常有以下3种传输方式。

(1) 通过移动存储设备传播:如U盘、移动硬盘等。移动存储设备能成为病毒传播的路径,是因为它们经常被移动和使用。它们更容易得到计算机病毒的青睐,成为计算机病毒的携带者。

(2) 通过网络传播：随着网络技术的发展，计算机病毒可以方便地通过网络传播，并且传播速度也越来越快。

(3) 利用计算机系统和应用软件的弱点传播：越来越多的计算机病毒利用计算机系统和应用软件的弱点来传播。

下面介绍几款典型的计算机病毒。

1. CIH 病毒

1998 年开始爆发的 CIH 病毒，被认为是有史以来第一款在全球范围内造成巨大破坏的计算机病毒，该病毒导致无数计算机的数据遭到破坏。CIH 病毒属于文件型病毒，其别名有 Win95.CIH、Spacefiller、Win32.CIH、PE_CIH，是陈盈豪编写的，主要感染 Windows 95、Windows 98 下的可执行文件。其发展过程经历了 v1.0、v1.1、v1.2、v1.3、v1.4 几个版本。

CIH 病毒的文件长度虽然只有 1KB，但因它写入的是文件的空闲区，人们很难从外表观察到文件内容的增加。CIH 病毒不但可以感染可执行文件，真正可怕的是该病毒可以直接攻击、破坏计算机的硬件设备（如通过清除主板 Flash ROM 中的信息导致主板不能正常使用）。该病毒每月 26 日都会爆发（有一种版本是每年 4 月 26 日爆发）。CIH 病毒感染后的症状如图 3.1 所示。

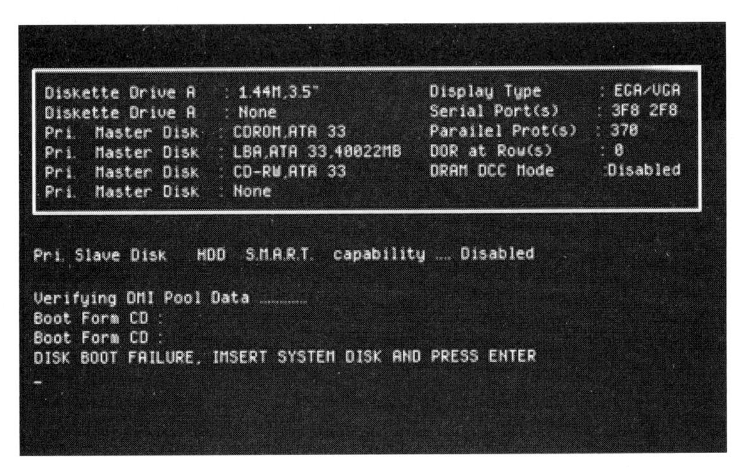

图 3.1　CIH 病毒感染后的症状

2. 莫里斯蠕虫

蠕虫也是一种计算机程序，它的特点是可以独立存在和运行。蠕虫的目的是反复复制自身，从而消耗计算机内存及网络系统资源。

1998 年 11 月 2 日，是一个令计算机界震惊的日子。在这之前，人们很少注意蠕虫程序。这一天，美国康奈尔大学研究生罗伯特·塔潘·莫里斯编写并传播取名为 Internet Worm 的程序。美国东部时间下午 5 点，美国康奈尔大学的计算机系统突然降低了速度，当时该大学的计算机是美国乃至全世界最先进的计算机系统，一般情况下，即使所有终端全部运行，也不会对计算机系统运行造成太大的影响。当时使用计算机的工作人员就此事立即向计算机系统管理中心咨询，管理中心人员发现此特异情况，并开始着手调查。计算机系统专用检测软件发现系统内多了一小段能自我复制、并占用系统资源堵塞系统通道的小程序——后来被计算机专家称为“蠕虫”。令人始料不及的是，“蠕虫”以闪电般的速度复制，大量繁殖，不到10小时就从美国东海岸传输到西海岸，使众多的美国军用计算机网络受到侵犯。

莫里斯蠕虫(Morris worm)是一小段程序，它采用截取口令，并在系统中试图做非法动作的方式直接攻击计算机系统。蠕虫与一般的计算机病毒不同，它并不是通过自身复制附加到其他程序中的方式来复制自己，而是借助系统的缺陷进行破坏。它窃取口令字，然后伪装成一个合法用户复制甚至发送到远处的另外一台终端上，结果导致蠕虫不受控制地疯狂复制，致使占当时互联网计算机通信网络10%、大约6000多台终端受到感染并瘫痪。

应该说，计算机界对计算机病毒的重新认识并极为重视就从莫里斯蠕虫病毒开始，人们开始认识到病毒的危害。莫里斯蠕虫事件引起了巨大的混乱，也有一些好的作用，它改变了人们对系统弱点的看法。莫里斯蠕虫事件促使美国军方组建了计算机紧急反应小组(computer emergency response team，CERT)，以应付此类事件，也促使时任美国总统的里根签署了《计算机安全法令》。

3. 梅丽莎病毒

梅丽莎病毒(Melissa virus)是通过微软公司的Outlook电子邮件软件向用户通讯簿名单中的50位联系人发送邮件来传播自身。该邮件包含一句话：“这就是你请求的文档，不要给别人看”，此外夹带一个Word文档附件。单击这个文件，就会使病毒感染主机并进行自我复制。

梅丽莎病毒1999年3月爆发，尽管这种病毒不会删除计算机系统文件，但它引发的大量电子邮件会阻塞电子邮件服务器，使之瘫痪。病毒传播速度之快令英特尔公司、微软公司以及其他许多使用Outlook软件的公司措手不及。为了防止损失，它们被迫关闭整个电子邮件系统。

4. 爱虫病毒

2000年5月4日，爱虫病毒(I Love You)开始在全球迅速传播。该病毒通过Outlook电子邮件系统传播，邮件的主题为I Love You，并包含附件Love-Letter-for-you.txt.vbs，如图3.2所示。打开病毒附件后，该病毒会自动向通讯簿中的所有电子邮件地址发送病毒邮件副本，阻塞邮件服务器，同时感染扩展名为vbs、hta、jpg、mp3等文件。

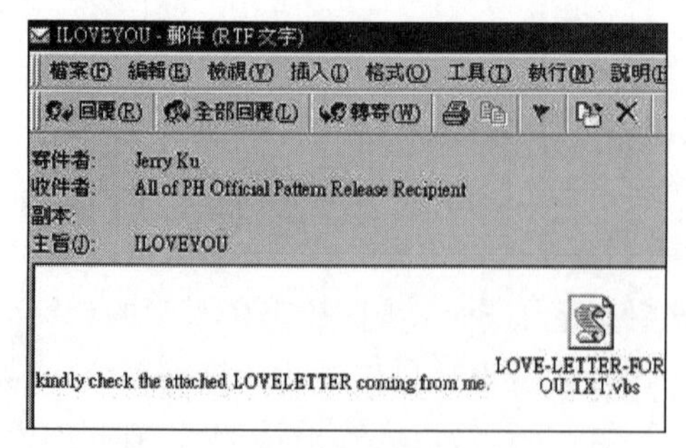

图3.2 发送邮件传播爱虫病毒

爱虫病毒通过Outlook传播，打开病毒邮件附件，使用者会观察到计算机的硬盘灯不停闪烁，系统速度显著变慢，计算机中出现大量扩展名为vbs的文件。所有快捷方式被改变为与系统目录下w.exe文件建立关联，进一步消耗系统资源，造成系统崩溃。

5. 红色代码病毒

红色代码(code red)是一种计算机蠕虫病毒，能够通过网络服务器和互联网传播。2001年7月，红色代码病毒感染运行Microsoft IIS Web服务器的计算机。它采用了一种叫作“缓冲区溢出”的黑客技术，利用微软IIS的漏洞进行病毒的感染和传播。

被它感染后，遭受攻击主机发布的网络站点会显示Welcome to http://www.worm.com!，如图3.3所示。随后，病毒便会主动寻找其他易受攻击的主机进行感染。不到一周，该病毒感染了近40万台服务器。

6. 冲击波病毒

冲击波病毒(Worm.Blaster)是利用微软公司在2003年7月21日公布的RPC漏洞传播的，该病毒于当年8月爆发。病毒运行时会不停地利用扫描技术寻找网络上安装操作系统为Windows 2000以及Windows XP的计算机，找到后就利用DCOM/RPC缓冲区漏洞攻击该系统，一旦攻击成功，病毒体便会被传送到对方计算机中进行感染，使系统操作异常、不停重启甚至导致系统崩溃。具体感染冲击波病毒的症状如图3.4所示。

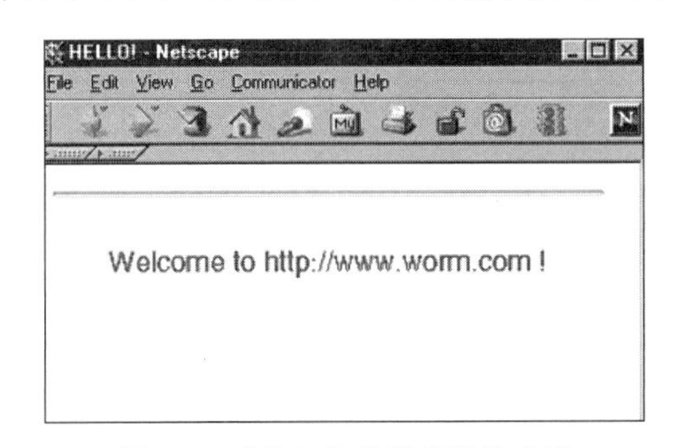

图3.3 感染红色代码病毒的症状

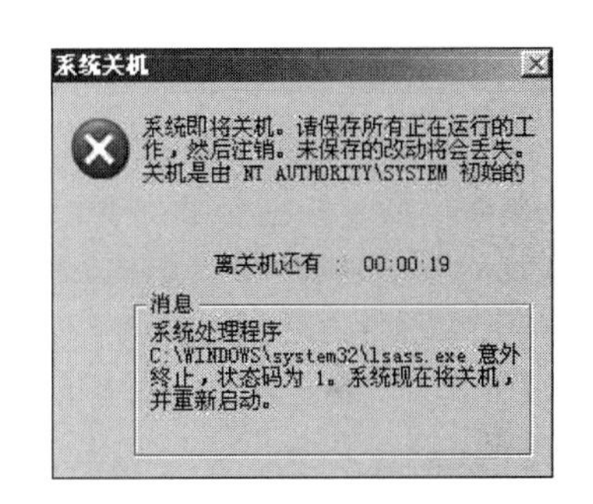

图3.4 感染冲击波病毒的症状

另外，该病毒还会对系统升级网站进行拒绝服务攻击，导致用户无法通过该网站升级系统。只要是计算机上有RPC服务并且没有打安全补丁的计算机都存在RPC漏洞。具体涉及的操作系统有Windows 2000、Windows XP、Windows Server 2003、Windows NT 4.0。

7. 巨无霸病毒

2003年出现的巨无霸病毒(Worm.Sobig)通过局域网传播，该病毒通过查找局域网上的所有计算机，并试图将自身写入网络中计算机的启动目录中，从而使计算机自动启动该病毒程序。该病毒一旦运行，在计算机联网的状态下，每隔两小时就会到某一指定网址自动下载病毒，同时会查找计算机中所有的邮件地址，并向这些地址发送标题为Re: Movies、Re: Sample、Re: Details等字样的病毒邮件，从而进行邮件传播，如图3.5所示。该病毒还会将用户的隐私发到指定的邮箱。由于邮件内容的一部分是来自于被感染计算机中的资料，因此有可能泄露用户的机密文件。

8. 震荡波病毒

2004年5月1日，震荡波病毒(Worm.Sasser)在网络上出现，该病毒是通过微软高危

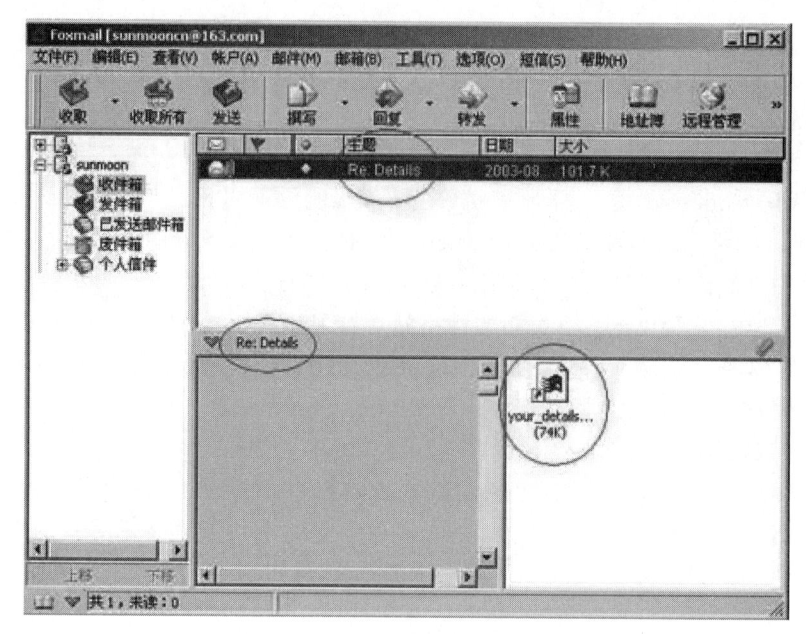

图 3.5 巨无霸病毒通过邮件传播

漏洞——LSASS漏洞(微软MS04-011公告)传播,感染病毒的计算机会出现系统反复重启、机器运行缓慢,出现系统异常的出错框等现象。

震荡波病毒感染的系统包括Windows 2000、Windows Server 2003以及Windows XP,病毒运行后会巧妙地将自身复制为%WinDir%\napatch.exe。该病毒随机在网络上搜索机器,并向远程计算机的445端口发送包含后门程序的非法数据。远程计算机如果存在MS04-011漏洞,将会自动运行后门程序,打开后门端口9996。

9. 熊猫烧香病毒

熊猫烧香病毒是由李俊制作并肆虐网络的一款计算机病毒,在2006年年底开始大规模爆发。它是一款拥有自动传播、自动感染硬盘能力和强大的破坏能力的病毒,感染系统中的*.exe、*.com、*.html、*.asp、*.pif文件,导致用户一打开这些网页文件,IE自动连接到指定病毒网址下载病毒,在硬盘各分区下生成文件autorun.inf和setup.exe。病毒还可以通过U盘和移动硬盘传播,并且利用Windows系统的自动播放功能来运行。

熊猫烧香病毒还会修改注册表启动项,被感染的文件图标变成“熊猫烧香”的图案,如图3.6所示。病毒还可以通过共享文件夹、系统弱口令等多种方式传播。

10. 网游大盗

网游大盗(爆发于2007年)是一款专门盗取网络游戏账号和密码的病毒,该病毒属于木马病毒,可以从指定的网址下载木马病毒或其他恶意软件,还可以通过网络和移动存储介质传播。当系统接入互联网,会将盗取的用户账号、密码等信息发送到指定的邮箱或指定的远程服务器的Web站点中,最终导致网络游戏玩家无法正常运行游戏,蒙受不同程度的经济损失。

11. 勒索病毒

勒索病毒是通过锁定被感染者计算机的系统或文件,并施以敲诈勒索的新型计算机

图 3.6 熊猫烧香病毒

病毒，通过计算机漏洞、邮件投递、恶意木马程序、网页后门等方式进行传播。一旦感染，磁盘上几乎所有格式的文件都会被加密，造成企业、学校和个人用户的大量重要文件无法使用甚至外泄，严重影响日常工作和生活。感染勒索病毒的计算机如图 3.7 所示。

图 3.7 勒索病毒

2017 年 5 月，一种名为“想哭”的勒索病毒袭击全球 150 多个国家和地区，影响领域包括政府部门、医疗服务、公共交通、邮政、通信和汽车制造业。2017 年 6 月，欧洲、北美地区多个国家遭到 NotPetya 勒索病毒攻击，乌克兰受害严重，影响领域包括政府部门、国有企业。2017 年 10 月，俄罗斯、乌克兰等国遭到勒索病毒“坏兔子”攻击，影响领域包括乌克兰敖德萨国际机场、首都基辅的地铁支付系统以及俄罗斯的三家媒体。随后德国、土耳其等国也发现此病毒。2018 年 2 月，多家互联网安全企业截获了 Mind Lost 勒索病毒，同时我国发生多起勒索病毒攻击事件，感染勒索病毒的文件被加密，同时这些文件被重命名为扩展名为 GOTHAM、Techno、DOC、CHAK、FREEMAN 等的文件，并通过邮件来告知受害者付款方式，使获利更加容易、更加方便。2020 年 4 月，网络上出现一种名为 WannaRen 的新型勒索病毒，与此前的“想哭”病毒的行为类似，加密 Windows 系统中几乎所有文件的扩展名为 WannaRen。

3.1.2 计算机病毒的特征

任何病毒只要侵入系统，都会对系统及应用程序产生不同程度的影响。轻者会占用系统资源，降低计算机的工作效率；重者可导致数据丢失，系统崩溃。计算机病毒和其他程序一样，是一段可执行程序，是寄生在其他可执行程序上的一段代码，只有其他程序运行时，病毒程序代码才会被执行，病毒才会起到破坏作用。病毒程序一旦执行，就会搜索其他符合条件的环境，确定目标后再将自身复制其中，达到自我繁殖的目的。因此，传染性是判断计算机病毒的重要条件。病毒只有在满足其特定条件时，才会对计算机产生致命的破坏。

计算机病毒的特征主要表现为以下 6 方面。

(1) 隐蔽性。计算机病毒不易被发现，这是由于计算机病毒具有较强的隐蔽性，它通常以隐含文件或程序代码的方式存在。一些病毒被设计成病毒修复程序，诱导用户使用，进而实现病毒植入，入侵计算机。因此，计算机病毒的隐蔽性使得安全防范处于被动状态，造成严重的安全隐患。

(2) 破坏性。病毒入侵计算机往往造成极大的破坏，能够破坏计算机的数据信息，甚至造成大面积的计算机瘫痪，对计算机用户造成较大损失。如常见的木马、蠕虫等计算机病毒。

(3) 传染性。计算机病毒具有传染性，它能够通过 U 盘、网络等途径入侵计算机。入侵之后，往往可以实现病毒扩散，感染其他计算机，进而造成大面积瘫痪等事故。随着计算机网络技术的不断发展，在短时间之内，病毒能够实现较大范围的恶意入侵。因此，在计算机病毒的安全防御中，如何面对快速的病毒传染，成为有效防御病毒的重要基础，也是构建防御体系的关键。

(4) 寄生性。计算机病毒具有寄生性。计算机病毒需要在宿主中寄生才能生存，更好地发挥其功能。通常情况下，计算机病毒都是在其他正常程序或数据中寄生，在此基础上利用一定媒介实现传播，在宿主计算机实际运行过程中，一旦达到某种设置条件，计算机病毒就会被激活。

(5) 可执行性。计算机病毒与其他合法程序一样，是一段可执行程序，但它不是一个完整的程序，而是寄生在其他可执行程序上，因此它享有一切程序所具有的权力。

(6) 可触发性。编制计算机病毒的人通常都为计算机病毒程序设定一些触发条件。例如，系统时钟的某个时间或日期、系统运行了某些程序等。一旦条件满足，计算机病毒就会“发作”。因此，计算机病毒具有因某个事件或数值的出现，诱使病毒实施感染或进行攻击的特征。

3.1.3 计算机病毒的危害及防范措施

如今,计算机和计算机网络已经成为人们生活中重要的组成部分,而病毒会导致计算机数据遭到破坏、篡改、盗取甚至造成严重的计算机网络安全问题,影响网络的使用效益。认识到计算机病毒的破坏性和毁灭性,增强对计算机病毒的防范意识是非常重要的。

计算机病毒的危害主要表现在以下几方面。

1. 病毒能够直接破坏计算机数据信息

大部分计算机病毒发作时可以直接破坏计算机的重要数据,采用的手段有格式化磁盘、改写文件分配表和目录区、删除重要文件、用无意义的"垃圾"数据改写文件、破坏CMOS设置等。如磁盘杀手病毒(DISK KILLER),该病毒内含计数器,硬盘感染病毒后,开机时间累计48小时内激发该病毒,激发时屏幕上显示"Warning!! Don't turn off power or remove diskette while Disk Killer is Processing!"(警告!! DISK KILLER在工作,不要关闭电源或取出磁盘!)该病毒激发时会直接破坏硬盘数据信息。

2. 占用磁盘空间

寄生在磁盘上的病毒总要非法占用一部分磁盘空间。引导型病毒侵占磁盘的方式是由病毒本身占据磁盘引导扇区,而把原来的引导区转移到其他扇区,也就是引导型病毒要覆盖一个磁盘扇区。被覆盖的扇区数据永久性丢失,无法恢复。文件型病毒利用一些DOS功能进行传染,这些DOS功能能够检测出磁盘的未用空间,把病毒的传染部分写到该空间。所以在传染过程中,通常不破坏磁盘上的原有数据,但侵占了磁盘空间。一些文件型病毒传染速度很快,在短时间内感染大量文件,每个文件都不同程度地加长了,造成磁盘空间的严重浪费。

3. 抢占系统资源

除VIENNA(维埃纳)、CASPER(卡死脖)等少量病毒外,大多数病毒在动态下都常驻内存,抢占系统资源,导致内存减少,使得一部分软件不能运行。除占用内存外,病毒还抢占中断,干扰系统运行。计算机操作系统的很多功能是通过中断调用技术来实现的。病毒为了传染激发,往往修改一些中断地址,在正常中断过程中加入病毒,从而干扰系统的正常运行。

4. 影响计算机运行速度

病毒进驻内存后不但干扰系统运行,还影响计算机运行速度,主要表现在以下几方面。

(1) 病毒为了判断传染激发条件,总要对计算机的工作状态进行监视,影响计算机的正常运行。

(2) 有些病毒为了保护自己,不但对磁盘上的静态病毒进行加密,也对进驻内存的动态病毒进行加密,CPU每次寻址到病毒处时,都要运行一段解密程序,把加密的病毒解密成合法的CPU指令再执行;而病毒运行结束时再用一段程序对病毒进行加密。这样导致CPU额外执行数千条甚至上万条指令。

(3) 病毒在进行传染时,同样要插入非法的额外操作,影响计算机的运行速度。

5. 计算机病毒错误导致不可预见的危害

计算机病毒与其他计算机软件的一大区别是计算机病毒的无责任性。开发一个完善的计算机软件需要耗费大量的人力、物力和财力，并且需要经过长时间调试完善，最后才能推出。但在病毒编制者看来，既没有必要这样做，也不可能这样做。很多计算机病毒都是个别程序员在计算机上匆匆编制调试后就开始使用。反病毒专家在分析大量计算机病毒后发现，绝大部分病毒都存在不同程度的错误。错误病毒的另一个主要来源是病毒的变种。有些计算机的初学者尚不具备独立编制软件的能力，出于好奇或其他原因修改别人的病毒程序，从而造成病毒程序的错误。计算机病毒程序的错误所产生的后果往往是不可预见的。反病毒工作者曾经详细指出"黑色星期五"病毒存在 9 处错误，"乒乓"病毒存在 5 处错误等。但是人们不可能花费大量时间去分析数万种病毒的错误所在。大量含有未知错误的病毒扩散传播，其后果是难以预料的。

6. 计算机病毒的兼容性对系统运行的影响

兼容性是计算机软件的一项重要指标，兼容性好的软件可以在各种计算机环境下运行，反之，兼容性差的软件则对运行条件有一定的要求，如对计算机的机型和操作系统的版本等有特别的要求。病毒的编制者一般不会针对各种计算机环境对病毒进行测试，因此病毒的兼容性较差会影响系统的正常运行。

7. 窃取用户的隐私数据以及加密用户文件

木马病毒大部分都是以窃取用户信息、获取经济利益为目的，如窃取用户资料，窃取用户的网银账号和密码、网游账号和密码等。这些信息一旦失窃，将给用户直接带来不可估量的经济损失。

前面谈到的勒索病毒是一种新型计算机病毒，该病毒性质恶劣、危害极大，计算机系统一旦感染这种病毒，将给用户带来无法估量的损失。它利用各种加密算法对文件进行加密，被感染者一般无法解密，必须拿到解密的私钥才有可能破解，而要解密文件就需要支付比特币。

8. 计算机病毒给用户造成严重的心理压力

据计算机售后服务部门统计，计算机用户怀疑"计算机有病毒"而提出咨询约占售后服务工作量的 60%以上。经检测确实存在病毒的约占 70%，另有 30%的情况只是用户怀疑，而实际上计算机并没有感染病毒。用户怀疑计算机感染病毒的理由大部分是计算机出现死机、软件运行异常等现象。这些现象确实很有可能是计算机病毒造成的，但又不全是。实际上，在计算机工作"异常"的时候，很难要求一位普通用户去准确判断是否是病毒所为。大多数用户对病毒采取宁可信其有的态度，这对保护计算机安全无疑是十分必要的，但这往往需要付出时间、金钱等方面的代价。而仅仅怀疑病毒而贸然格式化磁盘所带来的损失更是难以弥补。不仅是个人单机用户，对网络病毒的甄别同样给用户造成严重的心理负担和财产损失。总之，计算机病毒像"幽灵"一样笼罩在广大计算机用户的心头，给人们造成巨大的心理压力，极大地影响了计算机的使用效率，由此带来的无形损失是难以估量的。

做好计算机病毒的预防，是防治计算机病毒的关键，计算机病毒的防范措施具体表现在以下几方面。

(1) 安装最新的杀毒软件，及时升级杀毒软件的病毒库，定时对计算机进行病毒查杀，上网时开启杀毒软件全部监控。

(2) 使用正版软件以及从权威的正规网站下载软件，不使用盗版及来历不明的软件。

(3) 养成良好的上网习惯，如对不明邮件及附件慎重打开，尽量不访问不明网站，使用较为复杂的密码。

(4) 及时修复系统漏洞，同时将应用软件升级到最新版本，避免病毒从网页木马的方式入侵到系统或通过其他应用软件漏洞来传播。

(5) 对已经感染病毒的计算机尽快隔离，立即切断网络，以免病毒在网络中传播。

(6) 培养自觉的网络安全意识，在使用移动存储设备时，尽可能不要共享这些设备。移动存储设备是计算机病毒传播的主要途径，也是计算机病毒攻击的主要目标，在对网络安全要求比较高的场所，应将计算机的 USB 接口封闭，在有条件的情况下尽量做到专机专用。

3.2　计算机病毒的工作原理

计算机病毒本质上是人为编制的计算机程序代码。这段程序代码一旦进入计算机并得以执行，会对计算机的使用造成不同程度的影响。它会搜寻符合传染条件的程序或存储介质，确定目标后再将自身代码插入其中，达到自我繁殖的目的。计算机一旦感染病毒，若不及时处理，病毒会迅速扩散，导致大量文件(一般是可执行文件)被感染。而被感染的文件又成了新的传染源，与其他计算机进行数据交换或通过网络进行数据传输。程序通常是由用户调用，再由系统分配资源，完成用户交给的任务。其目的对用户是可见的、透明的。而计算机病毒具有正常程序的一切特性，它隐藏在正常程序中，当用户调用程序时，病毒程序窃取到系统的控制权，先于正常程序执行。病毒的动作、目的对用户是未知的，是未经用户允许的。

计算机病毒一般是具有很高的编程技巧、短小精悍的程序。通常附在正常程序中或磁盘较隐蔽的地方，也有个别的以隐含文件形式出现，目的是不让用户发现它的存在。如果不经过代码分析，病毒程序与正常程序不容易区分。一般在没有防护措施的情况下，计算机病毒程序取得系统控制权后，可以在短时间里传播。受到传染的计算机系统通常仍能正常运行，用户感觉不到任何异常。正是由于具有隐蔽性，计算机病毒才得以在用户不知不觉的情况下扩散到其他计算机中。

大部分计算机系统感染病毒之后不会马上发作，它可以长期隐藏在系统中，只有在满足其特定条件时才启动表现(破坏)模块，进行传播。

计算机病毒通常是由以下 3 个模块组成的。

(1) 引导模块。引导模块将计算机病毒程序引入计算机内存，并使得感染和表现模块处于活动状态。引导模块需要提供自我保护功能，避免在内存中的代码被覆盖或清除。计算机病毒程序引入内存后为感染模块和表现模块设置相应的启动条件，以便在适当的时候或合适的条件下激活感染模块或表现模块。

(2) 感染模块。感染模块分为感染条件判断子模块和感染功能实现子模块两个模块。感染条件判断子模块依据引导模块设置的传染条件判断当前系统环境是否满足传染条件。如果传染条件满足,感染功能实现子模块则启动传染功能,将计算机病毒程序附加在其他宿主主程序上。

(3) 表现模块。表现模块分为条件判断子模块和功能实现子模块两个模块。判断子模块依据引导模块设置的触发条件判断当前系统环境是否满足触发条件。如果触发条件满足,实现子模块则启动计算机病毒程序,按照预定的计划执行。

3.3 计算机病毒的分类

按照计算机病毒的特点及特性,可以将计算机病毒划分为多种。同一种病毒可能属于多个不同的类型。通常将计算机病毒划分为以下几种类型。

1. 传统单机病毒

单机病毒在单台计算机中感染并发作,破坏单台计算机。该类型病毒通过 U 盘或磁盘传播。常见的单机病毒包括引导型病毒、文件型病毒、宏病毒以及复合型病毒。

1) 引导型病毒

引导型病毒是指寄生在磁盘引导区或主引导区的计算机病毒。此种病毒利用系统引导时不对主引导区的内容正确与否进行判别的缺点,在引导系统的过程中侵入系统,驻留内存,监视系统运行,伺机传染和破坏。按照引导型病毒在硬盘上的寄生位置,又可细分为主引导记录病毒和分区引导记录病毒。主引导记录病毒感染硬盘的主引导区,如大麻病毒、火炬病毒等;分区引导病毒感染硬盘的活动分区,如小球病毒等。

2) 文件型病毒

文件型病毒是指能够寄生在文件中的计算机病毒。这类病毒程序主要感染计算机中的可执行文件(.exe)和命令文件(.com)。该病毒对计算机的源文件进行修改,使其成为新的带毒文件。一旦计算机运行该文件,就会被感染,从而达到传播的目的。1575 病毒又称毛毛虫病毒,属于 PC-DOS 系统上的文件型病毒,该病毒仅传染可执行文件,并随被传染文件的执行而常驻内存。

3) 宏病毒

宏病毒是一种寄存在文档或模块的宏中的计算机病毒。一旦打开这样的文档,其中的宏就会被执行,于是宏病毒就会被激活,从而转移到计算机上,并驻留在 Normal 模板中,之后所有自动保存的文档都会"感染"这种宏病毒。若其他用户打开了感染病毒的文档,宏病毒又会转移到该用户的计算机上。宏病毒主要利用 Microsoft Office 的开放性,即 Word 中提供的 VBA 编程接口,专门制作一个或多个具有病毒特点的宏的集合。其特点是传播快,破坏性大。

4) 复合型病毒

复合型病毒是指同时具有引导型病毒和文件型病毒寄生方式的计算机病毒。这种病毒扩大了病毒程序的传染途径,它既感染磁盘的引导记录,又感染可执行文件。当感染此种病毒的磁盘用于引导系统或调用执行染毒文件时,病毒就会被激活。因此在检测、清除复合型病毒时,必须全面彻底地根治,如果只发现该病毒的一个特性,把它只当作引导型或文件型病毒进行清除,虽然好像是清除了,但还留有隐患,这种经过消毒后的"洁净"系统更富有攻击性。这种病毒有 Flip 病毒、新世纪病毒、One-half 病毒等。

2. 现代网络病毒

与单机病毒相对应的是网络病毒，网络病毒可以通过网络传播。常见的网络病毒包括蠕虫病毒、木马病毒等。

1）蠕虫病毒

蠕虫是一种可以自我复制的程序代码，且通过网络传播，通常无须人为干预就能传播。蠕虫病毒入侵并完全控制一台计算机之后，就会把这台计算机作为宿主，扫描并感染其他计算机。当这些被蠕虫入侵的计算机被控制之后，蠕虫会以这些计算机为宿主，继续扫描并感染其他计算机，这种行为会一直延续下去。蠕虫使用这种递归的方法传播，按照指数增长的规律分布自己，进而及时控制越来越多的计算机。

蠕虫病毒的特点表现在以下 6 方面。

(1) 较强的独立性。计算机病毒一般都需要宿主程序，病毒将自己的代码写到宿主程序中，当该程序运行时，先执行写入的病毒程序，从而造成感染和破坏。而蠕虫病毒不需要宿主程序，它是一段独立的程序或代码，因此也就避免了受宿主程序的牵制，可以不依赖于宿主程序而独立运行，实施攻击。

(2) 利用漏洞主动攻击。由于不受宿主程序的限制，蠕虫病毒可以利用操作系统的各种漏洞进行主动攻击。如“尼姆达”病毒利用 IE 浏览器漏洞，使感染病毒的邮件附件在不被打开的情况下就能激活病毒；“红色代码”病毒利用微软 IIS 服务器软件的漏洞来传播；而“蠕虫王”病毒则是利用微软数据库系统的漏洞进行攻击。

(3) 传播更快、更广。蠕虫病毒比传统病毒具有更大的传染性，它不仅感染本地计算机，还会以本地计算机为基础感染网络中所有的服务器和客户端。蠕虫病毒可以通过网络中的共享文件夹、电子邮件、恶意网页以及存在着大量漏洞的服务器等途径肆意传播，几乎所有的传播手段都被蠕虫病毒运用得淋漓尽致。因此，蠕虫病毒的传播速度可以是传统病毒的几百倍，甚至可以在几小时之内蔓延全球。

(4) 更好的伪装和隐藏方式。为了使蠕虫病毒在更大范围内传播，病毒的编制者非常注重病毒的隐藏方式。在通常情况下，人们在接收、查看电子邮件时，都采取双击打开邮件主题的方式来浏览邮件内容，如果邮件中带有病毒，用户的计算机就会立刻被病毒感染。

(5) 技术更加先进。一些蠕虫病毒与网页的脚本相结合，利用 VBScript、Java、Active X 等技术隐藏在 HTML 页面里。当用户浏览含有病毒代码的网页时，病毒会自动驻留内存，并伺机触发。还有一些蠕虫病毒与后门程序或木马程序相结合，比较典型的是“红色代码”病毒，病毒的传播者可以通过这个程序远程控制被病毒感染的计算机。这类与黑客技术相结合的蠕虫病毒具有更大的潜在威胁。

(6) 使追踪变得更困难。当蠕虫病毒感染了大部分系统之后，攻击者便能发动多种攻击方式对付一个目标站点，并通过蠕虫病毒隐藏攻击者的位置，这样要抓住攻击者会非常困难。

2）木马病毒

木马病毒是指隐藏在正常程序中一段具有特殊功能的恶意代码，是具备破坏和删除文件、发送密码、记录键盘等特殊功能的后门程序。木马病毒是计算机黑客用于远程控制计算机的程序,将控制程序寄生于被控制的计算机系统中,内应外合,对被感染木马病毒的计算机实施操作。一般的木马病毒程序主要是寻找计算机后门,伺机窃取被控计算机中的密码和重要文件等,可以对被控计算机实施监控、资料修改等非法操作。木马病毒具有很强的隐蔽性,可以根据黑客意图突然发起攻击。

木马病毒是一种程序,这种程序会做一些文档中没有明确声明的事,也就是说,程序编写者编写的特洛伊木马程序表面上在做有用的事,实际上它隐含盗用进程,在做有损计算机安全的罪恶勾当,包括复制、滥用或者销毁数据等非法活动。一个典型的例子是"复活节彩蛋(easter eggs)",它通常是可以被一些神秘的击键组合激活的简短程序,程序员将其置入商品化软件中。而利用特洛伊木马背后窃取用户资料并破坏计算机系统,从而导致计算机安全保密事件的发生,在网络出现以后已经屡见不鲜。

木马病毒的特点表现在以下几方面。

(1) 隐蔽性。木马病毒可以长期存在的主要原因是它可以将自己伪装成合法应用程序来隐匿自己,使用户难以识别,这是木马病毒首要也是最重要的特征。与其他病毒一样,木马病毒隐蔽的期限往往较长。经常采用的方法是:①寄生在合法程序之中;②将自身修改为合法程序名或图标;③不在进程中显示出来;④伪装成系统进程;⑤与其他合法文件关联起来等。

(2) 欺骗性。木马病毒隐蔽的主要手段是欺骗,经常使用伪装的手段将自己合法化。如:①使用合法的文件类型扩展名 dll、sys、ini;②使用已有的合法系统文件名,然后保存在其他文件目录中;③使用容易混淆的字符命名,例如字母 O 与数字 0,字母 I 与数字 1 等。

(3) 顽固性。木马病毒为了保障自己可以不断蔓延,往往像毒瘤一样驻留在被感染的计算机中,有多份备份文件存在,一旦主文件被删除,便可以马上恢复。尤其是采用文件的关联技术,只要被关联的程序被执行,木马病毒便被执行,并产生新的木马程序甚至变种。顽固的木马病毒给木马清除带来巨大的困难。

(4) 危害性。木马病毒的危害性是毋庸置疑的。只要计算机被木马病毒感染,别有用心的黑客便可以任意操纵计算机,就像在本地使用计算机一样,对被控计算机的破坏性可想而知。黑客可以肆意妄为,盗取系统的重要资源,如系统密码、股票交易信息、机票数据等。

3. 其他病毒

其他病毒可以根据不同角度分为不同类型,下面分别按攻击系统、破坏性以及连接方式进行分类。

1) 按攻击系统分类

按照攻击系统分类,可将计算机病毒分为 DOS 病毒、Windows 病毒、UNIX 病毒以及 OS/2 病毒。

(1) DOS 病毒。这类病毒通常只能在 DOS 操作系统下运行并传染。DOS 病毒是最早出现的计算机病毒,典型地感染主引导扇区和引导扇区的 DOS 病毒称为引导型病毒。

(2) Windows 病毒。Windows 病毒是指感染 Windows 可执行程序,并可在 Windows 下运行的一类病毒。目前 Windows 图形用户界面(graphical user interface,GUI)和多任务操作系统完全取代了 DOS 操作系统,因此 Windows 操作系统环境成为病毒攻击的主要对象,如1998年出现的影响比较大的CIH病毒就属于Windows病毒。

(3) UNIX病毒。针对UNIX操作系统的病毒称为UNIX病毒,UNIX操作系统是一个强大的多用户、多任务操作系统,支持多种处理器架构,该操作系统除了作为网络操作系统之外,还可以作为单机操作系统使用。因此,UNIX操作系统病毒的出现对人类的信息处理也是一个严重的威胁。

(4) OS/2病毒。OS/2(operating system/2)是由微软和IBM公司共同开发,后来由IBM公司单独开发的一套操作系统。该系统作为IBM第二代个人计算机PS/2的理想操作系统,最大规模的发行版本是于1996年发行的OS/2 Warp 4.0。针对OS/2操作系统的病毒称为OS/2病毒。

2) 按破坏性分类

(1) 良性病毒。良性病毒是指那些只是为了表现自身,并不彻底破坏系统和数据,但会大量占用CPU时间,增加开销,降低系统工作效率的一类计算机病毒。这类病毒多数是恶作剧者的产物,他们的目的不是为了破坏系统和数据,而是为了让使用染有病毒的计算机用户通过显示器或扬声器看到或听到病毒设计者的编程技术。

(2) 恶性病毒。恶性病毒是指破坏系统或数据,造成计算机系统瘫痪的一类计算机病毒。感染恶性病毒后计算机一般没有异常表现,病毒会想方设法将自己隐藏得更深。恶性病毒一旦发作,将会对计算机数据或硬件造成无法挽回的损失。

3) 按连接方式分类

(1) 源码型病毒。该类病毒攻击高级语言编写的源程序,在源程序编译之前插入其中,并随源程序一起编译、连接成可执行文件。源码型病毒较为少见,亦难以编写。

(2) 嵌入型病毒。嵌入型病毒可用自身代替正常程序中的部分模块或堆栈区。因此这类病毒只攻击某些特定程序,针对性强。一般情况下也难被发现,清除起来也较困难。

(3) 外壳型病毒。外壳型病毒通常将自身附在正常程序的开头或结尾,相当于给正常程序加了个外壳。大部分文件型病毒都属于这一类。

(4) 操作系统型病毒。操作系统型病毒可用其自身部分加入或替代操作系统的部分功能。因其直接感染操作系统,这类病毒的危害性也较大。

3.4 实验:冰河

冰河是国产木马的标志和代名词。冰河的服务器端程序为G-server.exe,客户端程序为G-client.exe,默认连接端口为7626。一旦运行G-server.exe,该程序就会在C:/windows/system目录下生成Kernel32.exe和sysexplr.exe,并删除自身。

Kernel32.exe在系统启动时自动加载运行,在注册表中,sysexplr.exe和TXT文件关联,即使删除了Kernel32.exe,但只要打开TXT文件,sysexplr.exe就会被激活,将再次生成Kernel32.exe。

冰河软件的安装使用过程如下。

(1) 安装客户端程序。

客户端的安装过程比较简单,安装完成后的执行界面如图3.8所示。

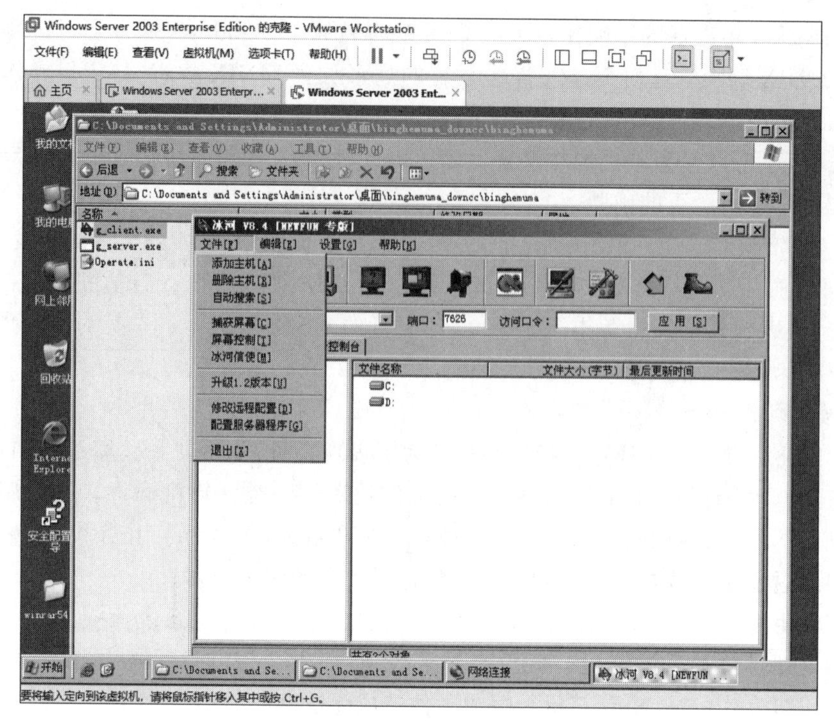

图 3.8　客户端执行界面

(2) 接下来配置服务器程序,如图 3.9～图 3.14 所示。

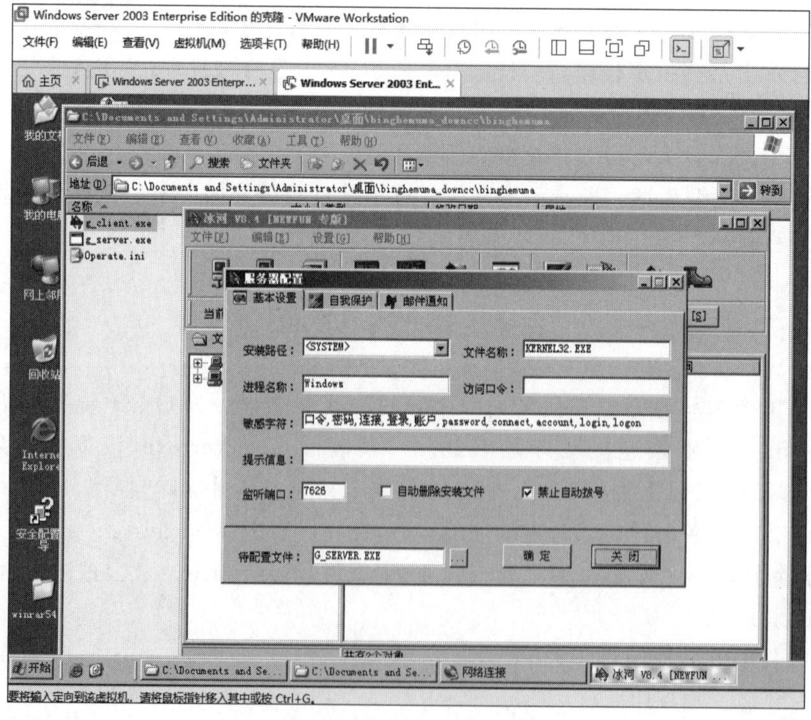

图 3.9　执行服务器端程序

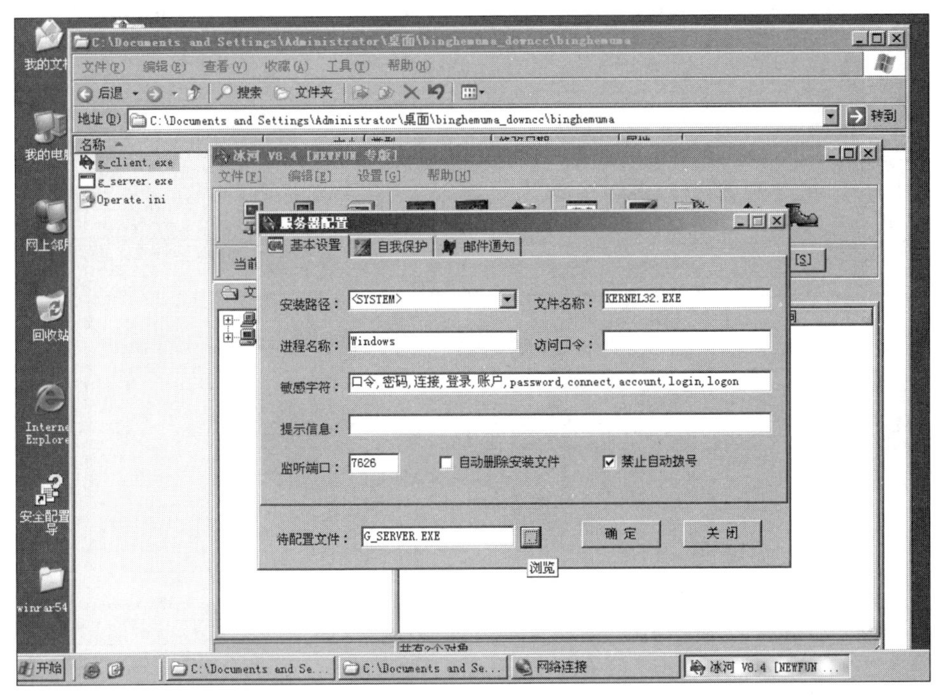

图 3.10　服务器配置

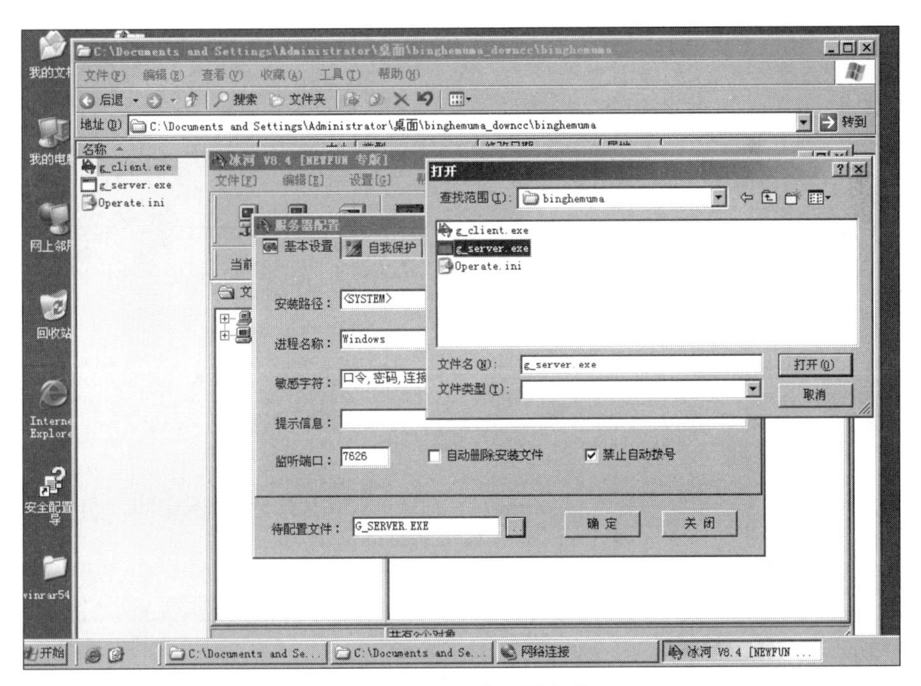

图 3.11　设置待配置文件

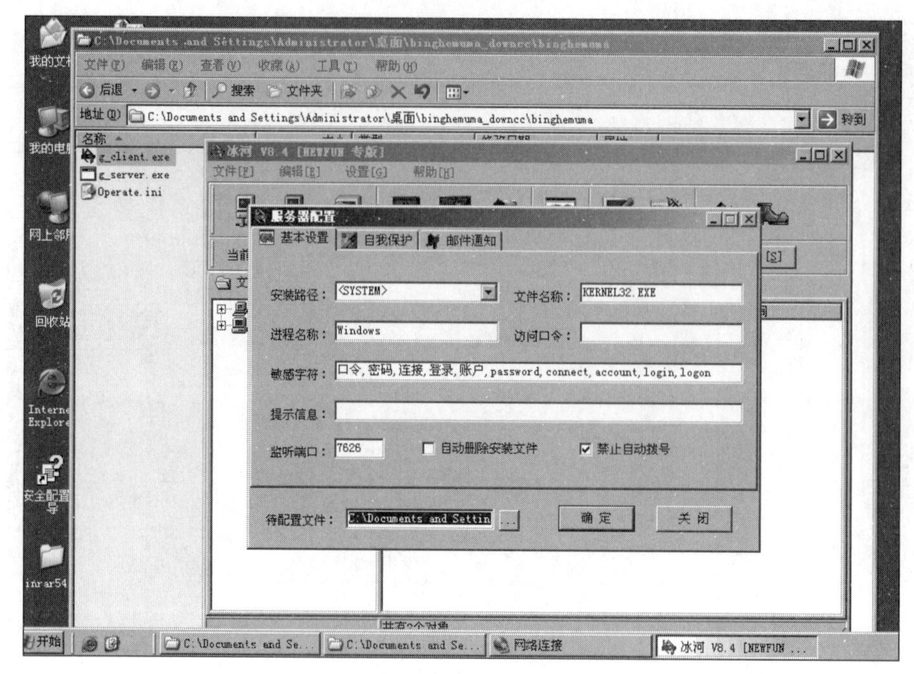

图 3.12　指定待配置文件路径

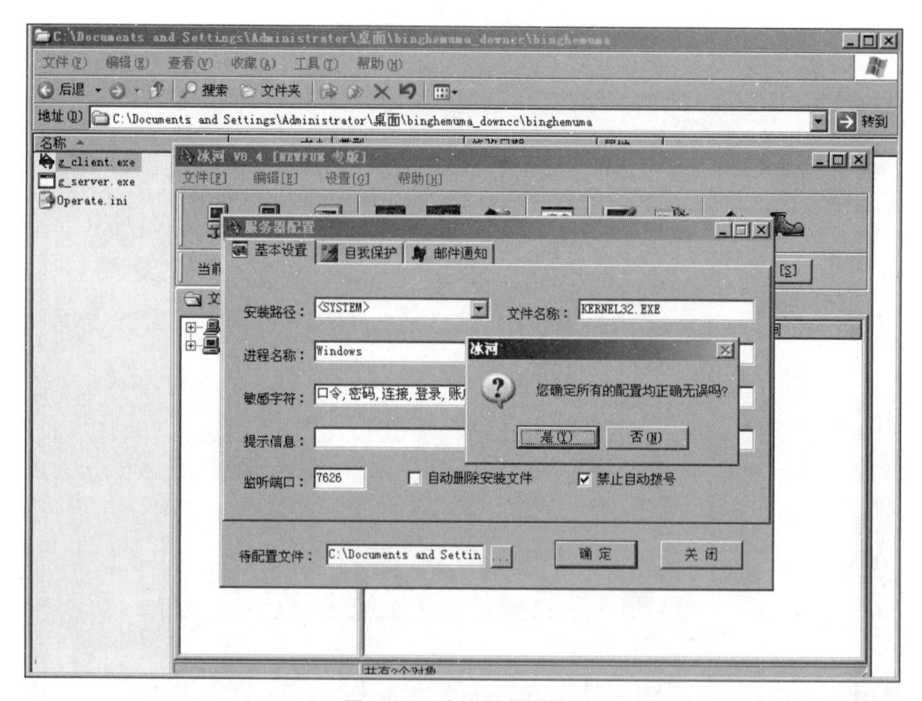

图 3.13　确定配置信息

(3) 创建账号,设置文件夹共享。

右击“我的电脑”,在弹出的快捷菜单中选择“管理”,在“计算机管理”窗口中选择“用户”,为管理员 administrator 设置密码,在弹出的窗口中输入管理员密码。

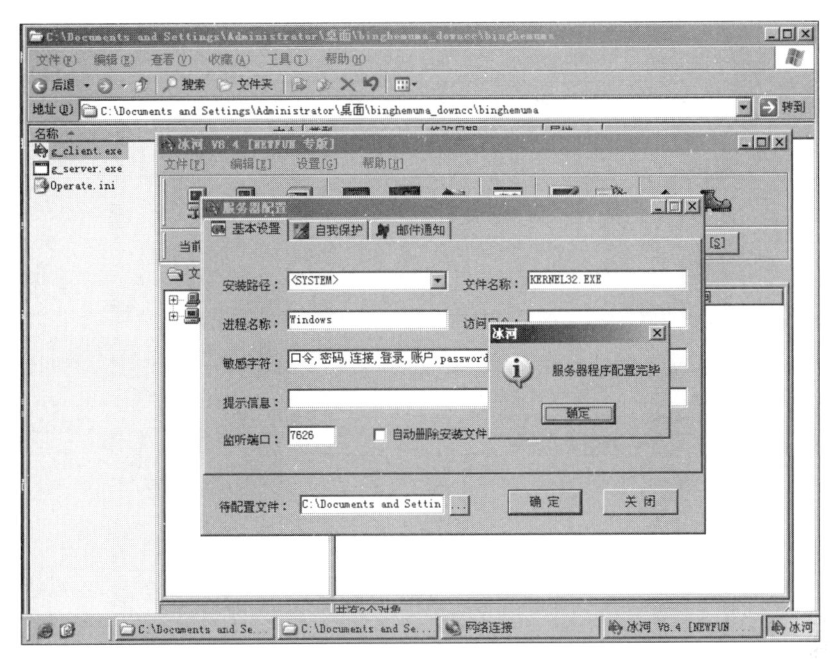

图 3.14　服务器程序配置完毕

将冰河文件夹设置为共享，右击冰河文件夹，在弹出的快捷菜单中选择“共享和安全”，将该文件夹进行共享。

(4) 在被入侵计算机中设置服务器端程序，如图 3.15～图 3.18 所示。

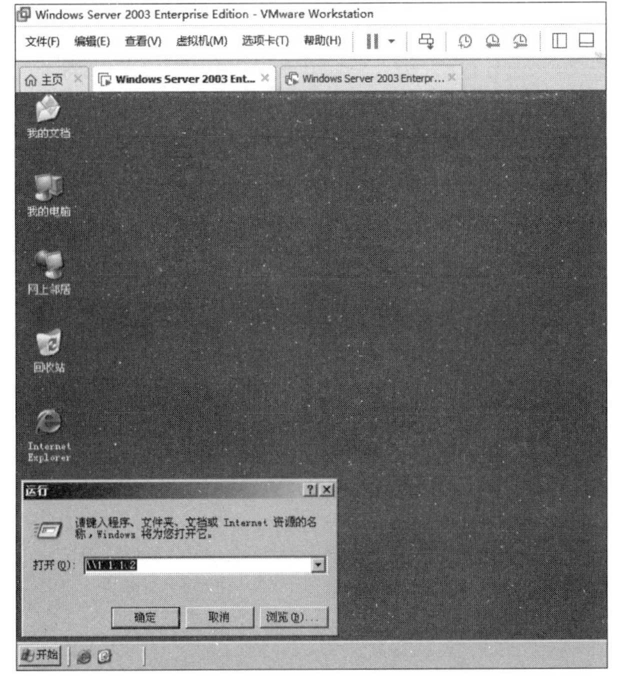

图 3.15　在另一台主机中访问网络

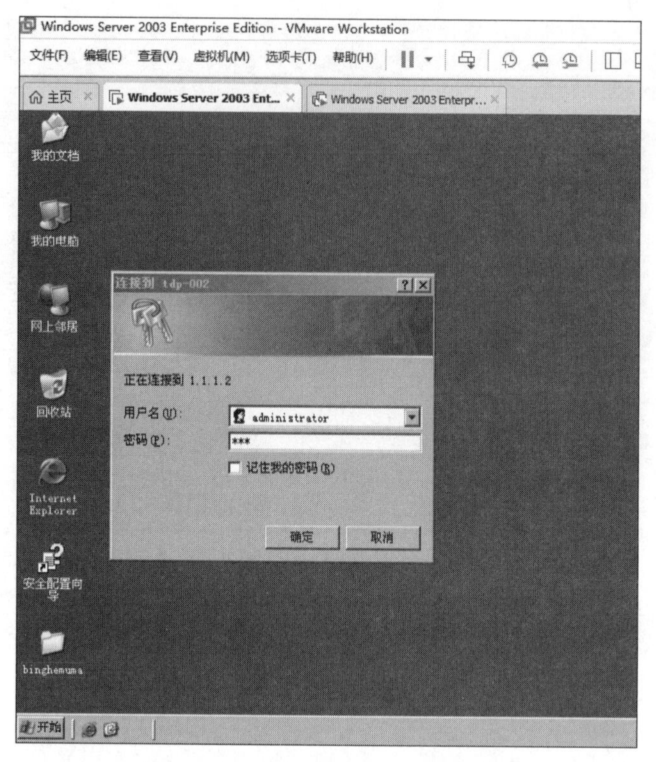

图 3.16 在弹出的对话框中输入密码

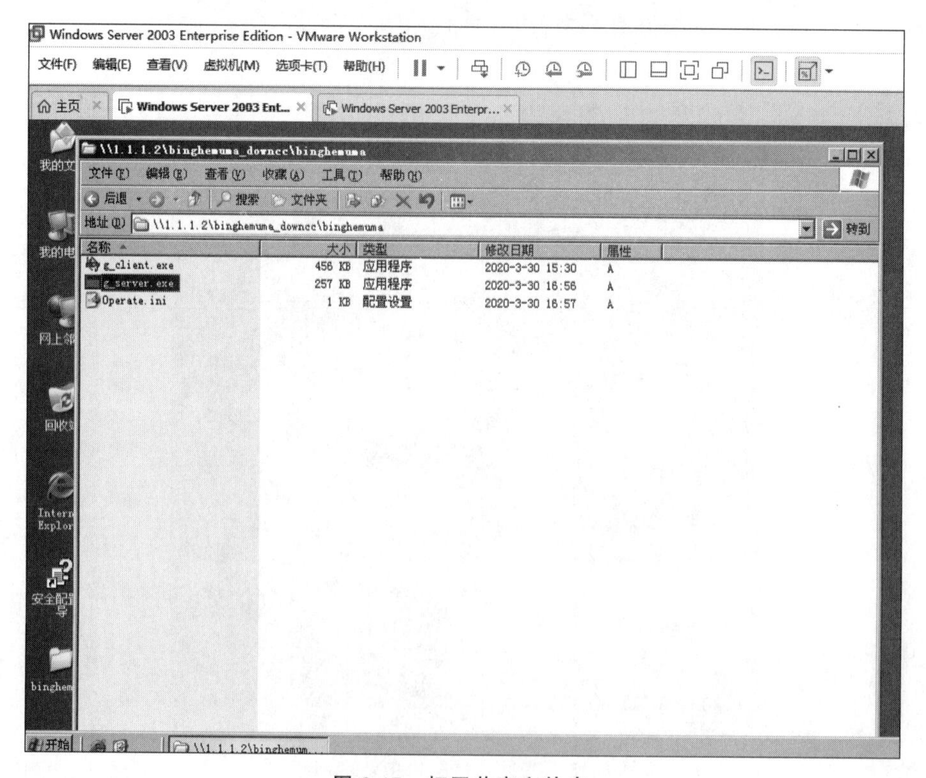

图 3.17 打开共享文件夹

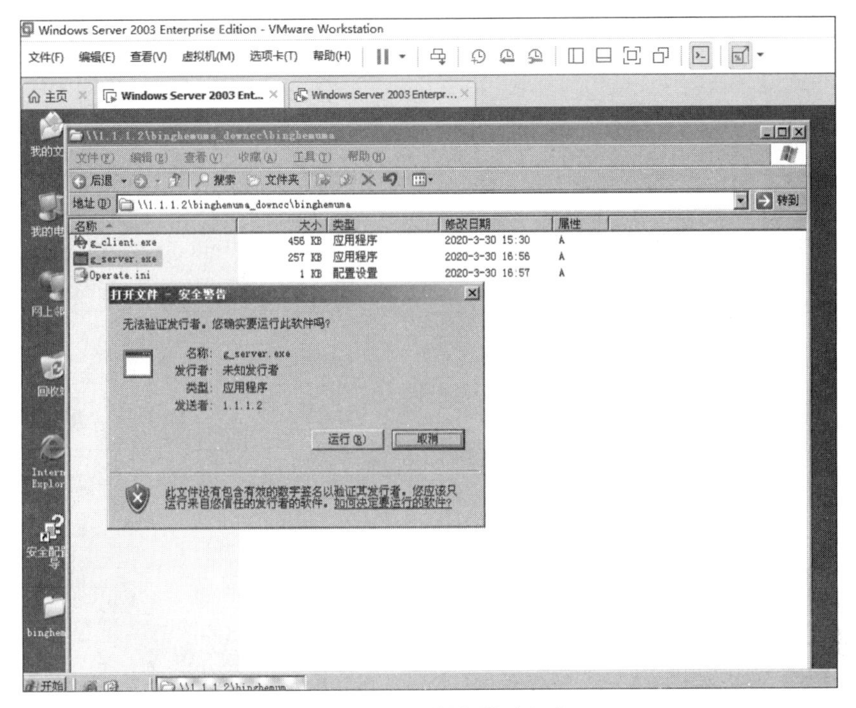

图 3.18 运行服务器端程序

(5) 用客户端计算机控制服务器端计算机,如图 3.19～图 3.30 所示。

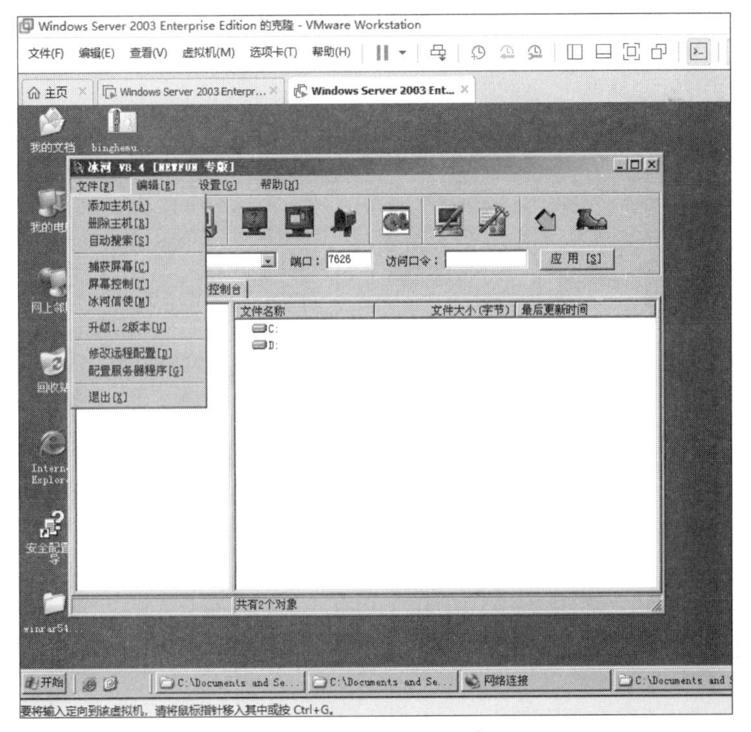

图 3.19 在客户端程序中选择文件菜单中的“添加主机”

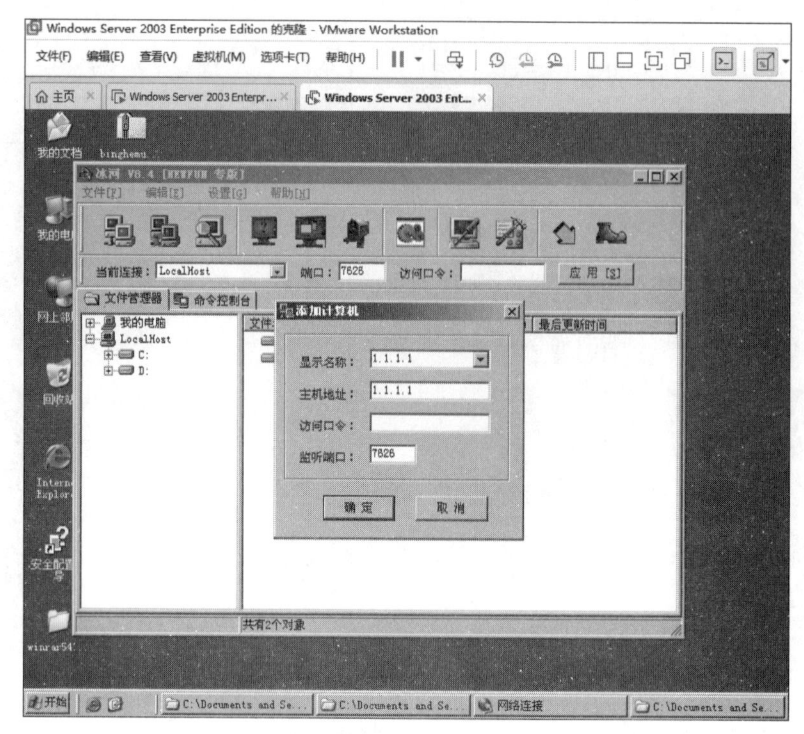

图 3.20 在弹出的对话框中设置服务器端的参数

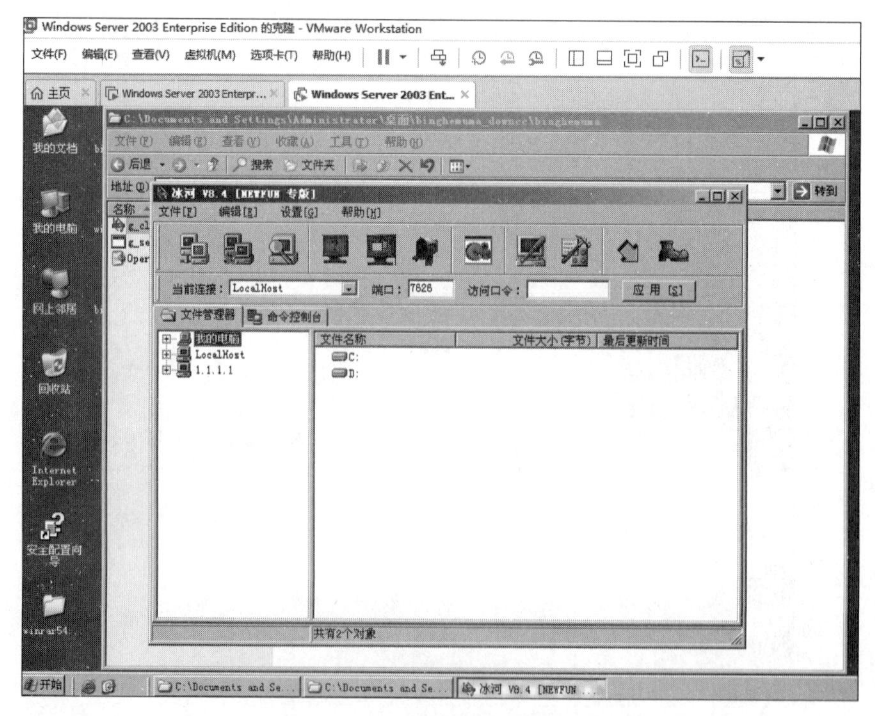

图 3.21 用客户端控制服务器端

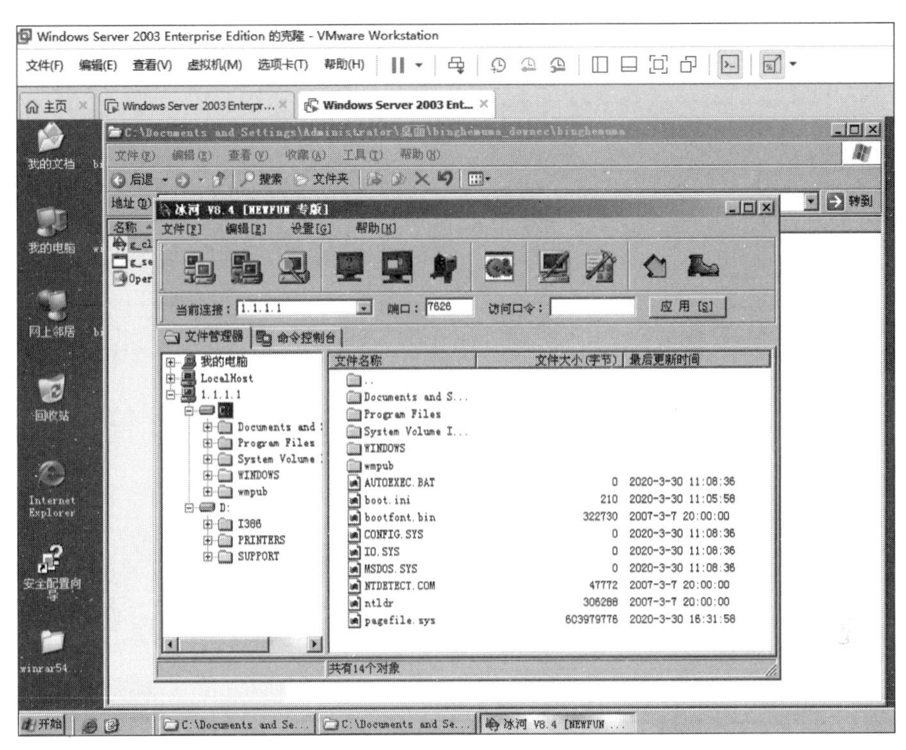

图 3.22　在客户端浏览服务器端的 C 盘文件

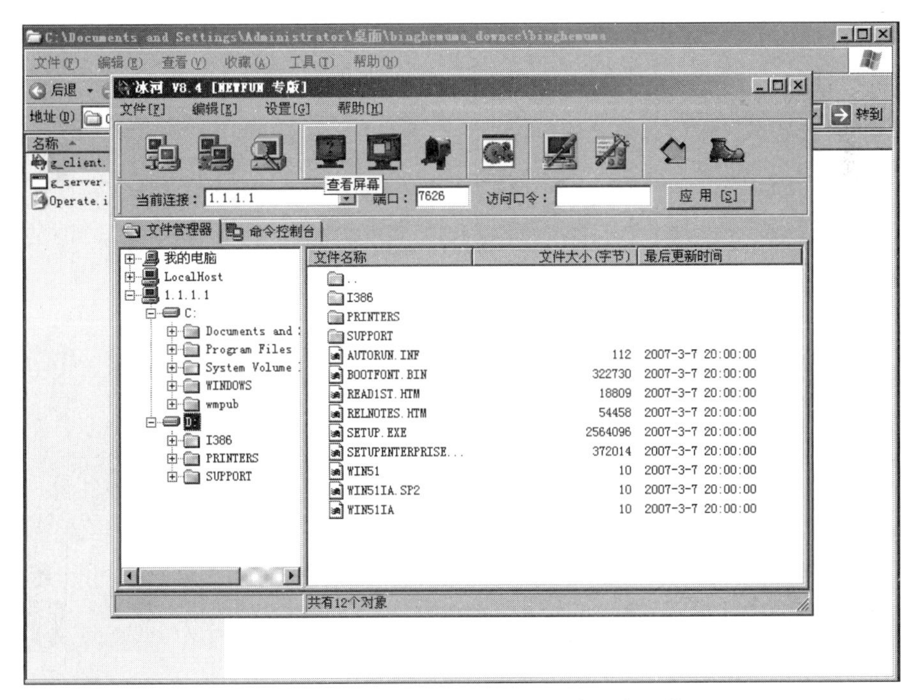

图 3.23　在客户端浏览服务器端的 D 盘文件

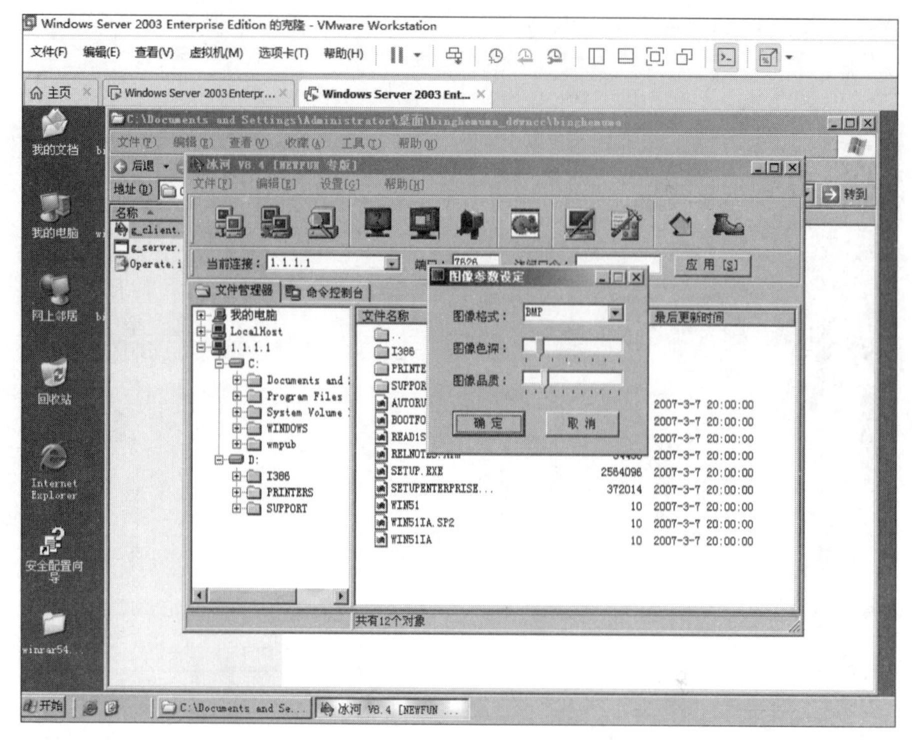

图 3.24　图像参数设定

图 3.25　在客户端直接浏览服务器端桌面

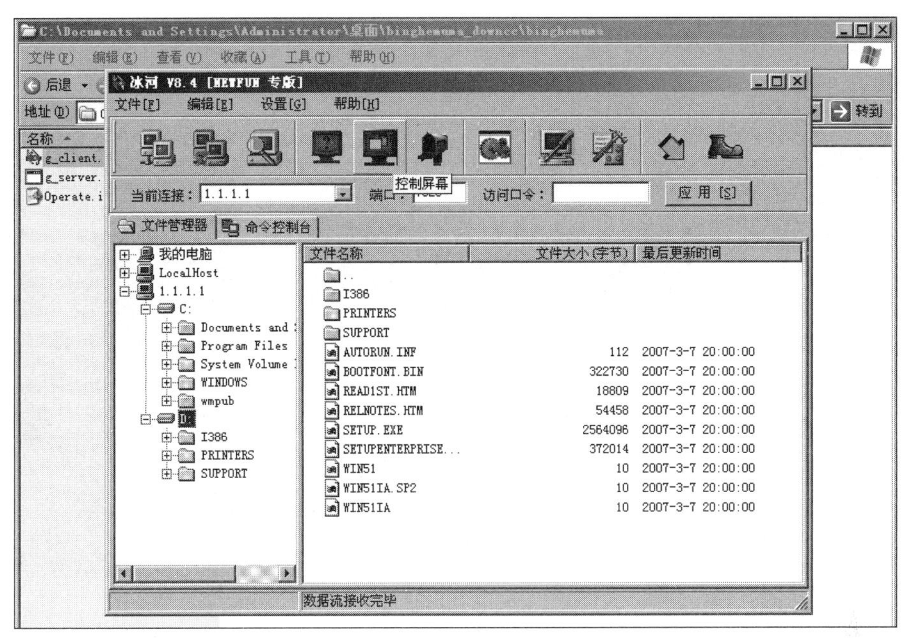

图 3.26　设置控制服务器端屏幕

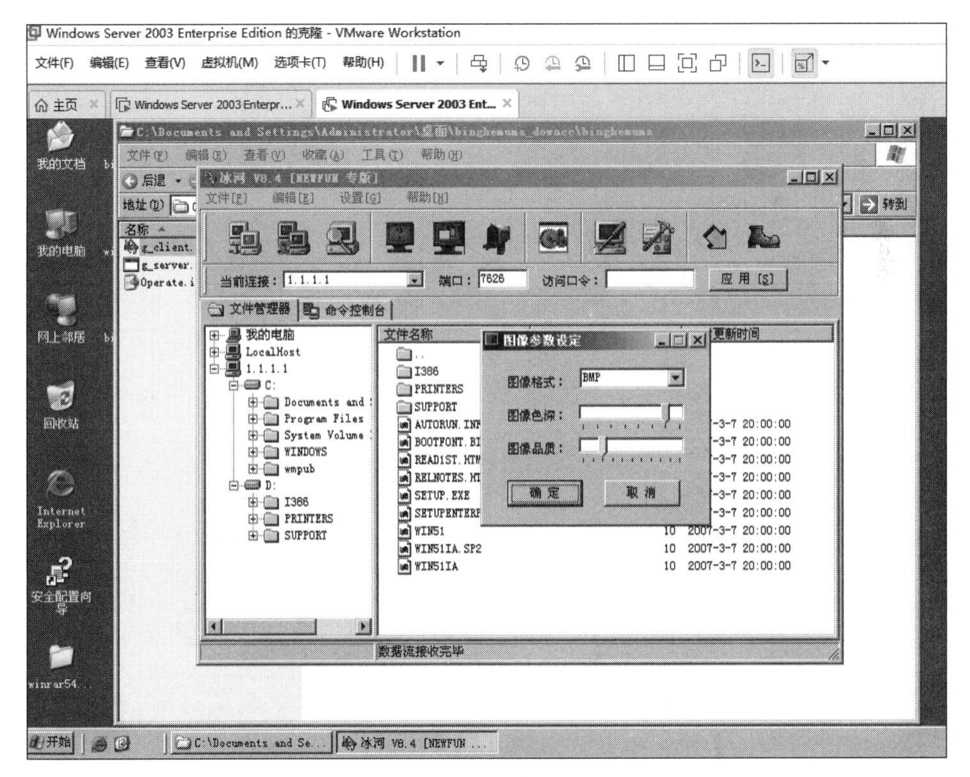

图 3.27　图像参数设定

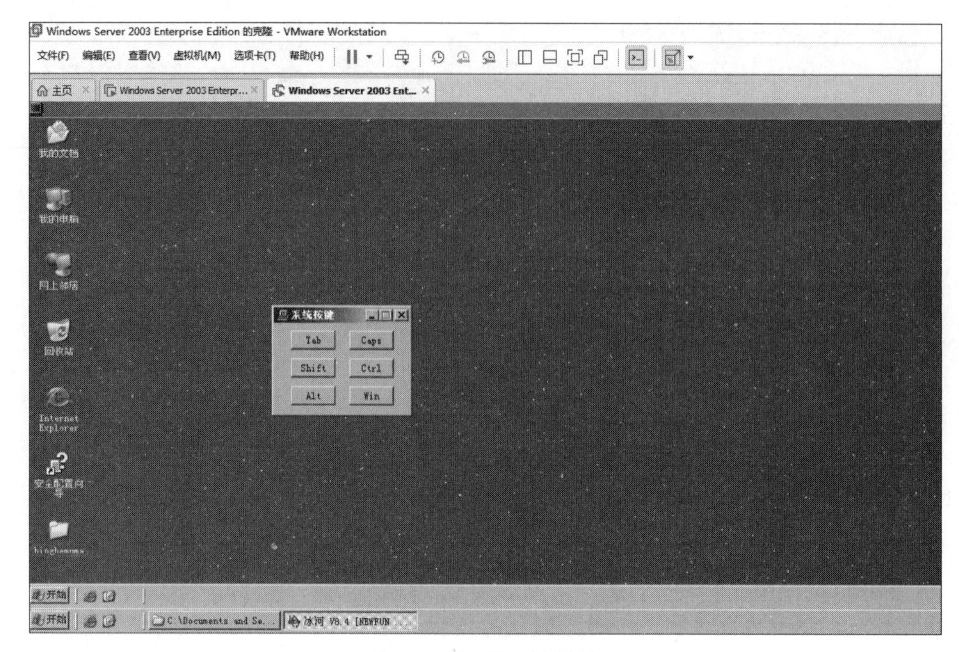

图 3.28　设置系统按键

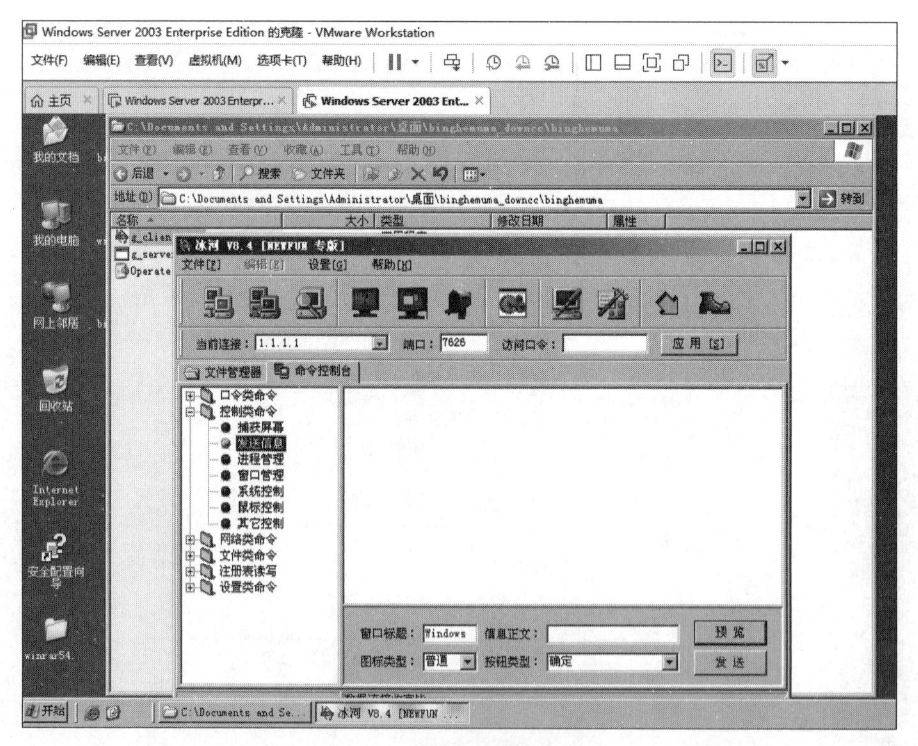

图 3.29　设置控制页命令

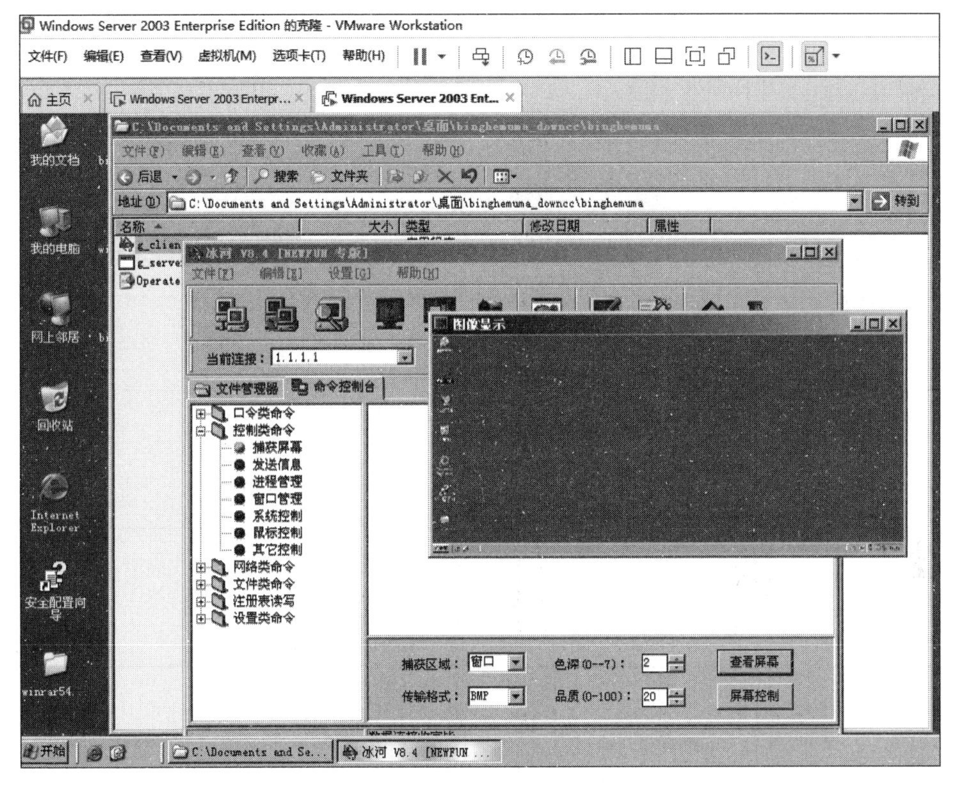

图 3.30 捕获屏幕

冰河木马的局限性主要表现在以下几方面。

(1) 被攻击者计算机运行木马服务端后，攻击者在客户端上可以手动添加计算机，攻击者无法知道服务端的 IP 地址。

(2) 在互联网中搜索冰河服务端也是一件纯粹靠运气的事件。

(3) 如果服务端采用私有 IP 地址，或者是在防火墙的保护之内，控制端也将无法搜索或者连接到这些服务端。

3.5 本章小结

本章主要讲解了计算机病毒相关的知识，首先讲解计算机病毒的概念，介绍常见的计算机病毒，包括 CIH、莫里斯蠕虫、梅丽莎、爱虫、红色代码、冲击波、巨无霸、震荡波、熊猫烧香、勒索病毒。接着探讨计算机病毒的特征，详细分析计算机病毒的危害及防范措施。最后分析计算机病毒的工作原理，并详细介绍了计算机病毒的分类。

实验部分完成冰河病毒软件的使用。

3.6 习　题　3

一、简答题

1. 什么是计算机病毒？
2. 谈谈常见的计算机病毒。
3. 计算机病毒的特征有哪些？
4. 计算机病毒的防范措施有哪些？
5. 计算机病毒通常由哪几个模块组成？

二、论述题

谈谈计算机病毒的分类。

第4章 数据加密技术

本章学习目标

- 掌握密码学的相关概念
- 了解密码学的发展
- 熟悉古典密码体系
- 掌握对称密码体系
- 掌握公钥密码体系
- 掌握DES以及RSA加解密过程

4.1 密码学概述

4.1.1 密码学的基本概念

密码学(cryptology)是数学的一个分支,是研究信息系统安全保密的科学。密码学由两个相互对立又相互促进的分支科学组成,称为密码编码学(cryptography)和密码分析学(cryptanalysis)。密码编码学是关于消息保密的技术和科学,是密码体制的设计学,主要研究如何对信息进行编码,采用什么样的密码体制保证信息被安全地加密,从而实现对信息进行隐蔽。从事此行业的人员被称为密码编码者(cryptographer)。密码分析学是与密码编码学相对应的技术和学科,是在未知密钥的情况下,从密文破解出明文或密钥的技术,密码分析者(cryptanalyst)是从事密码分析的专业人员。

在密码学中,明文、密文、密钥、加密算法以及解密算法称为密码学的五元组,分别介绍如下。

(1) 明文(plaintext):加密过程中输入的原始信息,即消息的原始形式,通常用小写字母 m 或 p 来表示。所有可能的明文有限集称为明文空间,通常用大写字母 M 或 P 来表示。

(2) 密文(ciphertext):是明文经过加密变换后的结果,通常用小写字母 c 表示。所有可能的密文有限集称为密文空间,通常用大写字母 C 来表示。

(3) 密钥(key):是一种参数,是将明文转换为密文或将密文转换为明文的算法中输入的参数,分为加密密钥和解密密钥。通常用小写字母 k 来表示,一切可能的密钥构成的有限集称为密钥空间,通常用大写字母 K 表示。

(4) 加密算法(encryption algorithm)：是将明文变换为密文的变换函数，相应的变换过程称为加密，即编码的过程，通常用大写字母 E 表示。可以得到如下公式：$c=E_k(p)$，即在密钥 k 的参与下，通过加密算法 E 对明文 p 进行加密运算，得到密文 c。

(5) 解密算法(decryption algorithm)：是将密文恢复为明文的变换函数，相应的变换过程称为解密，即解码的过程，通常用大写字母 D 表示。可以得到如下公式：$p=D_k(c)$，即在密钥 k 的参与下，通过解密算法 D 对密文 c 进行解密运算，得到明文 p。

对于有实用意义的密码体制而言，总是要求它满足 $p=D_k(E_k(p))$，即用加密算法得到的密文总是能用一定的解密算法恢复出原始的明文来。而密文消息的获取同时依赖于初始明文和密钥的值。对明文进行加解密的过程如图 4.1 所示。

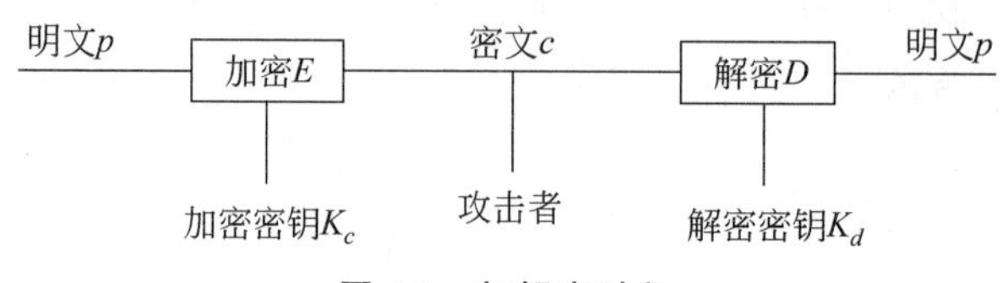

图 4.1　加解密过程

4.1.2　密码分析类型

假设密码分析者已知所用加密算法的情况下，根据密码分析者对明文、密文等数据资源的掌握程度，可以将加密系统的密码分析类型分为以下 4 种。

(1) 唯密文攻击(ciphertext-only attack)。

在唯密文攻击中，密码分析者已知加密算法，仅根据截获的密文进行分析，以得出明文或密钥。由于密码分析者所能利用的数据资源仅为密文，因此分析难度相对较大，这是对密码分析者来说最为不利的情况。

(2) 已知明文攻击(plaintext-know attack)。

已知明文攻击是指密码分析者除了截获的密文外，还有一些已知的“明文—密文”对来辅助破译密码。密码分析者的目标任务是推导出用来加密的密钥或某种算法，这种算法可以对用该密钥加密的任何新的消息进行解密，分析难度低于唯密文攻击。

(3) 选择明文攻击(chosen-plaintext attack)。

选择明文攻击是指密码分析者不仅可得到一些“明文—密文”对，还可以选择被加密的明文，并获得相应的密文。密码分析者能够选择特定的明文数据块去加密，并比较明文和对应的密文，以分析和发现更多的与密钥相关的信息。选择拥有更多特征的“明文—密文”对，有利于对密码的分析，其难度小于已知明文攻击。密码分析者的任务是推导出用来加密的密钥，该算法可以对该密钥加密的任何新的消息进行解密。

(4) 选择密文攻击(chosen-ciphertext attack)。

选择密文攻击是指密码分析者可以选择一些密文，并得到相应的明文。密码分析者的任务是推出密钥，这种密码分析多用于攻击公钥密码体制，难度相对较小。

4.2 密码学的发展

人类使用密码的历史几乎与使用文字的时间一样长，对密码学需求最高的莫过于军事领域。在战争中，信息最宝贵，一条简短消息的泄露可能会决定一场战争的输赢和成千上万条生命。第二次世界大战的爆发促进了密码学的飞速发展，在战争期间，德国人共生产了大约10万多部恩尼格玛(ENIGMA)密码机。正是波兰和英国的密码学家(其中的代表人物是图灵)破译了德军使用的恩尼格玛密码机，才使得第二次世界大战的战局出现转机，拯救了更多人的生命。

密码学的发展大致经历了3个阶段：1949年之前为第一阶段，该阶段为古典密码学阶段，这个阶段密码学是一门艺术而不是一门科学，其核心思想主要是代换和置换；1949—1975年为第二阶段，该阶段是现代密码学阶段，从该阶段开始密码学成为一门科学，这个阶段的发展主要是对称加密算法；1976年之后为第三阶段，称为公钥密码学阶段。该阶段对称密钥密码算法进一步发展，产生了密码学的新方向——公钥密码学。公钥密码的提出实现了加密密钥和解密密钥之间的独立，解决了对称密码体制中通信双方必须共享密钥的问题，在密码学界具有划时代的意义。

加密方法按照不同的角度可以划分为不同的类型，按照密钥的特征不同，可以分为对称密码与非对称密码；按照加密方式的不同，可以分为流密码和分组密码。

下面简单分析密码学发展的3个阶段。

1. 1949年之前的古典密码学阶段

这个时期的加密技术可以算是一门艺术，而不是一门科学。古典密码学的历史可以追溯到公元前400年斯巴达人发明的"塞塔式密码"，即把长条纸螺旋形地斜绕在一个多棱棒上，将文字沿棒的水平方向从左到右书写，写一个字旋转一下，写完一行再另起一行从左到右写，直到写完。解下来后，纸条上的文字消息杂乱无章、无法理解，这就是密文，但将它绕在另一个同等尺寸的棒子上后，就能看到原始的消息，这就是最早的密码技术。

我国古代将要表达的真正意思或"谜语"隐藏在诗文或画卷中的特定位置，一般人只注意诗或画的表面意境，而不会去注意或很难发现隐藏其中的"画外之音"，这类形式有藏头诗、藏尾诗、漏格诗及绘画等。如唐伯虎写的"我爱秋香"就藏在诗句"我画蓝江水悠悠，爱晚亭上枫叶愁。秋月溶溶照佛寺，香烟袅袅绕经楼"中。

在这个阶段，密码学的核心思想主要是代换和置换，代换就是将明文的每个字符替换成另外一种字符，从而产生密文，接收者根据对应的明文字符替换密文，从而得到明文。置换就是将明文的字符顺序按照某种规则打乱，从而形成密文的过程。

2. 1949—1975年的现代密码学阶段

该阶段是密码学从一门艺术发展到一门科学的过程。1949年，香农发表了论文《保密系统的信息理论》，提出了混淆(confusion)和扩散(diffusion)两大设计原则，为对称密码学(主要研究发送者的加密密钥和接收者的解密密钥相同或容易相互推导出的密码体制)建立了理论基础，从此密码学成为一门科学。

这阶段的发展主要是对称加密算法。对称密码学又分为分组密码和流密码两种，在分组密码算法中,明文消息被分成若干个分组,对这些明文分组应用相同的密钥进行加密而得到密文。而流密码则是使用一个密钥流生成器产生一串与消息等长的密钥比特流,然后与明文进行一对一的异或运算,流密码一次加密一个比特。由于明文只是与密钥流进行简单的异或运算,所以加密强度完全取决于密钥流的随机性。

流密码与分组密码相比需要更大的处理能力,因此流密码更适用于利用硬件平台来实现,分组密码更适用于利用软件平台实现。经典的分组密码算法有数据加密标准(data encryption standard,DES)和高级数据加密标准(advanced encryption standard,AES),流密码算法有 A5/1、RC4 等。在分组密码的设计中,充分利用混淆和扩散,可以有效抵抗对手根据密文的统计特性推测明文或密钥。

3. 1976 年之后的公钥密码学阶段

1976 年,惠特菲尔德·迪菲(Whitfield Diffie)和马丁·赫尔曼(Martin Hellman)发表了论文《密码学的新方向》,标志着公钥密码学的诞生,他们也因此获得了 2015 年的图灵奖。

公钥密码体制的特点是采用两个相关的密钥将加密与解密分开,其中一个密钥是公开的,称为公钥,用于加密;另一个密钥是保密的,为用户私有,称为私钥,通常保存在用户本地,用于解密。

最经典的公钥加密算法莫过于 1977 年由李维斯特(Rivest)、萨莫尔(Shamir)和阿德曼(Adleman)三位科学家用数论方法构造的 RSA 算法,它是迄今为止理论上最成熟、最完善的公钥密码体制,并已得到广泛应用。RSA 算法的安全性可以归纳到大整数分解的困难性,即给定两个大素数,将它们相乘很容易,但是给出它们的乘积,再反过来找出它们的因子就很困难。目前为止,世界上尚未有任何可靠的攻击 RSA 算法的手段,只要其密钥长度足够长而且使用方法得当,RSA 加密的信息是很难被破解的。这就是为什么勒索病毒令人束手无策的原因,因为勒索病毒采用 AES 算法加密文件,并使用非对称加密算法 RSA 中长度为 2048 位密钥加密 AES 的密钥。

随着人类科技水平的进步,计算机的计算能力提高得越来越快,这无疑给密码分析提供了有力的工具,因此对密码机制的安全性提出了更高的要求,驱动着密码学家不断推陈出新,以保卫网络空间的安全。同时还要提高警惕,不要让密码算法这柄利剑伤害到用户本身,避免类似勒索病毒的病毒再次爆发。

4.3 古典密码体制

古典密码有着悠久的历史,它是密码学的根源。虽然它比较简单而且容易破译,但研究古典密码的设计原理和分析方法对于理解、分析以及设计现代密码技术是十分有益的。置换和代换是古典密码学的核心手段,是古典密码学的两大基本方法。置换就是与明文的字母保持相同,但顺序被打乱了。代换就是将明文的字符替换为密文中的另一种字符,接收者只要对密文做反向替换就可以恢复出明文。古典密码体制的安全性取决于保持算法本身的保密性。

1. 置换密码技术

置换密码技术是一种早期的加密方法，按照规则改变内容的排列顺序，置换后的密文与明文的字母保持相同，区别是顺序被打乱了。密码分析者可以通过字母出现频率对密文进行分析。

应用于现代密码算法中的置换密码不仅仅依赖基本的加密思想，同时也依赖很多巧妙设计。如军事应用中的加密电报，除了使用安全性很高的编码规则以外，解密还涉及收发报文双方的约定。

线路加密法是一种置换加密方法。在线路加密法中，明文的字母按规定次序排列在矩阵中，然后用另一种次序选出矩阵中的字母，排列成密文。如纵行置换密码中，明文以固定的宽度水平地写出，密文按垂直方向读出。如将明文 DEPARTMENT OF COMPUTER SCIENCE AND TECHNOLOGY 在忽略空格的情况下转换为：

DEPARTMENT
OFCOMPUTER
SCIENCEAND
TECHNOLOGY

然后按垂直方向读出，构成密文 DOSTEFCEPCICAOEHRMNNTPCOMUELETAONENGTRDY。

这种纵行变换形式很多，矩阵的大小也可变化。无论怎么换位置，密文字符与明文字符保持相同。

下面再简单列举一个列置换密码的示例：明文为 WE ARE DISCOVERED FLEE AT ONCE，密钥为 632415，密钥长度为 6，按密钥长度将明文表示成下列形式（去掉空格）。不够的用字母表按顺序填充。

6	3	2	4	1	5
W	E	A	R	E	D
I	S	C	O	V	E
R	E	D	F	L	E
E	A	T	O	N	C
E	A	B	C	D	E

从上面的排列表中按照列的序号逐列输出，就得到列置换的编码 EVLND ACDTB ESEAA ROFOC DEECE WIREE。

图 4.2 所示置换加密规律为前后对称置换。在计算机中，怎样才能自动实现大量复杂数据的加密和解密？这依赖于好的、可被计算机识别的、被验证为有效的加密算法。

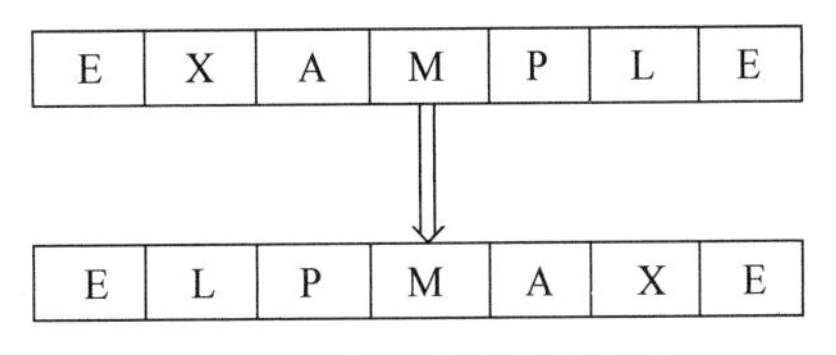

图 4.2　前后对称置换加密

2. 代换密码技术

代换是指将明文中的每一个字符由其他字母、数字或符号替换成密文中的另一个字符，接收者对密文做反向替换即可恢复出明文；代换密码技术通过替换实现保密，具体的替换方案称为密钥。

代换密码的著名例子有古罗马的凯撒密码和法国的维吉尼亚密码。凯撒密码是对字母表中每个字母,用它之后的第 K 个字母来代替,如将 password 加密为 sdvvzrug($K=3$)。这种加密方式无法掩盖各字母出现的频率特征,易被破解。相比之下,维吉尼亚密码提升了安全性,它的密钥通常是一个单词,如 hear。对于上述明文 password,加密时将第 1 个字母后移 8 位(密钥 hear 的第一个字母 h 处于字母表第 8 位),第 2 个字母后移 5 位(密钥的第二个字母处于字母表第 5 位)……因此加密后的结果是 xftketsv。代换密码技术分为单表代换和多表代换两种。

(1) 单表代换密码。

单表代换密码的特点是只有一张代换表,相同的明文字符加密为相同的密文字符。它分为一般代换密码和特殊代换密码两种,特殊代换密码又分为移位密码和仿射密码等。

一般代换密码是任意指定字符间的代换关系,26 个英文字母的任意代换有 $26!\approx 4\times 10^{26}$ 种。密钥量大,不便记忆和使用。如一种代换密码方案如表 4.1 所示。

表 4.1　一种代换密码方案

明文	密文	明文	密文
a	F	n	I
b	H	o	D
c	K	p	O
d	M	q	Z
e	Q	r	V
f	U	s	L
g	Y	t	A
h	N	u	P
i	E	v	W
j	T	w	G
k	B	x	S
l	R	y	C
m	X	z	J

根据该加密方案,将明文 substitutioncipher 加密后的密文为 LPHLAEAPAEDIKEONQV,可以发现,相同的明文字符加密为相同的密文字符。

移位密码是代换密码的一个特例,是特殊代换密码的一种,凯撒密码是典型的移位密码,它是一种简单的加密技术,将明文中的所有字母都在字母表上向后(或向前)按照一定固定数目(用 n 来表示)进行偏移后替换成密文。如,当偏移量是 3 时,所有的明文字母被替换成字母表中该字母向后的第 3 个字母而加密成密文。这个加密方法是用罗马帝国凯撒大帝的名字命名的,当年凯撒大帝用此方法与将军们联系,下面是 $n=3$ 的例子。

明文：MEET　ME　AFTER　THE　TOGA　PARTY

密文：PHHW　PH　DIWHU　WKH　WRJD　SDUWB

如果已知某给定密文是凯撒密码，可以通过穷举攻击很容易破解，因为只要简单地测试所有25种可能的密钥即可。

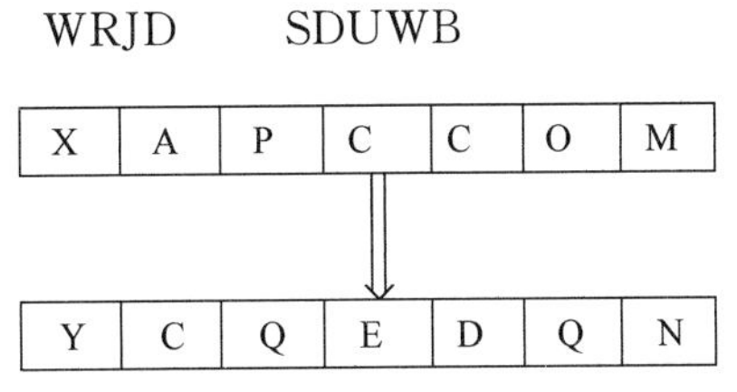

图4.3　一种代换密码

图4.3所示的移位密码的基本原则为奇数位ASCII码值加1，偶数位ASCII值加2。把明文字母以其前或其后几位的某个特定的字母替代。

仿射密码为单表代换密码的一种，将字母系统中的所有字母都利用简单数学方程加密，将字母对应至数值，或将数值转回至字母。它的加密函数$e(x)=(ax+b) \bmod (m)$，其中a和m互质，m是字母的数目，b为移动大小。解密函数$d(x)=a^{-1}(x-b) \bmod (m)$。仿射密码仍为单表代换密码，依旧保留了该类别加密的弱点，当$a=1$时，仿射加密即为凯撒密码。

在下面"加密—解密"的例子中，字母为从A至Z，且在表格中都有对应值，具体如表4.2所示。

表4.2　字母数字对应表

字母	数字	字母	数字
A	0	N	13
B	1	O	14
C	2	P	15
D	3	Q	16
E	4	R	17
F	5	S	18
G	6	T	19
H	7	U	20
I	8	V	21
J	9	W	22
K	10	X	23
L	11	Y	24
M	12	Z	25

使用表格中各字母对应数字对AFFINE CIPHER进行加密，取加密函数$e(x)=(ax+b) \bmod (m)$为$e(x)=(5x+8) \bmod 26$，其中$a=5$，$b=8$，$m=26$（共使用26个字母）。

加密过程的第一步是写出每个字母对应的数字值，如表4.3所示。

表 4.3 明文数字对应表

明文	数字	明文	数字	明文	数字
A	0	N	13	P	15
F	5	E	4	H	7
F	5	C	2	E	4
I	8	I	8	R	17

接下来根据加密函数 $e(x)=(5x+8) \bmod 26$，对每一个字母进行加密，加密过程如表 4.4 所示。

表 4.4 仿射密码加密过程

明文	数字	$5x+8$	$(5x+8) \bmod 26$	密文
A	0	8	8	I
F	5	33	7	H
F	5	33	7	H
I	8	48	22	W
N	13	73	21	V
E	4	28	2	C
C	2	18	18	S
I	8	48	22	W
P	15	83	5	F
H	7	43	17	R
E	4	28	2	C
R	17	93	15	P

最终，加密的密文为 IHHWVCSWFRCP。

(2) 多表代换密码。

多表代换密码是以一系列(两个以上)代换表依次对明文消息的字母进行代换的加密方法。在多表代换密码中，代换表个数有限且能被重复应用，大大减少了密钥量。多表代换密码有多个单字母密钥，每一个密钥被用来加密一个明文字母。第一个密钥加密明文的第一个字母，第二个密钥加密明文的第二个字母，等等。在所有的密钥用完后，密钥再循环使用，若有 20 个单个字母密钥，那么每隔 20 个字母的明文都被同一密钥加密，这叫作密码的周期。在古典密码学中，密码周期越长就越难破解。

维吉尼亚密码是多表代换密码中最知名的密码。令密钥串为 gold，利用编码规则设置 A=0,B=1,C=2,…,Z=25。这个密钥串的数字表示是(6,14,11,3)。设明文为 proceed meeting as agreed。将明文和密钥串用数字表示出来，如表 4.5 所示。

表 4.5 多表代换

明文	数字	密钥串
p	15	6
r	17	14
o	14	11
c	2	3
e	4	6
e	4	14
d	3	11
m	12	3
e	4	6
e	4	14
t	19	11
i	8	3
n	13	6
g	6	14
a	0	11
s	18	3
a	0	6
g	6	14
r	17	11
e	4	3
e	4	6
d	3	11

将表中明文的数字行和密钥串的数字行的和进行模 26 运算，并将数字结果再还原成字母，得到密文，最终结果如表 4.6 所示。

表 4.6 多表代换密码加密过程

明文	数字	密钥串	模 26 运算	密文
p	15	6	21	v
r	17	14	5	f
o	14	11	25	z
c	2	3	5	f
e	4	6	10	k
e	4	14	18	s
d	3	11	14	o

续表

明文	数字	密钥串	模 26 运算	密文
m	12	3	15	p
e	4	6	10	k
e	4	14	18	s
t	19	11	4	e
i	8	3	11	l
n	13	6	19	t
g	6	14	20	u
a	0	11	11	l
s	18	3	21	v
a	0	6	6	g
g	6	14	20	u
r	17	11	2	c
e	4	3	7	h
e	4	6	10	k
d	3	11	14	o

4.4 对称密码体制

对称加密(又称私钥加密、单钥加密)指加密和解密使用相同密钥(或者加密密钥和解密密钥能够互相推导)的加密算法。在大多数对称加密算法中,加密密钥和解密密钥是相同的。它要求发送方和接收方在安全通信之前商定一个密钥。对称算法的安全性依赖于密钥,泄露密钥就意味着任何人都可以对他们发送或接收的消息进行解密,所以密钥的保密性对通信的安全性至关重要。

常见的对称加密算法有 DES、3DES 以及 AES 等。

4.4.1 DES

DES 算法是第一个并且是最重要的现代对称加密算法,它是 IBM 公司在 20 世纪 70 年代开发的对称加密算法,主要用于与国家安全无关的信息加密。该算法于 1977 年得到美国政府的正式许可,是一种用 56 位密钥来加密 64 位数据的方法。

DES 采用分组加密方法,将待处理的消息分为定长的数据分组。对明文以每 64 位二进制为一组进行分组,每组单独进行加密。在 DES 加密算法中,明文和密文均为 64 位,有效密钥长度为 56 位。也就是说,DES 加密算法中输入 64 位的明文和 56 位的密钥,输出 64 位的密文;DES 解密算法中输入 64 位的密文消息和 56 位的密钥,输出 64 位的明文消息。DES 的加密和解密算法相同,只是过程正好相反。

DES 加密过程主要涉及以下 3 个步骤。

第一步：对输入的 64 位明文分组进行固定的“初始置换”(initial permutation，IP)，即按固定的规则重新排列明文分组的 64 位二进制数据，再将重排后的 64 位数据分为独立的左右两个部分，前 32 位记为 L_0，后 32 位记为 R_0。

初始置换函数是固定且公开的，因此初始置换并无明显的加密意义。

第二步：进行 16 轮相同函数的迭代处理。具体迭代过程如下：将上一轮输出的右边 32 位 $R_{i-1}(i=1,2,\cdots,15)$ 直接作为本轮的左 32 位 L_i 输入，同时将上一轮输出的右边 32 位 R_{i-1} 与第 i 个 48 位的子密钥 K_i 经“轮函数 f”转换后，得到一个 32 位的中间结果，再将此中间结果与上一轮的 L_{i-1} 做异或运算，并将得到的新的 32 位结果作为下一轮的 R_i。如此往复，迭代处理 16 次。

第三步：将第 16 轮迭代结果的左右两半组 L_{16}、R_{16} 直接合并为 64 位(L_{16}，R_{16})，输入到初始逆置换来消除初始置换的影响。这一步的输出结果即为加密的密文。

最后一轮输出结果的两个半分组，在输入初始逆置换之前还需要进行一次交换。在最后的输入中，右边是 L_{16}，左边是 R_{16}。合并后左半分组在后，右半分组在前，即(L_{16}，R_{16})需要进行一次左右交换。具体的 DES 加密过程如图 4.4 所示。

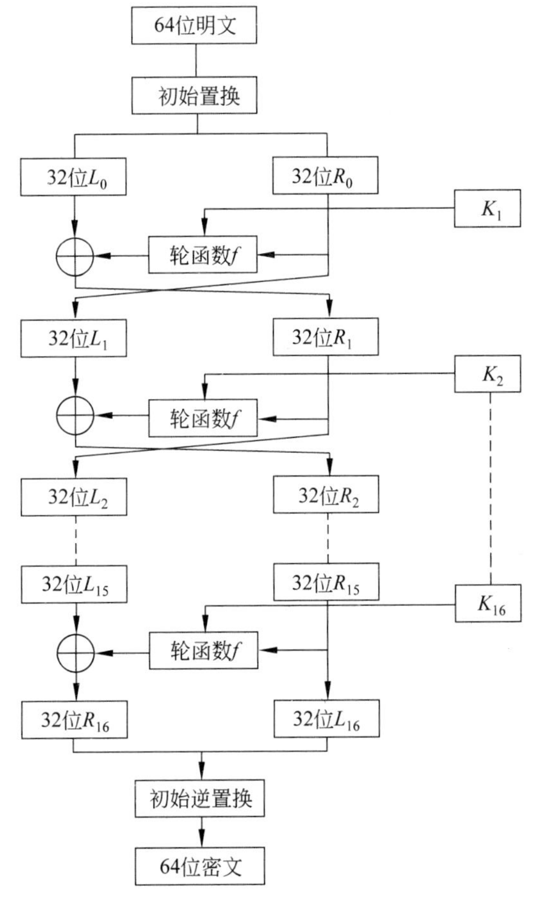

图 4.4 DES 加密过程

DES 的详细加密过程如下。

第一步：初始置换。

表 4.7 所示为初始置换表，置换表中的数字为 1～64，意为输入的 64 位二进制明文或密文数据从左到右的位置序号。置换表中的数字位置即为置换后数字对应的原位置数据在输出的 64 位序列中新的位置序号。如表 4.7 中的第一个数字为 58，表示输入 64 位明文二进制数据的第 58 位，现在将它置换成第 1 位。

表 4.7　初始置换 IP

58	50	42	34	26	18	10	2	60	52	44	36	28	20	12	4
62	54	46	38	30	22	14	6	64	56	48	40	32	24	16	8
57	49	41	33	25	17	9	1	59	51	43	35	27	19	11	3
61	53	45	37	29	21	13	5	63	55	47	39	31	23	15	7

第二步：进行 16 轮相同函数的迭代处理。

将初始置换后的 64 位数据分为独立的左右两部分，其中左右两部分各为 32 位，记为 L_0 和 R_0，第一轮迭代时将 R_0 直接作为 L_1 输入，其中第一轮迭代 R_1 的计算比较复杂，主要涉及以下两个步骤。

首先将 R_0 与第一个子密钥经“轮函数 f”转换后，得到一个 32 位的中间结果。

其次将 32 位中间结果与 L_0 做异或运算。

具体 R_1 的计算过程如下。

首先探讨轮函数 f，具体轮函数的工作原理如图 4.5 所示。主要包括以下步骤。

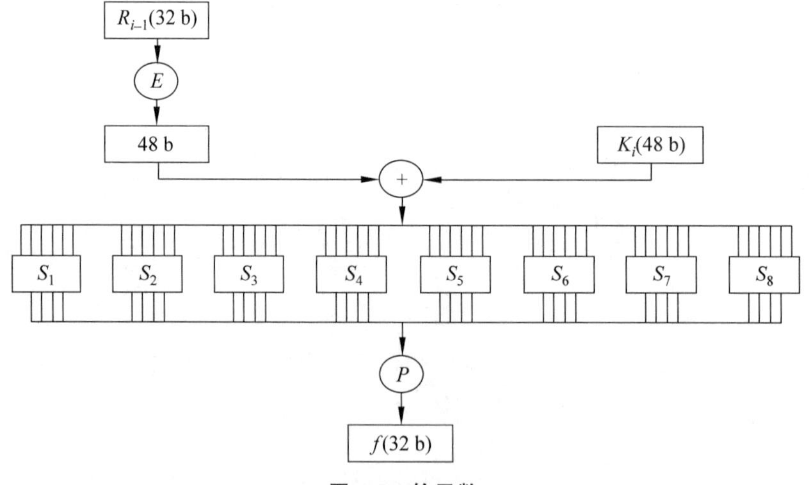

图 4.5　轮函数

(1) 扩展 E 变换。

将输入的 32 位数据扩展为 48 位。其中扩展 E 变换如表 4.8 所示。表中数字的意义与初始置换表基本相同，如第一个元素为 32，表示 48 位输出结果的第一位数据为原输入 32 位数据中的第 32 位上的数据。

表 4.8　*E* 盒扩展表

32	1	2	3	4	5
4	5	6	7	8	9
8	9	10	11	12	13
12	13	14	15	16	17
16	17	18	19	20	21
20	21	22	23	24	25
24	25	26	27	28	29
28	29	30	31	32	1

(2) 将输出结果的 48 位二进制数据与 48 位子密钥 K_1 按位做异或运算。结果同样为 48 位。然后将运算结果的 48 位二进制数据自左到右以 6 位为一组，共分 8 组。

(3) 将 8 组 6 位二进制数据分别放进 8 个不同的 S 盒，每个 S 盒输入 6 位二进制数据，输出 4 位二进制数据，然后再将 8 个 S 盒输出的 8 组 4 位数据依次连接，重新合并为 32 位数据。

S 盒是 DES 的核心部分。通过 S 盒定义的非线性替换，DES 实现了明文消息在密文消息空间上的随机非线性分布。S 盒的非线性替换特征意味着给定一组“输入—输出”值，很难预计所有 S 盒的输出。

共有 8 种不同的 S 盒，每个 S 盒将接收 6 位输入数据，通过定义的非线性映射变换为 4 位输出。一个 S 盒有一个 16 列 4 行数表，它的每个元素是一个 4 位二进制数，通常表示成十进制数 0～15。8 个 S 盒如表 4.9 所示。

表 4.9　S_1～S_8 盒

S_1 盒

		0	1	2	3	4	5	6	7	8	9	10	11	12	13	14	15
S_1	0	14	4	13	1	2	15	11	8	3	10	6	12	5	9	0	7
	1	0	15	7	4	14	2	13	1	10	6	12	11	9	5	3	8
	2	4	1	14	8	13	6	2	11	15	12	9	7	3	10	5	0
	3	15	12	8	2	4	9	1	7	5	11	3	14	10	0	6	13

S_2 盒

		0	1	2	3	4	5	6	7	8	9	10	11	12	13	14	15
S_2	0	15	1	8	14	6	11	3	4	9	7	2	13	12	0	5	10
	1	3	13	4	7	15	2	8	14	12	0	1	10	6	9	11	5
	2	0	14	7	11	10	4	13	1	5	8	12	6	9	3	2	15
	3	13	8	10	1	3	15	4	2	11	6	7	12	0	5	14	9

续表

S_3 盒

		0	1	2	3	4	5	6	7	8	9	10	11	12	13	14	15
S_3	0	10	0	9	14	6	3	15	5	1	13	12	7	11	4	2	8
	1	13	7	0	9	3	4	6	10	2	8	5	14	12	11	15	1
	2	13	6	4	9	8	15	3	0	11	1	2	12	5	10	14	7
	3	1	10	13	0	6	9	8	7	4	15	14	3	11	5	2	12

S_4 盒

		0	1	2	3	4	5	6	7	8	9	10	11	12	13	14	15
S_4	0	7	13	14	3	0	6	9	10	1	2	8	5	11	12	4	15
	1	13	8	11	5	6	15	0	3	4	7	2	12	1	10	14	9
	2	10	6	9	0	12	11	7	13	15	1	3	14	5	2	8	4
	3	3	15	0	6	10	1	13	8	9	4	5	11	12	7	2	14

S_5 盒

		0	1	2	3	4	5	6	7	8	9	10	11	12	13	14	15
S_5	0	2	12	4	1	7	10	11	6	8	5	3	15	13	0	14	9
	1	14	11	2	12	4	7	13	1	5	0	15	10	3	9	8	6
	2	4	2	1	11	10	13	7	8	15	9	12	5	6	3	0	14
	3	11	8	12	7	1	14	2	13	6	15	0	9	10	4	5	3

S_6 盒

		0	1	2	3	4	5	6	7	8	9	10	11	12	13	14	15
S_6	0	12	1	10	15	9	2	6	8	0	13	3	4	14	7	5	11
	1	10	15	4	2	7	12	9	5	6	1	13	14	0	11	3	8
	2	9	14	15	5	2	8	12	3	7	0	4	10	1	13	11	6
	3	4	3	2	12	9	5	15	10	11	14	1	7	6	0	8	13

S_7 盒

		0	1	2	3	4	5	6	7	8	9	10	11	12	13	14	15
S_7	0	4	11	2	14	15	0	8	13	3	12	9	7	5	10	6	1
	1	13	0	11	7	4	9	1	10	14	3	5	12	2	15	8	6
	2	1	4	11	13	12	3	7	14	10	15	6	8	0	5	9	2
	3	6	11	13	8	1	4	10	7	9	5	0	15	14	2	3	12

续表

S_8 盒

		0	1	2	3	4	5	6	7	8	9	10	11	12	13	14	15
S_8	0	13	2	8	4	6	15	11	1	10	9	3	14	5	0	12	7
	1	1	15	13	8	10	3	7	4	12	5	6	11	0	14	9	2
	2	7	11	4	1	9	12	14	2	0	6	10	13	15	3	5	8
	3	2	1	14	7	4	10	8	13	15	12	9	0	3	5	6	11

S 盒的替代运算规则为：设输入 6 位二进制数据为 $b_1b_2b_3b_4b_5b_6$，则以 b_1b_6 组成的二进制数为行号，$b_2b_3b_4b_5$ 组成的二进制数为列号，取出 S 盒中行列交点处的数，并转换成二进制输出。由于表中十进制的范围是 0～15，所以以二进制表示正好是 4 位。

如 6 位输入数据 011001 经 S_1 盒变换，行标取首尾两位，即 01，转换为十进制数为 1，列标取中间 4 位，即 1100，转换为十进制数为 12，因此在 S_1 盒中，行标为 1，列标为 12，对应的数为 9，转换成二进制数为 1001，即输出结果为 1001 的 4 位二进制数。

(4) 将上一步合并生成的 32 位数据经 P 盒置换，输出新的 32 位数据。P 盒置换如表 4.10 所示，P 盒输出的 32 位数据即为轮函数的最终输出结果。

表 4.10 *P* 盒置换

16	7	20	21
29	12	28	17
1	15	23	26
5	18	31	10
2	8	24	14
32	27	3	9
19	13	30	6
22	11	4	25

(5) 将轮函数结果与 L_0 做异或运算，得到 R_1 的结果。

以上为一轮迭代的过程，整个加密过程需要经过 16 轮的迭代。经过 16 轮迭代后，将左右各 32 位数据重新组合成 64 位数据，将 64 位数据进行表 4.11 所示的逆置换，最终得到 64 位的密文。

表 4.11 初始逆置换 IP^{-1}

40	8	48	16	56	24	64	32	39	7	47	15	55	23	63	31
38	6	46	14	54	22	62	30	37	5	45	13	53	21	61	29
36	4	44	12	52	20	60	28	35	3	43	11	51	19	59	27
34	2	42	10	50	18	58	26	33	1	41	9	49	17	57	25

以上整个加密过程还需要涉及 16 个子密钥的生成过程。具体子密钥的生成过程如图 4.6 所示。

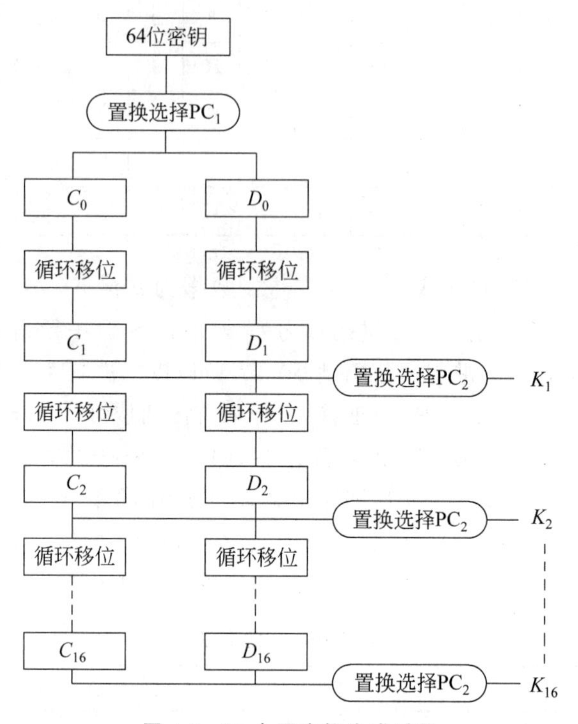

图 4.6　16 个子密钥生成过程

DES 加密过程中需要使用 16 个 48 位子密钥。子密钥由用户提供的 64 位密钥经 16 轮迭代运算依次生成。假设密钥为 K，长度为 64b，其中第 8、16、24、32、40、48、64 位用作奇偶校验位，实际密钥长度为 56 位。

首先，对于给定的密钥 K，应用 PC_1 置换规则进行置换，如表 4.12 所示，置换后的结果是 56b，舍去了奇偶校验位。设其前 28b 为 C_0，后 28b 为 D_0。

表 4.12　PC_1 置换

57	49	41	33	25	17	9
1	58	50	42	34	26	18
10	2	59	51	43	35	27
19	11	3	60	52	44	36
63	55	47	39	31	23	15
7	62	54	46	38	30	22
14	6	61	53	45	37	29
21	13	5	28	20	12	4

其次，分别将 28 位 C_0、D_0 循环左移位一次，移位后分别得到 C_1、D_1 作为下一轮密

钥生成的位输入。每轮迭代循环左移位的次数遵循固定的规则，每轮左移次数如表4.13所示。

表4.13　循环左移次数

迭代次数	1	2	3	4	5	6	7	8	9	10	11	12	13	14	15	16
移位次数	1	1	2	2	2	2	2	2	1	2	2	2	2	2	2	1

最后，将C_1、D_1合并得到56位数据(C_1,D_1)，经表4.14中的置换选择2，也就是经固定的规则置换选出重新排列的48位二进制数据，即为子密钥K_1。

表4.14　PC_2置换

14	17	11	24	1	5	3	28
15	6	21	10	23	19	12	4
26	8	16	7	27	20	13	2
41	52	31	37	47	55	30	40
51	45	33	48	44	49	39	56
34	53	46	42	50	36	29	32

将C_1、D_1作为下一轮的输入，采用前面相同的迭代过程进行迭代，即可得到K_2。以此类推，经过16轮迭代即可生成16个48位的子密钥。

接下来探讨DES的解密过程和安全性分析两个问题。

(1) DES的解密算法。

DES是一种对称密钥密码，其解密密钥和加密密钥相同，且解密过程就是加密过程的逆过程，子密钥的使用次序相反。解密过程的第一轮用第16个子密钥，第二轮用第15个子密钥，以此类推，最后一轮用第1个子密钥。

(2) DES安全分析。

DES算法中只用到64位密钥中的56位，第8、16、24、32、40、48、56、64位这8位并未参与DES运算，穷举搜索法对DES算法进行攻击是常用的方法，而56位长的密钥的穷举空间为2^{56}。这意味着，若一台计算机的速度是每秒钟检测一百万个密钥，则它搜索完全部密钥需要将近2285年。可以说这是难以实现的，随着科学技术的发展，超高速计算机出现，可以考虑把DES密钥的长度再增长一些，以此来达到更高的保密程度。

1997年，美国科罗拉多州程序员利用Internet上的14000多台计算机，花费96天，成功破解了DES密钥。更为严重的是，1998年电子前哨基金会设计出专用的DES密钥搜索机，该机器只需56个小时就能破解一个DES密钥。更糟的是，电子前哨基金会公布了这种机器设计的细节，随着硬件速度提高和造价下降，任何人都能拥有一台自己的高速破译机，最终必然导致DES毫无价值。1998年底，DES开始淡出商业领域。

基于现代密码学及其密码体制，保密的关键是如何保护好密钥，而破密的关键则是如何得到密钥。因为一个好的现代密码算法，在密钥足够长的情况下，即使是发明该算法的人，如他得不到密钥，他本人用他自己发明的算法来破解加了密的电文也是极其困难甚至是不可能的。

4.4.2 3DES

DES的问题是密钥太短，迭代次数也太少，为此采用三重DES的方法增加DES的强度，三重DES是DES的加强版，它能够使用多个密钥，对信息进行3次DES加密操作。3DES通过增加DES密钥长度来避免暴力破解攻击，不是一种全新的密码算法。

3DES使用两条或三条不同的56位密钥对数据进行3次加密。密钥分别为K_1、K_2、K_3，若3个密钥互不相同，本质上就相当于用一个长为168位的密钥进行加密。若数据对安全性要求不那么高，K_1可以等于K_3。在这种情况下，密钥的有效长度为112，如图4.7所示。

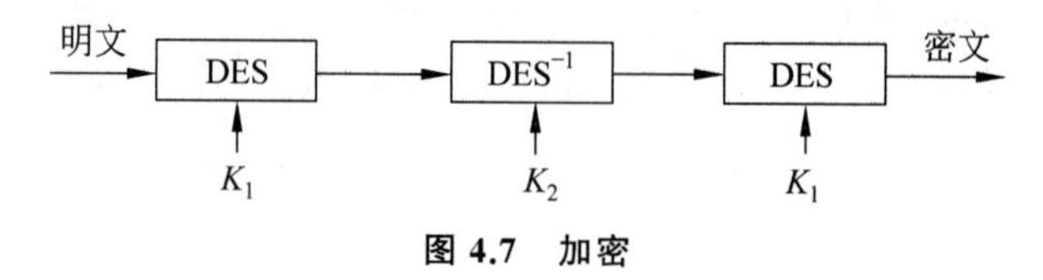

图4.7 加密

第一阶段使用密钥K_1对明文进行加密；第二阶段使DES设备工作于解码模式，使用密钥K_2对第一阶段的输出进行变换；第三阶段又使DES工作于加密模式，使用K_1对第二阶段的输出再进行一次加密，最后输出密文。

这里使用两个密钥即可，因为112b的密钥已经足够长，没必要用3个密钥增加密钥管理和传输的开销。3DES解密过程如图4.8所示。

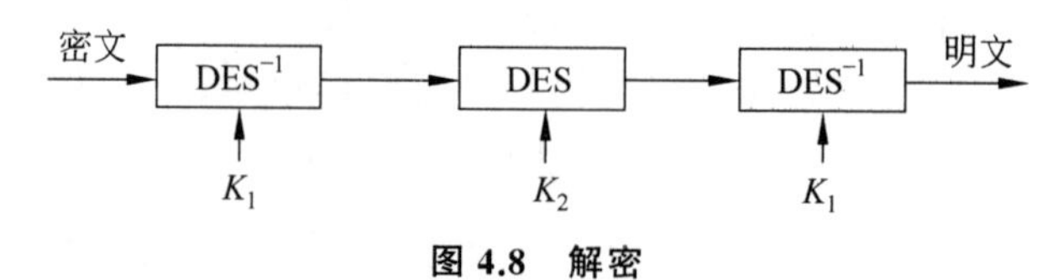

图4.8 解密

3DES有3个显著的优点。首先，它的密钥长度可以达到168b，能克服DES面对的穷举攻击问题；其次，3DES的底层加密算法与DES的加密算法相同，使得原有的加密设备能够得到升级；最后，DES加密算法与其他加密算法相比较，分析的时间要长得多，相应地，3DES对分析攻击有很强的免疫力。其缺点是通过软件实现该算法的速度比较慢。

4.4.3 AES

高级加密标准AES可以用来替代DES。在这之前，数据加密基本采用DES。由于DES的56位密钥太短，已不再安全。因此，1997年4月，美国国家标准与技术研究所(NIST)发起征集高级加密标准(AES)的算法活动，并成立了AES工作组。

1997年9月，美国联邦登记处公布了正式征集AES候选算法的通告。对AES的基本要求如下。

① 必须是对称加密算法。

② 设计思想必须公开。

③ 比三重 DES 快以及至少与三重 DES 一样安全。

④ 数据分组长度和密钥长度为 128/192/256b。

⑤ 算法在软硬件环境中均可实现。

1998 年，NIST 开始对 AES 进行第一轮分析、测试和征集，共产生 15 个候选算法。

1999 年完成第二轮 AES 的分析、测试。

2000 年，美国政府正式宣布选中比利时密码学家琼·戴门和文森特·里杰门提出的一种密码算法 Rijndael 作为 AES 的加密算法。

AES 加密数据块和密钥长度是 128 位、192 位、256 位中的任意一个。该算法的原型是 Square 算法，设计策略是宽轨迹策略。Rijndael 数据加密算法假定密钥长度和块长度从 128 位一直到 256 位。密钥长度和块长度单独选择，它们没有必然的联系。

Rijndael 算法的优点是能在微机上快速实现，算法设计简单，分组长度可变以及分组长度和密钥长度都易于扩充。Rijndael 算法的局限性是逆密码的实现相对比较复杂，它需要占用较多的代码和转数，不能在智能卡上实现。在软件实现中，该密码及其逆密码使用不同的代码和表。

AES 算法的公布标志着 DES 算法已完成了它的使命。因此 Rijndael 算法迅速在全世界广泛推广和使用。

4.5 公钥密码体制

1976 年以前，所有的加密方法都是同一种模式：甲方选择某一种加密规则，对信息进行加密；乙方使用同一种规则，对信息进行解密。由于加密和解密使用同样的密钥，因此称为对称加密算法。这种加密模式有一个最大弱点：甲方必须把加密密钥告诉乙方，否则乙方无法解密。采用这种方法的主要问题是密钥的生成、注入、存储、管理、分发等很复杂，特别是随着用户的增加，密钥的需求量成倍增加。当某一通信方有 n 个通信关系，那么他就要维护 n 个专用密钥。在网络通信中，大量密钥的分配是一个难以解决的问题。

1976 年，迪菲和赫尔曼提出的 Diffie-Hellman 密钥交换算法启发了其他科学家。人们认识到，加密和解密可以使用不同的规则，采用不同的密钥，只要它们之间存在某种对应关系即可，这样就避免了直接传递密钥的问题。这种新的加密模式被称为“非对称加密算法”，也称为“公钥加密算法”。公钥加密使用两个密钥：一个密钥用于加密信息；另一个密钥用于解密信息。

公钥密码体制中的每个参与通信方都有两个密钥：公钥(public key)和私钥(private key)。公钥和私钥是成对存在的，其中公钥是公开的，私钥是保密的，公钥的公开不影响私钥的安全，也就是通过公钥不能推导出私钥。利用其中一个密钥进行加密，则可以用另一个密钥进行解密。

RSA 加密算法是一种典型的公钥加密算法，其很重要的一个特点是当数据在网络中传输时，用来加密和解密数据的密钥并不需要和数据一起传送。这就减少了密钥泄露的可能性，加密方在没有私钥的情况下对通过 RSA 算法加密的信息同样不能解密。如用户

A 和用户 B 进行保密通信，A 用 B 的公钥进行加密，B 接收到密文后可以通过保存在本地的私钥进行解密，从而恢复出明文。别的用户即使接收到密文，由于没有 B 的私钥也无法解密，从而确保了通信的安全。B 的私钥保存在本地，避免了密钥的传输带来的安全风险。另外，每个通信方只需要管理一对密钥(公钥和私钥)即可，同时也方便了陌生用户之间的保密通信。

公钥密码体制也促进了数字签名的发展，公钥密码技术由于存在一对公钥和私钥，私钥可以表征唯一性和私有性，而且经私钥加密的数据只能用与之对应的公钥来验证，其他人无法仿冒。一段消息以发送方的私钥加密之后，任何拥有与该私钥相对应的公钥的人均可将其解密。由于该私钥只有发送方拥有，且该私钥是不公开的，所以，以该私钥加密的信息可看作发送方对该信息的签名，其作用和现实中的手工签名一样，具有有效性和不可抵赖性。

常见的公钥密码算法有 RSA、Diffie-Hellman、椭圆曲线加密算法(elliptic curve cryptography，ECC)等。下面重点介绍 RSA 公钥加密算法。

前面谈到，RSA 算法以它的三个发明者的名字首字母命名，既能用于加密，也能用于数字签名。

RSA 算法中的密钥越长，就越难破解。根据已经披露的文献，目前被破解的最长 RSA 密钥是 768 位。长度超过 768 位的密钥还很难破解，因此可以认为 1024 位的 RSA 密钥是基本安全的，2048 位的密钥是极其安全的。

RSA 加解密算法是一种分组密码体制算法，它的保密强度建立在“具有大素数因子的合数，其因子分解是困难的”这一数学难题基础上。

整个 RSA 算法主要涉及密钥产生算法、加密和解密 3 部分。

1) 密钥产生算法

RSA 中的公钥和私钥需要结合在一起工作。其中一个用来加密，另一个用来解密，生成密钥对时，需要遵循以下几个步骤，以确保公钥和私钥的这种关系能够正常工作。这些步骤也确保没有实际方法能够从一个密钥推导出另一个密钥。

第一，选择两个大的素数，记为 p 和 q。RSA 算法运用了“两个大的素数相乘，难以在短时间内将其因式分解”这一科学难题。因此选择的素数越大、位数越多，结果越安全。

第二，计算 n，$n=p\times q$。

第三，随机选取加密密钥 e，使得 e 满足 $1<e<(p-1)\times(q-1)$，同时要求 e 与 $(p-1)\times(q-1)$ 互素，也就是 e 和 $(p-1)\times(q-1)$ 不能有相同的因子。这样得到公钥为 (e,n)。

第四，计算 d，满足 $de\equiv1 \bmod (p-1)\times(q-1)$，“≡”是数论中的同余符号。同余是数论中的重要概念，给定一个正整数 m，如果两个整数 a 和 b 满足 $a-b$ 能够被 m 整除，即 $(a-b)/m$ 得到一个整数，那么就称整数 a 与 b 对模 m 同余，记作 $a\equiv b(\bmod m)$，公式 $de\equiv1 \bmod (p-1)\times(q-1)$，相当于 $de \bmod (p-1)\times(q-1)=1$ 或者 $de-1$ 能够被 $(p-1)\times(q-1)$ 整除，这样就可以计算出 d 的值。得到的私钥为 (d,n)。

这样最终产生的密钥对为：公钥 (e,n)，私钥 (d,n)。其中公钥是公开的，私钥是保密的。

2）加密

RSA 是分组加密算法，加密时首先将明文进行分组。确定好分组后，接下来对明文分组 m 做加密运算，具体运算规则如下。

$$c = m^e \bmod n$$

3）解密

对密文分组的解密运算的规则如下。

$$m = c^d \bmod n$$

RSA 算法的公钥、私钥产生以及加密、解密的公式最终归纳为表 4.15。

表 4.15　RSA 的工作原理

公钥(e,n)	n：两素数 p 和 q 的乘积（p、q 必须保密） e：与$(p-1)\times(q-1)$互质
私钥(d,n)	d：$de\equiv 1 \bmod (p-1)\times(q-1)$ n：两素数 p 和 q 的乘积（p、q 必须保密）
加密	$c=m^e \bmod n$
解密	$m=c^d \bmod n$

下面用一个简单的例子来说明 RSA 公开密码算法的工作原理。为了便于计算，只选取小数值的素数 p 和 q 以及 e。实际使用中，为了确保 RSA 加密的安全性，n，也就是 $p\times q$的值的二进制位数为 1024，甚至 2048 位。

假设用户 A 需要将明文 yes 通过 RSA 加密后传递给用户 B，具体过程如下。

1）确定密钥对：包括公钥(e,n)和私钥(d,n)

设 $p=3$，$q=11$，其中这两个数均为素数，得出 $n=p\times q=3\times 11=33$；$(p-1)\times(q-1)=(3-1)\times(11-1)=2\times 10=20$。

取 $e=3$，符合 3 与 20 互质的要求，则 $de\equiv 1 \bmod (p-1)\times(q-1)$，即 $3\times d\equiv 1 \bmod 20$；其中 d 的取值通过表 4.16 来完成。

表 4.16　d 的取值

d	$e\times d=3\times d$	$(e\times d) \bmod (p-1)(q-1)=(3\times d) \bmod 20$
1	3	3
2	6	6
3	9	9
4	12	12
5	15	15
6	18	18
7	21	1
8	24	4
9	27	7

当 $d=7$ 时，$de\equiv 1 \bmod (p-1)\times(q-1)$ 同余等式成立。

最终产生的密钥对为：公钥 $(e,n)=(3,33)$，私钥 $(d,n)=(7,33)$。

2）明文加密

首先将需要加密的英文字母数字化，将明文的英文字母编码为按字母顺序排列的数值，如表 4.17 所示。

表 4.17　字母数字对应关系表

字母	数字	字母	数字
a	1	n	14
b	2	o	15
c	3	p	16
d	4	q	17
e	5	r	18
f	6	s	19
g	7	t	20
h	8	u	21
i	9	v	22
j	10	w	23
k	11	x	24
l	12	y	25
m	13	z	26

明文信息 yes 对应的数字分别为 25、5、19；接下来对明文信息 yes 进行分组加密，也就是对 3 个英文字母分别进行加密，加密公式为 $c=m^e \bmod n$。

字母 y 的加密过程为 $c=m^e \bmod n=25^3 \bmod 33=16$；字母 e 的加密过程为 $c=m^e \bmod n=5^3 \bmod 33=26$；字母 s 的加密过程为 $c=m^e \bmod n=19^3 \bmod 33=28$。最终加密后的密文为(16,26,28)。

3）密文解密

用户 B 对收到的密文进行解密，解密公式为 $m=c^d \bmod n$，分别对密文 16、26 以及 28 进行解密。

首先对密文 16 进行解密，根据公式 $m=c^d \bmod n$，得出明文 $m=16^7 \bmod 33=268435456 \bmod 33=25$；再对密文 26 进行解密，根据公式 $m=c^d \bmod n$，得出明文 $m=26^7 \bmod 33=80318101176 \bmod 33=5$；最后对密文 28 进行解密，根据公式 $m=c^d \bmod n$，得出明文 $m=28^7 \bmod 33=13492928512 \bmod 33=19$。最终得出的明文为(25,5,19)。

同样根据表 4.2 所示的英文字母与数字的对应关系表，恢复出的明文为 yes。

接下来探讨 RSA 加密算法的安全性以及 RSA 的缺陷两个问题。

1）RSA 加密算法的安全性分析

在 RSA 密钥应用中，公钥 (e,n) 是被公开的。破解 RSA 密码问题就是从已知的 e 和

n 的值，其中 $n=p\times q$，求出私钥(d,n)中 d 的数值。一旦得到 d 的值，就可以利用私钥(d,n)来破解密文。

那么有没有可能在已知(e,n)情况下推导出 d 的值？整个推导过程分析如下。

(1) 由 $de\equiv 1 \bmod (p-1)\times(q-1)$可知，只有得到 e 和$(p-1)\times(q-1)$的情况下才能算出 d 的值。

(2) 只有知道 p 和 q 的值，才能得到$(p-1)\times(q-1)$的值。

(3) 由于 n 的值是已知的，而 $n=p\times q$，这样就考虑能否在已知 n 的情况下通过因式分解得到 p 和 q 的值。这就涉及"具有大素数因子的合数，其因子分解是困难的"这一数学难题上，对大整数的因式分解，目前除了暴力破解还没有发现别的有效方法。到目前为止，只有短的 RSA 密钥才可能被暴力破解。只要密钥长度足够长，用 RSA 加密的信息实际上是很难被破解的。

2) RSA 的缺陷

当 p 和 q 是一个大素数时，从它们的积 $p\times q$ 去分解因子 p 和 q，是一个公认的数学难题。比如当 $p\times q$ 大到 1024 位时，迄今为止还没有人能够利用任何计算工具去完成分解因子的任务。因此，RSA 从提出到现在经历了各种攻击的考验，逐渐为人们所接受，普遍认为是目前最优秀的公钥方案之一。

虽然 RSA 的安全性依赖于大数因子分解的困难性，但并没有从理论上证明破译 RSA 的难度与大数分解难度等价，即 RSA 的重大缺陷是无法从理论上证明它的保密性能。

此外，RSA 的缺点还有以下内容。

(1) 产生密钥很麻烦：受到素数产生技术的限制，难以做到一次一密。

(2) 分组长度太大：为了保证安全性，n 至少也要有 600 位，从而导致运算代价高、速度慢，相比对称加密算法慢几个数量级。RSA 的速度是用软件实现的 DES 的 1/100，是用硬件实现的 DES 的 1/1000。随着大数分解技术的发展，这个长度还在不断增加，不利于数据格式的标准化。因此，使用 RSA 只能加密少量数据，大量的数据加密还要靠对称加密算法。

在实际应用中，通常用对称加密算法将明文加密成密文，再用非对称加密算法对对称加密密钥进行加密。攻击者拿到密文后，需要先找到密钥，而密钥被公钥加密算法实施了有效保护。

4.6 实验：DES 加密与解密

通过用 DES 算法对实际数据进行加密和解密来理解 DES 加密算法工作原理，加深对对称加密算法的理解。

根据 DES 的工作原理创建明文信息，并选择一个密钥，编写 DES 密码算法的实现程序，实现 DES 加密和解密操作，并将运算结果和 CAP4 运算结果进行比较，以此判断程序实现的正确性。

以下是 DES 程序代码。

```
#include "stdio.h"
#include "memory.h"
#include<iostream>
using namespace std;
//pc1 选位表
static const char des_pc1_table[56] = {
                        56,48,40,32,24,16, 8,
                         0,57,49,41,33,25,17,
                         9, 1,58,50,42,34,26,
                        18,10, 2,59,51,43,35,
                        62,54,46,38,30,22,14,
                         6,61,53,45,37,29,21,
                        13, 5,60,52,44,36,28,
                        20,12, 4,27,19,11, 3
                    };
//pc2 选位表
static const char des_pc2_table[48] = {
                        13,16,10,23, 0, 4, 2,27,
                        14, 5,20, 9,22,18,11, 3,
                        25, 7,15, 6,26,19,12, 1,
                        40,51,30,36,46,54,29,39,
                        50,44,32,47,43,48,38,55,
                        33,52,45,41,49,35,28,31
                    };
//左移位数表
static const char des_loop_table[16] = {1,1,2,2,2,2,2,2,1,2,2,2,2,2,2,1};
//IP 置换表
static const char des_ip_table[64] = {
                        57,49,41,33,25,17, 9, 1,
                        59,51,43,35,27,19,11, 3,
                        61,53,45,37,29,21,13, 5,
                        63,55,47,39,31,23,15, 7,
                        56,48,40,32,24,16, 8, 0,
                        58,50,42,34,26,18,10, 2,
                        60,52,44,36,28,20,12, 4,
                        62,54,46,38,30,22,14, 6
                    };
//IP-1 逆置换表
static const char des_ip_r_table[64] = {
                        39, 7,47,15,55,23,63,31,
                        38, 6,46,14,54,22,62,30,
                        37, 5,45,13,53,21,61,29,
                        36, 4,44,12,52,20,60,28,
                        35, 3,43,11,51,19,59,27,
```

```
                                        34, 2,42,10,50,18,58,26,
                                        33, 1,41, 9,49,17,57,25,
                                        32, 0,40, 8,48,16,56,24
                                    };
//E 选位表
static const char des_e_table[48] = {
                                    31, 0, 1, 2, 3, 4,
                                     3, 4, 5, 6, 7, 8,
                                     7, 8, 9,10,11,12,
                                    11,12,13,14,15,16,
                                    15,16,17,18,19,20,
                                    19,20,21,22,23,24,
                                    23,24,25,26,27,28,
                                    27,28,29,30,31, 0
                                };
//S 盒
static const char des_s_box[8][4][16] = {
            //S1
            14, 4,13, 1, 2,15,11, 8, 3,10, 6,12, 5, 9, 0, 7,
             0,15, 7, 4,14, 2,13, 1,10, 6,12,11, 9, 5, 3, 8,
             4, 1,14, 8,13, 6, 2,11,15,12, 9, 7, 3,10, 5, 0,
            15,12, 8, 2, 4, 9, 1, 7, 5,11, 3,14,10, 0, 6,13,
            //S2
            15, 1, 8,14, 6,11, 3, 4, 9, 7, 2,13,12, 0, 5,10,
             3,13, 4, 7,15, 2, 8,14,12, 0, 1,10, 6, 9,11, 5,
             0,14, 7,11,10, 4,13, 1, 5, 8,12, 6, 9, 3, 2,15,
            13, 8,10, 1, 3,15, 4, 2,11, 6, 7,12, 0, 5,14, 9,
            //S3
            10, 0, 9,14, 6, 3,15, 5, 1,13,12, 7,11, 4, 2, 8,
            13, 7, 0, 9, 3, 4, 6,10, 2, 8, 5,14,12,11,15, 1,
            13, 6, 4, 9, 8,15, 3, 0,11, 1, 2,12, 5,10,14, 7,
             1,10,13, 0, 6, 9, 8, 7, 4,15,14, 3,11, 5, 2,12,
            //S4
             7,13,14, 3, 0, 6, 9,10, 1, 2, 8, 5,11,12, 4,15,
            13, 8,11, 5, 6,15, 0, 3, 4, 7, 2,12, 1,10,14, 9,
            10, 6, 9, 0,12,11, 7,13,15, 1, 3,14, 5, 2, 8, 4,
             3,15, 0, 6,10, 1,13, 8, 9, 4, 5,11,12, 7, 2,14,
            //S5
             2,12, 4, 1, 7,10,11, 6, 8, 5, 3,15,13, 0,14, 9,
            14,11, 2,12, 4, 7,13, 1, 5, 0,15,10, 3, 9, 8, 6,
             4, 2, 1,11,10,13, 7, 8,15, 9,12, 5, 6, 3, 0,14,
            11, 8,12, 7, 1,14, 2,13, 6,15, 0, 9,10, 4, 5, 3,
            //S6
            12, 1,10,15, 9, 2, 6, 8, 0,12, 3, 4,14, 7, 5,11,
```

```
                10,15, 4, 2, 7,12, 9, 5, 6, 1,13,14, 0,11, 3, 8,
                 9,14,15, 5, 2, 8,12, 3, 7, 0, 4,10, 1,13,11, 6,
                 4, 3, 2,12, 9, 5,15,10,11,14, 1, 7, 6, 0, 8,13,
                //S7
                 4,11, 2,14,15, 0, 8,13, 3,12, 9, 7, 5,10, 6, 1,
                13, 0,11, 7, 4, 9, 1,10,14, 3, 5,12, 2,15, 8, 6,
                 1, 4,11,13,12, 3, 7,14,10,15, 6, 8, 0, 5, 9, 2,
                 6,11,13, 8, 1, 4,10, 7, 9, 5, 0,15,14, 2, 3,12,
                //S8
                13, 2, 8, 4, 6,15,11, 1,10, 9, 3,14, 5, 0,12, 7,
                 1,15,13, 8,10, 3, 7, 4,12, 5, 6,11, 0,14, 9, 2,
                 7,11, 4, 1, 9,12,14, 2, 0, 6,10,13,15, 3, 5, 8,
                 2, 1,14, 7, 4,10, 8,13,15,12, 9, 0, 3, 5, 6,11
            };
//p 选位表
static const char des_p_table[32] = {
                                        15, 6,19,20,28,11,27,16,
                                         0,14,22,25, 4,17,30, 9,
                                         1, 7,23,13,31,26, 2, 8,
                                        18,12,29, 5,21,10, 3,24
                                    };
static char subkeys[16][48];
//字节组转成位组
void byte_to_bit(char * out, const char * in, int bits)
{
    int i;
    for(i=0; i<bits; i++)
        * out++= (in[(i&~7)>>3]>>(i&7)) & 1;
}
//位组转成字节组
void bit_to_byte(char * out, const char * in, int bits)
{
    int i;
    memset(out,0,((bits+7)&~7)>>3);
    for(i=0; i<bits; i++)
        out[(i&~7)>>3] |= (* in++) <<(i&7);
}
//置换
void des_transform(char * out, char * in, const char * table, int len)
{
    static char tmp[64];
    int i;
    char * p = tmp;
        for (i=0; i<len; i++)
```

```
        *p++= in[*table++];
    memcpy(out, tmp, len);
}
void xor(char *a, const char *b, int len)
{
    while (len--)
        *a++^= *b++;
}
//S盒
void des_s_transform(char out[32], const char in[48])
{
    int b,r,c;
    for (b=0; b<8; out+=4,in+=6,b++)
    {
        r = (in[0]<<1) | in[5];
        c = (in[1]<<3) | (in[2]<<2) | (in[3]<<1) | in[4];
        byte_to_bit(out, &des_s_box[b][r][c], 4);
    }
}
//循环左移
void des_left_loop(char *in, int loop)
{
    static bool tmp[2];
    memcpy(tmp,in,loop);
    memcpy(in,in+loop,28-loop);
    memcpy(in+28-loop,tmp,loop);
}
//16个子密钥
void des_make_subkeys(const char key[8], char subkeys[16][48])
{
    char bits[64];
    char *r=bits+28;
    int i;
    byte_to_bit(bits, key, 64);
    des_transform(bits,bits,des_pc1_table, 56);
    for (i=0; i<16; i++)
    {
        des_left_loop(bits, des_loop_table[i]);
        des_left_loop(r, des_loop_table[i]);
        des_transform(subkeys[i],bits,des_pc2_table,48);
    }
}
//混合数据和密钥
void des_mix(char in[32], const char key[48])
```

```
{
    static char r[48];
    des_transform(r,in,des_e_table,48);
    xor(r,key,48);
    des_s_transform(in,r);
    des_transform(in,in,des_p_table,32);
}
//加密/解密
void des_go(char out[8], const char in[8], bool encrypt)
{
    static char data[64];
    static char tmp[32];
    static char * r=data+32;
    int i;
    byte_to_bit(data, in, 64);
    des_transform(data, data, des_ip_table, 64);
    if (encrypt) //加密
    {
        for (i=0; i<16; i++)
        {
            memcpy(tmp, r, 32);
            des_mix(r, subkeys[i]);
            xor(r, data, 32);
            memcpy(data, tmp, 32);
        }
    }
    else //解密
    {
        for (i=15; i>=0; i--)
        {
            memcpy(tmp, data, 32);
            des_mix(data, subkeys[i]);
            xor(data, r, 32);
            memcpy(r, tmp, 32);
        }
    }
    des_transform(data, data, des_ip_r_table, 64);
    bit_to_byte(out, data, 64);
}
```

通过DES加密工具DES Tool实施加解密过程。下载DES加密工具DES Tool,运行该工具,如图4.9所示

输入明文为test,密钥为123456,得到的密文为DBEED0EBCDE7FFA4,如图4.10所示。

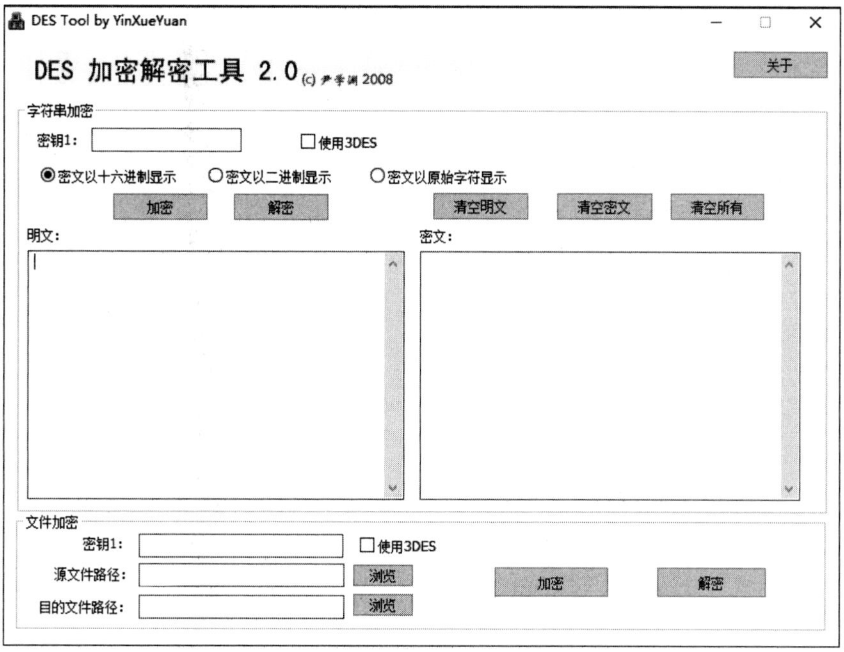

图 4.9　DES 加密工具 DES Tool 程序执行界面

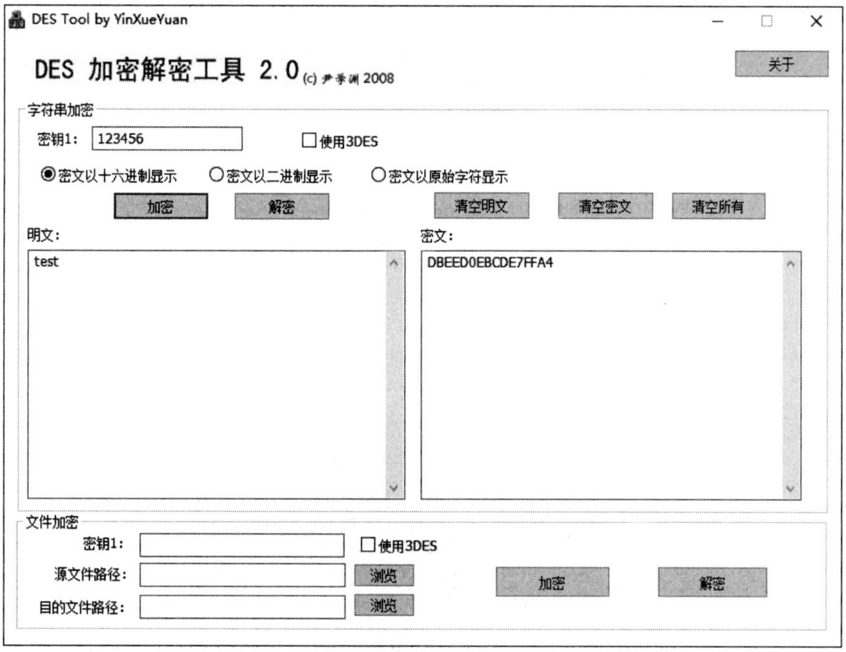

图 4.10　明文为 test、密钥为 123456，进行 DES 加密的结果

解密过程如图 4.11 和图 4.12 所示。

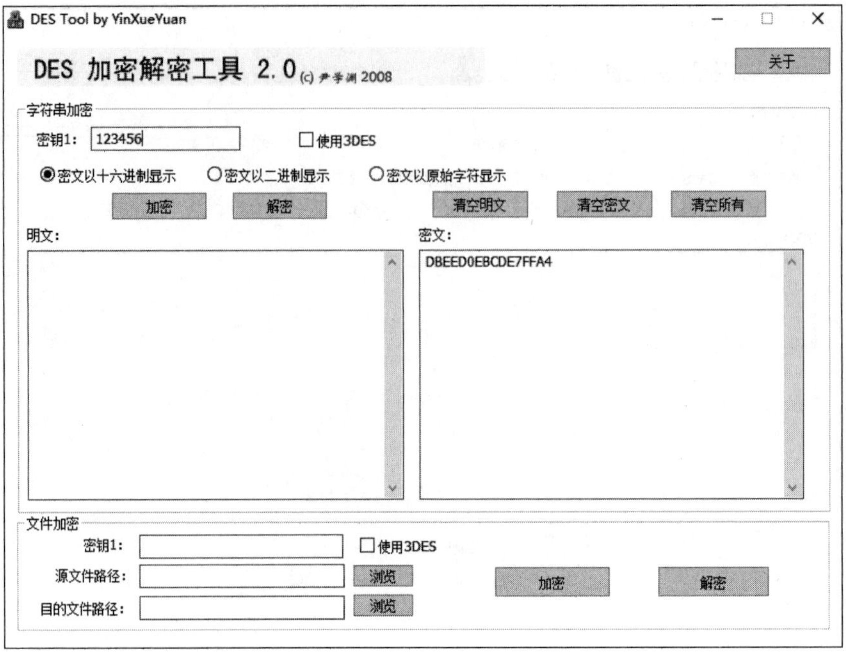

图 4.11 密文为 DBEED0EBCDE7FFA4、密钥为 123456，进行 DES 解密

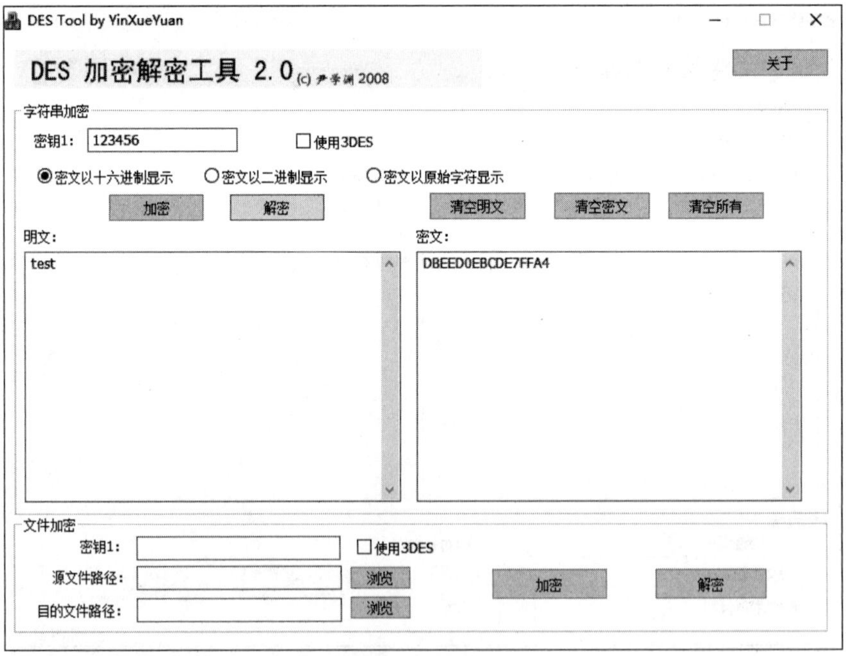

图 4.12 解密结果为 test

4.7 本章小结

本章主要讲解密码学的相关知识，首先介绍密码学的相关概念以及发展历史。分别从唯密文攻击、已知明文攻击、选择明文攻击、选择密文攻击4方面探讨了密码分析类型。接着分别从置换和代换两方面详细讲解古典密码体系，在代换密码技术中主要从单表代换和多表代换两个角度进行探讨。最后详细讲解对称密码体系以及公钥密码体系。在对称密码体系中详细讲解了DES加密算法，简单介绍AES加密算法。在公钥密码体系中详细讲解了RSA加密算法。

实验完成DES加密和解密的过程。

4.8 习 题 4

一、简答题

1. 什么是密码学？
2. 密码学的五元组指的是哪些？
3. 简单画出数据加解密过程图。
4. 加密系统的密码分析类型分为哪几种？各有什么特点？
5. 密码学的发展经过哪几个阶段？
6. 什么是置换加密？什么是代换加密？

二、论述题

1. 详细描述DES加密过程。
2. 详细描述RSA加密过程。

第 5 章

散列函数、消息摘要和数字签名

本章学习目标

- 掌握散列函数的相关知识
- 掌握消息摘要的相关知识
- 掌握数字签名的相关知识
- 掌握 PGP 安全电子邮件的配置过程

5.1 散列函数及消息摘要

5.1.1 散列函数

散列函数又称哈希函数(Hash)或杂凑函数,通常用字母 H 来表示。它将可变的输入长度串 M(可以足够长)转换成固定长度输出值 h(又称散列值(Hash value))的一种函数,这种转换是一种压缩映射,是将任意长度的信息压缩到某一固定长度的消息摘要的函数。即一个从明文到密文的不可逆映射,该过程只有加密过程,没有解密过程,可表示为:

$$h = H(M)$$

其中,h 为输出固定长度的字符串;M 为输入可变长的字符串;H 为散列函数。h 被称为 M 的散列值。

为了防止传输和存储的信息被有意或无意地篡改,采用散列函数对信息进行运算,生成信息摘要,将生成的摘要附在信息之后发出或与信息一起存储,可有效保证数据的完整性。

提取数据特征的算法称为单向散列函数,单向散列函数就是一种采集信息“指纹”的技术,单向散列函数所生成的散列值就相当于信息的“指纹”。

单向散列函数可以根据消息的内容计算出散列值,而散列值就可以被用来检查消息的完整性,消息可以是文字,也可以是图像文件或声音文件。单向散列函数不需要知道消息实际代表的含义。对于任何信息,单向散列函数都会将它作为单纯的比特序列来处理,即根据比特序列计算出散列值。

散列值的长度和信息的长度无关,无论信息是 1b,还是 100MB,甚至是 100GB,单向散列函数都会计算出固定长度(一般为 128 位或 160 位)的散列值。

单向散列函数具有以下几个性质。

(1) 确定性。散列函数能处理任意大小的信息,生成的消息摘要数据块的长度总是具有固定的大小，对同一个源数据，反复执行该函数得到的输出一定相同；对于通过同一散列函数得出的两个不同的散列值，其原始输入也一定是不相同的。

(2) 易计算。对给定的信息，很容易计算出消息摘要，计算散列值所花费的时间短。

(3) 单向性。给定消息摘要和公开的散列函数算法，要推导出信息是极其困难的，也称不可逆性。

(4) 一一对应。不同消息的散列值是不相同的，要想伪造另一个信息，使它的消息摘要和原信息的消息摘要一样，是极其困难的。

散列函数的输出值有固定的长度，任何一位或多位的变化都将导致散列值的变化。通过散列值不可能推导出消息 M，也很难通过伪造消息 M 来生成相同的散列值。

对散列函数有两种穷举攻击。一是给定消息的散列函数 $H(x)$，破译者逐个生成其他消息 y，以使 $H(y)=H(x)$。二是攻击者寻找两个随机的消息 x、y，并使 $H(x)=H(y)$。这就是所谓的冲突攻击。

单向散列函数通常用于提供消息或文件的指纹。与人类的指纹类似，由于散列指纹是唯一的，因而能够提供对消息的完整性认证。

5.1.2 消息摘要

消息摘要(message digest)又称数字摘要(digital digest)、报文摘要或数字指纹，对要发送的信息进行单向 Hash 变换运算，得到的固定长度的密文(也称为提取信息的特征)就是消息摘要。

发送方向接收方发送消息并验证信息完整性的基本过程是：发送方先提取发送信息的消息摘要，并在传输信息时将消息摘要加入文件一同发送给接收方；接收方收到文件后，用相同的方法对接收到的信息进行变换运算得到另一个摘要；然后将自己运算得到的摘要与发送过来的摘要进行比较，从而验证数据的完整性。

不同的明文消息经过相同的哈希函数变换后得到的消息摘要是不同的，而同样的明文信息通过相同的哈希函数变换后得到的消息摘要或称数字指纹一定是一致的。

哈希函数的抗冲突性使得如果明文信息稍微有一点点变化，哪怕只是更改一个字母或者一个标点符号，通过哈希函数作用后，得到的信息摘要将会是天壤之别。哈希函数的单向性，使得要找到哈希值相同的两个不同的输入消息在计算上是不可行的。因此数据的哈希值，即消息摘要，可以检验数据的完整性。

下面介绍常见的两种消息摘要算法即散列函数，它们是 MD5 以及 SHA-1。

5.1.3 常见的消息摘要算法(即散列函数)

1. MD5

MD5(message digest algorithm 5)是一种广泛使用的散列函数，是一种消息摘要算法，该算法可以产生 128 位(16B)的散列值(Hash value)，用于确保信息传输的完整性。MD5 算法是美国密码学家李维斯特设计的，用以取代 MD4 算法。1996 年后，该算法被证实存在弱点，无法防止碰撞。

MD5 以 512 位分组来处理输入的信息，且每一分组又被划分为 16 个 32 位子分组，接着对它们进行一系列处理。该算法的输出由 4 个 32 位分组组成，将这 4 个 32 位分组级联后生成一个 128 位散列值。MD5 的加密过程如图 5.1 所示。

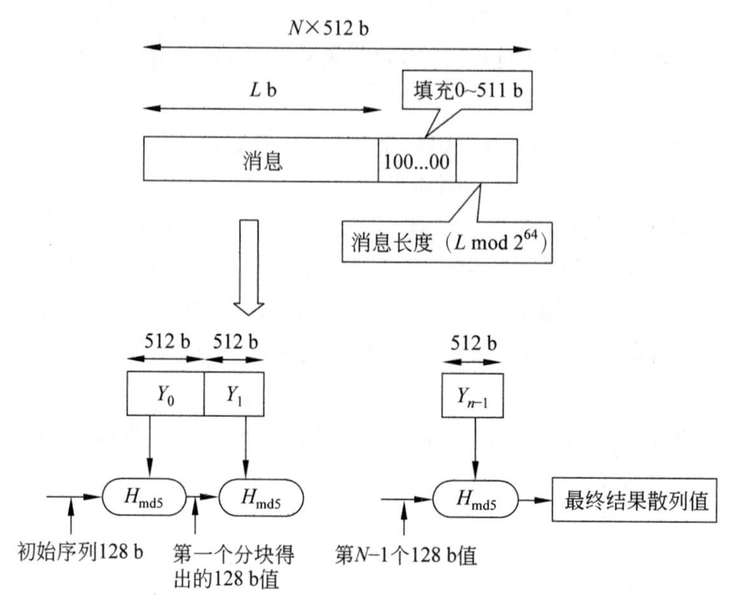

图 5.1 MD5 的加密过程

具体过程说明如下。

第一步，需要对信息进行填充，存在下面两种情况。

(1) 通过在信息的后面填充一个 1 和无数个 0，使填充后的信息的位长对 512 求余的结果等于 448，因此信息的位长将被扩展至 $N\times512+448$。

(2) 在结果的后面附加没有填充时的 64 位二进制信息，如果二进制表示的填充前的信息长度超过 64 位，则取低 64 位。

经过这两步的处理，信息的位长$=N\times512+448+64=(N+1)\times512$，即长度恰好是 512 的整数倍。这样操作的原因是为了满足接下来处理中对信息长度的要求。

第二步，初始化 MD5 参数(参数值一般不变)。

MD5 中有 4 个 32 位被称作链接变量(chaining variable)的整数参数(A、B、C、D)，用来计算信息摘要，每个变量被初始化成低位字节在前的十六进制表示的数值，其分别为 A=0x01234567、B=0x89abcdef、C=0xfedcba98、D=0x76543210。在程序中要写成 A=0x67452301、B=0xefcdab89、C=0x98badcfe、D=0x10325476。当设置好这 4 个链接变量后，就开始进入算法的 4 轮循环运算，每轮循环的次数是信息中 512 位信息分组的数目。将上面 4 个变量复制到另外 4 个变量中：A 到 a，B 到 b，C 到 c，D 到 d。

第三步，定义 4 个 MD5 基本的按位操作函数，分别为 F、G、H、I，下列函数表达式中的 X、Y、Z 为 32 位整数。

$$F(X,Y,Z)=(X \text{ and } Y) \text{ or } (\text{not}(X) \text{ and } Z)$$

$$G(X,Y,Z)=(X \text{ and } Z) \text{ or } (Y \text{ and } \text{not}(Z))$$

$$H(X,Y,Z)=X \text{ xor } Y \text{ xor } Z$$

$$I(X,Y,Z)=Y \text{ xor } (X \text{ or not}(Z))$$

再定义 4 个分别用于 4 轮变换的函数，设 Mj 表示消息的第 j 个子分组(从 0 到 15)，<<<s 表示循环左移 s 位，则 4 种操作如下。

FF(a,b,c,d,Mj,s,ti)表示 $a=b+((a+(F(b,c,d)+\text{Mj}+\text{ti}))<<<s)$；

GG(a,b,c,d,Mj,s,ti)表示 $a=b+((a+(G(b,c,d)+\text{Mj}+\text{ti}))<<<s)$；

HH(a,b,c,d,Mj,s,ti)表示 $a=b+((a+(H(b,c,d)+\text{Mj}+\text{ti}))<<<s)$；

II(a,b,c,d,Mj,s,ti)表示 $a=b+((a+(I(b,c,d)+\text{Mj}+\text{ti}))<<<s)$。

第四步，对输入数据作变换。

处理数据 N 是总的字节数，以 64 个字节为一组，每组作一次循环，每次循环进行 4 轮操作，要变换的 64 个字节用 16 个 32 位的整数数组[0..15]表示，而数组 T[1..64]表示一组常数，T[i]为 4294968296×abs(sin(i))的 32 位整数部分，其中 4294968296 为 2^{32}，i 的单位是弧度，i 的取值是 1～64。

这 4 轮(共 64 步)具体步骤如下。

第一轮：

FF(a, b, c, d, M0, 7, 0xd76aa478)

FF(d, a, b, c, M1, 12, 0xe8c7b756)

FF(c, d, a, b, M2, 17, 0x242070db)

FF(b, c, d, a, M3, 22, 0xc1bdceee)

FF(a, b, c, d, M4, 7, 0xf57c0faf)

FF(d, a, b, c, M5, 12, 0x4787c62a)

FF(c, d, a, b, M6, 17, 0xa8304613)

FF(b, c, d, a, M7, 22, 0xfd469501)

FF(a, b, c, d, M8, 7, 0x698098d8)

FF(d, a, b, c, M9, 12, 0x8b44f7af)

FF(c, d, a, b, M10, 17, 0xffff5bb1)

FF(b, c, d, a, M11, 22, 0x895cd7be)

FF(a, b, c, d, M12, 7, 0x6b901122)

FF(d, a, b, c, M13, 12, 0xfd987193)

FF(c, d, a, b, M14, 17, 0xa679438e)

FF(b, c, d, a, M15, 22, 0x49b40821)

第二轮：

GG(a, b, c, d, M1, 5, 0xf61e2562)

GG(d, a, b, c, M6, 9, 0xc040b340)

GG(c, d, a, b, M11, 14, 0x265e5a51)

GG(b, c, d, a, M0, 20, 0xe9b6c7aa)

GG(a, b, c, d, M5, 5, 0xd62f105d)

GG(d, a, b, c, M10, 9, 0x02441453)

GG(c, d, a, b, M15, 14, 0xd8a1e681)

GG(*b*, *c*, *d*, *a*, M4, 20, 0xe7d3fbc8)
GG(*a*, *b*, *c*, *d*, M9, 5, 0x21e1cde6)
GG(*d*, *a*, *b*, *c*, M14, 9, 0xc33707d6)
GG(*c*, *d*, *a*, *b*, M3, 14, 0xf4d50d87)
GG(*b*, *c*, *d*, *a*, M8, 20, 0x455a14ed)
GG(*a*, *b*, *c*, *d*, M13, 5, 0xa9e3e905)
GG(*d*, *a*, *b*, *c*, M2, 9, 0xfcefa3f8)
GG(*c*, *d*, *a*, *b*, M7, 14, 0x676f02d9)
GG(*b*, *c*, *d*, *a*, M12, 20, 0x8d2a4c8a)
第三轮:
HH(*a*, *b*, *c*, *d*, M5, 4, 0xfffa3942)
HH(*d*, *a*, *b*, *c*, M8, 11, 0x8771f681)
HH(*c*, *d*, *a*, *b*, M11, 16, 0x6d9d6122)
HH(*b*, *c*, *d*, *a*, M14, 23, 0xfde5380c)
HH(*a*, *b*, *c*, *d*, M1, 4, 0xa4beea44)
HH(*d*, *a*, *b*, *c*, M4, 11, 0x4bdecfa9)
HH(*c*, *d*, *a*, *b*, M7, 16, 0xf6bb4b60)
HH(*b*, *c*, *d*, *a*, M10, 23, 0xbebfbc70)
HH(*a*, *b*, *c*, *d*, M13, 4, 0x289b7ec6)
HH(*d*, *a*, *b*, *c*, M0, 11, 0xeaa127fa)
HH(*c*, *d*, *a*, *b*, M3, 16, 0xd4ef3085)
HH(*b*, *c*, *d*, *a*, M6, 23, 0x04881d05)
HH(*a*, *b*, *c*, *d*, M9, 4, 0xd9d4d039)
HH(*d*, *a*, *b*, *c*, M12, 11, 0xe6db99e5)
HH(*c*, *d*, *a*, *b*, M15, 16, 0x1fa27cf8)
HH(*b*, *c*, *d*, *a*, M2, 23, 0xc4ac5665)
第四轮:
II(*a*, *b*, *c*, *d*, M0, 6, 0xf4292244)
II(*d*, *a*, *b*, *c*, M7, 10, 0x432aff97)
II(*c*, *d*, *a*, *b*, M14, 15, 0xab9423a7)
II(*b*, *c*, *d*, *a*, M5, 21, 0xfc93a039)
II(*a*, *b*, *c*, *d*, M12, 6, 0x655b59c3)
II(*d*, *a*, *b*, *c*, M3, 10, 0x8f0ccc92)
II(*c*, *d*, *a*, *b*, M10, 15, 0xffeff47d)
II(*b*, *c*, *d*, *a*, M1, 21, 0x85845dd1)
II(*a*, *b*, *c*, *d*, M8, 6, 0x6fa87e4f)
II(*d*, *a*, *b*, *c*, M15, 10, 0xfe2ce6e0)
II(*c*, *d*, *a*, *b*, M6, 15, 0xa3014314)

II(b, c, d, a, M13, 21, 0x4e0811a1)

II(a, b, c, d, M4, 6, 0xf7537e82)

II(d, a, b, c, M11, 10, 0xbd3af235)

II(c, d, a, b, M2, 15, 0x2ad7d2bb)

II(b, c, d, a, M9, 21, 0xeb86d391)

所有这些完成之后,将 a、b、c、d 分别在原来基础上再加上 A、B、C、D。即 $A=a+A$,$B=b+B$,$C=c+C$,$D=d+D$,然后用下一分组数据继续运行以上算法。

第五步,输出结果。

最后输出的是 A、B、C、D 的级联,就是输出的结果,A 是低位,D 为高位,$DCBA$ 组成 128 位输出结果。

随着计算机能力的不断提升以及 MD5 的弱点被不断发现,通过碰撞的方法有可能构造出两个具有相同 MD5 值的信息,从实践的角度看,不同信息具有相同 MD5 的可能性很低。

2. SHA-1

安全散列算法(secure hash algorithm,SHA)是一种密码散列函数,由美国国家安全局设计,并由美国国家标准与技术研究院发布。SHA 家族有五个算法,分别是 SHA-1、SHA-224、SHA-256、SHA-384、SHA-512,后四者有时并称为 SHA-2。SHA-1 在许多安全协议中被广泛使用,包括 TSL、SSL、PGP、SSH、S/MIME 以及 IPSec,曾被视为 MD5 的后继者。在安全性方面,SHA-1 的安全性遭受严重挑战。目前虽然没有出现对 SHA-2 的有效攻击,但是由于它的算法和 SHA-1 基本上相似,因此科学家在积极寻找其他可以替代的杂凑算法。

SHA-1 可将一个最大 2^{64} b 的消息转换成一串 160 位的消息摘要;其设计原理类似于李维斯特所设计的密码学散列算法 MD4 和 MD5。与 MD5 相似,SHA 算法也是首先填充消息数据,使其长度为 512 位的倍数。不同的是,其杂凑运算总共进行 80 轮迭代运算,每轮运算都要改变 5 个 32 位寄存器的内容,且 SHA-1 产生的是一个 160 位(20B)的杂凑值,也称散列值,该值通常是以 40 个十六进制数的形式呈现。

2005 年,密码分析人员发现对 SHA-1 的有效攻击方法,表明该算法已经不够安全,不能继续使用,2005 年 2 月,王小云、殷益群以及于红波发表了对完整版 SHA-1 的攻击方法,只需少于 2^{69} 的计算复杂度就能找到一组碰撞。

2005 年 8 月 17 日的 CRYPTO 会议接近尾声中,王小云、姚期智、姚储枫再度发表更有效率的 SHA-1 攻击方法,能在 2^{63} 的计算复杂度内找到碰撞。

在 2006 年的 CRYPTO 会议上,Christian Rechberger 和 Christophe De Cannière 宣布他们能在容许攻击者决定部分原信息的条件之下找到 SHA-1 的一个碰撞。

自 2010 年以来,许多组织建议使用 SHA-2 或 SHA-3 来代替 SHA-1。2017 年 2 月 23 日,荷兰国家数学和计算机科学研究中心与谷歌宣布了一个成功的 SHA-1 碰撞攻击,发布了两份内容不同但 SHA-1 散列值相同的 PDF 文件作为概念证明。

5.2 数字签名

数字签名是现代密码学的一个重要发明，其初衷就是实现在网络环境中对手工签名和印章的模拟。在实际应用中，数字签名比手工签名具有更多的优势，因此在电子政务、电子银行、电子证券等领域有着重要的应用。在实际的通信过程中，往往出现下面的状况。

用户A与用户B之间要进行通信，双方拥有共享的会话密钥K，在通信过程中可能会遇到如下问题。

(1) A伪造一条消息，并称该消息来自B。A只需要产生一条伪造的消息，用A和B的共享密钥通过哈希函数产生认证码，并将认证码附于消息之后。由于哈希函数的单向性和密钥K是共享的，因此无法证明该消息是A伪造的。

(2) B可以否认曾经发送过某条消息。因为任何人都有办法伪造消息，所以无法证明B是否发送过该消息。

哈希函数可以进行报文鉴别，但无法阻止通信用户的欺骗和抵赖行为。当通信双方不能互相信任，需要用除了报文鉴别技术以外的其他方法来防止类似的抵赖和欺骗行为。

数字签名可以避免以上情况的出现。数字签名能够在数据通信过程中识别通信双方的真实身份，保证通信的真实性以及不可抵赖性，起到与手写签名或者盖章的同等作用。1999年，美国参议院已通过立法，规定数字签名与手写签名的文件、邮件在美国具有同等的法律效力。

5.2.1 数字签名的概念

数字签名在ISO 7498-2标准中定义为：附加在数据单元上的一些数据，或是对数据单元所做的密码变换，这种数据和变换允许数据单元的接收者确认数据单元来源和数据单元的完整性，并保护数据，以防止数据被人(例如接收者)伪造。

数字签名标准(digital signature standard，DSS) FIPS186-2对数字签名作了如下解释：利用一套规则和一个参数对数据计算得到结果，用此结果能够确认签名者的身份和数据的完整性。

联合国国际贸易法委员会《电子签名示范法》定义数字签名为："在数据电文中以电子形式所含、所附或在逻辑上与数据电文有联系的数据，它可用于鉴别与数据电文相关的签名人和表明签名人认可数据电文所含信息。"

数字签名所要解决的主要问题是验证发送方的身份，以免发送方在信息发送完以后产生类似抵赖的行为。做法是要求发送方拿私钥来生成一个签名块，接收方只能拿发送方的公钥来验证。因为私钥只有发送方持有，别人是无法伪造的。如果直接拿私钥对原文进行加密，其加密速度是相当慢的，所以在这个过程中引入了具有完整性验证功能的Hash函数。首先对原文进行Hash运算，获得一个摘要，最后使用非对称加密算法直接对摘要加密，生成一个签名块，将签名块附在消息的后面，来确认信息的来源和数据信息的完整性，并保护数据，防止伪造。当通信双方发生争议时，仲裁机构就能够根据信息上的数字签名来进行正确的裁定，从而实现防抵赖的安全服务，过程如图 5.2 所示。

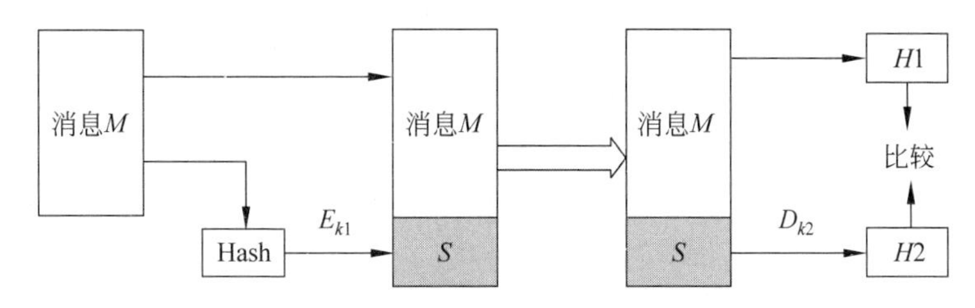

图 5.2　数字签名过程

数字签名的具体过程描述如下。

(1) 信息发送者采用散列函数对消息生成数字摘要。

(2) 将生成的数字摘要用发送者的私钥进行加密，生成数字签名。

(3) 将数字签名与原消息结合在一起，发送给信息接收者。

(4) 信息的接收者接收到信息后，将消息与数字签名分离开来，发送者的公钥解密签名得到数字摘要，同时对原消息经过相同的散列算法生成新的数字摘要。

(5) 最后比较两个数字摘要，如果相等，则证明消息没有被篡改。如果不相等，则证明消息被篡改。同时也能证明信息来源的可靠性。

数字签名具有以下特征。

(1) 签名是可信的：因为消息的接收者是用消息的发送者的公钥解开加密文件的，这说明原文件只能被消息发送者的私钥加密，然而只有消息的发送者才知道自己的私钥。

(2) 无法被伪造：只有消息的发送者知道自己的私钥。因此只有消息的发送者能用自己的私钥加密一个文件，因此加密文件无法被伪造。

(3) 无法重复使用：签名在这里就是一个加密过程，无法重复使用。

(4) 文件被签名以后无法被篡改：因为加密后的文件被改动后是无法被消息发送者的公钥解开的。

(5) 签名具有不可否认性：因为除消息发送者以外，无人能用消息发送者的私钥加密一个文件。

5.2.2　数字签名的类型

常见的数字签名的类型包括：使用对称加密和仲裁者实现数字签名、使用公钥体制实现数字签名以及使用公钥体制和单向散列函数实现数字签名 3 种。

1. 使用对称加密和仲裁者实现数字签名

用户 A 与 B 要进行通信，每个从 A 发往 B 的签名报文首先发送给仲裁者 C，C 检验该报文及其签名的出处和内容，然后对报文注明日期，同时指明该报文已通过仲裁者的检验。仲裁者的引入解决了直接签名方案中所面临的问题以及发送方的否认行为。A 与 B 进行通信时，A 要对自己发送给 B 的文件进行数字签名，以向 B 证明是自己发送的，并防止其他人伪造。利用对称加密系统和一个双方都信赖的第三方(仲裁者)可以实现。假设 A 与仲裁者共享一个秘密密钥 K_{AC}，B 与仲裁者共享一个秘密密钥 K_{BC}，实现的过程如下。

(1) A 用 K_{AC}加密准备发给 B 的消息 M,并将之发给仲裁者。

(2) 仲裁者用 K_{AC}解密消息。

(3) 仲裁者把这个解密的消息及自己的证明 S(证明消息来源于 A)用 K_{BC}加密。

(4) 仲裁者把加密的信息发给 B。

(5) B 用与仲裁者共享的秘密密钥 K_{BC}解密接收到的消息,看到来自 A 的消息和仲裁者的证明 S。

2. 使用公钥体制实现数字签名

公钥体制的发明使得数字签名变得更加简单,它不再需要第三方去签名和验证。签名的实现过程如下。

(1) A 用他的私钥加密消息,从而对文件进行签名。

(2) A 将签名的消息发给 B。

(3) B 用 A 的公钥解密消息,从而验证签名。

由于 A 的私人密钥只有他一个人知道,因而用私人密钥加密形成签名,别人无法伪造;B 只有使用了 A 的公钥才能解密,即可以确信消息的来源为 A,且 A 无法否认自己的签名。

3. 使用公钥体制和单向散列函数实现数字签名

利用单向散列函数产生消息的指纹,用公钥算法对指纹加密,形成数字签名,过程如下。

(1) A 使消息 M 通过单向散列函数 H 产生散列值,即消息指纹或消息认证码。

(2) A 使用私钥加密散列值,形成数字签名。

(3) A 把消息和数字签名一起发给 B。

(4) B 收到消息和数字签名后,用 A 的公钥解密数字签名,再用同样的算法对消息产生散列值。

(5) B 将自己产生的散列值和解密的数字签名相比较,看是否匹配,从而验证信息的完整性,以及发送方的不可否认性。

整个过程如图 5.3 所示。

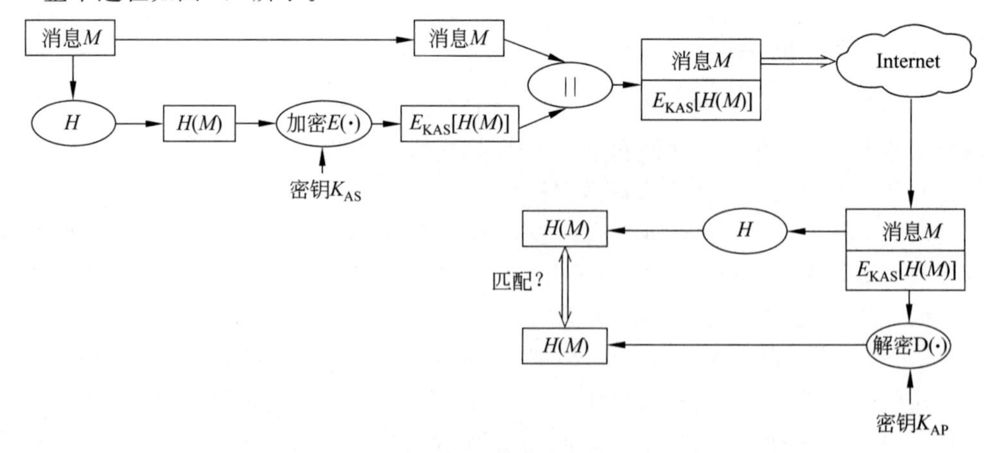

图 5.3 使用公钥体制和单向散列函数的数字签名方法

5.2.3 数字签名的算法

常见的数字签名算法有 RSA 数字签名算法、DSA 数字签名算法以及椭圆曲线数字签名算法。

RSA 是目前计算机密码学中最经典的算法，也是目前为止使用最广泛的数字签名算法，用 RSA 或其他公钥密码算法的最大方便是没有密钥分配问题，网络越复杂、网络用户越多，其优点越明显。公钥加密使用两个不同的密钥，其中一个是公开的，另一个是保密的。公钥可以保存在以下地方：①系统目录内；②未加密的电子邮件信息中；③电话黄页上；④公告牌中。网上的任何用户都可获得公开密钥。而私有密钥是用户专用的，由用户本人持有，它可以对由公开密钥加密的信息进行解密。

由于 RSA 数字签名算法存在计算时间长的弱点，因此实际对文件签名前，需要对消息进行 Hash 变换。

RSA 数字签名算法主要可分为 MD 系列和 SHA 系列。MD 系列主要包括 MD2withRSA 和 MD5withRSA。SHA 系列主要包括 SHA1withRSA、SHA224withRSA、SHA384withRSA 以及 SHA512withRSA。

散列函数对发送数据的双方都是公开的，只有加入数字签名及验证，才能真正实现在公开网络上的安全传输。加入数字签名和验证的文件传输过程如下。

（1）发送方首先用散列函数从原文得到数字指纹，然后采用公钥体系，用发送方的私有密钥对数字指纹进行加密，得到数字签名，并把数字签名附加在要发送的原文后面。

（2）发送方选择对称加密算法，利用一个秘密密钥对文件进行加密，并把加密后的文件通过网络传输到接收方。（这样做是为了实现信息的保密传输，为什么不直接采用更加安全的公钥加密算法？是因为公钥加密算法速度慢。）

（3）发送方用接收方的公开密钥对秘密密钥进行加密，并通过网络把加密后的秘密密钥传输到接收方。（利用公钥加密的安全性，实现对对称加密密钥的安全传输。）

（4）接收方使用自己的私有密钥对密钥信息进行解密，得到秘密密钥的明文。

（5）接收方用秘密密钥对文件进行解密，得到经过加密的信息的明文。

（6）接收方用发送方的公开密钥对数字签名进行解密，得到数字指纹。

（7）接收方用得到的明文和散列函数重新进行 Hash 运算，得到新的数字指纹，将新的数字指纹与解密后的数字指纹进行比较。如果两个 Hash 值相同，说明文件在传输过程中没有被破坏。

如果第三方冒充发送方发出了一个文件，因为接收方在对数字签名进行解密时使用的是发送方的公开密钥，只要第三方不知道发送方的私有密钥，解密出来的数字签名和经过计算的数字签名必然是不相同的。这就提供了一个安全地确认发送方身份的方法。

5.3 实验：PGP 安全电子邮件

PGP(pretty good privacy)是一个基于 RSA 公钥体制的邮件或文件加密软件。其可对用户邮件或文件内容进行保密，以防止非法授权者阅读。它具有对用户的电子邮件或文件加上数字签名和密钥认证的管理功能，从而使得文件的接收人或电子邮件的收信人确认用户的真实身份。

PGP的主要特点是使用单向散列函数算法对邮件或者文件内容进行签名，以保证邮件或者文件内容的完整性，使用公钥和私钥技术保证邮件或文件内容的机密性和不可否认性，因此它是一款非常好的密码技术学习和应用的软件。

1. PGP软件的安装

PGP软件的安装比较简单，首先双击执行安装文件后进入欢迎界面，单击“下一步”按钮后进入“用户类型选择”界面，选择No，I'm a New User，单击“下一步”按钮后进入“选择安装项目”界面，由于需要将PGP软件在Outlook中使用，因此需要选择PGPmail for Microsoft Outlook，单击“下一步”按钮，最终完成PGP软件的安装。

其次进行汉化，运行PGP汉化软件后，需要输入安装密码，接下来只需要按照安装提示安装即可，最终完成汉化向导，重新启动计算机。

接下来进行PGP许可证授权配置，按照提示输入信息文档即可，如图5.4～图5.6所示。

图5.4 打开许可输入信息文档

2. 生成PGP密钥

执行PGP密钥生成向导，单击“下一步”按钮，在弹出的窗口中输入姓名及电子邮箱，单击“下一步”按钮，进入“分配密码”界面，单击“下一步”按钮，最终完成PGP密钥生成向导。

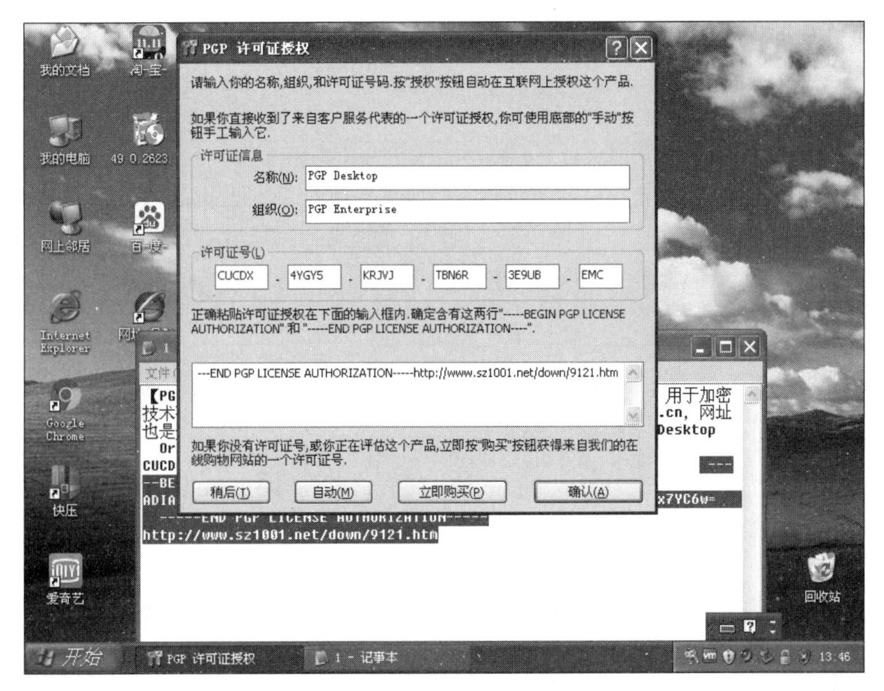

图 5.5　输入许可信息

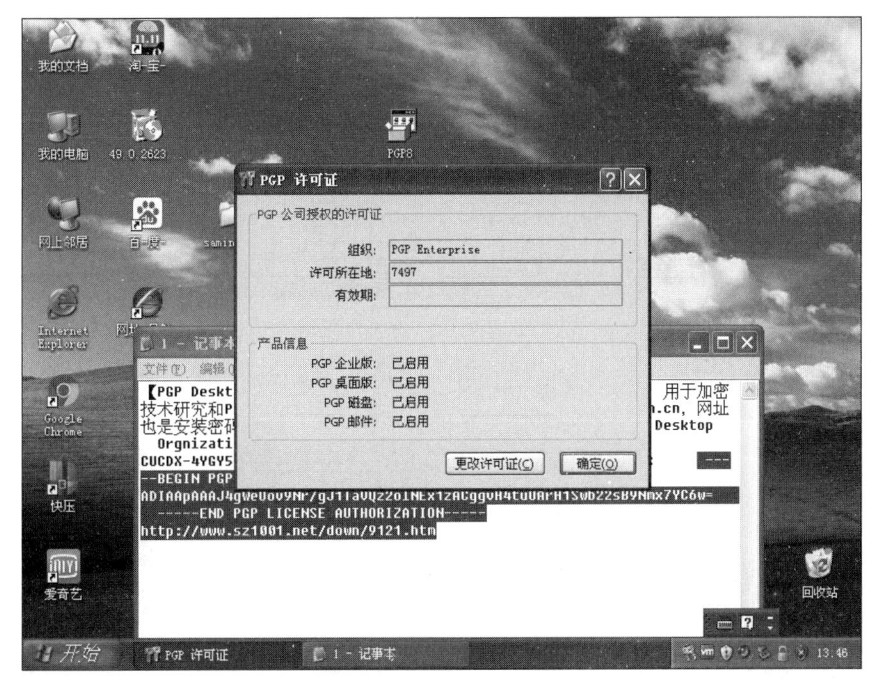

图 5.6　完成许可认证

3. 管理生成的密码

首先通过任务栏打开密钥管理器窗口,如图 5.7 所示。弹出的密钥管理器窗口如

图 5.8 所示。

图 5.7　通过任务栏打开密钥管理器窗口

图 5.8　弹出密钥管理器窗口

如图5.9所示，导出密码，将密码存放到指定位置。

图5.9 导出张三的公钥

其次，将密码文件发送给对方。可以通过电子邮件发送。将密码文件导入到对方的密钥管理器中，如图5.10所示。

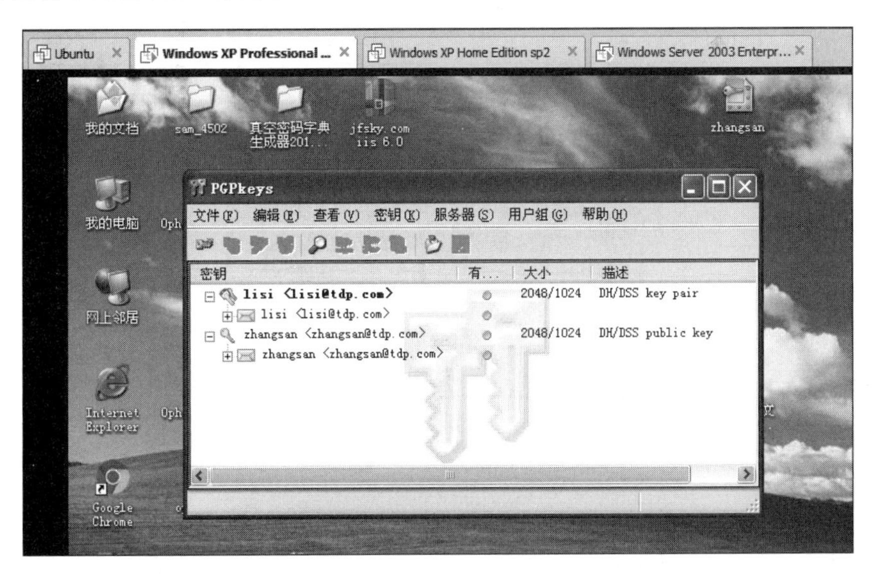

图5.10 将张三的公钥导入李四的密钥管理器中

具体操作是，在密钥管理界面中选择“密钥”→“导入”命令，在弹出的窗口中选择要导入的密钥文件即可。

再次,对导入的密钥进行数字签名,如图 5.11 所示。

图 5.11　将张三的公钥进行签名

输入密码签名密钥,如图 5.12 所示,最终完成。

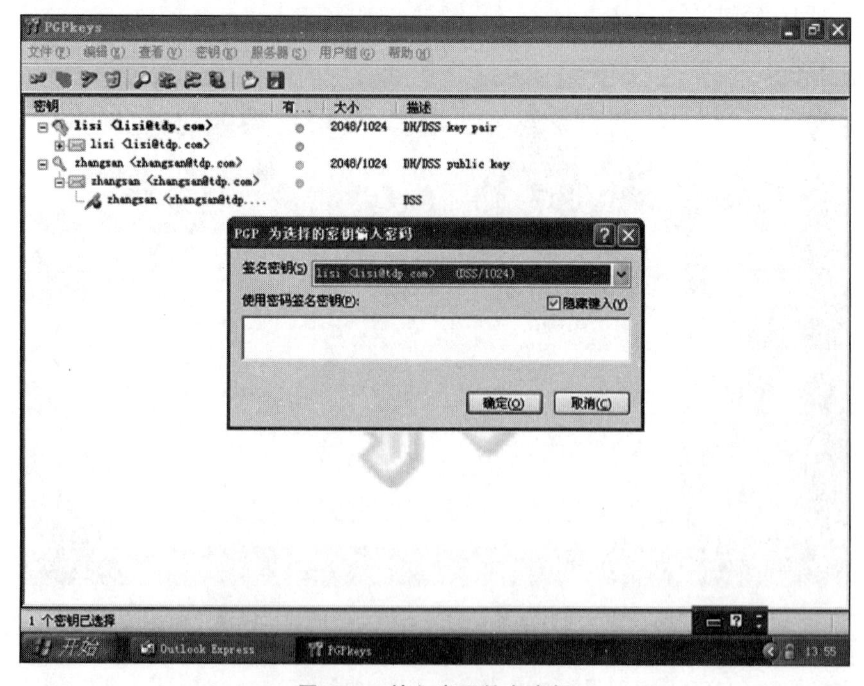

图 5.12　输入密码签名密钥

4. 通过电子邮件发送加密文件

首先，通过 Outlook 发送 PGP 加密邮件，如图 5.13 所示。

图 5.13　李四向张三发送的邮件通过 PGP 加密

加密后的邮件如图 5.14 以及图 5.15 所示。其中，图 5.14 为邮件文本内容加密，图 5.15 为邮件附件加密。

图 5.14　加密后的邮件文本内容

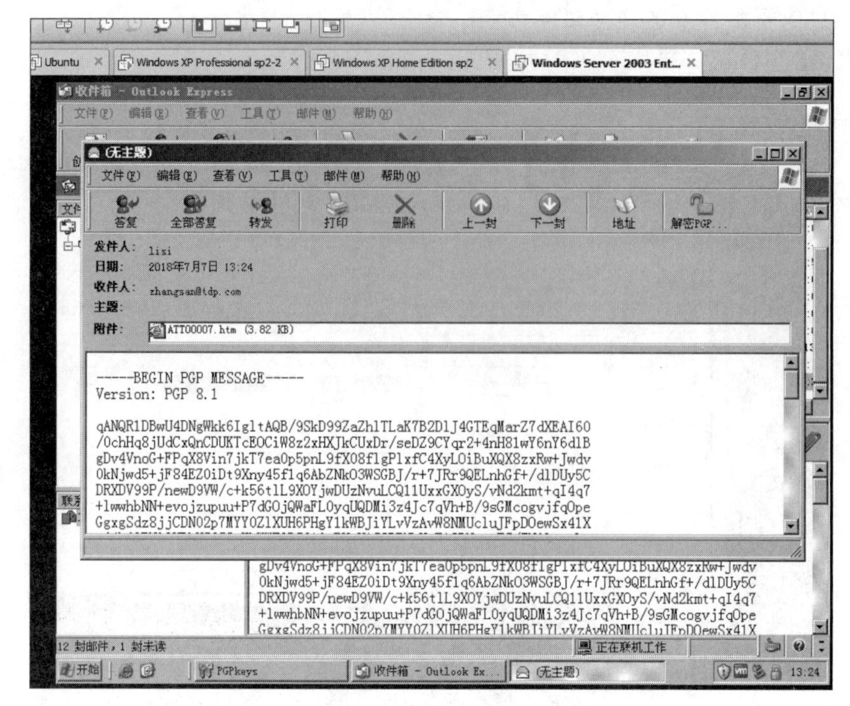

图 5.15 邮件附件加密

选择对方的公钥进行加密，如图 5.16 所示。

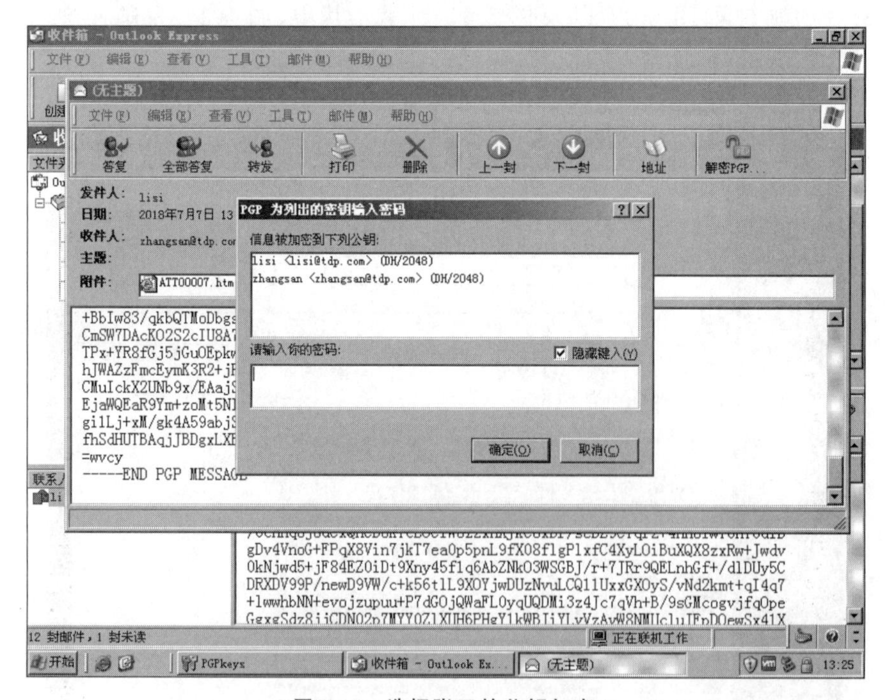

图 5.16 选择张三的公钥加密

最终接收端进行解密，解密过程如图 5.17 和图 5.18 所示。

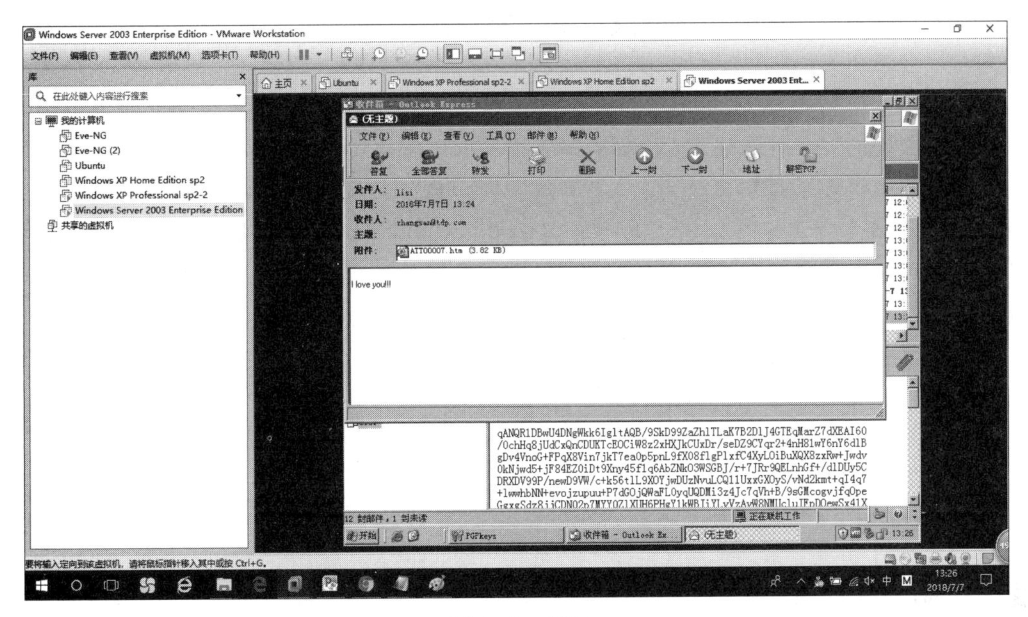

图 5.17　解密

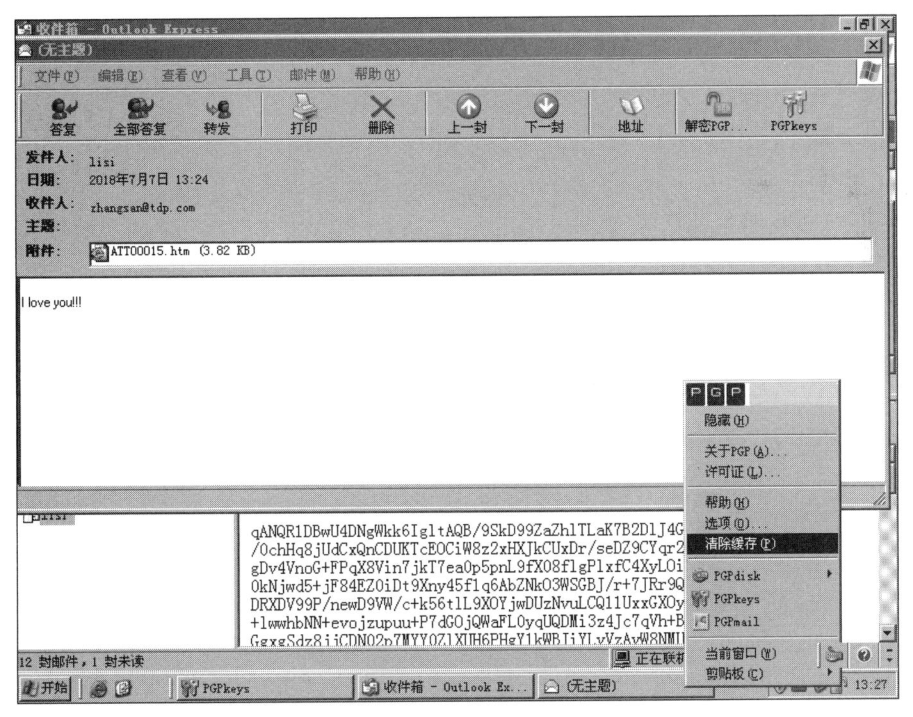

图 5.18　清除缓存

5.4 本章小结

本章讲解散列函数、消息摘要以及数字签名的相关知识，通过散列函数和消息摘要可以实现对数据的完整性验证，通过数字签名技术可以解决伪造、抵赖、冒充以及篡改问题。在散列函数中讲解了基本概念，探讨了单向散列函数的性质。在消息摘要中详细讲解了MD5算法。在数字签名中讲解了数字签名的概念，探讨了数字签名的具体过程。接着分别从使用对称加密和仲裁者实现数字签名、使用公钥体制实现数字签名以及使用公钥体制和单向散列函数实现数字签名3方面探讨数字签名的实现方法。

实验部分完成PGP安全电子邮件的配置过程。

5.5 习题 5

一、简答题

1. 什么是散列函数？
2. 散列函数有哪些性质？
3. 什么是消息摘要？
4. 常见的消息摘要算法有哪些？
5. 什么是数字签名？描述数字签名的具体过程。
6. 数字签名的特征是什么？
7. 描述数字签名的类型，以及常见数字签名的算法。

二、论述题

谈谈MD5的加密过程。

第6章 认证技术

本章学习目标

- 掌握消息认证技术
- 掌握身份认证技术
- 了解身份认证的协议
- 掌握 Windows 系统中基于 PPPoE 身份认证的配置过程

6.1 认证技术介绍

认证是计算机网络安全中的关键技术，对确保计算机网络安全发挥着重要的作用。认证又称鉴别、确认，它是证实某人或某事是否名副其实、是否有效的一个过程。它用以确保信息发送者和接收者的真实性以及报文的完整性，阻止对手的主动攻击，如冒充、篡改、重播等。认证往往是许多应用系统中安全保护的第一道设防，因而极为重要。

认证的基本思想是通过验证称谓者（人或事）的一个或多个参数的真实性和有效性，来达到验证称谓者是否名副其实的目的。这样，就要求验证的参数和被认证的对象之间存在严格的对应关系，认证系统常用的参数有口令、标识符、密钥、信物、智能卡、USB-Key、指纹、视网膜等。

一般来说，利用人的生理特征参数进行认证，其安全性高，技术要求也高。目前应用最广泛的还是基于密码的认证技术。认证主要涉及消息认证和身份认证。

(1) 消息认证：用于保证信息的完整性和不可否认性。通常用来检测主机收到的信息是否完整，以及检测信息在传递过程中是否被修改或伪造。

(2) 身份认证：鉴别用户身份。包括识别和验证两部分。识别是鉴别访问者的身份，验证是对访问者身份的合法性进行确认。

6.2 消息认证

在网络环境中，攻击者可进行以下攻击。

① 冒充发送方发送一条消息。

② 冒充接收方发送收到或未收到消息的应答。

③ 插入、删除或修改消息内容。

④ 修改消息顺序（插入消息、删除消息或重新排序）以及延时或重播消息。

因此消息认证必须能够验证消息的发送方、接收方、内容和时间的真实性和完整性。主要包括以下 4 方面。

① 消息是由意定的发送方发出的。

② 消息传送给意定的接收方。

③ 消息内容有无篡改和错误。

④ 消息按确定的次序接收。

消息认证(message authentication)就是验证消息的完整性以及消息来源的可靠性，当接收方收到发送方的报文时，接收方能够验证收到的报文是真实的和未被篡改的。它包含两层含义：一是验证消息的发送者是真实的而不是冒充的，即数据起源认证；二是验证信息在传输过程中未被篡改、重放或延迟等。

网络传输过程中信息保密性的要求主要包括以下 3 方面。

① 对敏感的数据进行加密，即使别人截获文件也无法得到真实内容。

② 保证数据的完整性，防止截获人对数据进行篡改。

③ 对数据和信息的来源进行验证，以确保发信人的身份。

常见的消息认证函数有以下 3 种。

(1) 消息加密：将整个消息加密后的密文作为认证符。

(2) 哈希函数：通过哈希函数使消息产生定长的散列值作为认证符。

(3) 消息认证码(MAC)：将消息与密钥一起产生定长值作为认证符。

下面具体谈谈这 3 种消息认证。

1) 消息加密认证

(1) 对称加密。

对称加密认证过程如图 6.1 所示。

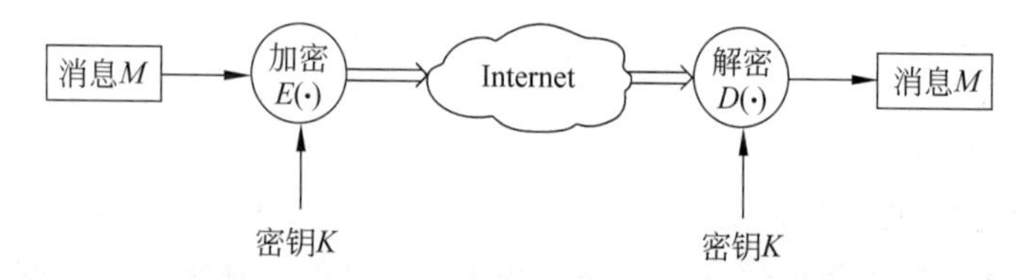

图 6.1　基于对称密钥加密的消息认证过程

对称加密认证的可行性表现为，既提供了保密性，又提供了认证。保密性源自加密和密钥共享，认证则来自于密钥共享。

对称加密认证的不足表现为，若明文合法性难以判定(如图片或二进制文件等)，则仅满足保密性，却无法认证。根源在于没有可以识别的结构对明文的合法性进行验证。

提供的解决办法为：因为进行传输前只有发送方 A 知道明文 M，A 用函数 F 计算 M，生成错误检测码 FCS，附在 M 后，然后一起加密发送给 B。第三方在不能破解密文情况下不知道明文 M，因此也就无法伪造出符合条件的 FCS，而接收方也就能够根据 FCS 进行身份认证，如图 6.2 所示。

(2) 公钥加密。

A 用 B 的公钥加密，B 用自己的私钥解密。由于任何人都能获取 B 的公钥，仅此无

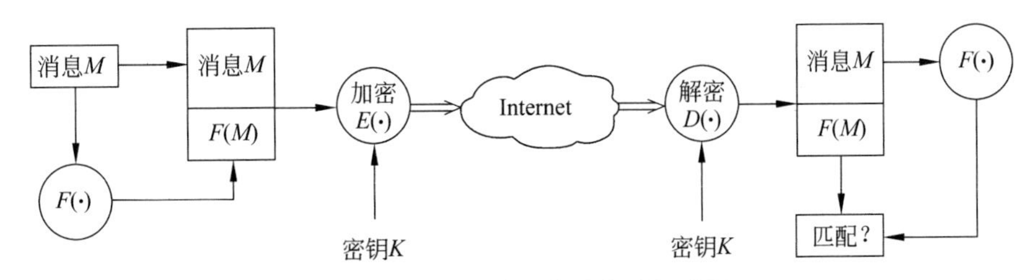

图 6.2　添加校验码的消息认证过程

法判断消息是从哪里发过来的，即无法认证。A 用自己的私钥加密或者签名，由于 B 只能用 A 的公钥解密(约定明文合法性)，因此有认证和签名的功能。由于任何人都可以得到 A 的公钥，因此不具有保密性。

A 用自己的私钥签名，然后再用 B 的公钥加密。由于只有 B 能够用自己的私钥解密，因此保证了保密性。而又只有 A 的公钥能够验证签名，因此还有认证和签名的功能。图 6.3 所示为基于公钥加密的消息认证过程。

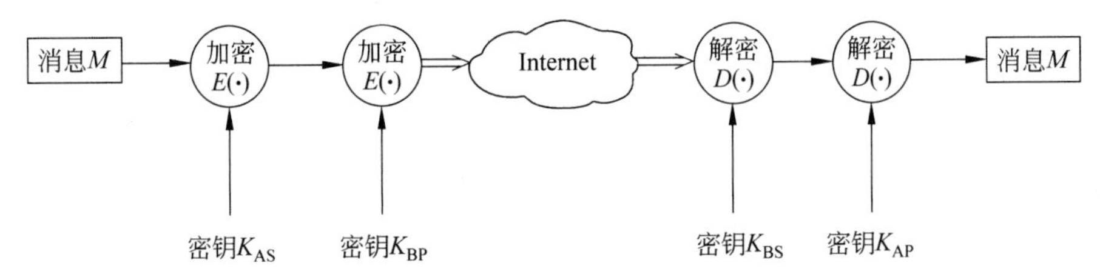

图 6.3　基于公钥加密的消息认证过程

2) 哈希函数

哈希函数同样也可以用来产生消息认证码。

假设 K 是通信双方 A 和 B 共同拥有的密钥，A 要发送消息 M 给 B，在不需要进行加密的条件下，A 只需将 M 通过哈希函数计算出其散列值，即 $H(M)$，该散列值就是 M 的消息认证码。再利用密钥 K 对消息认证码进行加密，在接收端通过密钥 K 对信息认证码进行解密，恢复出消息认证码，在接收端利用同样的哈希函数对信息进行运算，得到消息认证码，最终比较这两个消息认证码来进行消息认证。若相同，则信息认证成功，若不同，则消息认证失败。使用哈希函数的消息认证过程如图 6.4 所示。

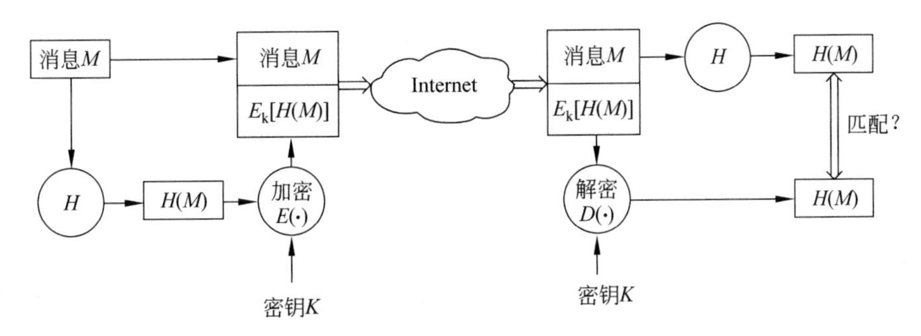

图 6.4　使用哈希函数的消息认证过程

以上的认证过程存在一个致命的缺点，那就是消息 M 是以明文的形式在 Internet 中传输，安全性极差。为了保证消息 M 的保密性，采用图 6.5 所示的保证机密性的哈希函数消息认证过程。在该过程中，利用密钥对消息 M 和哈希函数值一并进行加密。

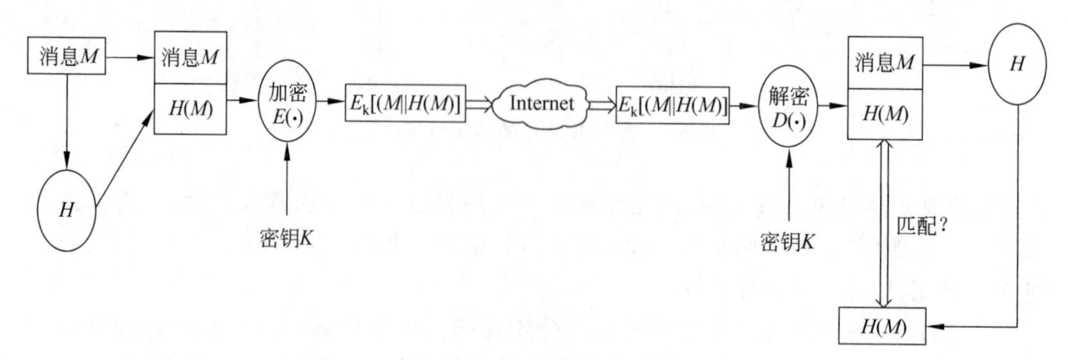

图 6.5 保证机密性的哈希函数消息认证过程

为了达到更高的安全性，往往采用混合加密过程，混合加密是混合了对称加密方法和非对称加密方法的加密通信手段。混合加密系统融合了对称加密和非对称加密的优势，并补足了两者的缺点。对称加密速度快，但安全性难以保证；非对称加密安全性高，但速度慢，无法满足大量信息的加密传送。混合加密过程如图 6.6 所示。

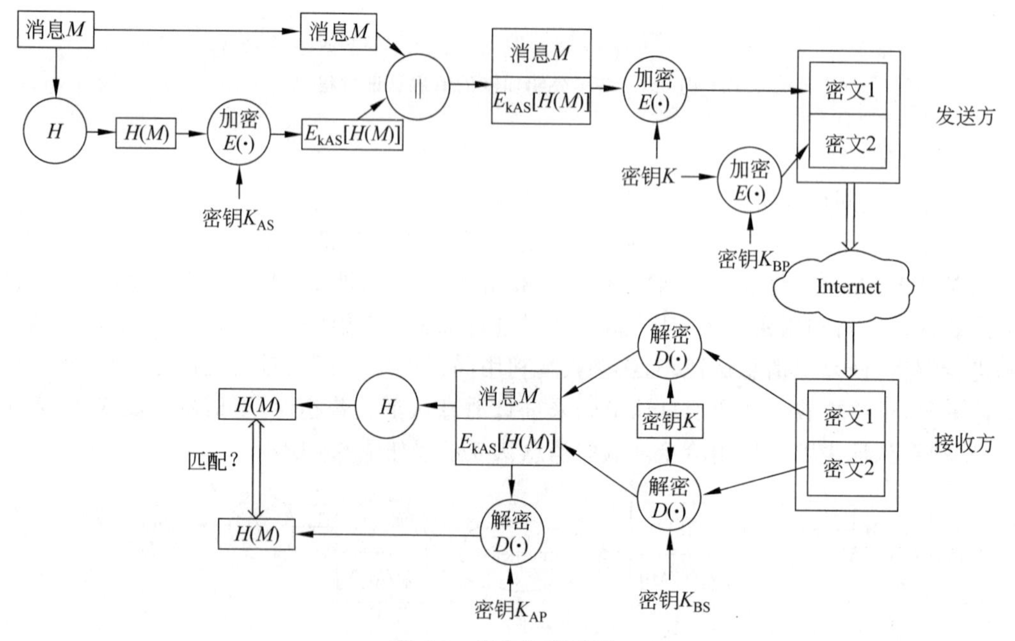

图 6.6 混合加密过程

3）消息认证码(MAC)

基于密钥作完整性校验的方法常称为 MAC(message authentication code)，通常 MAC 在共享密钥的双方之间校验相互传递的信息。

使用 MAC 验证消息完整性的具体过程是：假设通信双方 A 和 B 共享密钥 K，A 用消息认证码算法(C)将 K 和消息 M 计算出消息验证码 MAC，然后将 MAC 和 M 一起发送给 B。B 接收到 MAC 和 M 后，利用 M 和 K 计算出新的验证码 MAC′，若 MAC′和 MAC 相等，则验证成功，证明消息未被篡改。由于攻击者没有密钥 K，攻击者修改了消息内容后无法计算出相应的消息验证码，因此 B 就能够发现消息完整性是否遭到破坏。基于 MAC 的认证过程如图 6.7 所示。

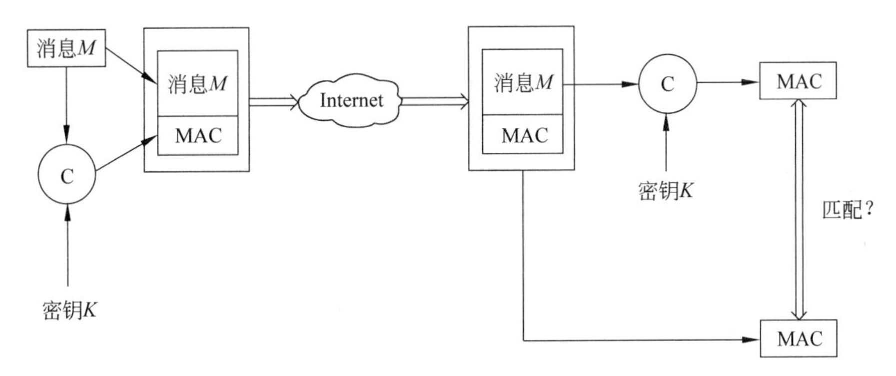

图 6.7 基于消息认证码(MAC)的认证过程

MAC 函数与加密函数的相似之处在于使用了密钥，但差别在于加密函数是可逆的，而 MAC 函数可以是单向的，它无须可逆，因此比加密更不容易破解。

6.3 身份认证

6.3.1 身份认证概述

身份认证是指用户身份的确认技术，它是计算机网络安全的第一道防线，也是最重要的一道防线，其目的在于识别用户的合法性，从而阻止非法用户访问系统。身份认证要求参与安全通信的双方在进行安全通信前必须互相鉴别对方的身份。身份认证技术可以用于解决访问者的物理身份和数字身份的一致性问题，给其他安全技术提供权限管理的依据。可见，身份认证对确保系统和数据的安全保密是极其重要的。一般可以通过验证用户知道什么、用户拥有什么或用户的生物特征等来进行用户身份认证。可以说，身份认证是整个计算机网络应用层信息安全体系的基础。身份认证可分为以下两大类。

(1) 身份验证。

需要回答这样一个问题——“你是否是你所声称的你?”即只对个人身份进行肯定或否定。一般方法是：验证系统对提供的验证信息经过公式和算法进行运算，将运算后的结果与从卡上(或库中)存储的信息经公式和算法运算所得的结果进行比较，根据比较结果得出结论。

(2) 身份识别。

需要回答这样一个问题——“我是否知道你是谁?”一般方法是：输入个人信息后，系统将其加以处理后提取出模板信息，并试着在存储数据库中搜索出一个与之匹配的模板，而后给出结论。显然，身份识别要比身份验证难得多。

传统的身份认证有以下两种方式。

(1) 基于用户所拥有的标识身份的持有物的身份认证。持有物如身份证、智能卡、钥匙、银行卡、驾驶证、护照等，这种身份认证方式称为基于标识物的身份认证。

(2) 基于用户所拥有的特定知识的身份认证。特定知识可以是密码、用户名、卡号、暗语等。

为了增强认证系统的安全性，可将以上的两种身份认证方式结合，实现对用户的双因子认证。

6.3.2 常见的身份认证方式

身份认证的基本方式基于下述一个或几个因素的组合。

(1) 所知(knowledge)：个人所知道的或所掌握的知识，如口令等。

(2) 所有(possess)：个人所拥有的东西，如身份证、护照、信用卡、钥匙等。

(3) 个人特征(characteristics)：个人所具有的生物特征，如指纹、笔迹、声音、手型、脸型、视网膜、虹膜、DNA 以及动作方面的特征等。

下面介绍网络系统中常用的身份认证方式。

1. 口令

口令是一种根据已知事物验证身份的方法，也是一种被广泛使用的身份验证方法。口令的选择原则为：①易记；②难以被别人猜中或发现；③能抵御蛮力破解分析。在实际系统中，需要考虑和规定口令的选择方法、使用期限、字符长度、分配和管理以及在计算机系统内的存储保护等。根据系统对安全性的要求，用户可选择不同的口令方案。

口令是较简单易行的认证手段，但容易被破解，比较脆弱。口令认证必须和用户标识 ID 结合起来使用，而且用户标识 ID 必须在认证的用户数据库中是唯一的。

为了保证口令认证的有效性，还需要考虑以下几个问题。

① 请求认证者的口令必须是安全的。

② 在传输过程中，口令不能被窃取、替换。

③ 请求认证者请求认证前，必须确认认证端的身份，否则会把口令发给假冒的认证者。如避免在假冒的银行网站中输入认证信息，导致用户的账号和口令信息的泄露。

为了避免系统管理员得到所有用户的口令，导致安全隐患，通常情况下会在数据库中保存口令的散列值，通过验证散列值的方法来认证身份。如操作系统中的用户口令信息不是以明文信息保存，而是以散列值的形式保存的。口令验证分为静态口令验证和动态口令验证两种。

(1) 静态口令。

静态口令方式是最简单、最常用的身份认证方式，它通过用户名和密码进行认证。用户密码由用户自行设定，对他人保密。进行身份验证时，只有输入正确的口令，计算机才认为操作者是合法用户。为了防止忘记口令，有些用户经常采用诸如生日、电话号码等容易被猜测的字符串作为口令，或者把口令抄在纸上，放在一个自认为安全的地方，这样很容易造成口令泄露。

从安全性上考虑，用户名＋口令的认证方式被认为是一种不安全的认证方式。传统的身份认证机制建立在静态口令的识别基础上，对于静态口令，其数据是静态的，即使保证用户口令不泄露，在验证过程中，由于需要在计算机内存和网络中传输，而每次使用的验证信息都是相同的，很容易被驻留在计算机内存中的木马程序或网络中的监听设备截获。

这种以静态口令为基础的身份认证方式存在多种口令被窃取的隐患，主要表现在以下4方面。

① 网络数据流窃听(sniffer)：很多通过网络传输的认证信息是未经加密的明文信息(如FTP、Telnet等)，攻击者通过分析窃听的网络数据来提取用户名和口令。

② 认证信息截取/重放(recorder/replay)：简单加密后进行传输的认证信息，攻击者仍然会使用截取/重放攻击推算出用户名和口令。

③ 字典攻击：攻击者会使用字典中的单词来尝试用户的口令。

④ 穷举尝试：又称蛮力攻击，是一种特殊的字典攻击，它使用字符串的全集作为字典尝试用户的口令，如果用户的口令安全性较低，很容易被穷举出来。

(2) 动态口令。

基于静态口令认证存在的缺陷，20世纪80年代初，美国科学家莱斯利·兰伯特提出了利用散列函数产生一次性口令的方法，即用户每次同服务器连接过程中使用的口令都是加密的密文，而且这些密文在每次连接时都不同。当用户在服务器上首次注册时，系统给用户分配一个种子值(seed)和一个迭代值(iteration)。这两个值就构成了一个原始口令，同时在服务器端还保留有仅用户知道的通信短语。当用户每次向服务器发出连接请求时，服务器把用户的原始口令传给用户。用户接到原始口令后，利用口令生成程序，采用散列算法(如MD5)，结合通信短语计算出本次连接实际使用的口令，然后再把口令传回给服务器；服务器先保存用户传来的口令，然后调用口令生成器，采用同一散列算法(MD5)，利用用户存在服务器端的通信短语和它刚刚传给用户的原始口令自行计算生成一个口令。服务器通过对比这两个口令确认用户的身份；每次身份认证成功后，原始口令中的迭代值自动减1。由于每次登录时的口令是随机变化的，且每个口令只能使用一次，就彻底解决了静态口令存在的窃听、重放、假冒、猜测等攻击问题。

2. 通过介质认证

基于介质的身份认证包括智能卡、USB Key等。

(1) 基于智能卡认证。

智能卡是一种内置集成电路芯片，芯片中存有与用户身份相关的数据。智能卡是不可复制的硬件，它由合法用户随身携带，登录时必须将智能卡插入专用的读卡器，读取其中的信息，以验证用户的身份。

基于智能卡的身份认证机制要求用户在认证时持有智能卡，只有持卡人才能被认证。它的优点是可以防止口令被猜测，但也存在一定的安全隐患：如攻击者获得用户的智能卡，并已知智能卡的密码，就可以假冒用户身份进行认证。

(2) USB Key认证。

USB Key认证主要采用软硬件相结合、一次一密的强双因素(两种认证方法)认证模式，很好地解决了安全性与易用性之间的矛盾。它是一种USB接口的硬件设备，内置单片机或智能卡芯片，有一定的存储空间，可存储用户的私钥以及数字证书，利用 USB Key 内置的公钥算法实现对用户身份的认证。由于用户私钥保存在密码锁中，理论上使用任何方式都无法读取，因此保证了用户认证的安全性。

USB Key 产品最早是由加密锁厂商提出来的，原先的 USB 加密锁主要用于防止软件被破解和复制，保护软件不被盗版。USB Key 主要用于网络认证，锁内主要保存数字证书和用户私钥。

使用 USB Key 存放代表用户唯一身份的数字证书和用户私钥。在这个基于 PKI 体系的整体解决方案中，用户的私钥在高安全度的 USB Key 内产生，并且终身不可导出到 USB Key 外部。在网上银行应用中，对交易数据的数字签名都是在 USB Key 内部完成的，并受到 USB Key 的 PIN 码保护。

3. 基于生物特征的身份认证

前面讨论了基于口令与介质进行身份认证的方法，口令认证容易被猜出或不经意地泄露，而介质又可能丢失或者被伪造。为了克服这些身份认证方式的缺点，尤其是假冒攻击，需要寻求一种新的身份认证方式。生物识别技术能与人本身建立一一对应关系，被越来越广泛地采用。

生物识别技术是利用人体生物特征进行身份认证的一种技术。生物特征分为生理特征和行为特征。生理特征与生俱来，多为先天性的；行为特征则是习惯使然，多为后天性的。基于生物特征识别的身份鉴别技术具有以下 4 个优点。

① 终身不变或只有非常细微的变化。

② 随身携带，随时随地可用。

③ 不易遗忘、丢失或被盗。

④ 防伪性能好，不易伪造或模仿。

人的生物特征具有很高的个体性，世界上几乎没有两个人的生物特征是完全相同的，所以这种方法的安全性极高，几乎不能伪造。常用的生理特征包括指纹、虹膜、视网膜、人脸、DNS、掌纹等，行为特征包括手写签名、步态、声音、击键打字等。

接下来首先探讨指纹、虹膜、视网膜、人脸等生理特征识别技术。

1）指纹识别

每个人的指纹都是与生俱来的，一般不会改变，世界上几乎没有两个人的指纹是完全一样的，所以利用指纹能唯一地认证每个人。目前，指纹识别已经得到广泛使用，该识别技术从被发现时起就被广泛地应用于契约等民用领域，也被应用于刑事侦查，被称为“物证之首”。

早期的指纹识别采用的方法是人工比对，效率低、速度慢，不能满足现代社会的需要。20 世纪 60 年代末，美国科学家提出利用计算机图像处理和模式识别方法进行指纹分析，以代替人工比对，产生了自动指纹识别系统。随着计算机图像处理和模式识别理论以及大规模集成电路技术的不断发展与成熟，指纹识别技术越来越被广泛采用。

指纹识别离不开指纹采集设备，目前常用的指纹采集设备有 3 种：光学式、硅芯片式和超声波式。光学指纹采集器是最早使用的指纹采集器，后来还出现了用光栅式镜头替换棱镜和透镜系统的采集器。光电转换的 CCD 有的已经换成了互补金属氧化物半导体

(complementary metal oxide semiconductor,CMOS)成像器件,从而省略了图像采集卡,直接得到数字图像。

指纹识别具有采集和识别两个过程。用户需要先采集指纹,计算机系统进行特征提取,提取后的特征将作为模板保存在数据库或其他指定的地方。在识别或验证阶段,指纹识别系统将提取到的待验证指纹特征与数据库中的模板进行比对,并给出比对结果。在一些场合,用户需要输入辅助信息,以帮助系统进行匹配,如账号、用户名等。指纹识别技术的应用主要表现在以下 5 方面。

(1) 手机领域 Touch ID。

如今手机已经被广泛使用,频繁地通过口令进行验证比较烦琐。利用指纹识别系统可以比较便捷地完成身份识别。

(2) 指纹考勤系统。

传统的考勤方式通常有两种——卡片式和 IC 卡,这两种考勤方式均无法杜绝替人打卡的现象,使考勤失去了意义。利用指纹识别系统进行考勤,可以避免替人打卡的问题。

(3) 计算机领域。

计算机开机输入口令比较烦琐,若不设置口令又不能保障系统安全,计算机自带指纹识别系统可以解决这个问题。

(4) 银行自动柜员机(ATM)。

在银行自动柜员机交易过程中,把指纹识别技术同 IC 卡结合起来对用户的身份进行验证。该技术将持卡人的指纹(加密后)存储在 IC 卡上,通过比对就可以确认持卡人是否是卡的真正主人,从而进行下一步的交易。

(5) 指纹门禁系统。

在居民楼、智能大厦和宾馆中,往往需要门禁系统来限制没有权限的人进入。传统的采用钥匙加锁的方式存在一些问题,包括钥匙容易被复制、携带不方便以及容易丢失等。采用指纹门禁系统可以方便地解决以上问题。指纹识别让人们无须输入烦琐的密码,只需手指轻轻触碰就能解锁。

2) 虹膜识别

与指纹识别一样,虹膜识别也是以人的生理特征为基础,虹膜同样具有高度的不可重复性。虹膜是眼球中包围瞳孔的部分,每一个虹膜都包含一个独一无二的基于水晶体、细丝、斑点、结构、凹点、射线、皱纹和条纹等特征的结构,这些特征组合起来形成一个极其复杂的锯齿状网络花纹。与指纹一样,每个人的虹膜特征都不相同,即便是同卵双胞胎,虹膜特征也大不相同,同一个人左右两眼的虹膜特征也有很大的差别。此外,虹膜具有高度稳定性,终身不变,除了白内障等少数病例因素会影响虹膜。高度不可重复性和结构稳定性让虹膜可以作为身份识别的依据。虹膜识别就是通过对比虹膜图像特征之间的相似性来确定人们的身份。

3) 视网膜识别

视网膜是眼睛底部的血液细胞层,是一些位于眼球后部十分细小的神经。它是人眼感受光线并将信息通过视神经传给大脑的重要器官,同胶片的功能有些类似,用于生物识别的血管分布在神经视网膜周围,即视网膜四层细胞的最远处。视网膜扫描是采用低密度的红外线去捕捉视网膜的独特特征，血液细胞的唯一模式就因此被捕捉下来。

视网膜可用于生物识别，甚至有人认为视网膜比虹膜更具有唯一性，视网膜识别技术要求激光照射眼球的背面，以获得视网膜特征的唯一性。它可能是最古老的生物识别技术，在20世纪30年代，通过研究就得出了人类眼球后部血管分布唯一性的理论，进一步的研究表明，即使是孪生子，这种血管分布也是具有唯一性的，除了患有眼疾或者严重的脑外伤外，视网膜的结构形式在人的一生中都相当稳定。

4）人脸识别

人脸识别是基于人的脸部特征信息进行身份识别的一种生物识别技术。它是用摄像机或摄像头采集含有人脸的图像或视频流，并自动在图像中检测和跟踪人脸，进而对检测到的人脸进行脸部识别的一系列相关技术，通常也叫作人像识别、面部识别。

人脸识别技术的研究始于20世纪60年代，80年代后随着计算机技术和光学成像技术的发展得到提高，而真正进入初级应用阶段则在90年代后期；人脸识别系统成功的关键在于是否拥有尖端的核心算法，并使识别结果具有实用化的识别率和识别速度；“人脸识别系统”集成了人工智能、图像识别、机器学习、模型理论、专家系统、视频图像处理等多种专业技术，同时需要结合中间值处理的理论与实现，其核心技术的实现展现了弱人工智能向强人工智能的转化。

人脸与人体的其他生物特征（指纹、虹膜等）一样与生俱来，它的唯一性和不易被复制的良好特性为身份鉴别提供了必要的前提，与其他类型的生物识别比较，人脸识别具有以下特点。

（1）非强制性：用户不需要专门配合人脸采集设备，几乎可以在无意识的状态下就可以获取人脸图像。

（2）非接触式：用户不需要和设备直接接触就能获取人脸图像。

（3）并发性：在实际应用场景下可以进行多个人脸的分拣、判断及识别。

生物识别技术是利用人体生物特征进行身份认证的。生物特征是唯一的（与他人不同）、可测量或自动识别和可验证的生理特征或行为方式。

（1）手写签名。

手写签名是一种历史悠久的身份认证的方法。商人之间签订合同、政府间签署协议、某组织下发文件等活动都需要有相应负责人的签字，以表明签字人对文件的认可。签名时有用力程度、笔迹的特点等，根据这些特征就能够认证出签名人的身份。

（2）步态。

步态是指人们行走时的方式，这是一种复杂的行为特征，是一种新兴的生物特征识别技术。步态识别的输入是一段行走的视频图像序列，由于序列图像的数据量较大，因此步态识别的计算复杂性较高，处理起来也比较困难。

与其他生物识别技术相比，步态识别具有非接触远距离和不容易伪装的优点。在智能视频监控领域，它比图像识别更具优势。步态特征是在远距离情况下唯一可提取的生物特征，早期的医学研究证明了步态具有唯一性，对于一个人来说，要伪装走路姿势是非常困难的。人类自身很善于进行步态识别，在一定距离之外都能够根据人的步态识别出熟悉的人。

6.4　实　　验

6.4.1　实验一：Windows 中基于 PPPoE 身份认证的配置

Windows 中基于 PPPoE 身份认证的配置，需要在连接的计算机上设置 PPPoE 身份认证，具体操作过程（以 Windows 10 操作系统为例）如下。

右击桌面“网络”图标，在弹出的对话框中选择“属性”，弹出图 6.8 所示窗口。

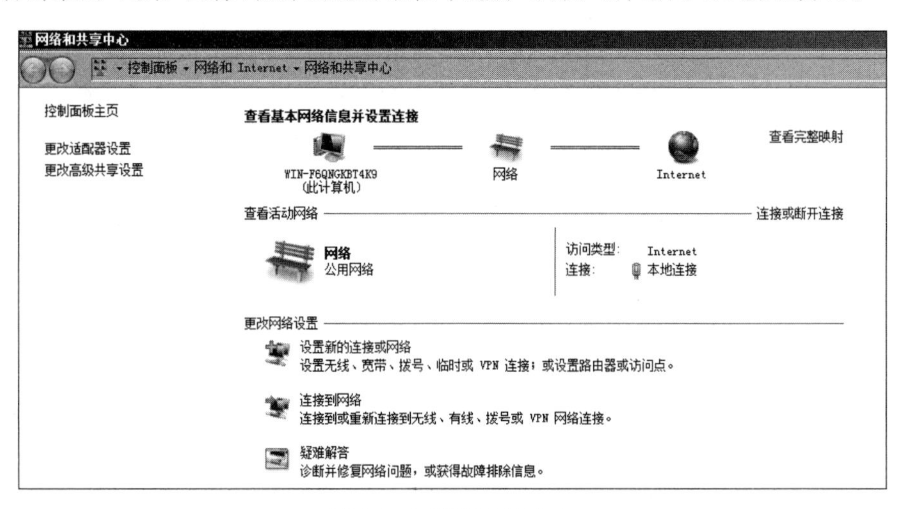

图 6.8　网络和共享中心

在图 6.8 所示窗口中单击“设置新的连接或网络”按钮，弹出图 6.9 所示窗口。

图 6.9　设置新的连接或网络

选择图 6.9 窗口中的“连接到 Internet”选项，单击“下一步”按钮。弹出图 6.10 所示窗口。

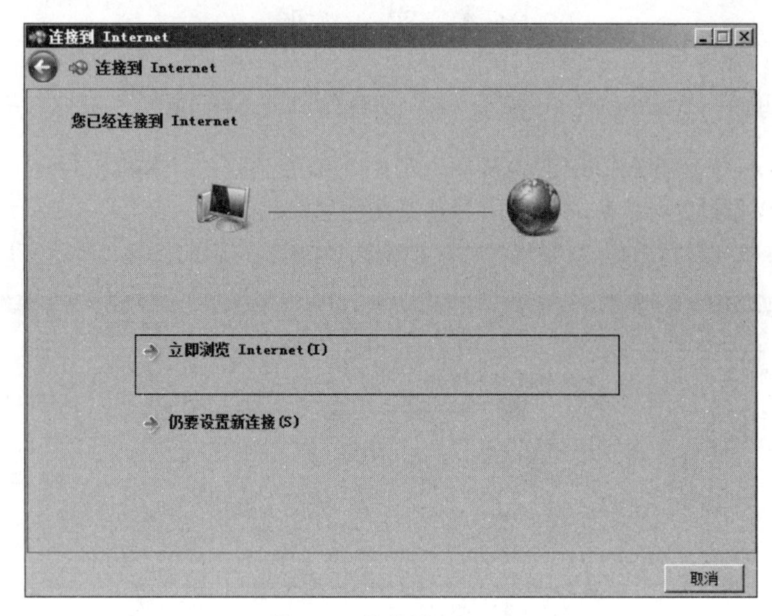

图 6.10　连接到 Internet

在图 6.10 窗口中选择“仍要设置新链接”选项，弹出图 6.11 所示窗口。

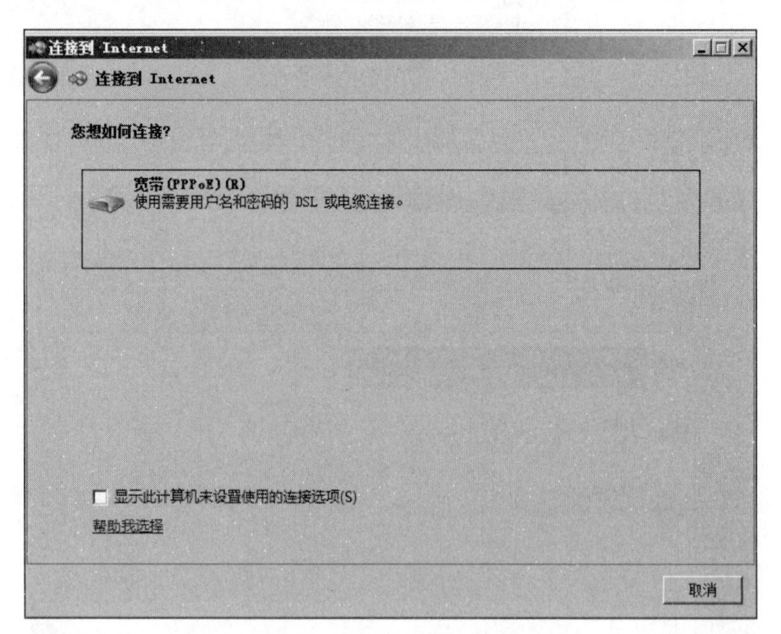

图 6.11　选择宽带 PPPoE

在图 6.11 所示窗口中选择“宽带(PPPoE)”，弹出图 6.12 所示窗口。

在图 6.12 窗口中输入宽带上网的“用户名”和“密码”。单击“连接”按钮。如果输入的“用户名”及“密码”正确，则身份认证成功。

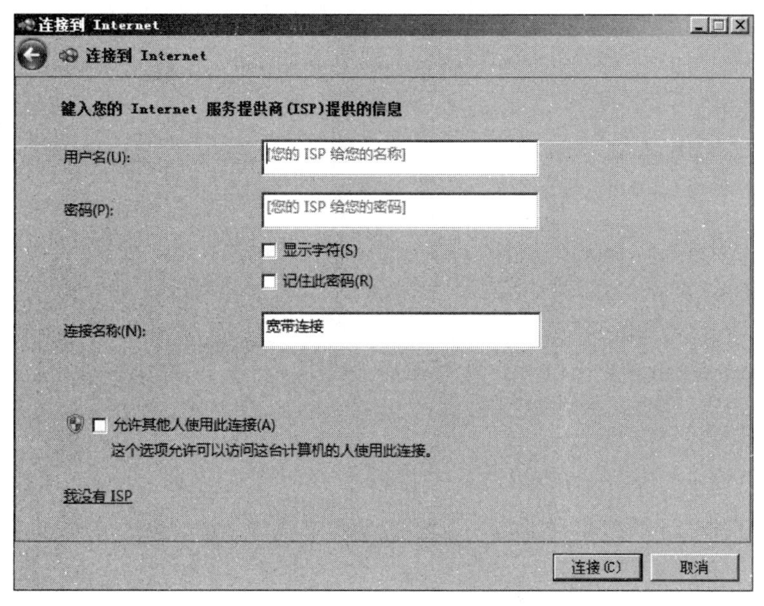

图 6.12　输入身份验证窗口

6.4.2　实验二：PPP 协议认证的配置

身份认证就是验证用户身份的有效性，PPP 提供 PAP 和 CHAP 两个认证协议。

(1) PAP(password authentication protocol)——口令鉴别协议，是一个简单的鉴别协议，是 PPP 中的基本认证协议。PAP 就是普通的口令认证，要求将密钥信息在通信信道中明文传输，因此容易被监听工具(如 Wireshark 或 sniffer 等)监听而泄露。

(2) CHAP(challenge handshake authentication protocol)——口令握手鉴别协议，是一个三次握手鉴别协议。在鉴别的过程中，发送的是经过摘要算法处理过的质询字符串，口令是加密的，而且决不在线路上发送。因此，CHAP 相较于 PAP 有更高的安全性。

PAP 和 CHAP 的配置过程如下。

1. PAP 单向认证

如图 6.13 所示，路由器 R1 为被认证端，路由器 R2 为认证端，将两台路由器的串口封装成 PPP，开启路由器 R2 的 PAP 认证方式，路由器 R2 对路由器 R1 进行单向认证。注意，作为单向认证，不开启路由器 R1 的 PAP 认证。

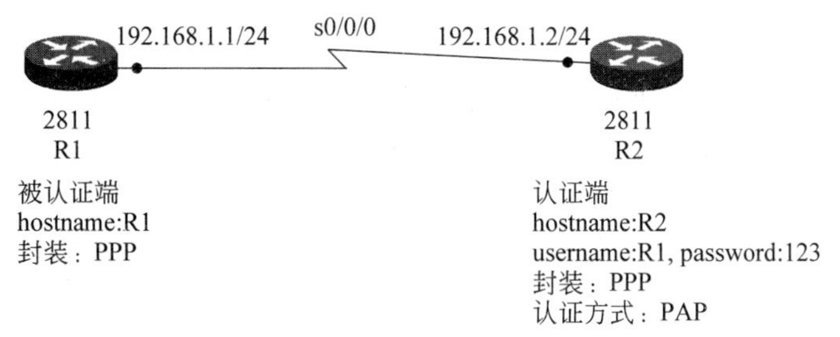

图 6.13　PAP 单向认证实验拓扑

首先配置认证端路由器 R2,主要配置认证的用户名和密码,封装为 PPP,以及设置认证方式为 PAP。

```
Router>en
Router#config t
Router(config)#hostname R2
R2(config)#interface serial 0/0/0
R2(config-if)#ip address 192.168.1.2 255.255.255.0
R2(config-if)#no shu
R2(config-if)#exit
R2(config)#username R1 password 123
R2(config)#interface serial 0/0/0
R2(config-if)#encapsulation ppp
R2(config-if)#ppp authentication pap
```

其次配置被认证端路由器 R1,主要配置封装方式为 PPP,发送验证相关信息。具体配置如下。

```
Router>en
Router#config t
Router(config)#hostname R1
R1(config)#interface serial 0/0/0
R1(config-if)#ip address 192.168.1.1 255.255.255.0
R1(config-if)#no shu
R1(config-if)#clock rate 64000
R1(config-if)#encapsulation ppp
R1(config-if)#ppp pap sent-username R1 password 123
R1(config-if)#
```

最后测试网络的连通性,测试结果如下,网络是连通的。

```
R1#ping 192.168.1.2
Type escape sequence to abort.
Sending 5, 100-byte ICMP Echos to 192.168.1.2, timeout is 2 seconds:
!!!!!
Success rate is 100 percent (5/5), round-trip min/avg/max = 1/2/9 ms
R1#
```

2. PAP 双向认证

如图 6.14 所示,路由器 R1 和路由器 R2 既是认证端又是被认证端,将两台路由器的串口封装成 PPP,开启两台路由器的 PAP 认证方式。

首先配置认证端路由器 R1,主要配置认证的用户名和密码,封装为 PPP,以及设置认证方式为 PAP。发送验证相关信息,具体配置如下。

```
Router>en
Router#config t
```

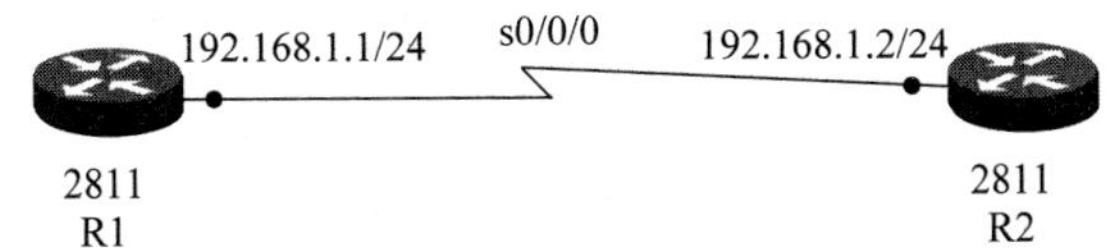

图 6.14　PAP 双向认证实验拓扑

```
Router(config)#interface serial 0/0/0
Router(config)#username R2 password 321
Router(config-if)#ip address 192.168.1.1 255.255.255.0
Router(config-if)#no shu
Router(config-if)#clock rate 64000
Router(config-if)#encapsulation ppp
Router(config)#interface serial 0/0/0
Router(config-if)#ppp authentication pap
Router(config-if)#ppp pap sent-username R1 password 123
```

其次配置路由器 R2，配置过程如下。

```
Router>en
Router#config t
Router(config)#interface serial 0/0/0
Router(config)#username R1 password 123
Router(config-if)#ip address 192.168.1.2 255.255.255.0
Router(config-if)#no shu
Router(config-if)#encapsulation ppp
Router(config-if)#ppp authentication pap
Router(config-if)#ppp pap sent-username R2 password 321
Router(config-if)#exit
Router(config)#
```

最后测试网络连通性，测试结果如下。

```
Router#ping 192.168.1.2
Type escape sequence to abort.
Sending 5, 100-byte ICMP Echos to 192.168.1.2, timeout is 2 seconds:
!!!!!
Success rate is 100 percent (5/5), round-trip min/avg/max = 1/3/15 ms
Router#
```

3. CHAP 单向认证

如图 6.15 所示，路由器 R1 为被认证端，路由器 R2 为认证端，将两台路由器的串口封装成 PPP，开启路由器 R2 的 CHAP 认证方式，路由器 R2 对路由器 R1 进行单向认证。

注意，作为单向认证，不开启路由器 R1 的 CHAP 认证。

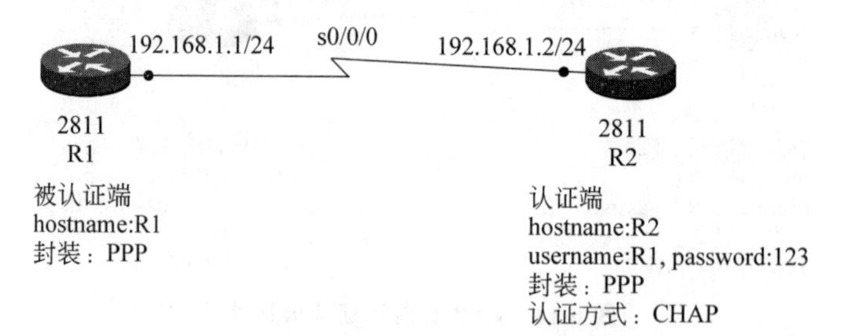

图 6.15 CHAP 单向认证实验拓扑

路由器 R1 的配置过程如下。

```
Router>en
Router#config t
Router(config)#hostname R1
R1(config)#interface serial 0/0/0
R1(config-if)#encapsulation ppp
R1(config-if)#exit
R1(config)#username R2 password 123
R1(config)#
```

路由器 R2 的配置过程如下。

```
Router>en
Router#config t
Router(config)#hostname R2
R2(config)#interface serial 0/0/0
R2(config-if)#ip address 192.168.1.2 255.255.255.0
R2(config-if)#no shu
R2(config-if)#encapsulation ppp
R2(config-if)#ppp authentication chap
R2(config)#username R1 password 123
R2(config)#
```

最后测试网络连通性，结果如下。

```
R1#ping 192.168.1.2
Type escape sequence to abort.
Sending 5, 100-byte ICMP Echos to 192.168.1.2, timeout is 2 seconds:
!!!!!
Success rate is 100 percent (5/5), round-trip min/avg/max = 1/3/13 ms
R1#
```

4. CHAP 双向认证

如图 6.16 所示，路由器 R1 和路由器 R2 既是认证端又是被认证端，将两台路由器的串口封装成PPP，开启路由器R1和R2的CHAP认证方式。具体配置如下。

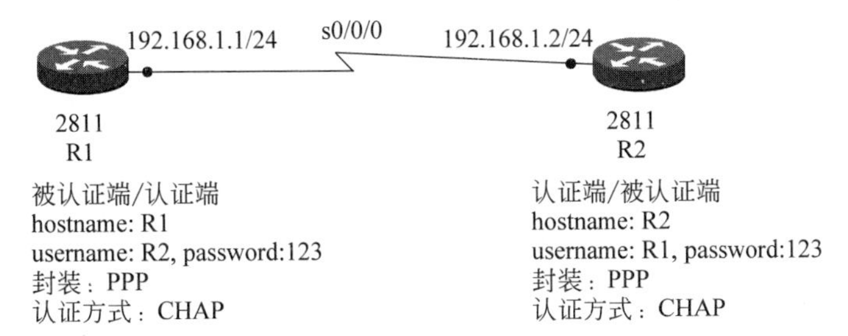

图6.16 CHAP双向认证实验拓扑

首先配置路由器R1，具体配置如下。

```
Router>en
Router#config t
Router(config)#hostname R1
R1(config)#interface serial 0/0/0
R1(config-if)#no shu
R1(config-if)#clock rate 64000
R1(config-if)#exit
R1(config)#username R2 password 123
R1(config)#interface serial 0/0/0
R1(config-if)#encapsulation ppp
R1(config-if)#ppp authentication chap
R1(config)#interface serial 0/0/0
R1(config-if)#ip address 192.168.1.1 255.255.255.0
R1(config-if)#no shu
R1(config-if)#end
```

其次配置路由器R2，具体配置如下。

```
Router>en
Router#config t
Router(config)#hostname R2
R2(config)#interface serial 0/0/0
R2(config-if)#ip address 192.168.1.2 255.255.255.0
R2(config-if)#no shu
R2(config-if)#exit
R2(config)#username R1 password 123
R2(config)#interface serial 0/0/0
R2(config-if)#ppp authentication chap
R2(config-if)#end
```

最后测试网络的连通性，结果如下。

```
R1#ping 192.168.1.2
```

```
Type escape sequence to abort.
Sending 5, 100-byte ICMP Echos to 192.168.1.2, timeout is 2 seconds:
!!!!!
Success rate is 100 percent (5/5), round-trip min/avg/max = 1/2/9 ms
R1#
```

6.5 本章小结

本章主要讲解认证技术，首先讲解认证技术的相关概念，接着分别讲解消息认证和身份认证技术，最后介绍身份认证协议以及身份认证的实现。

实验部分完成 Windows 系统中基于 PPPoE 身份认证的配置过程以及 PPP 协议认证配置过程。

6.6 习题 6

一、简答题

1. 什么是认证？认证主要包括哪两种？
2. 什么是消息认证？常见的消息认证函数有哪几种？
3. 什么是身份认证？身份认证的途径有哪些？

二、论述题

网络系统中常用的身份认证方式主要有哪几种？分别谈谈这几种认证方式。

第7章 数字证书与公钥基础设施

本章学习目标

- 掌握数字证书的相关知识
- 掌握公钥基础设施(PKI)的相关知识
- 掌握数字证书的相关实验

7.1 数字证书

公钥基础设施(public key infrastructure,PKI)与非对称加密密切相关,涉及消息摘要、数字签名以及加密等。数字证书是PKI的关键技术之一。本节介绍数字证书相关知识,下节介绍公钥基础设施PKI的相关知识。

7.1.1 数字证书的概念

1. 数字证书简介

互联网为使用者提供了一个开放的、跨越国界的信息高速公路。基于互联网的各种应用蓬勃发展,给各行各业带来了机遇和挑战,但网上欺诈、偷盗和非法闯入等行为对互联网的各类应用构成了严重的安全威胁。随着数字证书认证中心的出现和数字证书的使用,开放的网络更加安全。

为了防范互联网交易及支付过程中的欺诈行为,确保电子交易及支付的安全性以及保密性等,在互联网上必须要建立一种信任机制。要求参加电子商务的买卖双方都必须拥有合法的身份,并且在网络上能够被正确验证,数字证书可以达到这样的要求。数字证书由权威机构——证书授权中心(certificate authority,CA)发行,可以在互联网中识别用户的身份。在数字证书认证过程中,CA作为权威的、公正的、可信赖的第三方,其作用至关重要。

数字证书就是标志网络用户身份信息的一系列数据,在网络通信中用来识别通信各方的身份,也就是在Internet上解决“我是谁”的问题。就如同现实中我们每个人都拥有一张证明个人身份的身份证或驾驶执照一样,以表明我们的身份或某种资格。

数字证书通过电子文档来标识网络用户身份信息的数据。数字证书的内容和身份证颇为相似,但也有区别,它们的相同点和不同点如表7.1所示。

表 7.1 身份证和数字证书的比较

比较项	身份证	数字证书
相同点	身份证所有者的身份信息	数字证书所有者的身份信息
	身份证有效期	数字证书有效期
	公安机关颁发	数字证书认证中心签发
不同点	不涉及公钥加密	涉及公钥加密

它们的相同点概括为 3 方面：首先，它们均表示所有者的身份信息；其次，它们均有有效期；最后，它们都是由权威部门颁发。它们的不同点主要表现在进行身份验证时，数字证书涉及公钥加密，而身份证不涉及。

数字证书比身份证多了一个公钥。如同身份证用来证明每个人的身份一样，数字证书用来保证公钥和特定实体之间的联系。数字证书提供的是网络上的身份证明，又称为"网络身份证"。

最终得出数字证书的概念为：数字证书就是一个用户身份与其所持有的公钥的结合，在结合之前由一个可信任的权威机构 CA 来证实用户的身份，然后由该机构对用户身份及对应公钥相结合的证书进行签名，以证明其证书的有效性。

2. 常用的数字证书类型

从数字证书使用对象的角度可将数字证书分类为个人数字证书、企业或机构数字证书、支付网关数字证书、服务器数字证书、安全电子邮件数字证书、个人软件代码签名数字证书、企业或机构软件代码签名数字证书等。

① 个人数字证书：符合 X.509 标准，由权威机构颁发的数字安全证书，由一串相应的数据组成，用于标识证书持有人的个人身份。个人数字证书中包含证书持有者的个人身份信息、公钥及 CA 中心的签名，就像日常生活中使用的身份证一样，在网络通信中标识证书持有者个人身份的电子身份证书。

② 企业或机构数字证书：符合 X.509 标准，由权威机构颁发的数字安全证书，由一串相应的数据组成，用于标识证书持有企业或机构的身份。可用于企业或机构在电子商务方面的对外活动，如合同签订、网上证券交易等方面。

③ 支付网关数字证书：支付网关数字证书是签发中心针对支付网关签发的数字证书，是支付网关实现数据加解密的主要工具，用于数字签名和信息加密。

④ 服务器数字证书：符合 X.509 标准，由权威机构颁发的数字安全证书，证书中包含服务器信息和服务器的公钥，在网络通信中用于标识和验证服务器的身份。服务器软件利用证书机制保证与其他服务器或客户端通信时双方身份的真实性、安全性、可信任度等。

⑤ 安全电子邮件数字证书：符合 X.509 标准，由权威机构颁发的数字安全证书，是可以为电子邮件签名和加密的一种数字证书。可以保证邮件是发送到可以解密和阅读该邮件的收件人。收件人也可以确保该电子邮件没有被任何的方式篡改过。

⑥ 个人软件代码签名数字证书：是 CA 中心签发给软件提供人的数字证书，包含软

件提供者的个人身份信息、公钥以及CA的签名。软件提供人通过代码签名证书对软件进行签名来标识软件来源以及软件开发者的真实身份，保证代码在签名之后不被恶意篡改。当用户从Internet下载已经签名的代码时，能够有效验证该代码的可信度。

⑦ 企业或机构软件代码签名数字证书：是CA中心签发给软件提供商的数字证书，包含软件提供商的身份信息、公钥以及CA的签名。软件提供商通过代码签名证书对软件进行签名来标识软件来源以及软件开发商的真实身份，保证代码在签名之后不被恶意篡改。当用户从Internet下载已经签名的代码时，能够有效验证该代码的可信度。

⑧ 设备身份数字证书：设备身份数字证书中包含设备信息、公钥以及CA中心的签名，在网络通信中标识和验证设备的身份，以保证与其他服务器或客户端通信的安全性。

3. 数字证书的签发机构

提供电子认证服务的机构一般称为数字证书授权中心，数字证书是由CA签发的。

CA作为第三方认证机构具有以下3个特性。

① 权威性：由国家主管部门批准。

② 公正性：独立于交易双方以外，不参与双方利益。

③ 可信性：具有与提供电子认证服务相适应的专业技术人员和管理人员；具有与提供电子认证服务相适应的资金和经营场所；具有符合国家安全标准的技术和设备；具有国家密码管理机构同意使用密码的证明文件和法律、行政法规规定的其他条件。

4. 数字证书的基本功能

互联网电子商务系统技术不断发展，使得网购者能够轻松获得商家和企业的信息，同时增加了对某些敏感或有价值的数据被滥用的风险。对于互联网上进行的一切金融交易运作的买方和卖方，要求必须真实可靠，并且要使顾客、商家和企业等交易各方都具有绝对的信心，因而互联网电子商务系统中必须保证具有十分可靠的安全保密技术，必须保证信息传输的保密性、数据交换的完整性、发送信息的不可否认性以及交易者身份的确定性。

数字证书的功能主要表现为以下4方面。

(1) 信息的保密性。

在电子政务、电子商务信息传递过程中，均有对网络信息保密的要求。如电子政务系统中的网上行政申报审批系统，由于系统中许多数据属于敏感信息，所以就需要保证传输过程中的数据的保密性。而在电子商务领域中，银行卡的账号和用户名如果被人知悉，就可能被盗用；订货和付款的信息如果被竞争对手获悉，就可能丧失商机。而数字证书保证了电子政务、电子商务领域的信息在网络传播中的保密性。

(2) 网络合法身份的确认性。

数字证书能方便而可靠地确认网络中的合法身份。如电子政务业务办理人员的网上合法身份的确认；为顾客或用户开展网络业务服务的银行、信用卡公司和商店都要进行对交易者合法身份认定的工作。数字证书可提供网上交易双方合法身份的认证。

(3) 完整性。

数字证书具有签名验证和对电子文件进行加密的功能，可以通过验证方式确认电子信息是否被修改过，即对信息进行完整性验证。数字证书能够确保电子文件在网络传输过程中的完整性。

（4）不可抵赖性。

CA是经国家有关部门审核批准依法设立的第三方电子认证服务机构，使用数字证书认证中心颁发的数字证书在网络中办理的电子签名信息受《中华人民共和国电子签名法》认可，具有不可抵赖性。

7.1.2 数字证书的结构

数字证书实际上是一个计算机文件，该证书将建立用户身份与其所持公钥的关联。最简单的证书包含一个公开密钥、名称以及证书授权中心的数字签名。一般情况下，证书中还包括密钥的有效时间、发证机关（证书授权中心）的名称、该证书的序列号等信息，身份证与数字证书非常相似，同一签发者签发的身份证不会有重号，同样，同一签发者签发的数字证书的序号也不会重复。签发数字证书的机构通常为一些著名组织，世界上最著名的证书机构为Verisign（威瑞信）与Entrust。我国许多政府机构和企业也建立了自己的CA中心。如中国金融认证中心（China financial certification authority，CFCA）是由中国人民银行于1998年牵头组建、经国家信息安全管理机构批准成立的国家级权威安全认证机构，是国家重要的金融信息安全基础设施之一。证书机构有权向个人和组织签发数字证书，使其可在非对称加密应用中使用这些证书。

证书的格式遵循X.509国际标准，X.509是由国际电信联盟制定的数字证书标准。在X.500确保用户名称唯一性的基础上，X.509为X.500用户名称提供了通信实体的鉴别机制，并规定了实体鉴别过程中广泛适用的证书语法和数据接口。X.509的最初版本公布于1988年，由用户公共密钥和用户标识符组成。X.509共有3个版本，分别为V1、V2以及V3。V1共有7个基本字段，V2在V1的基础上增加了两个字段，V3在V2的基础上增加了1个字段。V1所包含的7个字段分别如下。

（1）版本（version）：标识本数字证书使用的X.509协议版本。该字段对应的值分别为V1、V2以及V3，如图7.1所示。

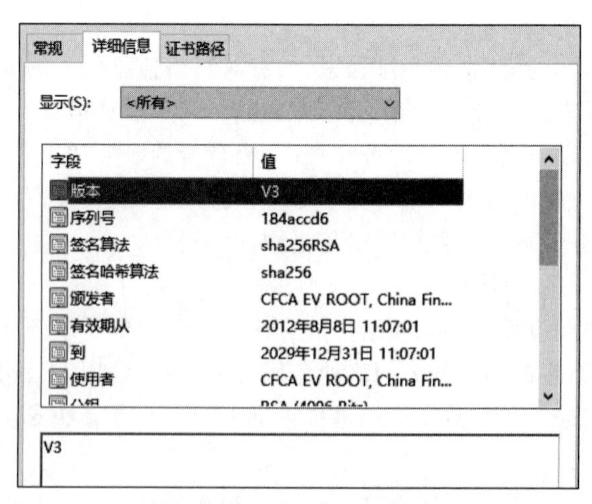

图7.1 显示数字证书的版本号

(2) 序列号(certificate serial number)：由CA分配给证书的唯一“数字型标识符”。当证书被取消时，实际上是将此证书的序列号放入由CA签发的证书吊销列表(certificate revocation list，CRL)中，这也是序列号唯一的原因。

(3) 签名算法标识符(signature algorithm identifier)：标识CA签名数字证书时使用的算法，包括①签名算法(如SHA256RSA)；②签名哈希算法(如SHA256)。

(4) 颁发者(issuer name)：签发证书的实体名称。使用该证书意味着信任签发该证书的实体。具体包括①国家(C)、②省市(ST)、③地区(L)、④组织机构(O)、⑤单位部门(OU)、⑥通用名(CN)、⑦邮箱地址，如图7.2所示。

图7.2　显示数字证书的颁发者信息

(5) 有效期限(validity)：每个证书均只能在一个有限的时间段内有效。具体包括①证书开始生效的日期和时间、②证书失效的日期和时间。每次使用证书时，需要检查证书是否在有效期内。

(6) 主体名(subject name)：指定证书使用者的名字，包括①国家(C)、②省市(ST)、③地区(L)、④组织机构(O)、⑤单位部门(OU)、⑥通用名(CN)、⑦邮箱地址，如图7.3所示。

(7) 主体公钥信息(subject public key information)：包含主体的公钥与密钥相关的算法，该字段不能为空。

V2在V1的基础上增加两个字段，分别为签发者唯一标识符以及主体唯一标识符。具体如下。

(8) 签发者唯一标识符(issuer unique identifier)：证书签发者的唯一标识符，当同一个签发者名用于多个证书持有者时，用一比特串来唯一标识证书签发者的名字。

图 7.3　显示数字证书的使用者信息

(9) 证书持有者唯一标识符(subject unique identifier)：用一比特字符串来唯一标识证书持有者的名字。

V3 在 V2 的基础上增加 1 个字段，具体为 extensions。通过扩展字段为证书提供了携带附加信息和证书管理的能力。V3 版证书的扩充字段由多段组成，每段说明一种需要注册的扩充类型和扩充字段值。

无论是哪个版本的数字证书，数字证书结构的末尾都有一个认证机构数字签名(certification authority's digital signature)。

7.1.3　数字证书的生成

数字证书的生成与管理主要涉及的参与方有最终用户(主体)、注册机构、证书颁发机构(签发者)。和数字证书信息紧密相关的机构有最终用户和证书颁发机构。证书颁发机构的任务繁多，如签发新证书、维护旧证书、撤销因故无效证书等，因此一部分证书生成与管理任务由第三方——注册机构(registration authority，RA)完成。从最终用户来看，证书颁发机构与注册机构差别不大。在技术上，注册机构是用户与证书颁发机构之间的中间实体。

注册机构提供的服务有①接收与验证最终用户的注册信息、②为最终用户生成密钥、③接收与授权密钥备份与恢复请求、④接收与授权证书撤销请求。

注册机构主要帮助证书颁发机构与最终用户间交互，注册机构不能签发数字证书，证书只能由证书颁发机构签发。

数字证书的生成共分为 4 步，分别为密钥生成、注册、验证、证书生成。

第 1 步：密钥生成。

生成密钥可采用以下两种方式。

(1) 主体可采用特定软件生成公钥/私钥对，该软件通常是 Web 浏览器或 Web 服务器的一部分，也可以使用特殊软件程序。主体必须秘密保存私钥，并将公钥、身份证明与其他信息发送给注册机构。

(2) 当用户不知道密钥对生成技术或要求注册机构集中生成和发布所有密钥，以便于执行安全策略和密钥管理时，也可由注册机构为主体(用户)生成密钥对。该方法的缺陷是注册机构知道用户私钥，且在向主体发送过程中可能泄露。

第 2 步：注册。

若用户密钥对是由注册机构生成，则不需要该步骤，若用户密钥对是由用户本身生成，则执行该步骤。用户生成密钥对时，需要向注册机构发送公钥和相关注册信息(如主体名)以及相关证明材料。用户在特定软件的引导下正确地完成相应输入后，通过 Internet 提交至注册机构。证明材料未必一定是计算机数据，有时也可以是纸质文档(如护照、营业执照、收入/税收报表复印件等)。

第 3 步：验证。

接收到公钥及相关证明材料后，注册机构须验证用户材料，验证分为以下两个层面。

(1) 注册机构要验证用户材料，以明确是否接受用户注册。若用户是组织机构，则注册机构需要检查营业记录、历史文件和信用证明；若用户是个人，则只需简单证明，如验证邮政地址、电子邮件地址、电话号码或护照、驾照等。

(2) 确保请求证书的用户拥有与向注册机构的证书请求中发送的公钥相对应的私钥。这个检查被称为检查私钥的拥有证明。具体的验证方法有以下几种。

① 注册机构可要求用户采用私钥对证书签名，也就是请求进行数字签名。若注册机构能用该用户公钥验证签名正确性，则可相信该用户拥有与其证书申请中公钥一致的私钥。

② 注册机构可生成随机数挑战信息，用该用户公钥加密，并将加密后的挑战值发送给用户。若用户能用其私钥解密，则可相信该用户拥有与公钥相匹配的私钥。

③ 注册机构可将证书颁发机构所生成的数字证书采用用户公钥加密后发送给该用户。用户需要用与公钥匹配的私钥解密方可取得明文证书——也实现了私钥拥有证明的验证。

第 4 步：证书生成。

若上述所有步骤成功，则注册机构将用户的所有细节传递给证书颁发机构。证书颁发机构进行必要的验证，并生成数字证书。证书颁发机构将证书发给用户，并在证书颁发机构维护的证书目录中保留一份证书记录。然后证书颁发机构将证书发送给用户，可附在电子邮件中；也可向用户发送一份电子邮件，通知其证书已生成，让用户从证书颁发机构站点下载。数字证书一般是不可以直接读取的，可以使用应用程序对数字证书进行分析解释。如通过浏览器浏览证书时，可以看到可读格式的证书细节。

7.1.4 实验一：向 CA 申请数字证书

如何获得数字证书？只要是具有公民权的个人、合法设立的单位、组织机构、网络设备以及软件系统，均可向 CA 申请数字证书。

1. 申请数字证书

申请、下载、安装数字证书的过程如图 7.4～图 7.11 所示。

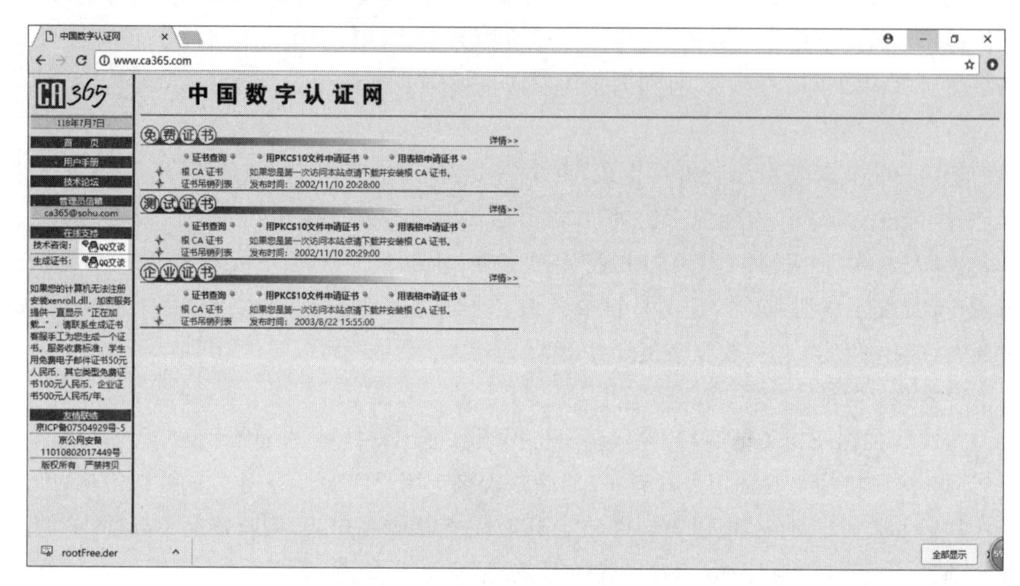

图 7.4　数字证书申请首页面

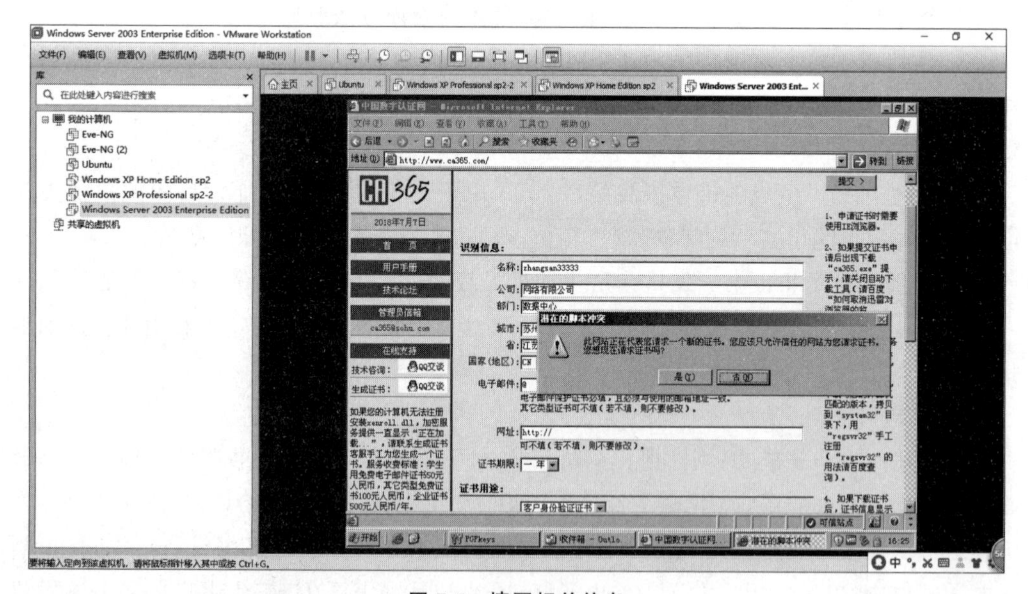

图 7.5　填写相关信息

图 7.6　申请密钥

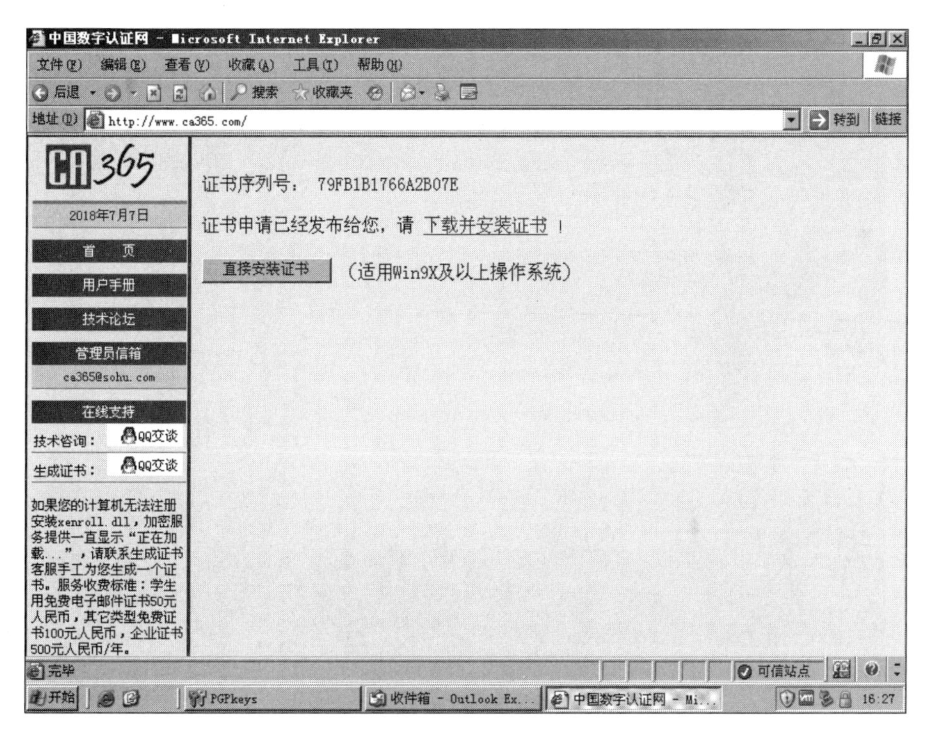

图 7.7　证书申请成功

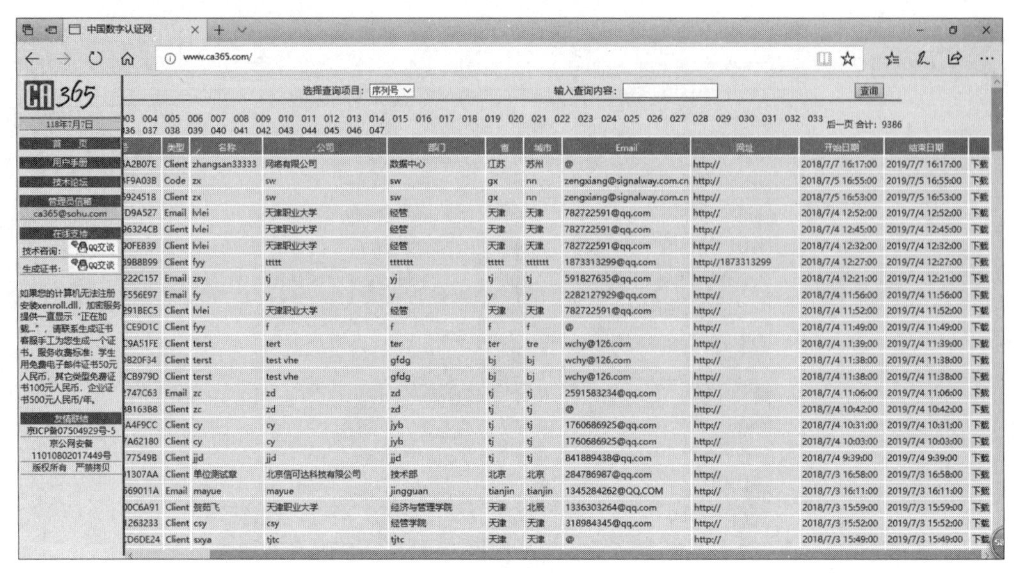

图 7.8 查询证书

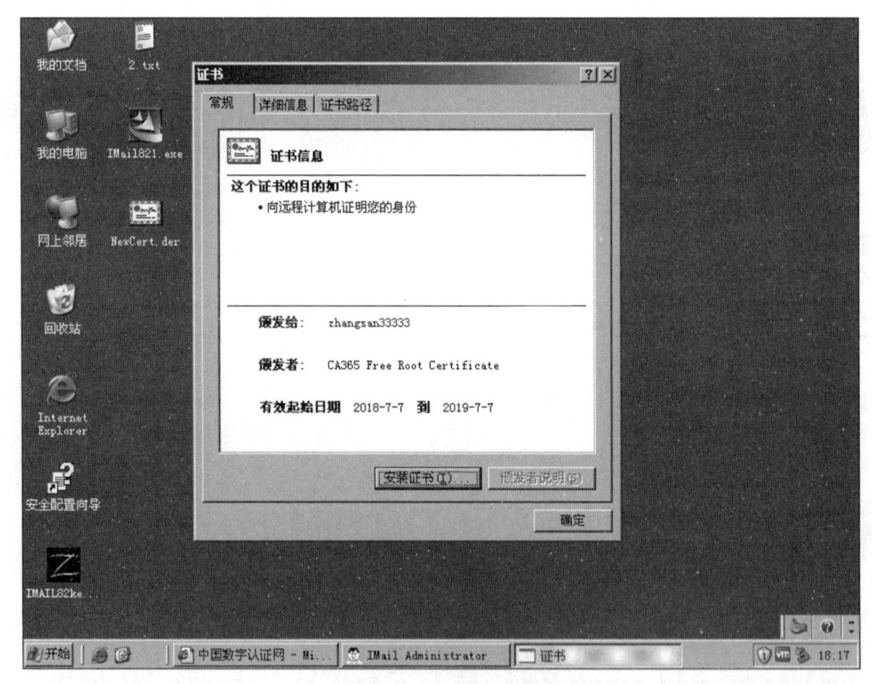

图 7.9 安装证书

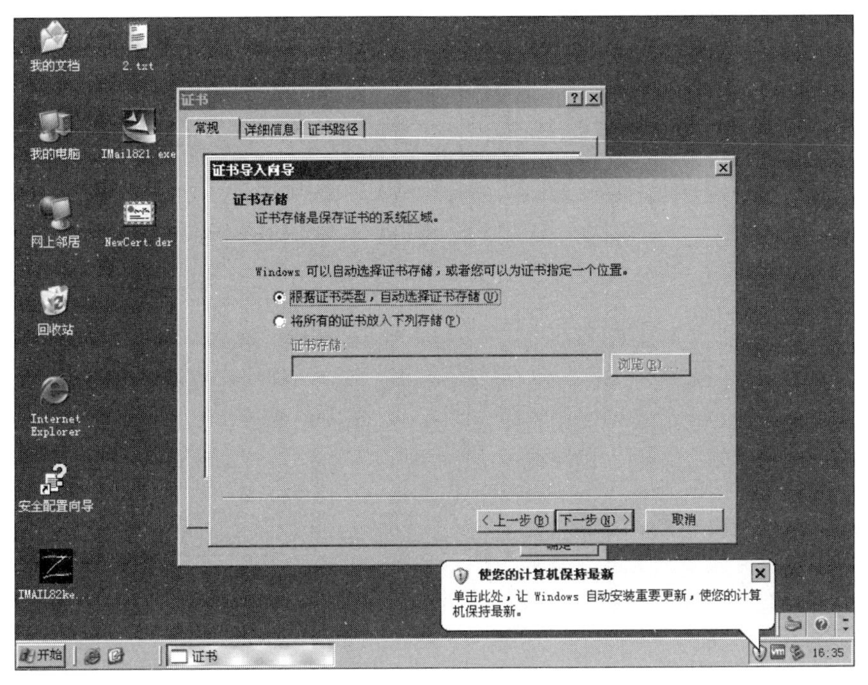

图 7.10　导入证书

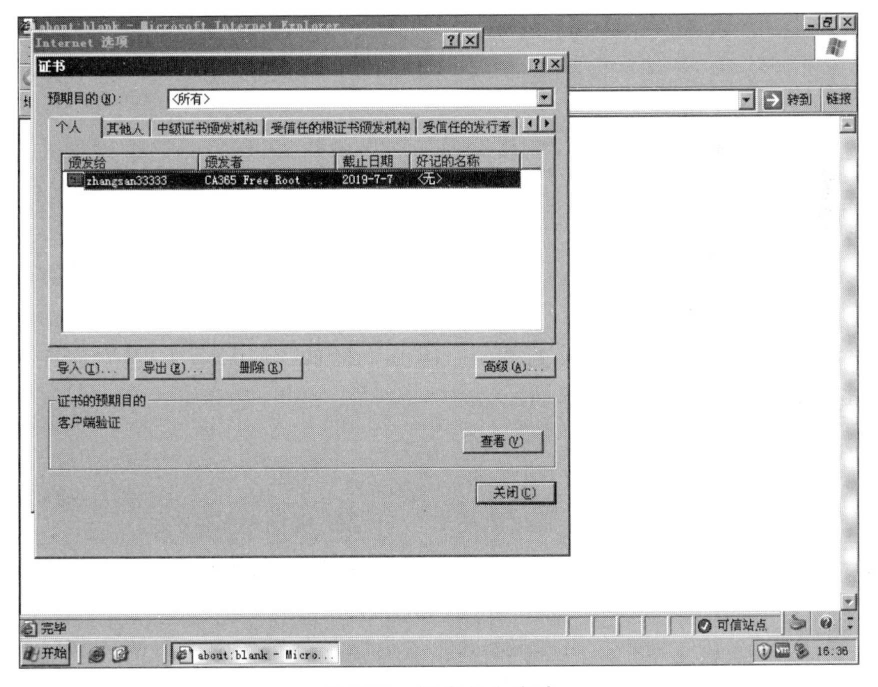

图 7.11　证书导入成功

2. 导出数字证书

证书也可以导出，安装到别的电脑或U盘中，如图7.12所示。

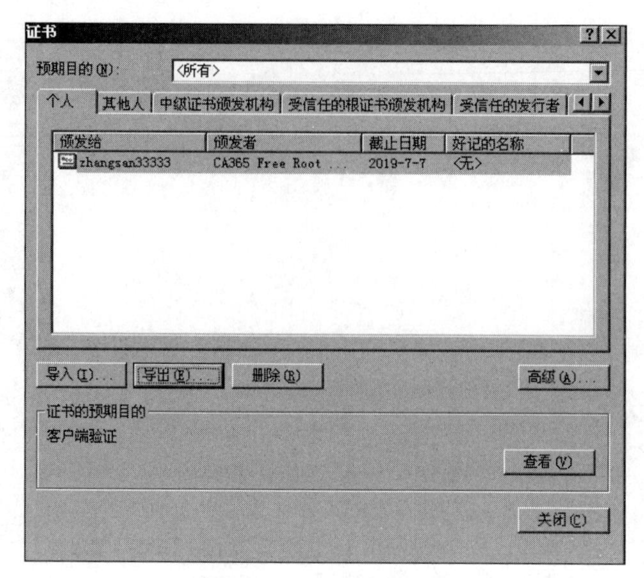

图 7.12　导出证书

3. 查看证书

在 IE 浏览器中单击"工具-Internet 选项",在弹出的对话框中选择"内容"选项卡,单击"证书"按钮,弹出"证书"对话框,在其中选中要查看的证书,单击"查看"按钮查看证书。

7.2　PKI

公钥基础设施就是利用公开密钥机制建立起来的基础设施,是目前网络安全建设的基础与核心。现在数据的交换往往都是通过网络进行的,为了保障网络中的通信安全,很多保障机制都基于 PKI。

PKI 只是一个总称,而并非指某一个单独的规范或规格。如 RSA 公司所制定的公钥密码标准(public-key cryptography standards,PKCS)系列规范是 PKI 的一种,而互联网规格 RFC 中也有很多与 PKI 相关的文档。因此根据具体所采用的规格,PKI 也会有很多变种,这也是 PKI 难以整体理解的原因之一。

7.2.1　PKI 基础知识

PKI 采用证书进行公钥管理,通过第三方的可信任机构,把用户的公钥和用户的其他标识信息捆绑在一起,包括用户名和电子邮件地址等信息,以达到在计算机网络上验证用户身份的目的。

从广义上来讲,所有提供公钥加密和数字签名服务的系统都可归结为 PKI 系统的一部分。PKI 的主要目的是通过自动管理密钥和证书,为用户建立起一个安全的网络运行环境,使用户可以在多种应用环境下方便地使用加密和数字签名技术,从而保证网上数据的保密性、完整性、可用性。

一个有效的 PKI 系统必须是安全和透明的。用户在获得加密和数字签名服务时,不需要详细地了解PKI内部运作机制。在一个典型、完整和有效的PKI系统中，不但能够提供证书的创建、发布以及撤销服务，还必须提供相应的密钥管理服务，包括密钥的备份、恢复和更新等。没有一个好的密钥管理系统，将极大影响一个PKI系统的规模、可伸缩性和在协同网络中的运行成本。在一个企业中，PKI系统必须有能力为一个用户管理多对密钥和证书。

PKI发展的一个重要方面就是标准化问题，它也是建立互操作性的基础。目前，PKI标准化主要有两个，一是RSA公司的公钥加密标准PKCS，它定义了许多基本PKI部件，包括数字签名和证书请求格式等；二是由Internet工程任务组IETF和PKI工作组PKIX所定义的一组具有互操作性的公钥基础设施协议。在今后很长一段时间内，PKCS和PKIX将会并存，大部分的PKI产品为保持兼容性，也将会对这两种标准进行支持。

PKI作为一组在分布式计算系统中利用公钥技术和X.509证书所提供的安全服务，企业或组织可利用相关产品建立安全域，并在其中发布密钥和证书。在安全域内，PKI管理加密密钥和证书的发布，并提供诸如密钥管理（包括密钥更新、密钥恢复和密钥委托等），证书管理（包括证书产生和撤销等）和策略管理等。PKI产品也允许一个组织通过证书级别或直接交叉认证方式来同其他安全域建立信任关系。这些服务和信任关系不能局限于独立的网络之内，而应建立在网络之间和Internet之上，为电子商务和网络通信提供安全保障，所以具有互操作性的结构化和标准化技术成为PKI的核心。

7.2.2 PKI系统组成

一个典型的PKI系统包括PKI安全策略、证书颁发机构CA、注册机构RA、证书发布系统和PKI应用等。

（1）PKI安全策略。

建立和定义一个组织信息安全方面的指导方针，同时也定义密码系统使用的处理方法和原则。包括一个组织怎样处理密钥和有价值的信息，根据风险的级别定义安全控制的级别。

（2）证书颁发机构CA。

证书颁发机构CA是PKI的信任基础，它管理公钥的整个生命周期，其作用包括发放证书、规定证书的有效期和通过发布证书废除列表，确保必要时可以废除证书。

（3）注册机构RA。

注册机构RA提供用户和CA之间的一个接口，它获取并认证用户的身份，向CA提供证书请求。主要完成收集用户信息和确认用户身份的功能。这里指的用户，是指将要向认证中心（即CA）申请数字证书的客户，客户可以是个人，也可以是集团或团体以及某政府机构等。注册管理一般由一个独立的注册机构（即RA）来承担。它接受用户的注册申请，审查用户的申请资格，并决定是否同意CA给其颁发数字证书。注册机构本身并没有签发证书的功能，只是对用户进行资格审查。当然，对于一个规模较小的PKI应用系统来说，可以由认证中心CA来完成注册管理的职能，而不设立独立运行的RA。PKI国际标准推荐由一个独立的RA来完成注册管理的任务，可以增强应用系统的安全。

(4) 证书发布系统。

证书发布系统负责证书的发放,可以通过用户自己或者目录服务器发放。目录服务器可以是一个组织中现存的,也可以是 PKI 方案中提供的。

(5) PKI 的应用。

PKI 的应用非常广泛,包括应用在 Web 服务器和浏览器之间的通信、电子邮件、电子数据交换、Internet 上的信用卡交易以及虚拟专用网(VPN)等。

通常来说,CA 是证书的签发机构,它是 PKI 的核心。构建密码服务系统的核心内容是如何实现密钥管理。公钥体制涉及一对密钥(即私钥和公钥),私钥只由用户独立掌握,无须在网上传输,而公钥则是公开的,需要在网上传送,故公钥体制的密钥管理主要是针对公钥的管理问题,较好的方案是数字证书机制。

7.2.3 PKI 案例分析

案例一:鲍勃和爱丽丝欲通过互联网传输一份重要文件,此文件需要严格保密,绝对不能让第三者知道该份文件的内容。那么如何通过互联网安全地传输这份文件呢?

第一,文件通过互联网安全地传输,需要对它进行加密。为了既安全又快速地传输文件,采用成熟的对称加密算法,如 DES、3DES、AES、RC5 等对文件进行加密。对称加密的特点是文件加密和解密使用相同的密钥。第三者即使截获此文件,使用相同的算法也不能破解该加密文件,因为加密和解密均需要两个组件:加密算法和对称密钥,加密算法需要对称密钥来解密,而第三者并不知道此密钥。

第二,既然第三者不知道该对称密钥,那么爱丽丝又是怎样安全地得到该对称密钥呢?若用电话通知,有可能被窃听,若通过互联网发送,对称密钥有可能被第三者截获。解决的方法是用非对称加密算法加密对称密钥后进行传送。

与对称加密算法不同,非对称加密算法需要两个密钥:公钥和私钥。公钥与私钥成对出现,通常由专门软件生成。用公钥对数据进行加密,只能用对应的私钥解密;用私钥对数据进行加密,只能用对应的公钥解密。鲍勃和爱丽丝各有一对公钥和私钥,公钥不需要保密,可在互联网上传送,私钥需要保密,由拥有者自己保存。鲍勃用爱丽丝的公钥加密对称加密算法中的对称密钥,即使第三者截获此加密密钥,也会因为没有爱丽丝的私钥而解不开该对称密钥,进而解不开该加密文件。

第三,既然鲍勃可以用爱丽丝的公钥加密其对称密钥,为什么不直接用爱丽丝的公钥加密该文件呢?原因是非对称加密算法有两个缺点:加密速度慢和加密后的密文变长。不对称加密算法通常比对称加密算法慢 10~100 倍,一般用于小规模数据(如对称密钥)的加密。因此一般采用对称加密算法加密文件,然后用非对称加密算法加密对称算法所使用的对称密钥。

第四,如果第三者截获文件的加密密文,同样也截获用爱丽丝的公钥加密后的对称密钥,由于他无法得到爱丽丝的私钥,因此他解不开对称密钥,也就不能对文件进行分析破解。如果第三者假冒鲍勃的身份,使用对称加密算法加密一份假文件,并用爱丽丝的公钥对该对称加密密钥进行加密,并发送给爱丽丝,爱丽丝会认为收到鲍勃发送的文件,而被欺骗,这属于假冒身份入侵。

解决假冒身份通常使用数字签名技术。首先通过MD5或SHA-1等散列算法对数据进行加密处理，从数据中提取一个摘要，该加密算法通常是单向的，即通过摘要是不能恢复出原文的。另外对原文的任何一点改动，摘要都会有非常大的变化。鲍勃通过对文件进行散列算法得到摘要，并用自己的私钥对摘要进行加密，这相当于鲍勃对摘要做了数字签名，因为只有鲍勃拥有自己的私钥，具有唯一性，因此私钥加密可以作为数字签名。另外，即使第三者截获，也不会从摘要内获得任何原文信息。如果接收者爱丽丝能够用发送者鲍勃的公钥解开摘要，就能够对发送者鲍勃的身份进行认证，因为只有鲍勃的公钥才能解开用鲍勃的私钥加密的信息，而鲍勃的私钥只有鲍勃自己知道，这样可以解决假冒身份的问题。另外，接收者爱丽丝对解密后的原文使用相同的散列算法进行处理，得到新的摘要，通过比较前后两个摘要来判断原文的完整性，若前后两个摘要相同，说明原文未被改动，否则文件被篡改过。这样通过数字签名解决了假冒身份问题，通过散列函数解决了文件的完整性问题。

第五，通过对称加密算法加密其文件，再通过非对称算法加密其对称密钥，又通过数字签名证明发送者身份以及散列函数进行完整性验证，仍然不能做到万无一失。问题在于不能肯定所使用的公钥一定是对方的，使用数字签名对用户身份的确认是建立在所使用的公钥是属于该用户的之上。解决的方法是用数字证书来绑定公钥与公钥所属人。

数字证书是一个经证书授权中心数字签名的包含公钥拥有者信息以及公钥的文件，是网络通信中标识通信各方身份信息的一系列数据。它提供了一种在互联网上验证身份的方式，作用类似于身份证，人们可以用它来识别双方的身份。最简单的证书包含公钥、名称以及证书授权中心的数字签名。通常证书还包含密钥的有效时间、发证机关(证书授权中心)名称、证书的序列号等信息。它是由权威机构CA发放的。CA作为电子商务交易中受信任的第三方，承担公钥合法性检验的责任。CA为每个使用公钥的用户发放一个数字证书，数字证书证明证书中列出的用户合法拥有证书中列出的公钥。CA的数字签名使得攻击者不能伪造和篡改证书。CA是PKI的核心，负责管理PKI结构下的所有用户的证书，把用户的公钥和用户的其他信息捆绑在一起，验证用户的身份。

数字证书是公开的，发送者(即鲍勃)会将数字证书的拷贝连同密文、摘要等一起发送给接收者(即爱丽丝)，而她则通过验证证书上权威机构的签名来检查此证书的有效性(使用权威机构公钥验证该证书签名)。如果证书检查正常，就可以相信包含在该证书中的公钥的确属于证书中的那个人(即鲍勃)。

第六，通过数字证书将公钥和身份绑定，还不能保证万无一失。爱丽丝还是不能证明对方就是鲍勃，因为完全有可能是别人盗用了鲍勃的私钥(如别人趁鲍勃不在使用鲍勃的计算机)，然后以他的身份来和爱丽丝传送信息。解决办法是使用强口令、认证令牌、智能卡和生物认证等技术对使用私钥的用户进行认证，以确定其是私钥的合法使用者。

以浏览器或其他登记申请证书的应用程序为例说明目前基于PKI的认证工作方式，第一次生成密钥时会创建一个密钥存储，浏览器用户会被提示输入一个口令，该口令将被用于构造保护该密钥存储所需的加密密钥。如密钥存储只有脆弱的口令保护或根本没有口令保护，那么任何一个能够访问该计算机浏览器的用户都可以访问那些私钥和证书，在这种场景下不可能信任用PKI创建的身份。正因为如此，一个强有力的PKI系统必须建立在对私钥拥有者进行强认证的基础之上，现在主要的认证技术有强口令、认证令牌、智能卡和生物特征(如指纹和眼膜等认证)。

以认证令牌举例，假设用户的私钥被保存在后台服务器的加密容器里，要访问私钥，用户必须先使用认证令牌认证(如用户输入账户名、令牌上显示的通行码和 PIN 等)，如果认证成功，该用户的加密容器就下载到用户系统，并解密。

通过以上的处理过程，就基本满足安全发送文件的需求。对鲍勃而言，整个发送过程总结如下。

① 创建对称密钥(相应软件生成，并且是一次性的)，用其加密文件，并用爱丽丝的公钥加密对称加密密钥。

② 创建数字签名，对文件进行散列算法(如 MD5 算法)，并产生原始摘要，用自己的私钥加密该摘要(公/私钥既可以自己创建，也可由 CA 提供)。

③ 最后将加密后的文件、加密后的密钥、加密后的摘要以及数字证书(由权威机构 CA 签发)一起发给爱丽丝。

爱丽丝接收加密文件后，需完成以下动作。

① 接收加密文件后，用爱丽丝的私钥解密得到对称加密密钥，并用对称加密密钥解开加密的文件，即得到文件的明文信息。

② 通过鲍勃的数字证书获得他的公钥，并用其解开摘要(摘要 1)。

③ 对解密后的文件使用和发送者同样的散列算法来创建摘要(摘要 2)。

④ 比较摘要 1 和摘要 2，若相同，则表示信息未被篡改，且来自于鲍勃。

两者传送信息的过程看似并不复杂，但实际上它由许多基本成分组成，如对称/非对称密钥密码技术、数字签名、数字证书、证书发放机构(CA)、公开密钥的安全策略等。这其中最重要、最复杂的是证书发放机构的构建。

案例二：HTTPS 工作过程。

在传统的 HTTP 中，在网络上传输的信息有可能被窃听、篡改。以安全为目标的 HTTP 通道(hypertext transfer protocol over secure socket layer，HTTPS)，简单说就是 HTTP 的安全版本，通过对网络上传输的信息进行加密的方式解决信息传输的安全问题。它由两部分组成：HTTP+TLS/SSL，即 HTTP 下加入 TLS/SSL 层，HTTPS 的安全基础就是 TLS/SSL。服务端和客户端的信息传输都会通过 TLS/SSL 进行加密，所以传输的数据都是加密之后的数据。TLS 的前身就是 SSL 协议。

在 HTTP 中，网络上的信息没有经过任何安全处理，是明文传输的，攻击者可以随意嗅探网络中传输的数据信息，甚至窃取用户隐私，篡改传输内容。

HTTPS 的工作过程如下。

第一，客户端浏览器向服务器发起 HTTPS 请求，具体操作是用户在浏览器地址栏中输入一个 HTTPS 网址，向服务器端的 443 端口发起连接请求，请求携带了浏览器支持的加密算法和哈希算法。

第二，服务器收到请求，服务器端选择浏览器支持的加密算法和哈希算法。

第三，服务器端将数字证书传送给客户端，采用 HTTPS 协议的服务器必须要有一套数字证书，可以自己制作，也可以向组织申请。区别就是自己颁发的证书需要客户端验证通过才可以继续访问,而使用受信任的公司申请的证书则不会弹出提示页面。证书中包含很多信息,包括证书的颁发机构、证书的过期时间、公钥信息等。

以谷歌浏览器 Chrome 访问百度网站为例,查看百度服务器端数字证书的过程如下。首先访问百度网站,在 Chrome 谷歌浏览器菜单单击“⋮”,然后单击“更多工具”,进入“开发者工具”,然后选择 security 安全标签,单击 View certificate 查看证书,结果如图 7.13 所示。

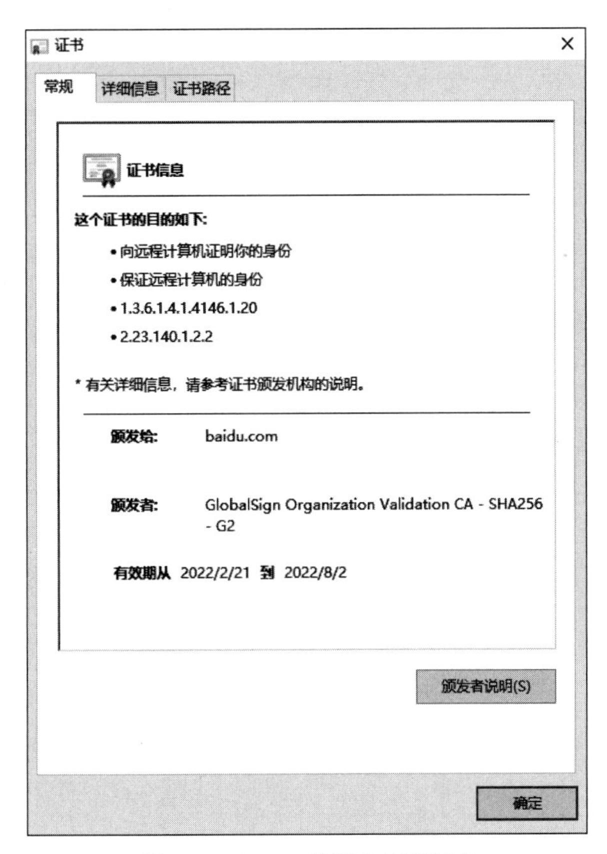

图 7.13　Chrome 浏览器百度证书

以微软浏览器 Microsoft Edge 访问百度网站为例,查看百度服务器端数字证书的过程如下。首先访问百度网站,单击 Microsoft Edge 浏览器地址栏前面的小锁图标,在弹出的菜单中单击“连接安全”,在“连接安全”窗口界面中单击“显示证书”图标,查看证书。

第四,客户端浏览器进入数字证书认证环节,具体是由客户端的 TLS 来完成。

首先,浏览器会从内置的证书列表中索引,找到服务器下发证书对应的机构,如果没有找到,会提示用户该证书不是由权威机构颁发的,是不可信任的。如果查到了对应的机构,则取出该机构颁发的公钥。

以谷歌浏览器 Chrome 为例,查看内置的证书列表过程如下。在 Chrome 谷歌浏览器菜单中单击“⋮”,然后单击“设置”,然后展开“高级”,在其中选择“管理证书”。可以查看浏览器内置的证书列表。

其次，通过颁发机构、过期时间等验证证书的有效性，如果发现异常，则会弹出警告框，提示证书存在问题。用机构的证书公钥解密得到证书的内容，包括网站的网址、网站的公钥、证书的有效期等。浏览器会先验证证书签名的合法性，签名通过后，浏览器验证证书记录的网址是否和当前网址一致，如果不一致，会提示用户，如果一致，会检查证书的有效期，证书过期也会提示用户。这些都通过后，浏览器就可以安全使用证书中的网站公钥了。

最后，客户端浏览器生成一个随机数 R，然后用网站证书的公钥对该随机值 R 进行加密。

第五，客户端浏览器将加密的 R 传送给服务器，传送的是用证书的公钥加密后的随机值 R，目的就是让服务器端得到这个随机值 R，以后客户端和服务器端的通信就可以通过这个随机值 R 来进行加密解密了。

第六，服务器端用自己的私钥解密得到 R，服务器端用私钥解密后，得到了客户端传过来的随机值 R，即对称加密密钥，然后将传输的内容通过该对称加密密钥 R 进行加密。

第七，服务器以 R 为密钥使用对称加密算法加密网页内容，并传输给客户端浏览器，客户端和服务器端均获得了对称加密密钥，因此双方可以通过对称加密方式对传输的内容进行安全传输。服务器端用对称加密密钥加密后的信息可以在客户端被还原。

第八，客户端浏览器以 R 为密钥，使用约定好的解密算法获取网页内容，客户端用之前生成的密钥解密服务器端传过来的信息，获得解密后的内容，整个过程即使第三方截获到数据也束手无策。

7.2.4 实验二：安装本地证书服务器

在 Windows Server 2008 操作系统中，证书服务不是 Windows 默认安装的服务，需要在系统安装完毕后手工添加。本地证书服务器的安装需要经过以下步骤。

(1) 找到“服务器管理器”，具体操作为：单击“开始”→“程序”→“管理工具”命令，在“管理工具”弹出的菜单中找到“服务器管理器”，单击“服务器管理器”菜单，弹出图 7.14 所示的“服务器管理器”窗口。

(2) 选择左侧的“角色”，在窗口的右侧单击“添加角色”，单击“下一步”按钮。

(3) 在左侧选择“服务器角色”，勾选“Active Directory 证书服务”，然后单击“下一步”按钮。

(4) 继续单击“下一步”按钮，弹出“Active Directory 证书服务简介”窗口。

(5) 继续单击“下一步”按钮，弹出“选择角色服务”窗口。

(6) 在“选择角色服务”窗口中勾选“证书颁发机构”和“证书颁发机构 Web 注册”。在勾选“证书颁发机构 Web 注册”时弹出图 7.15 所示的“是否添加证书颁发机构 Web 注册所需的角色服务和功能”窗口。单击“添加必需的角色服务”按钮。结果如图 7.16 所示。

(7) 单击“下一步”按钮，弹出“指定安装类型”窗口，选择“独立”，单击“下一步”按钮。

(8) 在“指定 CA 类型”窗口中选择“根 CA”，单击“下一步”按钮。

(9) 在“设置私钥”窗口选择“新建私钥”，单击“下一步”按钮。

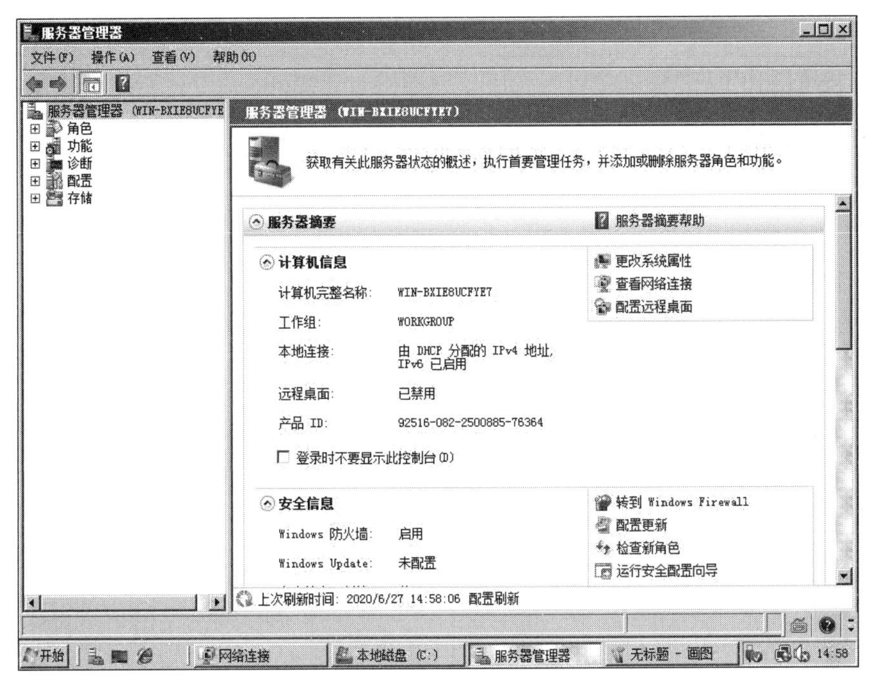

图 7.14 "服务器管理器"窗口

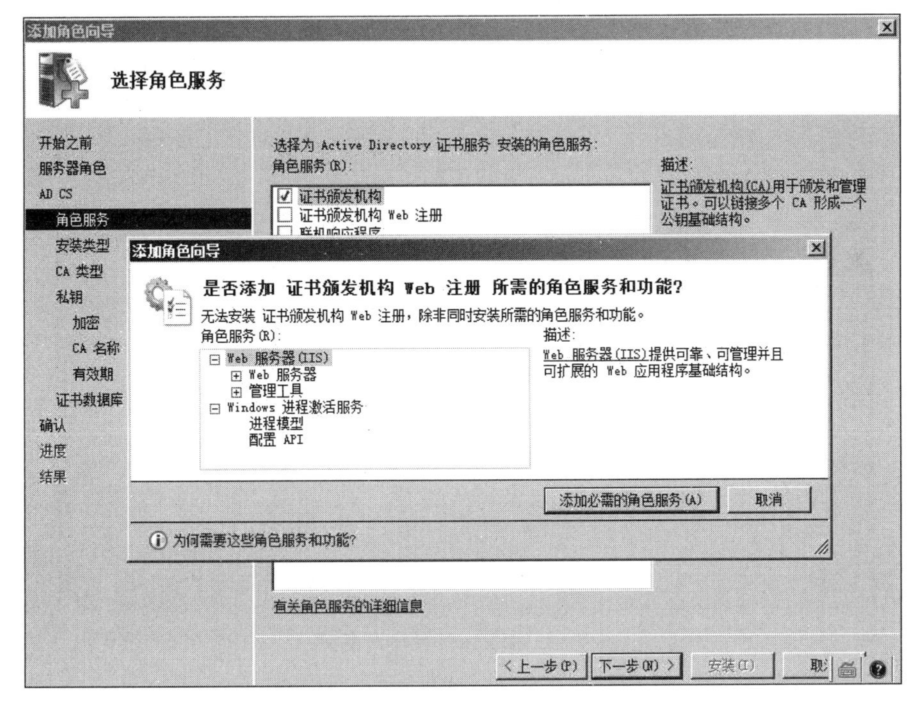

图 7.15　证书颁发机构 Web 注册窗口

(10) 在"为 CA 配置加密"窗口使用默认的加密服务提供程序、算法和密钥字符长度，如图 7.17 所示。单击"下一步"按钮。

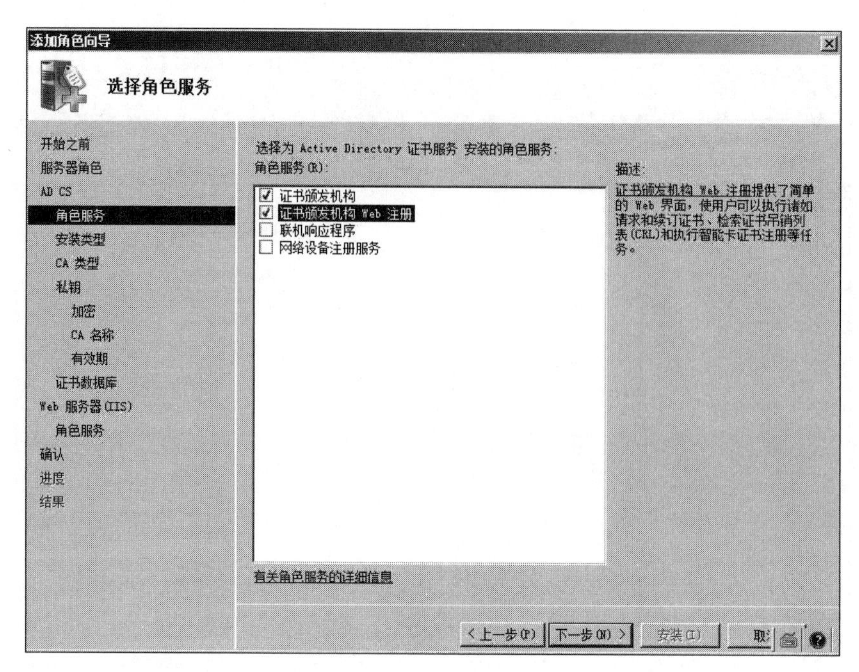

图 7.16　添加必需的角色服务

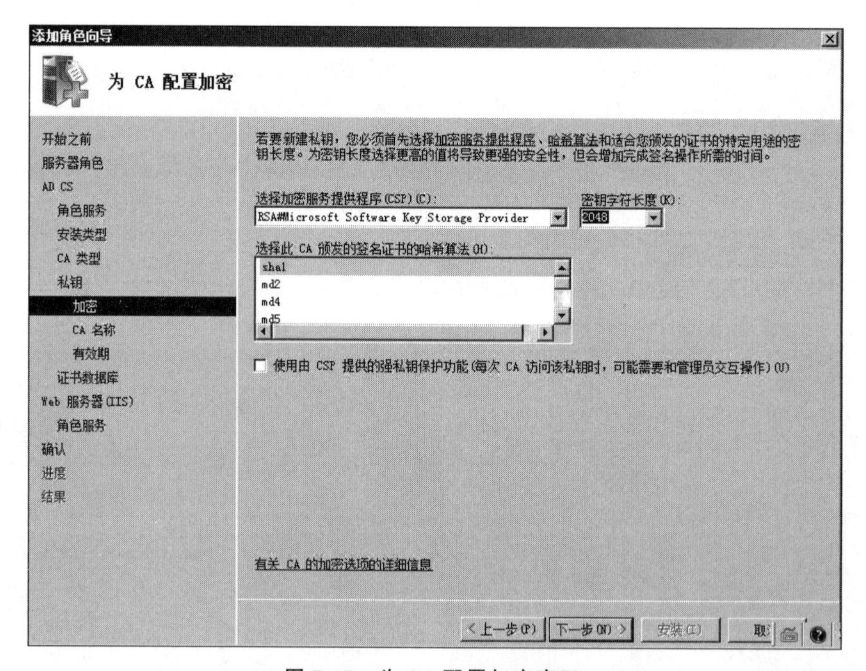

图 7.17　为 CA 配置加密窗口

(11) 在“配置 CA 名称”页中使用默认的名称,单击“下一步”按钮。
(12) 在“设置有效期”页中使用默认的五年有效期,单击“下一步”按钮。
(13) 在“配置证书数据库”中使用默认的保存位置,单击“下一步”按钮。
(14) 在“Web 服务器简介”页中单击“下一步”按钮。

(15) 在“选择角色服务”页中使用默认 Web 服务器添加的角色服务，如图 7.18 所示，单击“下一步”按钮。

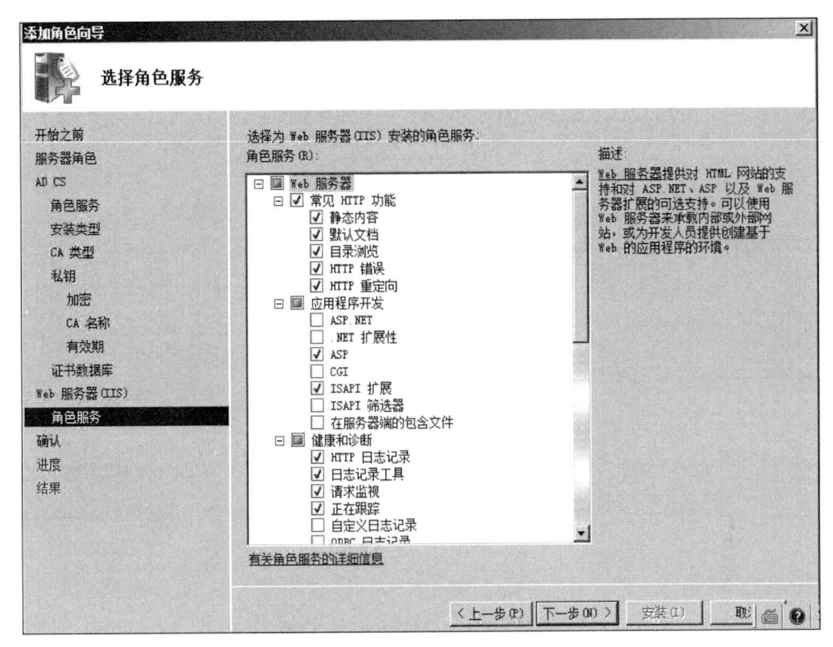

图 7.18　选择角色服务

(16) 单击“安装”按钮。

(17) 安装完成，如图 7.19 所示。

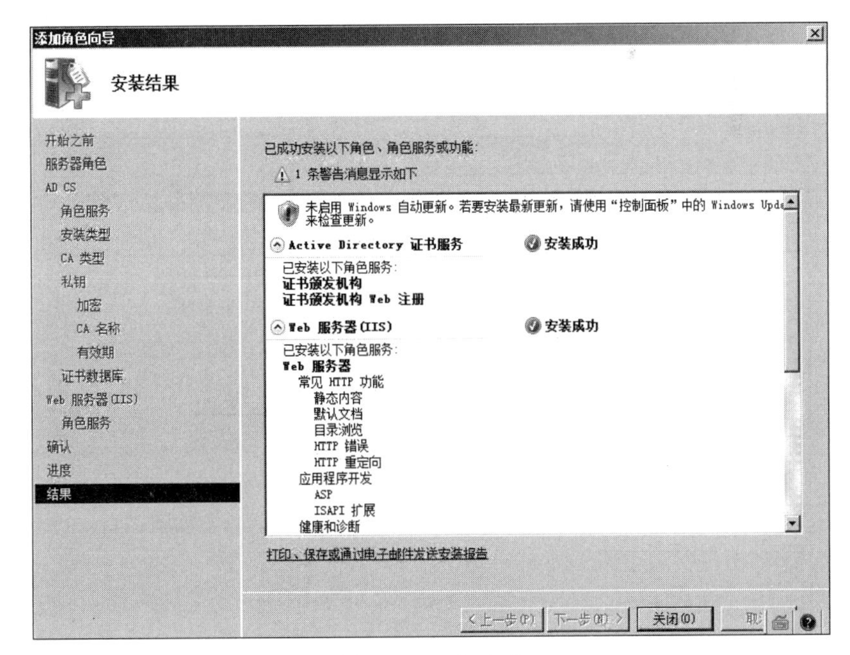

图 7.19　安装完成

(18) 单击“开始”→“程序”→“管理工具”→Certification Authority 命令，打开“证书颁发机构”。

(19) 单击 Certification Authority，打开证书管理器，管理证书的颁发情况，如图 7.20 所示。利用该界面可以处理“吊销的证书”“颁发的证书”“挂起的申请”以及“失败的申请”。

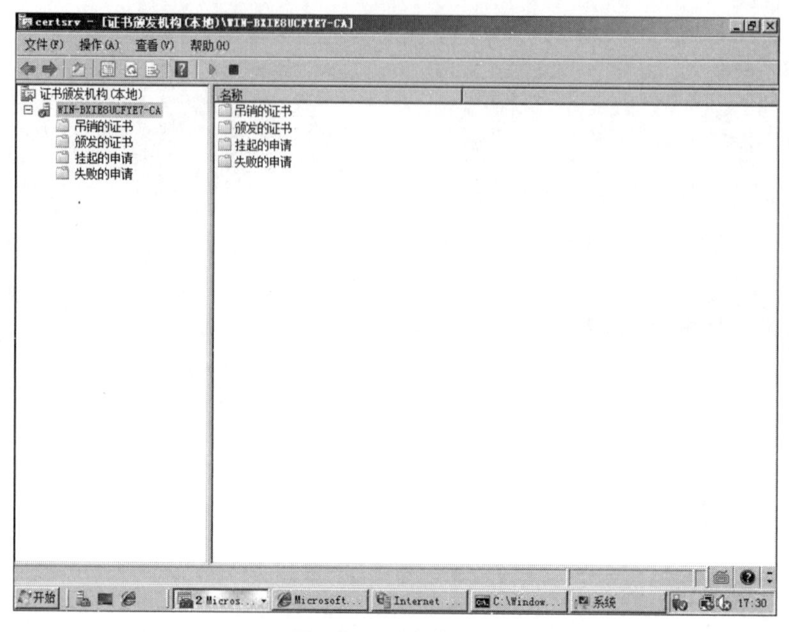

图 7.20 证书管理器

(20) 通过在浏览器中输入 http://安装证书服务器 IP 地址/certsrv 的方式访问认证服务器，可以在线申请证书，如图 7.21 所示。

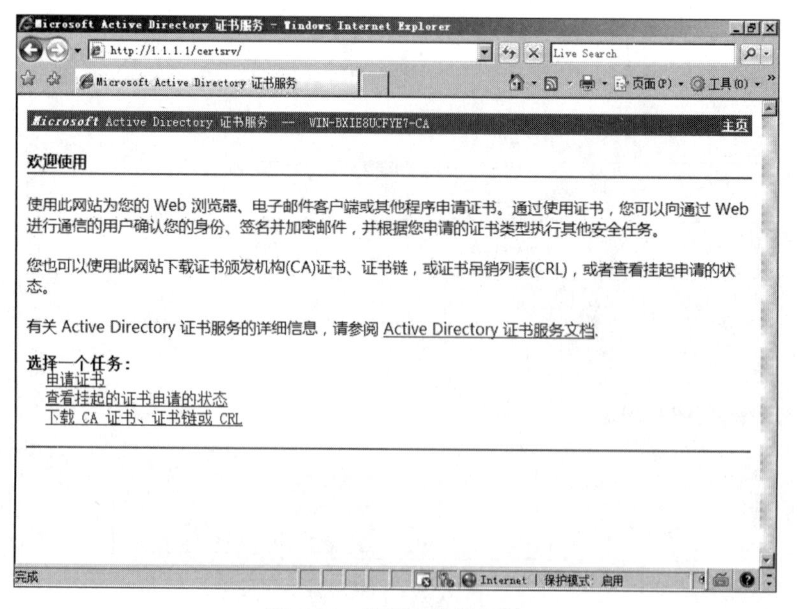

图 7.21 访问证书服务器

7.2.5　实验三：配置 Web 服务的 SSL 证书

HTTPS 是以安全为目标的 HTTP 通道，在 HTTP 的基础上通过传输加密和身份认证保证了传输过程的安全性。HTTPS 在 HTTP 的基础下加入 SSL 层，HTTPS 的安全基础是 SSL。

HTTPS 证书是数字证书中的一种，由信任的数字证书颁发机构在验证服务器身份后颁发，具有服务器身份和数据传输加密功能。因其配置在服务器上，因此也称为 SSL 服务器证书或 SSL 证书。由合法 CA 机构颁发的 SSL 证书遵循 SSL 协议，通过在客户端浏览器和 Web 服务器之间建立一条 SSL 安全通道，对传送的数据进行加密和隐藏，确保数字在传送中不被篡改和窃取，保障数据的完整性和安全性。SSL 安全协议是由网景公司设计开发，用来提供对用户和服务器的认证。

配置 Web 服务器发布 Web 站点。

（1）在服务器的“C:\web”目录下创建网页文件 index.html，最简单的网页文件创建方式是在记事本中输入文字，然后将记事本文件名改为 index.html。注意，要将之前的扩展名.txt 改为现在的扩展名.html，这里需要显示文件的扩展名才能更改。

（2）配置过程如下。

首先，发布网站。

打开“Internet 信息服务(IIS)管理器”，单击左边的“网站”→“添加网站”命令，在“添加网站”窗口中设置相关参数，配置结果如图 7.22 所示。

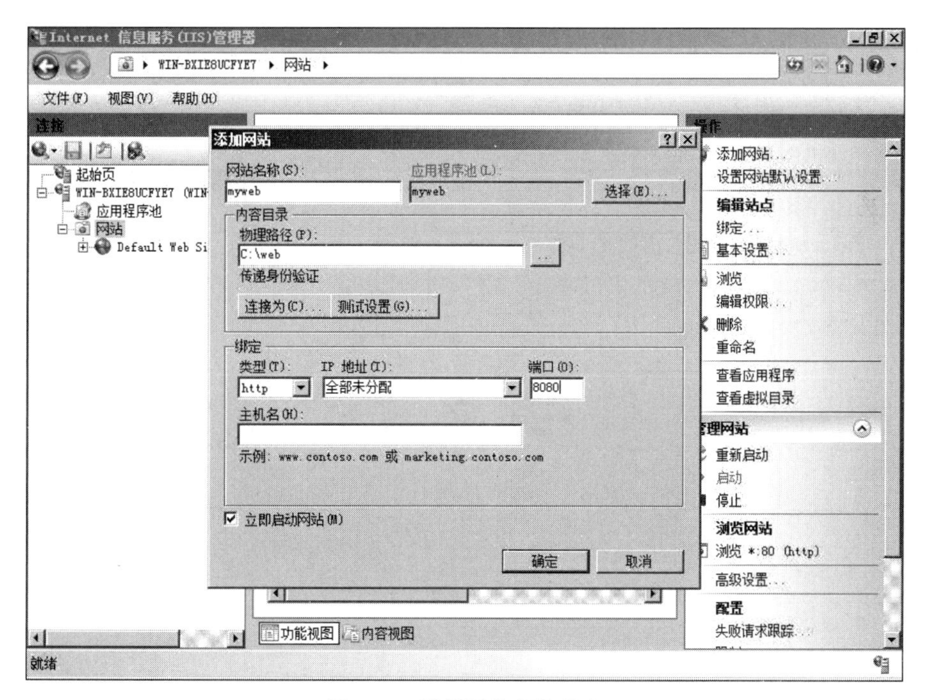

图 7.22　配置网站相关信息

在浏览器中输入 IP 地址，即可查看网站的内容，如图 7.23 所示。

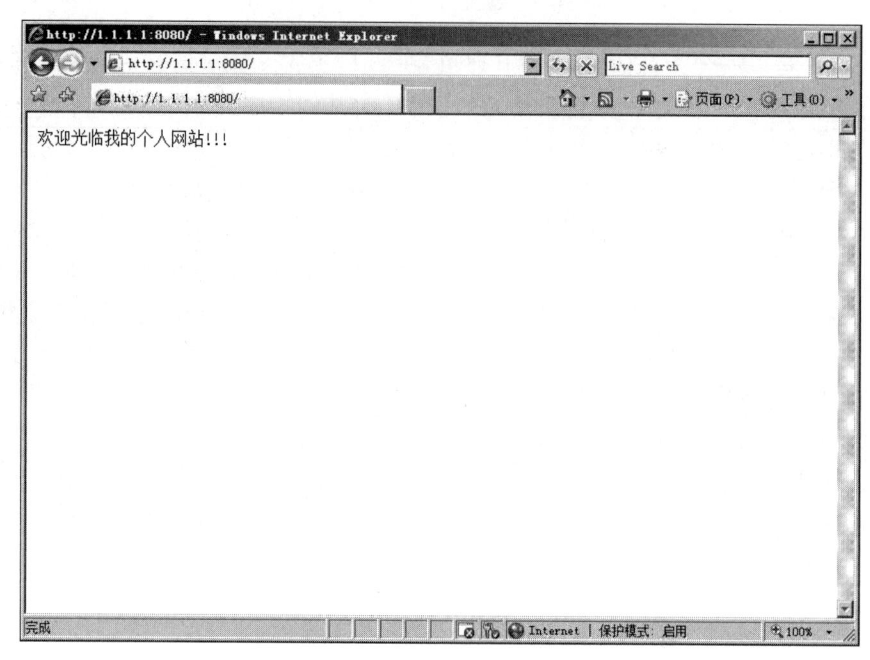

图 7.23 在浏览器中浏览网站

其次，为网站申请证书。

打开“Internet 信息服务(IIS)管理器”，选择“服务器证书”，如图 7.24 所示。

图 7.24 选择“服务器证书”

打开服务器证书，选择“创建证书申请”，输入相关的属性信息，如图7.25所示。

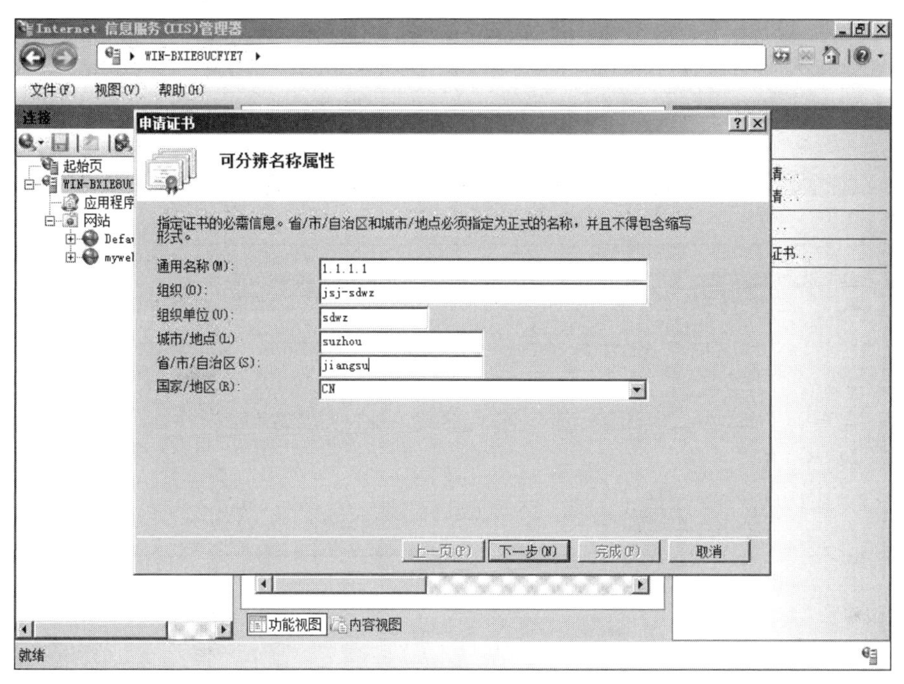

图7.25　申请证书

单击“下一步”按钮，选择“加密服务”，再单击“下一步”按钮，为证书服务指定一个文件名，单击“下一步”按钮，为文件指定路径，接下来复制证书内容，如图7.26所示。

图7.26　打开证书文件并复制

最后,配置 Web 服务的 SSL 证书。

配置过程如图 7.27～图 7.55 所示。

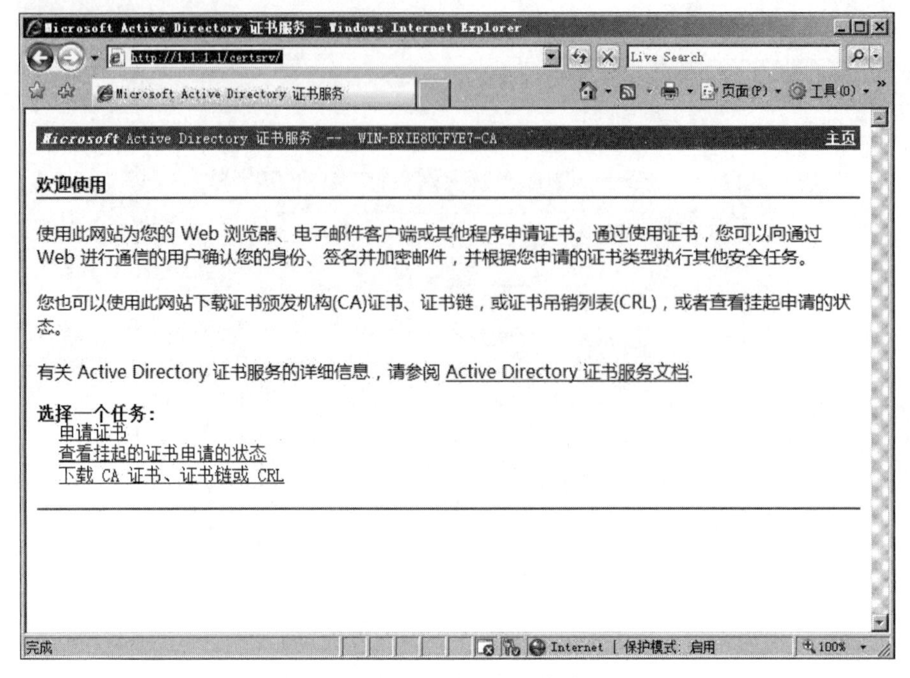

图 7.27 访问证书服务器申请证书

图 7.28 选择"高级证书申请"

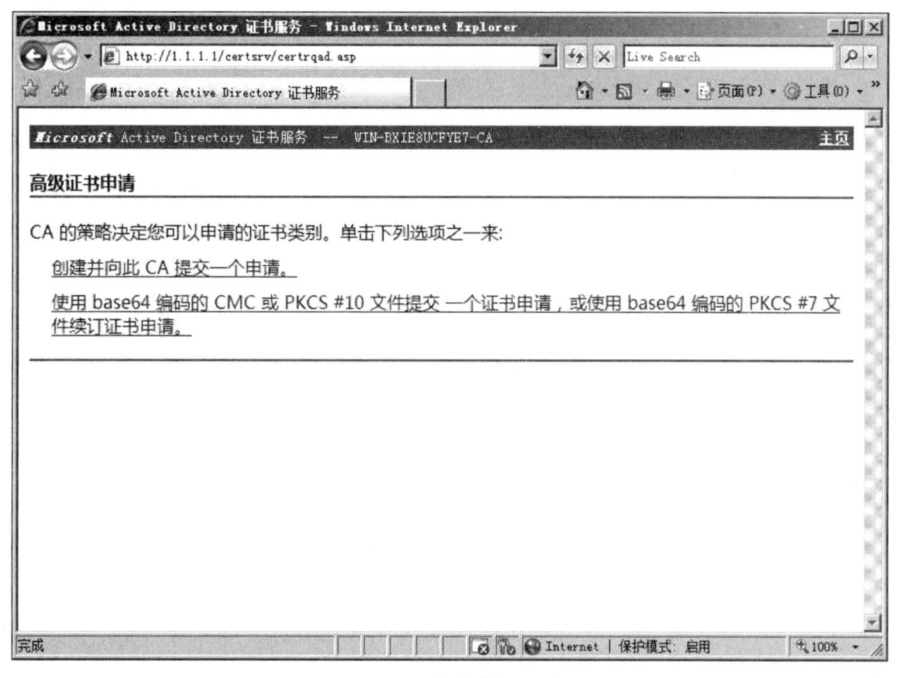

图 7.29　申请高级证书

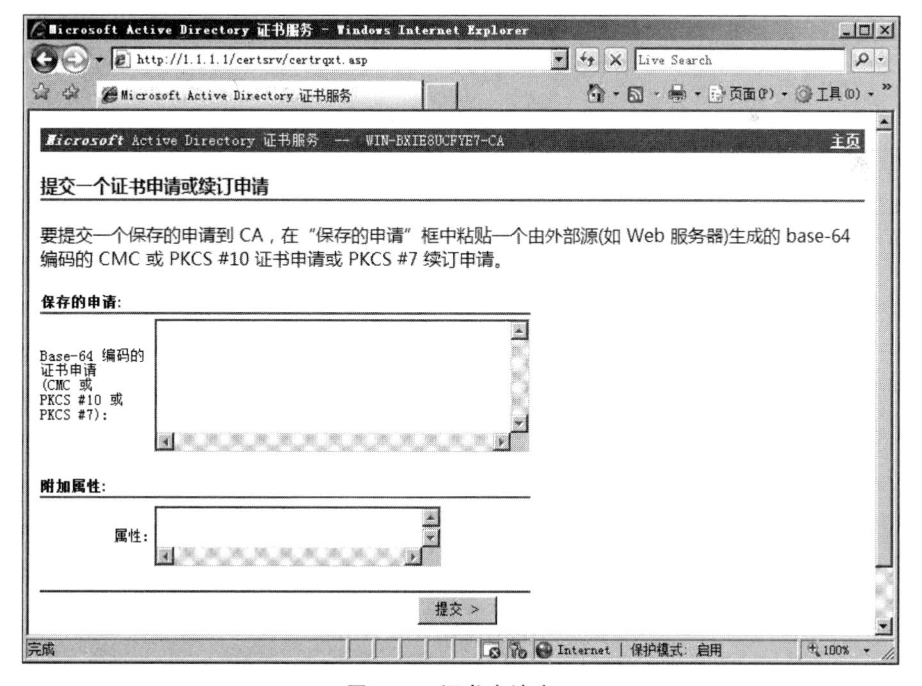

图 7.30　证书申请窗口

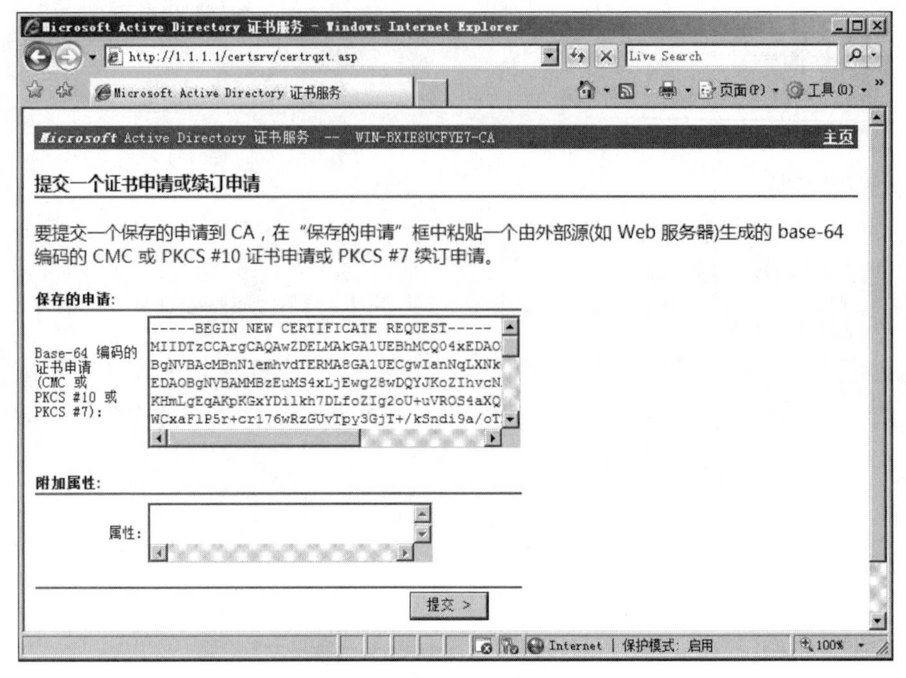

图 7.31　粘贴证书申请文件内容

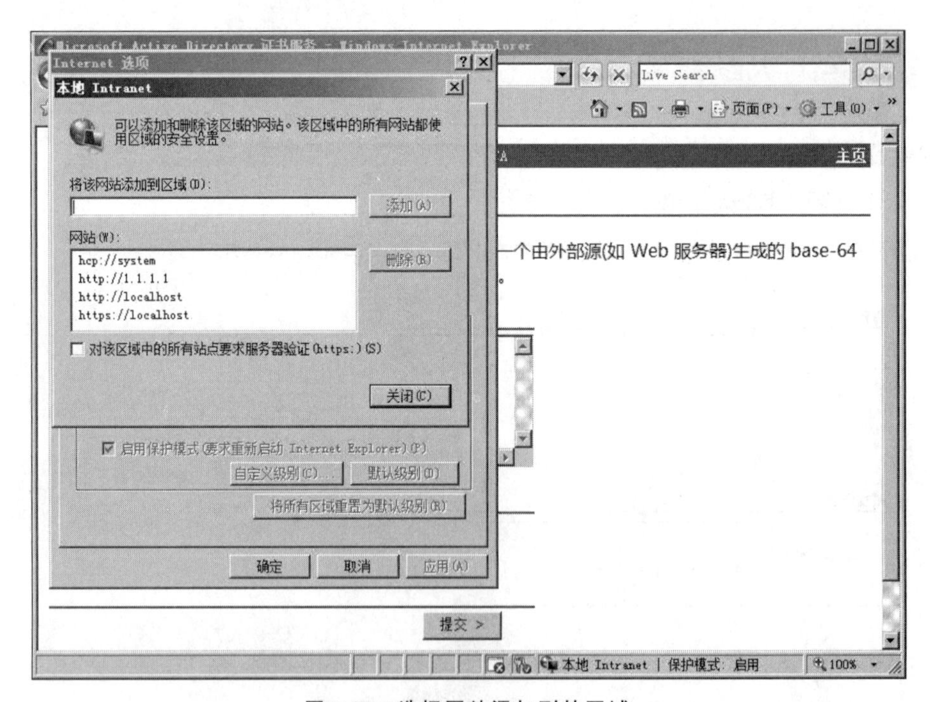

图 7.32　选择网站添加到的区域

图 7.33 证书申请挂起

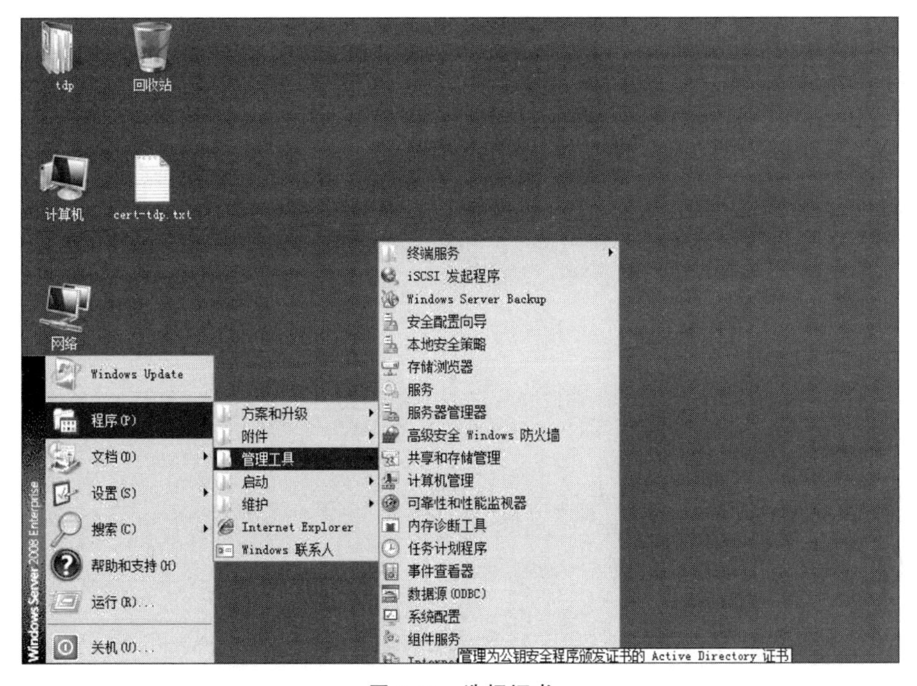

图 7.34 选择证书

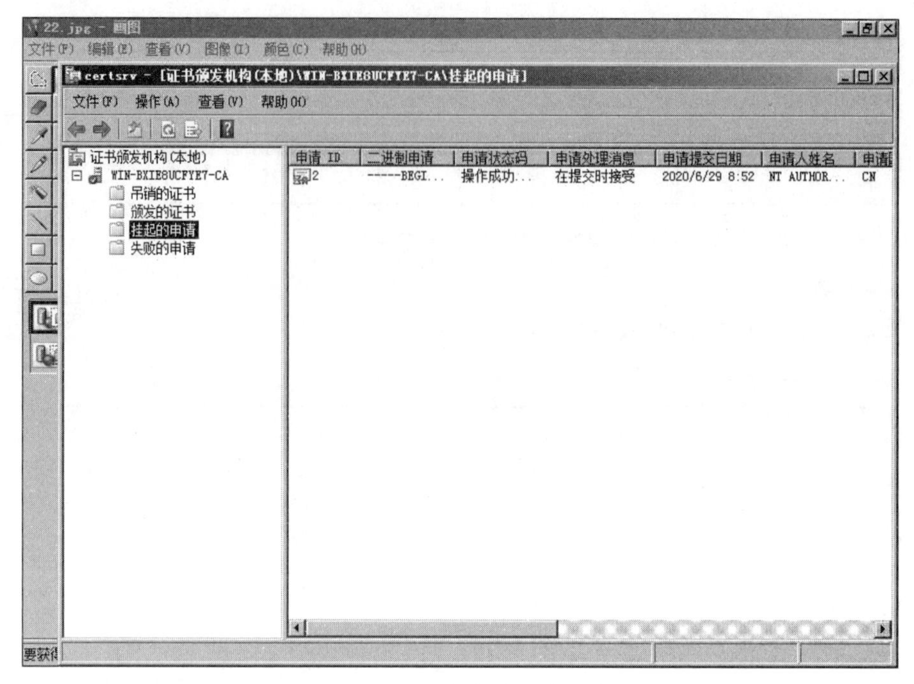

图 7.35 打开挂起的证书申请

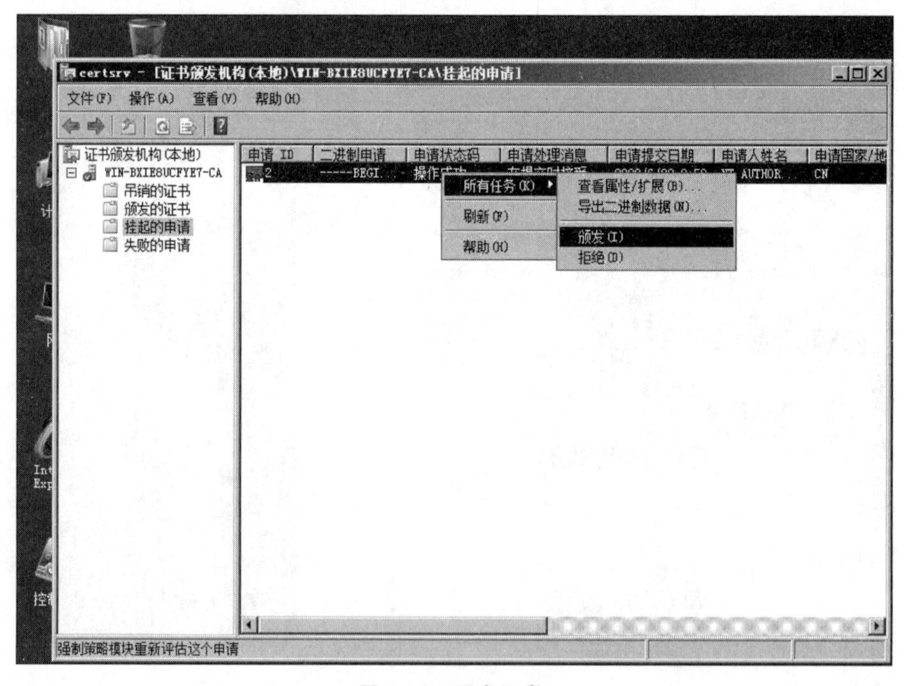

图 7.36 颁发证书

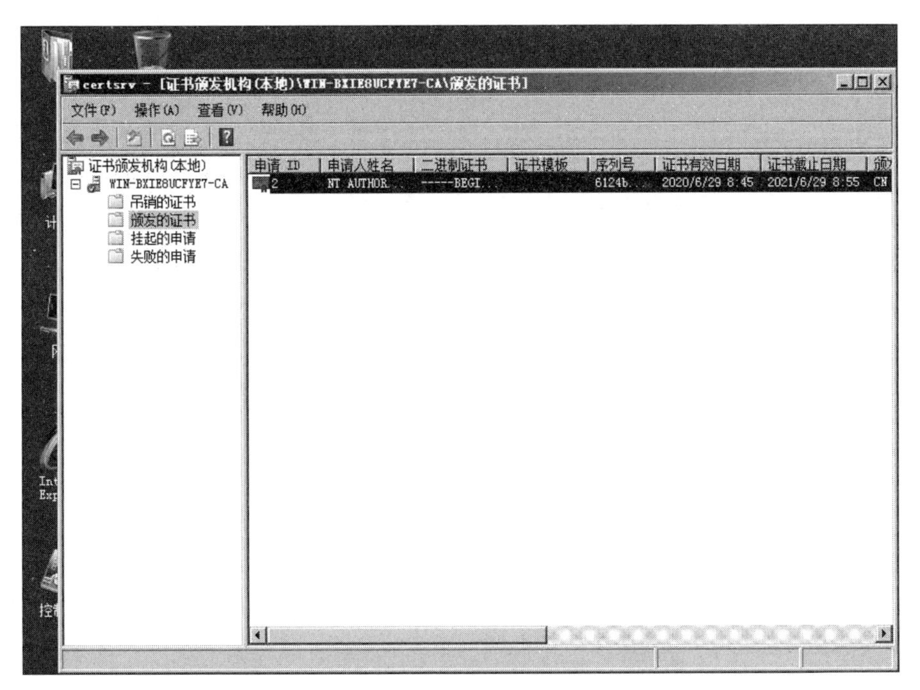

图 7.37　查看颁发的证书

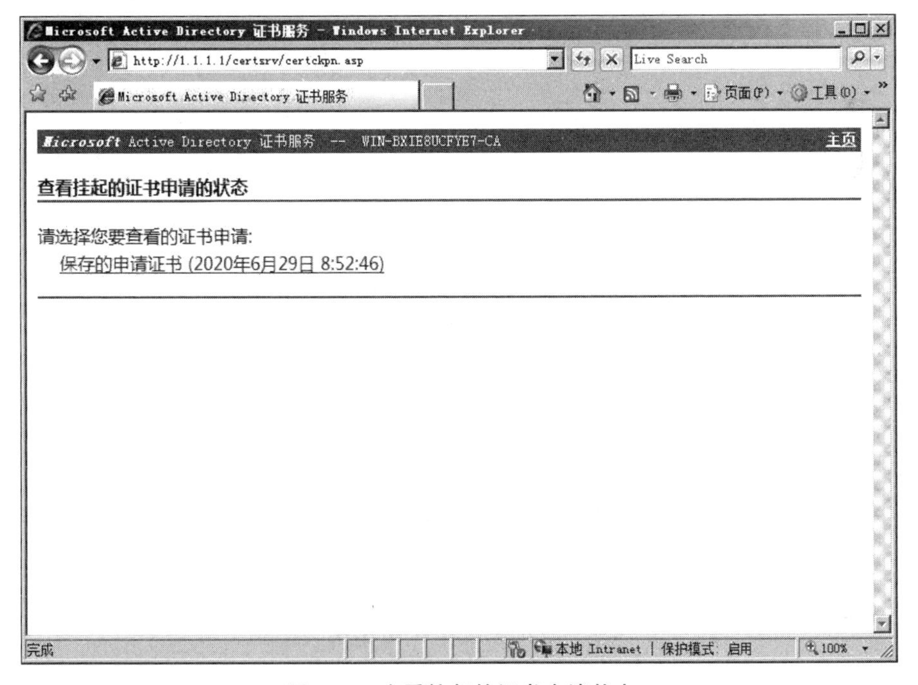

图 7.38　查看挂起的证书申请状态

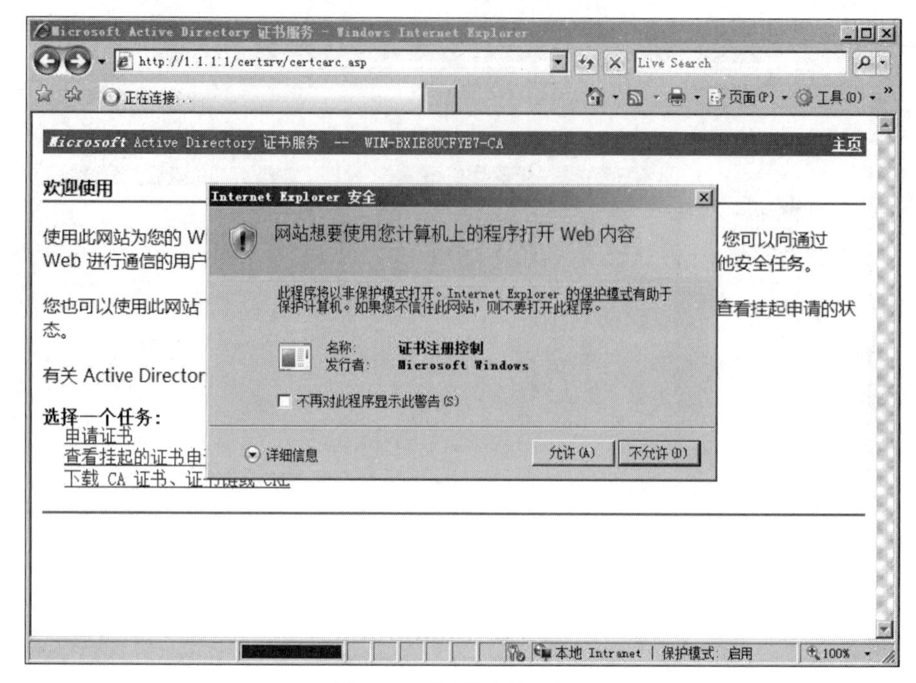

图 7.39 选择“允许”选项

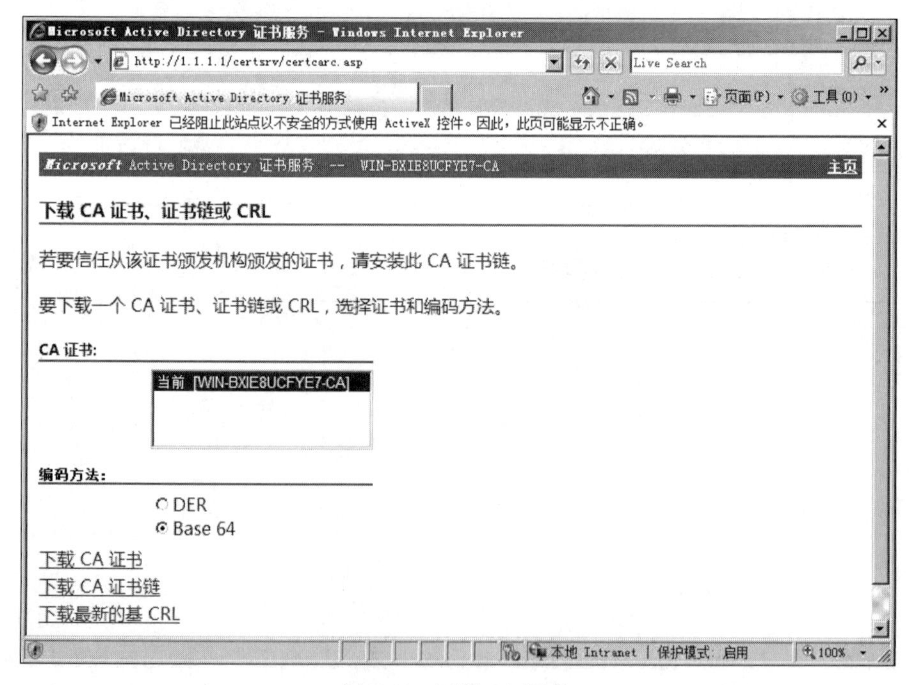

图 7.40 下载 CA 证书

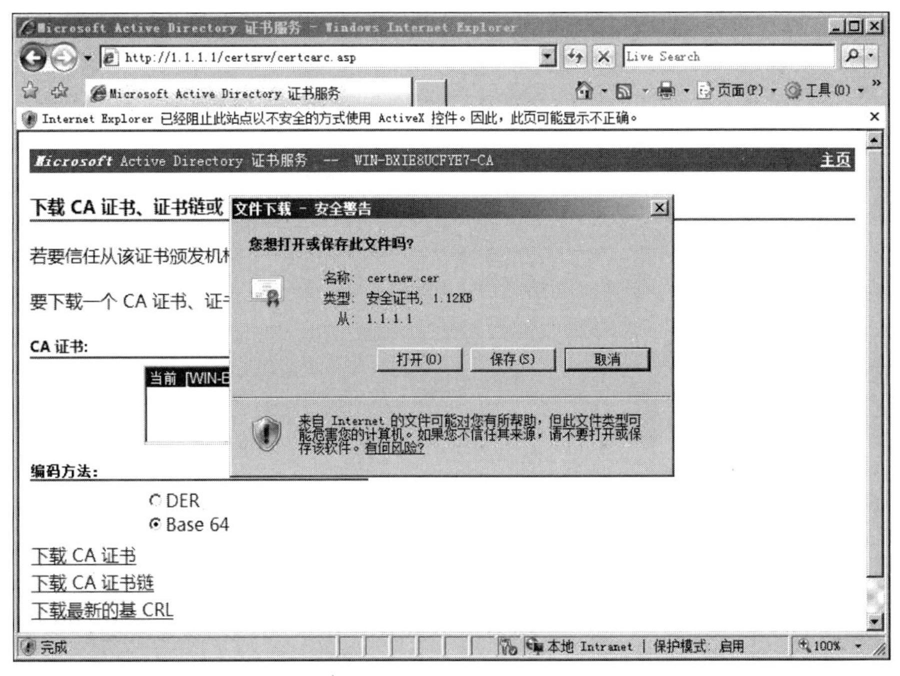

图 7.41　保存 CA 证书

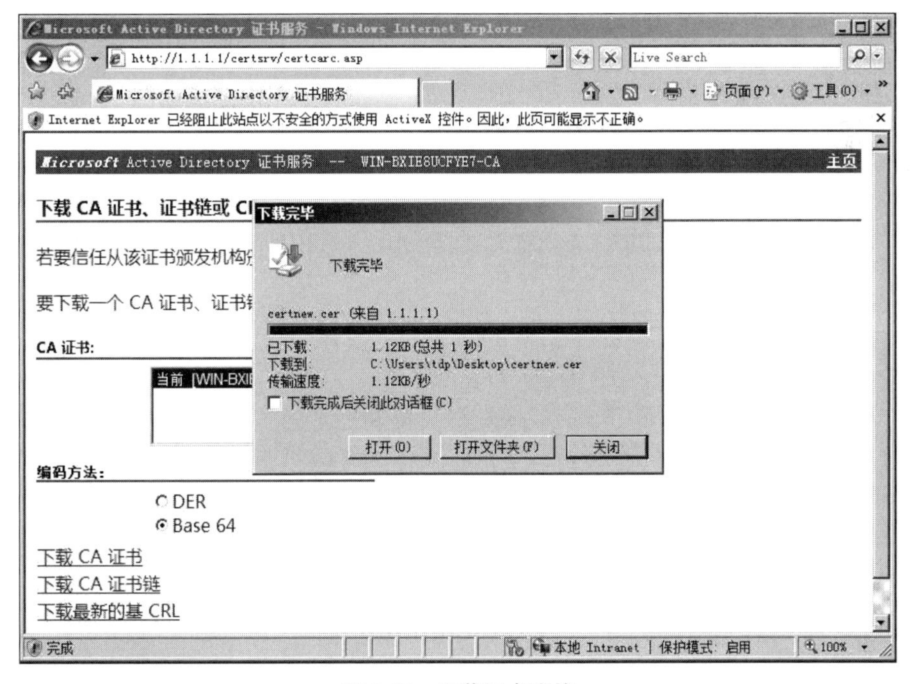

图 7.42　下载证书完毕

图 7.43 服务器证书

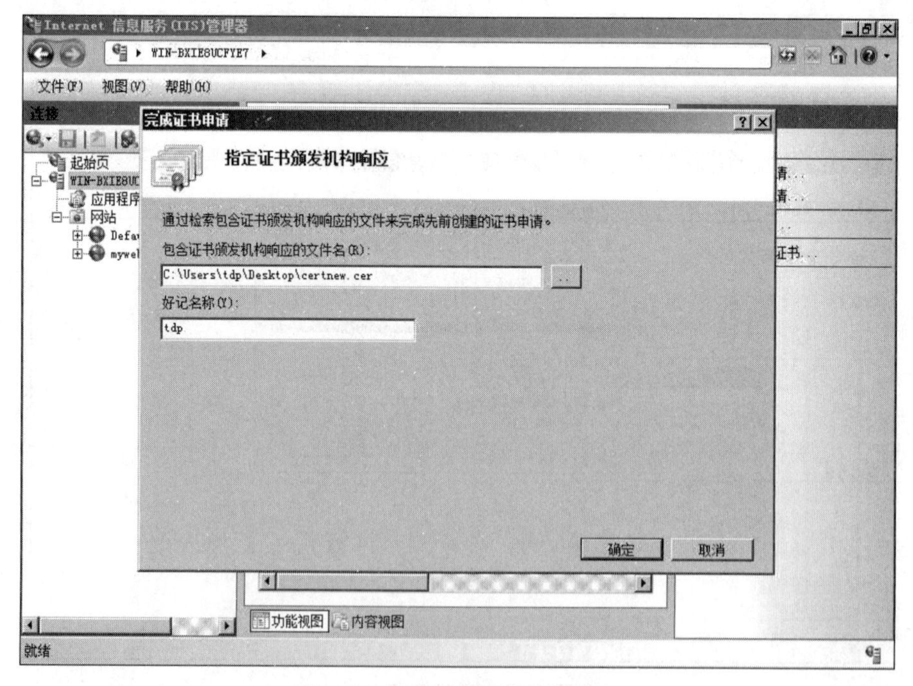

图 7.44 指定证书颁发机构响应

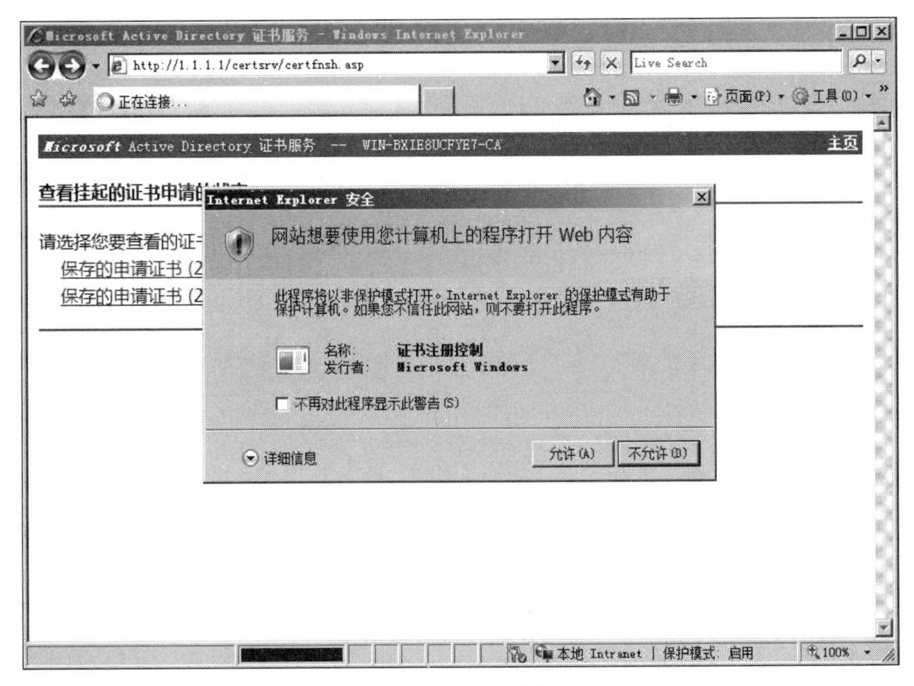

图 7.45　证书注册控制

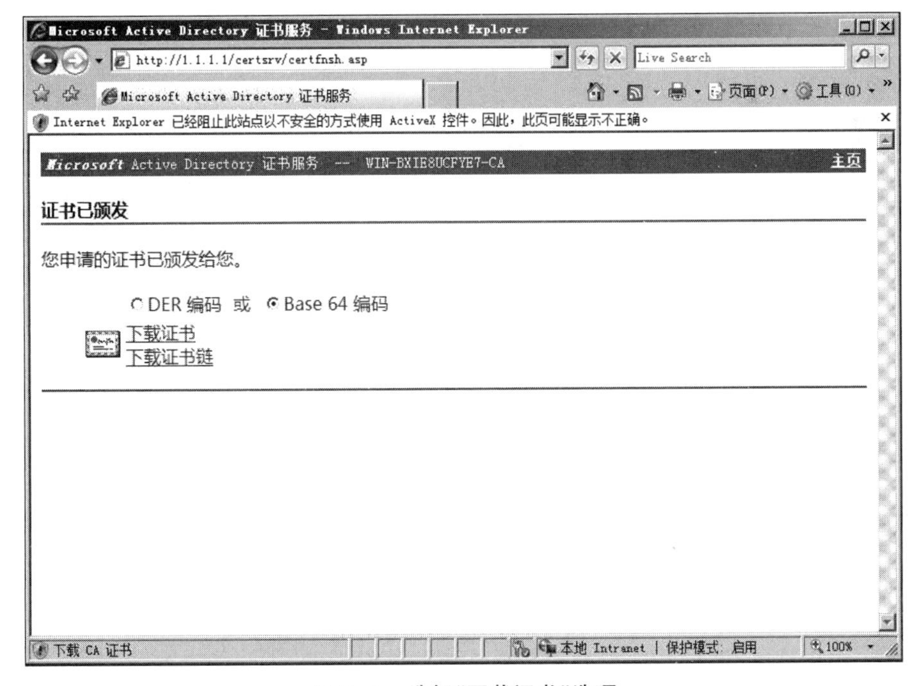

图 7.46　选择“下载证书”选项

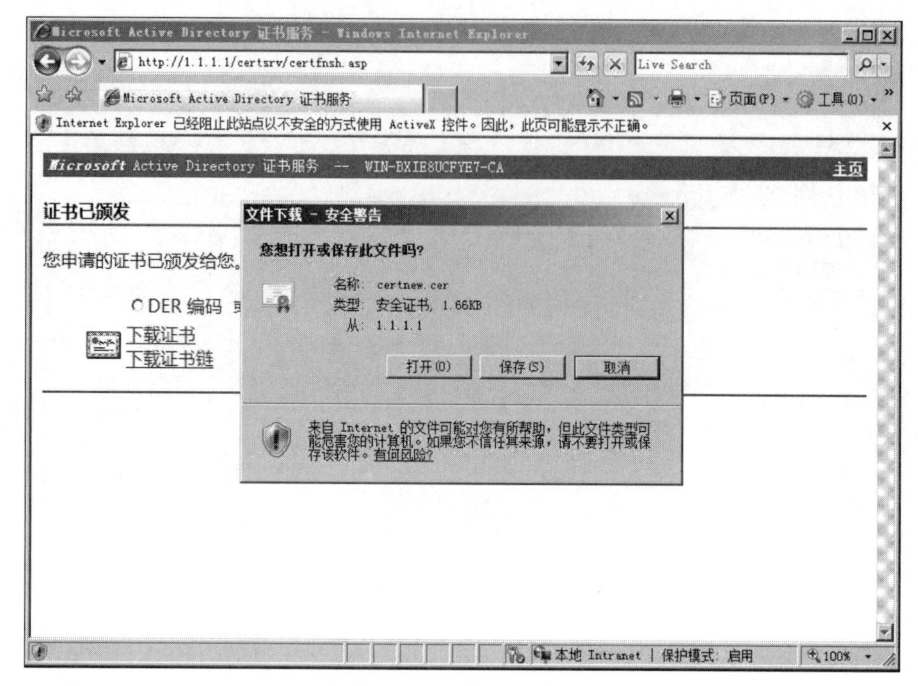

图 7.47　下载证书完毕

图 7.48　指定保存位置

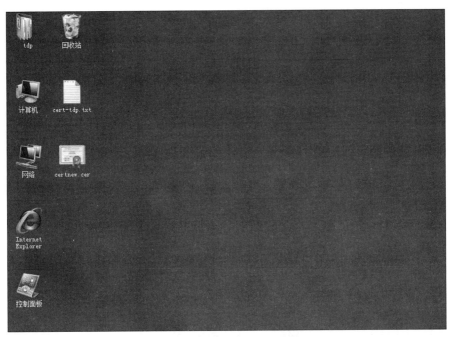

图 7.49　将证书文件下载到桌面

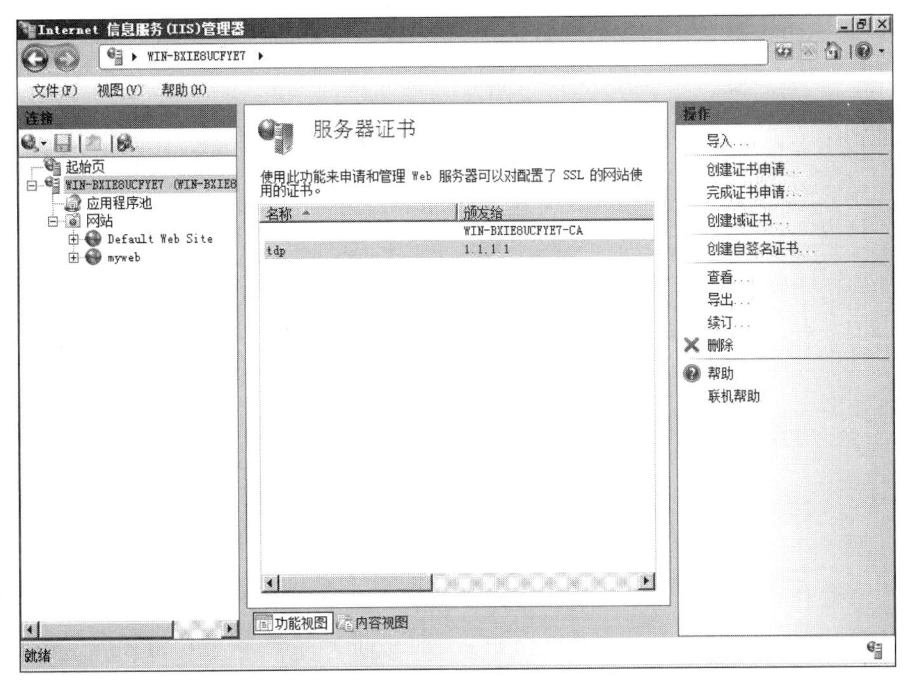

图 7.50　服务器证书

图 7.51 myweb 主页

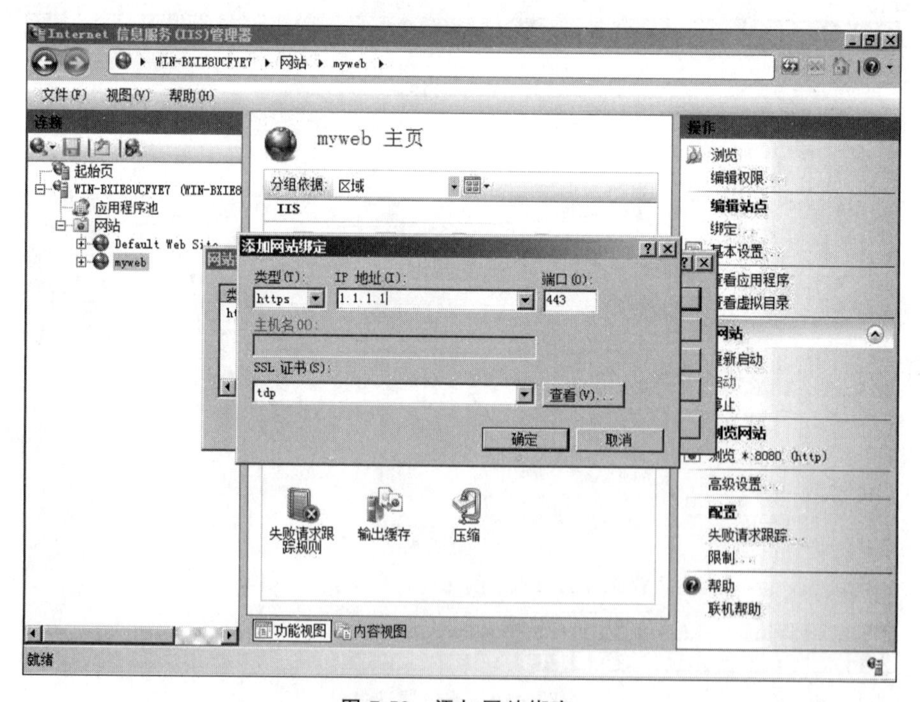

图 7.52 添加网站绑定

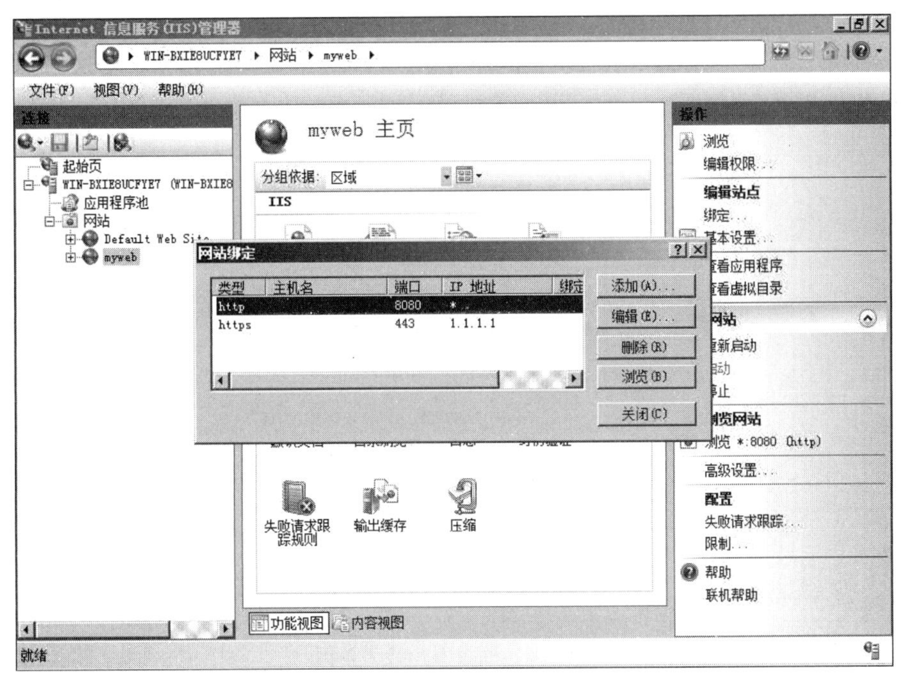

图 7.53　添加网站绑定信息

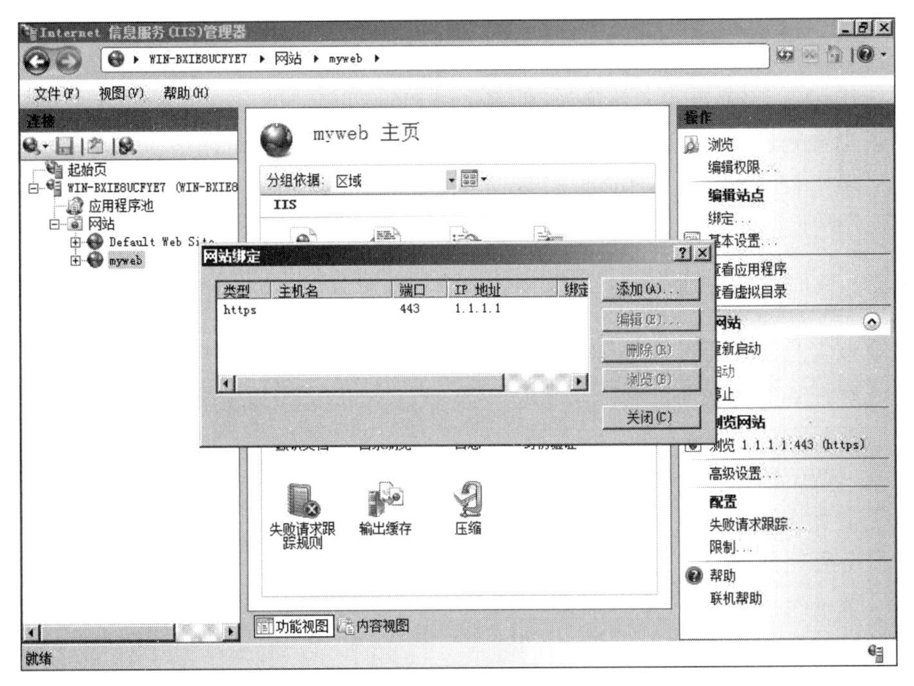

图 7.54　网站绑定

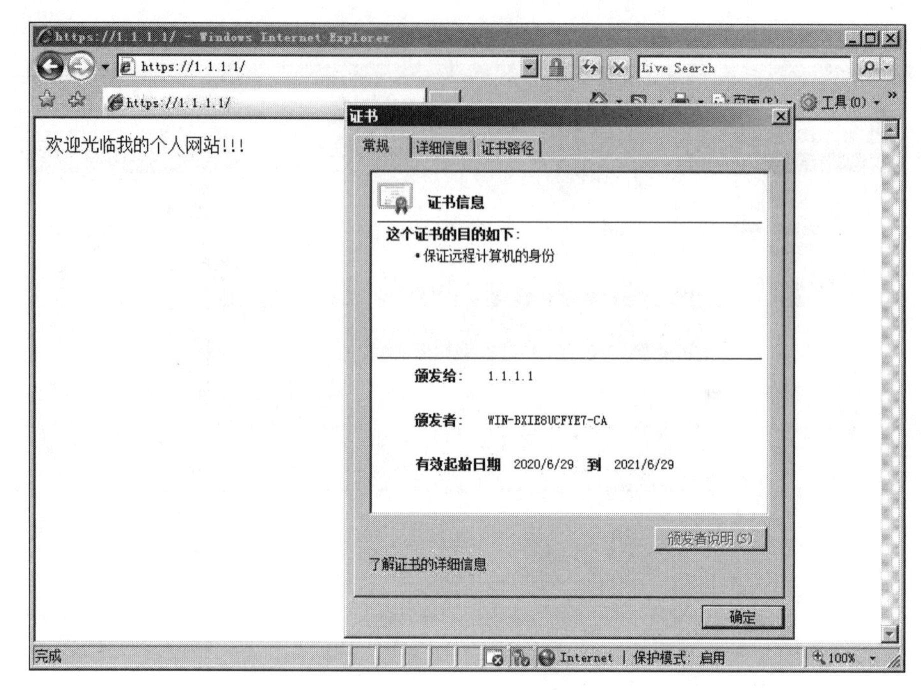

图 7.55 通过安全通道访问

一般情况下,SSL 证书安装在服务器上,不需要安装在客户端,客户端会自动下载服务器上的证书,因此对客户端几乎没什么特殊影响。但是如果需要双向认证,则客户端也需要安装 SSL 证书,也就是服务器端同时需要客户端提供身份认证,只能是服务器允许的客户才能访问,也就是双向认证,这种安全性相对较高。

当客户端通过 HTTPS 访问时,服务器就把该证书(提供公钥信息)发给客户端,客户在自己已经安装的 CA 中判断该证书是否可信。如果不可信,会有警告提示,可以忽略该提示,继续访问。

7.2.6 实验四:配置电子邮件保护证书

完成该实验需要通过电子邮件服务器软件 Winmail 搭建电子邮件服务器,Foxmail 作为电子邮件客户端软件。利用 Windows Server 2008 证书服务器颁发电子邮件数字签名证书,最终通过 Foxmail 测试加密邮件。

(1) 在 Windows Server 2008 中添加 DNS 服务器。

首先需要将服务器设置固定的 IP 地址信息。接下来选择“开始”→“程序”→“管理工具”→“服务管理器”命令,打开“服务管理器”窗口,选择左边的“角色”,单击“下一步”按钮,选择“服务器角色”,在“服务器角色”窗口中选择“DNS 服务器”,单击“下一步”按钮,单击“安装”按钮,即可安装“DNS 服务器”。

(2) 在 DNS 服务器中新建区域。

选择“开始”→“程序”→“管理工具”→“DNS”命令,打开 DNS 管理器。在 DNS 管理器窗口中右击“正向查找区域”,在弹出的窗口中选择“新建区域”,进入“新建区域向导”,

单击“下一步”按钮，选择“主要区域”，输入区域名称为 tdp.com，单击“下一步”按钮，默认文件名后单击“下一步”按钮，再次单击“下一步”按钮，完成新建区域向导，如图 7.56 所示。

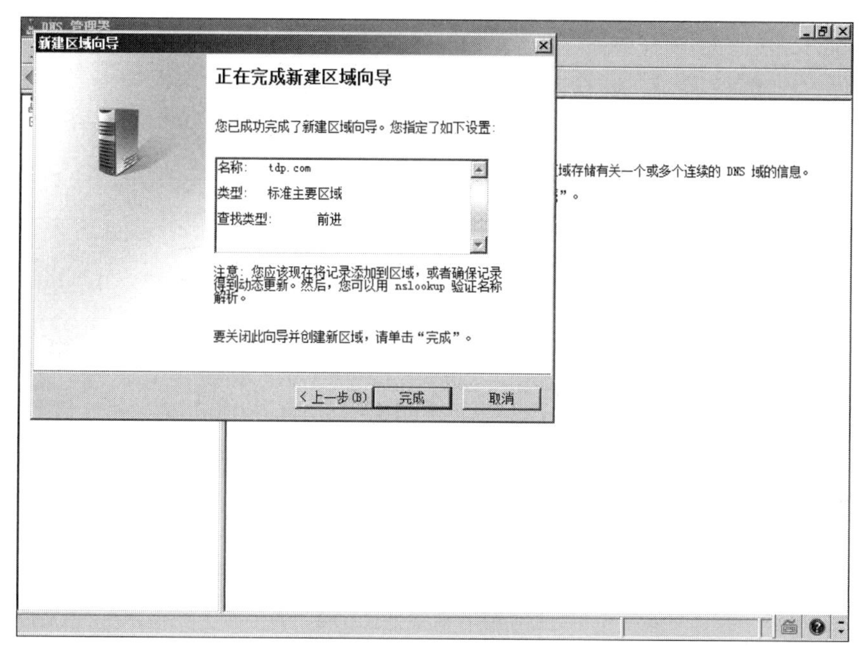

图 7.56 完成新建区域向导

(3) 创建主机信息。

具体操作如图 7.57～图 7.62 所示。

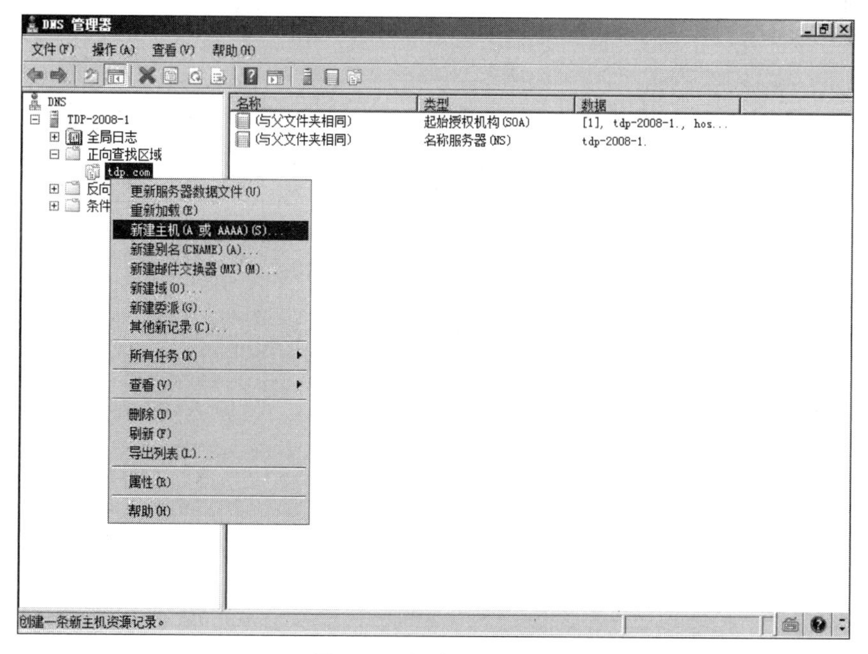

图 7.57 新建 pop3 主机

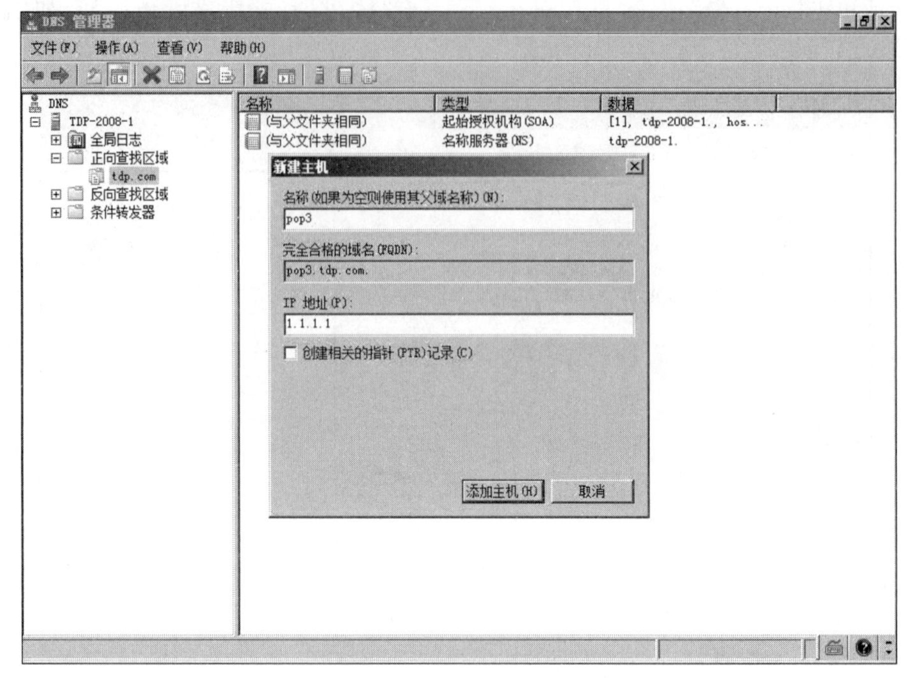

图 7.58 新建主机信息

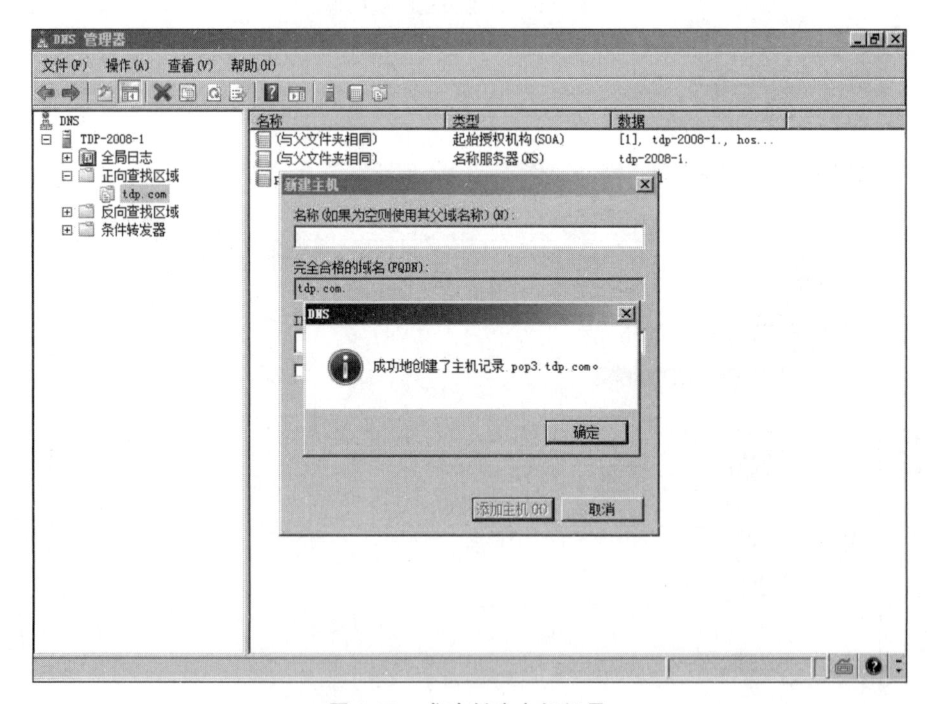

图 7.59 成功创建主机记录

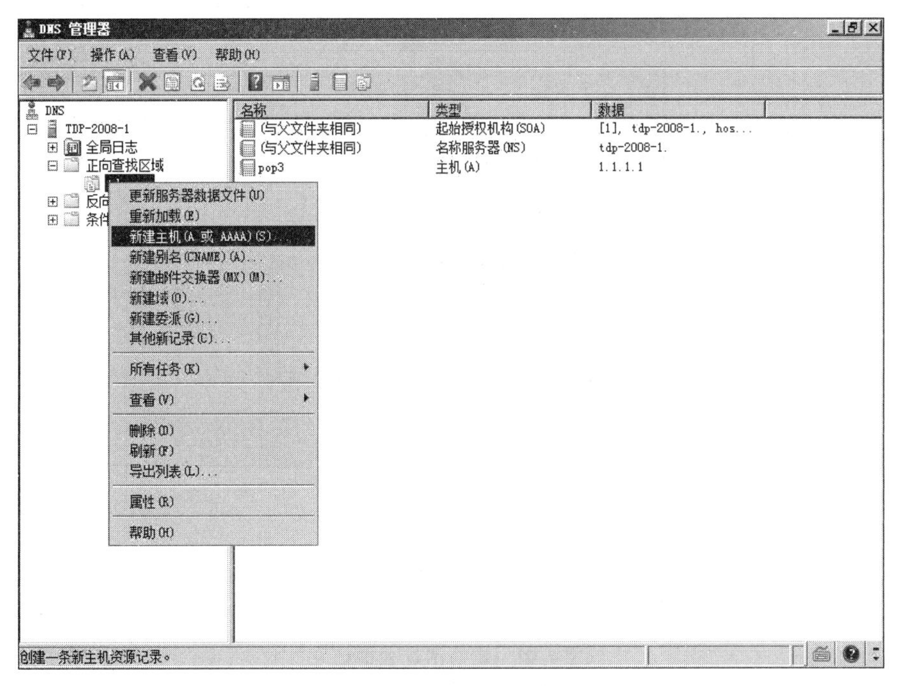

图 7.60　新建 SMTP 主机

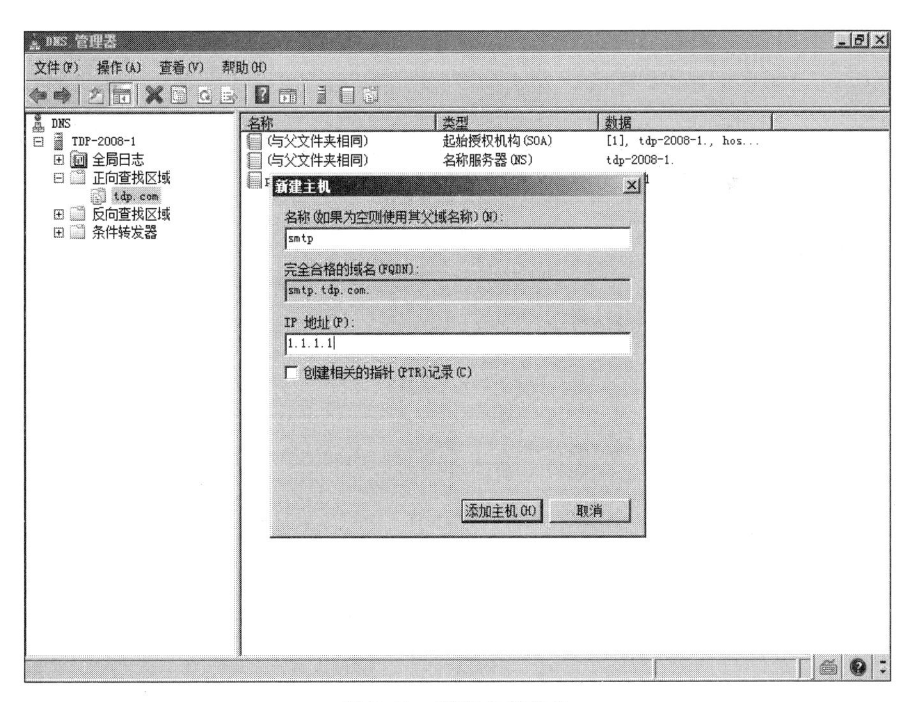

图 7.61　新建主机信息

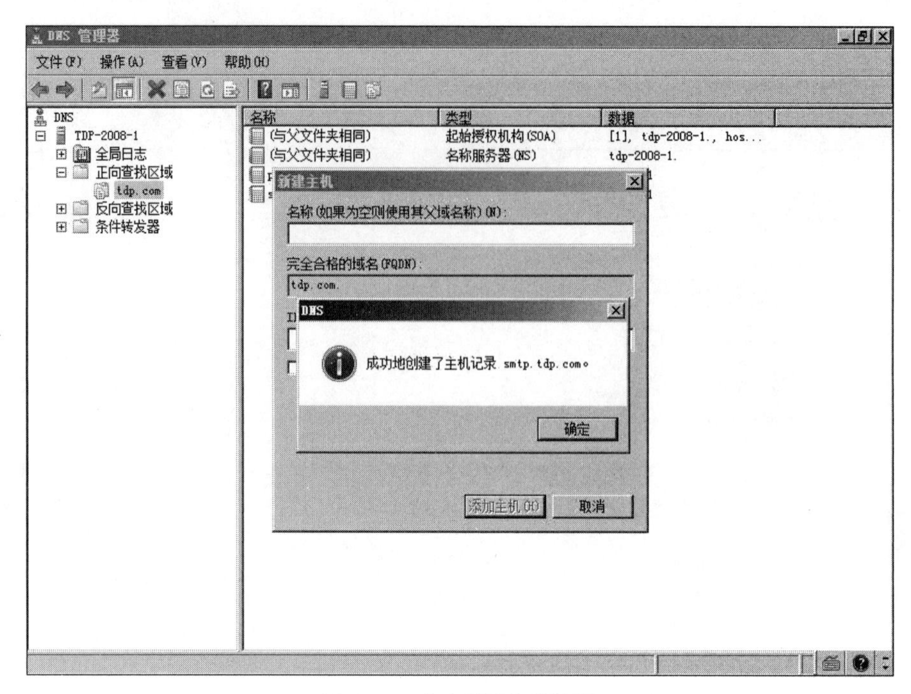

图 7.62 成功创建主机记录

(4) 创建邮件交换器。

具体操作如图 7.63～图 7.65 所示。

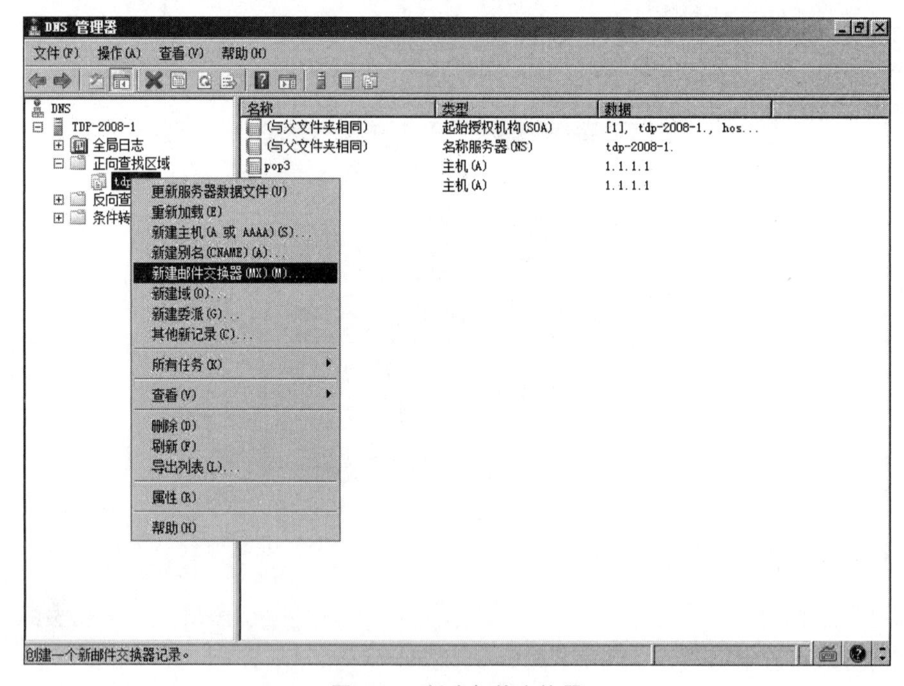

图 7.63 新建邮件交换器

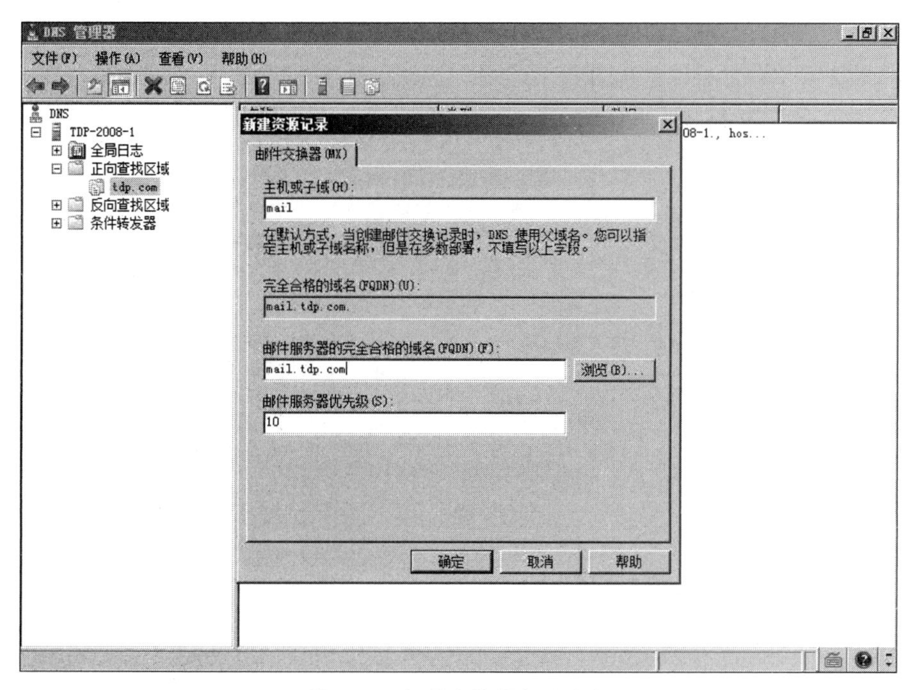

图 7.64 邮件交换器相关信息

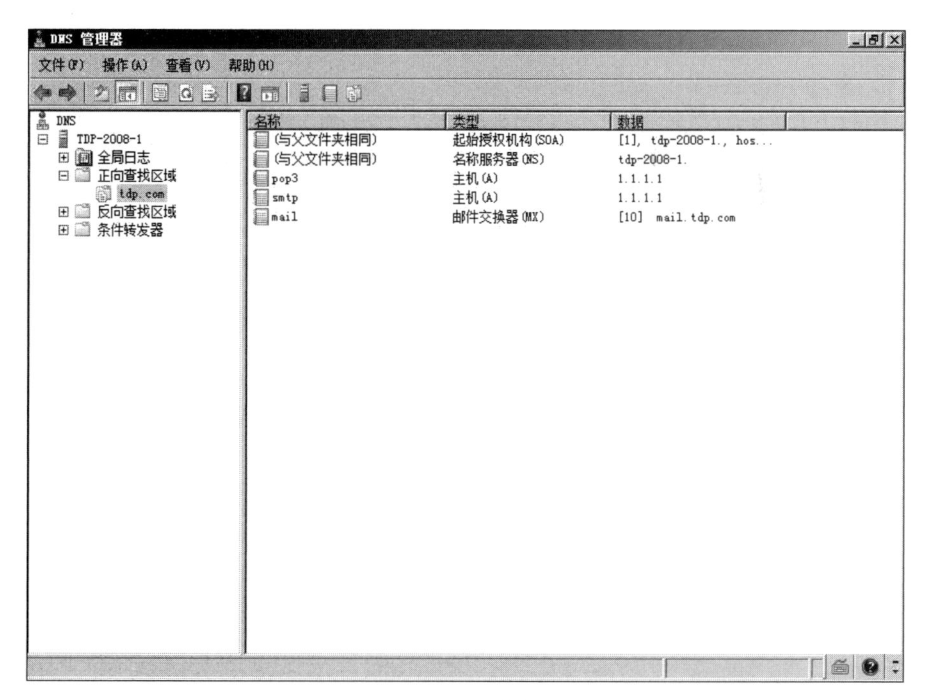

图 7.65 创建成功

(5) 安装 Winmail 服务器。

Winmail 服务器的安装过程比较简单,只需要按照安装提示一步步安装即可。

(6) 添加用户账户。

需要重新启动计算机,接下来进行图 7.66～图 7.71 所示操作。

图 7.66 启动服务器

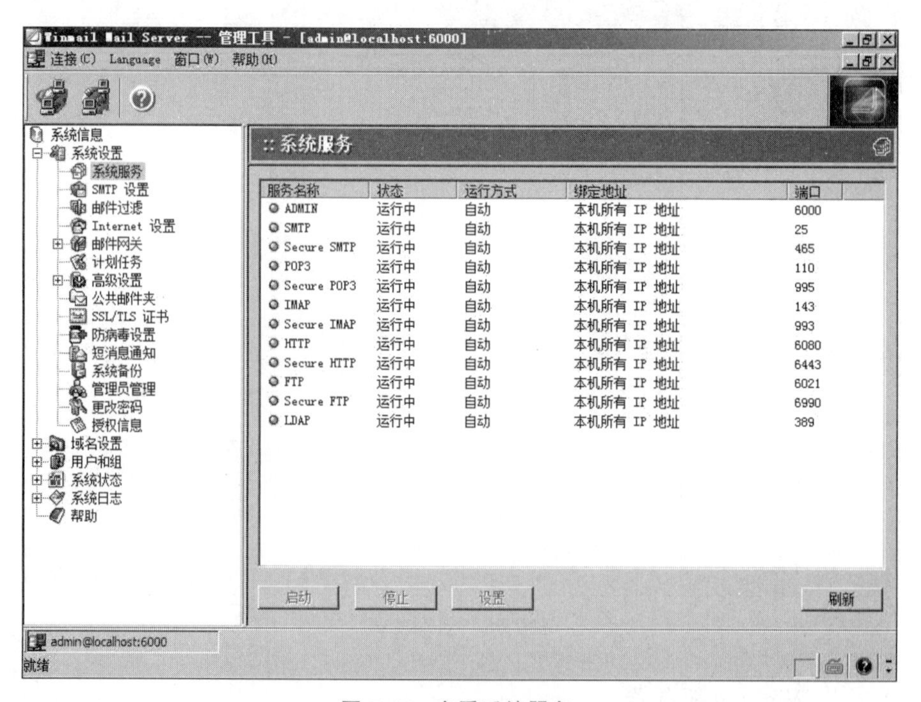

图 7.67 查看系统服务

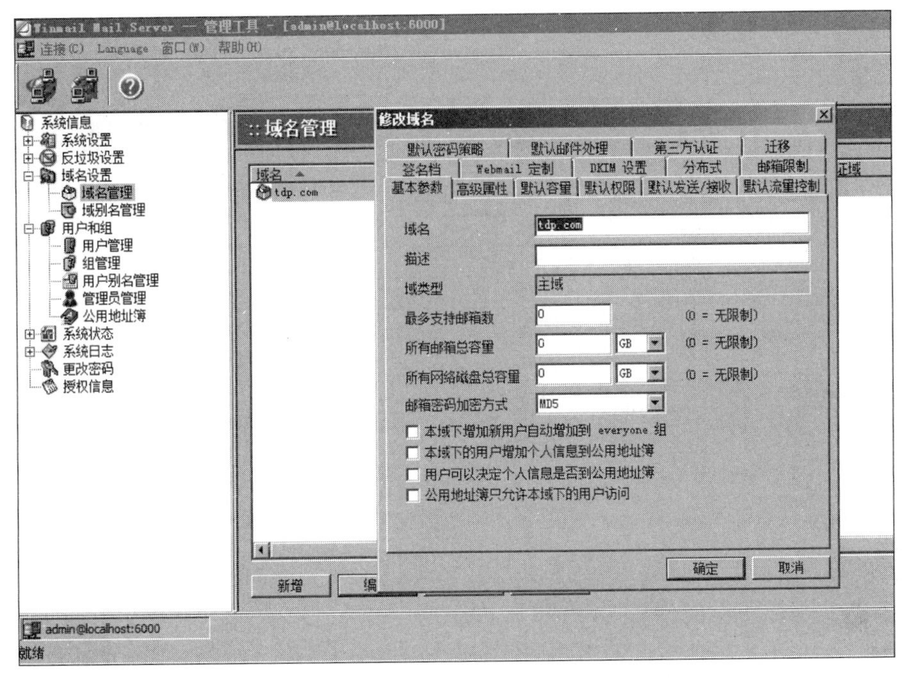

图 7.68　添加域名信息

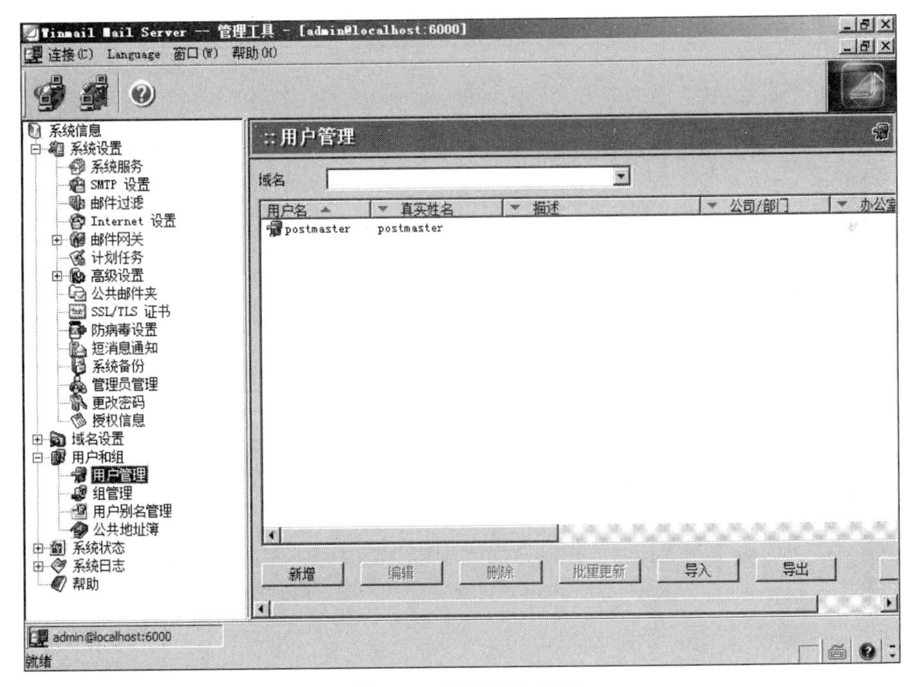

图 7.69　设置用户管理

(7) 安装 Foxmail 邮件客户端。

Foxmail 邮件客户端的安装过程比较简单，只需要按照安装提示一步步安装即可。

图 7.70 添加用户 zhangsan

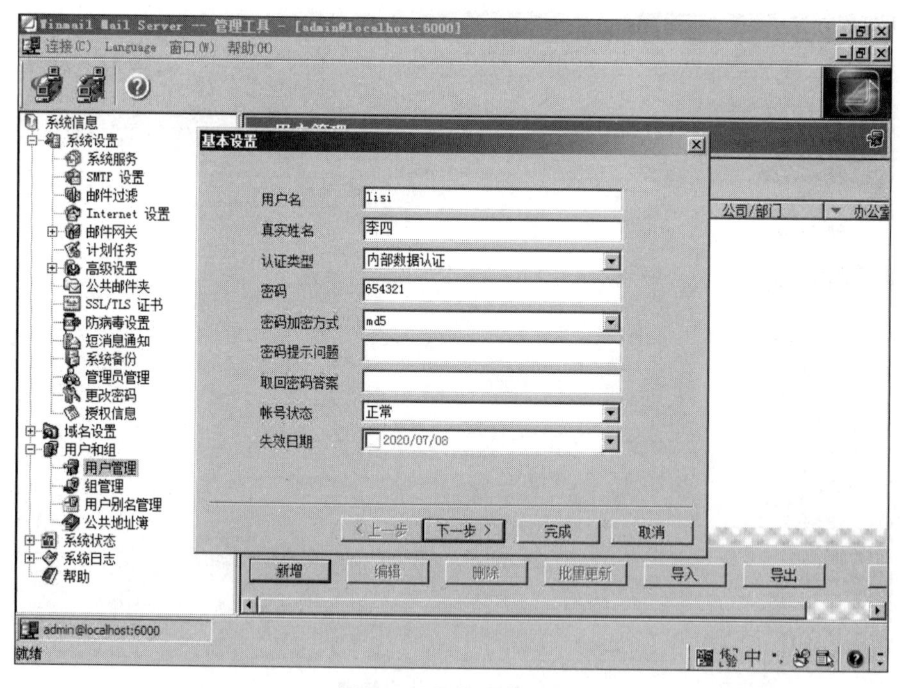

图 7.71 添加用户 lisi

(8) 创建用户账号并收发电子邮件。

具体操作如图 7.72～图 7.82 所示。

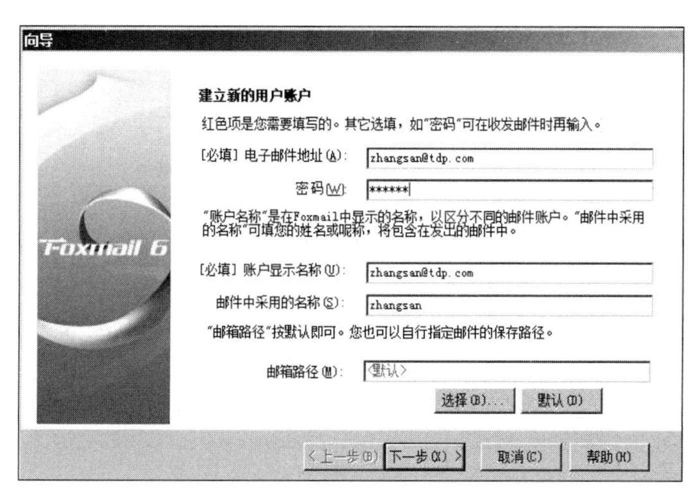

图 7.72　创建新用户 zhangsan

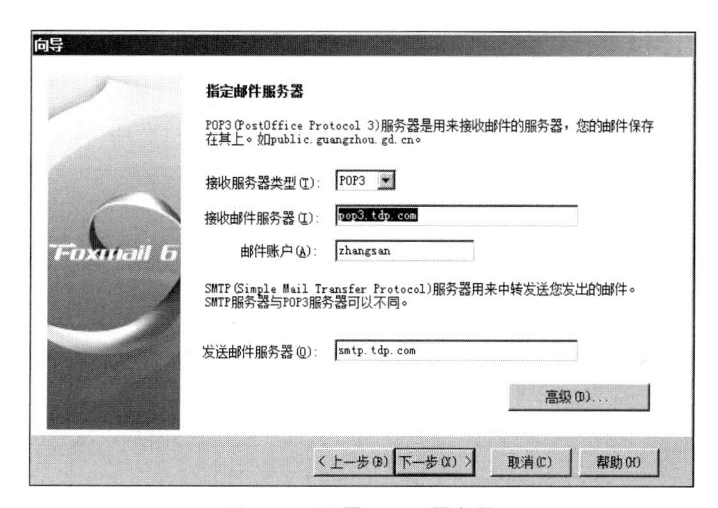

图 7.73　设置 POP3 服务器

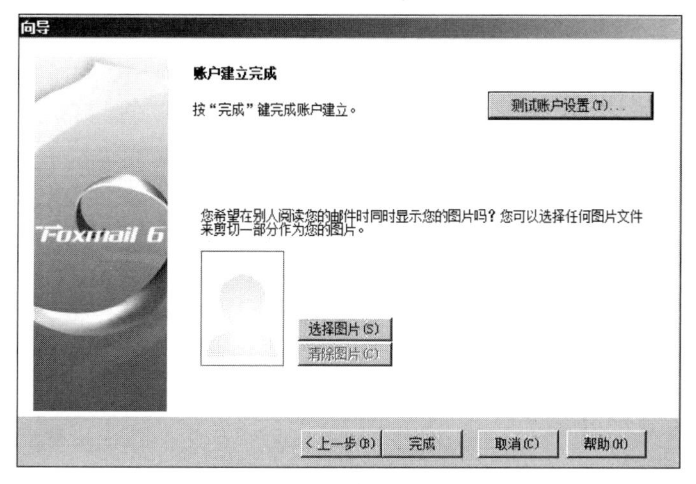

图 7.74　账户建立完成

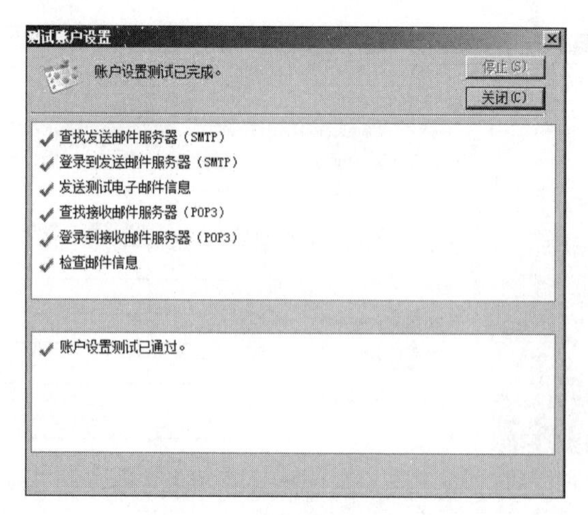

图 7.75　账户设置测试完成

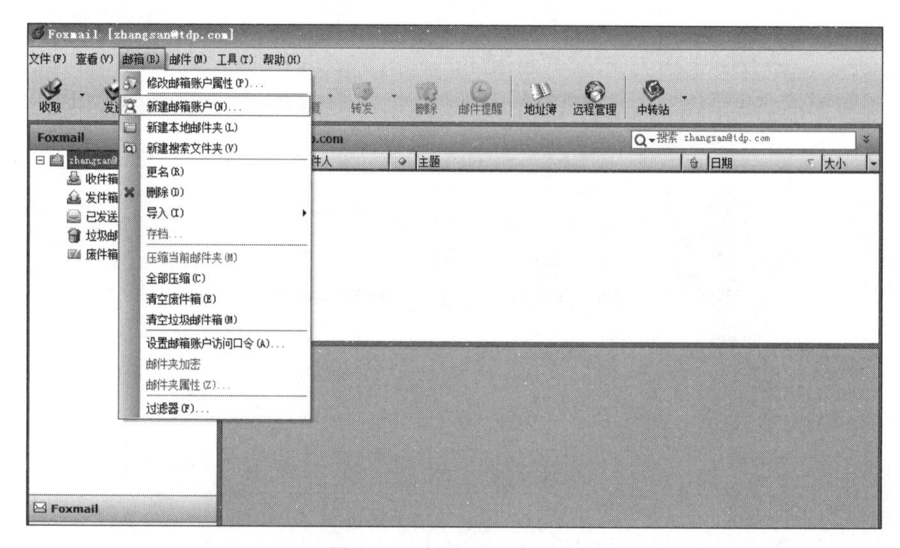

图 7.76　新建另一个账户

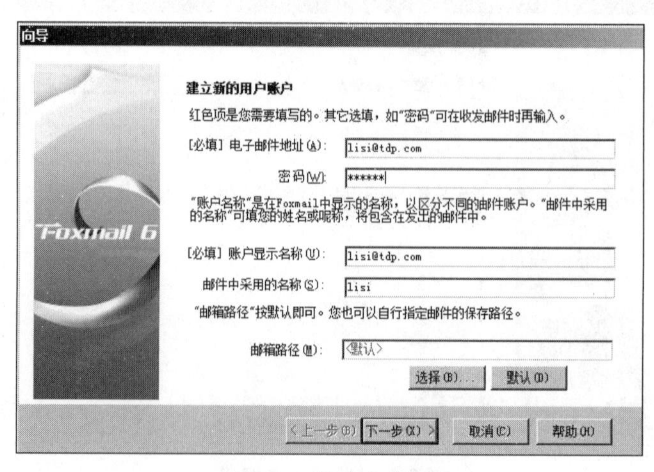

图 7.77　创建账户 lisi

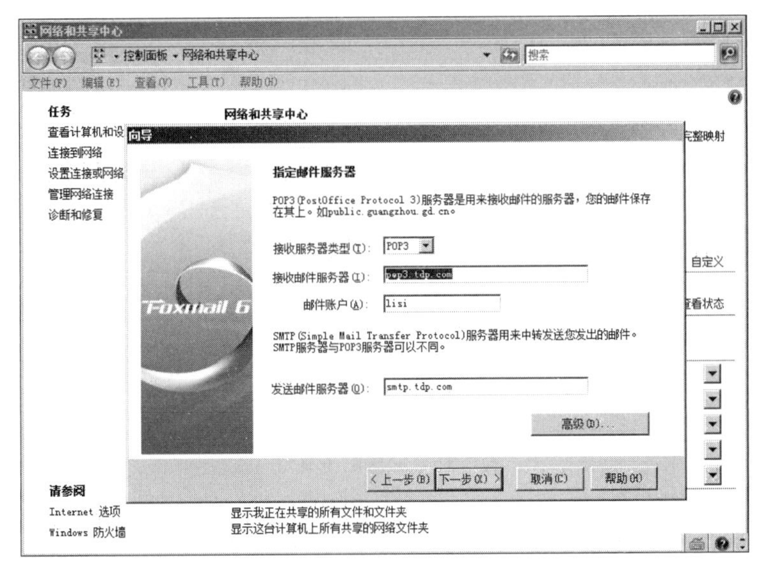

图 7.78　设置 POP3 服务器

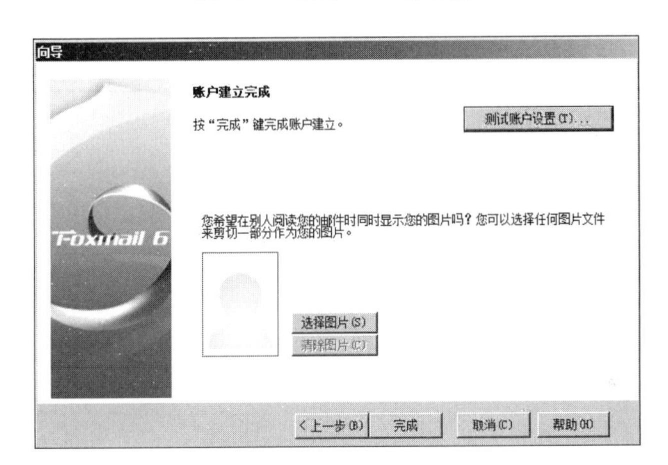

图 7.79　账户建立完成

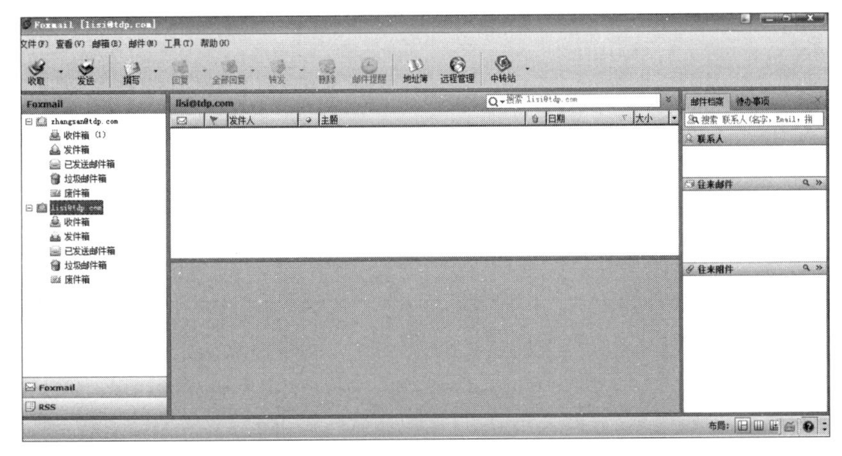

图 7.80　完成账户创建

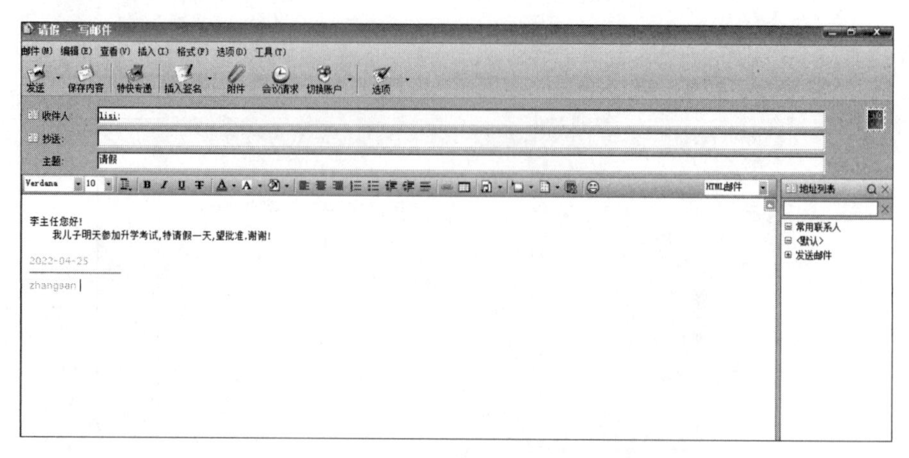

图 7.81　发送电子邮件

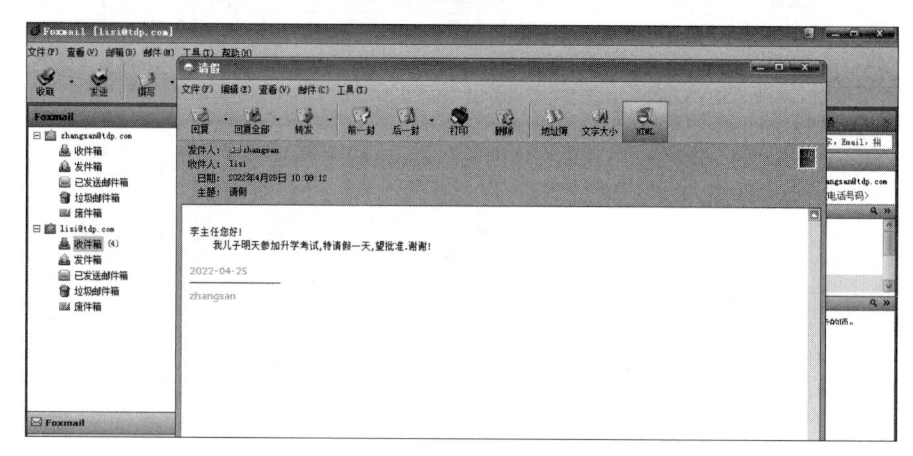

图 7.82　邮件收发成功

(9) 依据本章实验一安装好证书服务器后申请证书。

具体操作如图 7.83～图 7.105 所示。

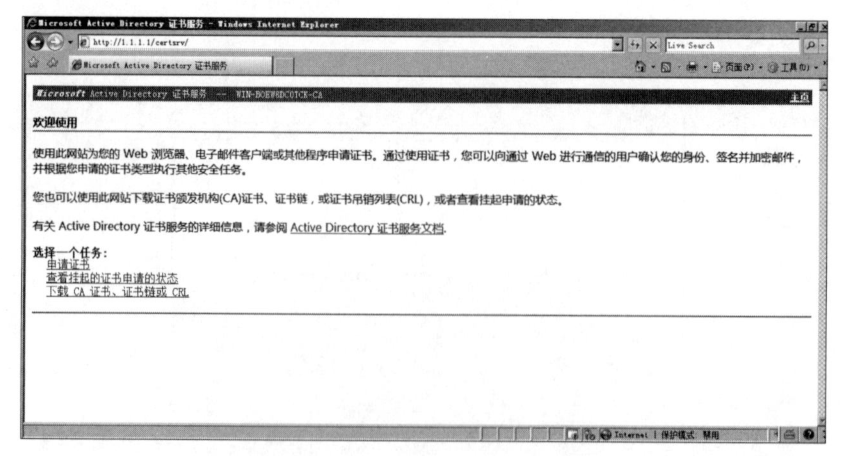

图 7.83　张三邮件客户端申请证书

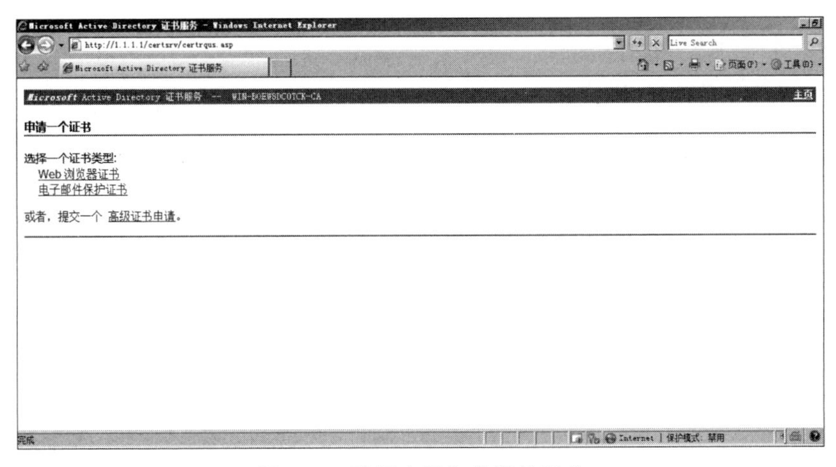

图 7.84　选择电子邮件保护证书

Microsoft Active Directory 证书服务 - Windows Internet Explorer
http://1.1.1.1/certsrv/certrqbi.asp?type=1
Live Search
Microsoft Active Directory 证书服务
页面(P)
工具(O)
Internet Explorer 已经阻止此站点以不安全的方式使用 ActiveX 控件。因此，此页可能显示不正确。
Microsoft Active Directory 证书服务 -- WIN-BOEW8DC0TCK-CA
主页
电子邮件保护证书 - 识别信息
要完成您的证书，在下面的框中输入要求的信息。
姓名：
电子邮件：
公司：
部门：
市/县：
省：
国家/地区：
更多选项 >>
提交 >

图 7.85　填写电子邮件保护证书信息界面

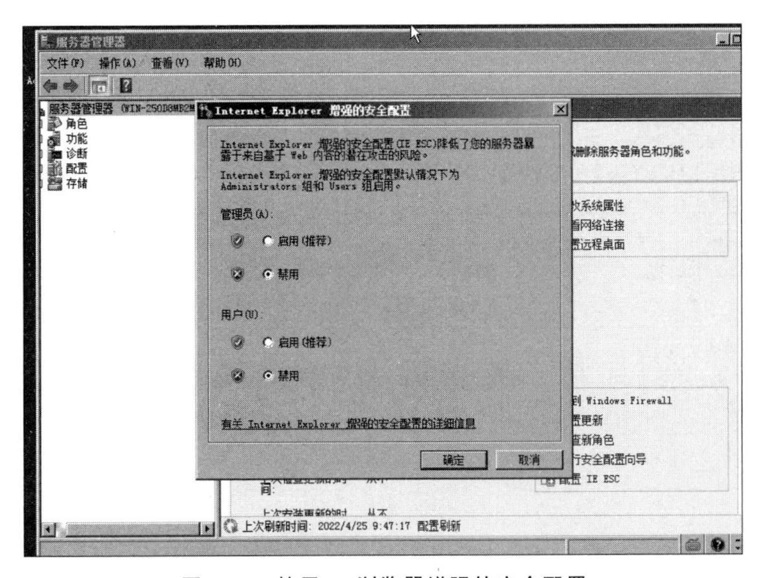

图 7.86　禁用 IE 浏览器增强的安全配置

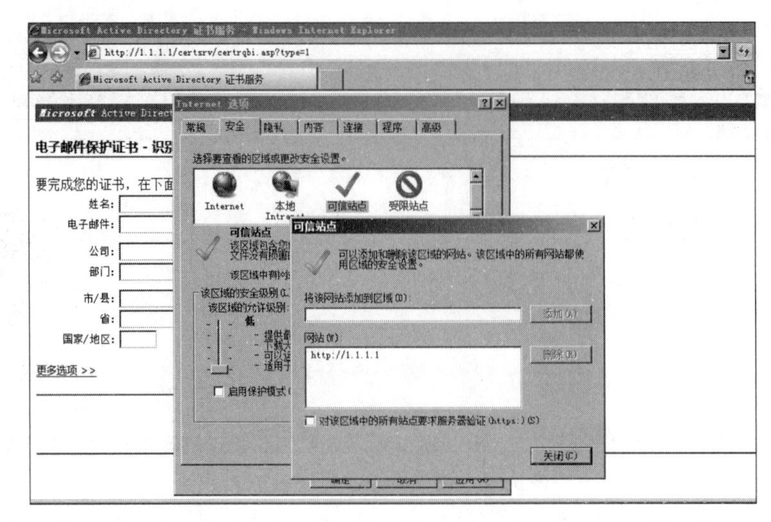

图 7.87　将受信任网站安全级别调整到最低(为了防止不可预见的证书问题)

图 7.88　客户端邮件证书申请

图 7.89　确认申请证书

图 7.90　证书正在挂起

转到 Windows Server 2008 中查看挂起的证书申请，并颁发。

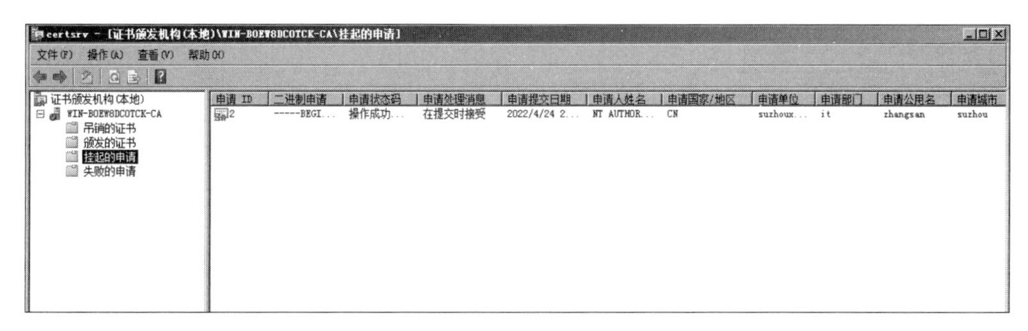

图 7.91　查看挂起的证书

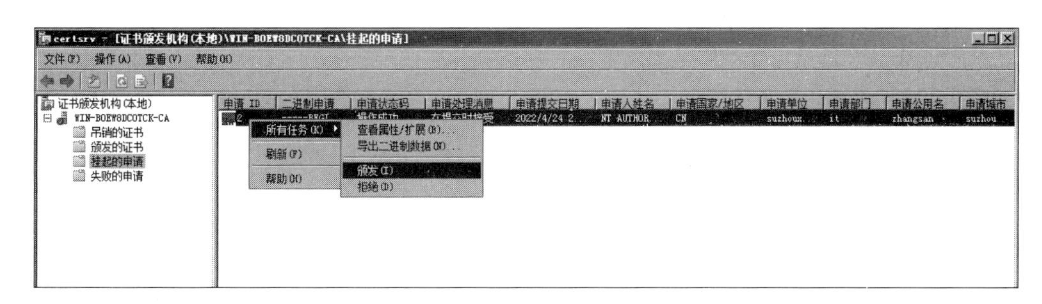

图 7.92　颁发证书

检查证书的颁发者和对象是否正确无误，采用同样的步骤为 lisi 申请证书(可以在同一台机器上完成)。

同样导出李四的公钥。

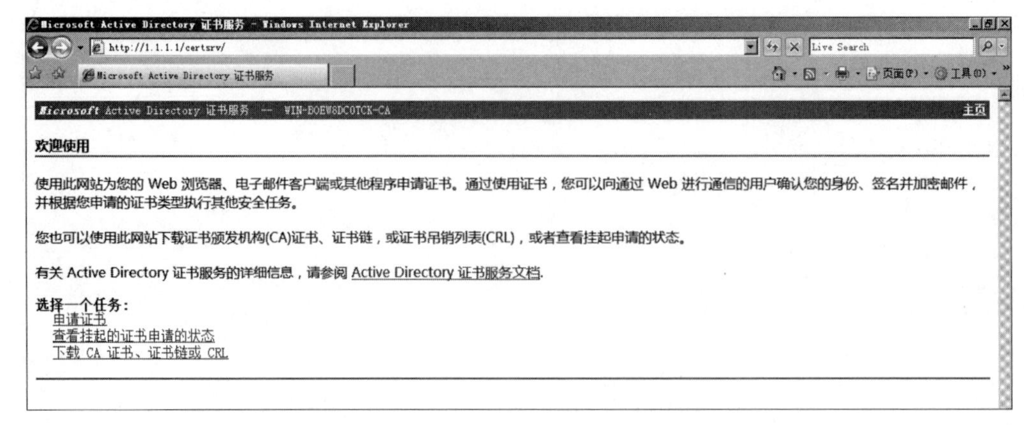

图 7.93　回到客户端查看申请的证书状态

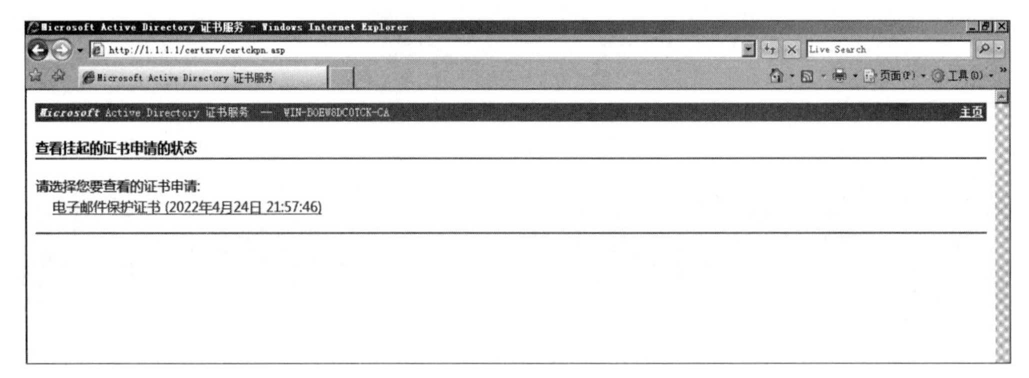

图 7.94　选择要查看的证书申请

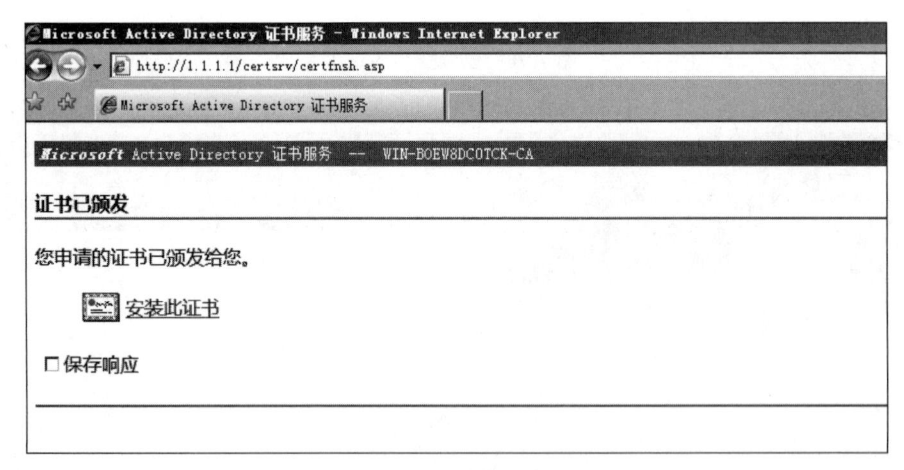

图 7.95　安装证书

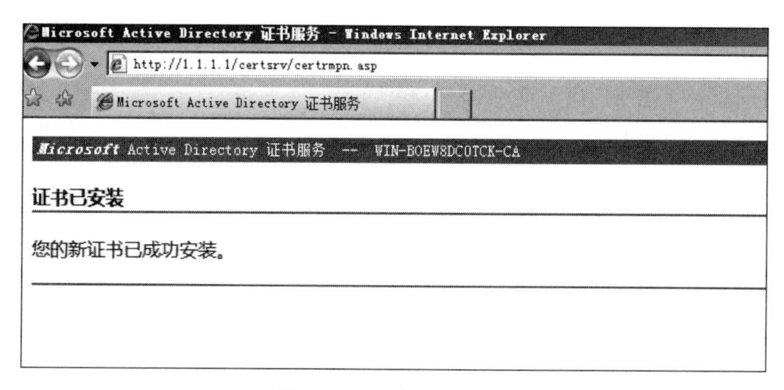

图 7.96　证书安装成功

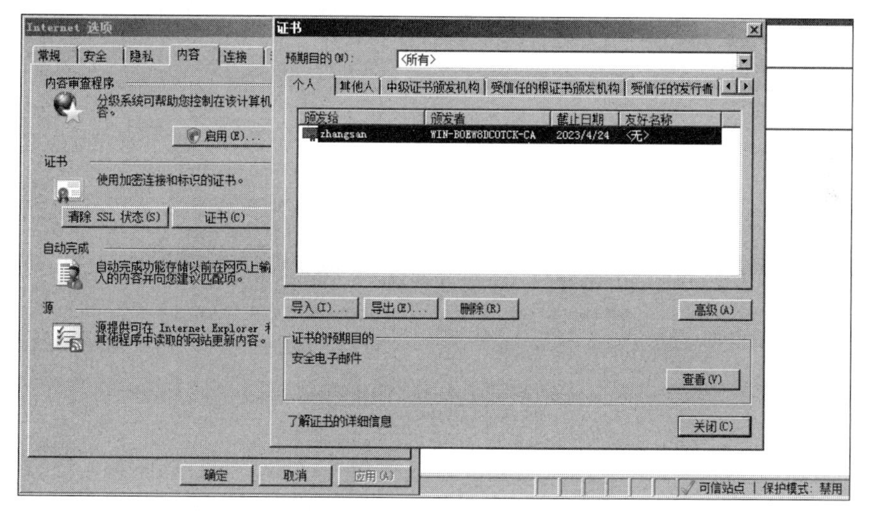

图 7.97　在浏览器中查看证书状态

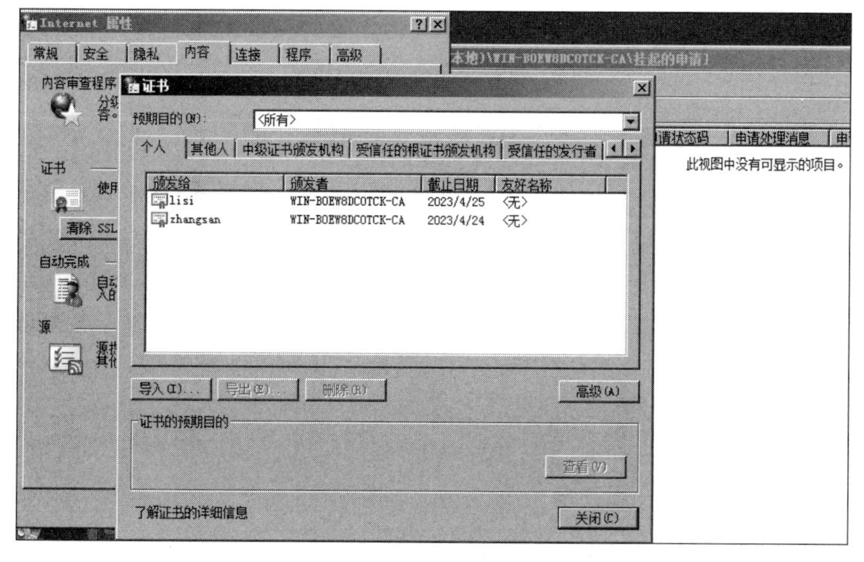

图 7.98　查看证书

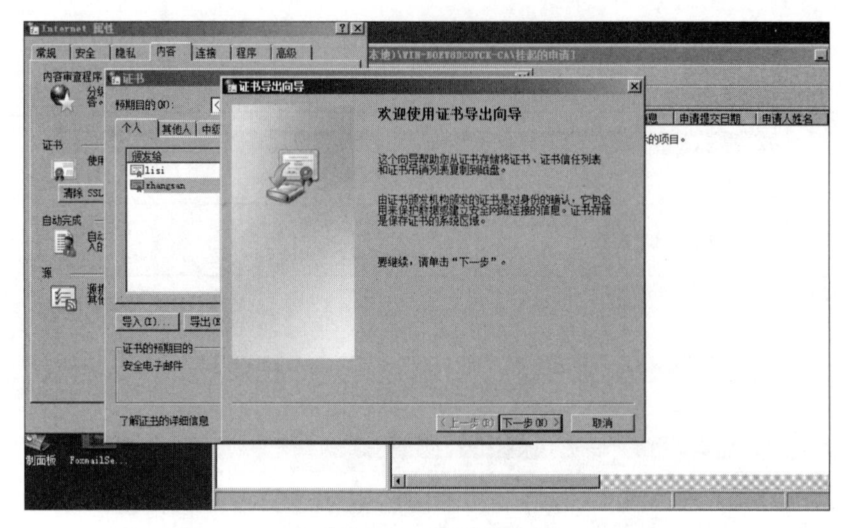

图 7.99　导出公钥

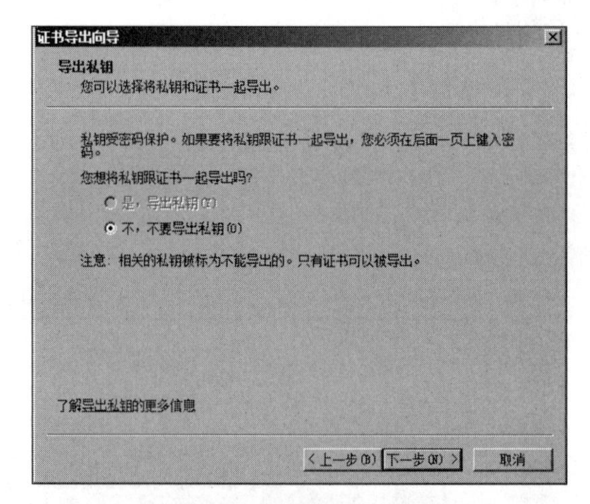

图 7.100　选择是否导出私钥

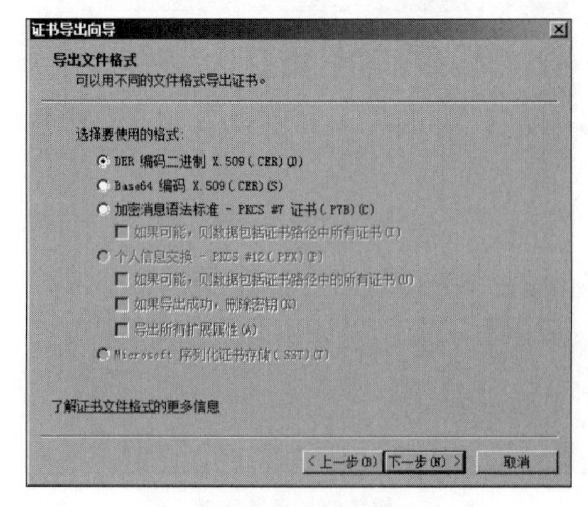

图 7.101　选择导出文件格式

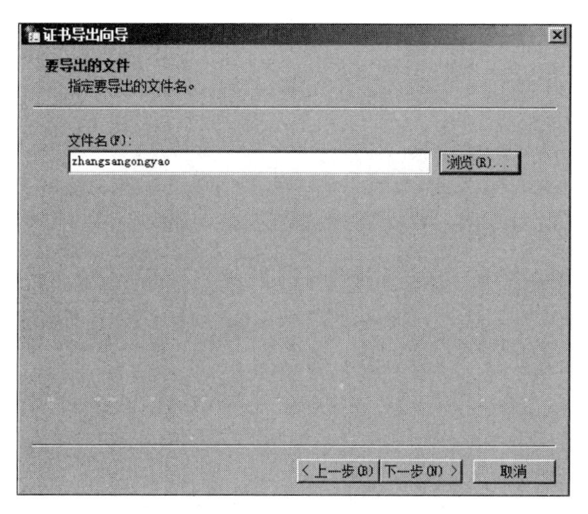

图 7.102　指定要导出的文件名

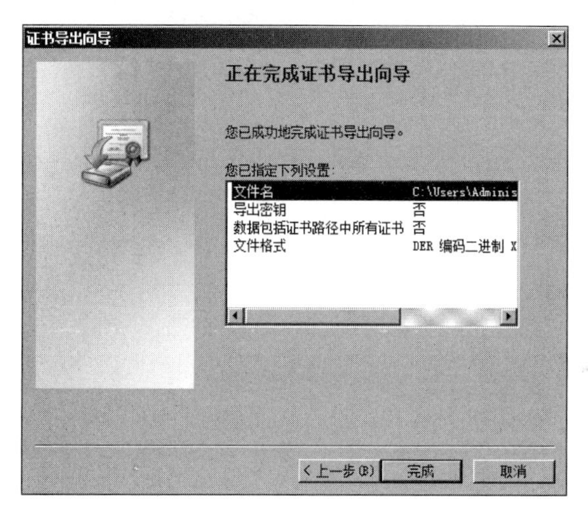

图 7.103　完成证书导出向导

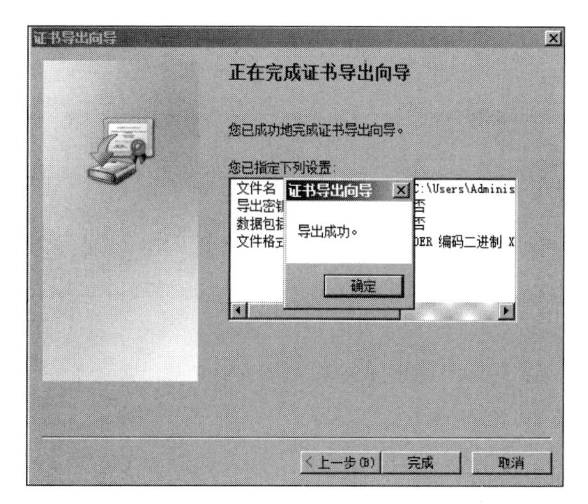

图 7.104　证书导出成功

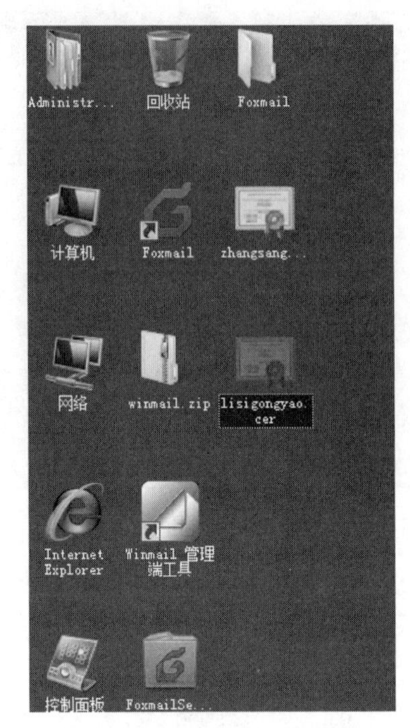

图 7.105　证书导出文件(公钥)

(10) 在 Foxmail 中设置数字证书。

具体操作如图 7.106～图 7.114 所示。

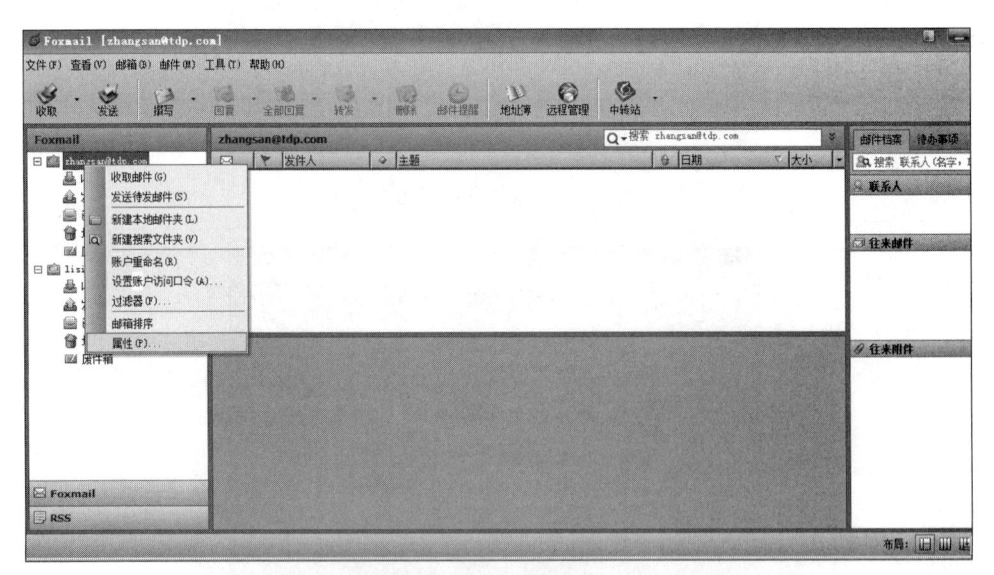

图 7.106　右击邮箱名,在弹出的菜单中选择属性

在 Foxmail 中为张三邮件设置数字证书。

(11) 使用 Foxmail 发送带有数字签名的电子邮件。

图 7.107　在张三的 Foxmail 邮件中设置数字证书

图 7.108　在地址簿中增加收件人的数字证书

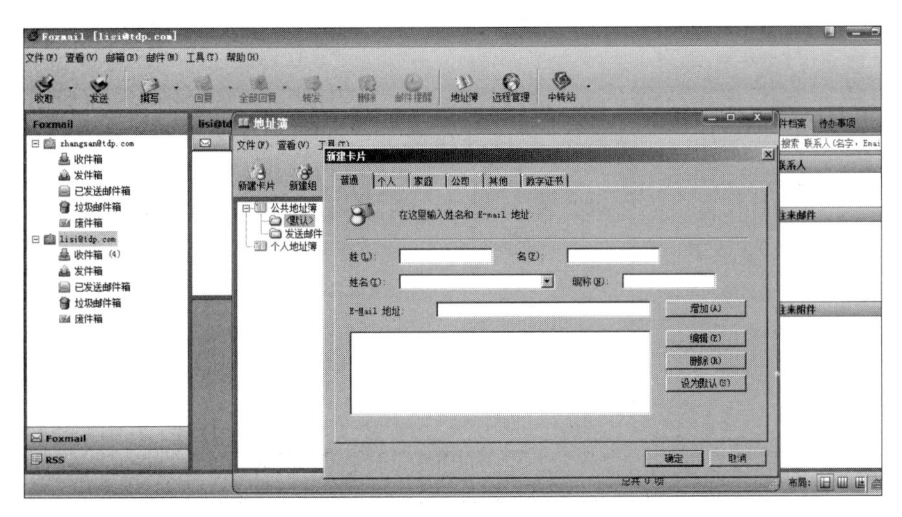

图 7.109　新建卡片界面

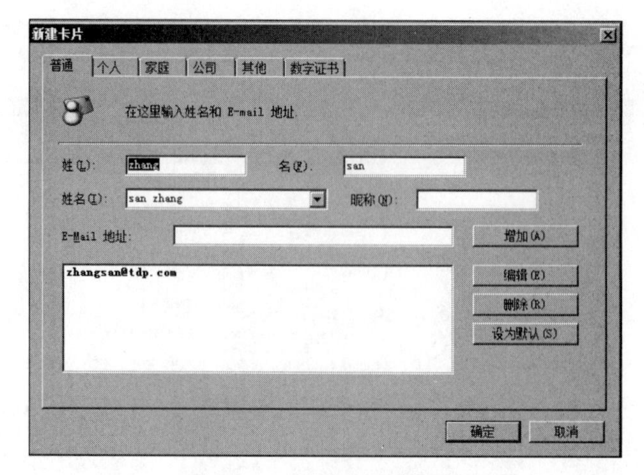

图 7.110 新建张三的卡片

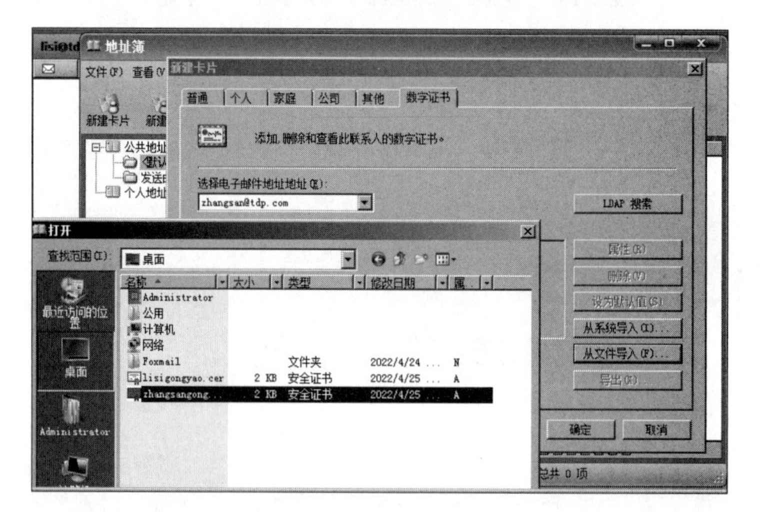

图 7.111 导入证书

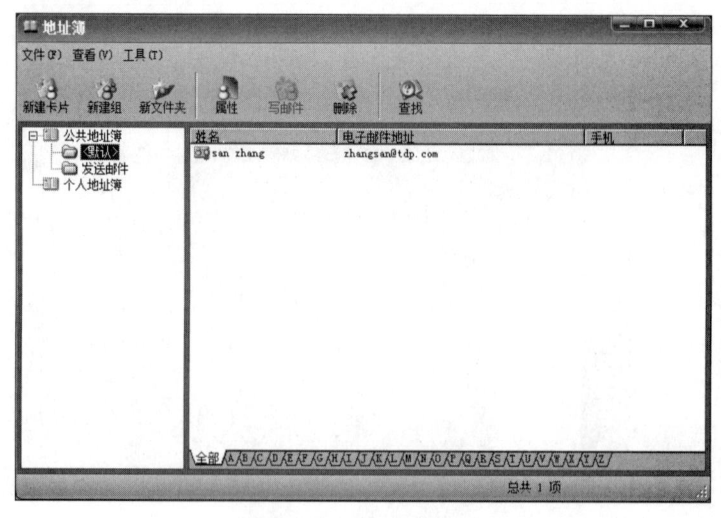

图 7.112 新建成功

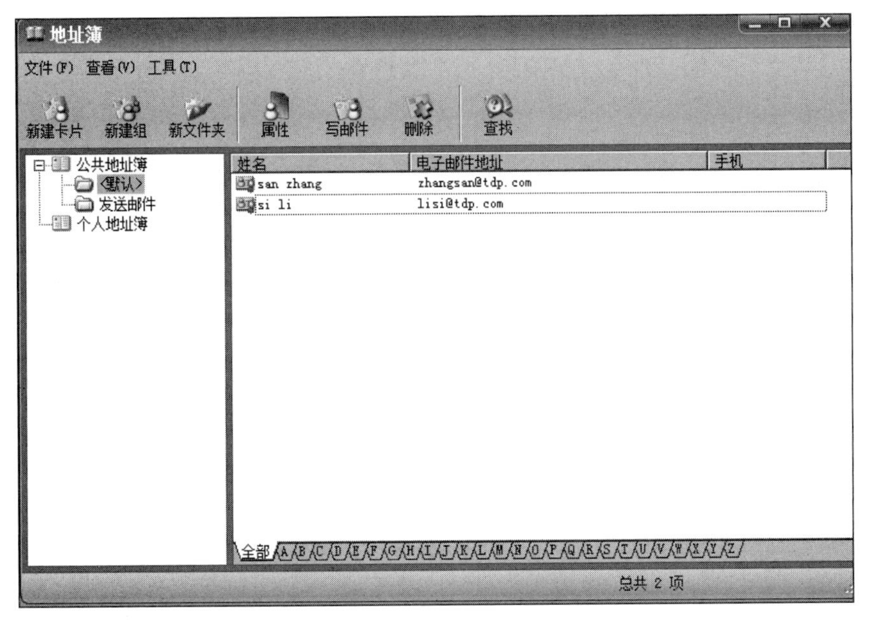

图 7.113　新建李四账户成功

图 7.114　发送数字签名邮件

(12) 收到带有数字签名的电子邮件。

当收件人收到并打开有数字签名的邮件时，将看到"数字签名邮件"的提示信息，按"继续"按钮后，才可阅读到该邮件的内容。若邮件在传输过程中被他人篡改或发信人的数字证书有问题，页面将出现"安全警告"提示，如图 7.115 所示。

打开邮件后，在右边会看到对方的证书标志。单击该标识，找到"安全"项，单击"查看签名证书"按钮，可以查看"发件人证书"；单击"添加到地址簿"按钮，在地址簿中保存发件人的加密首选项，这样对方的数字证书就被添加到通讯簿中，如图 7.116 所示。

返回到邮件页面，单击"继续"按钮，可以查看带有发件人数字签名的邮件内容，如

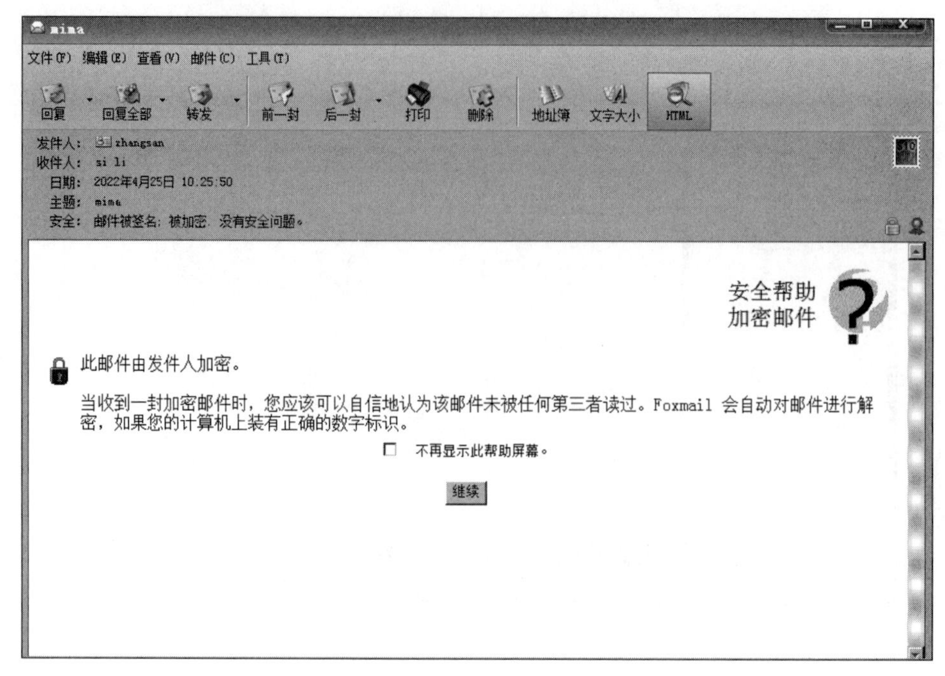

图 7.115　接收到数字签名邮件

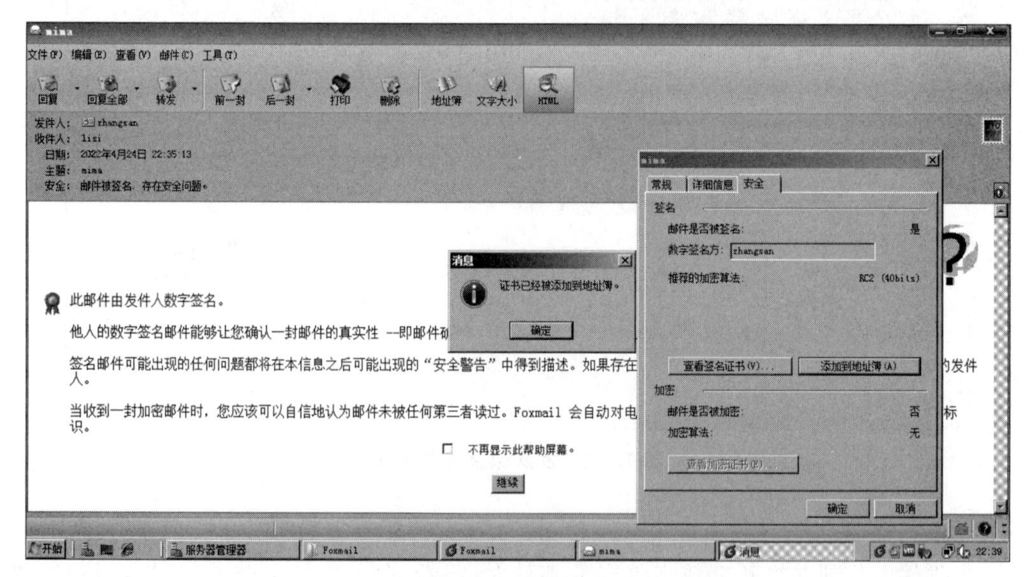

图 7.116　查看证书

图 7.117 所示。

使用 Foxmail 发送加密电子邮件。要发送加密电子邮件，需要有收件人的数字证书。获得收件人数字证书的方法可以是让对方给你发送带有其数字签名的邮件。有了对方的数字证书，就可以向对方发送加密邮件了。发送加密邮件，也可以同时使用发件人的数字签名。加密收发电子邮件如图 7.118～图 7.121 所示。

图 7.117　显示邮件内容

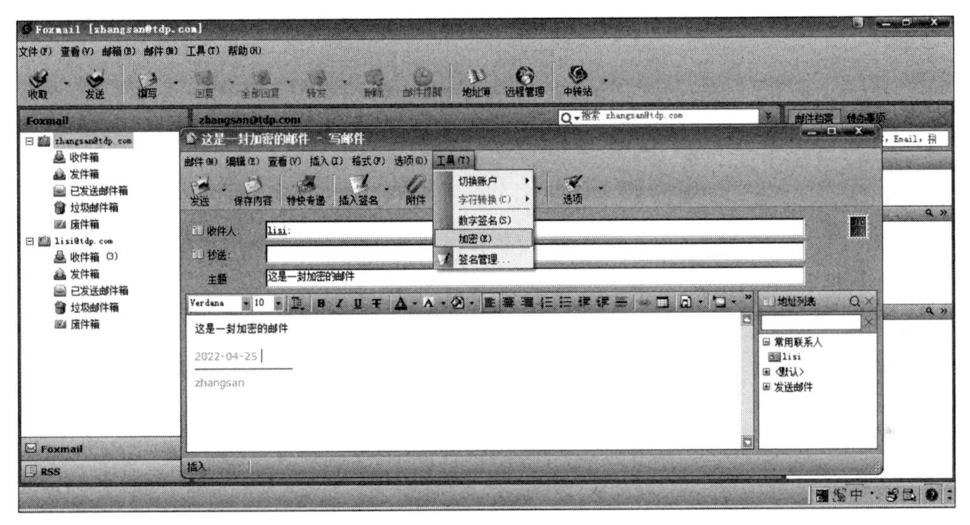

图 7.118　发送加密邮件

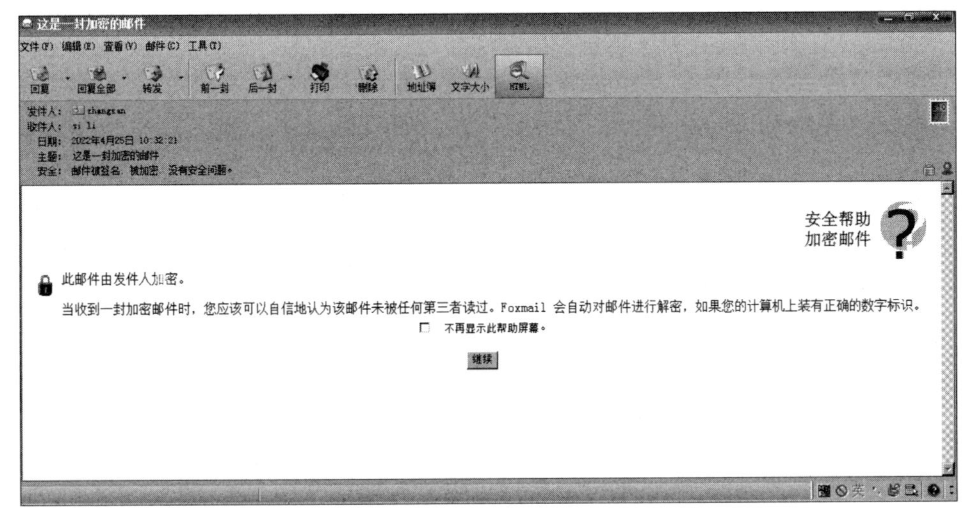

图 7.119　收到加密邮件

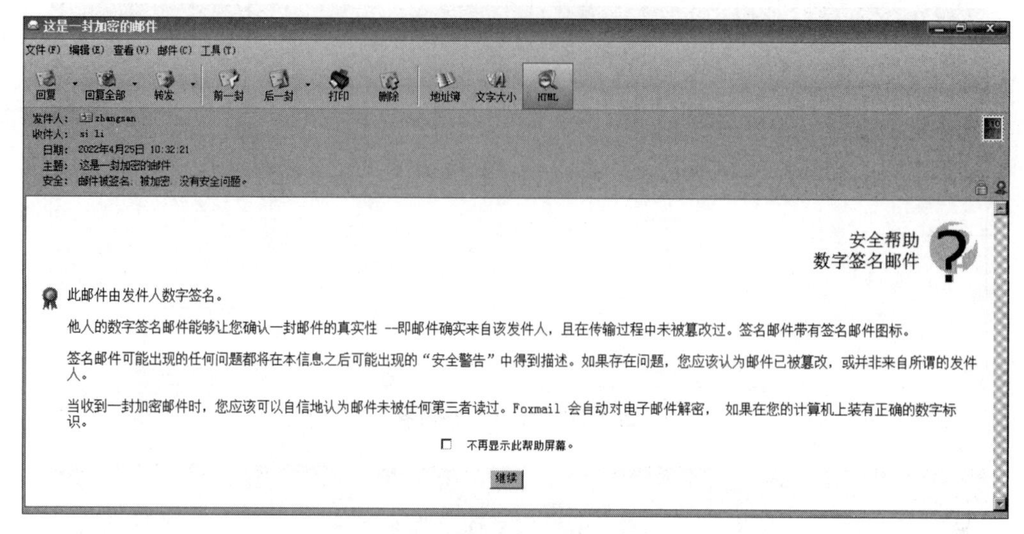

图 7.120　邮件被签名

图 7.121　显示邮件内容

当收件人收到并打开已加密的邮件时，将看到“加密邮件”的提示信息，单击“继续”按钮后，可阅读到该邮件的内容。当收到加密邮件时，完全有理由确认邮件没有被其他任何人阅读或篡改过，因为只有在收件人自己的计算机上安装了正确的数字证书，Foxmail 才能自动解密电子邮件；否则，邮件内容将无法显示。

7.3　本章小结

本章首先讲解数字证书的相关知识，包括数字证书的概念、数字证书的结构以及数字证书的生成，接着介绍公钥基础设施的相关知识，包括公钥基础设施的概念以及公钥基础设施的组成。

实验部分完成数字证书的相关实验，包括向CA中心申请数字证书、安装本地证书服务器、配置Web服务的SSL证书以及配置电子邮件保护证书。

7.4 习题7

一、简答题

1. 什么是数字证书?
2. 常见的数字证书有哪些类型?
3. CA作为第三方认证机构，具有哪些特性?
4. 数字证书的基本功能有哪些?
5. 什么是PKI?

二、论述题

1. 谈谈数字证书的结构。
2. 谈谈数字证书的生成过程。
3. 谈谈PKI系统的组成。

第8章 常见的系统安全

本章学习目标

- 掌握 Windows 操作系统安全的相关知识
- 掌握 Linux 安全的相关知识
- 掌握数据库系统安全的相关知识
- 掌握漏洞扫描及 Windows 密码破解相关实验

8.1 DOS 操作系统

8.1.1 DOS 操作系统的发展历史

1974 年 4 月，英特尔公司推出了 8 位芯片 8080。这块芯片的体积和性能已经能够满足开发微型计算机的需要，标志着微机时代即将来临。由爱德华·罗伯茨创办的 MITS 计算机公司于 1974 年推出了基于 8080 芯片的 Altair 8800 计算机，这是人类历史上第一台个人计算机(personal computer，PC)，从此点燃了 PC 创新之火。保罗·艾伦和比尔·盖茨为 Altair 8800 开发了一套 BASIC 解释器，卖给 MITS 公司，1975 年 7 月，他们用这个产品成立了微软公司。

1975 年，另一家公司 Digital Research 为 Altair 8800 开发了操作系统 CP/M，它很快成为 Intel 8080 芯片的标准操作系统。1978 年，英特尔公司推出了历史上第一块 16 位芯片 8086。一家名为 Seattle Computer Products(SCP)的公司决定开发基于 8086 芯片的个人计算机，并计划采用 CP/M 作为操作系统，但是此时 CP/M 还未完成针对 16 位芯片的升级。一年之后，CP/M 还没有推出 16 位的版本，SCP 决定由自己的程序员蒂姆·帕特森(Tim Paterson)负责开发 16 位操作系统。

1980 年 8 月，蒂姆·帕特森完成了原始的操作系统，取名为 QDOS(Quick and Dirty Operating System)，意思是“简易的操作系统”。在设计上充分借鉴了 CP/M，使得 CP/M 上的应用程序可以直接在 QDOS 上运行。同时，他为 QDOS 引入了微软公司 BASIC 解释器的 FAT 文件系统。

1980 年 10 月，IBM 公司决定推出基于 Intel 8086 芯片的 PC，要求微软公司为其提供操作系统。当时微软公司没有自己的操作系统产品，因此微软公司支付 2.5 万美元给 SCP，获得了 QDOS 的使用许可。1981 年 7 月，比尔·盖茨意识到未来 PC 市场的巨大规模，决定直接把 QDOS 买下来，改名为 MS-DOS。1981 年 8 月 12 日，IBM 公司正式推出个人计算机产品 IBM PC，使用的操作系统是 MS-DOS 1.14 版。

DOS是早期使用在个人计算机上的一种操作系统。由于早期的DOS操作系统是微软公司为IBM个人计算机开发的,因此称为PC-DOS,又称为MS-DOS。

1983年3月8日,IBM又推出增强版IBM PC/XT,第一次在PC上配备了硬盘,使用的操作系统是MS-DOS 2.0版。1984年,IBM推出了下一代个人计算机IBM PC/AT,操作系统是MS-DOS 3.0版。1989年,MS-DOS 4.0版发布,开始支持鼠标和图形界面。此时微软公司准备考虑放弃DOS,转而使用由IBM和微软共同开发的OS/2操作系统。但是不久后,Windows 3.0获得巨大成功,微软不再考虑OS/2了。1991年,MS-DOS 5.0版发布,内置QBasic编程环境。1993年,MS-DOS 6.0版发布,具备了磁盘压缩技术。1995年,MS-DOS 7.0版支持FAT 32文件系统,随同Windows 95一起发布。2000年9月14日,MS-DOS的最后一个版本8.0版发布,只用于Windows XP系统的启动盘。至此,微软公司的DOS开发正式宣告全部结束。

DOS家族除了MS-DOS外,还包括PC-DOS、FreeDOS、Novell DOS等,最自由开放的则是Free-DOS。

8.1.2 基本DOS命令

DOS和Windows最大的不同在于DOS是以命令的方式操作,所以使用者需要记住大量命令及其使用格式,DOS命令主要包括目录操作类命令、磁盘操作类命令、文件操作类命令以及其他命令。DOS命令不区分大小写。

另外,DOS命令又分为内部命令和外部命令,内部命令是随每次启动的COMMAND.COM装入,并常驻内存,而外部命令是一条单独的可执行文件。内部命令在任何状态下都可以使用,而外部命令需要确保命令文件在当前的目录中,或在Autoexec.bat文件中已经被加载了路径。

在DOS操作系统中可以执行DOS命令。在Windows操作系统中执行DOS命令的方式为按住Win+R,打开“运行”窗口,在“运行”窗口中输入cmd命令,再单击“确定”按钮,即可打开命令行操作界面,如图8.1所示。可以通过设置窗口属性改变命令行操作界

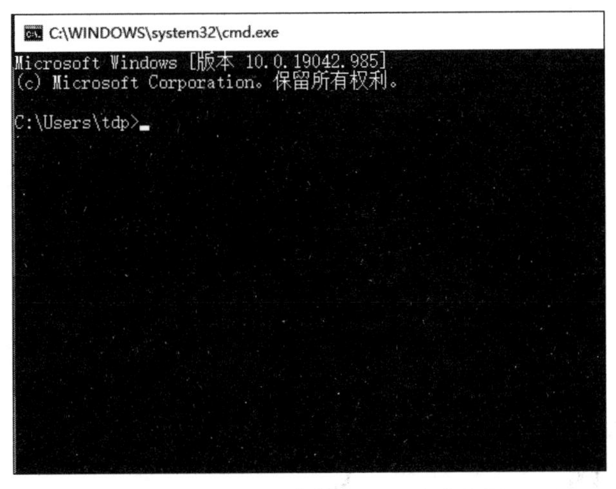

图8.1 Windows中执行DOS命令窗口

面中文字和背景的颜色。具体操作为右击窗口的标题栏，在弹出的快捷菜单中选择“属性”，在弹出的“属性”窗口中选择“颜色”，即可对屏幕文字以及屏幕背景等设置颜色。在后面的示例中，为了增强显示效果，将屏幕文字设置为黑色，背景设置为白色。对于内部命令可以在任何状态下使用；对于外部命令，首先在当前目录下搜索该命令，如果搜索不到，会从系统的环境变量中 Path 指定的路径中搜索该命令，如果搜索不到，则会报错。

1. 常见的内部命令

DOS 的内部命令是 DOS 操作的基础，下面介绍几个常用的 DOS 内部命令。

1）dir 命令

dir 命令的功能为显示目录中的文件和子目录列表。可以通过执行命令 dir /? 来查看该命令的详细命令格式，如图 8.2 所示。下面列举几个 dir 命令及其功能说明。

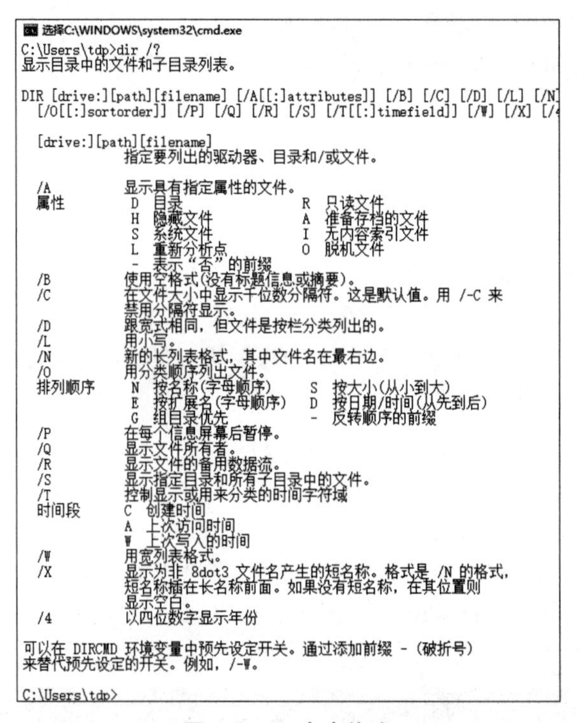

图 8.2 dir 命令格式

① C:\Users\tdp>dir，该命令的功能是列出当前路径下的文件及文件夹。

② C:\Users\tdp>dir d:\，该命令的功能是列出 d 盘根目录下的文件及文件夹。

③ C:\Users\tdp>dir d:\ /w，该命令的功能是用宽列表格式列出 d 盘根目录下的文件及文件夹。

④ C:\Users\tdp>dir /a，该命令的功能是列出当前目录所有文件，包含隐含文件和系统文件。

⑤ C:\Users\tdp>dir /ah，该命令的功能是列出当前目录中的隐含文件，包括隐含子目录。

⑥ C:\Users\tdp>dir /as，该命令的功能是列出当前目录中的系统文件。

⑦ C:\Users\tdp>dir /ad，该命令的功能是列出子目录。

⑧ C:\Users\tdp>dir /o，该命令的功能是按字母顺序列出当前目录中的文件夹及文件。

这里介绍通配符、相对路径以及绝对路径的概念。

首先介绍通配符的概念。通配符有 * 和？两种，其中 * 表示一个字符串，？只表示一个字符。通配符只能通配文件名或扩展名，如需要查找以字母 y 开头的所有文件，可以输入命令 dir y*.*；如果需要查找所有扩展名为 exe 的文件，可以输入命令 dir *.exe。？只代表一个字符，如需要查找第二个字母为 s 的所有文件，可以输入：dir ？s*.*。

其次介绍相对路径和绝对路径的概念。标准的 DOS 路径可由 3 部分组成，分别为①卷号或驱动器号，后跟卷分隔符(:)；②目录名称。目录分隔符(\)用来分隔嵌套目录层次结构中的子目录；③文件名(可选)。目录分隔符(\)用来分隔文件路径和文件名。如果以上 3 项存在(第 3 项可选)，则为绝对路径。如执行命令 D:\>dir c:\windows\system32，其路径为绝对路径。如未指定卷号或驱动器号，且目录名称的开头是目录分隔符，则路径属于当前驱动器根路径上的相对路径。否则路径相对于当前目录。如执行命令 C:\Windows\System32>dir \users，显示 c 盘根目录下 users 目录文件，属于当前驱动器 c 盘上的相对路径。如执行命令 C:\Windows>dir system32，则显示 c 盘当前目录下的 system32 目录文件，路径相对于当前目录。

2) cd 命令

cd 命令的功能为显示当前目录名或改变当前目录。可以通过执行命令 cd /? 来查看该命令的详细命令格式，如图 8.3 所示。下面列举几个 cd 命令及其功能说明。

```
C:\Users\tdp>cd /?
显示当前目录名或改变当前目录。

CHDIR [/D] [drive:][path]
CHDIR [..]
CD [/D] [drive:][path]
CD [..]

  ..   指定要改成父目录。

键入 CD drive: 显示指定驱动器中的当前目录。
不带参数只键入 CD，则显示当前驱动器和目录。

使用 /D 开关，除了改变驱动器的当前目录之外，
还可改变当前驱动器。

如果命令扩展被启用，CHDIR 会如下改变:

当前的目录字符串会被转换成使用磁盘名上的大小写。所以，
如果磁盘上的大小写如此，CD C:\TEMP 会将当前目录设为
C:\Temp。

CHDIR 命令不把空格当作分隔符，因此有可能将目录名改为一个
带有空格但不带有引号的子目录名。例如:

    cd \winnt\profiles\username\programs\start menu

与下列相同:

    cd "\winnt\profiles\username\programs\start menu"

在扩展停用的情况下，你必须键入以上命令。

C:\Users\tdp>
```

图 8.3　cd 命令格式

① C:\Users\tdp>cd，该命令的功能是显示当前目录名。

② C:\Users\tdp>cd..，该命令的功能是退回到上一级目录。

③ C:\Users\tdp>cd \，该命令的功能是退回到根目录。

④ C:\>cd windows，该命令的功能是进入当前目录的 Windows 文件夹下。

3）md 命令

md 命令的功能为创建目录。可以通过执行命令 md /? 来查看该命令的详细命令格式，如图 8.4 所示。下面列举几个 md 命令及其功能说明。

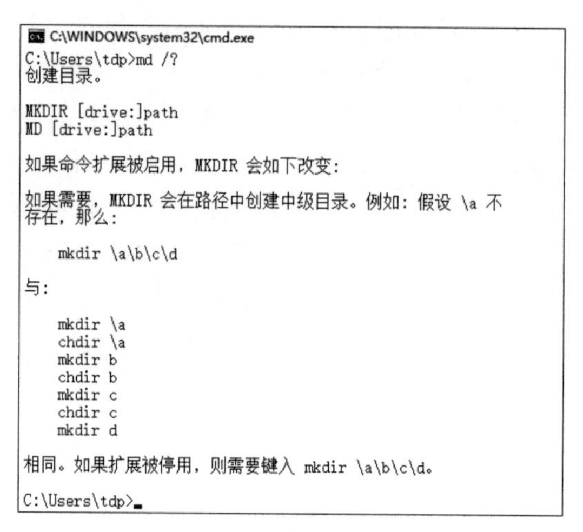

图 8.4　md 命令格式

① C:\Users\tdp>md a，该命令的作用是在当前目录下创建 a 目录。

② C:\Users\tdp>md \b 该命令的功能是在根目录下创建 b 目录。

③ C:\Users\tdp>md d:\c，该命令的功能是在 d 盘根目录创建 c 目录。

④ C:\Users\tdp>md c:\a\b\c，该命令的功能是在 c 盘根目录下创建 a 目录、在 a 目录下创建 b 目录，在 b 目录下创建 c 目录。其功能类似于 C:\Users\tdp>cd \（退到 c 盘根目录），C:\>md a（在 c 盘根目录下创建 a 目录），C:\>cd a（进入 a 目录），C:\a>md b（在 a 目录下创建 b 目录），C:\a>cd b（进入 b 目录），C:\a\b>md c（在 b 目录下创建 c 目录）。

4）cls 命令

cls 命令的功能为清除屏幕。

如输入命令 C:\Users\tdp>cls，该命令的作用是清除当前屏幕。

5）新建文件命令

DOS 操作系统中新建文件的命令通常有以下几种方式。

① C:\Users\tdp>copy con d:\a.txt，按回车键后，为文件输入内容，然后按 Ctrl+C 组合键。当显示"已复制 1 个文件"时，在 d 盘根目录下创建文件 a.txt 成功。

② C:\Users\tdp>echo hello world>>d:\b.txt，按回车键后，在 d 盘根目录中创建记事本文件 b.txt，文件内容为 hello world。

6）copy 命令

copy 命令的功能为将一份或多份文件复制到另一个位置。可以通过执行命令 copy /? 来查看该命令的详细命令格式，如图 8.5 所示。

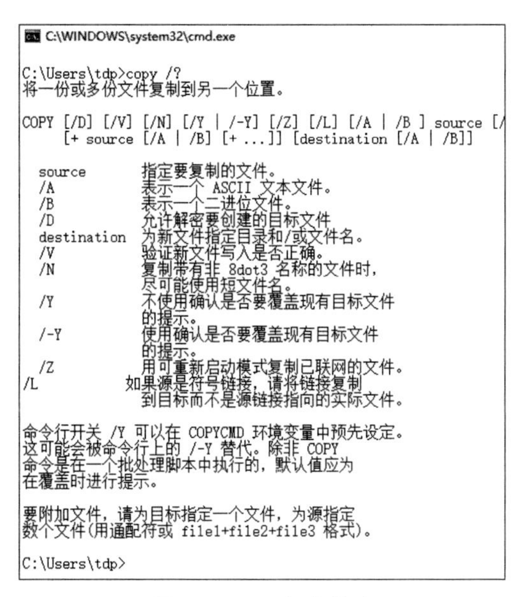

```
C:\WINDOWS\system32\cmd.exe

C:\Users\tdp>copy /?
将一份或多份文件复制到另一个位置。

COPY [/D] [/V] [/N] [/Y | /-Y] [/Z] [/L] [/A | /B ] source [/
     [+ source [/A | /B] [+ ...]] [destination [/A | /B]]

  source       指定要复制的文件。
  /A           表示一个 ASCII 文本文件。
  /B           表示一个二进位文件。
  /D           允许解密要创建的目标文件
  destination  为新文件指定目录和/或文件名。
  /V           验证新文件写入是否正确。
  /N           复制带有非 8dot3 名称的文件时,
               尽可能使用短文件名。
  /Y           不使用确认是否要覆盖现有目标文件
               的提示。
  /-Y          使用确认是否要覆盖现有目标文件
               的提示。
  /Z           用可重新启动模式复制已联网的文件。
/L           如果源是符号链接，请将链接复制
               到目标而不是源链接指向的实际文件。

命令行开关 /Y 可以在 COPYCMD 环境变量中预先设定。
这可能会被命令行上的 /-Y 替代。除非 COPY
命令是在一个批处理脚本中执行的，默认值应为
在覆盖时进行提示。

要附加文件，请为目标指定一个文件，为源指定
数个文件(用通配符或 file1+file2+file3 格式)。

C:\Users\tdp>
```

图 8.5　copy 命令格式

如输入命令 C:\Users\tdp＞copy d:\a.txt e:\，该命令的作用是将 d 盘根目录下的文件 a.txt 复制到 e 盘根目录下。

7）del 命令

del 命令的功能是删除一个或多个文件。可以通过执行命令 del /? 来查看该命令的详细命令格式，如图 8.6 所示。

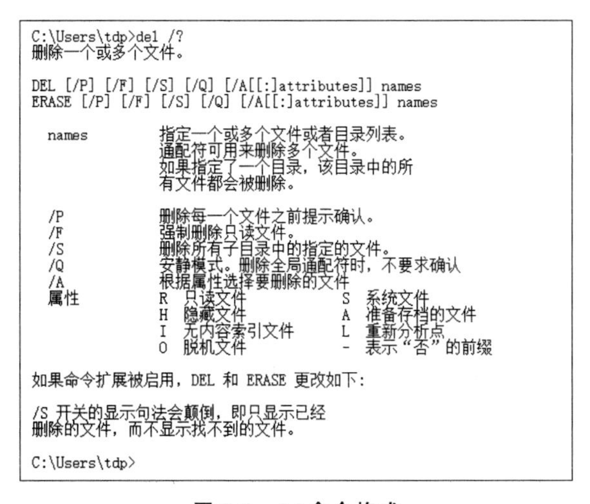

```
C:\Users\tdp>del /?
删除一个或多个文件。

DEL [/P] [/F] [/S] [/Q] [/A[[:]attributes]] names
ERASE [/P] [/F] [/S] [/Q] [/A[[:]attributes]] names

  names         指定一个或多个文件或者目录列表。
                通配符可用来删除多个文件。
                如果指定了一个目录，该目录中的所
                有文件都会被删除。

  /P            删除每一个文件之前提示确认。
  /F            强制删除只读文件。
  /S            删除所有子目录中的指定的文件。
  /Q            安静模式。删除全局通配符时，不要求确认
  /A            根据属性选择要删除的文件
  属性          R  只读文件            S  系统文件
                H  隐藏文件            A  准备存档的文件
                I  无内容索引文件      L  重新分析点
                O  脱机文件            -  表示“否”的前缀

如果命令扩展被启用，DEL 和 ERASE 更改如下:

/S 开关的显示句法会颠倒，即只显示已经
删除的文件，而不显示找不到的文件。

C:\Users\tdp>
```

图 8.6　del 命令格式

如输入命令 C:\Users\tdp＞del d:\a.txt，该命令的作用是删除 d 盘根目录下的文件 a.txt。

8）rd 命令

rd 命令的功能是删除一个目录(即文件夹)。可以通过执行命令 rd /? 来查看该命

令的详细命令格式,如图 8.7 所示。

```
C:\Users\tdp>rd /?
删除一个目录。

RMDIR [/S] [/Q] [drive:]path
RD [/S] [/Q] [drive:]path

    /S      除目录本身外，还将删除指定目录下的所有子目录和
            文件。用于删除目录树。

    /Q      安静模式，带 /S 删除目录树时不要求确认

C:\Users\tdp>
```

图 8.7 rd 命令格式

如输入命令 C:\Users\tdp>md t,在当前目录下创建一个目录(即文件夹)t,输入命令 C:\Users\tdp>rd t,该命令的作用是删除当前目录下的文件夹 t。

9) ren 命令

ren 命令的功能是重命名文件。可以通过执行命令 ren /? 来查看该命令的详细命令格式,如图 8.8 所示。

```
C:\Users\tdp>ren /?
重命名文件。

RENAME [drive:][path]filename1 filename2.
REN [drive:][path]filename1 filename2.

请注意，你不能为目标文件指定新的驱动器或路径。

C:\Users\tdp>
```

图 8.8 ren 命令格式

如输入命令 C:\Users\tdp>ren t.txt a.txt,该命令的作用是将当前目录下的文件 t.txt 改名为 a.txt。

10) path 命令

path 命令的功能是为可执行文件显示或设置一个搜索路径。可以通过执行命令 path /? 来查看该命令的详细命令格式,如图 8.9 所示。

```
C:\Windows>path /?
为可执行文件显示或设置一个搜索路径。

PATH [[drive:]path[;...][;%PATH%]
PATH ;

键入 PATH ; 清除所有搜索路径设置并指示 cmd.exe 只在当前
目录中搜索。
键入 PATH 但不加参数，显示当前路径。
将 %PATH% 包括在新的路径设置中会将旧路径附加到新设置。

C:\Windows>
```

图 8.9 path 命令格式

如输入命令 C:\Users\tdp>path c:\windows\system32,该命令的作用是将 c:\windows\system32 添加到 path 路径中。当执行 DOS 命令时,有时需要从 path 记录的路径中查找。也就是说无论在哪个目录下,都可以直接执行 path 中指定目录里的文件。类似于 Windows 系统中的环境变量。

11）date 命令

date 命令的功能是显示或设置日期。

12）time 命令

time 命令的功能是显示或设置系统时间。

2. 外部命令

外部命令实际是 DOS 应用程序，通过执行存储于外存储器的程序完成其功能。外部命令都是以文件的形式存在，通常是以 com 和 exe 为后缀的文件。它们不常驻内存，只有在执行时才会被调入内存。

通常通过 path 命令可以将外部命令所在的目录添加到 path 路径中。执行 DOS 命令时，可以在任意目录状态下都执行这些 DOS 外部命令。下面介绍几个常见的 DOS 外部命令。

1）format 命令

format 命令的功能是格式化磁盘。格式化是对磁盘或磁盘中的分区进行初始化的一种操作，它将磁盘划分成多个小的区域，并且进行编号，目的是便于在磁盘上存储数据。格式化会导致现有的磁盘或分区中所有的文件被清除。可以通过执行命令 format /? 来查看该命令的详细命令格式。

如输入命令 C:\Users\tdp＞format d: /q，表示快速格式化 d 盘。

2）attrib 命令

attrib 命令的功能是显示或更改文件属性。可以通过执行命令 attrib /? 来查看该命令的详细命令格式，如图 8.10 所示。

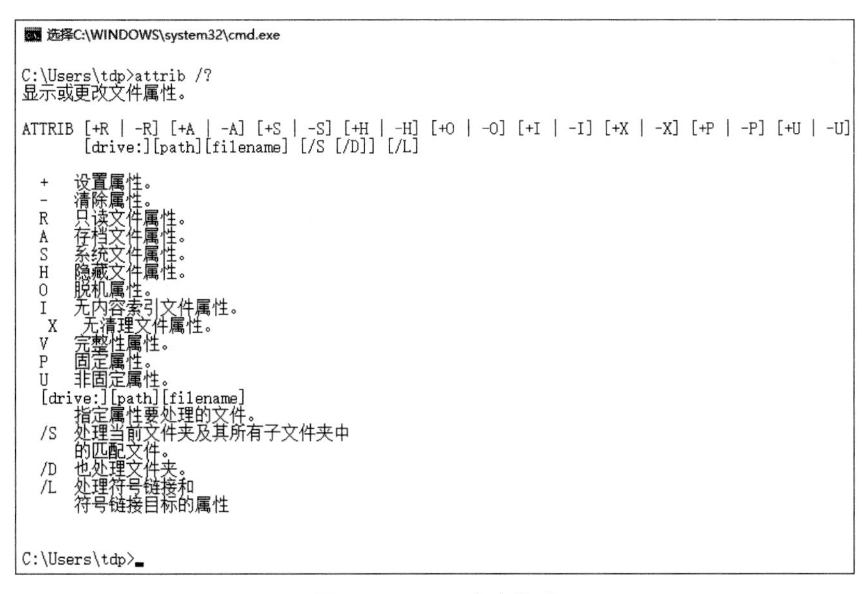

图 8.10　attrib 命令格式

如输入命令 C:\Users\tdp＞attrib，可以显示当前文件夹下文件的属性，结果如图 8.11 所示。可以看出，记事本文件 a.txt 的文件属性为 A，即存档文件属性。如对该文件增加隐藏属性,可以输入命令 C:\Users\tdp>attrib +h a.txt,执行之后,a.txt 记事本文件就被隐藏了。

```
C:\Users\tdp>attrib
A                    C:\Users\tdp\.packettracer
A                    C:\Users\tdp\2021.12.01-07.39.49.mp4
A                    C:\Users\tdp\a.txt
A   H   I            C:\Users\tdp\NTUSER.DAT
A  SH                C:\Users\tdp\ntuser.dat.LOG1
A  SH                C:\Users\tdp\ntuser.dat.LOG2
A  SH                C:\Users\tdp\NTUSER.DAT{53b39e88-18c4-11ea-a811-000d3aa4692b}.TM.blf
A  SH                C:\Users\tdp\NTUSER.DAT{53b39e88-18c4-11ea-a811-000d3aa4692b}.TMContainer00000000000000000001.regtrans-ms
A  SH                C:\Users\tdp\NTUSER.DAT{53b39e88-18c4-11ea-a811-000d3aa4692b}.TMContainer00000000000000000002.regtrans-ms
   SH                C:\Users\tdp\ntuser.ini

C:\Users\tdp>
```

图 8.11 执行 attrib 命令,显示文件属性

3) xcopy 命令

该命令在 copy 的基础上进行了加强,能够对多个子目录进行复制。

4) chkdsk 命令

该命令是磁盘检查命令,它会检查磁盘,并会显示一个磁盘状态报告。

5) move 命令

该命令是文件移动命令,它可以对文件进行移动。

6) find 命令

该命令是在文件中搜索字符串命令。

7) convert 命令

该命令是将 FAT 卷转换为 NTFS 命令。

8) 网络相关命令

在 DOS 外部命令中,有一部分与网络相关的命令,掌握这些命令在计算机网络安全管理中至关重要。接下来单独讨论 DOS 的网络相关命令。

8.1.3 DOS 网络相关命令

几乎所有的网络命令都运行在 DOS 界面,在网络测试和配置操作中掌握这些常用的 DOS 网络命令至关重要。

1) ipconfig 命令

ipconfig 命令用于显示本地网卡的网络参数信息,可以通过执行命令 ipconfig /? 来查看该命令的详细命令格式。

如输入命令 C:\Users\tdp>ipconfig,可以查看当前网络的基本配置信息,包括本地链接 IPv6 地址、IPv4 地址、子网掩码、默认网关。

添加相应的选项参数可以实现特定的效果,如添加选项/all,即显示完整配置信息;添加选项/release,即释放指定适配器的 IPv4 地址;添加选项/release6,即释放指定适配器的 IPv6 地址;添加选项/renew,即更新指定适配器的 IPv4 地址;添加选项/renew6,即更新指定适配器的 IPv6 地址;添加选项/flushdns,即清除 DNS 解析程序缓存等等。图 8.12 所示为添加选项/all 的显示效果。

```
无线局域网适配器 WLAN:

   连接特定的 DNS 后缀 . . . . . . . :
   描述. . . . . . . . . . . . . . . : Dell Wireless 1506 802.11b/g/n (2.4GHz)
   物理地址. . . . . . . . . . . . . : 40-F0-2F-3D-65-FE
   DHCP 已启用 . . . . . . . . . . . : 是
   自动配置已启用. . . . . . . . . . : 是
   本地链接 IPv6 地址. . . . . . . . : fe80::d54b:3461:1637:f355%25(首选)
   IPv4 地址 . . . . . . . . . . . . : 192.168.0.106(首选)
   子网掩码  . . . . . . . . . . . . : 255.255.255.0
   获得租约的时间  . . . . . . . . . : 2022年3月21日 7:39:03
   租约过期的时间  . . . . . . . . . : 2022年3月21日 11:02:50
   默认网关. . . . . . . . . . . . . : 192.168.0.1
   DHCP 服务器 . . . . . . . . . . . : 192.168.0.1
   DHCPv6 IAID . . . . . . . . . . . : 54587439
   DHCPv6 客户端 DUID  . . . . . . . : 00-01-00-01-22-20-31-FA-F0-1F-AF-64-06-F8
   DNS 服务器  . . . . . . . . . . . : 192.168.1.1
                                       192.168.0.1
   TCPIP 上的 NetBIOS  . . . . . . . : 已启用

C:\Users\tdp>
```

图 8.12　执行命令 ipconfig /all 显示效果

2) ping 命令

ping 命令是通过发送数据包并接收应答信息来检测两台计算机之间的网络连通性，它的作用主要表现在以下 3 方面。

(1) 检测网络的连通情况和分析网络速度。

(2) 根据域名得到其 IP 地址。

(3) 根据返回的 TTL 值判断对方使用操作系统类型及数据包经过的路由器数量。

当使用 ping IP 地址来测试网络连通情况时，通常会显示类似“字节＝32 时间＜1ms TTL＝128”的信息。其中“字节”表示的是数据包的大小，“时间”表示响应时间，这个时间越小，说明速度越快，TTL(time to live)表示生存时间，它告诉路由器该数据包何时需要被丢弃。同时通过 ping 返回的 TTL 值大小初步判断目标操作系统类型。在默认情况下，Linux 系统的 TTL 值为 64 或 255，UNIX 系统的 TTL 值为 255，Windows 98 系统的 TTL 值为 32，Windows 7 系统的 TTL 值为 64，Windows NT/2000/XP、Windows 8/10、Windows Server 2003/2008 系统的 TTL 值为 128。

可以通过执行命令 ping /? 来查看该命令的详细命令格式，如图 8.13 所示。

下面介绍几种常见 ping 命令的用法。

(1) ping -t 目标 IP(或者 ping 目标 IP -t)，其作用是不间断地 ping 指定计算机，直到管理员使用 Ctrl＋C 中断。

(2) ping -a IP 地址，其作用是测试连通性的同时解析出主机名。

(3) ping 目标 IP -n 值(或者 ping -n 值　目标 IP)，在默认情况下，一般只发送 4 个数据包，通过这个命令可以自己定义发送的数据包的数量。这对于衡量网络速度有一定的帮助，如可以测试发送 10 个数据包的返回平均时间、最快时间、最慢时间以及是否丢包等，并以此判断网络的状态。

(4) ping -l 数值　目标 IP(或者 ping 目标 IP -l 数值)，其作用是设定 ping 测试数据包的大小，默认情况下 Windows 的 ping 发送数据包的大小为 32B，最大能发送 65 500B。当一次发送的数据包大于或等于 65 500B 时，将可能导致接收方计算机宕机，因此微软公司限制了这一数值。这个参数配合其他参数后危害较大，如攻击者可以结合-t 参数实施

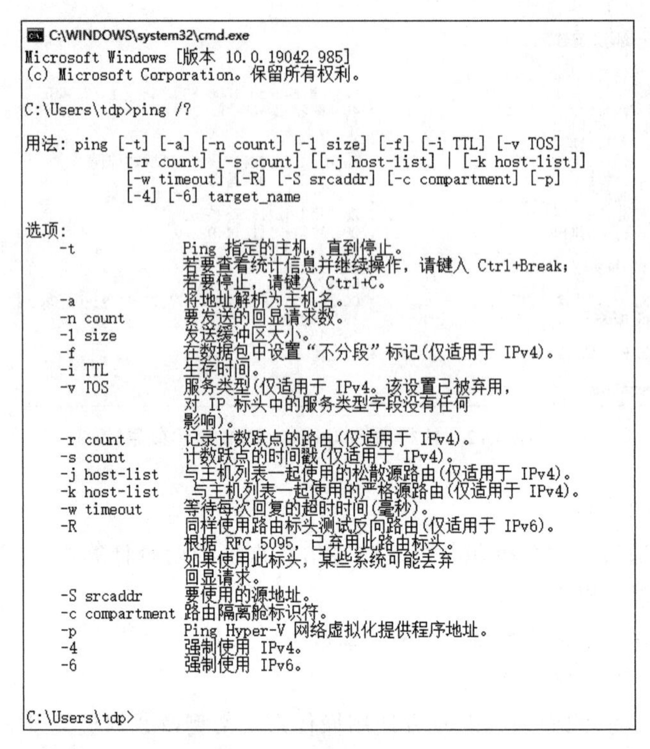
C:\WINDOWS\system32\cmd.exe
Microsoft Windows [版本 10.0.19042.985]
(c) Microsoft Corporation。保留所有权利。

C:\Users\tdp>ping /?

用法: ping [-t] [-a] [-n count] [-l size] [-f] [-i TTL] [-v TOS]
[-r count] [-s count] [[-j host-list] | [-k host-list]]
[-w timeout] [-R] [-S srcaddr] [-c compartment] [-p]
[-4] [-6] target_name

选项:
-t Ping 指定的主机，直到停止。
若要查看统计信息并继续操作，请键入 Ctrl+Break;
若要停止，请键入 Ctrl+C。
-a 将地址解析为主机名。
-n count 要发送的回显请求数。
-l size 发送缓冲区大小。
-f 在数据包中设置"不分段"标记(仅适用于 IPv4)。
-i TTL 生存时间。
-v TOS 服务类型(仅适用于 IPv4。该设置已被弃用，
对 IP 标头中的服务类型字段没有任何
影响)。
-r count 记录计数跃点的路由(仅适用于 IPv4)。
-s count 计数跃点的时间戳(仅适用于 IPv4)。
-j host-list 与主机列表一起使用的松散源路由(仅适用于 IPv4)。
-k host-list 与主机列表一起使用的严格源路由(仅适用于 IPv4)。
-w timeout 等待每次回复的超时时间(毫秒)。
-R 同样使用路由标头测试反向路由(仅适用于 IPv6)。
根据 RFC 5095，已弃用此路由标头。
如果使用此标头，某些系统可能丢弃
回显请求。
-S srcaddr 要使用的源地址。
-c compartment 路由隔离舱标识符。
-p Ping Hyper-V 网络虚拟化提供程序地址。
-4 强制使用 IPv4。
-6 强制使用 IPv6。

C:\Users\tdp>

图 8.13 ping 命令格式

DOS 攻击。若一台计算机作用效果不大,可同时使用多台计算机一起作用,就可以使对方计算机完全瘫痪以及造成网络堵塞。

(5) ping -r 数值(1～9)目的 IP 地址,其作用是记录经过的路由信息,最多跟踪 9 个路由。

(6) for /L %D in (1,1,255) do ping 192.168.1.%D,其功能是批量 ping 网段,自动把网段内所有 IP 地址都 ping 完为止。在代码(1,1,255)中,第一个 1 表示起始地址 192.168.1.1,最后一个 255 表示终止地址 192.168.1.255,第二个 1 表示每次逐增 1。

3) arp 命令

arp 命令是显示和修改"地址解析协议 ARP"缓存中的项目。ARP 缓存中包含用于存储 IP 地址及其经过解析的物理地址的对应关系表。可以通过执行命令 arp(或者 arp /?)来查看该命令的详细命令格式,如图 8.14 所示。

下面介绍几种常见 arp 命令的用法。

(1) arp -a [InetAddr] [-N IfaceAddr]。

显示所有接口的当前 arp 缓存表。要显示特定 IP 地址的 arp 缓存项,使用带有 InetAddr 参数的 arp -a,其中 InetAddr 代表特定 IP 地址。如显示 IP 地址为 192.168.0.1 的主机 MAC 地址,其命令为 arp -a 192.168.0.1。要显示特定接口的 arp 缓存表,将-N IfaceAddr 参数与-a 参数一起使用,其中 IfaceAddr 代表指派给该接口的 IP 地址。如本地有一接口,其 IP 地址为 192.168.0.106,要显示该接口的 arp 缓存表,其命令如下。

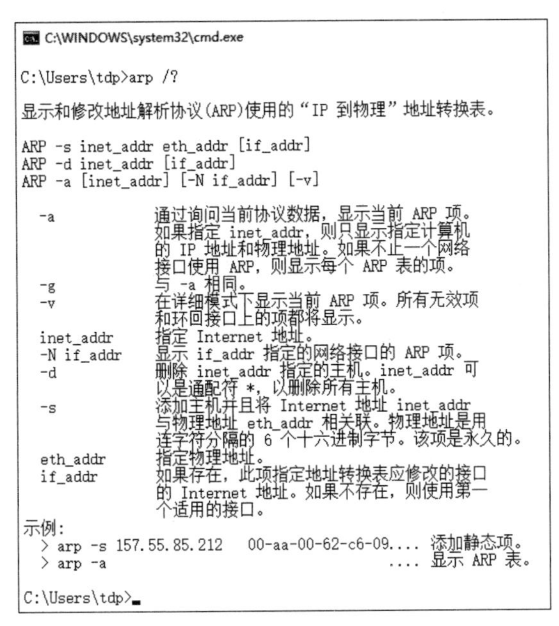

图 8.14 arp 命令格式

```
arp -a -N 192.168.0.106
```

(2) arp -d InetAddr [IfaceAddr]。

删除指定的 IP 地址项，其中 InetAddr 代表 IP 地址。对于指定的接口，要删除表中的某项，就使用 IfaceAddr 参数，IfaceAddr 代表指派给该接口的 IP 地址。要删除所有项，要使用(*)通配符代替 InetAddr。

(3) arp -s InetAddr EtherAddr [IfaceAddr]。

向 arp 缓存添加可将 IP 地址 InetAddr 解析成物理地址 EtherAddr 的静态项。要向指定接口的表添加静态 ARP 缓存项，要使用 IfaceAddr 参数，这里的 IfaceAddr 代表指派给该接口的 IP 地址。

通常使用该命令可以解决 arp 欺骗攻击，arp 欺骗是攻击者通过欺骗局域网内访问者的网关 MAC 地址，使访问者计算机错以为被攻击者更改后的 MAC 地址是网关的 MAC，导致网络不通。解决的方法是在访问者计算机利用“arp -s”命令将正确的网关 IP 地址和 MAC 地址进行静态绑定。可以编写一个自动批处理文件 arp.bat，内容如下。

```
@echo off
arp -d
arp -s 192.168.1.1  11-22-33-44-55-66
```

其中，192.168.1.1 为网关的 IP 地址，11-22-33-44-55-66 为网关的 MAC 地址。在访问者计算机设为开机自动运行该批处理文件。

4) route 命令

该命令用于在本地 IP 路由表中显示和修改条目。使用不带参数的 route 或 route /? 可以显示帮助信息。下面介绍几种常见的 route 命令的用法。

(1) route -f。

该命令的作用是清除路由表。

(2) route print。

该命令的作用是显示 IP 路由表的完整内容。route print -4 命令只显示 IPv4 的路由表信息，route print -6 命令只显示 IPv6 的路由表信息。

(3) route add。

该命令的作用是添加一条静态路由信息，-p 参数为添加一条永久路由。网络中有多个网关信息时，会经常使用该命令来添加网关信息。

若要添加一条 192.168.1.1 的默认网关地址的路由信息，其命令如下。

```
route add 0.0.0.0 mask 0.0.0.0 192.168.1.1
```

若要添加一条使用 0X3 接口索引的、到目标网络为 192.168.2.0、子网掩码为 255.255.255.0、下一跳为 192.168.3.1 且成本值标为 2 的路由信息，其命令如下。

```
route add 192.168.2.0 mask 255.255.255.0 192.168.3.1 metric 2 if 0x3
```

(4) route -delete。

该命令的作用是删除一条路由。如删除到目标网络为 192.168.1.0，子网掩码为 255.255.255.0 的路由，其命令如下。

```
route delete 192.168.1.0 mask 255.255.255.0
```

若要删除以 192.起始的 IP 路由表中的所有路由，其命令如下。

```
route delete 10.*
```

(5) change 命令。

该命令的作用是修改网关和/或跃点数。若要将带有 192.168.2.0、子网掩码为 255.255.255.0的下一跳地址从 192.168.1.1 修改为 192.168.1.254，其命令如下。

```
route change 192.168.2.0 mask 255.255.255.0 192.168.1.254
```

5) nslookup 命令

用于查询 DNS 记录，查询域名解析是否正常，在网络故障时用来诊断网络问题。可以通过执行命令 nslookup /? 来查看该命令的帮助信息。如执行命令 nslookup baidu.com，该命令的功能是用来查找域名对应的 IP 地址。

6) nbtstat 命令

显示基于 TCP/IP 的 NetBIOS 协议统计资料、本地计算机和远程计算机的 NETBIOS 名称表和 NetBIOS 名称缓存。nbtstat 可以刷新 NetBIOS 名称缓存和使用 Windows Internet 名称服务(WINS)注册的名称。使用不带参数的 nbtstat(或执行命令 nbtstat /?)显示帮助，如图 8.15 所示。

下面介绍几种常见 nbtstat 命令的用法。

(1) nbtstat -a RemoteName，显示远程计算机的 NETBIOS 名称表。其中，RemoteName 是远程计算机的 NetBIOS 计算机名称。NetBIOS 名称表是与运行在该计算机上的应用

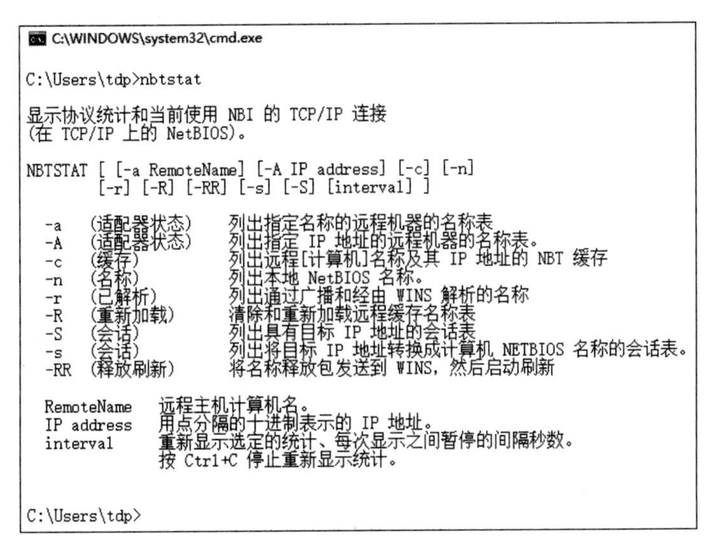

图 8.15 nbtstat 命令格式

程序相对应的 NetBIOS 名称列表。

(2) nbtstat -A IPAddress，显示远程计算机的 NetBIOS 名称表，其名称由远程计算机的 IP 地址指定(以小数点分隔)。

(3) nbtstat -c，显示 NetBIOS 名称缓存内容、NetBIOS 名称表及其解析的各个地址。

(4) nbtstat -n，显示本地计算机的 NetBIOS 名称表。registered 的状态表明该名称是通过广播还是 WINS 服务器注册的。

(5) nbtstat -r，显示 NetBIOS 名称解析统计资料。在配置为使用 WINS 且运行 Windows XP 或 Windows Server 2003 操作系统的计算机上，该参数将返回已通过广播和 WINS 解析和注册的名称号码。

(6) nbtstat -R，清除 NetBIOS 名称缓存的内容，并从 Lmhosts 文件中重新加载带有 #PRE 标记的项目。

(7) nbtstat -RR，释放并刷新通过 WINS 服务器注册的本地计算机的 NetBIOS 名称。

(8) nbtstat -s，显示 NetBIOS 客户端和服务器会话，并试图将目标 IP 地址转化为名称。

(9) nbtstat -S，显示 NetBIOS 客户端和服务器会话，只通过 IP 地址列出远程计算机。

7) netstat 命令

该命令用于显示与 IP、TCP、UDP 和 ICMP 协议相关的统计数据，一般用于检验本机各端口的网络连接情况。可以通过执行命 netstat /? 查看该命令的详细命令格式，如图 8.16 所示。

下面介绍几种常见 netstat 命令的用法。

(1) netstat -a，显示所有网络连接和侦听端口。

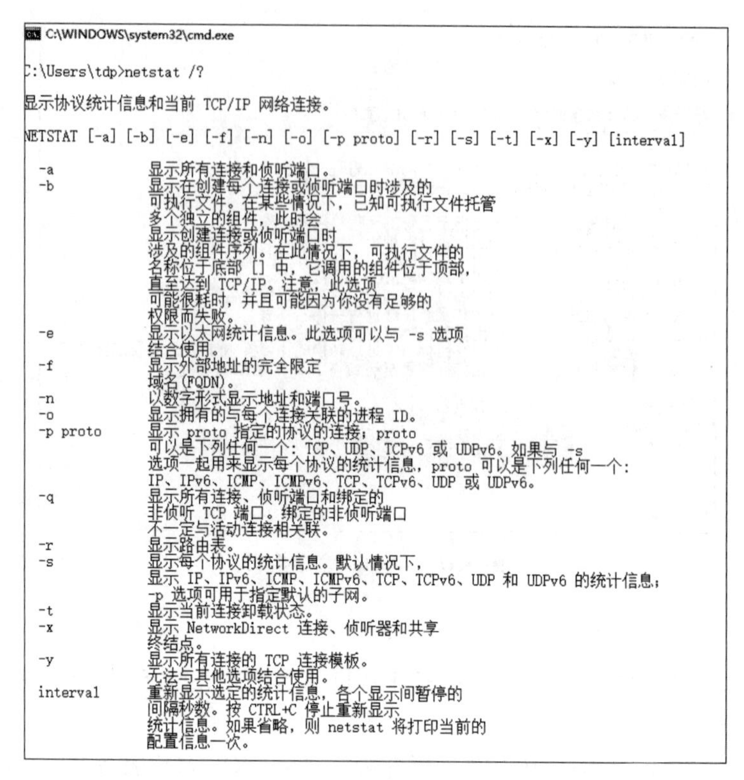

图 8.16 netstat 命令格式

(2) netstat -b，显示在创建网络连接和侦听端口时涉及的可执行程序。

(3) netstat -n，显示已创建的有效连接，并以数字的形式显示本地地址和端口号。

(4) netstat -s，显示每个协议的各类统计数据，查看网络存在的连接，显示数据包的接收和发送情况。

(5) netstat -e，显示关于以太网的统计数据，包括传送的字节数、数据包、错误等。

(6) netstat -r，显示关于路由表的信息。

8) tracert

该命令的作用是跟踪路由，用于确定 IP 数据包访问目标所采取的路径。它是用 IP 生存时间字段和 ICMP 错误消息来确定从一台主机到网络上其他主机的路由。Tracert 命令工作时，首先送出一个 TTL 是 1 的 IP 数据包到目的地，当路径上的第一台路由器收到这个数据包时，它将 TTL 减 1。此时 TTL 变为 0，所以该路由器会丢弃此数据包，并送回一个 ICMP time exceeded 的消息(包括发送 IP 包的源地址，IP 包的所有内容及路由器的 IP 地址)，Tracert 收到这个消息后，便知道这个路由器存在于这个路径上，接着 Tracert 再送出另一个 TTL 是 2 的数据包，发现第 2 个路由器。以此类推，tracert 每次将送出的数据包的 TTL 加 1 来发现另一个路由器，这个重复的动作一直持续到某个数据包抵达目的地。当数据包到达目的地后，该主机则不会送回 ICMP time exceeded 消息，一旦到达目的地，由于 tracert 通过 UDP 数据包向不常见端口(30000 以上)发送数据包，因此会收到 ICMP port unreachable 的消息，故可判断到达目的地。

tracert 有一个固定的时间等待响应(ICMP TTL 到期消息)。如果这个时间过了,它将打印一系列的 * 号,表明在路径上的这个设备不能在给定的时间内发出 ICMP TTL 到期消息的响应。然后,tracert 给 TTL 计数器加 1,继续进行(默认最多 30 跳结束)。使用不带参数的 tracert(或执行命令 tracert /?)显示帮助信息,如图 8.17 所示。如执行命令 tracert www.baidu.com,可以查询从本机跟踪到目的主机 www.baidu.com 的路径信息。

```
C:\WINDOWS\system32\cmd.exe

C:\Users\tdp>tracert

用法: tracert [-d] [-h maximum_hops] [-j host-list] [-w timeout]
               [-R] [-S srcaddr] [-4] [-6] target_name

选项:
    -d                 不将地址解析成主机名。
    -h maximum_hops    搜索目标的最大跃点数。
    -j host-list       与主机列表一起的松散源路由(仅适用于 IPv4)。
    -w timeout         等待每个回复的超时时间(以毫秒为单位)。
    -R                 跟踪往返行程路径(仅适用于 IPv6)。
    -S srcaddr         要使用的源地址(仅适用于 IPv6)。
    -4                 强制使用 IPv4。
    -6                 强制使用 IPv6。

C:\Users\tdp>
```

图 8.17　tracert 命令格式

9) net 命令

net 命令是所有网络命令中最重要的命令。它功能强大,并以命令行方式执行。使用它可以轻松地管理本地或远程计算机的网络环境、各种服务程序的运行和配置,以及进行用户管理和登录管理等。使用不带参数的 net(或执行命令 net /?)命令显示帮助,如图 8.18 所示。

```
选择C:\WINDOWS\system32\cmd.exe

C:\Users\tdp>net
此命令的语法是:

NET
    [ ACCOUNTS | COMPUTER | CONFIG | CONTINUE | FILE | GROUP | HELP |
      HELPMSG | LOCALGROUP | PAUSE | SESSION | SHARE | START |
      STATISTICS | STOP | TIME | USE | USER | VIEW ]

C:\Users\tdp>
```

图 8.18　net 命令

(1) net accounts。

将用户账户数据库升级,并修改所有账户的密码和登录等。通过执行命令 net accounts /? 可以查看该命令的格式,如图 8.19 所示。

输入不带参数的 net accounts 命令,将显示当前密码设置、登录限制和域信息。

/FORCELOGOFF:{minutes|NO},设置当用户账号或有效登录过期时,在结束用户与服务器的会话前要等待的分钟数。默认值 no 可以防止强制注销用户。

/MINPWLEN:length 设置用户账户密码的最少字符数。字符数范围为 0～127,默认值为 6 个字符数。

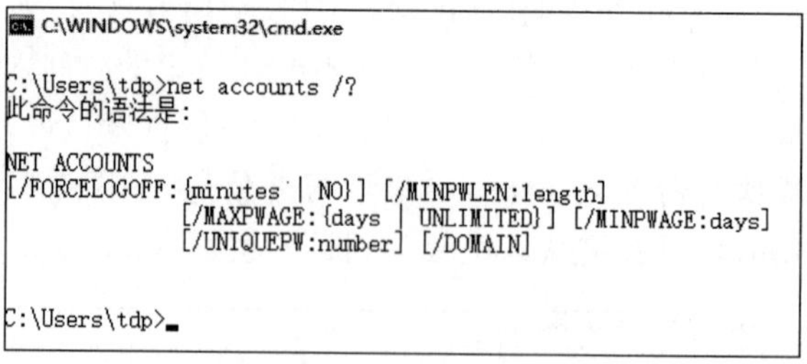

```
C:\WINDOWS\system32\cmd.exe

C:\Users\tdp>net accounts /?
此命令的语法是:

NET ACCOUNTS
[/FORCELOGOFF:{minutes | NO}] [/MINPWLEN:length]
              [/MAXPWAGE:{days | UNLIMITED}] [/MINPWAGE:days]
              [/UNIQUEPW:number] [/DOMAIN]

C:\Users\tdp>_
```

图 8.19 net accounts 命令格式

/MAXPWAGE:{days|UNLIMITED}设置用户账户密码有效天数的最大值。数值UNLIMITED的设置为无时间限制。/MAXPWAGE 选项的天数必须大于/MINPWAGE。取值范围为 1～49710 天,默认值为 90 天。

/MINPWAGE:days,设置用户必须保持原密码的最小天数。0 值表示不设置最小时间。取值范围是 0～49710 天,默认值为 0。

/UNIQUEPW:number,要求用户更改密码时,必须在经过 number 次后才能重复使用之前的密码。取值范围为 0～8,默认值为 5。

/DOMAIN,在当前域的主域控制器上执行该操作。否则只在本地计算机执行操作。

/SYNC,当用于主域控制器时,该命令使域中所有备份域控制器同步;当用于备份域控制器时,该命令仅使该备份域控制器与主域控制器同步。

(2) net computer。

从域数据库中添加或删除计算机,所有计算机的添加和删除都会转发到主域控制器。通过执行命令 net computer 或者 net computer /? 查看该命令的格式如下。

```
net computer  \\computername {/ADD | /DEL}
```

\\computername,指定要添加到域或从域中删除的计算机。/add,是将指定计算机添加到域;/del,是将指定的计算机从域中删除。

(3) net config。

显示当前运行的可配置服务,或显示并更改某服务的设置。通过执行命令 net config /? 查看该命令的格式如下。

```
NET CONFIG [SERVER | WORKSTATION]
```

输入不带参数的 net config 命令,显示可配置服务的列表。通过 net config 命令进行配置的服务包括 server 或 workstation。

net config server,表示运行服务时显示或更改服务器的服务设置。其命令格式如下。

```
net config SERVER[/AUTODISCONNECT:time][/SRVCOMMENT:"text"][/HIDDEN:{YES |
NO}]
```

输入不带参数的 net config server,将显示服务器服务的当前配置。

/AUTODISCONNECT:time,设置断开前用户会话闲置的最大时间值。可以指定为－1，表示永不断开连接。允许范围是－1～65535min，默认值是15min。

/SRVCOMMENT："text"，为服务器添加注释，可以通过net view命令在屏幕上显示所加注释。注释最多可达48个字符，文字要用引号引住。

/HIDDEN：{yes | no}，指定服务器的计算机名是否出现在服务器列表中。隐藏某个服务器并不改变该服务器的权限，默认为no。

net config workstation，将显示本地计算机的当前配置。对于Window Server NT操作系统，该命令会涉及一些参数的设置。

(4) net continue。

重新激活挂起的服务，通过执行命令net continue或者命令net continue /? 查看该命令的格式如下。

```
net continue service
```

service表示能够继续运行的服务，如server、workstation等。

(5) net file。

显示某服务器上所有打开的共享文件名及锁定文件数。该命令也可以关闭个别文件，并取消文件锁定。通过执行命令net file /? 查看该命令的格式如下。

```
net file [id [/CLOSE]]
```

输入不带参数的net file可获得服务器上打开文件的列表。id为文件标识号，/close为关闭打开的文件，并释放锁定记录。该命令通常是在共享文件的服务器中执行。

(6) net group。

该命令只能用于Windows域控制器。用于在域中添加、显示或更改全局组。通过执行命令Net group /? 查看该命令的格式如下。

```
net group [groupname [/COMMENT:"text"]] [/DOMAIN]
net group groupname {/ADD [/COMMENT:"text"] | /DELETE} [/DOMAIN]
net group groupname username [...] {/ADD | /DELETE} [/DOMAIN]
```

输入不带参数的net group命令可以显示服务器名称及服务器的组名称。

groupname，表示要添加、扩展或删除的组。提供某个组名便可查看组中的用户列表。

/COMMENT："text"，为新建组或现有组添加注释。注释最多可以是48个字符，并用引号将注释文字引住。

/DOMAIN，在当前域的主域控制器中执行该操作，否则在本地计算机上执行操作。

username[...]列表显示要添加到组或从组中删除的一个或多个用户。使用空格分隔多个用户名称项。

/ADD，添加组或在组中添加用户名。必须使用该命令为添加到组中的用户建立账号。

/DELETE，删除组或从组中删除用户名。

(7) net help。

提供网络命令列表及帮助主题，或提供指定命令或主题的帮助。通过执行命令 net help /? 查看该命令的格式如下。

```
net help command 或 net command /HELP
```

输入不带参数的 net help，显示能够获得帮助的命令列表和帮助主题。

command，需要其帮助的命令，不要将 net 作为 command 的一部分。

(8) net localgroup。

添加、显示或更改本地组。通过执行命令 net localgroup /? 查看该命令的格式如下。

```
net localgroup  [groupname [/COMMENT:"text"]] [/DOMAIN]
    groupname {/ADD [/COMMENT:"text"] | /DELETE}  [/DOMAIN]
    groupname name [...] {/ADD | /DELETE} [/DOMAIN]
```

输入不带参数的 net localgroup，将显示服务器名称和计算机的本地组名称。

groupname，要添加、扩充和或删除的本地组名称。只提供 groupname 即可查看用户列表或本地组中的全局组。

/COMMENT："text"，为新建或现有组添加注释。注释文字的最大长度是 48 个字符，并用引号引住。

/DOMAIN，在当前域的主域控制器中执行操作，否则仅在本地计算机上执行操作。

name[...]，列出要添加到本地组或从本地组中删除的一个或多个用户名或组名，多个用户名或组名之间以空格分隔。可以是本地用户、其他域用户或全局组，但不能是其他本地组。如果是其他域的用户，要在用户名前添加域名。

/ADD，将全局组名或用户名添加到本地组中。在使用该命令将用户或全局组添加到本地组之前，必须为其建立账号。

/DELETE，从本地组中删除组名或用户名。

(9) net pause。

暂停正在运行的服务，通过执行命令 net pause 或者 net pause /? 查看该命令的格式如下。

```
net pause service
```

service 表示暂停运行的服务，如 server、workstation 等。

(10) net print。

显示或控制打印作业及打印队列。通过执行命令 net print 或者 net print /? 查看该命令的格式如下。

```
net print  \\computername\sharename
net print  [\\computername] job#  [/HOLD | /RELEASE | /DELETE]
```

(11) net session。

列出或断开本地计算机和与之连接的客户端的会话。通过执行命令 net session /? 查看该命令的格式如下。

```
net session [\\computername][/DELETE]
```

输入不带参数的 net session 可以显示所有与本地计算机会话的信息。

\\computername,标识要列出或断开会话的计算机。

/DELETE,结束与\\computername 计算机会话,并关闭本次会话期间计算机的所有打开文件。如果省略\\computername 参数,将取消与本地计算机的所有会话。

(12) net share。

创建、删除或显示共享资源。通过执行命令 net share /? 查看该命令的格式如下。

```
net share sharename
net share sharename=drive:path [/GRANT:user,[READ | CHANGE | FULL]] [/USERS:number | /UNLIMITED] [/REMARK:"text"] [/CACHE:Manual | Documents | Programs | None ]
net share sharename [/USERS:number | /UNLIMITED] [/REMARK:"text"] [/CACHE:Manual | Documents | Programs | None]
net share{sharename | devicename | drive:path} /DELETE
net share sharename \\computername /DELETE
```

输入不带参数的 net share 将显示本地计算机上所有共享资源的信息,如图 8.20 所示。

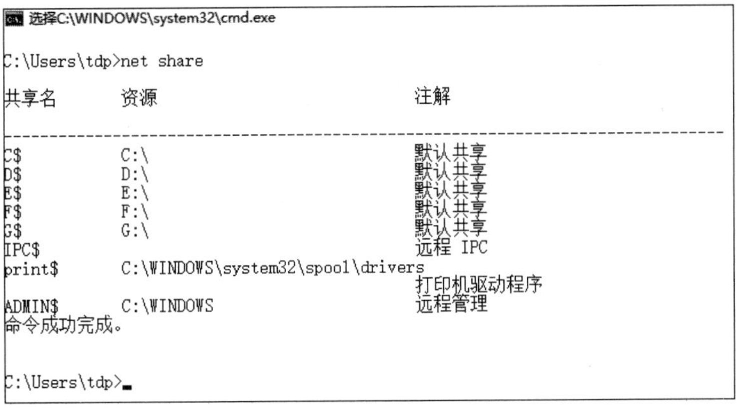

```
选择C:\WINDOWS\system32\cmd.exe

C:\Users\tdp>net share

共享名       资源                             注解

-------------------------------------------------------------------------------
C$           C:\                              默认共享
D$           D:\                              默认共享
E$           E:\                              默认共享
F$           F:\                              默认共享
G$           G:\                              默认共享
IPC$                                          远程 IPC
print$       C:\WINDOWS\system32\spool\drivers
                                              打印机驱动程序
ADMIN$       C:\WINDOWS                       远程管理
命令成功完成。

C:\Users\tdp>
```

图 8.20 执行 net share 查看共享资源信息

sharename 为共享资源的网络名称。输入带 sharename 的 net share 命令,只显示该共享信息。

drive:path,指定共享目录的绝对路径。

/USERS:number,设置可同时访问共享资源的最大用户数。

/UNLIMITED,不限制同时访问共享资源的用户数。

/REMARK:"text",添加关于资源的注释,注释文字用引号引住。

/DELETE,停止共享资源。

(13) net start。

启动服务，或显示已启动服务的列表。如果服务名是两个或两个以上的词，如 net logon 或 computer browser，则必须用引号引住。通过执行命令 net start /? 查看该命令的格式如下。

```
net star [service]
```

输入不带参数的 net start，则显示运行服务的列表，如图 8.21 所示。service 表示具体的服务，如 server、workstation 等。

```
C:\WINDOWS\system32\cmd.exe

C:\Users\tdp>net start
已经启动以下 Windows 服务:

   360 杀毒实时防护加载服务
   Adobe Genuine Monitor Service
   Agent Activation Runtime_f6f8ff
   AlpsAlpine HID Monitor Service
   Apple Mobile Device Service
   Application Information
   AVCTP 服务
   Background Tasks Infrastructure Service
   Base Filtering Engine
   Bonjour 服务
   CAJ Service Host
   CNG Key Isolation
   COM+ Event System
   Computer Browser
   Connected User Experiences and Telemetry
   CoreMessaging
   Credential Manager
   Cryptographic Services
   Data Sharing Service
   DCOM Server Process Launcher
   Dell Data Vault Collector
   Dell Data Vault Processor
   Dell Data Vault Service API
   Dell SupportAssist Agent
   Device Association Service
   DHCP Client
   Diagnostic Policy Service
```

图 8.21 执行 net start 查看运行服务的列表

(14) net statistics。

显示本地工作站或服务器服务的统计记录。通过执行命令 net statistics /? 查看该命令的格式如下。

```
net statistics [WORKSTATION | SERVER]
```

输入不带参数的 net statistics 将列出其统计数据可用的运行服务。

net statistics WORKSTATION，显示本地工作站服务的统计信息。

net statistics SERVER，显示本地服务器服务的统计信息。

(15) net stop。

停止网络服务，通过执行命令 net stop 或者 net stop /? 查看该命令的格式如下。

```
net stop service
```

service 表示具体的服务，如 server、workstation 等。图 8.22 所示为停止 server 服务以及开启 server 服务。

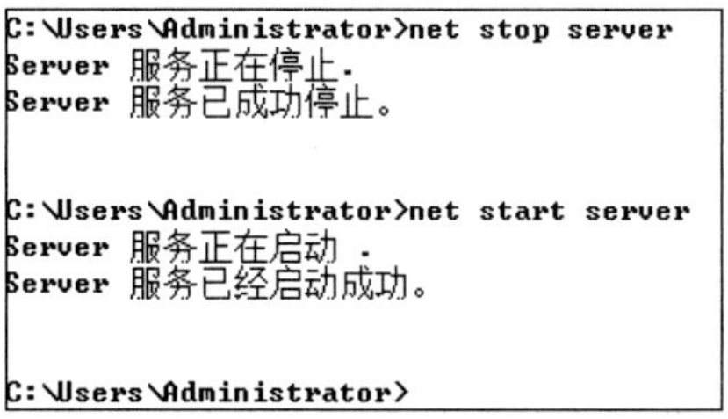

```
C:\Users\Administrator>net stop server
Server 服务正在停止.
Server 服务已成功停止。

C:\Users\Administrator>net start server
Server 服务正在启动 .
Server 服务已经启动成功。

C:\Users\Administrator>
```

图 8.22　停止 server 服务以及开启 server 服务

(16) net time。

使计算机的时钟与另一台计算机或域的时间同步。通过执行命令 net time /? 查看该命令的格式如下。

```
net time  [\\computername | /DOMAIN[:domainname] |/RTSDOMAIN[:domainname]]
[/SET]
net time  [\\computername] /QUERYSNTP
net time  [\\computername] /SETSNTP[:ntp server list]
```

\\computername,指定要检查或要与之同步的服务器的名称。

/DOMAIN[:domainname],指定要同步时钟的域。

/RTSDOMAIN[:domainname],指定要与之同步时钟的“可信时间服务器”所在的域。

/SET,使计算机的时钟与指定的计算机或域的时间同步。

/QUERYSNTP,显示当前为本地计算机或 computername 所指定的计算机配置的网络时间协议(NTP)服务器的名称。

/SETSNTP[:ntp server list],指定本地计算机所使用的 NTP 时间服务器的列表。该列表可以包含 IP 地址或 DNS 名称,并用空格分开。如果使用多个时间服务器,则必须使用引号引住该列表。

使用/SET 参数时,可以直接在后面加上/y 或/yes 参数,实现不询问直接更改时间。

(17) net use。

连接计算机或断开计算机与共享资源的连接,或显示计算机的连接信息。使用 net use 命令可以将远端的共享资源挂载到本地,即将共享目录映射到本地的指定位置。通过执行命令 net use /? 查看该命令的格式如图 8.23 所示。

输入不带参数的 net use 命令,将列出网络连接。

devicename,指定要连接或断开的资源名称或设备名称,常用磁盘驱动器号表示。星号表示将分配下一个可用设备名。

\\computername\sharename,服务器及共享资源的名称。

volume,指定服务器上的 NetWare 卷。要连接到 NetWare 服务器,必须安装并运行 NetWare 客户机服务或 NetWare 网关服务。

password,访问共享资源的密码。* 为提示输入密码。在密码提示行中输入密码时,将不显示该密码。

```
C:\WINDOWS\system32\cmd.exe

C:\Users\tdp>net use /?
此命令的语法是:

NET USE
[devicename | *] [\\computername\sharename[\volume] [password | *]]
        [/USER:[domainname\]username]
        [/USER:[dotted domain name\]username]
        [/USER:[username@dotted domain name]
        [/SMARTCARD]
        [/SAVECRED]
        [/REQUIREINTEGRITY]
        [/REQUIREPRIVACY]
        [/WRITETHROUGH]
        [[/DELETE] | [/PERSISTENT:{YES | NO}]]

NET USE {devicename | *} [password | *] /HOME

NET USE [/PERSISTENT:{YES | NO}]


C:\Users\tdp>
```

图 8.23　net use 命令格式

/USER,指定进行连接用户。domainname 为指定域。username 为指定登录的用户名。/HOME 将用户连接到其宿主目录。

/DELETE,取消指定网络连接。如果用户以 * 指定连接,则取消所有网络连接。

/PERSISTENT,控制永久网络连接的使用。

yes,保持建立的所有连接,并在下次登录时还原。

no,不保存建立的连接和继发连接,并在下次登录时还原现有连接。使用/delete 开关项取消永久连接。

图 8.24 所示为 net use 命令使用案例,其中 f:表示指定要连接或断开的资源名称或设备名称,127.0.0.1 为目标计算机的 IP 地址,c $ 为目标计算机的共享资源名称,123456 为访问共享资源用户名对应的密码,Administrator 为用户名。打开“我的电脑”,可以看到使用 f 盘来表示网络中的共享资源,从而通过访问 f 盘来访问共享资源,如图 8.25 所示。

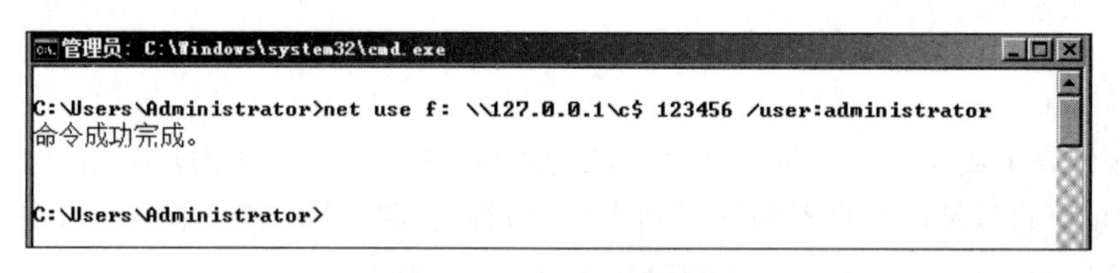

图 8.24　net use 命令使用案例

通过命令 net use f:/delete 取消已经建立的网络连接。

(18) net user。

添加或更改用户账号或显示用户账号信息。通过执行命令 net user /? 查看该命令的格式如图 8.26 所示。

输入不带参数的 net user 将查看计算机上的用户账号列表。

username 表示添加、删除、更改或查看用户账号名。password 为用户账号分配或更改密码。* 表示提示输入密码,在密码提示行中输入密码时,将不显示该密码。/domain

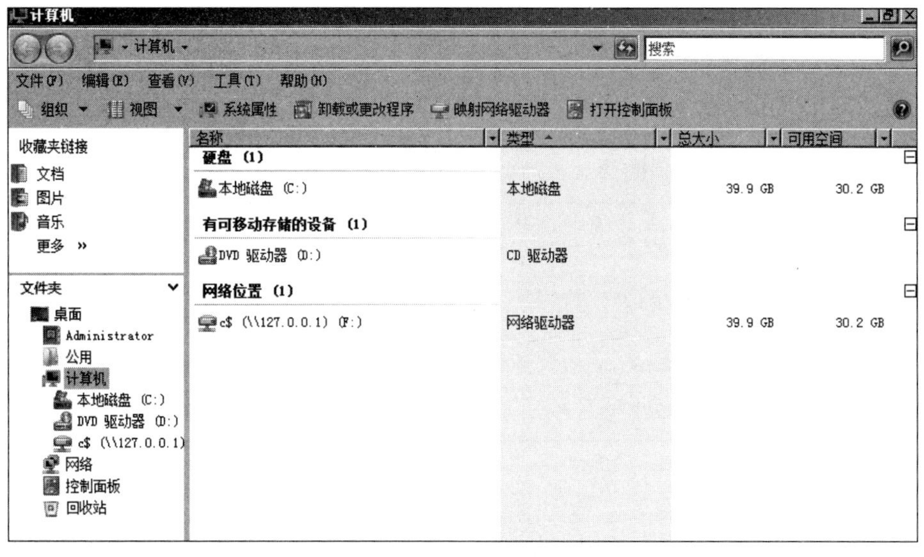

图 8.25　f 盘表示共享资源

```
C:\WINDOWS\system32\cmd.exe

C:\Users\tdp>net user /?
此命令的语法是:

NET USER
[username [password | *] [options]] [/DOMAIN]
         username {password | *} /ADD [options] [/DOMAIN]
         username [/DELETE] [/DOMAIN]
         username [/TIMES:{times | ALL}]
         username [/ACTIVE: {YES | NO}]


C:\Users\tdp>
```

图 8.26　net user 命令格式

为在计算机主域控制器中执行操作。

/ADD,将用户账号添加到用户账号数据库。

/DELETE,从用户账号数据库中删除用户账号。

/ACTIVE:{NO | YES},启用或禁止用户账号。如果不激活用户账号,用户就不能访问计算机上的资源。默认值为 yes(激活)。

图 8.27 所示为 net user 命令使用案例,该案例首先创建用户名为 tdp、密码为 654321 的账户信息,接着删除该账户信息。

(19) net view。

显示域列表、计算机列表或指定计算机的共享资源列表。通过执行命令 net view /? 查看该命令的格式如下。

```
net view [\\computername [/CACHE] | [/ALL] | /DOMAIN[:domainname]]
net view /NETWORK:NW [\\computername]
```

输入不带参数的 net view 将显示当前域或工作组中计算机的列表。

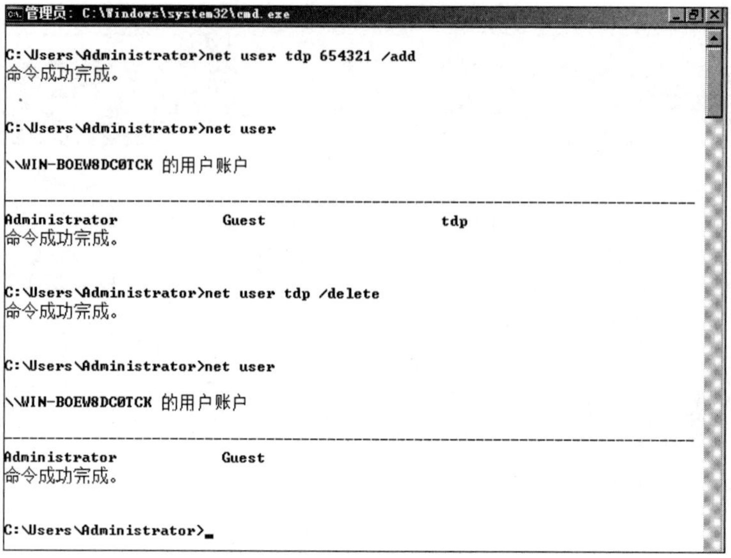

```
管理员: C:\Windows\system32\cmd.exe

C:\Users\Administrator>net user tdp 654321 /add
命令成功完成。

C:\Users\Administrator>net user

\\WIN-BOEW8DC0TCK 的用户账户

-------------------------------------------------------------------------------
Administrator            Guest                    tdp
命令成功完成。

C:\Users\Administrator>net user tdp /delete
命令成功完成。

C:\Users\Administrator>net user

\\WIN-BOEW8DC0TCK 的用户账户

-------------------------------------------------------------------------------
Administrator            Guest
命令成功完成。

C:\Users\Administrator>
```

图 8.27 net user 命令使用案例

computername,指定希望查看其共享资源的目标计算机。

DOMAIN[:domainname]指定要查看其可用计算机的域或工作组。如果省略 domainname,/DOMAIN 将显示网络上的所有域或工作组名。

NETWORK:NW,显示 Netware 网络上所有可用的服务器。如果指定计算机名,/NETWORK:NW 将通过 NetWare 网络显示该计算机上的可用资源。也可以指定添加到系统中的其他网络。

10) 批处理

批处理又称为批处理脚本(batch),批处理文件扩展名为.bat,DOS 下可执行文件通常有 3 种,后缀分别为 exe、com 和 bat,exe 和 com 文件都是二进制形式,bat 文件是文本形式,可以直接阅读,bat 文件内包含 DOS 命令的集合。批处理文件的构成没有固定格式,每一行视为一个命令,每个命令可以含多条子命令,从第一行开始执行,直到最后一行结束。autoexec.bat 是一个特殊的批处理文件,它在 DOS 启动时自动运行。

@:将这个符合放在批处理文件中其他命令的前面,运行时将不显示命令本身。批处理一般以@echo off 开始,表示关闭命令回显,让脚本运行界面更清爽。echo 显示指定的信息,通常显示在屏幕上,如 echo hello,将在屏幕上显示 hello 字样。图 8.28 所示为创建批处理文件 a.bat。双击该文件,可以执行该批处理文件。

11) netsh

netsh 是一种命令行实用程序,可用来显示与修改当前正在运行的计算机网络配置(如 IP 地址、网关、DNS 和 MAC 地址等)。它还提供脚本功能,可以对特定的计算机以批处理方式运行一组命令。netsh 使用帮助程序提供称为上下文(context)的广泛功能集。上下文是特定于网络组件的一组命令,它们通过为一个或多个服务、实用程序或协议提供配置和监视支持来扩展 netsh 的功能。要运行 netsh 命令,必须从命令提示符(cmd.exe)

```
a.bat - 记事本
文件(F)  编辑(E)  格式(O)  查看(V)  帮助(H)
@echo off
net use f: \\127.0.0.1\c$ 123456 /user:administrator
```

图 8.28　批处理案例

启动 netsh,并更改到包含要使用的命令的上下文。可以使用的上下文取决于用户安装的网络组件。通过执行命令 netsh /? 或 netsh ? 可以查看该命令帮助信息,如图 8.29 所示。netsh 命令的功能比较多,下面简单介绍几个常用功能。

```
管理员: C:\Windows\system32\cmd.exe
C:\Users\Administrator>netsh /?

用法: netsh [-a AliasFile] [-c Context] [-r RemoteMachine] [-u [DomainName\]User
Name] [-p Password | *]
             [Command | -f ScriptFile]

下列指令有效:

此上下文中的命令:
?              - 显示命令列表。
add            - 在项目列表上添加一个配置项目。
advfirewall    - 更改到 `netsh advfirewall' 上下文。
bridge         - 更改到 `netsh bridge' 上下文。
delete         - 在项目列表上删除一个配置项目。
dhcpclient     - 更改到 `netsh dhcpclient' 上下文。
dump           - 显示一个配置脚本。
exec           - 运行一个脚本文件。
firewall       - 更改到 `netsh firewall' 上下文。
help           - 显示命令列表。
http           - 更改到 `netsh http' 上下文。
interface      - 更改到 `netsh interface' 上下文。
ipsec          - 更改到 `netsh ipsec' 上下文。
lan            - 更改到 `netsh lan' 上下文。
nap            - 更改到 `netsh nap' 上下文。
netio          - 更改到 `netsh netio' 上下文。
ras            - 更改到 `netsh ras' 上下文。
rpc            - 更改到 `netsh rpc' 上下文。
set            - 更新配置设置。
show           - 显示信息。
winhttp        - 更改到 `netsh winhttp' 上下文。
winsock        - 更改到 `netsh winsock' 上下文。

下列的子上下文可用:
 advfirewall bridge dhcpclient firewall http interface ipsec lan nap netio ras r
pc winhttp winsock
```

图 8.29　netsh 命令

(1) 防火墙的相关操作。

在 Windows 下查看防火墙状态的命令 netsh 为 firewall,如图 8.30 所示。利用该命令可以对防火墙进行操作。

```
管理员: C:\Windows\system32\cmd.exe - netsh

C:\Users\Administrator>netsh
netsh>firewall
netsh firewall>
```

图 8.30　操作防火墙命令

通过输入"?"可以查看有效指令和此上下文中的命令,如图 8.31 所示。

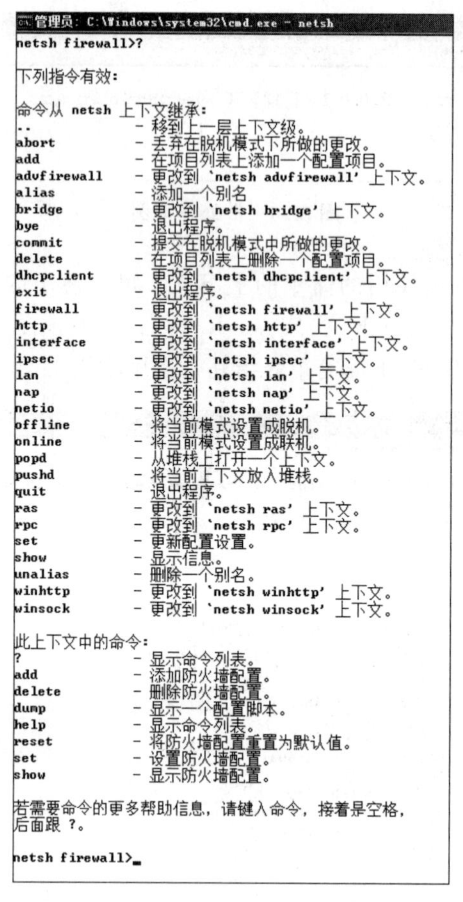

```
管理员: C:\Windows\system32\cmd.exe - netsh
netsh firewall>?

下列指令有效:

命令从 netsh 上下文继承:
..             - 移到上一层上下文级。
abort          - 丢弃在脱机模式下所做的更改。
add            - 在项目列表上添加一个配置项目。
advfirewall    - 更改到 `netsh advfirewall' 上下文。
alias          - 添加一个别名
bridge         - 更改到 `netsh bridge' 上下文。
bye            - 退出程序。
commit         - 提交在脱机模式中所做的更改。
delete         - 在项目列表上删除一个配置项目。
dhcpclient     - 更改到 `netsh dhcpclient' 上下文。
exit           - 退出程序。
firewall       - 更改到 `netsh firewall' 上下文。
http           - 更改到 `netsh http' 上下文。
interface      - 更改到 `netsh interface' 上下文。
ipsec          - 更改到 `netsh ipsec' 上下文。
lan            - 更改到 `netsh lan' 上下文。
nap            - 更改到 `netsh nap' 上下文。
netio          - 更改到 `netsh netio' 上下文。
offline        - 将当前模式设置成脱机。
online         - 将当前模式设置成联机。
popd           - 从堆栈上打开一个上下文。
pushd          - 将当前上下文放入堆栈。
quit           - 退出程序。
ras            - 更改到 `netsh ras' 上下文。
rpc            - 更改到 `netsh rpc' 上下文。
set            - 更新配置设置。
show           - 显示信息。
unalias        - 删除一个别名。
winhttp        - 更改到 `netsh winhttp' 上下文。
winsock        - 更改到 `netsh winsock' 上下文。

此上下文中的命令:
?              - 显示命令列表。
add            - 添加防火墙配置。
delete         - 删除防火墙配置。
dump           - 显示一个配置脚本。
help           - 显示命令列表。
reset          - 将防火墙配置重置为默认值。
set            - 设置防火墙配置。
show           - 显示防火墙配置。

若需要命令的更多帮助信息，请键入命令，接着是空格，
后面跟 ?。

netsh firewall>_
```

图 8.31　查看有效指令和此上下文中的命令

通过执行 netsh firewall>set ？可以查看此上下文中的命令，如图 8.32 所示。

```
netsh firewall>set ?

下列指令有效:

命令从 netsh 上下文继承:
set file       - 复制控制台输出到文件。
set machine    - 设置在上面操作的机器。
set mode       - 设置当前模式为联机或脱机。

此上下文中的命令:
set allowedprogram - 设置防火墙允许的程序配置。
set icmpsetting - 设置防火墙 ICMP 配置。
set logging    - 设置防火墙记录配置。
set multicastbroadcastresponse - 设置防火墙多播/广播响应配置。
set notifications - 设置防火墙通知配置。
set opmode     - 设置防火墙操作配置。
set portopening - 设置防火墙端口配置。
set service    - 设置防火墙服务配置。
netsh firewall>_
```

图 8.32　查看有效命令和此上下文中的命令

通过执行命令 netsh firewall>set opmode mode=enable 可以启用防火墙。
通过执行命令 netsh firewall>set opmode mode=disable 可以关闭防火墙。

通过执行命令 netsh firewall>reset 可以将防火墙配置重置为默认值。

(2) interface(接口)相关操作。

在 Windows 下操作接口命令为 netsh interface,如图 8.33 所示。利用该命令可以对接口进行操作。

```
管理员: C:\Windows\system32\cmd.exe - netsh

C:\Users\Administrator>netsh
netsh>interface
netsh interface>
```

图 8.33　操作接口命令

通过输入"?"可以查看有效指令和此上下文中的命令,如图 8.34 所示。

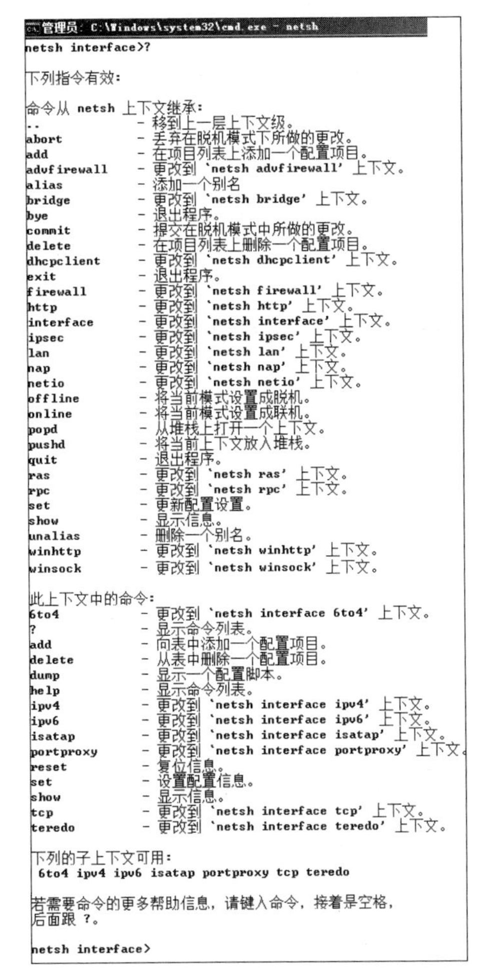

图 8.34　查看有效命令和此上下文中的命令

通过执行 show? 可以查看有效命令和此上下文中的命令,如图 8.35 所示。

通过执行 show address 可以显示 IP 地址配置信息,如图 8.36 所示。

```
管理员: C:\Windows\system32\cmd.exe - netsh
C:\Users\Administrator>netsh
netsh>interface
netsh interface>ip
netsh interface ipv4>show ?

下列指令有效:

命令从 netsh 上下文继承:
show alias      - 列出所有定义的别名。
show helper     - 请列出所有顶层的帮助者。
show mode       - 显示当前的模式。

此上下文中的命令:
show addresses - 显示 IP 地址配置。
show compartments - 显示分段参数。
show config     - 显示 IP 地址和其他信息。
show destinationcache - 显示目标缓存项目。
show dnsservers - 显示 DNS 服务器地址。
show dynamicportrange - 显示动态端口范围配置参数。
show global     - 显示全局配置普通参数。
show icmpstats  - 显示 ICMP 统计。
show interfaces - 显示接口参数。
show ipaddresses - 显示当前 IP 地址。
show ipnettomedia - 显示 IP 的网络到媒体的映射。
show ipstats    - 显示 IP 统计。
show joins      - 显示加入的多播组。
show neighbors  - 显示邻居缓存项。
show offload    - 显示卸载信息。
show route      - 显示路由表项目。
show subinterfaces - 显示子接口参数。
show tcpconnections - 显示 TCP 连接。
show tcpstats   - 显示 TCP 统计。
show udpconnections - 显示 UDP 连接。
show udpstats   - 显示 UDP 统计。
show winsservers - 显示 WINS 服务器地址。
netsh interface ipv4>
```

图 8.35　查看有效命令和此上下文中的命令

```
管理员: C:\Windows\system32\cmd.exe - netsh

C:\Users\Administrator>netsh
netsh>interface
netsh interface>ip
netsh interface ipv4>show address

接口 "本地连接" 的配置
    DHCP 已启用:                         是
    IP 地址:                          192.168.0.102
    子网前缀:                        192.168.0.0/24 (掩码 255.255.255.0)
    默认网关:                         192.168.0.1
    网关跃点数:                       0
    InterfaceMetric:                      10

接口 "Loopback Pseudo-Interface 1" 的配置
    DHCP 已启用:                         否
    IP 地址:                          127.0.0.1
    子网前缀:                        127.0.0.0/8 (掩码 255.0.0.0)
    InterfaceMetric:                      50

netsh interface ipv4>_
```

图 8.36　IP 地址配置信息

配置接口网络信息,图 8.37 所示为接口配置静态地址信息,图 8.38 所示为接口增加地址信息。图 8.39 所示为查看配置的地址信息。

配置自动获取 IP 地址、DNS 地址等,如图 8.40 所示。

查看并导出网络配置文件,具体操作命令如下。

```
C:\>netsh -c interface dump>c:\dump.txt(">"表示导出。">>"表示追加)
```

通过查看记事本文件 dump.txt,可以查看网络配置信息。

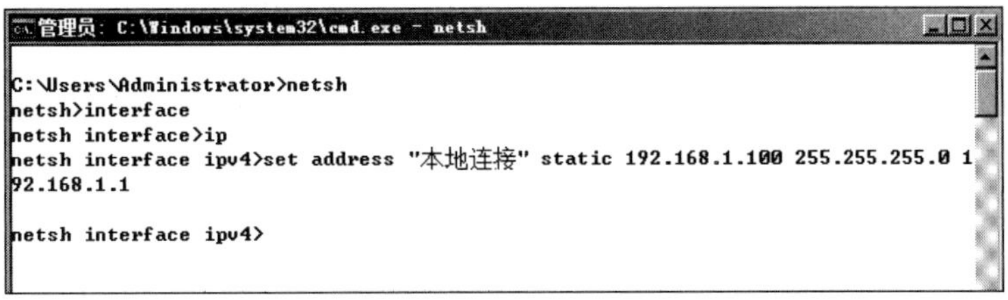

```
管理员: C:\Windows\system32\cmd.exe - netsh

C:\Users\Administrator>netsh
netsh>interface
netsh interface>ip
netsh interface ipv4>set address "本地连接" static 192.168.1.100 255.255.255.0 1
92.168.1.1

netsh interface ipv4>
```

图 8.37 配置静态地址信息

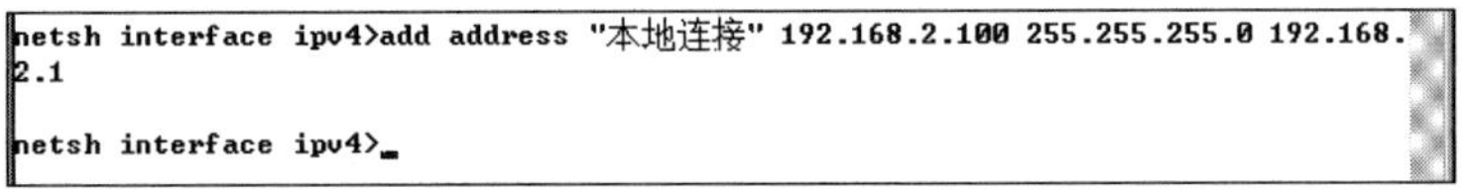

```
netsh interface ipv4>add address "本地连接" 192.168.2.100 255.255.255.0 192.168.
2.1

netsh interface ipv4>_
```

图 8.38 为接口增加地址信息

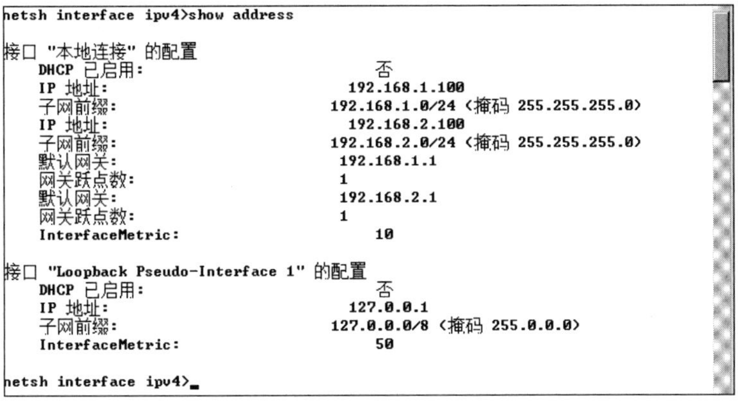

```
netsh interface ipv4>show address

接口 "本地连接" 的配置
    DHCP 已启用:                         否
    IP 地址:                           192.168.1.100
    子网前缀:                         192.168.1.0/24 (掩码 255.255.255.0)
    IP 地址:                           192.168.2.100
    子网前缀:                         192.168.2.0/24 (掩码 255.255.255.0)
    默认网关:                          192.168.1.1
    网关跃点数:                        1
    默认网关:                          192.168.2.1
    网关跃点数:                        1
    InterfaceMetric:                      10

接口 "Loopback Pseudo-Interface 1" 的配置
    DHCP 已启用:                         否
    IP 地址:                           127.0.0.1
    子网前缀:                         127.0.0.0/8 (掩码 255.0.0.0)
    InterfaceMetric:                      50

netsh interface ipv4>_
```

图 8.39 查看配置的地址信息

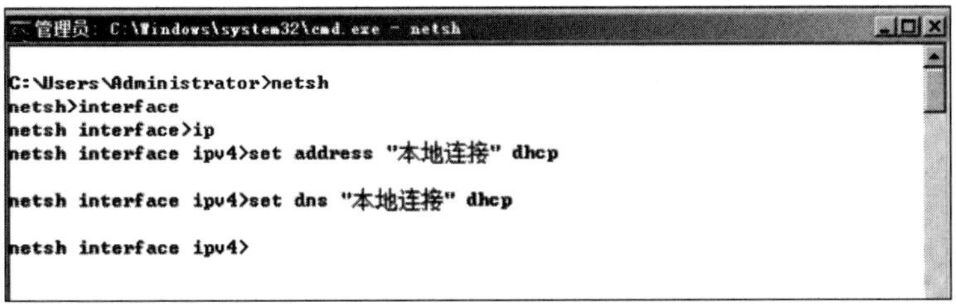

```
管理员: C:\Windows\system32\cmd.exe - netsh

C:\Users\Administrator>netsh
netsh>interface
netsh interface>ip
netsh interface ipv4>set address "本地连接" dhcp

netsh interface ipv4>set dns "本地连接" dhcp

netsh interface ipv4>
```

图 8.40 配置自动获取 IP 地址、DNS 地址

导入网络配置文件,通过执行以下命令中的一种可以导入配置文件。

```
C:\>netsh -f c:\dump.txt
C:\>netsh exec c:\dump.txt
```

(3) 配置无线网络。

在 Windows 7、Windows 8、Windows 10 操作系统上可以通过 netsh 命令创建无线 WiFi 热点,具体命令如下:

```
netsh wlan set hostednetwork mode=allow ssid=tdp key=654321
```

开启无线 WiFi 的命令如下：

```
netsh wlan start hostednetwork
```

关闭无线 WiFi 的命令如下：

```
netsh wlan stop hostednetwork
```

查看 WiFi 信息的命令如下：

```
netsh wlan show hostednetwork
```

netsh 命令的功能强大，这里只是介绍部分，其他功能的使用可以通过帮助文档学习。

8.2 Windows 操作系统安全

Windows 操作系统是微软公司研发的一套操作系统，它问世于 1985 年，起初仅仅是 MS-DOS 的模拟环境。随着微软软件不断地更新升级，后续的系统版本十分易用，也成为当前应用最广泛的操作系统。

Windows 采用图形用户界面(GUI)，相比 MS-DOS 需要输入指令的方式更为人性化。随着计算机硬件和软件的不断升级，Windows 也在不断升级，从 16 位架构、32 位架构再到 64 位架构，系统版本从最初的 Windows1.0 到 Windows 95、Windows 98、Windows 2000、Windows XP、Windows Vista、Windows 7、Windows 8、Windows 8.1、Windows 10 以及 Windows Server 企业级服务器操作系统。

8.2.1 Windows 操作系统的常规安全

Windows 操作系统的常规安全主要包括账户管理、认证授权、日志配置操作、IP 协议安全配置、文件权限、服务安全、安全选项以及其他相关安全配置等几方面。下面以 Windows Server 2008 版本为例探讨 Windows 操作系统的安全问题。

1. 账户管理和认证授权

1) 账户相关

由于很多攻击者通过 Guest 账号进入系统，然后进一步获得管理员权限，从而达到非法控制计算机系统的目的，因此需要对计算机的默认账户进行安全设置，包括禁用 Guest 账户、禁用或删除其他无用账户等。以禁用 Guest 账户为例，具体操作为选择“控制面板”→“管理工具”→“计算机管理”命令，在“系统工具”→“本地用户和组”→“用户”中双击 Guest 账户，在 Guest 属性的常规选项中选中“账户已禁用”，单击“确定”按钮，如图 8.41 所示。

第二，根据用户属性、具体业务要求设定不同权限的用户和用户组。如管理员用户、来宾用户等。具体操作过程为选择“控制面板”→“管理工具”→“计算机管理”命令，在“系统工具”→“本地用户和组”中根据业务要求设定不同的用户和用户组，包括管理员用户、

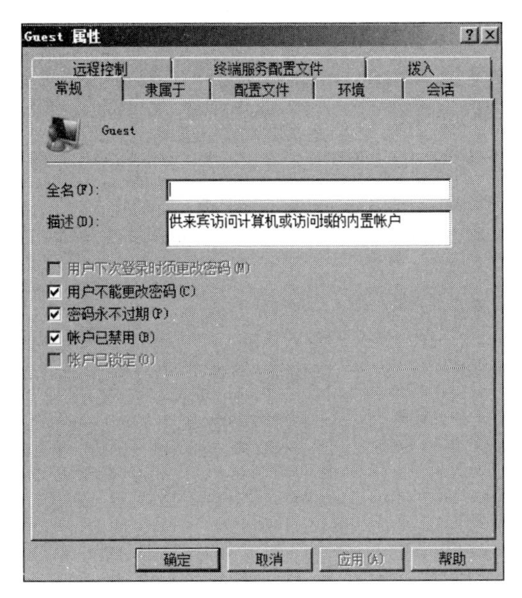

图 8.41　禁用 Guest 账户

来宾用户等。

第三，定期检查并删除或锁定与设备运行、维护工作等无关的账户。具体操作为选择“控制面板”→“管理工具”→“计算机管理”命令，在“系统工具”→“本地用户和组”中删除或锁定与设备运行、维护等工作无关的账户。

第四，通过设置，要求在用户账户退出后不显示用户名，具体操作为“控制面板”→“管理工具”→“本地安全策略”命令，在“本地策略”→“安全选项”中双击“交互式登录：不显示最后的用户名”，选择“已启用”，并单击“确定”按钮。

第五，将管理员账户改名，避免使用 Administrator 为默认管理员账户，给黑客或病毒入侵并破坏计算机增加一些难度。具体操作为：右击“我的电脑”，在弹出的快捷菜单中选择“管理”→“本地用户和组”→“用户”命令，右击 Administrator，在弹出的快捷菜单中选择“重命名”。重命名默认的管理员账户 Administrator。

第六，设置陷阱账户，创建一个账户名为 Administrator 的本地普通用户账户，为该账户设置复杂的密码以及最低权限。引诱黑客花费大量的时间和精力破解该账户的口令，即使破解成功也只能获得最低的权限。具体操作为：右击“我的电脑”，在弹出的快捷菜单中选择“管理”→“本地用户和组”→“用户”命令，在空白处右击，在弹出的快捷菜单中选择“新用户”，在弹出的窗口中填写用户名为 Administrator，设置复杂的密码，同时勾选“用户不能更改密码以及密码永不过期”选项，最后单击“创建”按钮。新建账户默认属于来宾(Guests)账户组。

2) 口令相关

在操作系统中，对用户身份进行验证最常用的方法是使用密码。密码策略是由操作系统关于密码属性强制执行的一个策略。密码策略包括强制密码历史、密码最长使用期限、密码最短使用期限、最短密码长度、密码必须符合复杂性要求以及使用可逆加密存储密码等，如图 8.42 所示。进入密码策略的步骤为：单击“开始”→“运行”，在打开窗口中输入 gpedit.msc 命令，即可进入“本地组策略编辑器”窗口，在该窗口中依次选择“本地计算机 策略”→“计算机配置”→“Windows 设置”→“安全设置”→“账户策略”→“密码策略”命令。也可以在本地安全策略中设置密码策略，具体进入的步骤为：选择“控制面板”→“管理工具”→“本地安全策略”→“安全设置”→“账户策略”→“密码策略”命令，如图 8.43 所示。

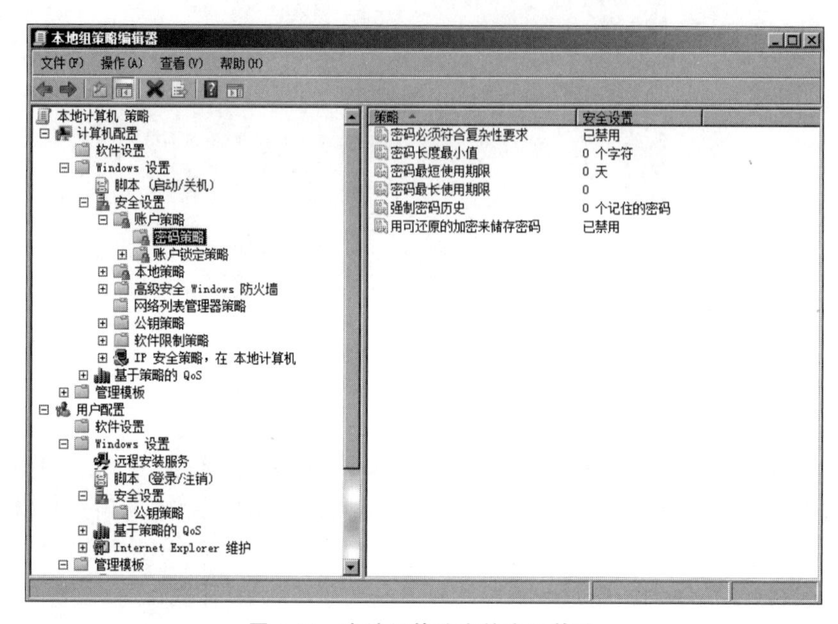

图 8.42 本地组策略中的密码策略

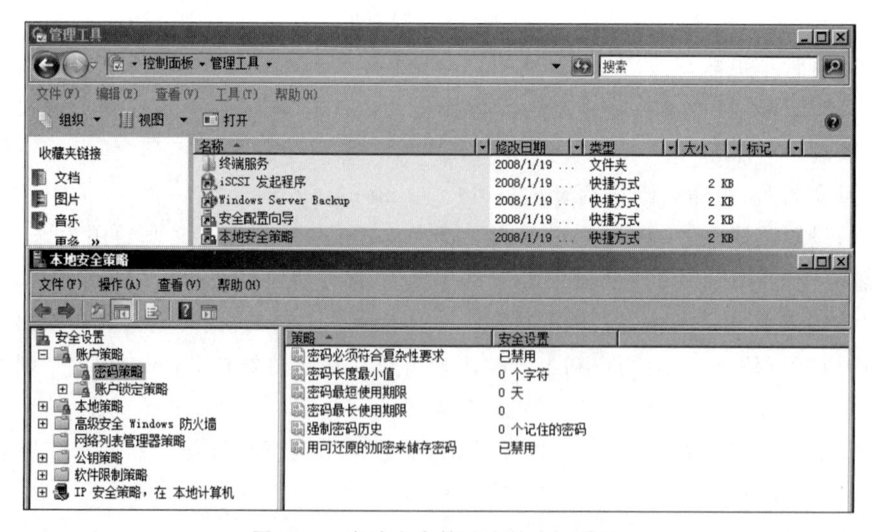

图 8.43 本地安全策略中的密码策略

“本地安全策略”完全隶属于“本地组策略”，是“本地组策略编辑器”中的“本地计算机策略”→“计算机配置”→“Windows 设置”→“安全设置”的子项。

密码策略的具体内容如下。

① 强制密码历史：强制密码历史策略设置确定在可以重复使用旧密码前，必须与用户账户相关联的唯一新密码的数量。账户使用相同的密码的时间越长，攻击者通过暴力攻击密码成功的概率越大。通过为“强制密码历史”指定较小的数，允许用户持续地重复使用少量相同密码。强制密码历史的取值范围为0～24，若将该值设置为24，将有助于缓解由于密码重复使用导致的漏洞。

② 密码最长使用期限：密码最长使用期限策略设置确定在系统要求用户更改密码之前可以使用该密码的时段（以天为单位）。可以设置为1～999，若将该值设置为0，说明指定的密码永远不会过期。如果密码最长使用期限天数设置为1～999，则密码最短使用期限必须小于密码最长使用期限。注意，将密码最长时间期限设置为－1，等同于0，意味着密码永远不会过期。

一般将密码最长使用期限设置为30～90的值，这样攻击者用于破解用户密码并有权访问网络资源的时间将非常有限。

③ 密码最短使用期限：密码最短使用期限策略设置确定在系统要求用户更改密码之前可以使用该密码的时段（以天为单位），如果密码最长使用期限天数为1～999，则密码最短使用期限必须小于密码最长使用期限。

若管理员为用户账号设置了密码，并希望该用户更改该密码，必须在该账号属性的常规选项中选中“用户下次登录时须更改密码”复选框。否则，用户将不能更改密码，直到“密码最短使用期限”指定的天数到期。

④ 密码长度最小值：最短密码长度策略设置确定可以组成用户账户密码的最少字符数。可以设置1～14个字符之间的值。或者可以通过将字符设置为0来指示不需要使用密码。短密码会降低安全性，因为使用针对密码执行字典攻击或暴力攻击的工具可以很容易破解短密码。要求使用非常长的密码可能导致密码输入错误，导致账户锁定。通常建议将该值设置为8，因为其长度足以提供适当的安全性，并且长度容易记住。

⑤ 密码必须符合复杂性要求：该策略设置确定密码是否必须符合对强密码至关重要的一系列要求。启用此策略设置密码要求满足以下要求。

- 密码不应包含用户的账户名，不能包含用户账户中超过两个连续字符的部分。
- 至少有6个字符长。
- 密码可以包含以下类别中的3种字符：大写字母、小写字母、10个基本数字、非字母数字字符（特殊字符）、归类为字母字符但既不是大写也不是小写的任何Unicode字符。
- 在更改或创建密码时执行复杂性要求。

⑥ 用可还原的加密来存储密码：此安全设置确定操作系统是否使用可还原的加密来存储密码。除非应用程序需求比保护密码信息更重要，否则绝不要启用此策略。

另外，口令相关策略还包括账户锁定策略。进入账户锁定策略的步骤为：单击“开始”→“运行”命令，在打开窗口中输入gpedit.msc命令，即可进入“本地组策略编辑器”窗口，在该窗口中依次选择“本地计算机 策略”→“计算机配置”→“Windows设置”→“安全设置”→“账户策略”→“账户锁定策略”命令。也可以在本地安全策略中设置账户锁定策略，具体进入的步骤为：选择"控制面板"→"管理工具"→"本地安全策略"→"安全设置"→"账户策略"→"账户锁定策略"命令，如图8.44所示。账户锁定策略包括账户锁定时间、账户锁定阈值以及复位账户锁定计数器。

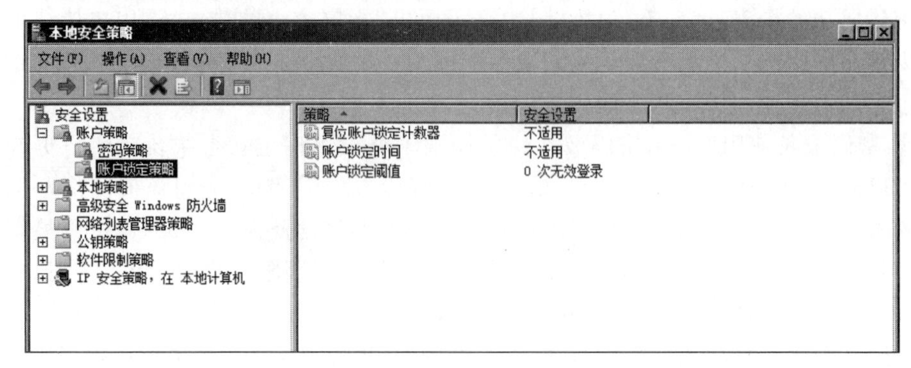

图 8.44 账户锁定策略

账户锁定策略的具体内容如下。

① 账户锁定时间：此安全设置确定锁定账户在自动解锁之前保持锁定的分钟数。取值范围为0～99999。如果将账户锁定时间设置为0，账户将一直被锁定，直到管理员明确解除对它的锁定。

如果定义了账户锁定阈值，则账户锁定时间必须大于或等于重置时间。只有定义了账户锁定阈值，此策略设置才有意义。

② 账户锁定阈值：此安全设置确定导致用户账户被锁定的登录尝试失败的次数。在管理员重置锁定账户或账户锁定时间期满之前，无法使用该锁定账户。可以将登录尝试失败次数设置为0～999的值。如果将值设置为0，则永远不会锁定账户。

③ 重置账户锁定计数器：确定在将失败的登录尝试计数器重置为0之前，用户无法登录时必须经过的分钟数。可用范围是1～99999。如果账户锁定阈值设置了大于0的数值，则此重置时间必须小于或等于账户锁定时间。

3）授权相关

为了方便赋予每个单独用户的权限，可以将用户添加到不同的用户组，并且为用户组指定权限。这样可以确保作为组成员登录的账户自动继承该组的相关权限。通过组而不是对单个用户指派用户权限，可以简化用户账户管理的任务，大幅度提高工作效率，而且可以提供较高的安全保障。通过"控制面板"→"管理工具"→"本地安全策略"→"安全设置"→"本地策略"→"用户权限分配"命令可以打开用户权限分配界面，如图8.45所示，在其中可以分配用户权限，如远程关机、本地关机、用户权限指派、授权账户登录以及授权账户从网络访问等。

用户权限分配的具体内容如下。

① 远程关机：在本地安全设置中，从远端系统强制关机权限只分配给 Administrators 组。具体操作为：选择"控制面板"→"管理工具"→"本地安全策略"命令，在"本地策略"→"用户权限分配"中配置"从远端系统强制关机"权限分配给 Administrators 组。当

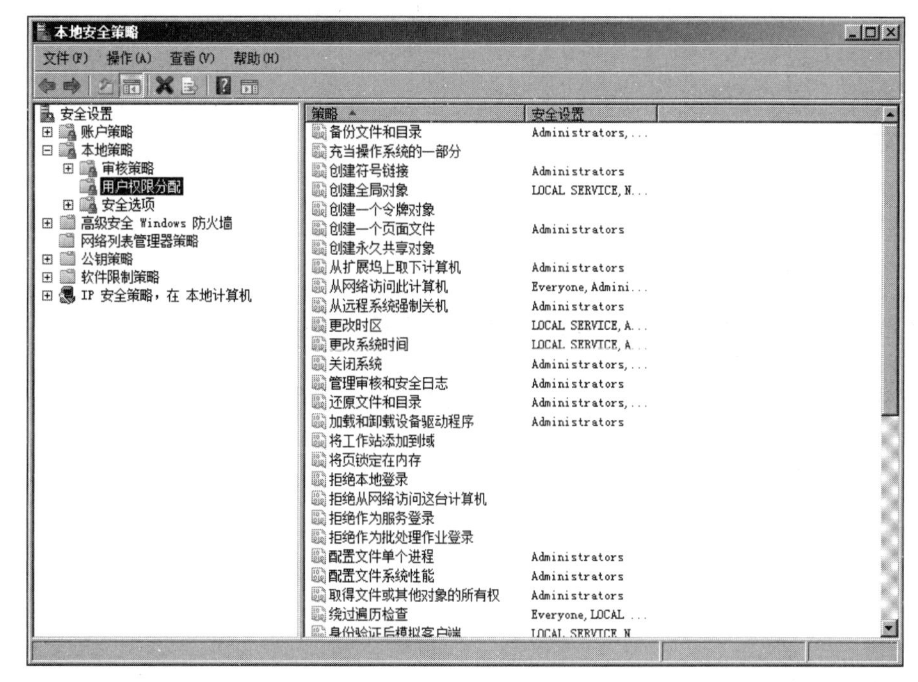

图 8.45　用户权限分配

然，也可以通过“添加用户或组”或“删除”选项按钮来添加或删除其他用户或组。

② 本地关机：在本地安全设置中关闭系统权限只分配给 Administrators 组。具体操作为：选择“控制面板”→“管理工具”→“本地安全策略”命令，在“本地安全策略”→“用户权限分配”命令中配置“关闭系统”权限只分配给 Administrators 组。当然，也可以通过“添加用户或组”或“删除”选项按钮来添加或删除其他用户或组。

③ 用户权限指派：在本地安全设置中取得文件或其他对象的所有权权限只分配给 Administrators 组。具体操作为：选择“控制面板”→“管理工具”→“本地安全策略”命令，在“本地安全策略”→“用户权限分配”命令中配置“取得文件或其他对象的所有权”权限只分配给 Administrators 组。当然，也可以通过“添加用户或组”或“删除”选项按钮来添加或删除其他用户或组。

④ 授权账户登录：在本地安全设置中配置指定授权用户允许本地登录此计算机。具体操作为：打开“控制面板”→“管理工具”→“本地安全策略”命令，在“本地安全策略”→“用户权限分配”命令中配置“允许在本地登录”权限给指定授权用户。

⑤ 授权账户从网络访问：在本地安全设置中只允许授权账户从网络访问(包括网络共享等，但不包括终端服务)此计算机。具体操作为：打开“控制面板”→“管理工具”→“本地安全策略”，在“本地安全策略”→“用户权限分配”中配置“从网络访问此计算机”权限给指定授权用户。

2. 日志配置操作

Windows Server 2008 系统的审核功能在默认状态下没有启用，必须针对特定系统事件来启用、配置审核功能，从而对该类型的系统事件进行监视、记录，管理员只要打开对应系统的日志记录就能查看到审核功能的监视结果。审核功能的应用范围广泛,不但可以对服务器系统中一些操作行为进行跟踪、监视,还能依照服务器系统的运行状态快速排除运行故障。另一方面,启用审核功能需要消耗服务器的系统资源,造成服务器系统运行性能下降。打开“控制面板”→“管理工具”→“本地安全策略”→“安全设置”→“本地策略”→“审核策略”,可以打开审核策略配置界面,如图 8.46 所示。其中包括审核策略更改、审核登录事件、审核对象访问、审核过程追踪、审核目录服务访问、审核特权使用、审核系统事件、审核账户登录事件以及审核账户管理。

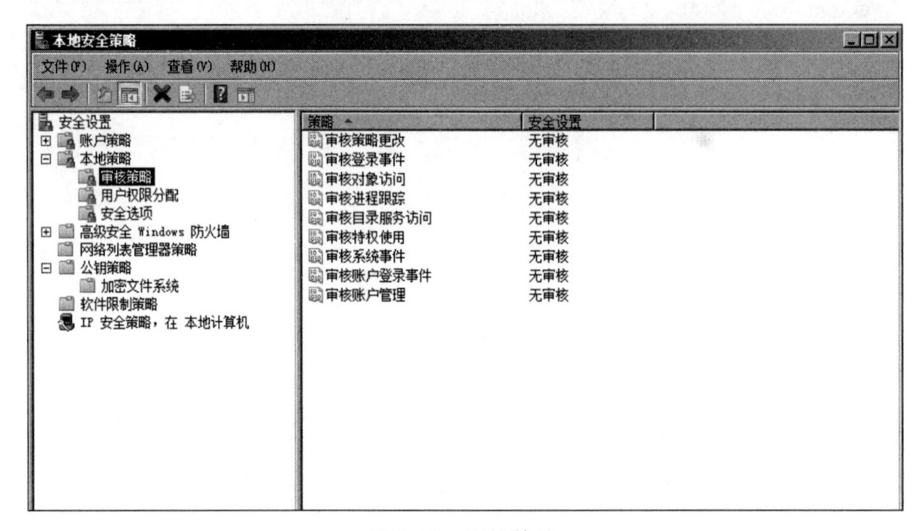

图 8.46 审核策略

审核策略的具体内容如下。

① 审核策略更改:此安全设置确定是否审核用户权限分配策略、审核策略或信任策略的每一个更改事件。如果定义该策略设置,可以指定是否审核成功、审核失败或者根本不审核该事件类型。选择成功审核,表示在成功更改用户权限分配策略、审核策略或信任策略时生成审核项。选择失败审核,表示在更改用户权限分配策略、审核策略或信任策略失败时生成审核项。既不选择“成功”又不选择“失败”,表示“无审核”。具体操作为:打开“控制面板”→“管理工具”→“本地安全策略”,在“本地策略”→“审核策略”中设置“审核策略更改”。

② 审核登录事件:此安全设置确定是否审核用户登录或注销计算机的每个实例。对于域账户活动,在域控制器上生成账户登录事件;对于本地账户活动,在本地计算机上生成账户登录事件。如果同时启用“账户登录”和“登录审核”策略类别,使用域账户的登录,在工作站或服务器上生成登录或注销事件,并且在域控制器上生成账户登录事件。此外,在成员服务器或工作站上使用域账户的交互式登录,将在域控制器上生成登录事件,与此同时,在用户登录时还检索登录脚本和策略。

如果定义此策略设置,可以指定是否审核成功、审核失败或者根本不审核事件类型。选择成功审核,在登录尝试成功时生成审核项。选择失败审核,在登录尝试失败时生成审核项。既不选择“成功”又不选择“失败”,表示“无审核”。

审核登录事件可以对用户登录进行记录。记录内容包括用户登录使用的账户、登录是否成功、登录时间以及远程登录时间及用户使用的IP地址。具体操作为：打开“控制面板”→“管理工具”→“本地安全策略”命令，在“本地策略”→“审核策略”中设置“审核登录事件”。

③ 审核对象访问：确定是否审核用户访问对象(如文件、文件夹、注册表项、打印机等)的事件，该对象具有指定的系统访问控制列表(system access control list，SACL)。

如果定义此策略设置，可以指定是审核成功、审核失败还是完全不审核事件类型。选择成功审核，在用户成功访问具有指定相应SACL的对象时生成审核条目。选择失败审核，在用户尝试访问具有指定SACL的对象失败时生成审核条目。既不选择“成功”又不选择“失败”，表示“无审核”。

启用本地安全策略中对Windows系统的审核对象访问进行设置的具体操作为：打开“控制面板”→“管理工具”→“本地安全策略”命令，在“本地策略”→“审核策略”中设置“审核对象访问”。

④ 审核进程跟踪：此安全设置确定是否审核程序激活、进程退出、处理重复和间接对象访问等事件的详细跟踪信息。如果定义此策略设置，可以指定是审核成功、审核失败还是完全不审核事件类型。选择成功审核，在跟踪过程成功时生成审核条目。选择失败审核，表示在被跟踪过程失败时生成审核条目。既不选择“成功”又不选择“失败”，表示“无审核”。默认为“无审核”。

启用本地安全策略中对审核进程跟踪进行设置的具体操作为：打开“控制面板”→“管理工具”→“本地安全策略”命令，在“本地策略”→“审核策略”中设置“审核进程跟踪”。

⑤ 审核目录服务访问：确定是否审核用户访问活动目录(active directory)对象的事件，该对象具有其自己的SACL。默认情况下，此值在默认域控制器组策略对象(group policy object，GPO)中设置为无审核，并且对于没有含义的工作站和服务器，该值保持未定义状态。如果定义此策略设置，可以指定是否审核成功、审核失败或者根本不审核该事件类型。选择成功审核，在用户成功访问已指定SACL的active directory对象时生成审核条目。选择失败审核，在用户尝试访问已指定SACL的active directory对象失败时生成审核条目。既不选择“成功”又不选择“失败”，表示“无审核”。

启用本地安全策略中对Windows系统的审核目录服务访问的具体操作为：打开“控制面板”→“管理工具”→“本地安全策略”命令，在“本地策略”→“审核策略”中设置“审核目录服务器访问”。

⑥ 审核特权使用：此安全设置确定是否审核执行用户权限的用户的每个实例。如果定义此策略设置，可以指定是否审核成功、审核失败或者根本不审核该事件类型。选择成功审核，在用户权限执行成功时生成审核项。选择失败审核，在用户权限执行失败时生成审核项。既不选择“成功”又不选择“失败”，表示“无审核”。默认为“无审核”。

启用本地安全策略中对Windows系统的审核特权使用的具体操作为：打开“控制面板”→“管理工具”→“本地安全策略”命令，在“本地策略”→“审核策略”中设置“审核特权使用”。

⑦ 审核系统事件：此安全设置确定在用户重新启动或关闭计算机时，或者在发生影响系统安全或安全日志的事件时是否审核。

如果定义此策略设置，可以指定是否审核成功、审核失败或者根本不审核该事件类型。选择成功审核，在系统事件执行成功时生成审核项。选择失败审核，在系统事件执行失败时生成审核项。既不选择“成功”又不选择“失败”，表示“无审核”。

启用本地安全策略中对 Windows 系统的审核系统事件的具体操作为：打开“控制面板”→“管理工具”→“本地安全策略”命令，在“本地策略”中设置“审核系统事件”。

⑧ 审核账户登录事件：此安全设置确定是否审核从设备登录或注销的用户的每个实例。在域控制器上对域用户账户进行身份验证时，会生成账户登录事件。该事件记录在域控制器的安全日志中。在本地计算机上对本地用户进行身份验证时会生成登录事件。该事件记录在本地安全日志中。不生成账户注销事件。

如果定义此策略设置，可以指定是否审核成功、审核失败或者根本不审核该事件类型。选择成功审核，在账户登录执行成功时生成审核项。选择失败审核，在账户登录执行失败时生成审核项。既不选择“成功”又不选择“失败”，表示“无审核”。默认值为“成功”。

启用本地安全策略中对 Windows 系统的审核账户登录事件的具体操作为：打开“控制面板”→“管理工具”→“本地安全策略”命令，在“本地策略”→“审核策略”中设置“审核账户登录事件”。

⑨ 审核账户管理：此安全设置确定是否审核计算机上的每个账户管理事件。账户管理事件包括创建、更改或删除用户账户或组；重命名、禁用或启用用户账户；设置或更改密码。

如果定义此策略设置，可以指定是审核成功、审核失败还是完全不审核该事件类型。成功审核在任何账户管理事件成功时生成审核条目。当任何账户管理事件失败时，失败审核将生成审核条目。既不选择“成功”又不选择“失败”，表示“无审核”。

启用本地安全策略中的审核账户管理策略的具体操作为：打开“控制面板”→“管理工具”→“本地安全策略”，在“本地策略”→“审核策略”中设置“审核账户管理”。

另外，可以设置日志文件大小，根据磁盘空间设置日志文件大小，记录的日志越多越好。并设置当达到最大的日志尺寸时，按需要轮询记录日志，设置应用日志文件大小至少为 8192KB。具体操作为：打开“控制面板”→“管理工具”→“事件查看器”→“Windows 日志”命令，如图 8.47 所示。配置应用程序、安全、系统日志属性中的日志大小，以及设置当达到最大的日志尺寸时的相应策略，如图 8.48 所示。

3. 服务安全

服务安全主要包括禁用 TCP/IP 上的 NetBIOS 以及禁用不必要的服务等。

① 禁用 TCP/IP 上的 NetBIOS：禁用 TCP/IP 上的 NetBIOS 协议，可以关闭监听的 UDP137、UDP138 以及 TCP139 端口。具体操作为：在“计算机管理”→“服务和应用程序”→“服务”中禁用 TCP/IP NetBIOS helper 服务；在“网络连接”属性中选择“Internet 协议版本 4(TCP/IP)”，单击“高级”按钮。在 Windows 页中选择“禁用 TCP/IP 上的 NetBIOS”。

② 禁用不必要的服务：禁用不必要的服务，如图 8.49 所示。

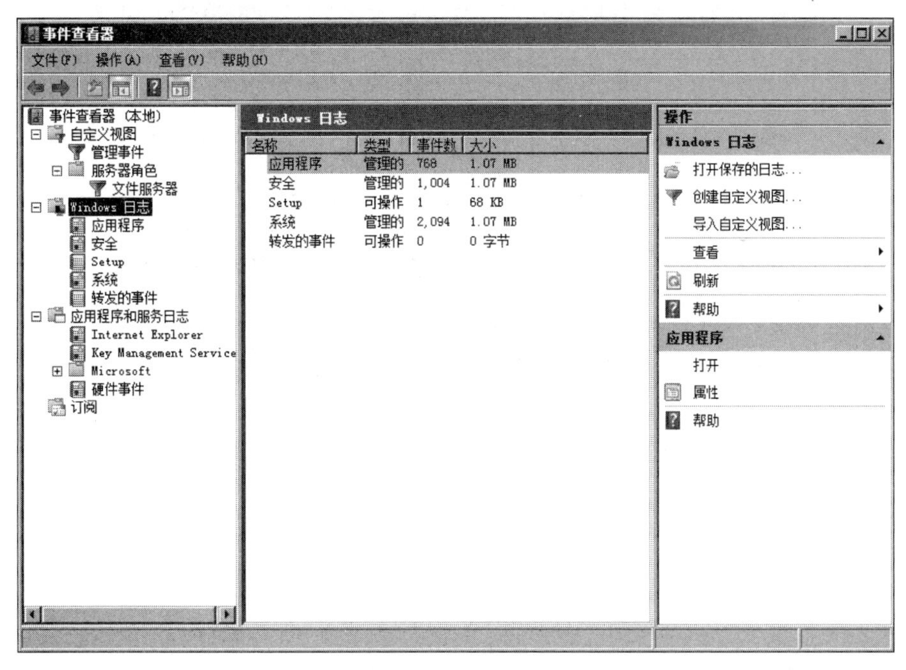

图 8.47 事件查看器

日志属性 - 安全 (类型: 管理的)

常规

全名(F): Security

日志路径(L): %SystemRoot%\System32\Winevt\Logs\Security.evtx

日志大小: 1.07 MB(1,118,208 个字节)

创建时间: 2022年4月5日 14:51:03

修改时间: 2022年4月16日 9:04:13

访问时间: 2022年4月5日 14:51:03

启用日志记录(E)

日志最大大小(KB)(X): 20480

达到事件日志最大大小时:

按需要覆盖事件(旧事件优先)(W)

日志满时将其存档，不覆盖事件(A)

不覆盖事件(手动清除日志)(N)

清除日志(R)

图 8.48 日志属性

4. 安全选项

安全选项包括启用安全选项以及禁用未登录前关机等。

① 启用安全选项。具体操作为：打开“控制面板”→“管理工具”→“本地安全策略”，

服务名称	建议
DHCP Client	如果不使用动态IP地址，就禁用该服务
Background Intelligent Transfer Service	如果不启用自动更新，就禁用该服务
Computer Browser	禁用
Diagnostic Policy Service	手动
IP Helper	禁用。该服务用于转换IPv6 to IPv4
Print Spooler	如果不需要打印，就禁用该服务
Remote Registry	禁用。Remote Registry主要用于远程管理注册表
Server	如果不使用文件共享，就禁用该服务。禁用本服务将关闭默认共享，如ipc$、admin$和c$等
TCP/IP NetBIOS Helper	禁用
Windows Remote Management (WS-Management)	禁用
Windows Font Cache Service	禁用
WinHTTP Web Proxy Auto-Discovery Service	禁用
Windows Error Reporting Service	禁用

图 8.49　禁用不必要的服务

在“本地安全策略”→“安全选项”中进行图 8.50 所示设置。

安全选项	配置内容
交互式登录：试图登录的用户的消息标题	注意
交互式登录：试图登录的用户的消息文本	内部系统只能因业务需要而使用，经由管理层授权。管理层将随时监测此系统的使用。
Microsoft 网络服务器：对通信进行数字签名(如果客户端允许)	启用
Microsoft 网络服务器：对通信进行数字签名(始终)	启用
Microsoft 网络客户端：对通信进行数字签名(如果服务器允许)	启用
Microsoft 网络客户端：对通信进行数字签名(始终)	启用
网络安全：基于 NTLM SSP 的(包括安全 RPC)服务器的最小会话安全	要求 NTLMv2 会话安全 要求 128 位加密
网络安全：基于 NTLM SSP 的(包括安全 RPC)客户端的最小会话安全	要求 NTLMv2 会话安全 要求 128 位加密
网络安全：LAN 管理器身份验证级别	仅发送 NTLMv2 响应\拒绝 LM & NTLM
网络访问：不允许 SAM 帐户的匿名枚举	启用（默认已启用）
网络访问：不允许 SAM 帐户和共享的匿名枚举	启用
网络访问：可匿名访问的共享	清空（默认为空）
网络访问：可匿名访问的命名管道	清空（默认为空）
网络访问：可远程访问的注册表路径	清空，不允许远程访问注册表

图 8.50　启用安全选项

② 禁用未登录前关机：服务器默认是禁止在未登录系统前关机的。如果启用此设置，服务器的安全性将大大降低，给远程连接的黑客造成可乘之机，强烈建议禁用“未登录前关机”功能。具体操作为：打开“控制面板”→“管理工具”→“本地安全策略”，在“本地策略”→“安全选项”中禁用“关机：允许系统在未登录前关机”策略。

5. 其他安全配置

其他安全配置包括防病毒管理、设置屏幕保护密码和开启时间、限制远程登录空闲断开时间以及操作系统补丁管理等。

① 防病毒管理：Windows 系统需要安装防病毒软件。具体操作为：安装企业级防火墙软件，并开启病毒库更新及实时防御功能。

② 设置屏幕保护密码和开启时间：设置从屏幕保护恢复时需要输入密码，并将屏幕保护自动开启时间设定为 5 分钟。具体操作为：启用屏幕保护程序，设置等待时间为 5 分钟，并启用“在恢复时使用密码保护”。

③ 限制远程登录空闲断开时间：对于远程登录的账户，设置不活动超过时间 15 分钟自动断开连接。具体操作为：打开“控制面板”→“管理工具”→“本地安全策略”命令，在“本地策略”→“安全选项”中设置“Microsoft 网络服务器：暂停会话前所需的空闲时间数量”，属性为 15 分钟。

④ 操作系统补丁管理：安装最新的操作系统补丁。安装补丁时，应先对服务器系统进行兼容性测试。注意：对于实际业务环境服务器，建议使用通知并自动下载更新，但由管理员选择是否安装更新，而不是使用自动安装更新，防止自动更新补丁对实际业务环境产生影响。

8.2.2 注册表

Windows 系统的很多组件都是可以配置的，其内核组件通常都支持一些参数，甚至有些组件完全依赖系统的配置信息。包括 I/O 管理器和即插即用管理器在初始化阶段依据系统的配置设置来加载设备驱动程序。Windows 操作系统提供了一个称为“注册表(Registry)”的中心存储设施作为系统的配置和管理中心，应用程序和内核通过访问注册表来读写各种设置。注册表是 Windows 操作系统中的一个核心数据库，存放着各种参数，直接控制着 Windows 的启动、硬件驱动程序的装载以及一些 Windows 应用程序的运行，从而在整个系统中起着核心作用。这些作用包括软、硬件的相关配置和状态信息，比如注册表中保存有应用程序和资源管理器外壳的初始条件、首选项和卸载数据等，以及联网计算机整个系统的设置和各种许可，文件扩展名与应用程序的关联，硬件部件的描述、状态和属性，性能记录和其他底层的系统状态信息，以及其他数据等。

早在 Windows 3.0 推出对象连接与嵌入(object linking and embedding，OLE)技术的时候，注册表就已经出现。随后推出的 Windows NT 是第一个从系统级别广泛使用注册表的操作系统。但是，从 Windows95 操作系统开始，注册表才真正成为 Windows 用户经常接触的内容，并在其后的操作系统中继续沿用。

1. 注册表的结构

Windows 注册表是一个树状结构，每个节点是一个键(key)或值(value)。键是一个容器，如同文件系统中的目录，它可以包含其他的键(称为子键)和值。注册表的根是一个键，称为根键。注册表的结构和信息对于普通用户来说是隐藏的，必须通过注册表编辑工具来访问，软件安装程序和应用程序则调用相应的 API 来读写注册表中的软件设置。

通常情况下，单击“开始”菜单中的“运行”命令，在弹出的窗口中输入 regedit、regedit.exe、regedt32、regedt32.exe 中的任意一个命令后，单击“确定”按钮就能打开 Windows 操作系统自带的注册表编辑器，如图 8.51 所示。注册表通过键和子键来管理各种信息。但是注册表中的所有信息都是以各种形式的键值项数据保存的。注册表编辑器右窗格中显示的都是键值项数据。注册表实际仅分为 HKEY_LOCAL_MACHINE 和 HKEY_USERS 两大类,但是为了让用户更方便地在注册表中搜索需要的数据,注册表编辑窗口上特别将其显示为 5 个目录。

由图 8.51 可以看出,注册表编辑器与资源管理器的界面相似。在左边的窗格中,由"计算机"开始,以下是 5 个分支,每个分支都是以 HKEY 开头,称为主键(KEY)。注册表由键(也称"主键"或"项")、子键(也称"子项")和值项组成。一个主键就是分支中的一个文件夹,而子键就是这个文件夹中的子文件夹,一个值项则是一个主键或子键的当前定义,由名称、类型及分配的数值组成。一个键可以有一个或多个值,每个值的名称各不相同,如果一个值的名称为空,则该值为该键的默认值。

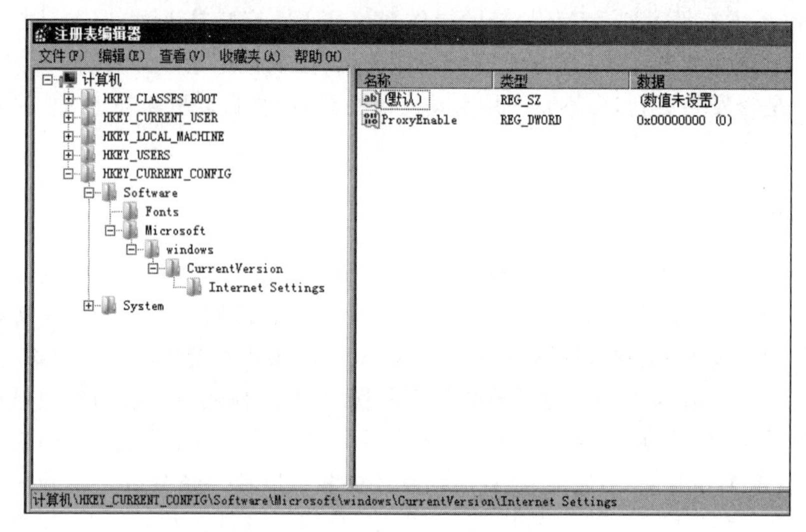

图 8.51 注册表编辑器

注册表的数据类型主要有以下几种,分别为 REG_BINARY、REG_DWORD、REG_QWORD、REG_EXPAND_SZ、REG_MULTI_SZ 以及 REG_SZ。

REG_BINARY 表示二进制数,以十六进制的方式显示,没有长度限制。

REG_DWORD 表示一个 32 位(4B,即双字)长度的数值,以十六进制的方式显示,编辑 DWORD 数值时,可以选择十六进制或十进制的方式输入。

REG_QWORD 表示 64 位的 REG_DWORD 值。

REG_EXPAND_SZ 扩展字符串,表示长度可变的数据字符串。可保存多行字符串值,不支持环境变量。在简单字符串 REG_SZ 上增加解析%windir%等变量的功能。

REG_MULTI_SZ 表示多行字符串值,含有多个文本值的字符串。比起字符串值,可保存环境变量等信息。不能解析%windir%等变量。

REG_SZ 表示简单字符串值,字符串值一般用来表示文件的描述、硬件的标识等。通常由字母和数字组成,最大为 255 个字符。

注册表包括 5 个根键,分别如下。

(1) HKEY_CLASSES_ROOT:该根键用于管理文件系统,也就是分配每个扩展名文件使用的应用程序信息进行调用,包括启动应用程序所需的全部信息,包括扩展名、应用程序与文档之间的关系、驱动程序名、DDE 和 OLE 信息、类 ID 编号和应用程序与文档的图标等。

(2) HKEY_CURRENT_USER：该根键用于管理系统当前的用户信息，里面保存着本地计算机上的当前登录信息，包括用户登录名、存放的口令、环境变量、个人程序以及桌面设置等。用户登录 Windows 操作系统时，其信息从 HKEY_USERS 中相应的项复制到 HKEY_CURRENT_USER 中。

(3) HKEY_LOCAL_MACHINE：该根键用于管理本地计算机的系统信息，很多信息与 system.ini 类似。包括硬件和操作系统信息、安全数据和计算机专用的各类软件设置信息。

(4) HKEY_USERS：该根键包括该计算机上所有用户的账户信息，它保存了存放该计算机口令列表中的用户标识和密码列表。每个用户的预配置信息都存储在 HKEY_USERS 根键中。HKEY_USERS 是远程计算机中访问的根键之一。

(5) HKEY_CURRENT_CONFIG：该根键管理当前用户系统配置等几乎所有信息，包括当前用户桌面配置的数据、最后使用的文档列表和其他有关的当前用户的 Windows 版本的安装信息等。其信息是从 HKEY_LOCAL_MACHINE 中映射出来的。

2. 通过注册表进行安全配置

注册表的功能比较强大，这里例举一些通过修改注册表增强系统安全性的实例。

(1) 选择 HKEY_LOCAL_MACHINE\Software\Micosoft\Windows\CurrentVersion\Policies\Explorer 分支可以进行如下配置。

① 隐藏“桌面”中的“控制面板”图标。在右侧的窗口新建一个 DWORD 值，并命令为 NoSetFolders，设置其值为 1，即可隐藏桌面中的“控制面板”。

② 隐藏“桌面”中的“网络”图标。在右侧的窗口新建一个 DWORD 值，并命名为 NoNetHood，设置其值为 1，即可隐藏桌面上的“网络”图标。

③ 隐藏“开始”菜单中的“运行”菜单项。在右侧的窗口新建一个 DWORD 值，并命名为 NoRun，设置值为 1，即可隐藏“运行”菜单项。

④ 自动清除“文档”菜单中的历史记录。在右侧的窗口新建一个 DWORD 值，并命名为 CleanReccentDocsOn-Exit，设置其值为 1，即可自动清除“文档”菜单中的历史记录。

⑤ 禁止“文档”的历史记录。在右侧的窗口新建一个 DWORD 值，并命名为 NoReccentDocsHistory，设置其值为 1，即可禁止“文档”的历史记录。

⑥ 隐藏“开始”菜单中的“文档”菜单项。在右侧的窗口新建一个 DWORD 值，并命名为 NoRencentDocsMenu，设置其值为 1，即可隐藏“文档”菜单项。

⑦ 隐藏“开始”菜单中的“搜索”菜单项。在右侧的窗口新建一个 DWORD 值，并命名为 NoFind，设置其值为 1，即可隐藏“开始”菜单中的“搜索”菜单项。

⑧ 隐藏“开始”菜单中的“关机”菜单项。在右侧的窗口新建一个 DWORD 值，并命名为 NoClose，设置其值为 1，即可隐藏“开始”菜单中的“关机”菜单项。

(2) 禁止判断主机类型。

攻击者通过不同操作系统默认 TTL 值可以鉴别操作系统类型，利用 ping 命令即可达到目的。通过修改操作系统默认 TTL 值，攻击者无法判断操作系统类型。

选择 HKEY_LOCAL_MACHINE\SYSTEM\CurrentControlSet\Services\Tcpip\Parameters 子项，在右侧的窗口新建一个 DWORD 值，并命名为 defaultTTL，设置其值为十进制数 100，表示默认 TTL 值为 100。

(3) 禁止程序运行。

通过修改注册表禁止运行某些程序，可进行如下操作。

选择 KEY_CURRENT_USER/Software/Microsoft/Windows/CurrentVersion/Policies 子项，在右侧的窗口新建项 Explorer，在项 Explorer 的右侧新建一个 DWORD 值，并命名为 DisallowRun，设置其值为十六进制 1。在项 Explorer 下新建子项 DisallowRun，并在 DisallowRun 下新建字符串值，名称为 1，数值数据为需要禁用的程序名称。如记事本程序 notepad.exe。

(4) 启用 SYN 攻击保护。

启用 SYN 攻击保护主要从以下几方面处理：①指定触发 SYN 洪水攻击保护所必须超过的 TCP 连接请求数阈值为 5。②指定处于 SYN_RCVD 状态的 TCP 连接数的阈值为 500。③指定处于至少已发送一次重传的 SYN_RCVD 状态中的 TCP 连接数的阈值为 400。

具体操作为：打开"注册表编辑器"，根据推荐值修改注册表键值。

① 在 Windows Server 2012 中。

HKEY_LOCAL_MACHINE\SYSTEM\CurrentControlSet\Services\Tcpip\Parameters\SynAttackProtect，推荐值为 2。

HKEY_LOCAL_MACHINE\SYSTEM\CurrentControlSet\Services\Tcpip\Parameters\TcpMaxHalfOpen，推荐值为 500。

② 在 Windows Server 2008 中。

HKEY_LOCAL_MACHINE\SYSTEM\CurrentControlSet\Services\SynAttackProtect，推荐值为 2。

HKEY_LOCAL_MACHINE\SYSTEM\CurrentControlSet\Services\TcpMaxPortsExhausted，推荐值为 5。

HKEY_LOCAL_MACHINE\SYSTEM\CurrentControlSet\Services\TcpMaxHalfOpen，推荐值为 500。

HKEY_LOCAL_MACHINE\SYSTEM\CurrentControlSet\Services\TcpMaxHalfOpenRetried，推荐值为 400。

(5) 取消默认共享权限。

在非域环境中，关闭 Windows 硬盘默认共享，例如 C$、D$。具体操作为：打开"注册表编辑器"，根据推荐值修改注册表键值。

HKEY_LOCAL_MACHINE\System\CurrentControlSet\Services\LanmanServer\Parameters\AutoShareServer，推荐值为 0。

注意，Windows Server 2012 版本已默认关闭 Windows 硬盘默认共享，且没有该注册表键值。

(6) 通过锁定注册表防止攻击者远程访问注册表。

当账户的密码泄露后,攻击者可以远程访问注册表。通过锁定注册表可以防止攻击者远程访问注册表。选择 HKEY_CURRENT_USER\Software\microsoft\windows\currentversion\Policies\system 分支,在右侧的窗口新建一个 DWORD 值,并命名为 DisableRegistryTools,设置其值为1,表示禁用注册表工具。注意,如果 Policies 分支下没有 system 项,需要创建该项。

解锁注册表的方法如下:在命令行下运行 gpedit.msc,打开"本地组策略编辑器",依次选择"用户配置"→"管理模板"→"系统",在左边设置下找到并双击打开"阻止访问注册编辑工具",进入阻止访问注册编辑工具界面,将未配置修改为已禁用,单击"确定"按钮,这样注册表就可以正常使用了。

(7) 注册表备份及还原。

编辑注册表时,很容易造成注册表损坏,从而导致系统故障甚至瘫痪,因此需要备份注册表,以便在注册表受到破坏时恢复它。

备份注册表的步骤为:执行"开始"→"运行"→"regedit"命令,打开注册表编辑器,在注册表编辑器窗口中单击"文件"→"导出",即可导出注册表。

还原注册表的步骤为:执行"开始"→"运行"→"regedit"命令,打开注册表编辑器,在注册表编辑器窗口中单击"文件"→"导入",找到需要导入的注册表文件后即可导入注册表。

8.3 Linux 操作系统安全

Linux 是一种免费使用和自由传播的类 UNIX 操作系统,其内核最初由芬兰人林纳斯·托瓦兹(Linus Torvalds)在赫尔辛基大学读书时出于个人爱好而编写的,该操作系统的开发受到了另一个 UNIX 的小操作系统——Minix 的启发,Minix 系统是安德鲁 S·塔嫩鲍姆教授为了教学之用而开发的。Linux 于 1991 年 10 月 5 日首次发布,它是一个基于 POSIX 和 UNIX 的多用户、多任务、支持多线程和多 CPU 的操作系统。它能运行主要的 UNIX 工具软件、应用程序和网络协议。它支持 32 位和 64 位硬件。Linux 继承了 UNIX 以网络为核心的设计思想,是一个性能稳定的多用户网络操作系统。Linux 有上百种不同的发行版,如基于社区开发的 Debian 和基于商业开发的 Red Hat Enterprise Linux、SUSE、Oracle linux 等。

Linux 系统的应用非常广泛,它可以运行在多种计算机硬件设备中,如手机、平板计算机、路由器等,Android 操作系统的内核也是 Linux 系统。

Linux 操作系统安全配置主要包括账户管理和授权、日志记录、网络协议安全、访问控制以及其他安全配置几方面。

1. 账户管理和授权

① 给不同的用户分配不同的账户,避免多个用户共享账户。

```
#useradd username          #新建账户
#passwd username           #为账户设置口令
#chmod 700 ~username       #修改用户主目录权限,确保只有该用户可以读写
```

② 删除不使用的账户。

```
#deluser username
```

③ 禁止 root 用户远程登录，只允许特定用户 ssh 登录。

```
编辑 /etc/ssh/sshd_config,添加
allowusers user1 user2
permitRootLogin no
```

④ 配置用户口令强度检查，要求用户口令包括数字、大小写字母和特殊字符 4 类中的至少 2 类。

编辑/etc/pam.d/system-auth 文件，将 password requisite pam_cracklib.so try_first_pass retry=3 改为 password requisite pam_cracklib.so try_first_pass retry=3 dcredit=−1 ocredit=−1。

要求密码至少包括一个数字和一个特殊字符。

⑤ 设置用户额口令生存期为 90 天，过期警告天数为 10 天。

```
编辑/etc/login.defs 文件,修改
PASS_MAX_DAYS   90          #口令生存期
PASS_WARN_AGE   10          #过期警告天数
修改已有用户的口令生存期和过期警告天数
#chage -M 90 -W 10 username
```

⑥ 设置账户在 5 次连续尝试认证失败后锁定，锁定时间为 30 分钟，避免用户口令被暴力破解。

```
建立/var/log/faillog 文件并设置权限
#touch /var/log/faillog
#chmod 600 /var/log/faillog
```

在 RHEL5 中编辑/etc/pam.d/system-auth 文件，在 auth required pam_env.so 后面添加 Auth required pam_tally.so onerr=fail deny=5 unlock_time=1800。

⑦ 禁止空密码用户登录。

```
编辑/etc/pam.d/system-auth 文件,将
auth sufficient pam_unix.so nullok try_first_pass
password sufficient pam_unix.so md5 shadow nullok try_first_pass use_authtok
```

修改为：

```
auth sufficient pam_unix.so try_first_pass
password sufficient pam_unix.so md5 shadow try_first_pass use_authtok
```

⑧ 使用基于 sha-512 散列模式的密码，将已安装的系统切换到 sha-512 方式。

```
#authconfig -passalgo=sha512 -kickstart
```

然后重新设置用户口令。

⑨ 只允许特定的用户组执行 su，获得 root 权限。

设置只允许 wheel 组的用户 su 为 root。

方法一：编辑/etc/pam.d/su 文件，将#auth required pam_wheel.so use_uid 这一行的注释符去掉。

方法二：#chown root:wheel /bin/su

　　　　#chmod 4710 /bin/su。

2. 日志记录

① 开启系统的审计功能，记录用户对系统的操作，包括但不限于账户创建、删除，权限修改和口令修改。

```
#chkconfig auditd on
```

② 配置日志轮询，设置保存指定时间长度内的日志。

编辑/etc/logrotate.conf 和/etc/logrotate.d/文件，修改 rotate 参数。logrotate 默认保存 4 个星期内的日志，可根据要求做修改，保存更长时间内的日志。

3. 网络协议安全

① 设置 OpenSSH 只支持 ssh v2。

编辑/etc/ssh/sshd_config，添加 protocol 2。

② 开启 syncookie 防护，增加 SYN 半开连接数，降低 TIME_WAIT 的等待时间和 SYN/ACK 重传次数，提高系统的抗 SYN flood 攻击能力。

```
编辑/etc/sysctl.conf 文件,添加
net.ipv4.tcp_syncookies = 1
net.ipv4.tcp_max_syn_backlog = 4096
net.ipv4.tcp_fin_timeout=30
net.ipv4.tcp_synack_retries = 3
#sysctl -p
```

4. 访问控制

① 设置 root 用户的 umask 为 077，避免新建的文件或目录被其他用户访问。

```
编辑/root/.bash_profile
添加  umask 077
```

② 给系统关键文件设置特殊的文件属性，避免用户误操作或恶意修改。

```
#chattr +I /etc/passwd
#chattr +I /etc/shadow
```

③ 配置 iptables 防火墙规则，基于源地址、目的地址、通信协议类型、源端口、目的端口等条件进行网络访问控制。

运行 system-config-firewall，根据系统运行应用的需要开放相应的端口。

④ 配置 tcp_wrappers，限制允许远程登录系统的 IP 范围。

编辑/etc/hosts.deny 添加 sshd:ALL，编辑/etc/hosts.allow 添加 sshd:192.168.0.0/

255.255.255.0 #只允许 192.168.0 网段远程登录。

⑤ 设置 GRUB 密码，避免物理接触主机的人员以单用户模式启动系统。

#grub-md5-crypt 输入两次密码，生成加密后的字符串。编辑/boot/grub/menu.lst 文件，在 title 字段前面加入 password -md5 加密字符串。

⑥ 禁用按 Control+Alt+Delete 三键重启系统，避免物理接触主机的人员恶意重启系统。

编辑/etc/inittab 文件，在

```
ca::ctrlaltdel:/sbin/shutdown -t3 -r now
```

前面添加注释符

```
#ca::ctrlaltdel:/sbin/shutdown -t3 -r now
```

修改后执行以下命令，使配置生效。

```
#sbin/init q
```

5. 关闭无用的端口

任何网络连接都是通过开放的应用端口来实现的。尽可能少开放端口，使网络攻击变成无源之水，从而大大减少攻击者成功的机会。

检查 inetd.conf 文件，在该文件中注释掉永不会用到的服务（如 echo、gopher、rsh、rlogin、rexec、ntalk、finger 等）。将 Telnet 用更为安全的 ssh 来代替。

6. 其他安全设置

① 安装最新的升级包，消除系统及软件的安全漏洞。

```
#up2date  --update
```

若系统支持 yum，可以使用以下命令：

```
#yum check-update                #检查升级包
#yum update                      #升级
```

② 设置账户超时自动注销。

编辑/etc/profile 文件，添加 TMOUT=300 #用户登录后若 300 秒没有做任何操作，则自动注销登录。

③ 检查系统启动的服务，关闭不必要的服务。

```
#chkconfig -list                 #显示服务列表
#chkconfig servicename off       #关闭服务自启动
#service stop servicename        #关闭指定服务
```

④ 控制为用户分配的系统资源。

确认/etc/pam.d/system-auth 文件包含 session required pam_limits.so。

编辑/etc/security/limits.conf 文件。根据需要进行用户资源分配。

8.4　数据库系统安全

1. 数据库系统安全技术概述

数据库安全，是指以保护数据库系统、数据库服务器和数据库中的数据、应用、存储以及相关网络连接为目的，防止数据库系统及其数据遭到泄露、篡改或破坏的安全技术。数据库系统安全是指为数据库系统采取的安全保护措施，防止系统软件和其中的数据遭到破坏、更改和泄露。

数据库往往是企业最核心的数据保护对象，与传统的网络安全防护体系不同，数据库系统安全技术更加注重从客户内部的角度做安全，其内涵包括了保密性、完整性和可用性3方面。

① 保密性：不允许未经授权的用户存取信息。

② 完整性：只允许被授权的用户修改数据。

③ 可用性：不应拒绝已授权的用户对数据进行存取。

2. 数据库系统安全技术分类

数据库系统安全技术，包括最早的数据库审计到数据库防火墙、数据库漏洞扫描、数据库加密、数据库脱敏、敏感数据梳理等。

(1) 数据库审计。

数据库审计能够实时记录网络上的数据库活动，对数据库操作进行细粒度审计。除此之外，数据库审计还能对数据库遭受到的风险行为进行告警，如数据库漏洞攻击、SQL注入攻击、高危风险操作等。数据库审计技术一般采用旁路部署，通过镜像流量或探针的方式采集流量，并基于语法语义的解析技术提取出SQL中相关的要素，进而实时记录来自各个层面的所有数据库活动，包括普通用户和超级用户的访问行为要求，以及使用数据库客户端工具执行的操作。

(2) 数据库防火墙。

数据库防火墙系统是一款针对应用侧异常数据访问的数据库安全防护产品。一般采用主动防御机制，通过学习期行为建模，预定义风险策略；并结合数据库虚拟补丁、注入规则和应用关联防护机制实现数据库的访问行为控制、高危风险阻断和可疑行为审计。

(3) 数据库漏洞扫描。

数据库漏洞扫描是专门对数据库系统进行自动化安全评估的专业技术，通过数据库漏洞扫描能够有效地评估数据库系统的安全漏洞和威胁，并提供修复建议。

(4) 数据库加密。

数据库加密，目前从技术角度可以分为列加密和表加密两种。其能够实现对数据库中的敏感数据加密存储、访问控制增强、应用访问安全、密文访问审计以及三权分立等功能。通过数据加密能够有效防止明文存储引起的数据内部泄密、高权限用户的数据窃取，从根源上防止敏感数据泄露。

(5) 数据库脱敏。

数据库脱敏是一种采用专门的脱敏算法对脱敏数据进行变形、屏蔽、替换、随机化、加密，并将敏感数据转化为虚构数据的技术。按照作用位置、实现原理不同、数据库脱敏可以划分为静态数据脱敏和动态数据脱敏。

（6）敏感数据梳理。

敏感数据梳理是在组织网络内自动探测未知数据库、自动识别数据库中的敏感数据、数据库账户权限、敏感数据使用的一种数据库资产梳理产品。

（7）数据库安全运维。

数据库安全运维产品是面向数据库运维人员的数据库安全加固与访问管控产品，能够有效提升数据库日常运维管理工作的精细度及安全性。可以对运维行为进行流程化管理，提供事前审批、事中控制、事后审计、定期报表等功能，将审批、控制和追责有效结合，避免内部运维人员的恶意操作和误操作行为，解决运维账号共享带来的身份不清问题，确保运维行为在受控的范畴内安全高效地执行。

8.5 实　验

8.5.1 实验一：漏洞扫描

漏洞扫描系统是基于漏洞数据库，通过扫描等手段对指定的远程或者本地计算机系统、网络设备的安全脆弱性进行检测，发现可利用的漏洞的一种安全系统。常见的漏洞扫描软件有 X-Scan，SuperScan 等，下面介绍 X-Scan 漏洞扫描软件。

整个 X-Scan 扫描软件的使用过程如图 8.52～图 8.61 所示。

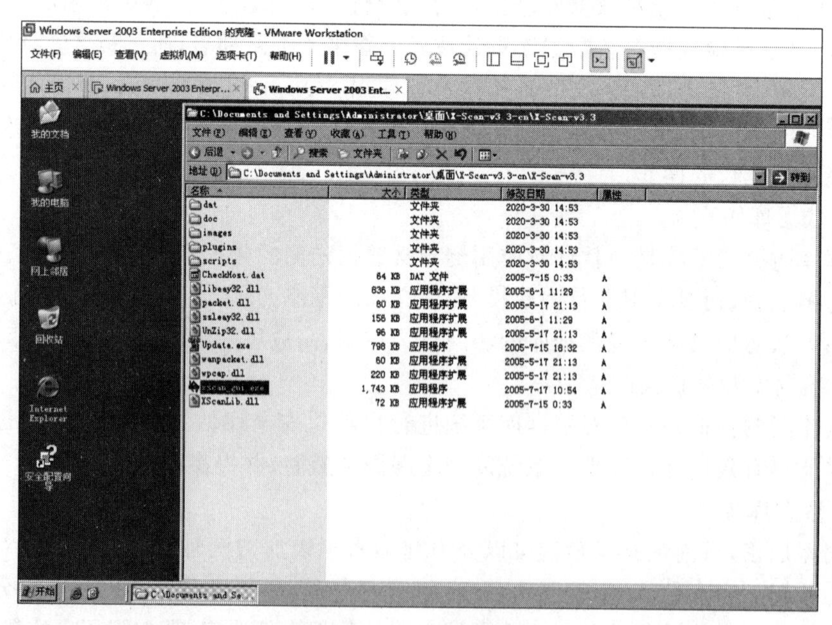

图 8.52　X-Scan 安装程序

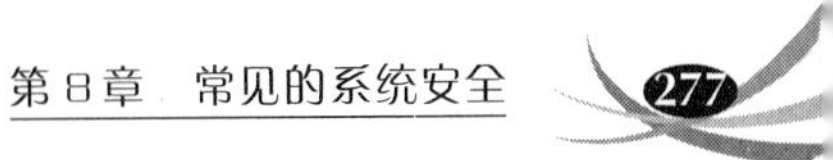

Windows Server 2003 Enterprise Edition 的克隆 - VMware Workstation

文件(F) 编辑(E) 查看(V) 虚拟机(M) 选项卡(T) 帮助(H)

主页 | Windows Server 2003 Enterpr... | Windows Server 2003 Ent...

X-Scan v3.3 GUI

文件(V) 设置(Y) 查看(X) 工具(T) Language 帮助(Z)

普通信息 | 漏洞信息 | 错误信息

X-Scan-v3.3 使用说明

一、系统要求：Windows NT/2000/XP/2003

理论上可运行于Windows NT系列操作系统，推荐运行于Windows 2000以上的Server版Windows系统。

二、功能简介：

采用多线程方式对指定IP地址段(或单机)进行安全漏洞检测，支持插件功能。扫描内容包括：远程服务类型、操作系统类型及版本，各种弱口令漏洞、后门、应用服务漏洞、网络设备漏洞、拒绝服务漏洞等二十几个大类。对于多数已知漏洞，我们给出了相应的漏洞描述、解决方案及详细描述链接，其它漏洞资料正在进一步整理完善中，您也可以通过本站的“安全文摘”和“安全漏洞”栏目查阅相关说明。3.0及后续版本提供了简单的插件开发包，便于有编程基础的朋友自己编写或将其他调试通过的代码修改为X-Scan插件。另外Nessus攻击脚本的翻译工作已经开始，欢迎所有对网络安全感兴趣的朋友参与。需要“Nessus攻击脚本引擎”源代码、X-Scan插件SDK、示例插件源代码或愿意参与脚本翻译工作的朋友，可通过本站“X-Scan”项目链接获取详细资料：“http://www.xfocus.net/projects/X-Scan/index.html”。

三、所需文件：

xscan_gui.exe -- X-Scan图形界面主程序
checkhost.dat -- 插件调度主程序
update.exe -- 在线升级主程序
*.dll -- 主程序所需动态链接库
使用说明.txt -- X-Scan使用说明
/dat/language.ini -- 多语言配置文件，可通过设置“LANGUAGE\SELECTED”项进行语言切换
/dat/language.* -- 多语言数据文件
/dat/config.ini -- 当前配置文件，用于保存当前使用的所有设置
/dat/*.cfg -- 用户自定义配置文件
/dat/*.dic -- 用户名/密码字典文件，用于检测弱口令用户
/plugins -- 用于存放所有插件(后缀名为.xpn)
/scripts -- 用于存放所有NASL脚本(后缀名为.nasl)
/scripts/desc -- 用于存放所有NASL脚本多语言描述(后缀名为.desc)
/scripts/cache -- 用于缓存所有NASL脚本信息，以便加快扫描速度(该目录可删除)

四、准备工作：

X-Scan是完全免费软件，无需注册，无需安装(解压缩即可运行，自动检查并安装WinPCap驱动程序)。若已经安装的WinPCap驱动程序版本不正确，请通过主窗口菜单的“工具”->“Install WinPCap”重新安装“WinPCap 3.1 beta4”或另行安装更高版本。

图 8.53 X-Scan 运行程序

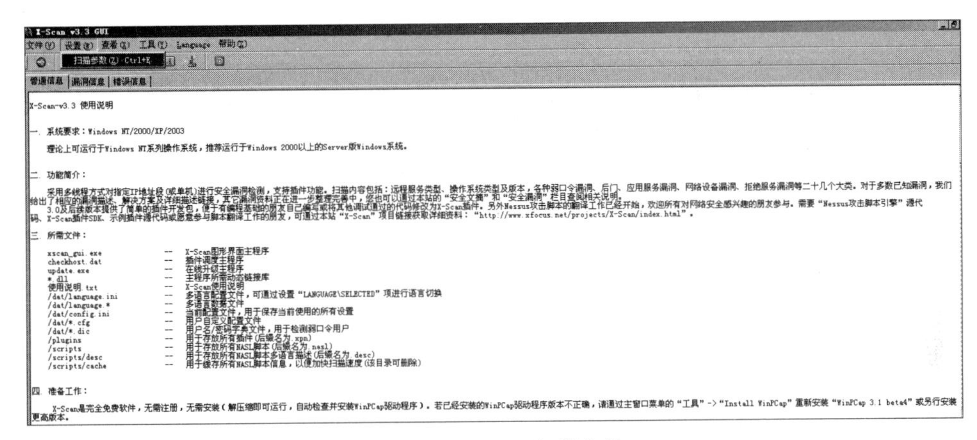

图 8.54 X-Scan 扫描参数

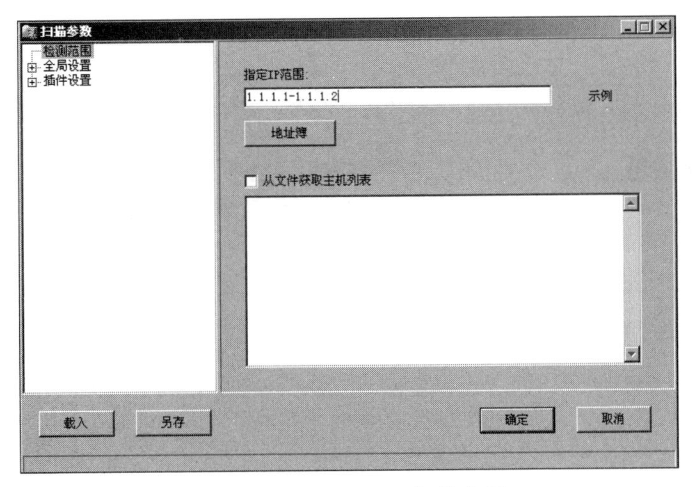

图 8.55 设置 X-Scan 扫描范围

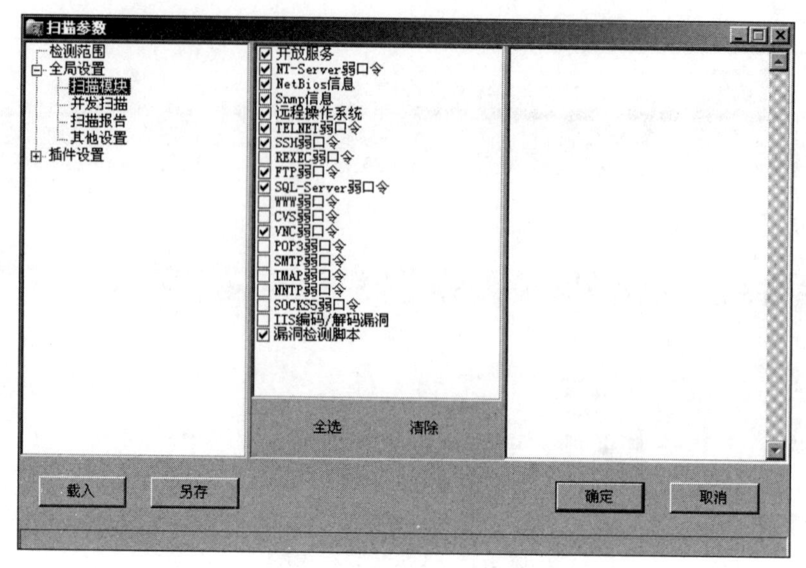

图 8.56 设置 X-Scan 扫描模块

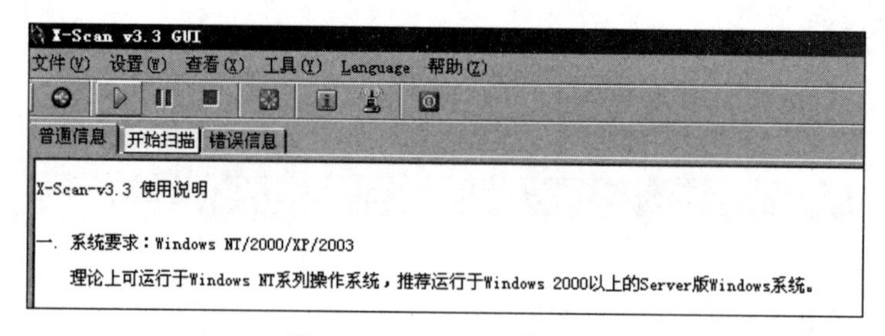

图 8.57 X-Scan 扫描按钮

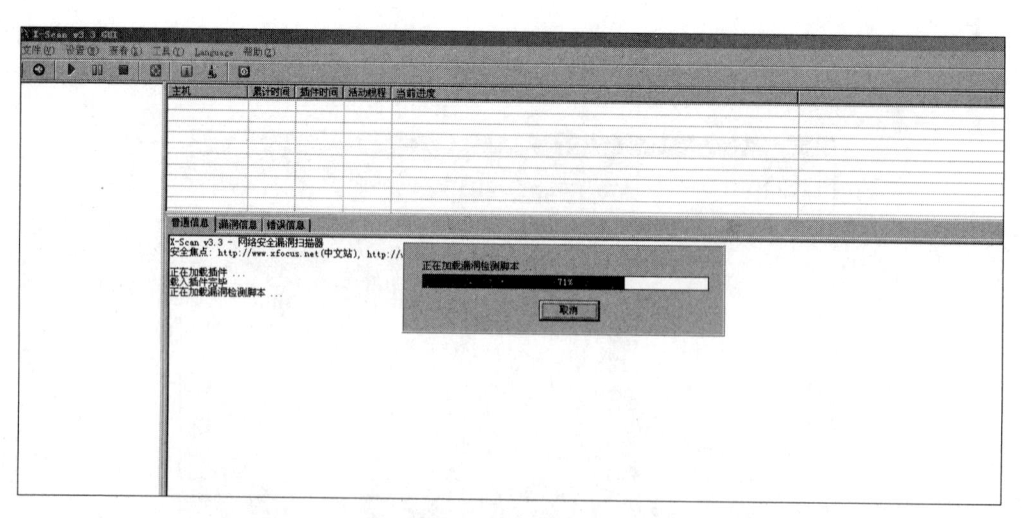

图 8.58 X-Scan 开始扫描中

图 8.59 X-Scan 扫描进行中

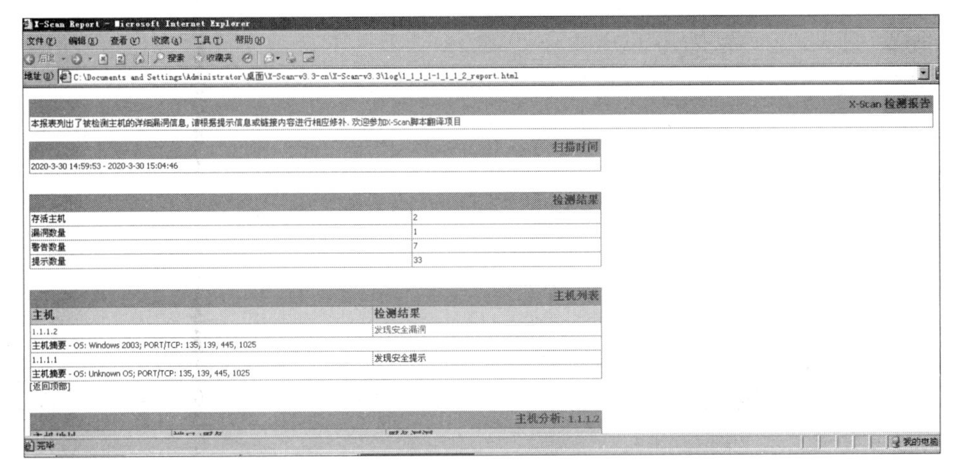

图 8.60 X-Scan 扫描结果

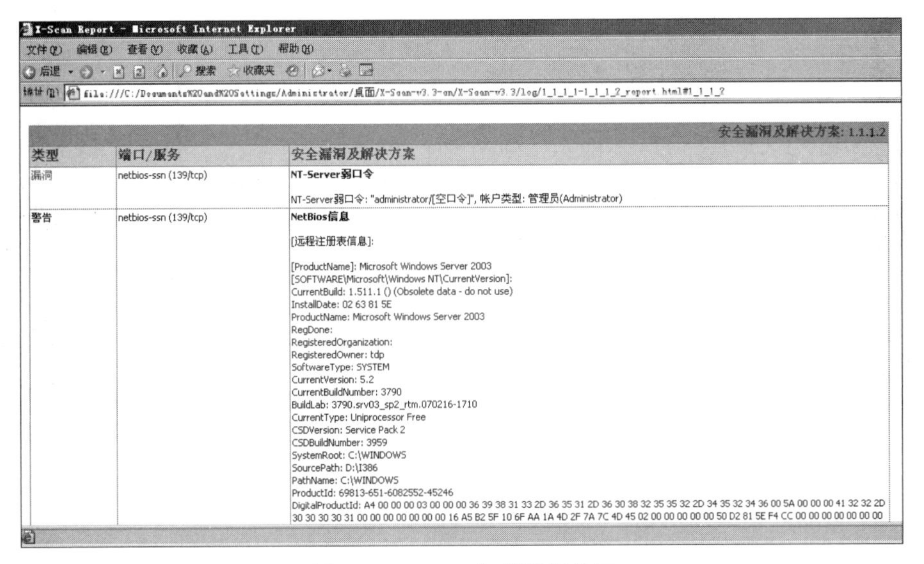

图 8.61 X-Scan 扫描详细结果

8.5.2 实验二：Windows 用户密码在线破解

Windows 中的用户密码保存为哈希值的形式，如 Administrator：500：C8825DB10F2590EAAAD3B435B51404EE：683020925C5D8569C23AA724774CE6CC：：：

其中，用户名称为 Administrator，RID 值为 500，LM-Hash 值为 C8825DB10F2590EAAAD3B435B51404EE，NTLM-Hash 值为 683020925C5D8569C23AA724774CE6CC。

LM-Hash 算法存在几个弱点：①密码不区分大小写；②密码最长为 14 个字符；③密码被分成 2 串 7 个字符存放，大于 7 个字符的密码破解，实际上是破解 2 个 7 个字符内的密码。

NTLM-Hash 明文口令对大小写敏感，默认时，当 Windows 用户密码小于或者等于 14 个字符，SAM 文件中既存密码的 LM-Hash 值，也存密码的 NTLM-Hash 值。可修改注册表，使得 SAM 文件中只存放密码的 NTLM-Hash 值。

当 Windows 用户密码大于 14 个字符，SAM 文件中只存放密码的 NTLM-Hash 值。

该实验是利用 GetHashes 软件获取 Windows 用户密码的哈希值，GetHashes 软件是 Insidepro 公司早期的一款哈希密码获取软件，使用 GetHashes 命令来获取系统的哈希密码值，必须要在 system 权限下。通过获得的密码哈希值，利用在线破解网站，输入哈希值来进行密码的破解。如果能够破解成功，说明该密码不安全，具体操作过程如图 8.62～图 8.69 所示。

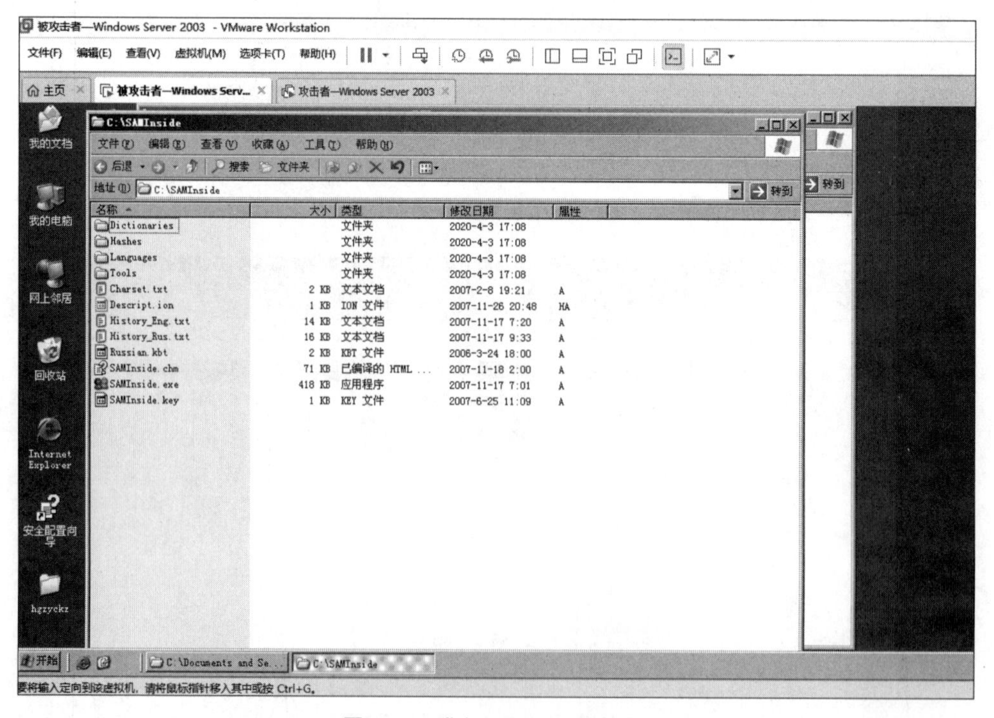

图 8.62　进入 SAMInside 目录

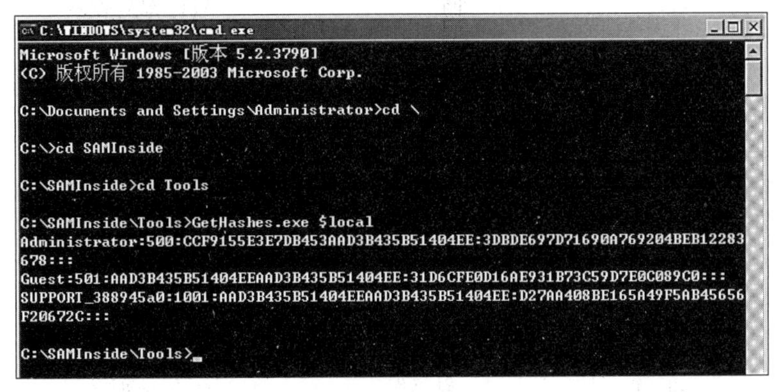

图 8.63　执行 GetHashes 程序

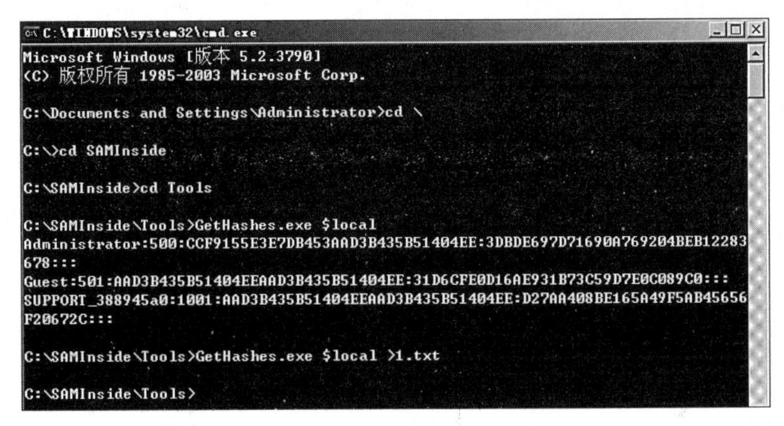

图 8.64　执行结果输出到文本文件 1.txt 中

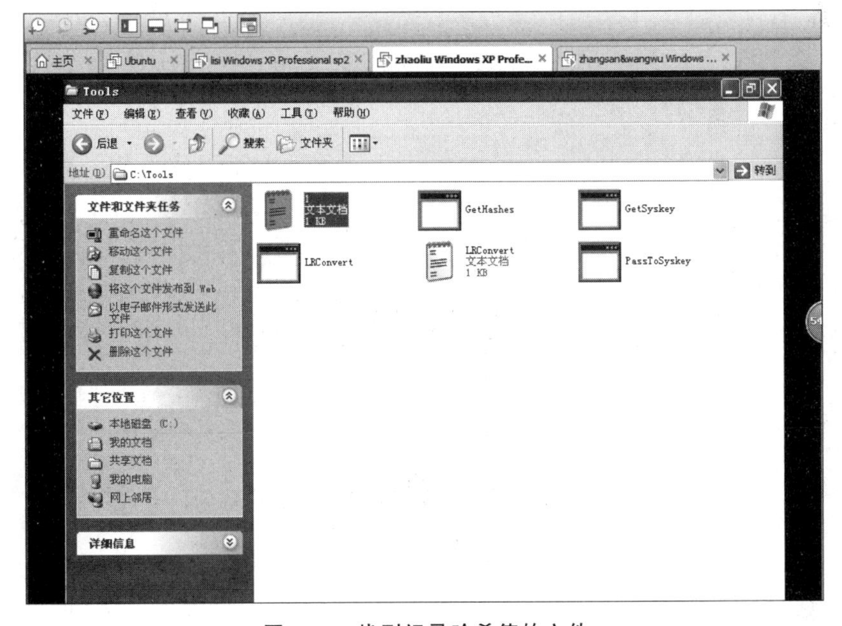

图 8.65　找到记录哈希值的文件

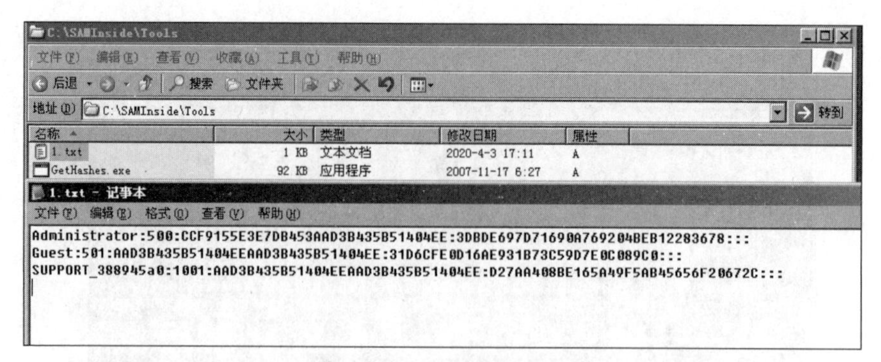

图 8.66 打开记事本文件

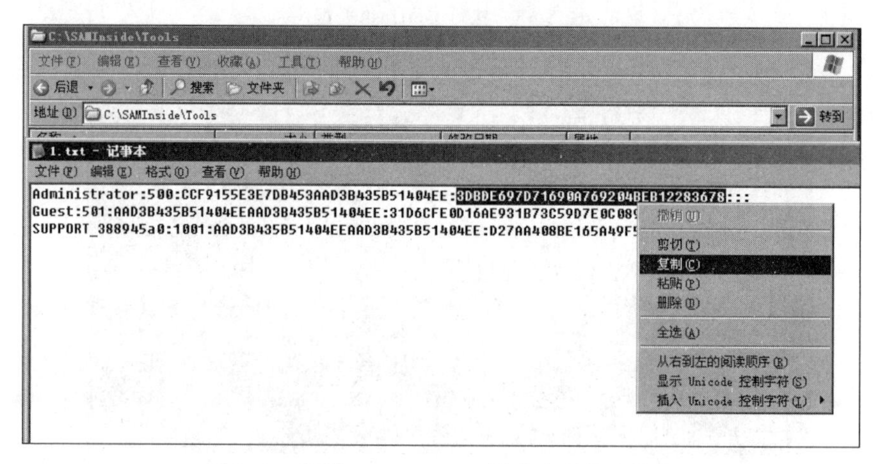

图 8.67 复制 Administrator 用户密码的哈希值

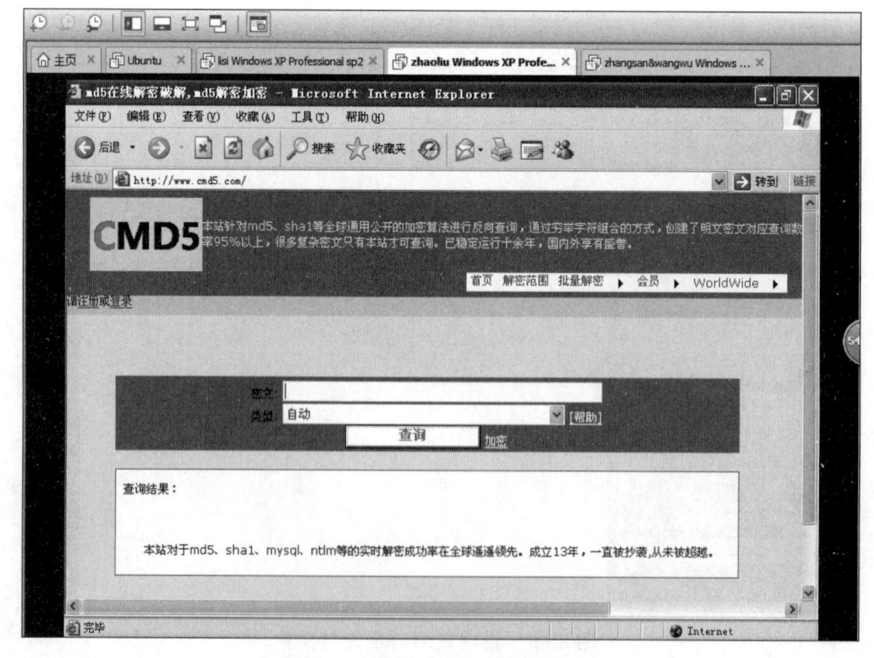

图 8.68 通过破解网站破解密码

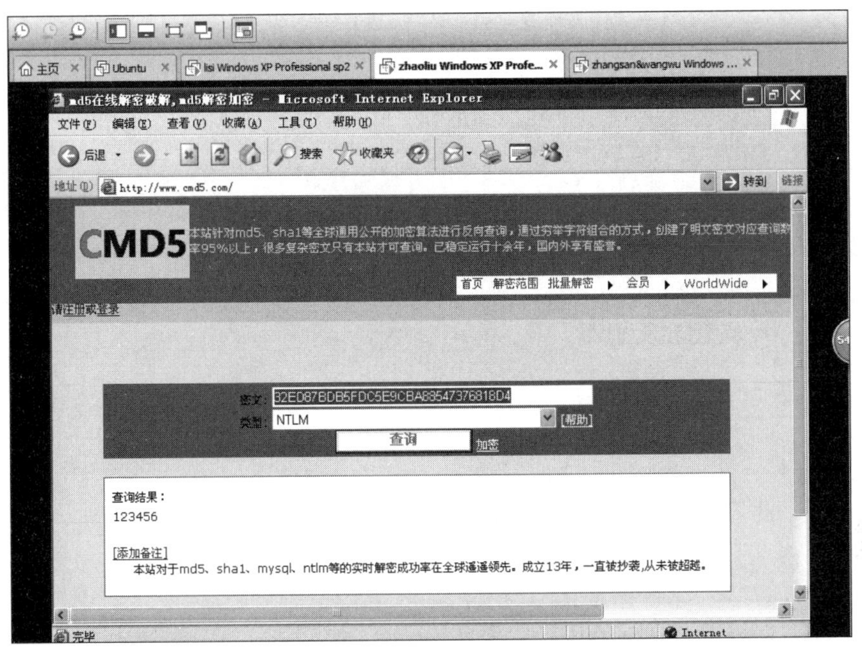

图 8.69　获得破解后的明文密码

使用 GetHashes 工具获取 Windows 用户的哈希值通常是在取得系统的部分或者全面控制权后。如使用 MS08_067 漏洞,利用工具获得存在漏洞计算机的一个反弹 shell,然后再将 GetHashes 软件上传到系统中来执行 GetHashes $Local 命令。

另外,pwdump7 工具也是很好的获取 Windows 用户密码哈希值的工具,如图 8.70 所示。

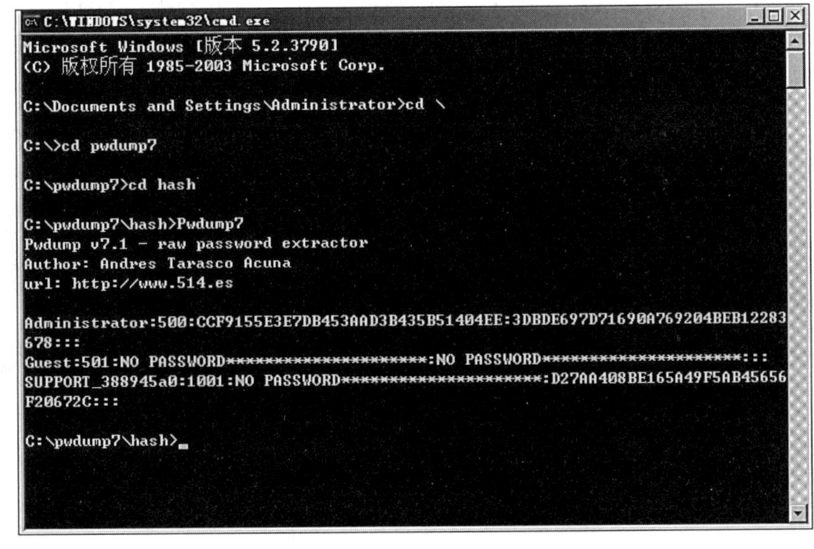

图 8.70　执行 pwdump7 获取哈希值

也有一些工具可以对密码或者文件做哈希运算，如 HashGenerator，具体操作如图 8.71～图 8.82 所示。

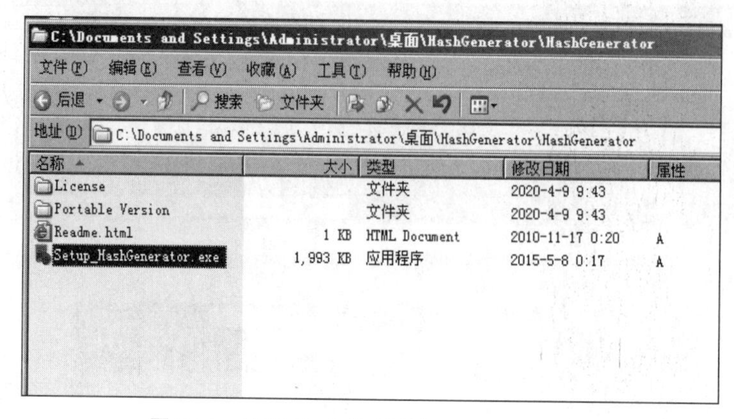

图 8.71 安装 Hash 运算软件 HashGenerator

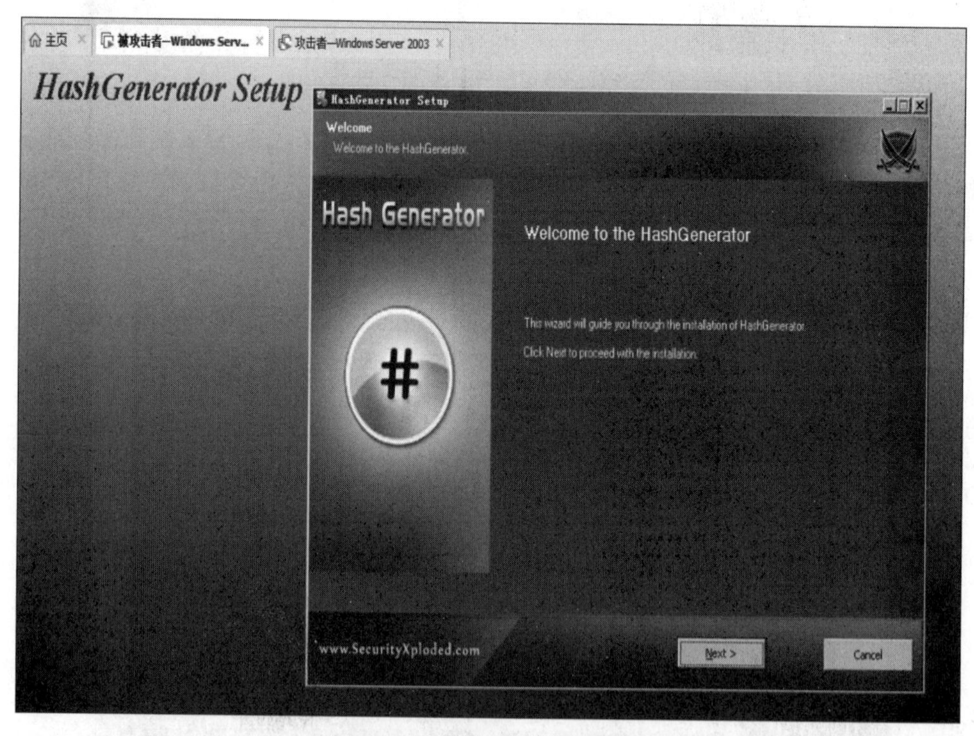

图 8.72 软件安装欢迎界面

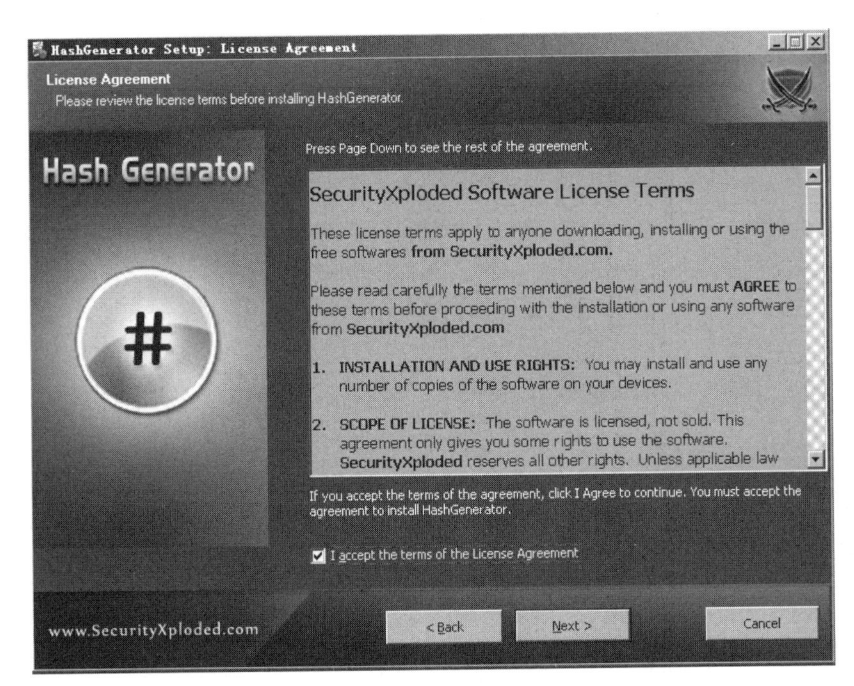

图 8.73　软件许可协议

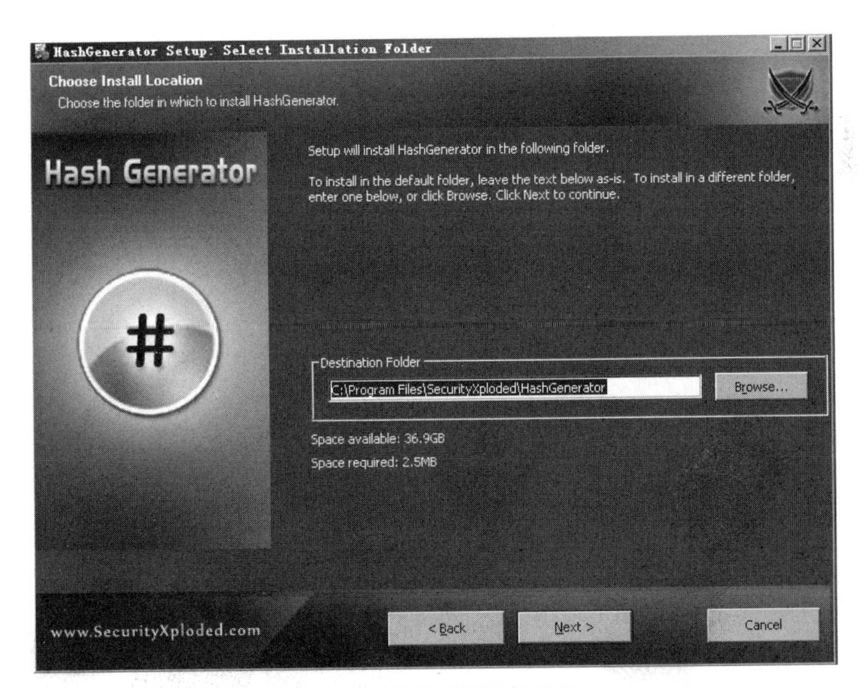

图 8.74　软件安装目录设置

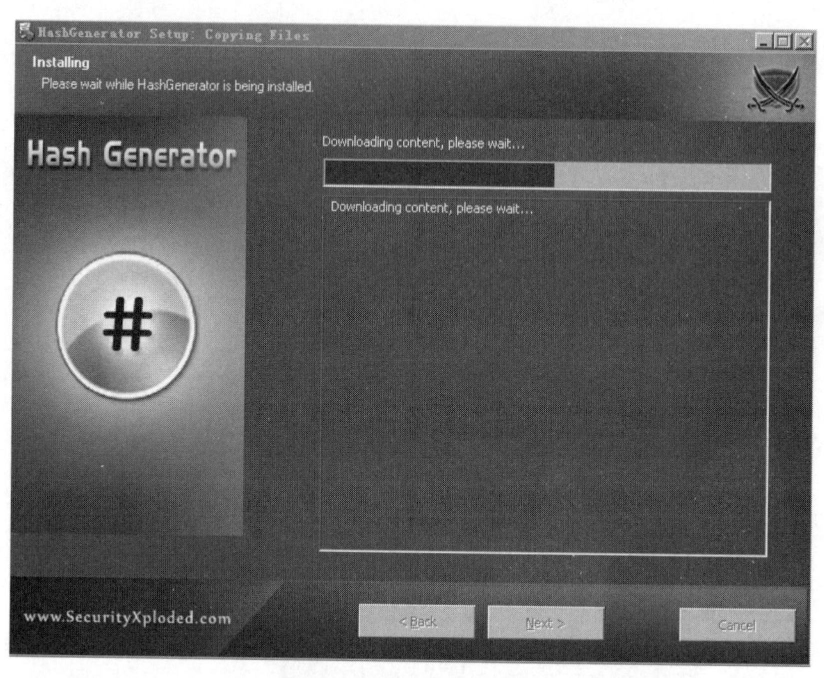

图 8.75 软件安装过程中

图 8.76 软件安装完成

图 8.77　对文件进行哈希运算

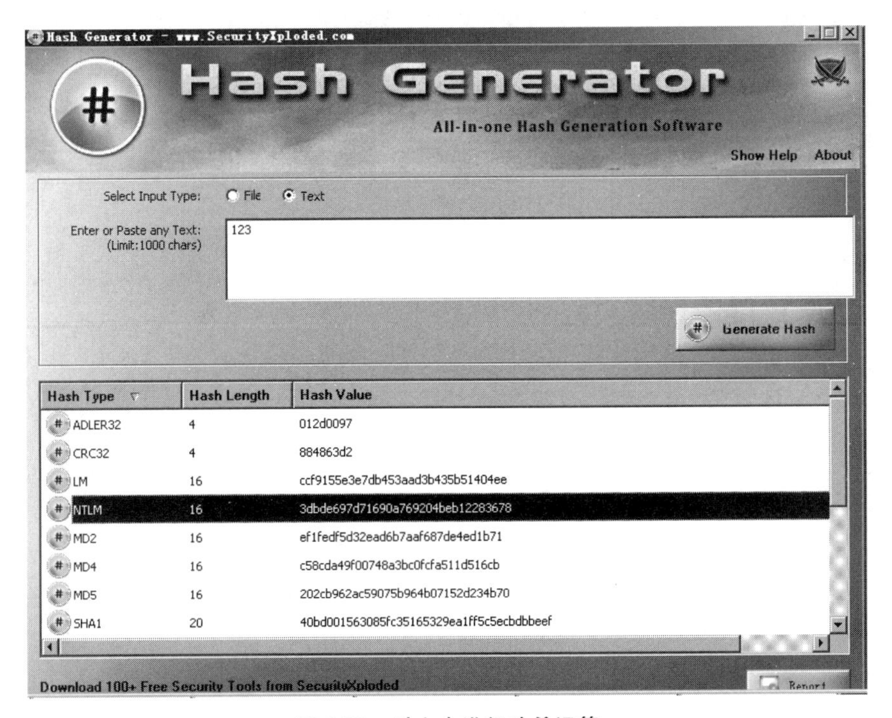

图 8.78　对文本进行哈希运算

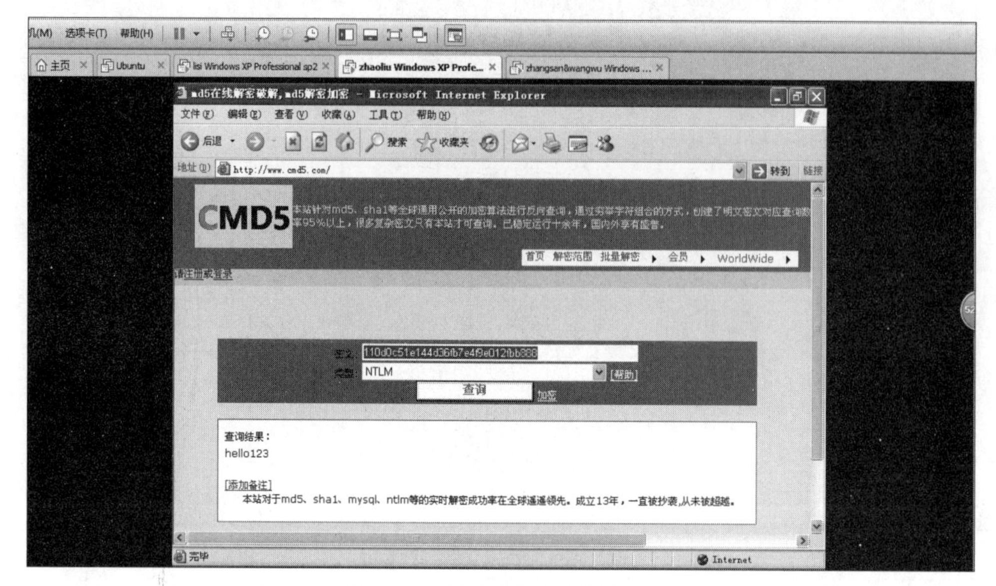

图 8.79 通过哈希值在线破解

图 8.80 输入另一需要计算哈希值的明文(复杂一点)

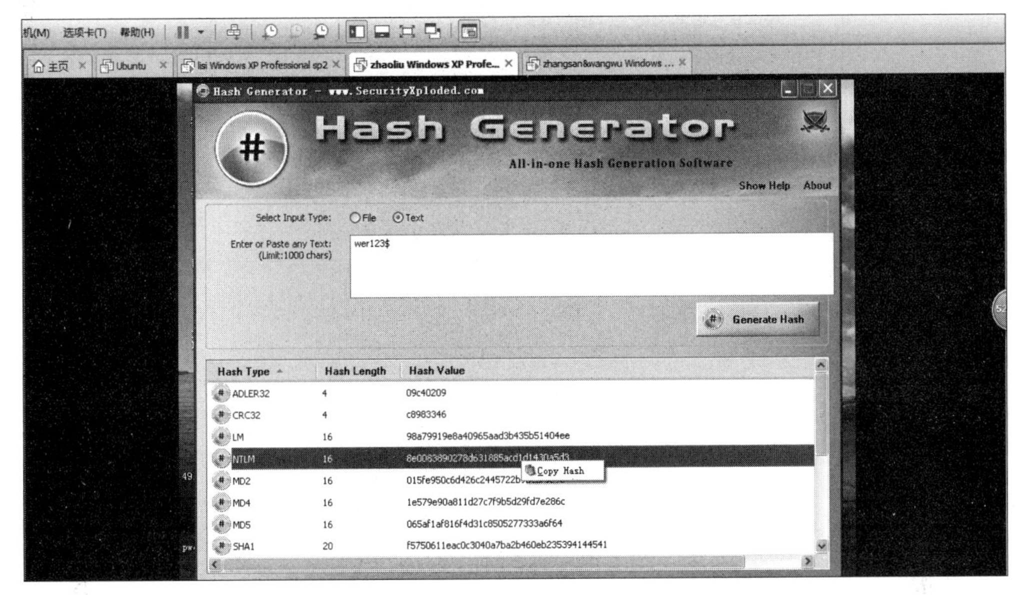

图 8.81　复制该哈希值

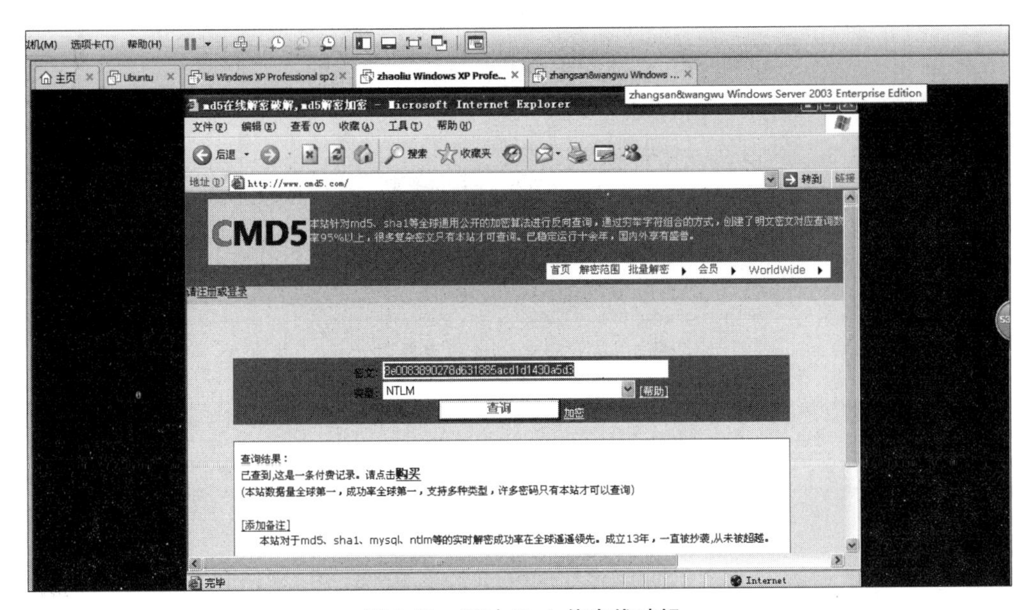

图 8.82　通过 Hash 值在线破解

8.5.3　实验三：Windows 用户密码的暴力破解

1. 利用工具 SAMInside、L0phtcrack、Ophcrack 进行破解

SAMInside 可以获取包括 Windows Server 2008 以下操作系统的用户密码 Hash 值，在获取这些 Hash 值后，可以通过彩虹表、字典、暴力等模式进行破解，进而获取系统的密码。执行 SAMInside 程序的过程如图 8.83 和图 8.84 所示。

可以导入哈希值，也可以读取本地的哈希值，如图 8.85 和图 8.86 所示。

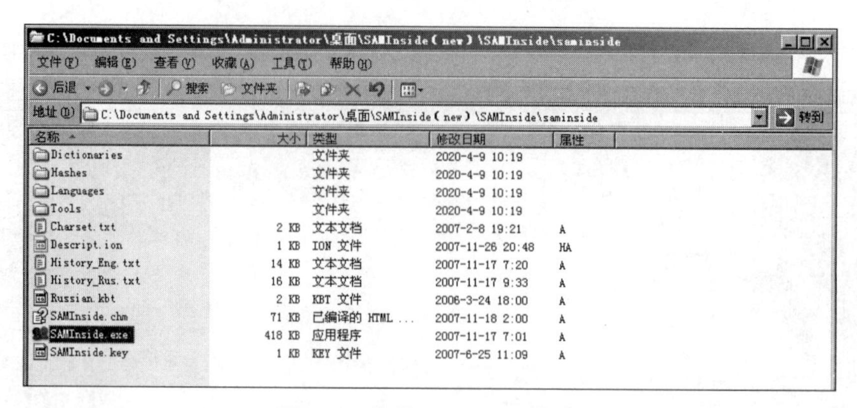

图 8.83 执行 SAMInside 程序

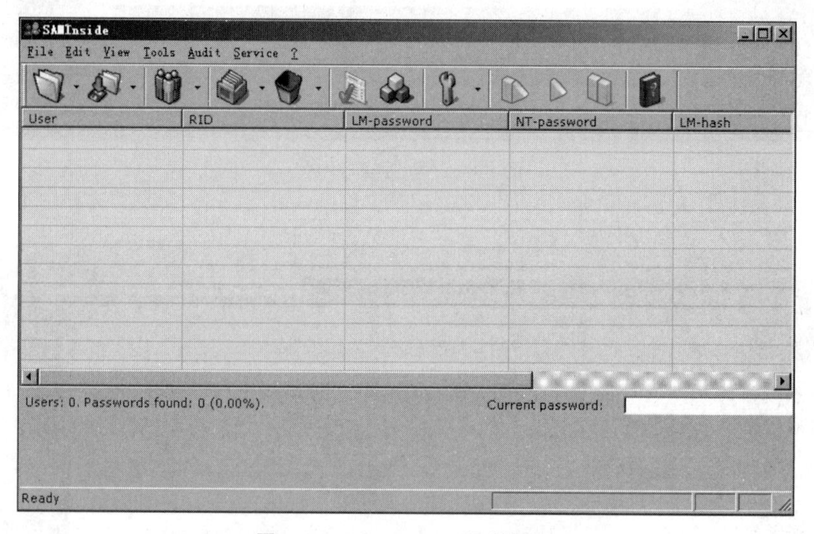

图 8.84 SAMInside 程序界面

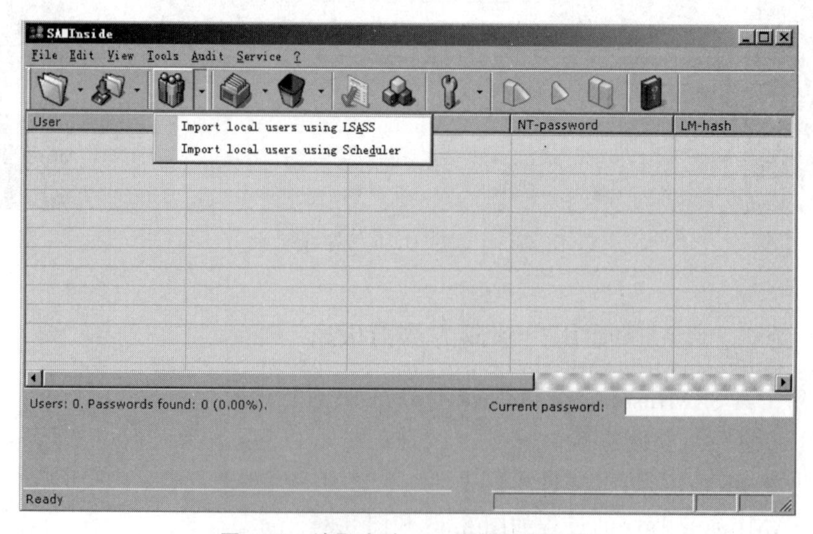

图 8.85 读取本地 sam 文件的哈希值

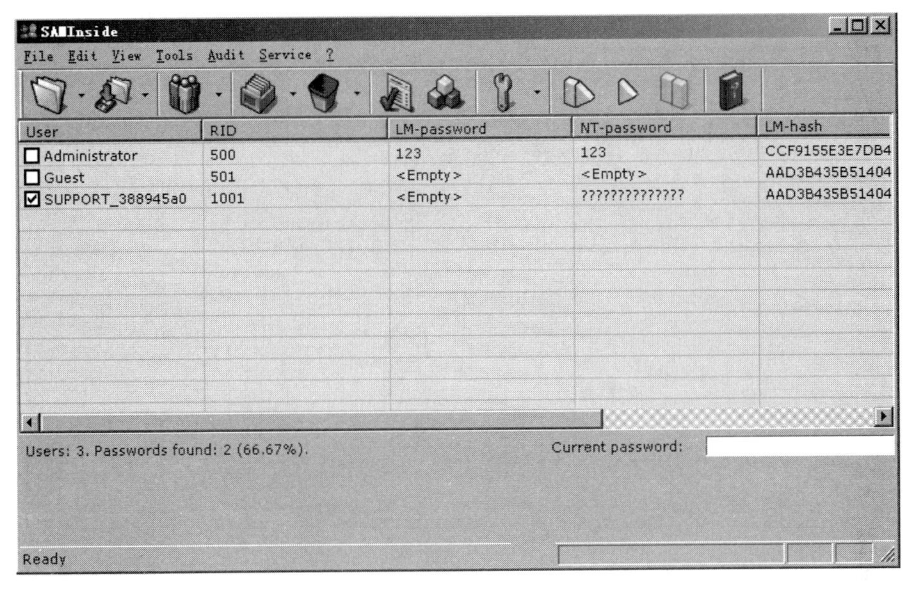

图 8.86 读取本地用户的哈希值

简单密码直接显示出来，如图 8.86 所示。通过 File 菜单可执行的操作如图 8.87 所示。

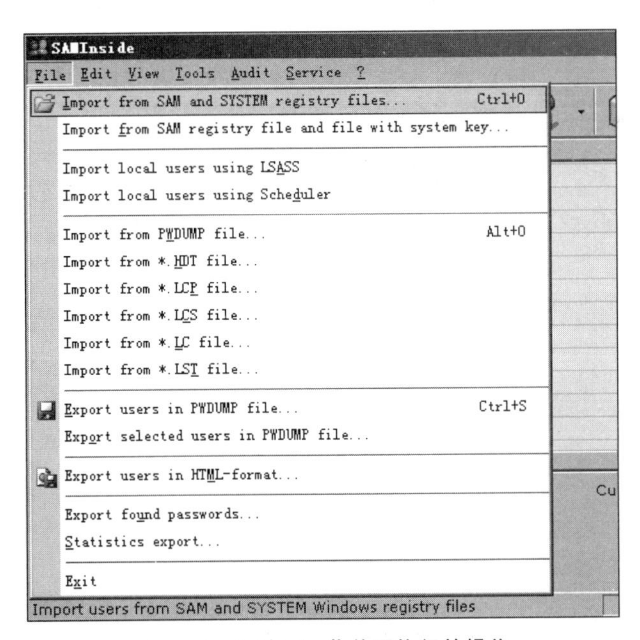

图 8.87 通过 File 菜单可执行的操作

可以从其他文件导入 Hash 值(如 pwdump)，或者使用 GetHashes 得到。

破解方式有暴力破解(brute-force)、字典(dictionary)破解、彩虹表(pre-calculated tables)破解等。默认采用暴力破解。图 8.88 所示为可选择的破解方式。

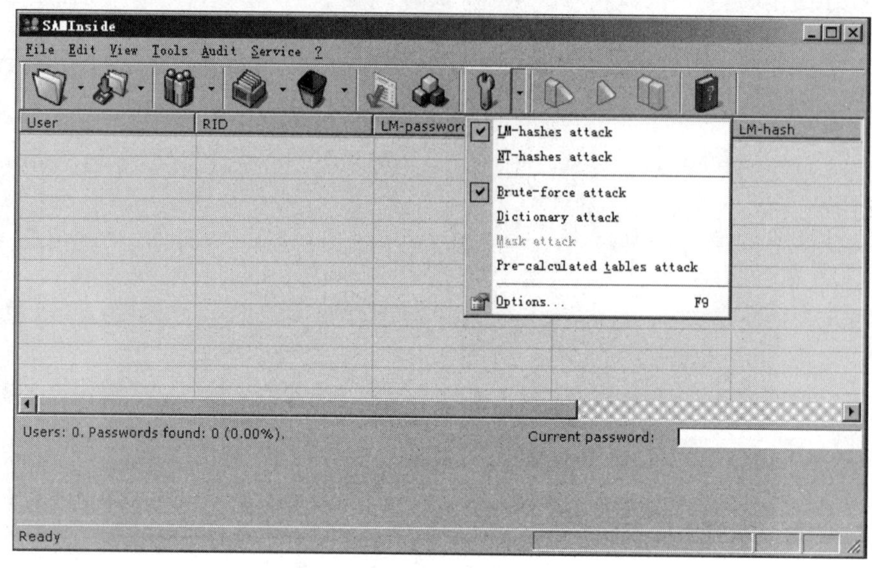

图 8.88　可选择的破解方式

2. 使用字典破解 Windows 密码

使用字典破解 Windows 密码的过程如图 8.89～图 8.116 所示。

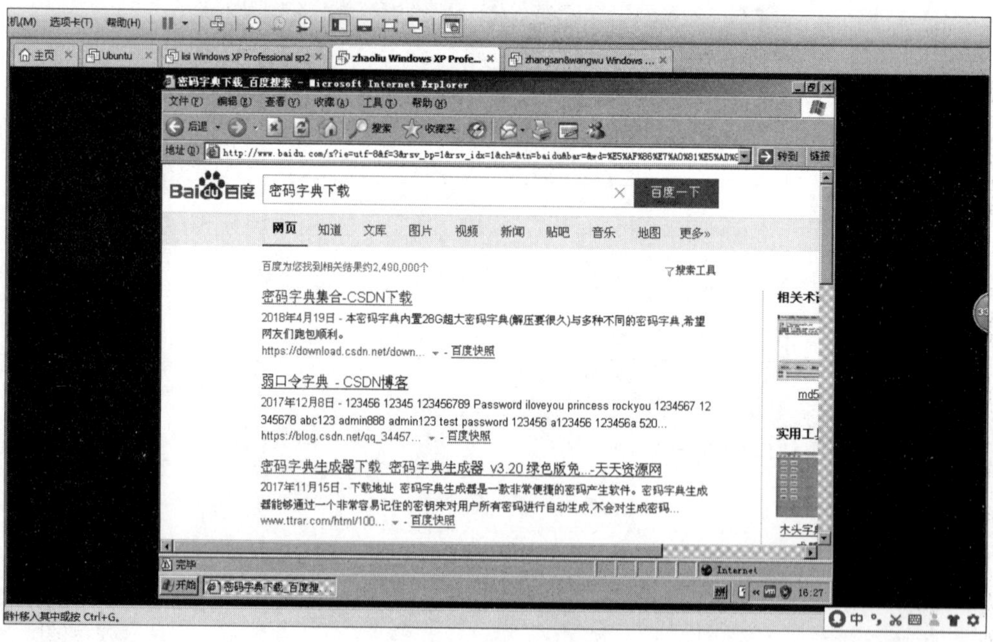

图 8.89　下载字典文件

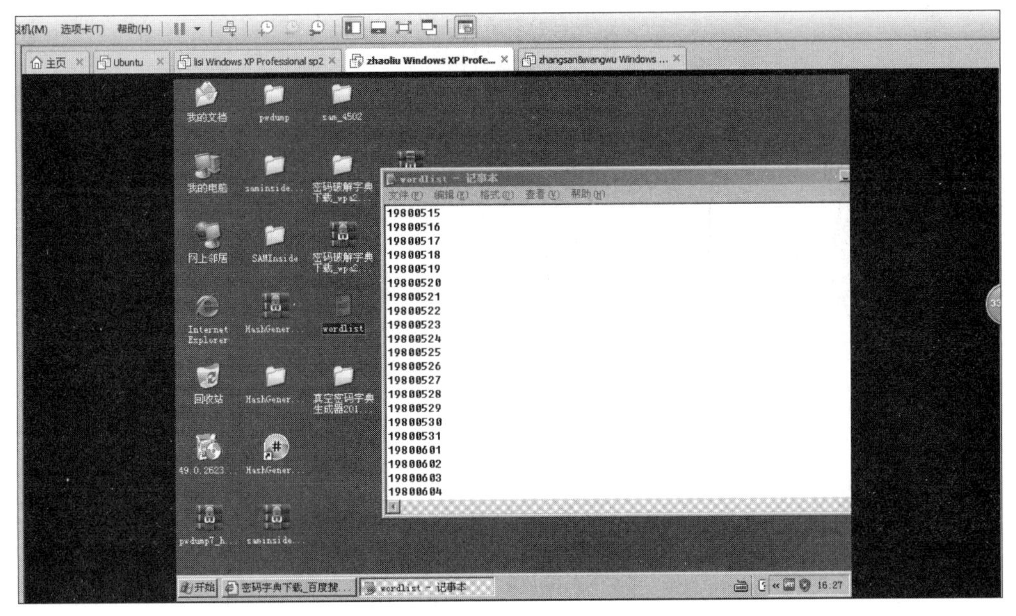

图 8.90　查看下载的字典

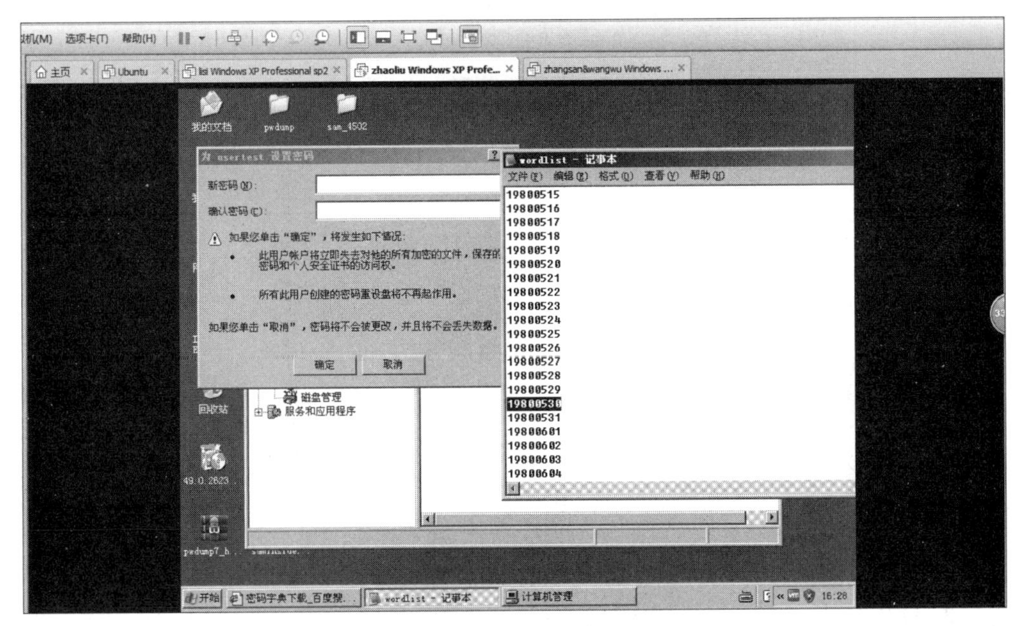

图 8.91　设置 Windows 密码为字典中的密码

图 8.92　成功设置密码

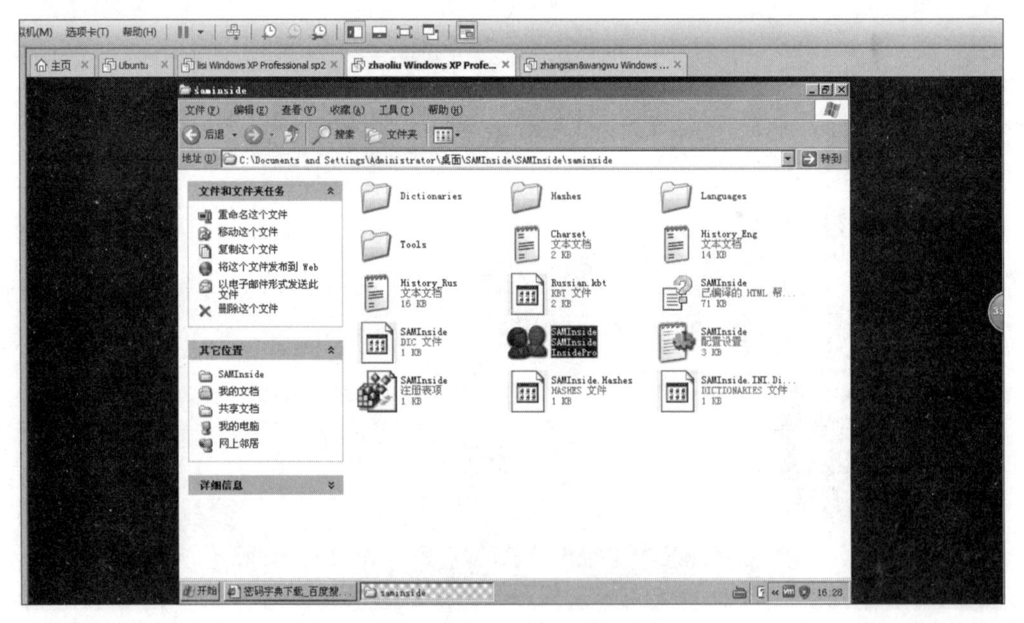

图 8.93　找到 SAMInside 文件

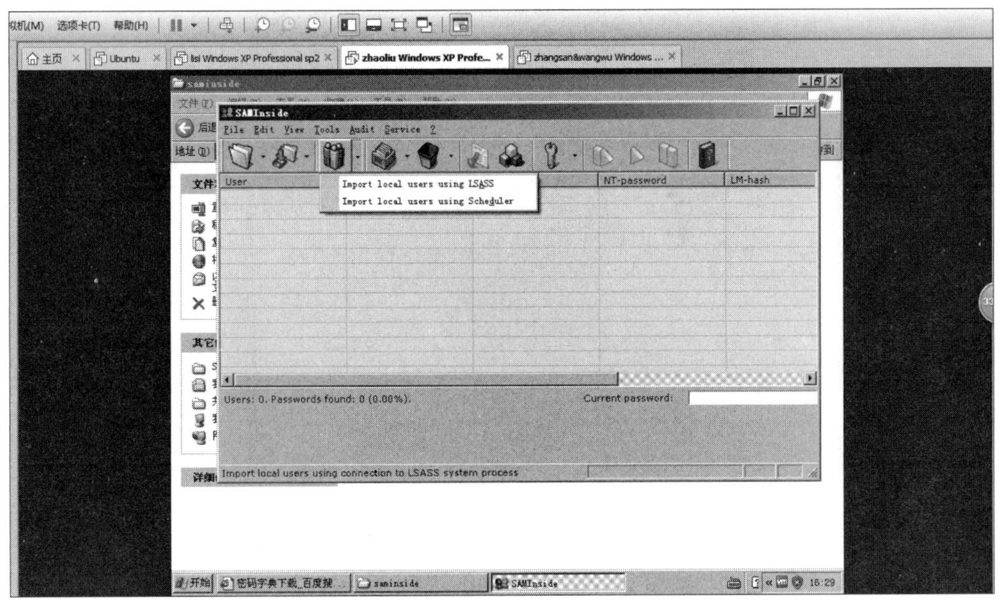

图 8.94　执行 SAMInside 程序

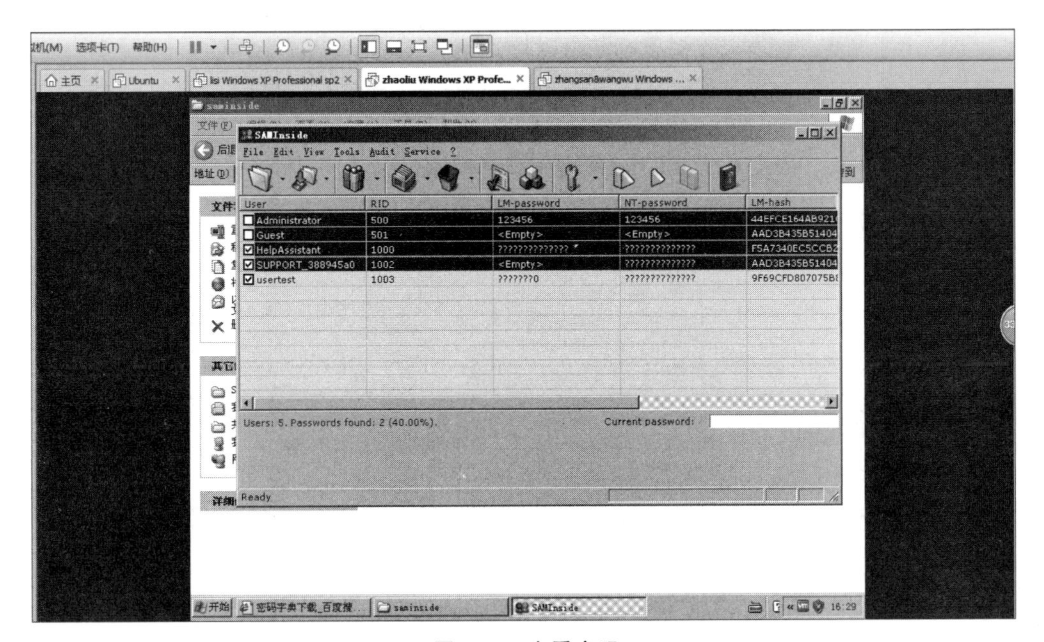

图 8.95　查看密码

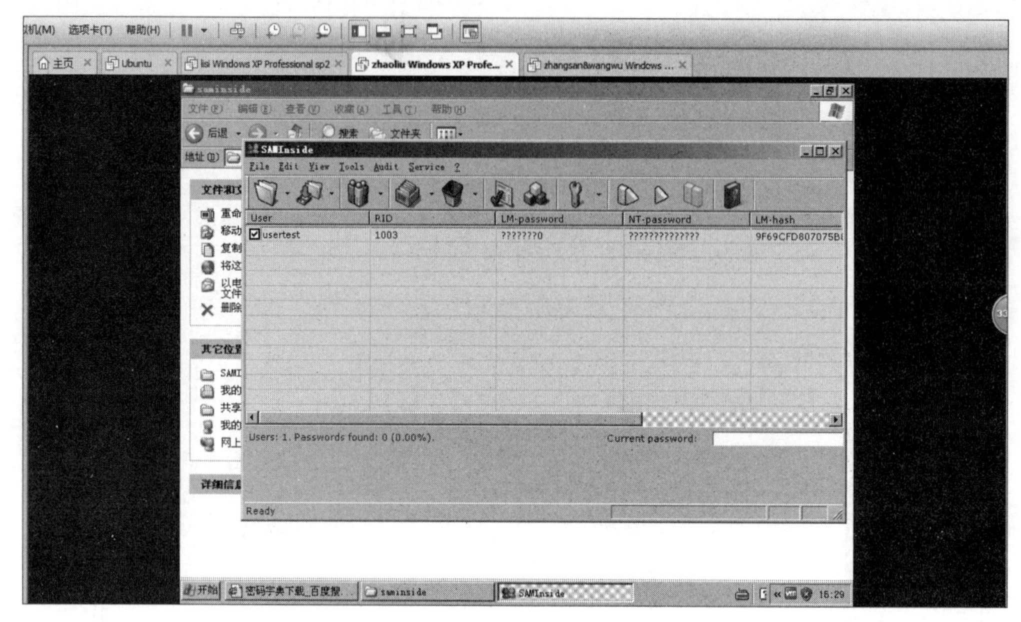

图 8.96　找到需要破解密码的用户名

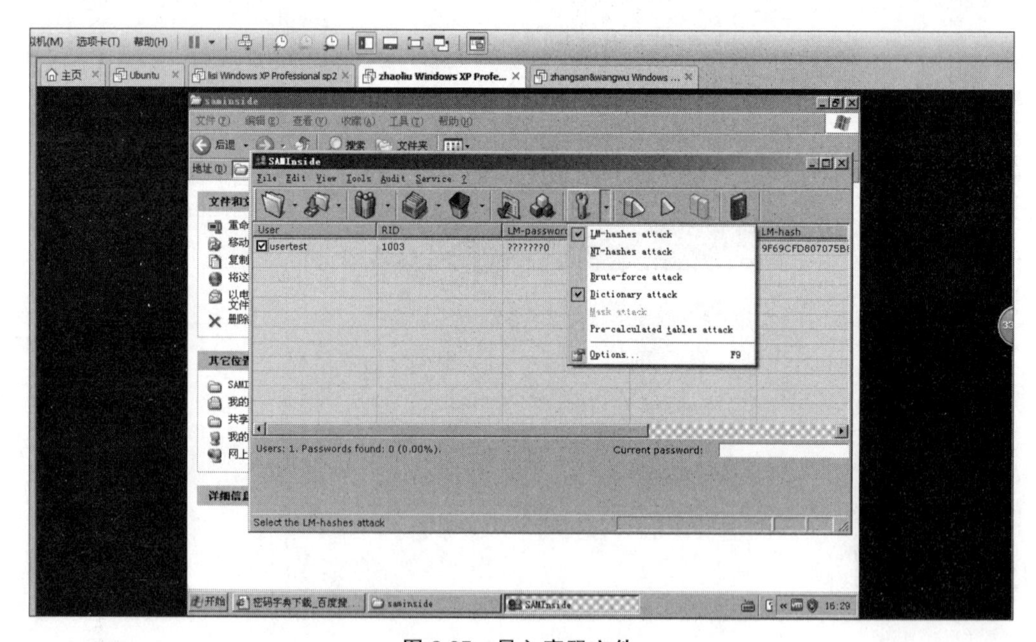

图 8.97　导入密码文件

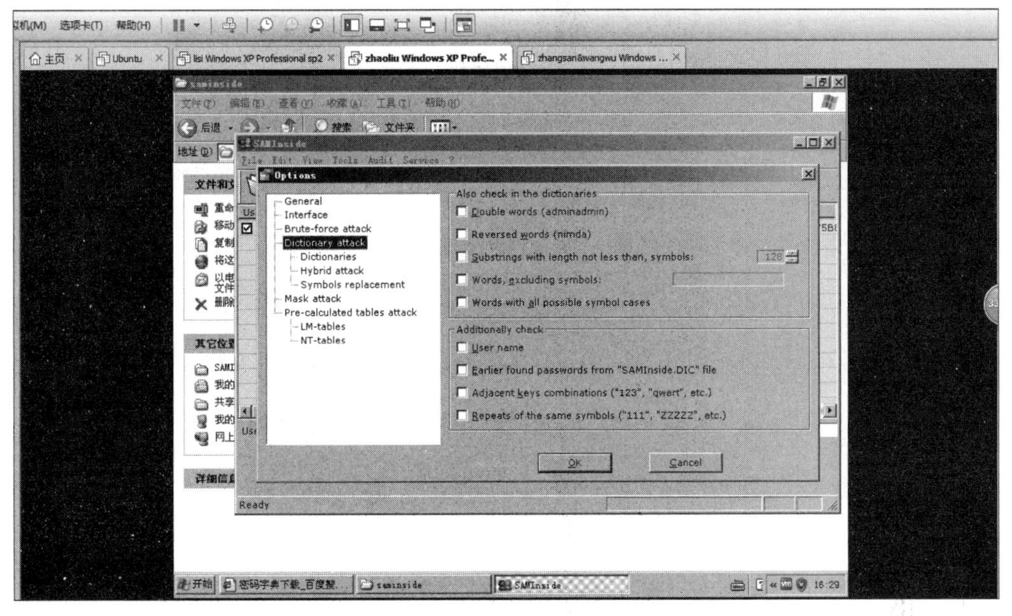

图 8.98　选择字典文件(1)

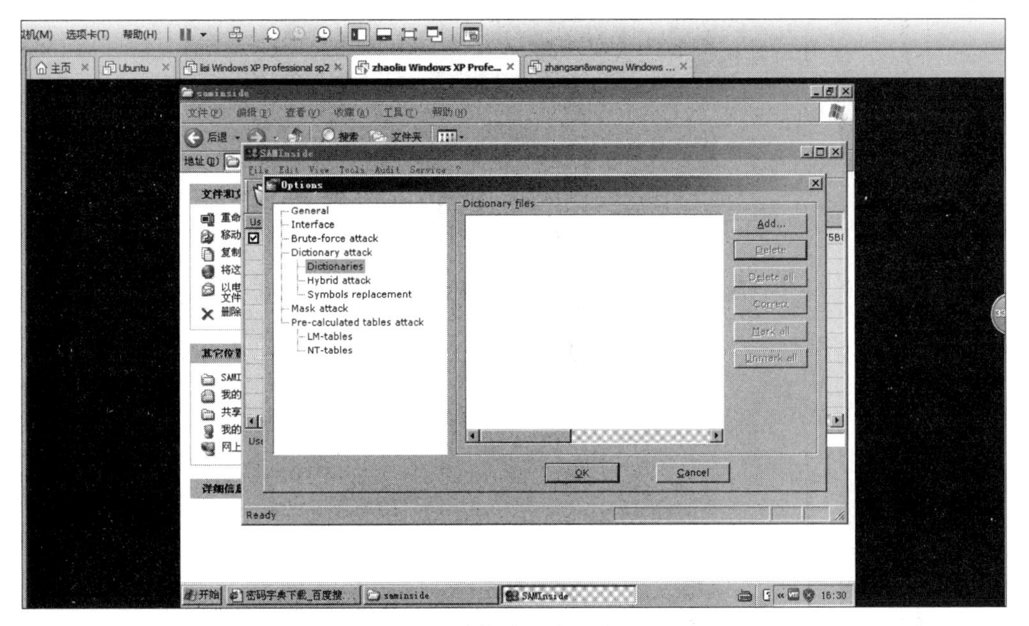

图 8.99　选择字典文件(2)

图 8.100 选择字典文件(3)

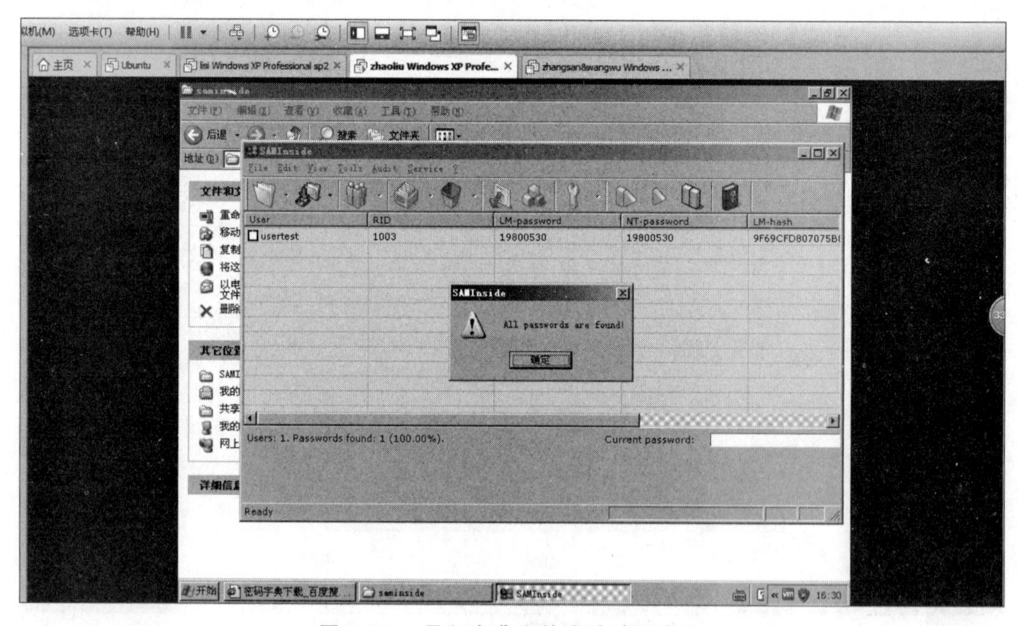

图 8.101 导入字典文件成功破解密码

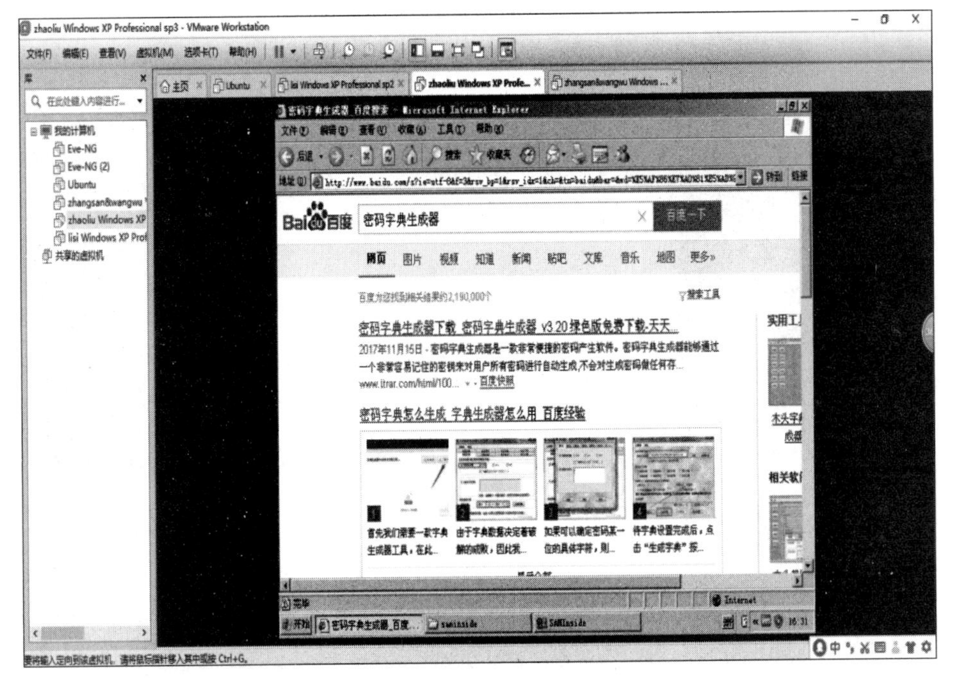

图 8.102　下载密码字典生成器

图 8.103　superdic 密码字典生成器

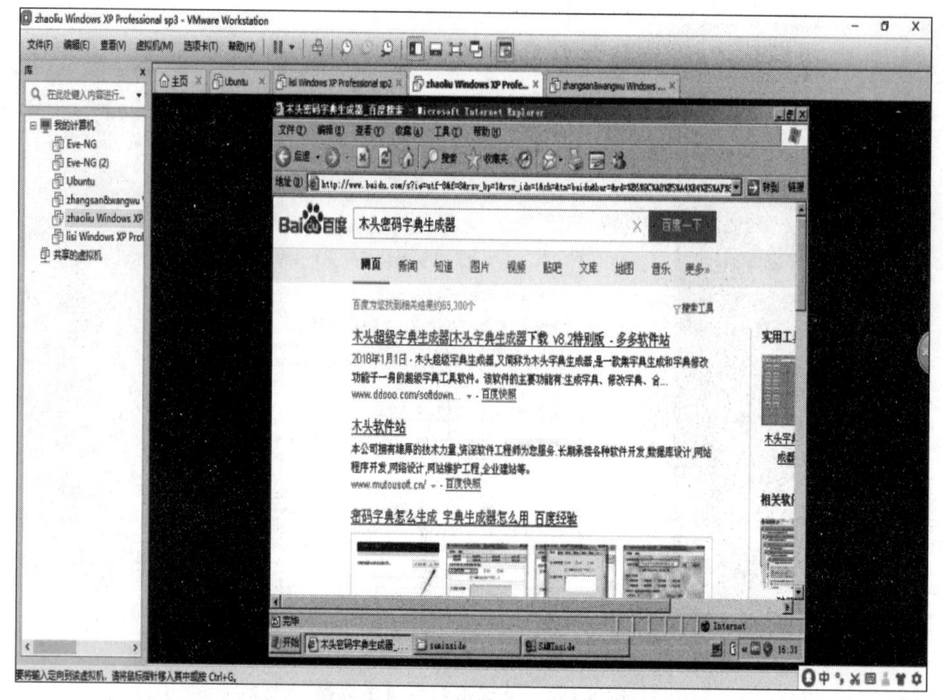

图 8.104 木头密码字典生成器

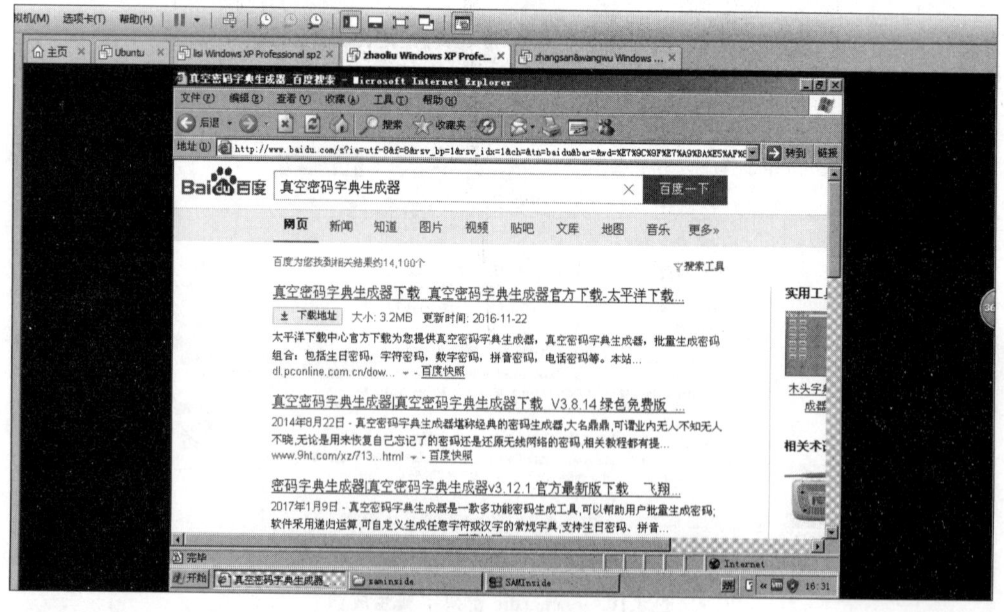

图 8.105 真空密码字典生成器

图 8.106　真空密码字典存放位置

图 8.107　真空密码字典生成工具

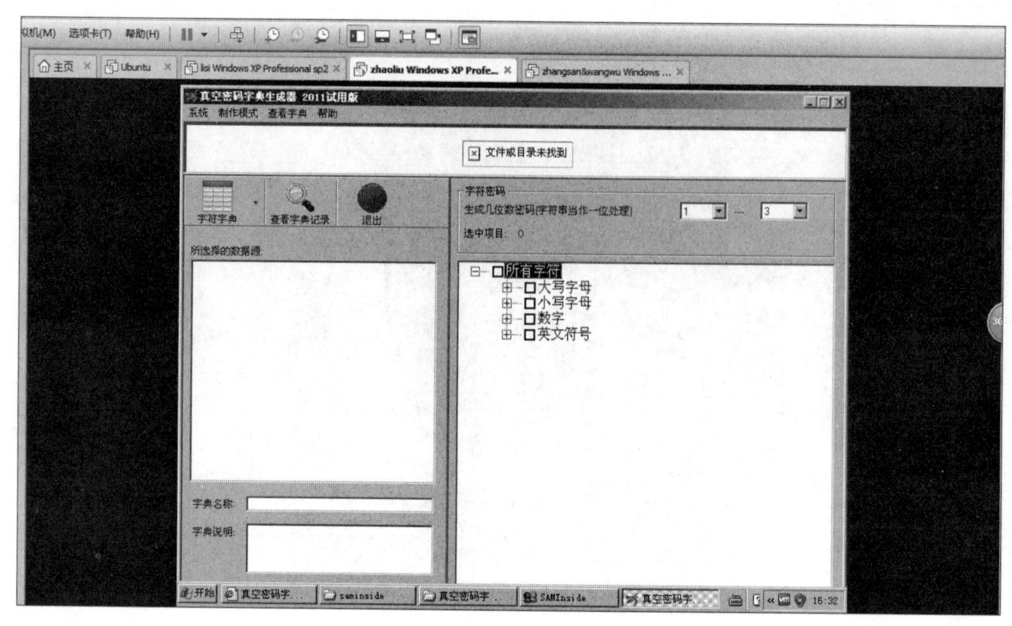

图 8.108 设置生成的密码要求(1)

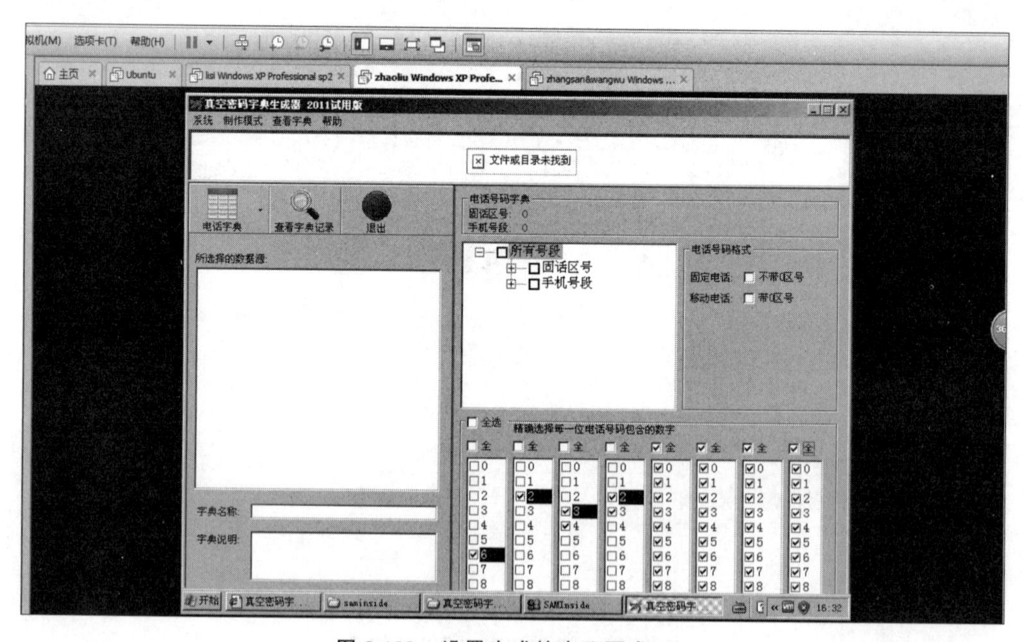

图 8.109 设置生成的密码要求(2)

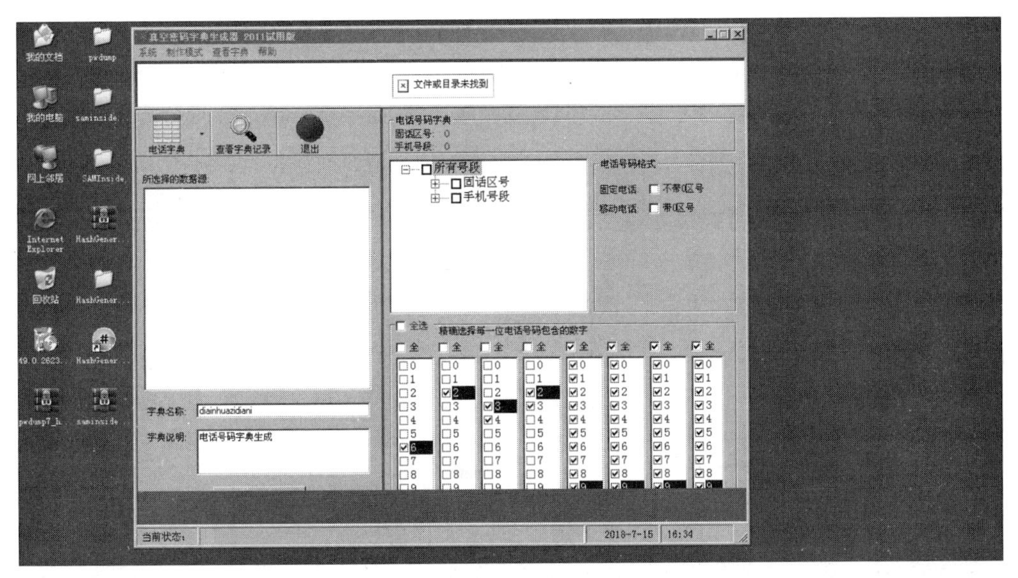

图 8.110　设置生成的密码要求(3)

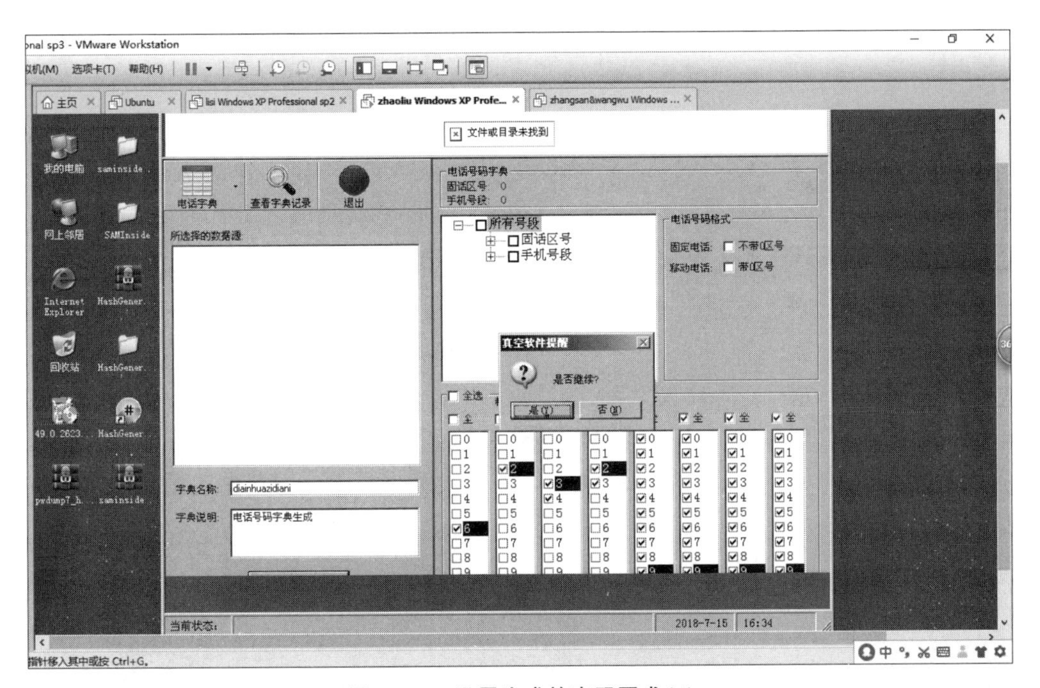

图 8.111　设置生成的密码要求(4)

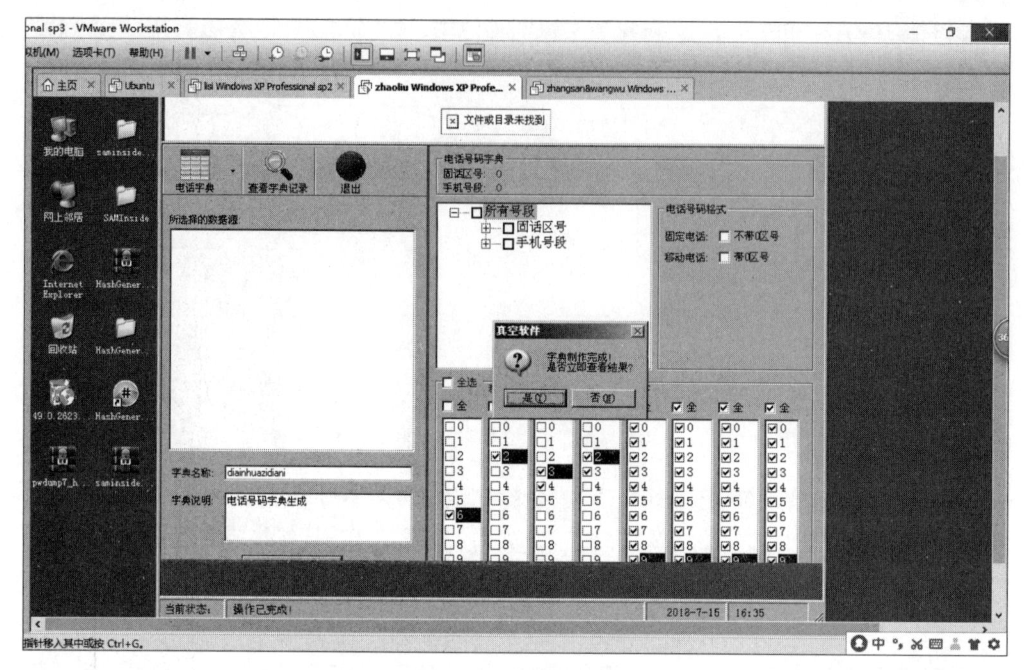

图 8.112 生成密码

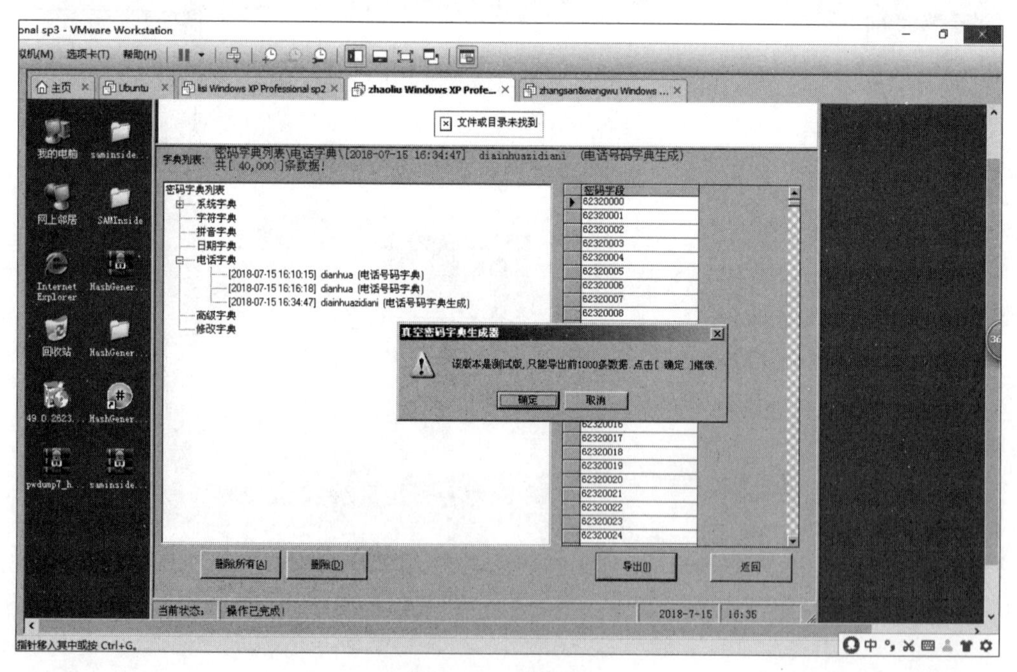

图 8.113 导出密码

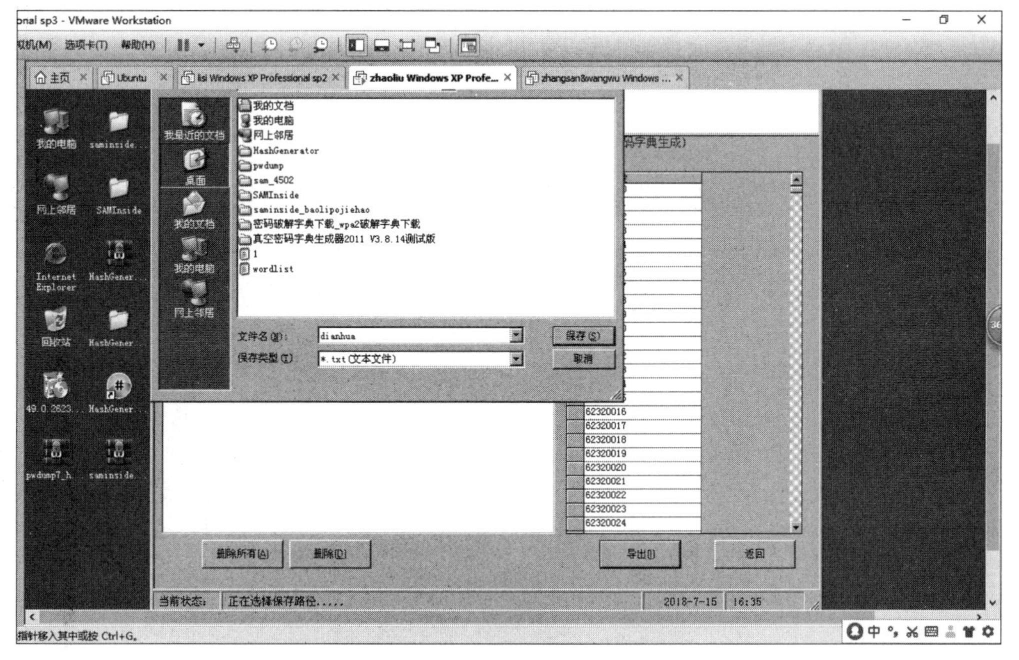

图 8.114　设置导出密码文件目录

图 8.115　密码导出成功

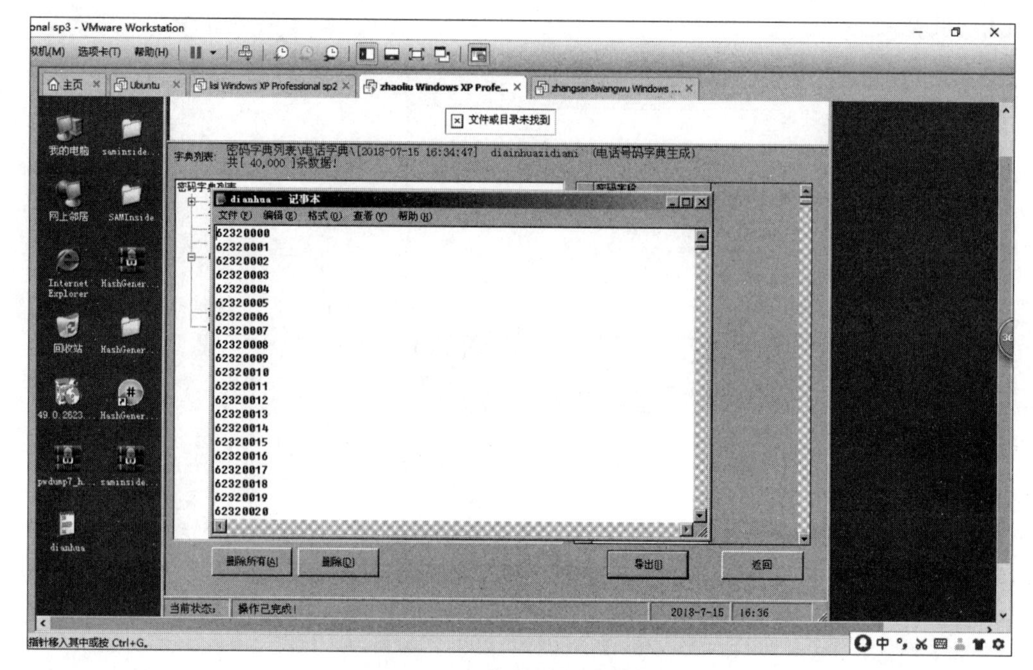

图 8.116　查看生成的密码

3. Windows 用户密码破解的防范

通过以下做法可有效防范 Windows 用户密码被破解。

① 为保证计算机的物理安全,不让他人接触你的计算机,在计算机上安装防病毒软件,防止他人在计算机上植入木马,控制计算机,从而获取到 Windows 用户密码的 Hash 值。

② LM-Hash 比 NTLM-Hash 要脆弱得多,15 位以下的密码同时存在 LM-Hash 和 NTLM-Hash。可以修改注册表,只存放 NTLM-Hash。

③ 在 HKEY_LOCAL_MACHINE\SYSTEM\CurrentControlSet\Control\Lsa 下添加名为 NoLMHash 的 DWORD 值,并设置为 1,重新启动计算机。

④ 使用满足复杂性要求的密码,密码包含数字、大小写字母、特殊字符,且 10 位以上。定期修改密码。

⑤ 计算一下自己密码的 Hash 值,测试是否可以在线破解。

8.6　本章小结

本章主要讲解了系统安全方面的知识,具体包括 Windows 系统安全、Linux 系统安全以及数据库系统安全。Windows 系统安全主要探讨了账户管理和认证授权、日志配置操作、IP 协议安全配置、文件权限、服务安全、安全选项以及其他安全配置几方面的内容。Linux 系统安全主要探讨了账户管理和授权、日志记录、网络协议安全、访问控制以及其他安全配置几方面的内容。数据库系统安全技术主要探讨了数据库审计到数据库防火墙、数据库漏洞扫描、数据库加密、数据脱敏、数据梳理等几方面的内容。

实验部分掌握漏洞扫描以及 Windows 操作系统密码破解。

8.7 习题 8

简答题

1. Windows 操作系统安全主要包括哪几方面?
2. Linux 操作系统安全主要包括哪几方面?
3. 数据库系统安全主要包括哪几方面?

第9章 防火墙技术

本章学习目标

- 掌握防火墙的概念及工作原理
- 掌握防火墙的作用及特点
- 掌握防火墙的技术及分类
- 熟悉防火墙的部署过程和典型部署模式
- 了解常见的防火墙产品
- 熟悉防火墙配置过程

9.1 防火墙概述

计算机安全本身就是一个难题,要保证联网计算机的安全性就更加困难。单台主机的管理员通过细心选择系统软件和加强系统安全配置,也许会获得一定的安全性,但是对于联网计算机的安全问题,情况就不一样了。

对于单台计算机而言,物理接触这一前提使得潜在的攻击者只能存在于一个很小的范围内。对于联网的主机,只要通过网络能够达到目标主机,就存在被攻击的可能。相比单台计算机受到攻击的方式有限而言,联网计算机受到攻击的方式较多,且导致的后果更严重。

一台经过安全设置的计算机本身可能是安全的,但与其相连的其他用户的计算机可能是不安全的。即使这一连接经过认证,并对直接攻击免疫,但是如果该连接的源头被攻破,它仍然可以成为攻击系统的桥头堡,采用防火墙技术能有效解决这些问题。

9.1.1 防火墙概念

防火墙是指设置在不同网络(如可信任的企业内部网和不可信的公共网)或网络安全域之间的一系列部件的组合。它是不同网络或网络安全域之间信息的唯一出入口,能根据企业的安全政策控制出入网络的信息流,且本身具有较强的抗攻击能力,是提供信息安全服务、实现网络和信息安全的基础设施。防火墙部署在不同安全级别的网络安全域之间,根据不同的安全级别对不同的安全域开启不同的安全防护策略。

防火墙是一种保护计算机网络安全技术性措施,是一种隔离控制技术,在不同网域之间设置屏障,阻止对信息资源的非法访问。对于来自 Internet 的访问,采取有选择的接受方式,它可以允许或禁止一类具体的 IP 地址访问,可以接受或拒绝 TCP/IP 上的某一类应用,也可以阻止重要信息从企业的网络上被非法输出。

9.1.2　防火墙的工作原理

计算机网络安全领域中的防火墙位于两个或多个网络之间，执行访问控制策略的一个或一组系统，是一类防范措施的总称。其作用是防止不希望的、未经授权的通信进出被保护的网络，通过边界控制强化内部网络的安全政策。防火墙通常部署在外部网络和内部网络中间，执行网络边界的过滤封锁机制，如图 9.1 所示。

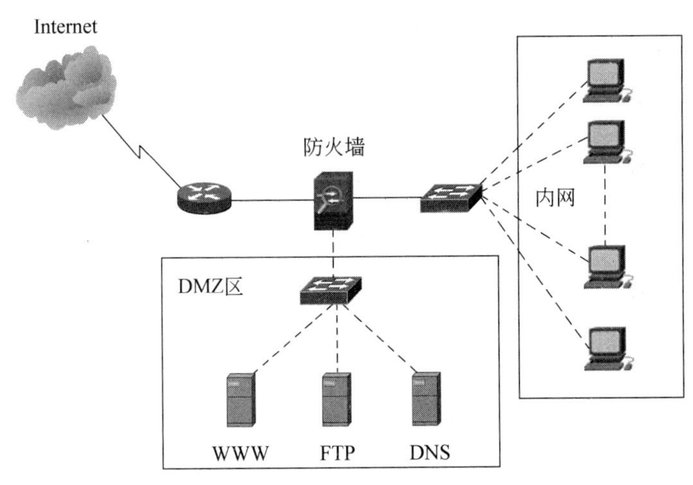

图 9.1　防火墙部署

9.1.3　防火墙的作用

在互联网上，防火墙是一种非常有效的网络安全设备，通过它可以隔离风险区域（即 Internet 或有一定风险的网络）与安全区域（即通常讲的内部网络）的连接，同时不妨碍本地网络用户对风险区域的访问。防火墙可以监控进出网络的通信，仅让安全、允许进入的信息进入，抵制对本地网络安全构成威胁的数据。防火墙的具体作用表现在以下几方面。

第一，防火墙能够撑起网络的保护伞。防火墙通过制定自己的规则，过滤进出内部网络的数据，管理进出内部网络的访问行为。凡是符合规则的一律放行，不符合规则的一律禁止，规则可以由网络管理员自己制定。

第二，防火墙能够强化网络安全策略。本来网络安全问题是由各个安全软件独立处理，而防火墙可以有效地把所有安全软件配置在防火墙上，以防火墙为中心统一调用。防火墙的集中安全管理更经济、更安全。

第三，防火墙能记录通过防火墙的信息内容和活动，能有效记录经过 Internet 上的活动，形成日志，供用户查看。发现可疑情况时，防火墙会自动发出适当的警报，且提供详细信息，供用户查询。通过这些信息，可以有效掌握网络是否安全，是否需要进一步地配置，确保万无一失。

第四，防火墙可以限制暴露用户点。防火墙可以把网络隔成一个个网段，每个网段之间相互独立，互不干扰，当一个网段出现问题的时候，不会波及其他网段，这样可以有效防止因一个网段的网络安全问题波及整个网络的安全。

第五，防火墙还能够防止信息外泄，提供虚拟专用网(virtual private network，VPN)，封堵某些禁止的业务以及对网络攻击进行检测和报警等。

9.1.4 防火墙的特点

防火墙一般放置在被保护网络的边界，要使防火墙起到安全防御作用，必须做到使所有进出被保护网络的通信数据流必须经过防火墙；所有通过防火墙的通信必须经过安全策略的过滤或者防火墙的授权；另外，防火墙本身也必须是不可被侵入的。

防火墙的优点主要表现在以下几方面。

① 防火墙对企业内部网实现了集中的安全管理，可以强化网络安全策略，比分散的主机管理更经济易行。

② 防火墙能防止非授权用户进入内部网络。

③ 防火墙可以方便地监视网络的安全性，并报警。

④ 可以作为部署网络地址转换的地点，利用NAT技术可以缓解地址空间的短缺，隐藏内部网的结构。

⑤ 由于所有的访问都经过防火墙，因此防火墙是审计和记录网络访问和使用的最佳地点。

防火墙的缺点主要表现在以下几方面。

① 防火墙不能防范不经过防火墙的攻击，不能防止内部的泄密行为，不能防止来自网络内部的攻击和安全问题。

② 防火墙不能抵抗最新的未设置策略的攻击漏洞，不能防止策略配置不当或错误配置引起的安全威胁。

③ 防火墙的并发连接数限制容易导致拥塞或者溢出。

④ 防火墙对服务器合法开放的端口的攻击大多无法阻止。

⑤ 防火墙不能防止利用服务器系统和网络协议漏洞所进行的攻击。

⑥ 防火墙不能防止本身的安全漏洞的威胁，防火墙本身也会出现问题和受到攻击，依然有着漏洞和bug。

⑦ 防火墙不能处理病毒，不能防止受病毒感染的文件的传输。

⑧ 防火墙可以阻断攻击，但不能消灭攻击源。

⑨ 由于防火墙性能上的限制，因此它通常不具备实时监控入侵的能力。

9.2 防火墙技术

防火墙技术经历了包过滤技术、应用代理技术、状态监视技术等几个重要阶段。

9.2.1 包过滤技术

包过滤是最早使用的一种防火墙技术，它的第一代模型是“静态包过滤”(static packet filtering)，使用包过滤技术的防火墙通常工作在OSI模型中的网络层上，后来发展为“动态包过滤”(dynamic packet filtering)，增加了传输层。也就是说，包过滤技术工作的地方就是各种基于TCP/IP协议的数据报文进出的通道，把这两层作为数据监控的对象，对每个数据包的头部、协议、地址、端口、类型等信息进行分析，并与预先设定好的防火墙过滤规则进行核对，一旦发现某个包的某个或多个部分与过滤规则匹配，并且条件为“阻止”的时候，这个包就会被丢弃。适当的设置过滤规则可以让防火墙工作得更安全有效，但是这种技术只能根据预设的规律规则进行判断。现在的路由器、带有路由功能的工具以及通用操作系统基本都具有包过滤的能力。

9.2.2 应用代理技术

由于包过滤技术无法提供完善的数据保护措施，而且一些特殊的报文攻击仅仅使用过滤的方法，并不能消除危害(如SYN攻击、ICMP洪水等)，因此需要一种更全面的防火墙保护技术，于是采用“应用代理”(application proxy)技术的防火墙诞生了。

应用代理技术是指在Web服务器上或某一台单独主机上运行代理服务器软件，对网络上的信息进行监听和检测，并对访问内网的数据进行过滤，从而起到隔断内网与外网直接通信的作用，保护内网不受破坏。在代理方式下，内部网络的数据包不能直接进入外部网络，内网用户对外网的访问变成代理对外网的访问。同样，外部网络的数据也不能直接进入内网，而是要经过代理之后才能到达内部网络。所有通信都必须经应用层代理软件转发，应用层的协议会话过程必须符合代理的安全策略要求。应用代理可以实现访问控制、网络地址转换等功能。

9.2.3 状态监视技术

这是继包过滤技术和应用代理技术后发展的防火墙技术，它是CheckPoint技术公司在基于“包过滤”原理的“动态包过滤”技术上发展而来的，与之类似的有其他厂商联合发布的“深度包检测”(deep packet inspection)技术。这种防火墙技术通过一种被称为“状态监视”的模块，在不影响网络安全正常工作的前提下采用抽取相关数据的方法对网络通信的各个层次实行监测，并根据各种过滤规则做出安全决策。

状态监视技术是在保留了对每个数据包的头部、协议、地址、端口、类型等信息进行分析的基础上进一步发展的“会话过滤”功能。在每个连接建立时，防火墙会为这个连接构造一个会话状态，里面包含了这个连接数据包的所有信息，以后这个连接都基于这个状态信息进行，这种检测的高明之处是能对每个数据包的内容进行监视。一旦建立了一个会话状态，此后的数据传输都要以此会话状态作为依据。例如，一个连接的数据包源端口是8000，在以后的数据传输过程里，防火墙都会审核这个包的源端口还是不是8000，否则这个数据包就被拦截。而且会话状态的保留是有时间限制的，在超时的范围内，如果没有再进行数据传输，这个会话状态就会被丢弃。状态监视可以对包内容进行分析，从而摆脱了传统防火墙仅限于几个包头部信息的检测弱点，而且这种防火墙不必开放过多端口，进一步杜绝了可能因为开放端口过多而带来的安全隐患。

状态监视技术相当于结合了包过滤技术和应用代理技术，实现技术复杂，在实际应用中还不能做到真正完全有效的数据安全检测，并且在一般的计算机硬件系统上很难设计出此技术的完善防御措施。

9.3 防火墙的分类

按采用的技术划分，防火墙可划分为包过滤防火墙、代理防火墙和状态检测防火墙。按组成结构划分，防火墙可分成软件防火墙、硬件防火墙。按部署位置划分，防火墙又分为边界防火墙、个人防火墙和混合式防火墙。

9.3.1 按采用技术分类

1）包过滤防火墙

包过滤防火墙工作在网络层或运输层，对每一个接收到的数据包的包头，按照包过滤规则判定，与规则相匹配的包依据路由信息继续转发，否则就丢弃。包过滤根据数据包的源 IP 地址，目的 IP 地址，协议类型（TCP 包、UDP 包、ICMP 包等），源端口，目的端口等包头信息及数据包传输方向等信息来判断是否允许数据包通过。

包过滤防火墙的优点主要表现在以下几方面。

① 速度快：由于包过滤防火墙只是检查数据包的包头，而对数据包所携带的内容没有做任何形式的检查，因此速度非常快，对网络性能影响也较小。只有当访问控制规则比较多时，才会感觉到性能的下降。

② 成本低：路由器通常集成了简单包过滤的功能，基本上不再需要单独的防火墙设备来实现包过滤，因此包过滤防火墙成本较低。

包过滤防火墙可以与现有的路由器集成，也可以用独立的包过滤软件来实现。该防火墙的特性决定了它很适合放在局域网的前端，由它来完成数据包前期安全处理工作，如控制进入局域网的数据包的可信任 IP，对外界开放尽量少的端口等。

包过滤防火墙的弊端主要表现在以下几方面。

① 无法对数据包及上层的内容进行审核过滤：包过滤防火墙对某个端口的开放意味着相应端口对应的服务所能提供的全部功能将被放开，即使通过防火墙的数据包有攻击性，也无法控制和阻断。例如，针对微软 IIS 漏洞的 Unicode 攻击，这种攻击是利用防火墙所允许的 80 端口，而包过滤的防火墙无法对数据包内容进行核查，因此此时的防火墙形同虚设，在未打相关补丁并提供 web 服务的系统中，即使有了防火墙的保护，攻击者也会绕过防火墙，轻松拿下超级用户的权限。

② 不能产生详细的日志信息：包过滤防火墙工作在低层，接触到的信息较少，无法提供描述事件细致的日志系统。该防火墙生成的日志常常只是包括数据包捕获时间、三层的 IP 地址、四层的端口等非常原始的信息，它不会理会数据包的内容，而这对安全管理员恰恰是至关重要的。当发生安全事件时，会给管理员的安全审计带来很大的困难。

③ 配置困难：对管理员而言，对于结构比较复杂的网络，配置访问控制列表将是非常恐怖的事情。当网络发展到一定规模时，ACL 配置出错几乎是必然的。

④ 容易遭受 IP 欺骗攻击：包过滤防火墙简单包过滤功能无法对协议的细节进行分析，因此容易遭受 IP 欺骗攻击。

2）代理防火墙

代理防火墙通过一种代理技术参与到一个TCP连接的全过程，从内部发出的数据包经过代理防火墙处理后，就好像数据源于防火墙的外部网卡一样，从而可以达到隐藏内部网络、保护内部网络安全的作用。

代理防火墙技术分为应用级网关和电路级网关两种。代理防火墙的原理是通过编程来弄清用户应用层的流量，并能在用户层和应用协议层提供访问控制。当代理服务器接收到用户对某站点的访问请求后，便会检查该请求是否符合规则，如果规则允许用户访问该站点，代理服务器会像一个客户一样去那个站点取回所需信息，再转发给客户。

所谓代理服务器，是指代表客户处理连接请求的程序。当代理服务器得到一个客户的连接意图时，它将核实客户请求，并用特定的代理应用程序来处理连接请求，将处理后的请求传递到真实的服务器上，然后接受服务器应答，并进行进一步处理后，将答复交给发出请求的最终客户。代理服务器在外部网络向内部网络申请服务时发挥了中间转接和隔离内、外部网络的作用，所以又称为代理防火墙。

代理服务器通常运行在两个网络之间，它对于客户来说像是一台真的服务器。而对于外界的服务器来说，它又是一台客户机，其工作原理如图9.2所示。

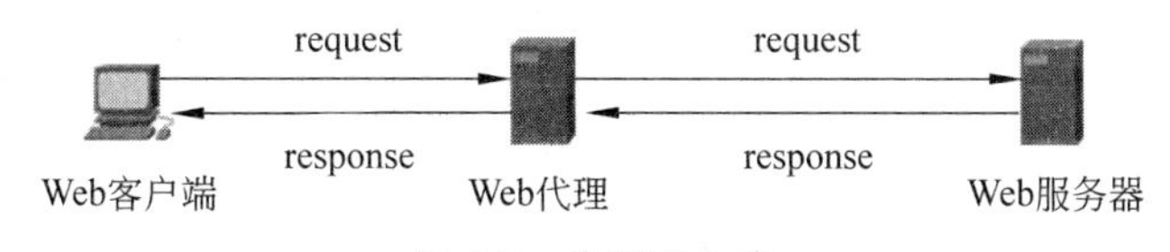

图9.2　代理防火墙

代理防火墙分为应用级网关防火墙和电路级网关防火墙两类。

（1）应用级网关防火墙。

应用级网关防火墙是指在网关上执行一些特定的应用程序和服务程序，实现协议过滤和转发功能，它工作在OSI模型的应用层，且针对特定的应用层协议。

应用级网关防火墙的安全性要高于包过滤防火墙，它是在应用层上建立协议过滤和转发功能。它针对特定的应用服务协议使用指定的数据过滤逻辑，并在过滤的同时对数据包进行必要的分析、登记和统计，形成报告。

实际的应用级网关通常安装在专用工作站系统上，依靠特定的逻辑判定是否允许数据包通过。一旦满足逻辑，则防火墙内外的计算机系统建立直接联系，防火墙外部的用户便有可能直接了解防火墙内部的网络结构和运行状态。

应用级网关防火墙又称为代理服务器，代理服务器位于客户机与服务器之间，完全阻挡了两者间的数据交流。从客户端来看，代理服务器相当于一台真正的服务器，而从服务器来看，代理服务器又是一台真正的客户机。当客户机需要使用服务器上的数据时，首先将数据请求发给代理服务器，代理服务器再根据这一请求向服务器索取数据，然后再由代理服务器将数据传输给客户机。由于外部系统与内部服务器之间没有直接的数据通道，外部的恶意侵害也就很难伤害到企业内部的网络系统。

应用级网关防火墙的优点如下。

① 安全性较高：由于工作在应用层，因此应用级网关防火墙的安全性取决于厂商的

设计方案。应用级网关防火墙完全可以对服务(如 FTP、HTTP 等)的命令字过滤,也可以实现内容过滤,甚至可以进行病毒的过滤。

② 具有强大的认证功能:由于应用级网关在应用层实现认证,因此它可以实现的认证方式比电路级网关要丰富得多。

③ 具有超强的日志功能:包过滤防火墙的日志仅能记录时间、地址、协议、端口,而应用级网关的日志要明确得多。例如,应用级网关可以记录用户通过 HTTP 访问了哪些网站页面,通过 FTP 上传或下载了什么文件,通过 SMTP 给谁发送了邮件,甚至邮件的主题、附件等信息,都可以作为日志的内容。

④ 应用级网关防火墙的规则配置比较简单:由于应用级网关防火墙必须针对不同的协议实现过滤,所以管理员在配置应用级网关时关注的重点就是应用服务,而不必像配置包过滤防火墙一样,还要考虑规则顺序的问题。

应用级网关防火墙的缺点如下。

① 灵活性差:每当出现一个新的应用时,必须编写新的代理程序,目前的网络应用呈多样化趋势,这显然是一个致命的缺陷。

② 性能不高,速度相对比较慢:当用户对内外网络网关的吞吐量要求比较高时,应用级网关防火墙会成为内外网络之间的瓶颈。目前,应用级网关的性能依然远远无法满足大型网络的需求,一旦超负荷,就有可能发生宕机,从而导致整个网络中断。

(2) 电路级网关防火墙。

电路级网关防火墙通常作为应用级网关防火墙的一部分,在应用级网关防火墙中实现。电路级网关通过将 TCP 连接从可信任网络中继到非信任网络来工作,尽管如此,客户端和服务器之间的直接连接是永远不会发生的,因为电路级网关不能感知应用协议,它必须由客户端提供连接信息,这些客户端感知并被编程为使用这些连接信息。

当两个主机首次建立 TCP 连接时,电路级网关在两个主机之间建立一道屏障。电路级网关的作用就好像一台中继计算机,用来在两个连接之间来回地复制数据,也可以记录或缓存数据。此方案采用客户机/服务器结构,网关充当了服务器的角色,而内部网络中的主机充当了客户机的角色。当一个客户机希望连接到某个服务器时,它首先要连接到中继主机上,然后,中继主机再连接到服务器上。对服务器来说,该客户机的名称和 IP 地址是不可见的。

当有来自 Internet 的请求进入时,它作为服务器接收外来请求,并转发请求。当有内部主机请求访问 Internet 时,它则担当代理服务器的角色。它监视两主机建立连接时的握手信息,如 SYN、ACK 和序列号等是否合乎逻辑,判定该会话请求是否合法。在有效会话连接建立后,电路级网关仅复制、传递数据,而不进行过滤。电路级网关仅用来中继 TCP 连接。为了增强安全性,电路级网关可以采取强认证措施。

电路级网关防火墙工作于会话层,即 OSI 模型的第 5 层。在许多方面,电路级网关仅仅是包过滤防火墙的一种扩展,它除了进行基本的包过滤检查之外,还要增加对连接建立过程中的握手信息及序列号合法性的验证。

在打开一条通过防火墙的连接或电路之前,电路级网关要检查和确认 TCP 及 UDP 会话。因此,电路级网关所检查的数据比包过滤防火墙所检查的数据更多,安全性更高。

通常，判断是接收还是丢弃一个数据包，取决于对数据包的IP头和TCP头的检查，电路级网关检查的数据包括源地址、目的地址、应用或协议、源端口号、目的端口号、握手信息及序列号。

与包过滤防火墙类似，电路级网关在转发一个数据包之前，首先将数据包的IP头和TCP头与由管理员定义的规则表相比较，以确定防火墙是将数据包丢弃还是让数据包通过。在可信客户机与不可信主机之间进行TCP握手通信时，仅当SYN标志、ACK标志及序列号符合逻辑时，电路级网关才判定该会话是合法的。

电路级网关的优点如下。

① 对网络性能有一定程度的影响：由于其工作层次比包过滤防火墙高，因此性能比包过滤防火墙稍差，但是与应用代理防火墙相比，其性能要好很多。

② 切断了外部网络与防火墙后的服务器直接连接：外网客户机与内网服务器之间的通信需要通过电路级代理实现，同时电路级代理可以对IP层的数据错误进行校验。

③ 比包过滤防火墙具有更高的安全性：在理论上，防火墙实现的层次越高，过滤检查的项目就越多，安全性就越好。由于电路级网关可以提供认证功能，因此其安全性要优于包过滤防火墙。

电路级网关具有缺点如下。

① 具有一些包过滤防火墙固有的缺陷：例如，电路级网关不能对数据净荷进行检测，因此无法抵御应用层的攻击等。

② 仅提供一定程度的安全性：由于电路级网关在设计理论上存在局限性，工作层次决定了它无法提供最高的安全性。只有到了应用级网关的级别，安全问题才能从理论上彻底解决。

③ 电路级网关防火墙存在的另外一个问题是，当增加新的内部程序或资源时，往往需要对许多电路级网关的代码进行修改。

3）状态检测防火墙

状态检测防火墙采用了状态检测包过滤的技术，是传统包过滤上的功能扩展。它能对网络通信的各层实行检测。同包过滤技术一样，它能够检测通过IP地址、端口号以及TCP标记过滤进出的数据包。它不依靠与应用层有关的代理，而是依靠某种算法来识别进出的应用层数据，这些算法通过已知合法数据包的模式来比较进出数据包，从理论上就能比应用级代理在过滤数据包上更有效。状态监视器的监视模块支持多种协议和应用程序，可方便实现应用和服务的扩充。这样，通过对各层进行监测实现网络安全的目的。

状态检测防火墙的优点如下。

① 安全性好：状态检测防火墙的安全特性非常好，其采用了一个在网关上执行网络安全策略的软件引擎，称之为检测模块。检测模块在不影响网络正常工作的前提下，采用抽取相关数据的方法对网络通信的各层实施监测，抽取部分数据，即状态信息，并动态地保存起来，作为以后制订安全决策的参考。

② 性能高效：状态检测防火墙工作在协议栈的较低层，通过防火墙的所有数据包都在低层处理，而不需要协议栈的上层处理任何数据包，这样减少了高层协议头的开销，执行效率提高很多。另外在这种防火墙中，一旦一个连接建立起来，就不用再对这个连接做

更多工作,系统可以去处理别的连接,执行效率明显提高。

③ 扩展性好:状态检测防火墙不像应用级网关防火墙那样,每一个应用对应一个服务器程序,这样所能提供的服务是有限的,当增加一个新的服务时,必须为新的服务开发相应的服务程序,这样系统的可扩展性降低。状态检测防火墙不区分每个具体的应用,而只是根据从数据包中提取出的信息、对应的安全策略及过滤规则处理数据包,当有一个新的应用时,它能动态产生新的应用规则,而不用另外写代码,因此具有很好的伸缩性和扩展性。

④ 配置方便,应用范围广:状态检测防火墙不仅支持基于 TCP 的应用,同时支持基于无连接协议的应用,如 RPC、UDP 等。对于无连接的协议,包过滤防火墙和代理网关防火墙对此类应用要么不支持,要么开放一个大范围的 UDP 端口,这样暴露了内部网,降低了安全性。

状态检测防火墙实现基于 UDP 应用的安全,通过在 UDP 通信之上保持一个虚拟连接来实现。防火墙保存通过网关的每一个连接的状态信息,允许穿过防火墙的 UDP 请求包被记录,当 UDP 包在相反方向上通过时,依据连接状态表确定该 UDP 包是否被授权,若已被授权,则通过,否则拒绝。如果在指定的一段时间内响应数据包没有到达,连接超时,则该连接被阻塞,这样所有的攻击都被阻塞。状态检测防火墙可以控制无效连接的连接时间,避免大量的无效连接占用过多的网络资源,可以很好地降低 DoS 和 DDoS 攻击的风险。

状态检测防火墙同时支持远程过程调用(remote procedure call,RPC),因为对 RPC 服务来说,其端口号是不定的,因此简单地跟踪端口号不能实现该种服务的安全。状态检测防火墙通过动态端口映射图记录端口号,为验证该连接还保存连接状态、程序号等,通过动态端口映射图来实现此类应用的安全。

状态检测防火墙的缺点如下。

① 状态检测防火墙检测数据包的第三层信息,无法彻底识别数据包中大量的垃圾邮件、广告以及木马程序等。

② 在带来高安全性的同时,状态检测防火墙在对大量状态信息处理过程中可能会造成网络连接的某种迟滞,特别是在同时有多连接被激活的时候,或是有大量的过滤网络通信的规则存在时。不过,随着硬件处理能力的不断提高,这个问题变得越来越不易察觉。

9.3.2 按组成结构分类

按组成结构分类,防火墙可分为硬件防火墙和软件防火墙。

硬件防火墙是指把防火墙程序做到芯片里,由硬件执行这些功能,能减少 CPU 的负担。它是通过硬件和软件的组合来达到隔离内外部网络的目的。

软件防火墙单独使用软件系统来完成防火墙功能,一般基于某个操作系统平台开发,将软件部署在系统主机上。由于客户端操作系统的多样性,软件防火墙需要支持多种操作系统,如 UNIX、Linux、Windows 等,软件防火墙的安全性较硬件防火墙差,同时占用系统资源,在一定程度上影响系统性能。与硬件防火墙不同,软件防火墙只能保护安装它的系统。它是通过纯软件的方式实现隔离内外部网络的目的,软件防火墙又称为个人防火墙。

由于软件防火墙和硬件防火墙的结构是运行于一定的操作系统之上，决定了它的功能是可以随着客户的实际需要而做相应调整，比较灵活。从性能上来说，多添加一个扩展功能就会对防火墙处理数据的性能产生影响，添加的扩展功能越多，防火墙的性能就下降得越快。软件防火墙和硬件防火墙的安全性很大程度上取决于操作系统自身的安全性。

接下来从稳定性、主要性能指标、实现隔离内外部网络的方式、安全性、价格、功能、保护范围等几方面比较这两种类型的防火墙。

(1) 稳定性。

硬件防火墙一般使用经过内核编译后的Linux系统，凭借Linux系统本身的高可靠性和稳定性，保证了防火墙整体的稳定性。Linux开放源代码的开发模式保证了系统的漏洞能被及时发现和修正。Linux系统采取了许多安全技术措施，包括"对读、写进行权限控制""带保护的子系统""审计跟踪""核心授权"等，这为网络多用户环境中的用户提供了必要的安全保障。

软件防火墙一般要安装在操作系统平台上，实现简单，但由于操作系统本身的漏洞和不稳定性，也带来了软件防火墙的安全性和稳定性的问题。

(2) 主要性能指标。

"吞吐量"和"报文转发率"是关系防火墙应用的主要指标。吞吐量是指单位时间内通过防火墙的数据包数量，这是测量防火墙性能的重要指标。

硬件防火墙的硬件设备是经专业厂商定制的，在定制之初就充分考虑了"吞吐量"的问题。这一点远远优于软件防火墙。软件防火墙的硬件，很多情况下没有考虑"吞吐量"的问题。并且软件防火墙所依附的操作系统本身就耗费硬件资源，其吞吐量和处理能力远不及硬件防火墙。吞吐量太小的话，防火墙就成为网络的瓶颈。

(3) 实现隔离内外部网络的方式。

硬件防火墙通过硬件和软件的组合，基于硬件的防火墙专门保护本地网络；软件防火墙通过纯软件，单独使用软件系统来完成防火墙功能。

(4) 安全性。

硬件防火墙的抗攻击能力比软件防火墙高很多，其内核针对性很强，执行效率高。软件防火墙在遇到密集的DDoS攻击的时候，所能承受的攻击强度远远低于硬件防火墙。

(5) 价格。

硬件防火墙的价格高。

(6) 功能。

软件防火墙只有包过滤的功能，硬件防火墙具有软件防火墙以外的其他功能，如CF(内容过滤)、IDS、IPS以及VPN等等的功能。

(7) 保护范围。

软件防火墙只能保护安装它的系统；硬件防火墙保障整个内部网络安全，它的安全和稳定直接关系到整个内部网络的安全。

9.4 防火墙部署过程和典型部署模式

1. 防火墙部署的基本过程包含以下步骤

① 根据公司或组织的安全策略需求，将网络划分为若干安全区域。

② 在安全区域之间设置针对网络通信的访问控制点。

③ 针对不同访问控制点的通信业务需求，制定相应的边界安全策略。

④ 根据控制点的边界安全策略，采用合适的防火墙技术和防范结构。

⑤ 在防火墙上配置实现对应的边界安全策略。

⑥ 测试验证边界安全策略是否正常执行。

⑦ 运行和维护防火墙。

2. 防火墙典型部署模式

(1) 模式一：在企业、政府纵向网络中部署防火墙。

在政府机构、大中型企业中，总部网络与分支机构网络相互连接是纵向关系。在这种纵向网络结构中，每一个分支网络的关键位置都部署了防火墙，从而确保网络数据的安全可靠。纵向网络中部署防火墙如图 9.3 所示。

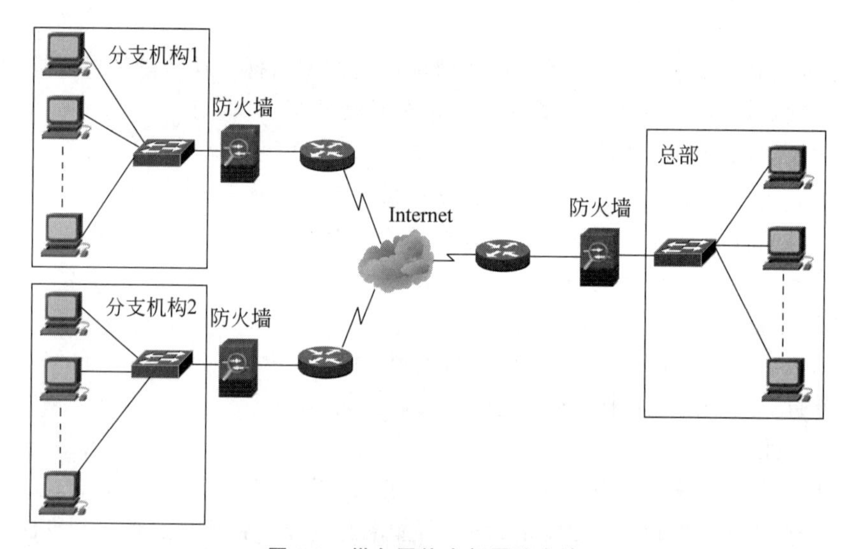

图 9.3　纵向网络中部署防火墙

(2) 模式二：内部网络安全防御。

随着信息化的进展，内部网络与互联网之间的信息交换日益频繁。为了保护内部网络的安全性，安全管理人员在内部网络与互联网边界部署防火墙，防止外部网络攻击。目前，典型安全边界模式是屏蔽子网防火墙，如图 9.4 所示。

(3) 模式三：高可靠性网络中防火墙部署。

大型网络对可靠性的要求很高，如图 9.5 所示。在一个全冗余环境中，将防火墙以透明模式接入，为防止网络中不正常的路由，防火墙之间采用生成树协议(spanning tree

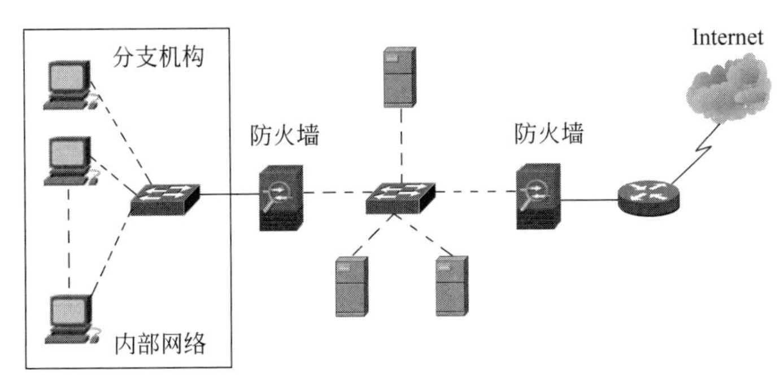

图 9.4　内部网络安全防御

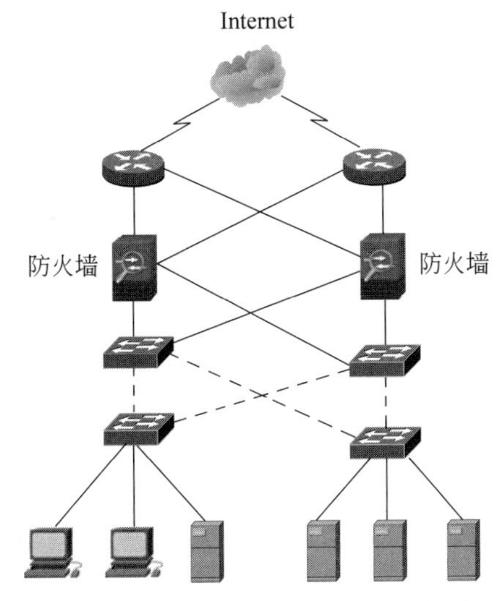

图 9.5　高可靠性网络中的防火墙部署

protocol,STP)线连接,保持防火墙的状态表同步,同时通过 Cisco 的热备份路由器协议(hot standby router protocol,HSRP)技术和浮动静态路由技术来实现冗余备份。

9.5　常见的防火墙产品

常见的防火墙产品有 PIX、NetScreen、CheckPoint、NAI Gauntlet 等,下面分别进行介绍。

1. PIX

PIX 防火墙的内核采用的是基于适用安全策略的保护机制,把内部网络和未经认证的用户完全隔离。每当一个内部网络的用户访问 Internet,PIX 防火墙从用户的 IP 数据包中卸下 IP 地址,用一个存储在 PIX 防火墙内已经登记的有效 IP 地址替代它,把真正的 IP 隐藏起来。

2. NetScreen

NetScreen 防火墙完全基于硬件 A-SIC 芯片,就像一个盒子一样,安装使用都很简单，同时它还是集防火墙、VPN、流量控制功能于一体的网络产品。

3. CheckPoint

CheckPoint 防火墙的操作在操作系统的核心层，而不是在应用程序上进行，让防火墙系统达到最高的性能、最佳的扩展与升级。它支持基于 Web 的多媒体和 UDP 应用程序，采用多重验证模板和方法，使网络管理员非常简单地验证客户端、会话和用户对网络的访问。

4. NAI Gauntlet

这是一种基于软件的防火墙，支持 Windows NT/2003/2008 和 UNIX 系统。作为基于应用层网关的 Gauntlet 防火墙，集成了 Windows NT 的性能管理和易用性，应用层完全按照安全策略检查双向通信。

表 9.1 列出了国内外典型防火墙产品的信息统计。其中包括常见的企业级防火墙产品和个人防火墙产品。

表 9.1 国内外典型防火墙产品信息统计

防火墙厂商	防火墙产品名称	防火墙厂商	防火墙产品名称
Cisco	Cisco PIX	启明星辰	天清汉马防火墙
CheckPoint	CheckPoint	瑞星公司	瑞星个人防火墙
NetScreen	NetScreen	天网安全实验室	天网个人防火墙
华为	Quidway SecPath	联想	联想网御
天融信	NetGuard		

9.6 实　　验

9.6.1 实验一：防火墙仿真实现

1. 计算机网络管理虚拟仿真实验平台

计算机网络管理仿真实验平台由 GNS3、VMware 以及 SNMPc 组成，其中 GNS3 主要仿真网络互联设备。由于在 GNS3 中加载网络设备真实的 IOS，所以仿真的效果几乎和真实设备一样。另外，GNS3 不但能够仿真基本的路由器和交换机，还能够仿真入侵检测、入侵防御以及防火墙设备，因此 GNS3 能够基本满足对网络互联设备的仿真需求。VMware 主要仿真各种操作系统，包括网络操作系统以及终端设备的系统。特别地，GNS3 能够通过 Cloud 和 VMware 中的操作系统以及物理机器进行网络连接，为计算机网络管理系统的仿真创造了条件。SNMPc 是可视化的网络管理系统平台，是基于简单网络管理协议 SNMP 开发的。它能够对整个网络系统进行管理。

计算机网络管理仿真实验平台是以校园网的组建为基础搭建的，依据主流的三层网络架构搭建，分别为面向终端设备的接入层，对接入层设备进行汇聚的汇聚层以及核心层。另外，GNS3 通过 Cloud 和 VMware 中的操作系统进行网络连接，在 VMware 的操作系统中部署SNMPc网络管理系统平台，实现对整个网络的管理。整个仿真平台的搭建以及基本配置参数如图9.6所示。

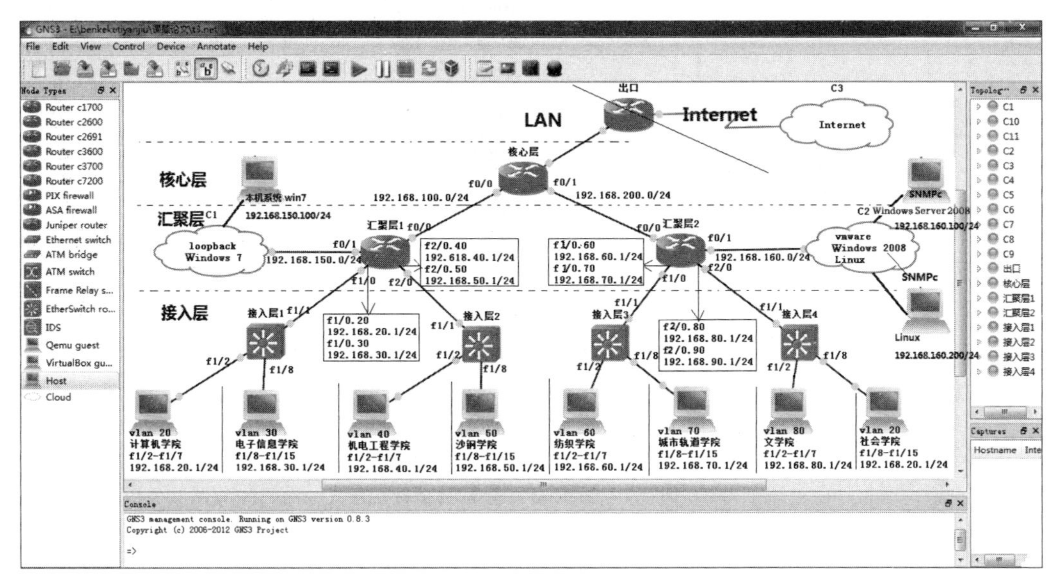

图 9.6　计算机网络管理仿真实验平台拓扑设计

2. 防火墙实验拓扑设计

防火墙实验的设计是基于计算机网络管理仿真平台。防火墙处于内部网络和外部网络之间，另外将网络服务器组作为非军事化区，防火墙的接口e0/0和外部网络Internet相连，e0/1接口和内部网络Intranet相连，e0/2接口和非军事化区域DMZ相连。

为了验证防火墙的效果，在VMware虚拟机上安装了3台机器，操作系统分别为Windows Server 2003、Windows Server 2008以及Windows XP，其中安装Windows Server 2003操作系统的机器IP地址规划为202.102.10.100/24，该机器作为Internet上的一台服务器使用，安装Windows Server 2008操作系统机器的IP地址规划为192.168.3.100/24，该机器作为校园网的一台网络服务器使用，安装Windows XP操作系统的机器IP地址规划为192.168.20.100/24，该机器作为计算机学院的一台终端设备使用。具体防火墙实验的拓扑图以及IP地址规划如图9.7所示。

3. 防火墙实验场景设计

通过配置防火墙，让内部网络的计算机能够ping通外部网络，让外部网络的计算机能够ping通DMZ区的网络服务器。

4. 防火墙配置过程

（1）配置校园网，使整个校园网内部网络互联互通。

校园网的互联主要配置网络设备以及终端计算机设备，首先配置接入层设备，在接入层设备上划分VLAN以及设置端口模式。如图9.7所示，将每个接入层设备划分两个VLAN，将每个设备的2～7号端口以及8～15号端口放入不同的VLAN中，并将连接汇聚层设备的端口模式设置为Trunk。配置汇聚层设备端口的IP地址，以作为终端设备的

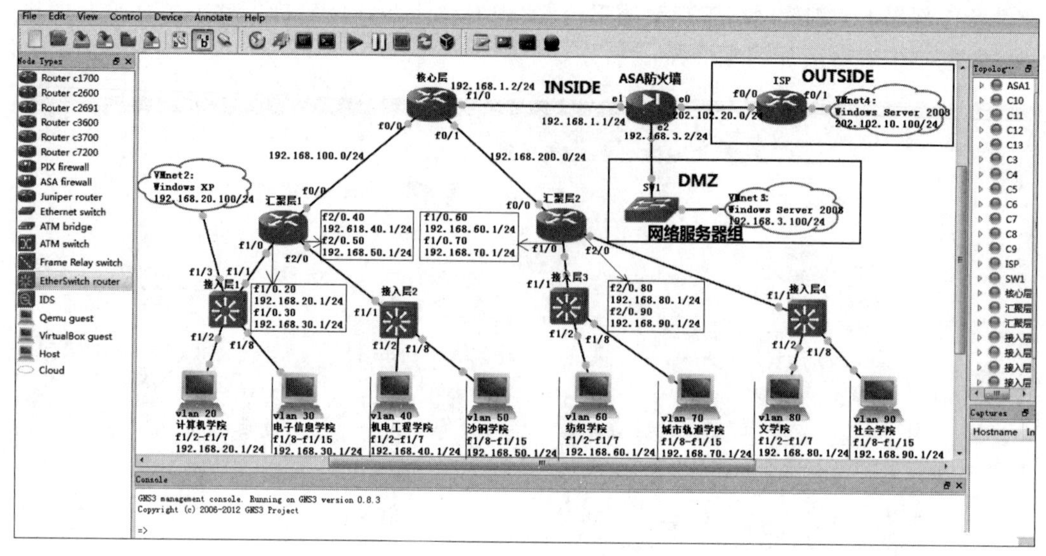

图 9.7　防火墙仿真实验拓扑

网关地址，通过将汇聚层连接接入层设备的接口创建子接口来解决单个接口连接两个不同 VLAN 网段的问题。另外配置汇聚层连接核心层接口的 IP 地址以及核心层设备的接口 IP 地址。

进行基本配置后，还需要启用动态路由协议，将不同的网络互联起来，RIP 协议是常使用的动态路由协议。配置防火墙连接内网端口的 IP 地址以及配置防火墙动态路由协议，使内网计算机能够连通该接口。

下面的代码为防火墙的基本配置。

```
ciscoasa (config)#interface ethernet 0/1
ciscoasa (config-if)#ip address 192.168.1.1 255.255.255.0
                                            //配置防火墙 e0/1 端口的 IP 地址
ciscoasa (config-if)#nameif inside          //将该接口设置为内网接口
INFO: Security level for "inside" set to 100 by default.
                                            //内网接口的安全级别默认为 100
ciscoasa(config)#router rip                 //启动防火墙动态路由协议 RIP
ciscoasa(config-router)#network 192.168.1.0 //将该网段通过 RIP 宣告出去
```

在 ASA 防火墙中要配置 nameif 名字，否则端口不能启动。配置不同的名字代表具有不同的优先级，内网 inside 只可配置在内网的端口上，是一个系统自带的值。默认的优先级是 100，属于最高的级别，而其他默认端口的优先级都是 0。

测试终端电脑和防火墙连接内网电脑的连通性结果如下。

```
C:\>ping 192.168.1.1
Pinging 192.168.1.1 with 32 bytes of data:
Reply from 192.168.1.1: bytes=32 time=38ms TTL=253
Reply from 192.168.1.1: bytes=32 time=33ms TTL=253
```

从实验结果可以看出终端电脑和防火墙连接内网的端口是连通的。

(2) 配置外部网络,使外部网络互联互通。

首先对路由器接口的IP地址进行配置,再配置防火墙连接外网的接口e0/0的IP地址,以及配置Windows server 2003服务器的IP地址。

代码如下。

```
ISP(config) #interface fastEthernet 0/0
ISP(config-if)#ip address 202.102.20.2 255.255.255.0  //配置接口 F0/0 的 IP 地址
ISP (config)#interface fastEthernet 0/1
ISP(config-if)#ip address 202.102.10.1 255.255.255.0  //配置接口 F0/1 的 IP 地址
ciscoasa (config)#interface ethernet 0/0
ciscoasa (config-if)#ip address 202.102.20.1 255.255.255.0
                                                  //配置防火墙接口 e0/0 的 IP 地址
ciscoasa (config-if)#nameif outside               //将该接口设置为外网接口
INFO: Security level for "outside" set to 0 by default.
                                                  //外网接口的安全级别默认为 0
```

其次配置防火墙指向外网的默认路由。

```
ciscoasa (config)#route outside 0.0.0.0 0.0.0.0 202.102.20.2
                                                  //配置防火墙指向外网的默认路由
```

最后对外部网络的连通性进行测试,从外网的服务器ping防火墙连接外网的端口,结果可以看出外部网络能够ping通防火墙连接外部网络的接口。

代码如下。

```
C:\>ping 202.102.20.1
Pinging 202.102.20.1 with 32 bytes of data:
Reply from 202.102.20.1: bytes=32 time=18ms TTL=254
Reply from 202.102.20.1: bytes=32 time=17ms TTL=254
```

(3) 配置DMZ区域,使DMZ区互联互通。

代码如下。

```
ciscoasa (config)#interface ethernet 0/2
ciscoasa (config-if)#ip address 192.168.3.2 255.255.255.0
                                                  //配置防火墙 e0/2 接口的 IP 地址
ciscoasa(config-if)#nameif dmz                    //将该接口设置为 DMZ 接口类型
INFO: Security level for "dmz" set to 0 by default.
ciscoasa(config-if)#security-level 50             //设置该接口的安全级别为 50
```

对DMZ服务器与防火墙连接DMZ区的端口的连通性进行测试,结果是连通的。

(4) 配置防火墙。

① 配置网络设备,将防火墙的默认路由通过RIP路由协议向其他设备注入。

首先配置防火墙。代码如下。

```
ciscoasa(config)#router rip
ciscoasa(config-router)#default-information originate
//在 RIP 中,默认路由采用 default-information originate 方式向其他路由器注入
```

用同样的命令对核心层设备和汇聚层设备进行配置,配置完成后查看核心层设备以及汇聚层设备的路由表,发现均产生了一条默认路由。

```
huijuceng1#show ip route
R*    0.0.0.0/0 [120/2] via 192.168.100.2, 00:00:01, FastEthernet0/0
  hexinceng#show ip route
R*    0.0.0.0/0 [120/1] via 192.168.1.1, 00:00:00, FastEthernet1/0
```

② 配置防火墙,使内部计算机通过防火墙访问外网。

```
ciscoasa(config)#global (outside) 1 interface
INFO: outside interface address added to PAT pool
//指定 NAT 使用的外网接口为 outside 的端口
ciscoasa(config)#nat (inside) 1 192.168.20.0 255.255.255.0
//指定内网的网段
```

因为在默认情况下,防火墙是把 ping 作为一种攻击手段给拒绝掉的,所以需要通过访问控制列表允许 ping 命令通过。

```
ciscoasa(config)#access-list 1 permit  icmp host 202.102.10.100 host 202.102.
20.1
//设置访问控制列表
ciscoasa(config)#access-group out-to-in in interface outside
//应用访问控制列表
```

测试结果表明计算机学院的计算机可以 ping 外网。

```
C:\Documents and Settings\Administrator>ping 202.102.10.100
Pinging 202.102.10.100 with 32 bytes of data:
Reply from 202.102.10.100: bytes=32 time=63ms TTL=125
Reply from 202.102.10.100: bytes=32 time=54ms TTL=125
```

结果是可以 ping 通的,查看地址转换结果,如下所示。

```
ciscoasa#show xlate
1 in use, 1 most used
PAT Global 202.102.20.1(1) Local 192.168.20.100 ICMP id 512
```

③ 配置防火墙,使外网能够访问 DMZ 服务器。

由于处于 DMZ 区的服务器所配置的 IP 地址为内网私有地址,外部计算机不可能直接 ping 通该地址,因此需要将内部服务器的 IP 地址静态映射为一个公网 IP 地址。外部计算机通过访问该公网 IP 地址来达到实际访问内部服务器的目的。

```
ciscoasa(config)#static (dmz,outside) 202.102.20.100 192.168.3.100 netmask
```

```
255.255.255.255
//静态地址映射,将 DMZ 区域服务器地址 192.168.3.100 映射为公网地址 202.102.20.100。
ciscoasa(config)#access-list out-to-dmz extended permit icmp host 202.102.10.
100 host 202.102.20.100 255.255.255.255
//定义规则,允许源地址为 202.102.10.100 ping 目标地址 202.102.20.100
ciscoasa(config)#access-group out-to-dmz in interface outside
//在 outside 接口的 in 方向应用该规则
```

测试结果表明可以实现外部计算机 ping 通 DMZ 区域服务器。

```
C:\>ping 202.102.20.100
Pinging 202.102.20.100 with 32 bytes of data:
Reply from 202.102.20.100: bytes=32 time=18ms TTL=127
Reply from 202.102.20.100: bytes=32 time=21ms TTL=127
```

9.6.2 实验二：ISA Server 2006 防火墙配置

ISA Server 2006 防火墙是微软提供的基于策略访问控制、加速、管理于一体的防火墙产品。ISA Server 2006 是路由级网络防火墙,兼有高性能缓存功能。它的主要功能体现在以下几方面。

① Internet 防火墙：ISA Server 2006 可以部署成一台专用防火墙,作为内部用户接入 Internet 的安全网关。在信息传输过程中,ISA Server 2006 计算机对其他各方来说是透明的。

② 安全服务器的发布：利用 ISA Server 2006,企业内部用户能够向 Internet 发布服务,如公司的 Web 服务、邮件服务器、FTP 服务器。ISA Server 2006 计算机代表内部发布服务器来处理外部客户端的请求,这样就避免了发布服务器直接暴露在 Internet 上而受到打击。

③ Web 缓存服务器：ISA Server 2006 可以像代理防火墙一样,通过服务器中的缓存实现网络的加速,把曾经访问过的内容直接给再次访问此资源的用户,这样可以节约企业网络带宽资源,加速响应速度。

该实验在 VMware 虚拟机中完成。虚拟机中安装两台主机,一台为 Windows Server 服务器操作系统,一台为 Windows 客户端操作系统。本实验的拓扑结构如图 9.8 所示。

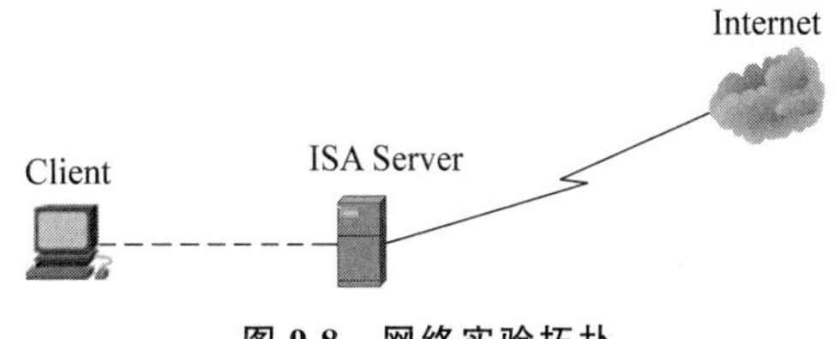

图 9.8 网络实验拓扑

1. 在服务器操作系统中安装 ISA Server 2006

具体安装过程如图 9.9～图 9.20 所示。

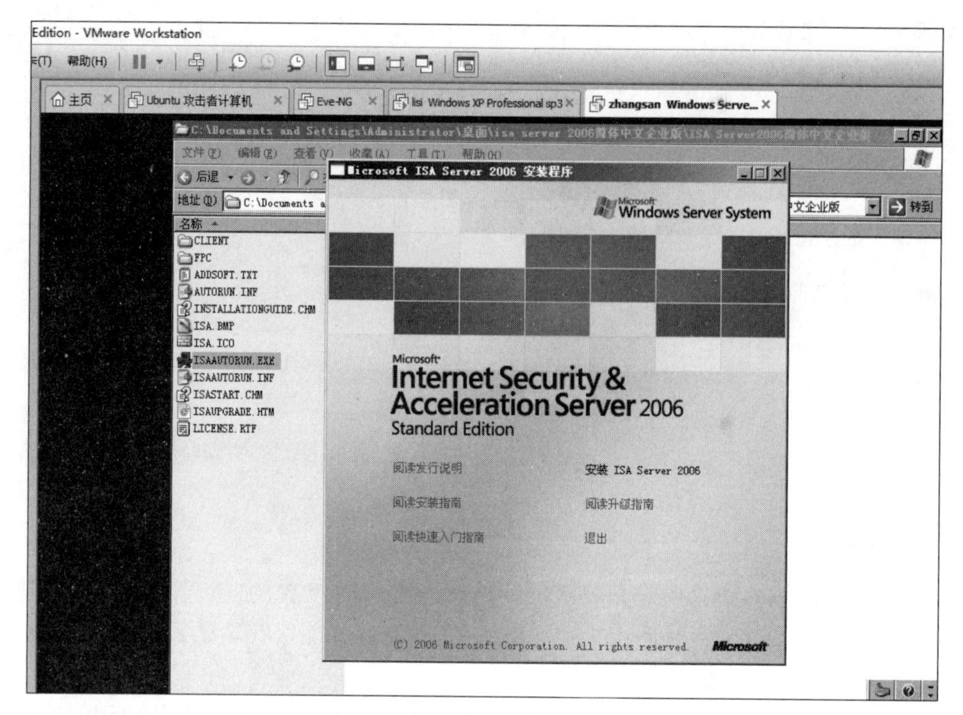

图 9.9　ISA Server 安装界面

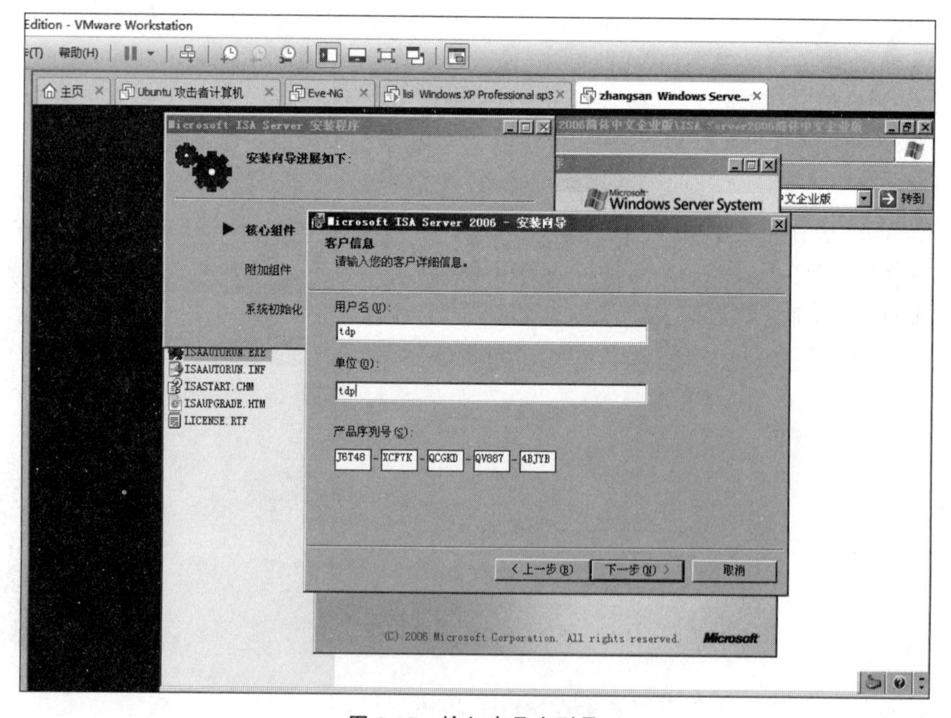

图 9.10　输入产品序列号

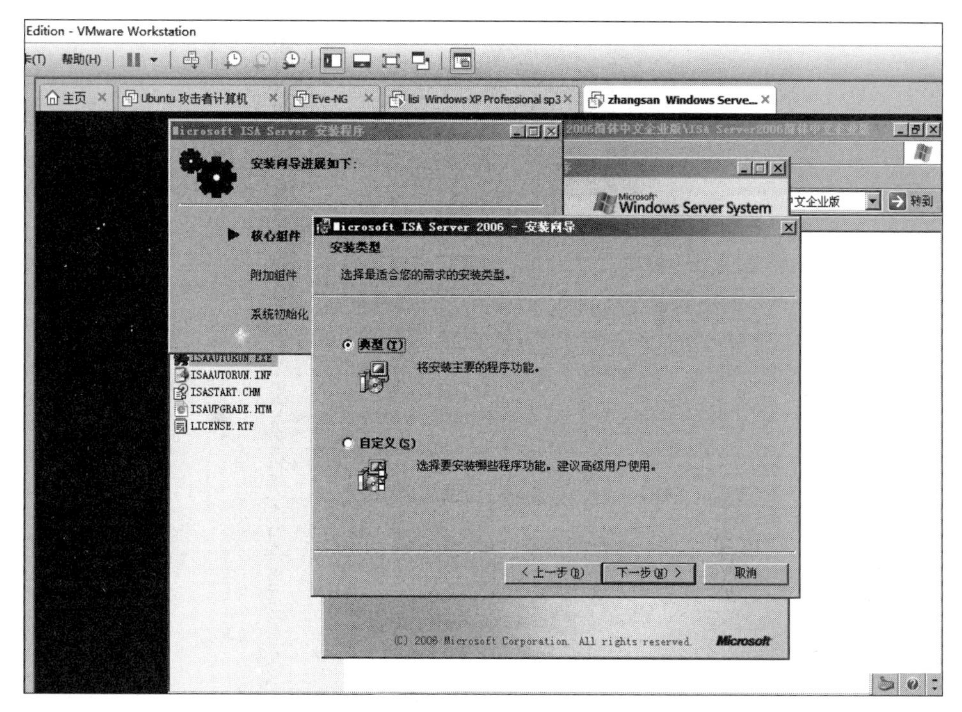

图 9.11　选择安装模式

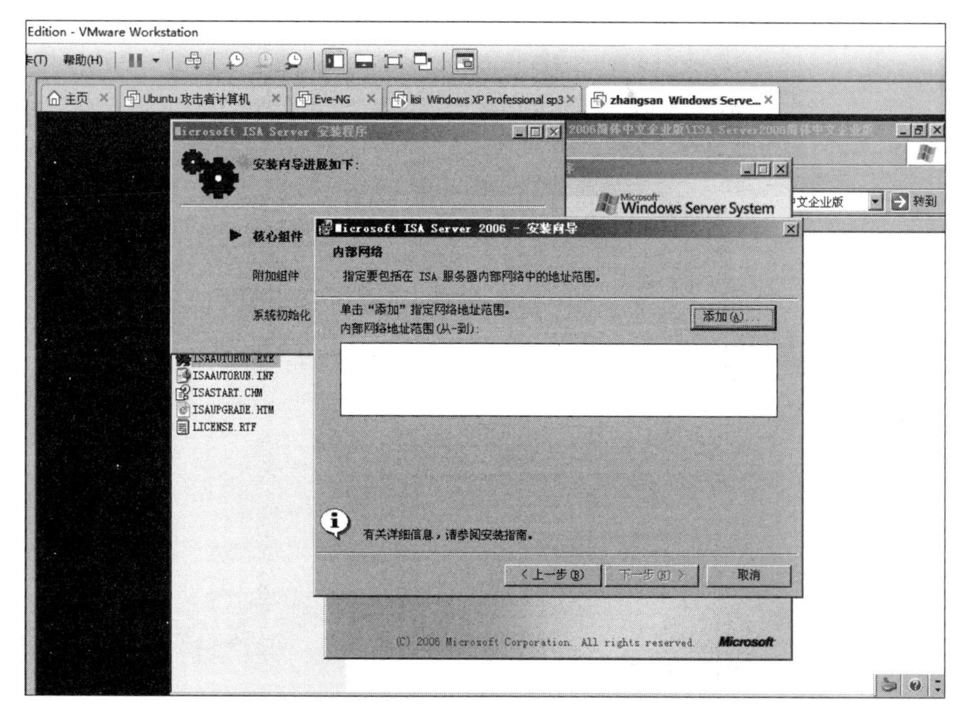

图 9.12　设置内部网络

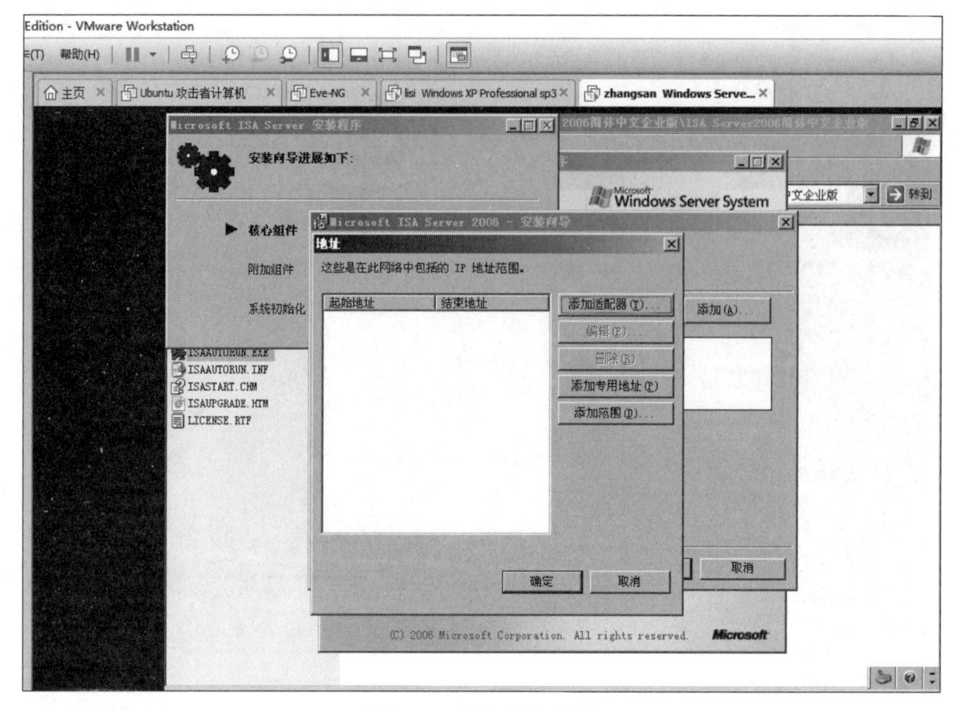

图 9.13　添加地址范围

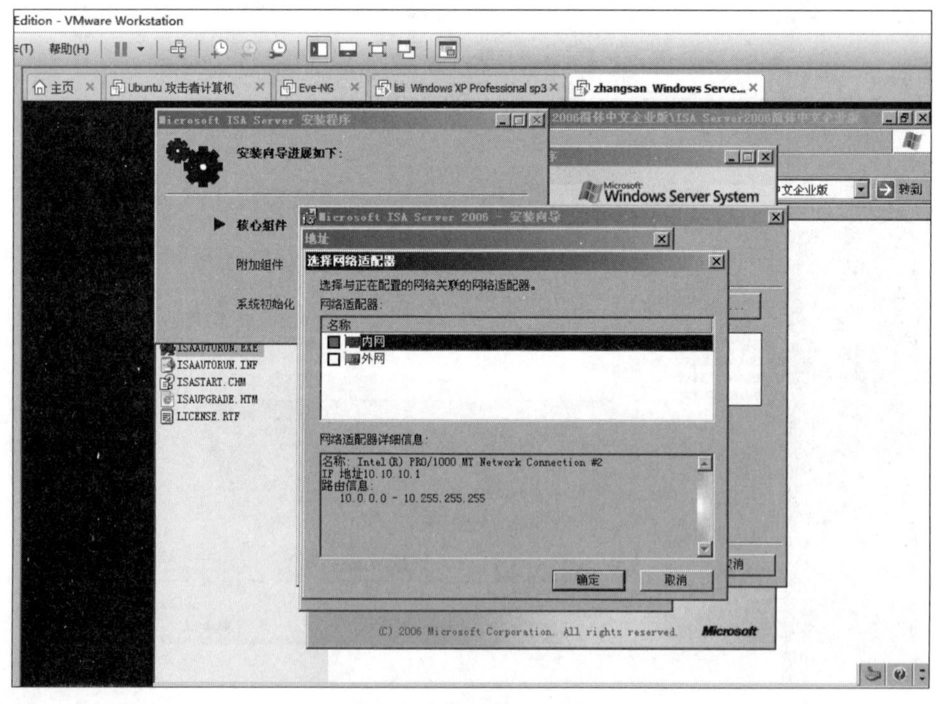

图 9.14　选择网络适配器

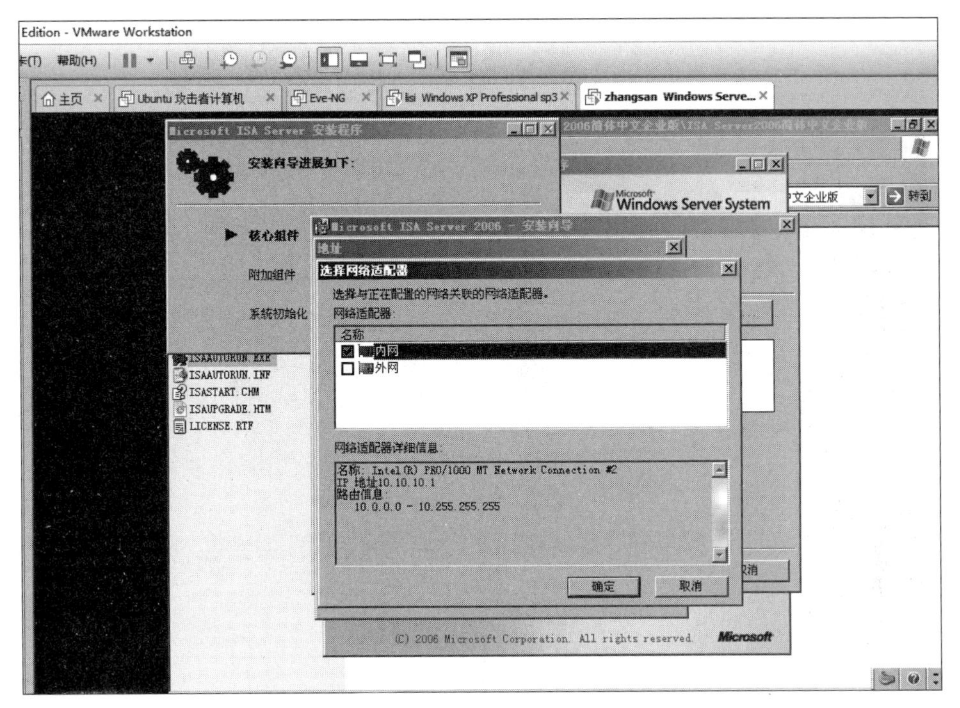

图 9.15　选择网络适配器为内网

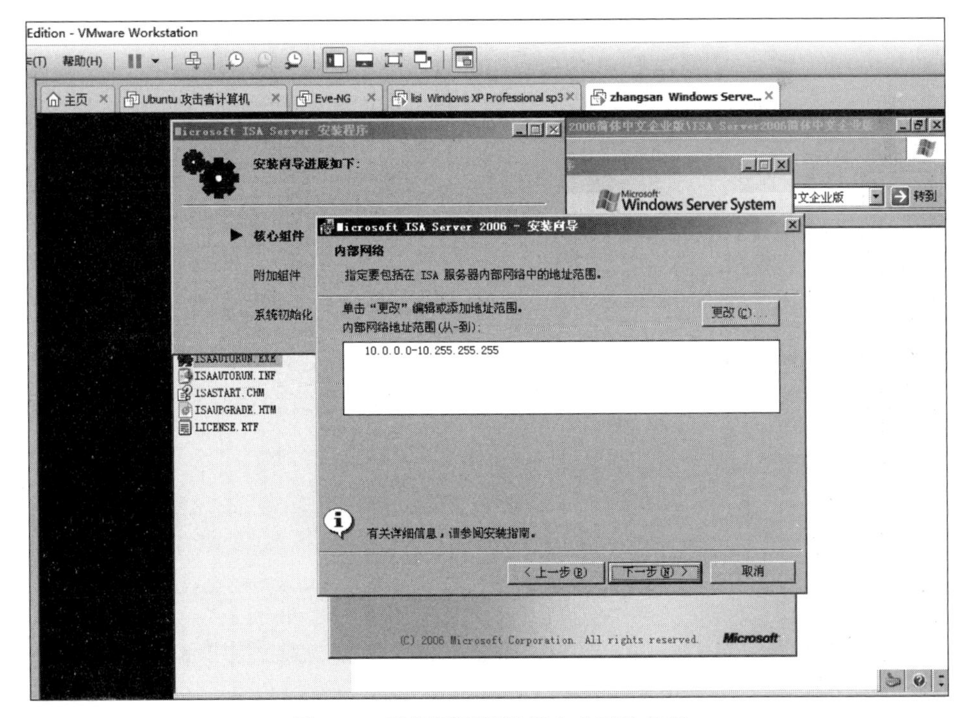

图 9.16　选择网络适配器为内网的结果

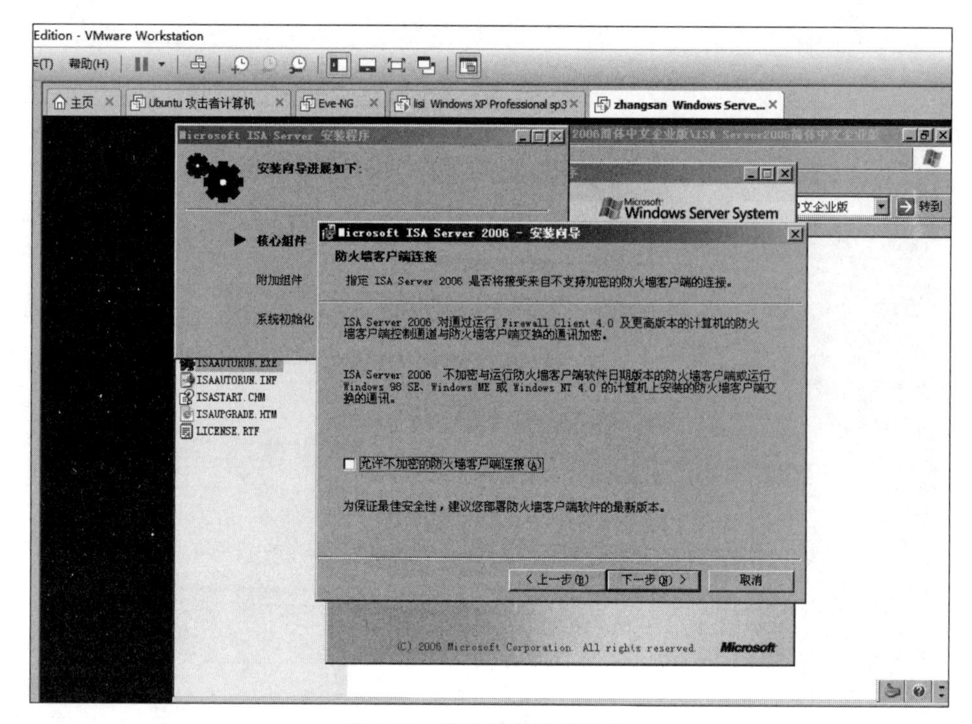

图 9.17 防火墙客户端连接

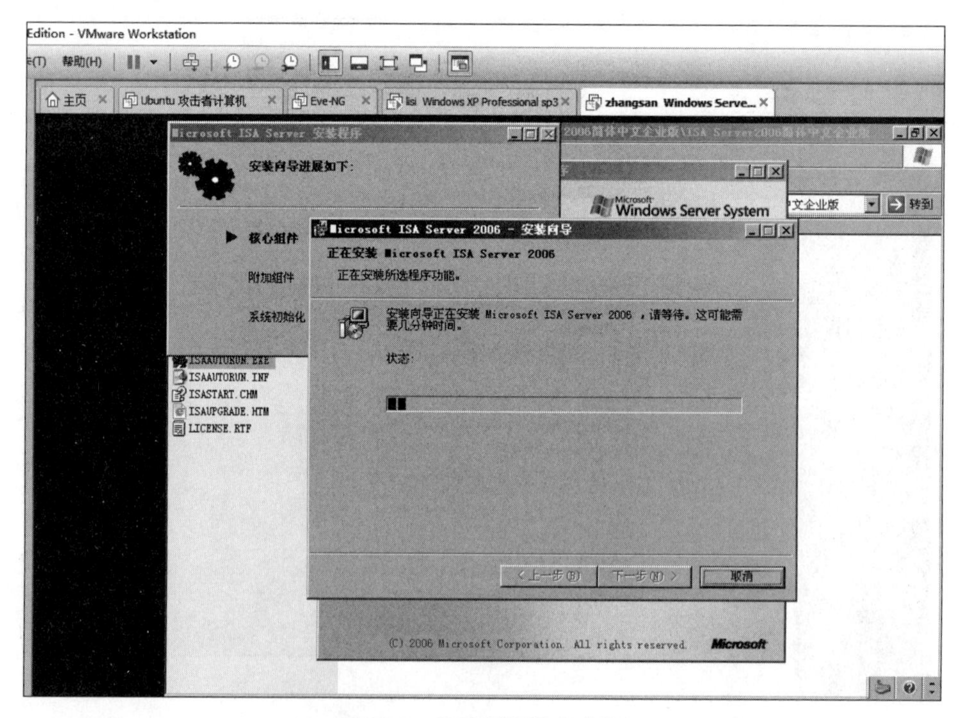

图 9.18 安装所选程序功能

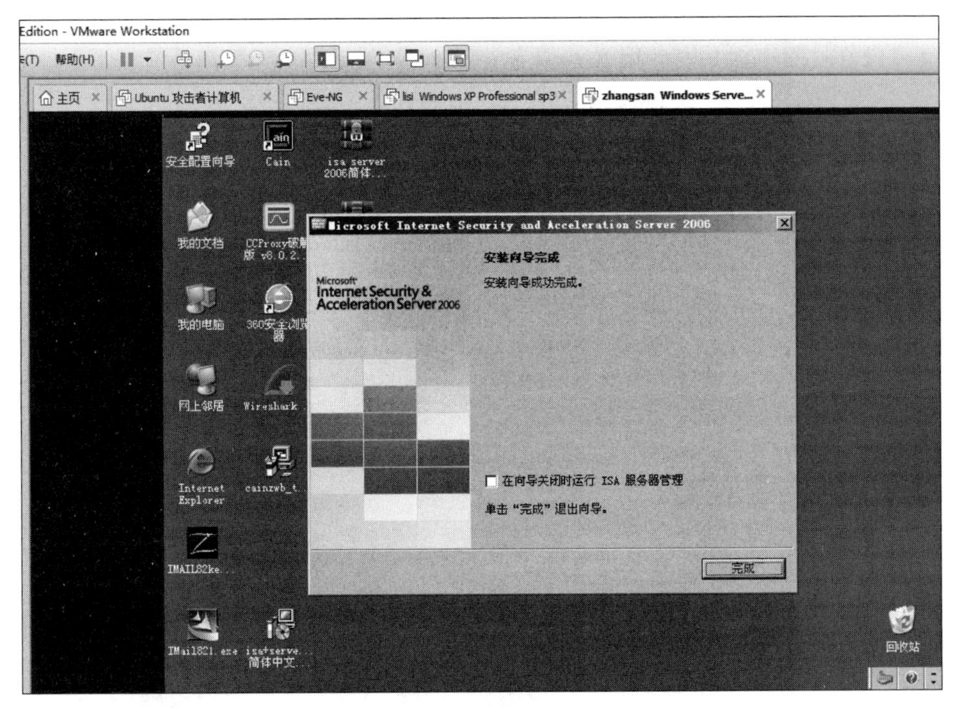

图 9.19　完成安装

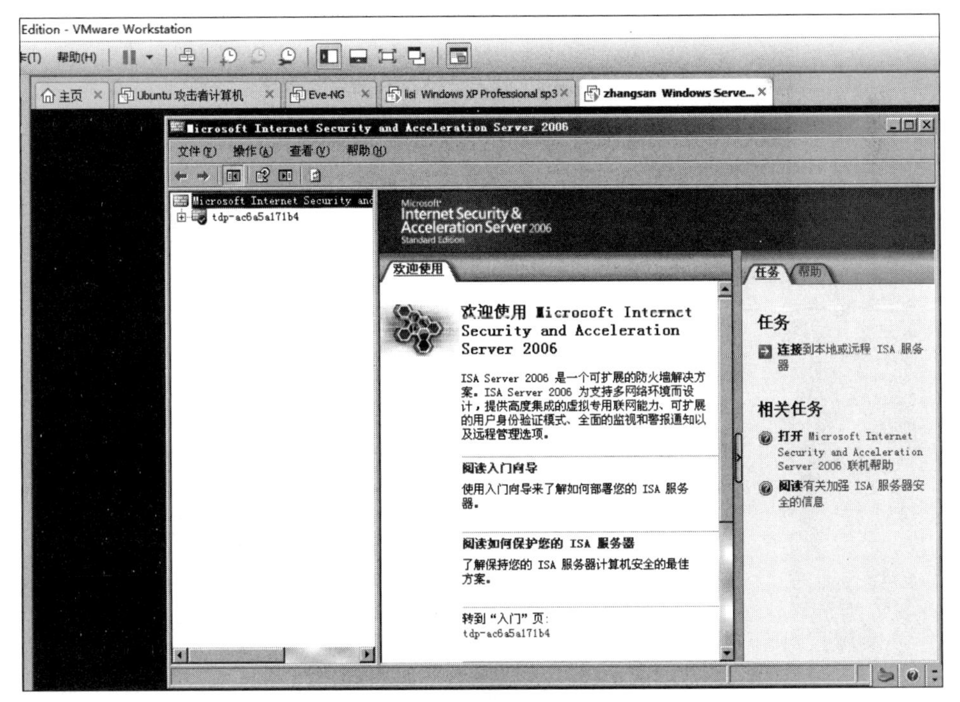

图 9.20　软件启动界面

2. 配置访问规则,允许服务器计算机访问 Internet

具体操作过程如图 9.21～图 9.27 所示。

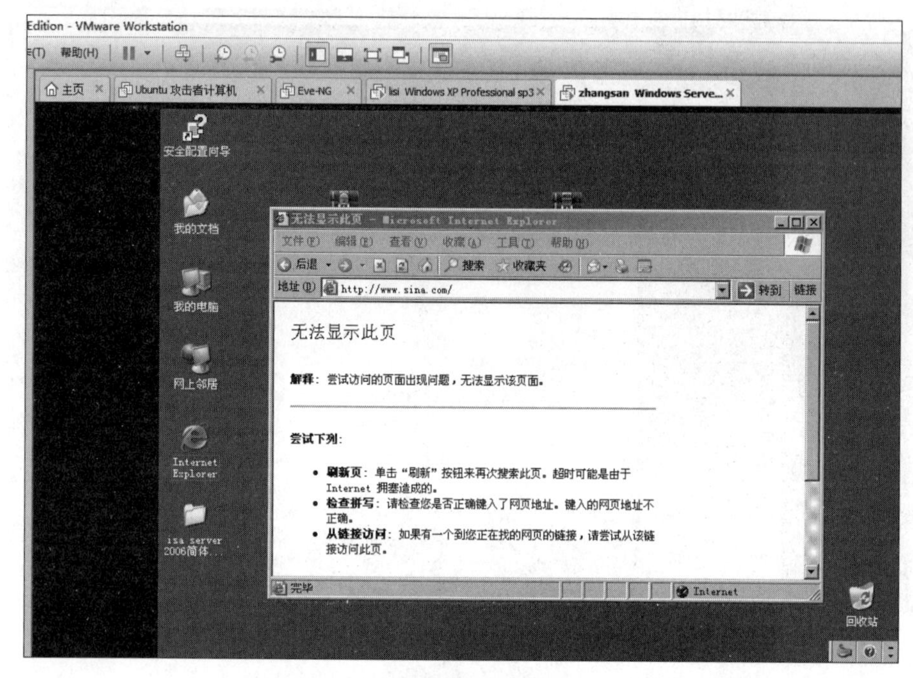

图 9.21　服务器无法访问 Internet

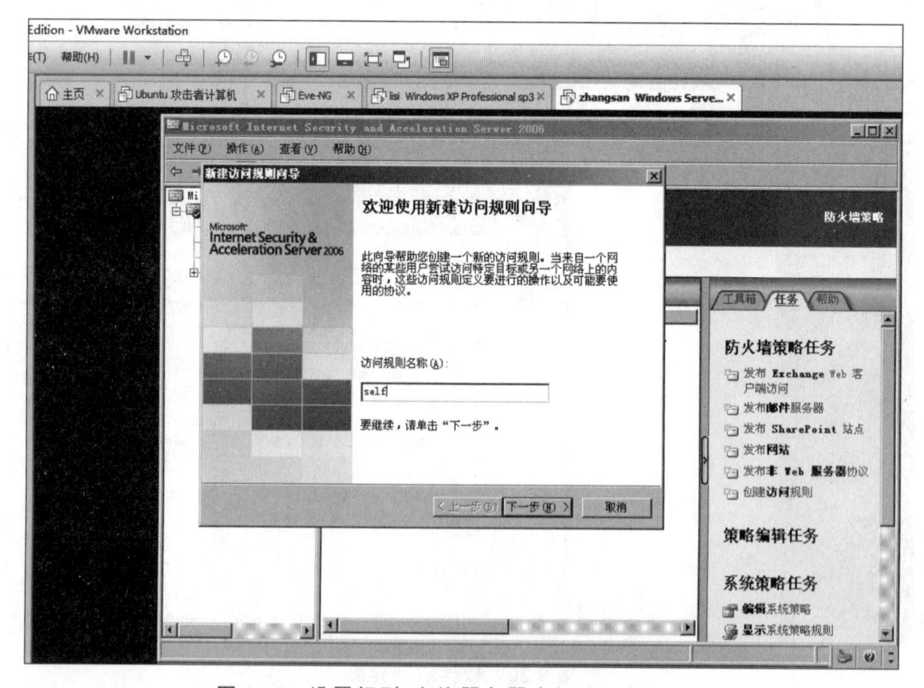

图 9.22　设置规则,允许服务器本机访问 Internet

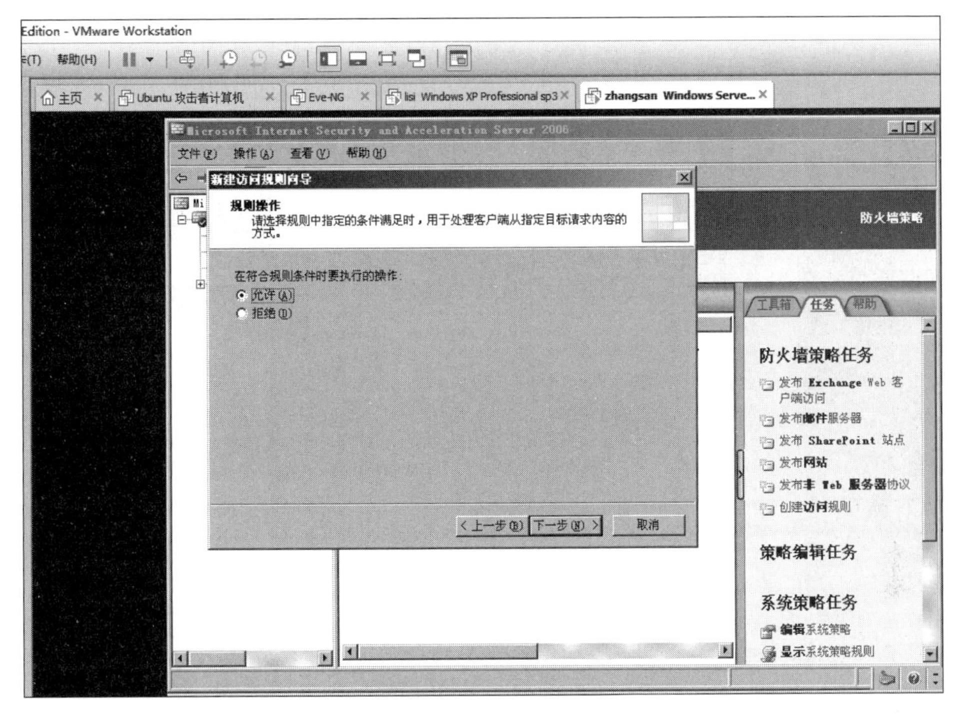

图 9.23　定义规则

图 9.24　设置规则应用的协议

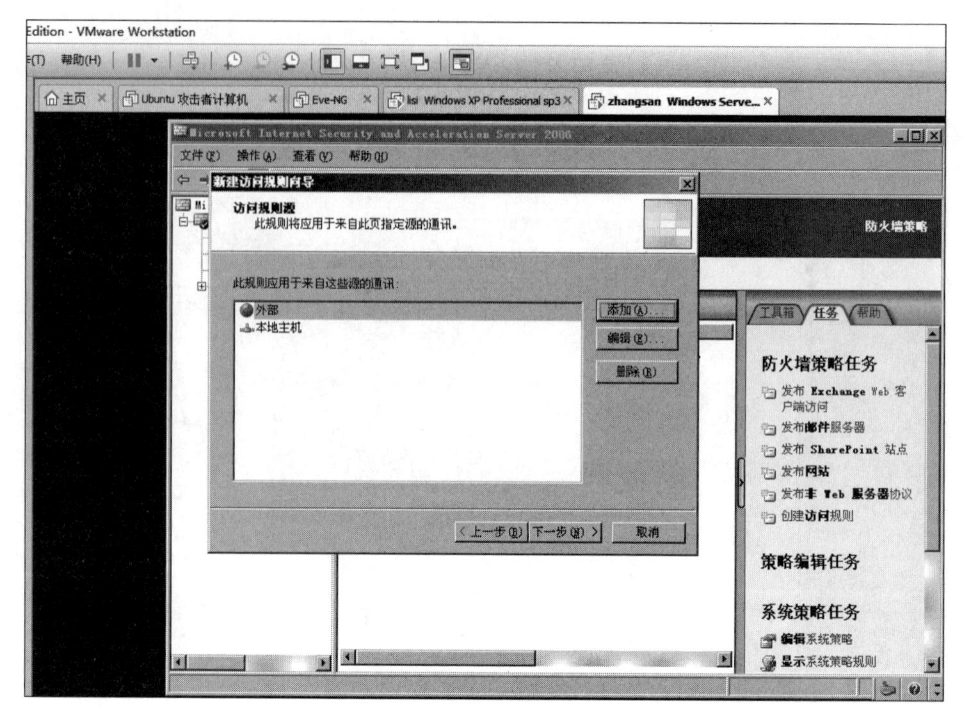

图 9.25 设置访问规则源

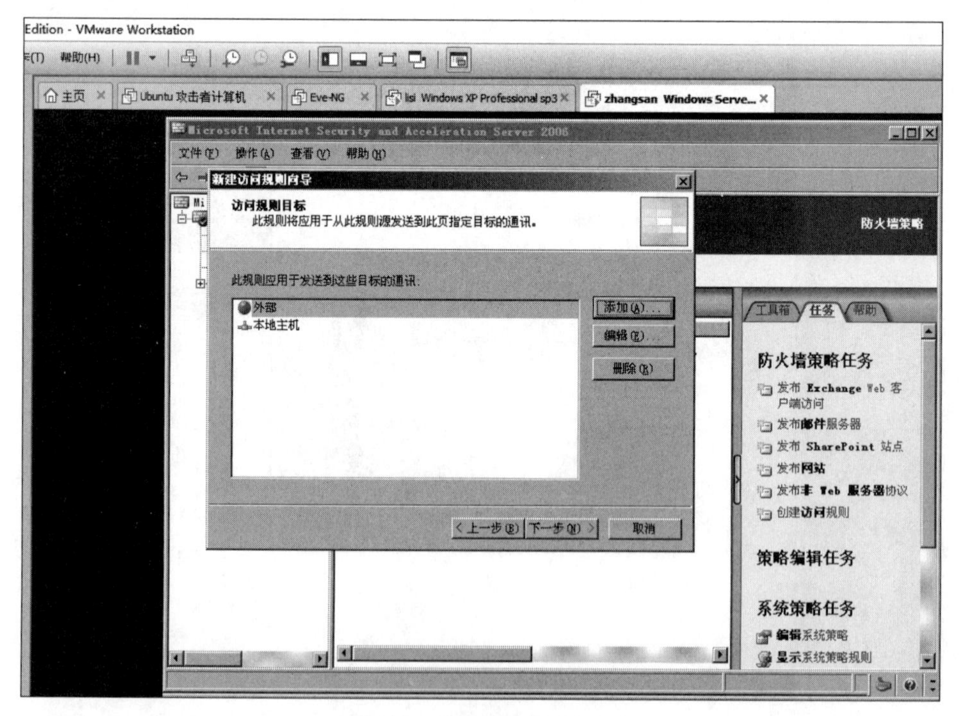

图 9.26 设置访问规则目标

图 9.27　验证服务器本机能够访问 Internet

3. 配置访问规则，让内部计算机能够上网

具体配置过程如图 9.28～图 9.42 所示。

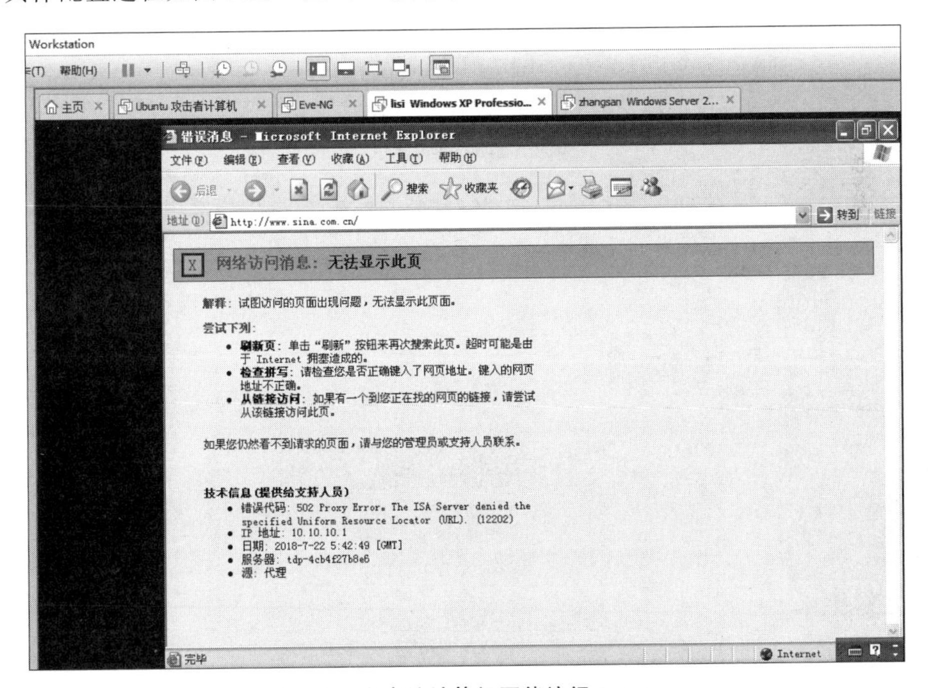

图 9.28　客户端计算机不能访问 Internet

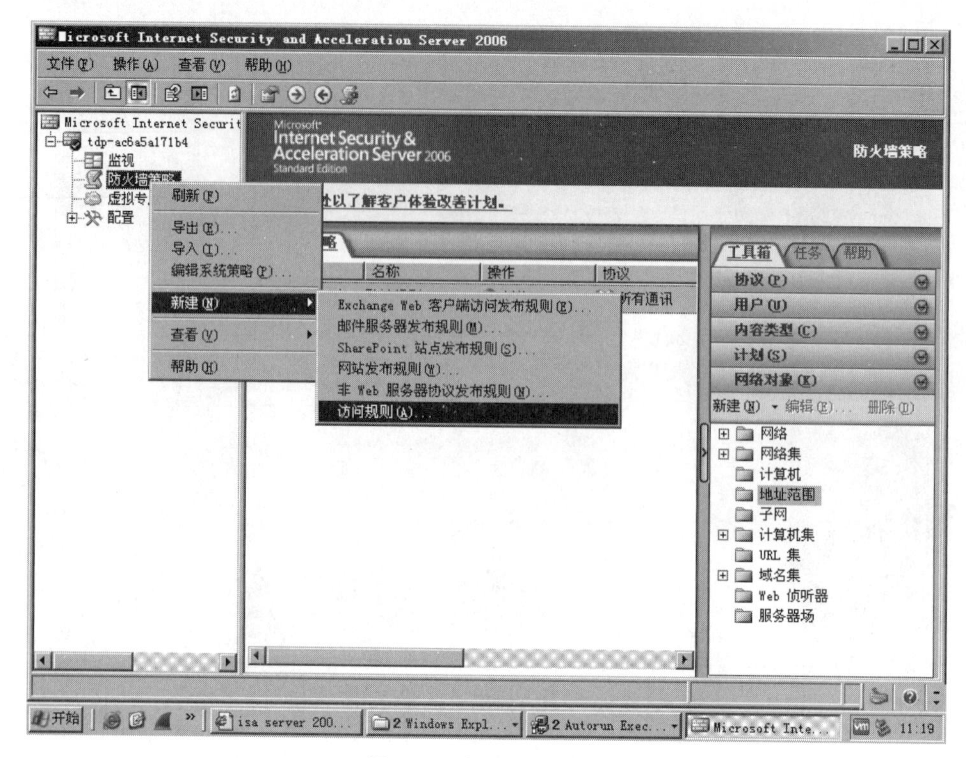

图 9.29 新建访问规则

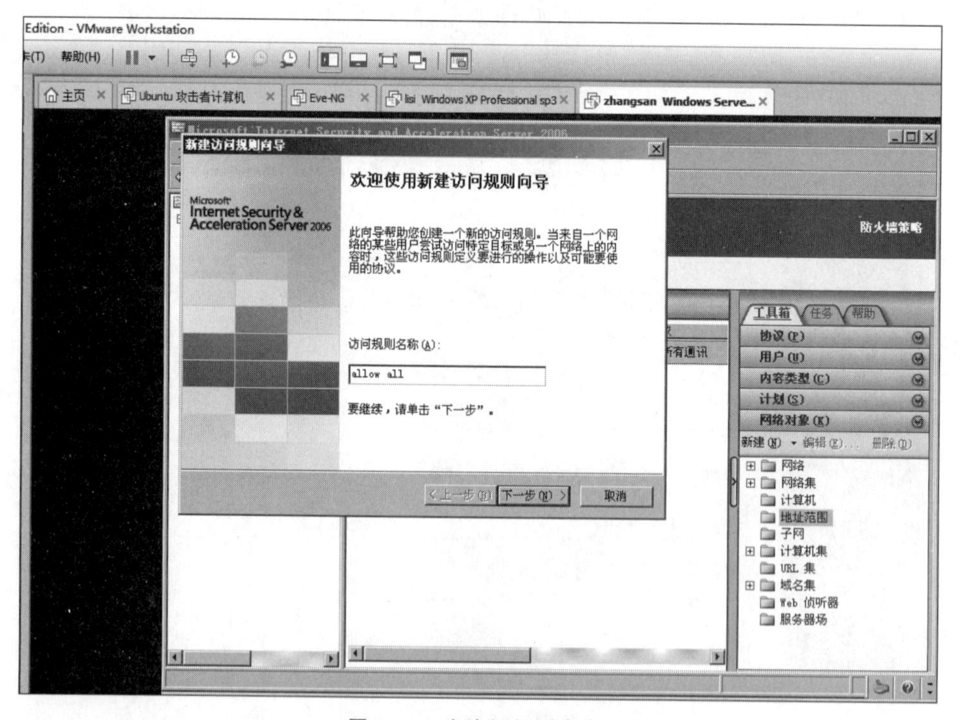

图 9.30 为访问规则命名

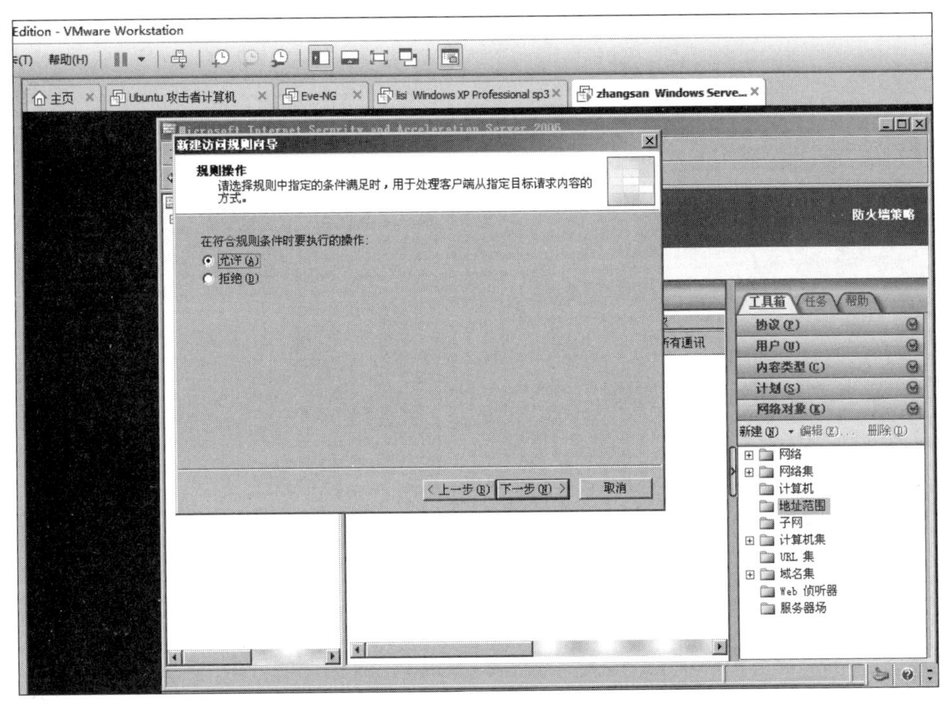

图 9.31　设置符合规则条件时要执行的操作

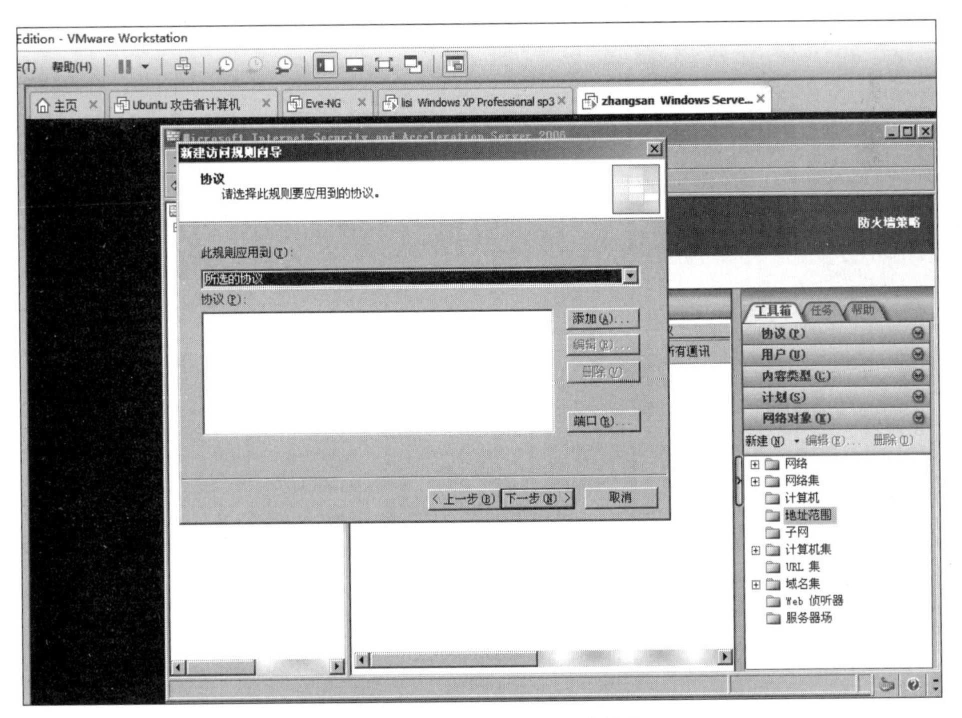

图 9.32　设置规则应用到的协议

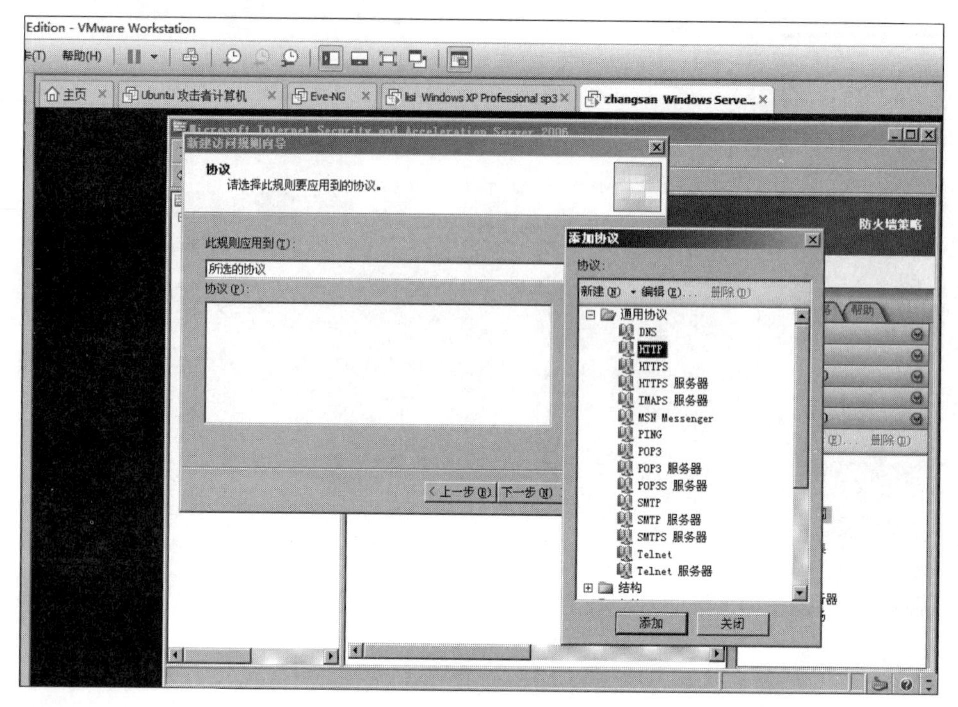

图 9.33 设置具体的协议

图 9.34 设置访问规则源

图 9.35　设置访问规则目标

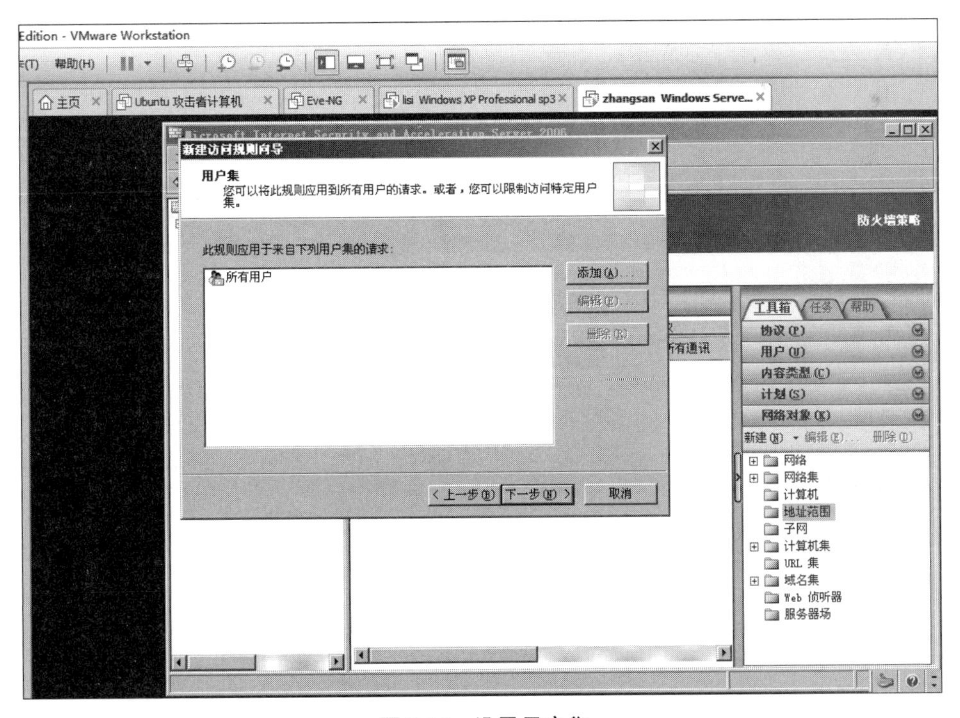

图 9.36　设置用户集

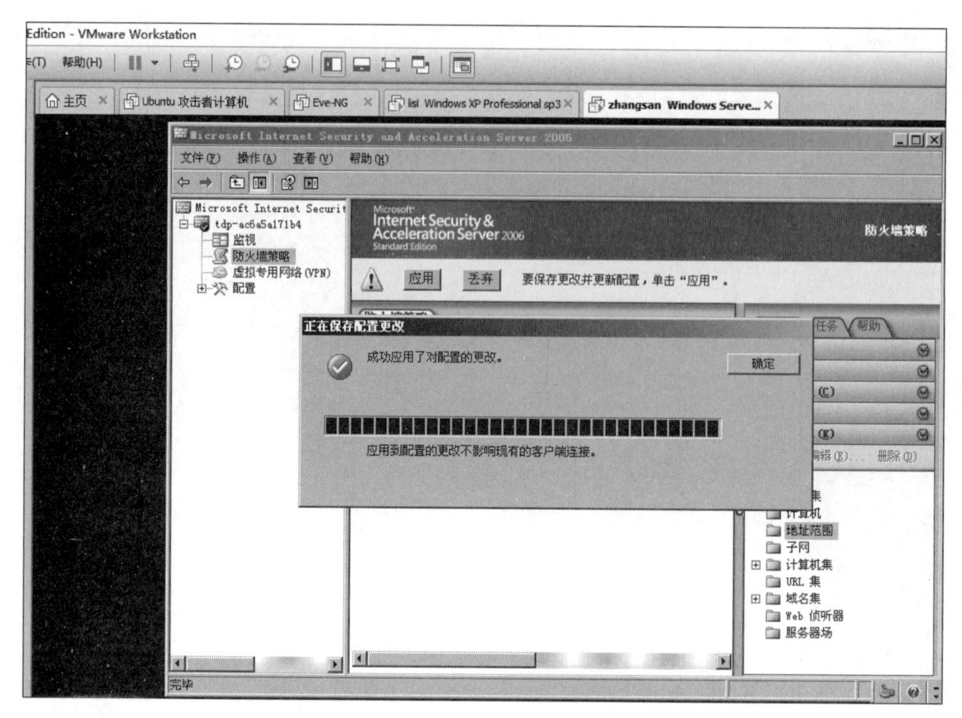

图 9.37 设置应用规则

图 9.38 查看防火墙策略

图 9.39　应用防火墙策略

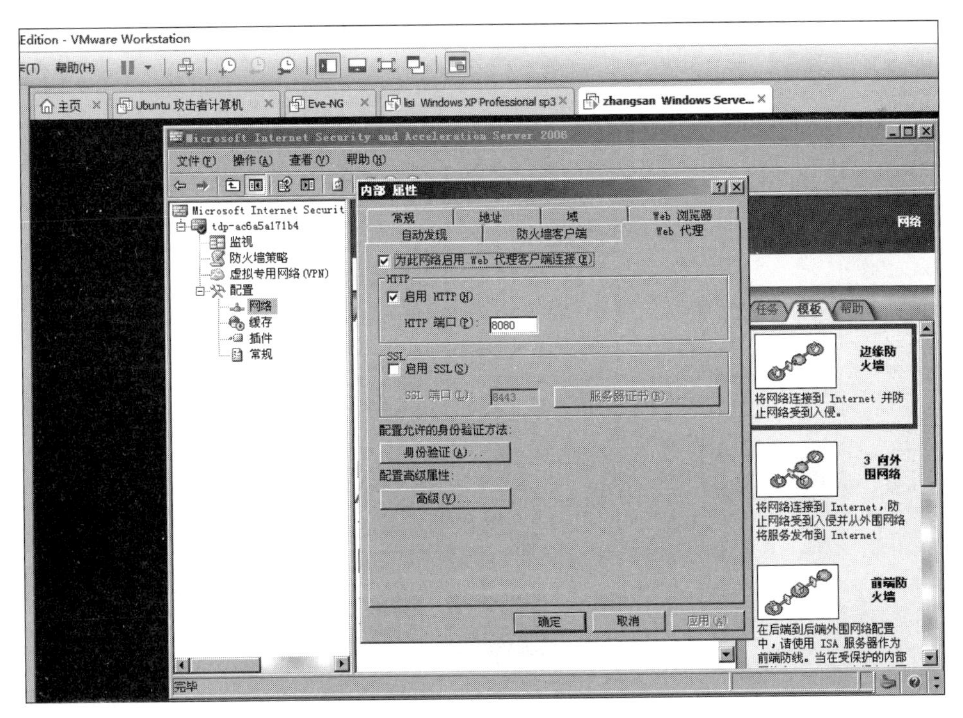

图 9.40　设置 HTTP 属性

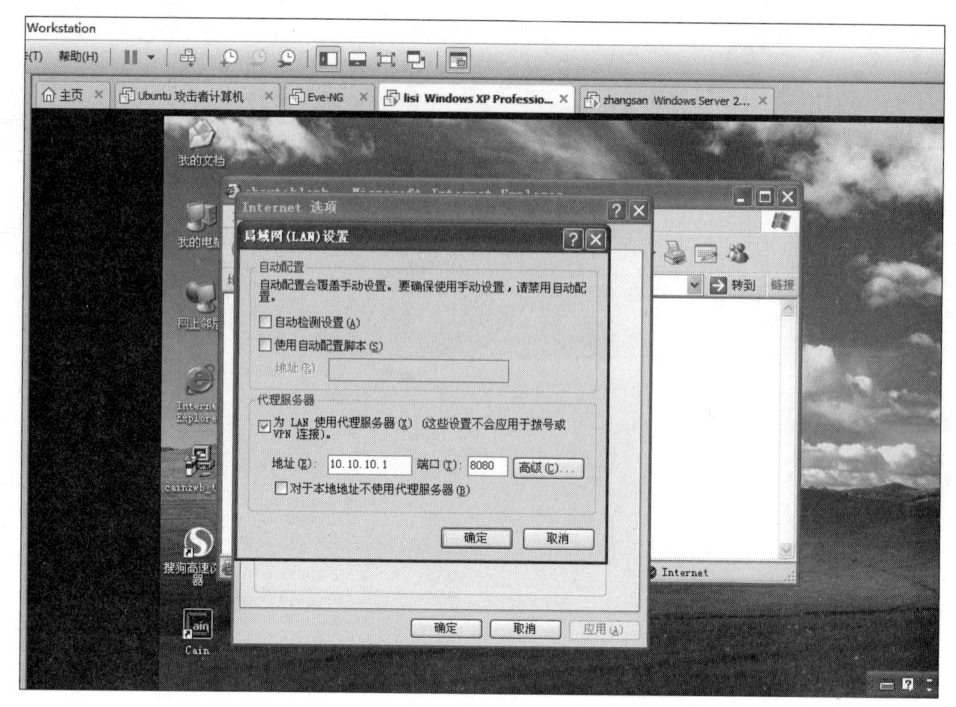

图 9.41 客户端设置代理服务器地址及端口

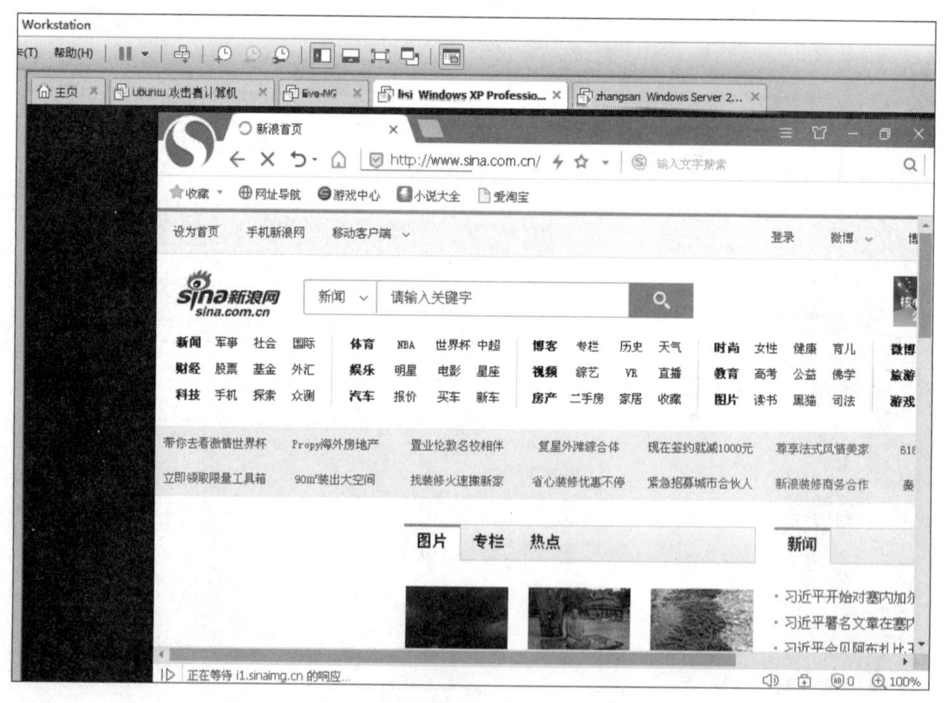

图 9.42 客户端通过代理服务器成功访问 Internet

4. 配置访问规则,有条件进行访问

具体操作过程如图 9.43～图 9.55 所示。

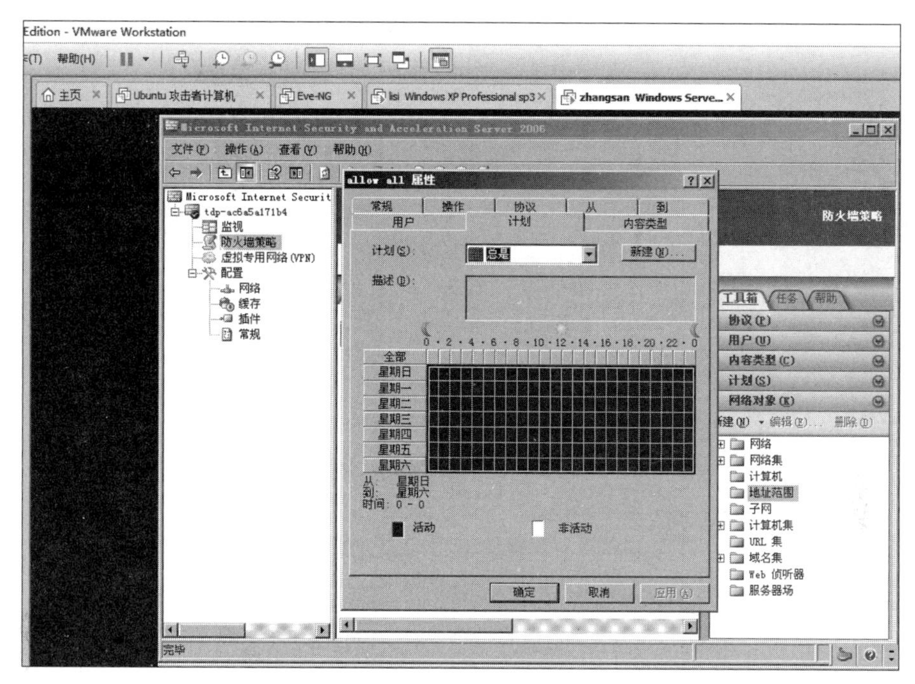

图 9.43　设置访问计划

图 9.44　设置访问计划适用的用户范围

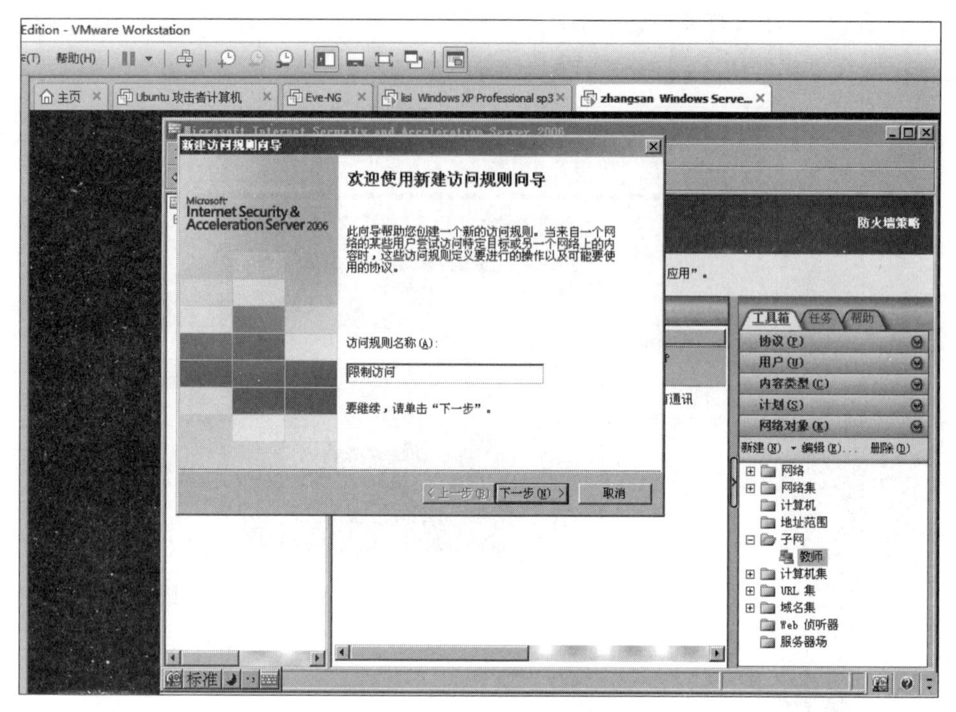

图 9.45 设置限制访问规则名称

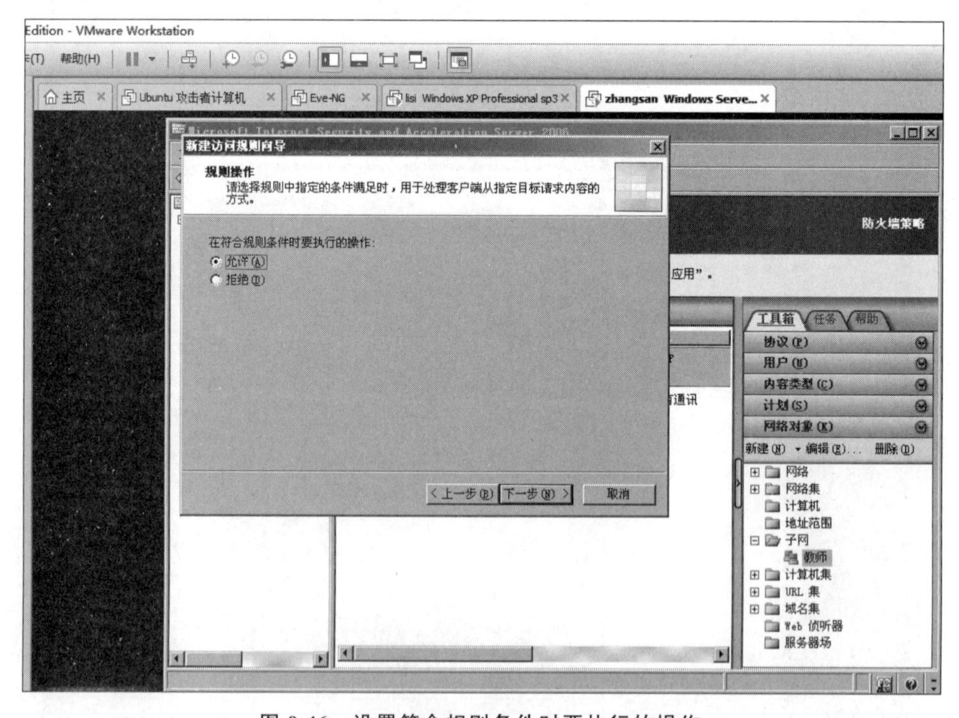

图 9.46 设置符合规则条件时要执行的操作

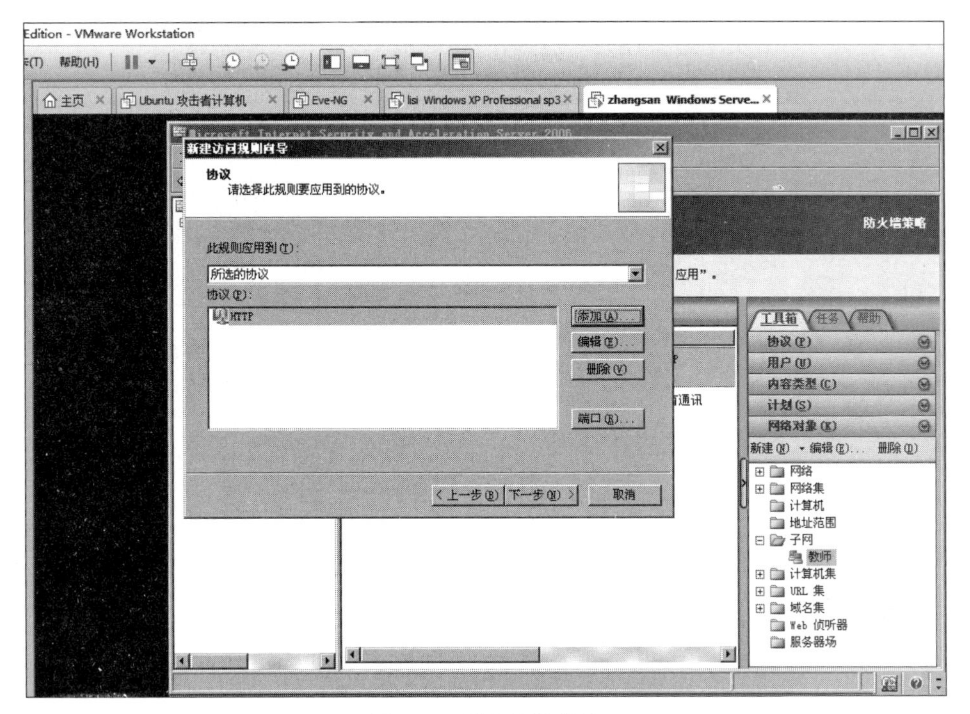

图 9.47　选择网络协议

图 9.48　将教师组设置访问规则源

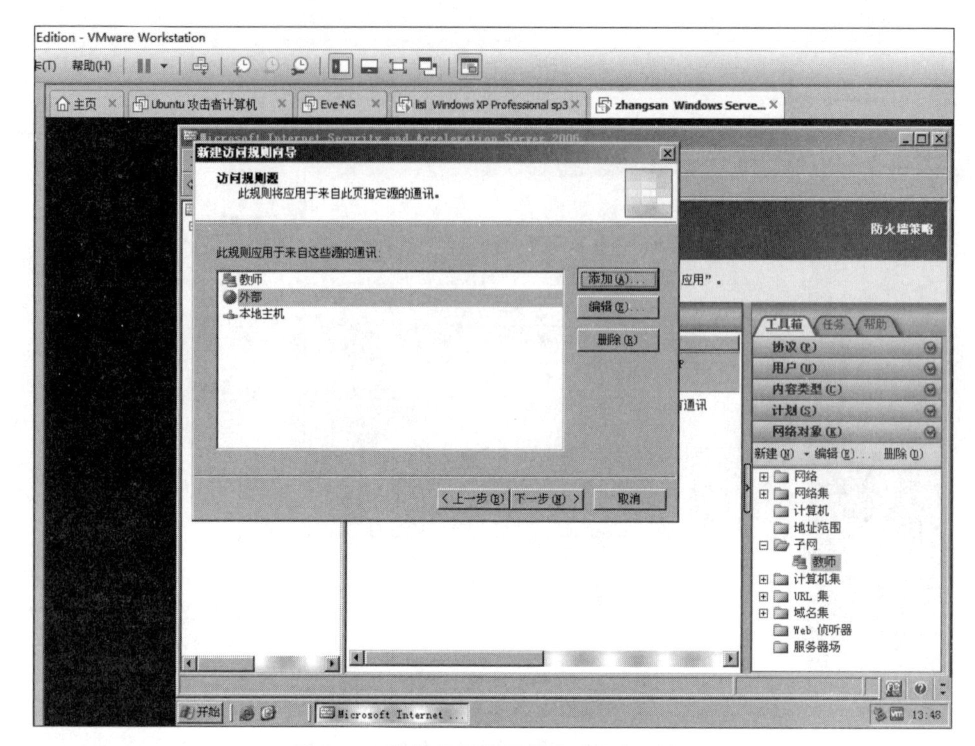

图 9.49　将外部网络设置为访问规则源

图 9.50　设置网络白名单

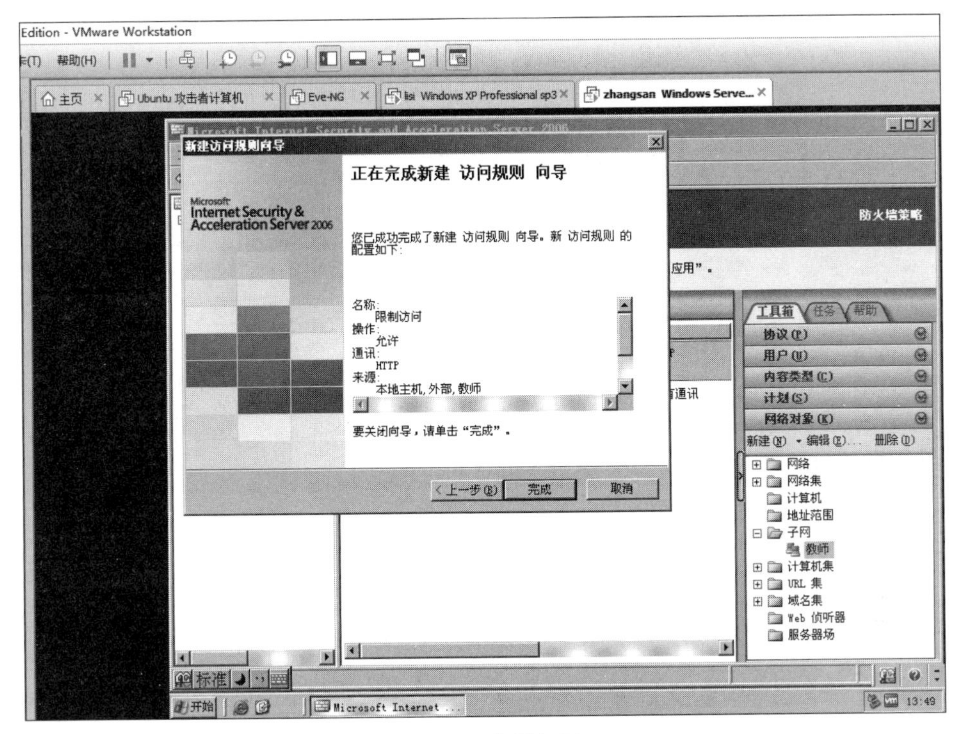

图 9.51　应用规则

图 9.52　查看规则

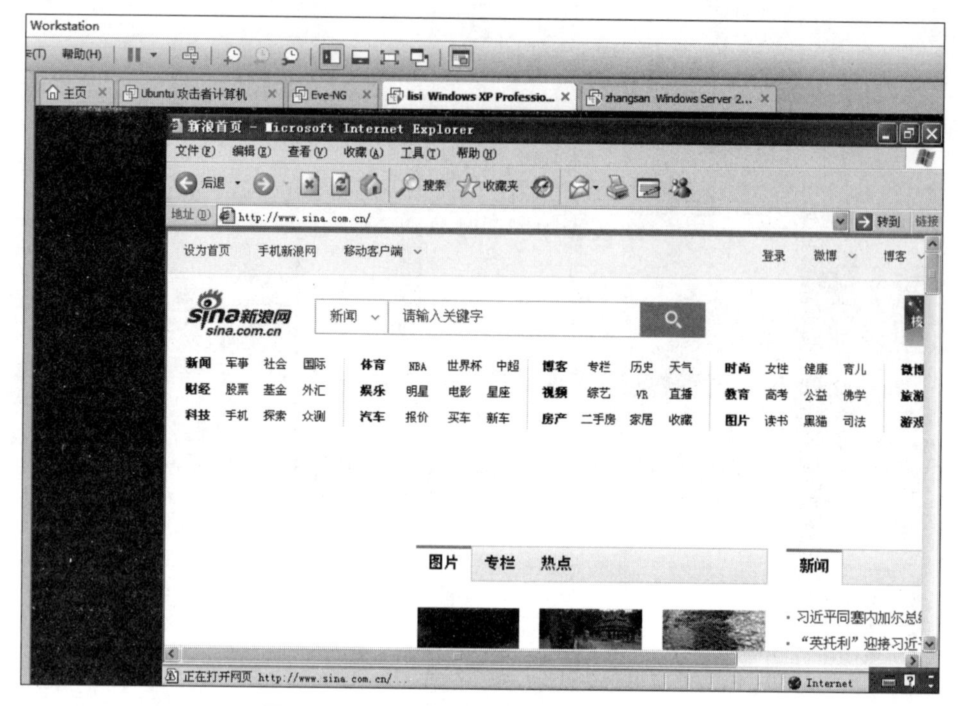

图 9.53 新浪网在白名单里,因此能够访问

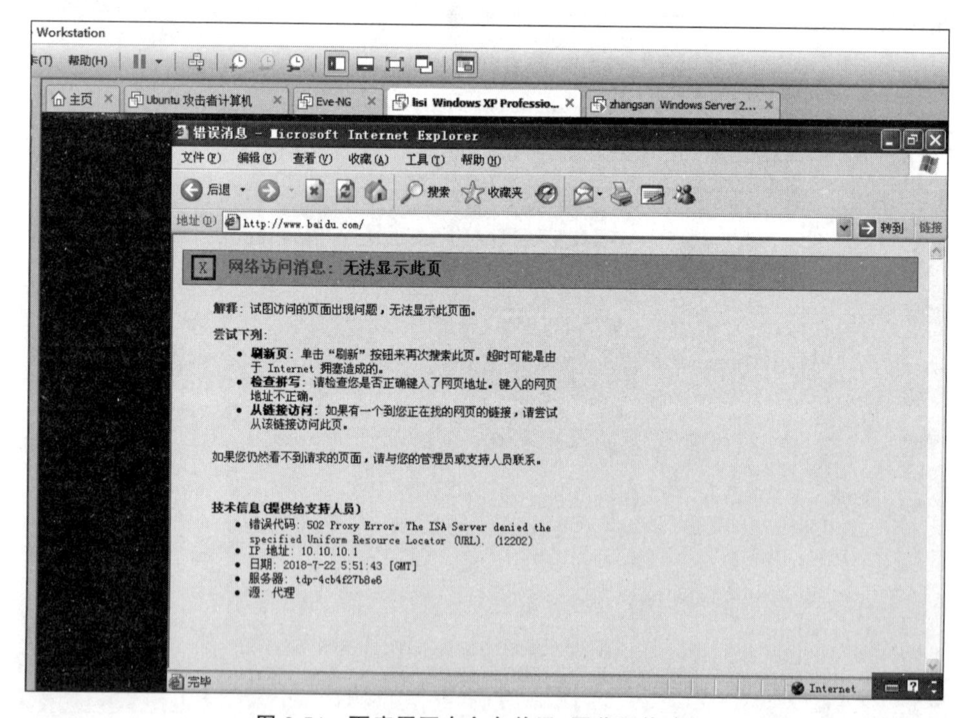

图 9.54 百度网不在白名单里,因此不能访问

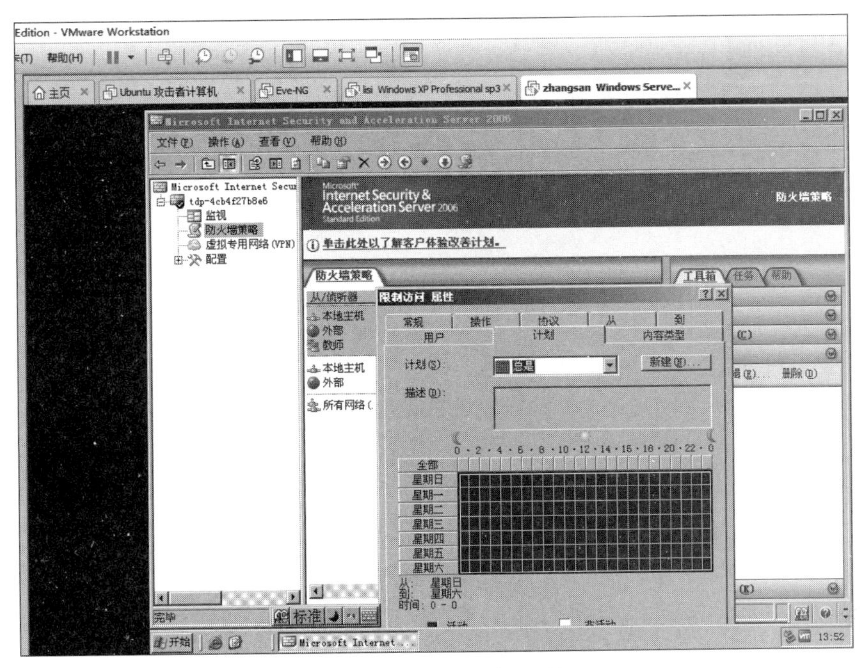

图 9.55 可以设置访问时间

9.7 本章小结

本章首先讲解了防火墙的基本概念及工作原理，接着从5方面分析了防火墙的作用，详细分析了防火墙的优点和缺点，并详细分析防火墙的技术及分类。接着探讨了防火墙部署过程及典型部署模式。最后介绍常见的防火墙产品。本章实验部分完成防火墙的配置过程。

9.8 习题9

一、简答题

1. 什么是防火墙？
2. 防火墙的原理是什么？
3. 防火墙的作用是什么？
4. 防火墙的特点是什么？
5. 防火墙的技术有哪些？
6. 简述防火墙的部署过程。
7. 常见的防火墙产品有哪些？

二、论述题

1. 谈谈防火墙的分类。
2. 谈谈防火墙的典型部署模式。

第 10 章 入侵检测及入侵防御技术

本章学习目标

- 掌握入侵检测系统的概念、功能及通用模型
- 了解常见的入侵检测产品
- 掌握入侵检测系统的分类及实现过程
- 掌握入侵防御系统的概念及与入侵检测系统的区别
- 掌握入侵防御的工作原理、分类及技术特征
- 了解蜜罐及蜜网技术
- 掌握入侵防御系统仿真实现过程

10.1 入侵检测概述

20 世纪 70 年代中期，人们开始构建多级安全体系的系统研究。公认的入侵检测的开山之作是 20 世纪 80 年代初，美国人詹姆斯·安德森在为美国空军做的《计算机安全威胁监控与监视》的技术报告中首次提出“威胁”等术语，提出“内置安全”的思想，这里所指的“威胁”与入侵的含义基本相同，将入侵或威胁定义为潜在的、有预谋的、未经授权的访问，企图使系统不可靠或无法使用。他提出“在操作系统植入安全控件，既监控用户行为，也捕捉系统本身运作的异常信息”，他同时建议“提高用户系统中的安全监控及检测能力”，提出利用审计跟踪数据识别可疑行为的思路。

1984 年到 1986 年，乔治敦大学的桃乐西·邓宁和 SRI 公司计算机科学实验室的彼得·纽曼在安德森的基础上研究出了一个抽象的实时入侵检测系统模型——入侵检测专家系统(intrusion detection expert systems，IDES)。这是第一个在一个应用中运用统计和基于规则两种技术的系统，是入侵检测研究中最有影响的一个系统，并将入侵检测作为一个新的安全防御措施提出。在 1985 年发表的著名论文《IDES 的条件与模型》中，邓宁和纽曼这样写道：“四个因素使得 IDES 成为必要：①几乎所有的系统都存在安全漏洞……而发现所有漏洞并编制补丁，要么在技术上不可行，要么在经济上不划算；②现存系统难以取代——所谓‘更安全的系统’往往成本过高，并且牺牲了现存系统的一些优点(伴随安全隐患的那些优点)；③开发绝对安全的系统是极端困难的，如果还不是不可能的话；④哪怕最安全的系统也不能防范内部用户的攻击。”

克里夫·斯托(Cliff Stoll)将入侵检测技术运用到实战中，并记录了全过程。1986 年，劳伦斯·伯克利国家实验室的这位系统管理员一直在追踪一伙入侵者。最初，UNIX

操作系统一个0.75美元的计算错误让他察觉自己电脑被入侵了,但他并不知道对方是谁、以何种方式入侵。于是他悄悄布了一张"网",通过串联端口连接远程用户,并观测这些用户的举动。斯托还设置了一个警报系统,在"网"上出现异动时通知他。最终,他"抓住"了入侵者——马库斯·赫斯(Markus Hess——专门从事倒卖情报给苏联克格勃(苏联的情报机构)的东德特工)。克里夫·斯托发明了入侵检测系统(IDS)、数字鉴识系统等多种早期网络安全系统,名震江湖。对于被入侵的计算机,斯托进行基于主机的修补,以阻止或限制黑客的操作;进行漏洞评估,并继续检测。斯托认为没有"终极的安全",只有"永恒的警戒"——"我们所能做的就是设置密码作废期,删除作废账户,删除共享账户,继续检测入侵流量,在某处设定警报器,以及培训我们的用户"。

1989年,加州大学戴维斯分校的托德·赫柏林写了一篇题为*A Network Security Monitor*的论文,提出监控器用于捕获TCP/IP分组,第一次直接将网络流作为审计数据来源,因而可以在不将审计数据转换成统一格式的情况下监控异种主机,网络入侵检测从此诞生。1990年,托德·赫柏林及同事设计出"网络安全监控器"(NSM),这是一个监控并记录网络数据流的入侵检测系统。NSM观测以太网上的所有活动——不管它们是否可疑,并把收集到的数据记录到计算机硬盘上。当异常出现,NSM会向管理员发出警报。对于"怎么办"的问题,托德·赫柏林建议:"一种可能的解决方案是,保存经过连接的实际数据,这样对于所发生的一切就有了确切的记录。"这也是所谓"网络取证"的雏形。

入侵检测是防火墙的合理补充,帮助系统对付网络攻击,扩展了系统管理员的安全管理能力(包括安全审计、监视、进攻识别和响应),提高了信息安全基础结构的完整性。它从计算机网络系统中的若干关键点收集信息,并分析这些信息,看看网络中是否有违反安全策略的行为和遭到袭击的迹象。入侵检测被认为是防火墙之后的第二道安全闸门,在不影响网络性能的情况下能对网络进行检测,从而提供对内部攻击、外部攻击和误操作的实时保护。

10.1.1 入侵检测的相关概念

入侵是指任何试图危害资源的完整性、可信度和可获取性的动作。入侵检测(ID)是对入侵行为的检测。

入侵检测作为一种积极主动的安全防御技术,提供了对内部攻击、外部攻击和误操作的实时保护,在网络系统受到危害之前拦截和响应入侵。

入侵检测系统(IDS)是一种对网络传输进行即时监视,在发现可疑传输时发出警报或采取主动反应措施的网络安全设备。它与其他网络安全设备的不同之处在于,IDS是一种积极主动的安全防护技术,依照一定的安全策略,对网络、系统的运行状况进行监视,尽可能发现各种攻击企图、攻击结果,以保证网络系统资源的机密性、完整性和可用性。假如防火墙是一幢大楼的门锁,IDS就是这幢大楼里的监视系统。一旦小偷爬窗进入大楼,或内部人员有越界行为,只有实时监视系统才能发现情况,并发出警告。

10.1.2 入侵检测系统的功能

入侵检测系统的功能主要表现在以下几方面。

（1）识别黑客常用的入侵与攻击手段。

入侵检测技术通过分析各种攻击的特征，可以全面快速地识别探测攻击、拒绝服务攻击、缓冲区溢出攻击、电子邮件攻击、浏览器攻击等各种常用攻击手段，并做相应的防范。一般来说，黑客在入侵的第一步进行探测、收集网络及系统信息时，就会被 IDS 捕获，向管理员发出警告。

（2）监控网络异常通信。

IDS 系统会对网络中不正常的通信连接做出反应，保证网络通信的合法性；任何不符合网络安全策略的网络数据都会被 IDS 侦测到，并受到警告。

（3）鉴别对系统漏洞及后门的利用。

IDS 系统一般带有系统漏洞及后门的详细信息，通过对网络数据包连接的方式、连接端口以及连接中特定的内容等特征分析，可以有效地发现网络通信中针对系统漏洞进行的非法行为。

（4）完善网络安全管理。

IDS 通过对攻击或入侵的检测及反应，可以有效地发现和防止大部分的网络犯罪行为，给网络安全管理提供一个集中、方便、有效的工具，使得 IDS 系统的监测、统计分析、报表功能可以进一步完善网络管理。

10.1.3 通用入侵检测模型

与其他安全产品不同，入侵检测系统需要更多的智能，它必须可以分析得到的数据，并得出有用的结果。一个合格的入侵检测系统能大大简化管理员的工作，保证网络安全地运行。因此入侵检测被认为是防火墙之后的第二道安全闸门，在不影响网络性能的情况下对网络进行检测，从而提供对内部攻击、外部攻击和误操作的实时保护。

通用入侵检测模型（common intrusion detection framework，CIDF）阐述了一个标准的 IDS 的通用工作原理模型。CIDF 将一个入侵检测系统分为以下组件。

（1）事件产生器（event generators）：事件产生器的任务是从入侵检测系统外的整个计算环境中获得事件，并将这些事件转化成 CIDF 的 GIDO（统一入侵检测对象）格式传送给其他组件。

（2）事件分析器（event analyzers）：从其他组件接收 GIDO，分析得到的数据，并产生新的 GIDO，再传送给其他组件。

（3）响应单元（response units）：是对分析结果做出反应的功能单元，它可以终止进程、重置连接、改变文件属性等，也可以只是简单的报警。

（4）事件数据库（event databases）：是存放各种数据的地方的统称，它可以是复杂的数据库，也可以是简单的文本文件。

通用入侵检测模型如图 10.1 所示。

10.1.4 常用入侵检测产品

（1）思科公司的 NetRanger：NetRanger 产品分为两部分，监测网络包和发告警的传感器，以及接收并分析告警和启动对策的控制器。

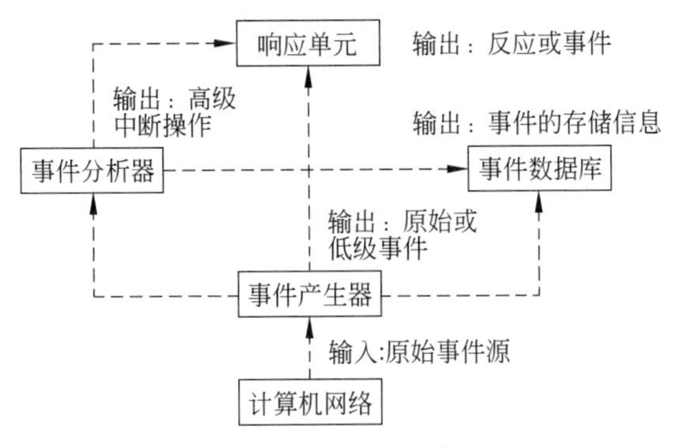

图 10.1 通用入侵检测模型

(2) 互联网安全系统公司 RealSecure：RealSecure 的优势在于其简洁性和低价格。与 NetRanger 和 CyberCop 类似，RealSecure 在结构上也由两部分组成。引擎部分负责监测信息包，并生成报警信息；控制台负责接收报警信息，并作为配置及产生数据库报告的中心点。

(3) 紫光网络公司的 UnisIDS：UnisIDS 主要包括管理中心 admin、基于网络的入侵检测引擎 network agent 和基于主机的入侵检测引擎 host agent 三个模块，用户可根据需要选用相应的模块。

(4) 重庆爱思软件技术有限公司的 ODD_NIDS：ODD_NIDS 的主要功能是监测并分析用户和系统的活动；核查系统配置和漏洞；评估系统关键资源和数据文件的完整性；识别已知的攻击行为；统计分析异常行为；操作系统日志管理，并识别违反安全策略的用户活动；对异常情况进行一定程度的处理。ODD_NIDS 有开放性(open)、动态性(dynamic)和分布式(distributed)三个主要特征。

10.2 入侵检测系统的分类

以信息来源的不同、检测方法的差异以及工作方式的不同，入侵检测系统可以进行以下分类：

(1) 根据检查信息的来源分为基于主机的入侵检测系统、基于网络的入侵检测系统以及混合型入侵检测系统。

(2) 从采用检测方法的不同，可将入侵检测系统分为异常检测和误用检测两种。

(3) 根据工作方式的不同分为离线检测系统和在线检测系统两种。

10.2.1 根据信息来源

(1) 基于主机的入侵检测系统。

基于主机的入侵检测系统的检测目标是主机系统和系统本地用户，原理是根据主机的审计数据和系统日志发现可疑事件。具体可检测系统、事件和 Windows 下的安全记录以及 UNIX 环境下的系统记录。当有文件被修改时，入侵检测系统将采用新的记录条目与已知的攻击特征进行比对的技术,如果匹配,就会向系统管理员报警或者做出适当的响应。

(2) 基于网络的入侵检测系统。

基于网络的入侵检测系统捕获并分析网络上的数据包,包括分析其是否具有已知的攻击模式,以此来判别是否为入侵者。它以网络包作为分析数据源,通常利用一个工作在混杂模式下的网络适配器来实时监视并分析通过网络的数据流。它的分析模块通常使用模式匹配、统计分析等技术来识别攻击行为。一旦检测到了攻击行为,入侵检测技术将通过响应模块做出适当的响应,如声光电/邮件报警、管理员屏显通知提醒、切断相关用户的网络连接、记录相关的信息等。

(3) 混合型入侵检测系统综合了上述两种入侵检测系统的缺陷,既可以发现网络中的攻击信息,也可以从系统日志中发现异常情况。

表 10.1 比较了基于主机的入侵检测系统与基于网络的入侵检测系统的优缺点。

表 10.1 两种入侵检测系统的比较

系统类型	优点	缺点
基于主机的入侵检测系统	① 判断准确率高 ② 监控各种特定的系统活动 ③ 发现网络 IDS 系统无法发现的攻击 ④ 不需要额外的硬件 ⑤ 入门成本低	① 监测不到网络活动 ② 需要占用额外的 CPU 和存储资源 ③ 需要适应不同的操作系统
基于网络的入侵检测系统	① 发现主机 IDS 系统无法发现的攻击 ② 攻击者很难毁灭证据 ③ 快速监测和响应 ④ 能够监测到失败的攻击行为和恶意行为 ⑤ 独立于操作系统	① 不能处理加密通信 ② 较难处理高速网络 ③ 不能处理不通过网络发起的攻击

10.2.2 根据检测方法

1. 异常检测

异常检测(anomaly detection)又称为基于行为的检测,根据使用者的行为或资源使用状况的正常程度来判断是否入侵,而不依赖于具体行为是否出现异常来检测。异常检测假设所有的入侵行为都是异常的。为实现该类检测,首先建立系统或用户的“规范集”,当主体的活动违反其统计规律时,认为可能是“入侵”行为。此方法不依赖于是否变现出具体行为来进行检测,是一种间接的方法。

常用的具体实现方法有:基于机器学习的异常检测方法、基于模式归纳的异常检测方法、基于数据挖掘的异常检测方法、基于统计模型的异常检测方法、基于特征选择的异常检测方法、基于贝叶斯推理的异常检测方法、基于神经网络的异常检测方法等。

(1) 基于机器学习异常检测方法。基于机器学习的异常检测方法,是通过机器学习实现入侵检测,主要方法有监督学习、归纳学习、类比学习等。在基于机器学习的异常检测方法中，Terran 和 Carla E.Brodley 提出的实例学习方法(instance based learning，IBL)比较具有代表性。该方法基于相似度，通过新的序列相似度计算，将原始数据转化为可度量的空间，然后应用学习技术和相应的分类方法发现异常类型事件，从而检测入侵行为。其中，阈值由成员分类概率决定。

(2) 基于模式归纳的异常检测方法。基于模式归纳的异常检测方法，是假定事件的发生服从某种可辨别的模式，而不是随机发生。在这种检测方法中，Teng 和 Chen 提出的利用时间规则识别用户正常行为模式特征的基于时间的推理方法比较具有代表性。该方法通过归纳学习产生规则集，并对系统中的规则进行动态的修改，以提高其预测的准确性与可信度。

(3) 基于数据挖掘的异常检测方法。数据挖掘的目的是要从海量的数据中提取出有用的数据信息。网络中会有大量的审计记录存在，审计记录大多都是以文件形式存放的。如果靠手工方法发现记录中的异常现象是远远不够的，所以将数据挖掘技术应用于入侵检测中，可以从审计数据中提取有用的知识，然后用这些知识去检测异常入侵和已知的入侵。采用的方法有 KDD 算法，其优点是善于处理大量数据的能力与数据关联分析的能力，但是实时性较差。

(4) 基于统计模型的异常检测方法。统计模型常用于对异常行为的检测。在统计模型中，常用的测量参数包括审计事件的数量、间隔时间、资源消耗情况等。目前提出的可用于入侵检测的统计模型有以下 5 种。

① 操作模型。该模型假设异常可通过将测量结果与一些固定指标相比较得到，固定指标可以根据经验值或一段时间内的统计平均得到。举例来说，在短时间内多次失败的登录很可能是口令尝试攻击。

② 方差。计算参数的方差，设定其置信区间，当测量值超过置信区间的范围时，表明有可能是异常。

③ 多元模型。操作模型的扩展，通过同时分析多个参数实现检测。

④ 马尔可夫过程模型。将每种类型的事件定义为系统状态，用状态转移矩阵来表示状态的变化，若对应于发生事件的状态矩阵中的转移概率较小，则该事件可能是异常事件。

⑤ 时间序列分析。将事件计数与资源耗用时间排成序列，如果一个新事件在该时间发生的概率较低，则该事件可能是入侵。

统计方法的最大优点是它可以“学习”用户的使用习惯，从而具有较高检出率与可用性。但是，它的“学习”能力也给入侵者以机会，通过逐步“训练”使入侵事件符合正常操作的统计规律，从而透过入侵检测系统。

(5) 基于特征选择的检测方法。指从一组度量中挑选出能检测入侵的度量，用它来对入侵行为进行预测或分类。

(6) 基于贝叶斯推理的检测方法。是通过在任何给定的时刻测量变量值，推理判断系统是否发生入侵事件。

(7) 基于贝叶斯网络的检测法。用图形方式表示随机变量之间的关系。通过指定的与邻接结点相关一个小的概率集来计算随机变量的连接概率分布。按给定全部结点组合，所有根结点的先验概率和非根结点概率构成这个集。贝叶斯网络是一个有向图，弧表示父、子结点之间的依赖关系。当随机变量的值变为已知时，就允许将它吸收为证据，为其他的剩余随机变量条件值判断提供计算框架。

(8) 基于应用模式的异常检测法。该方法是根据服务请求类型、服务请求长度、服务请求包大小分布计算网络服务的异常值。通过实时计算的异常值和所训练的阈值比较，从而发现异常行为。

(9) 基于文本分类的异常检测法。该方法是将系统产生的进程调用集合转换为“文档”。利用 K 邻聚类文本分类算法计算文档的相似性。

采用异常检测的关键问题在于如下两方面。

① 特征量的选择。在建立系统或用户的行为特征轮廓的正常模型时，选取的特征量既要能准确地体现系统或用户的行文特征，又能使模型最优化，即以最少的特征量就能涵盖系统或用户的行为特征。

② 参考阈值的选定。由于异常检测是以正常的特征轮廓作为比较的参考基准，所以参考阈值的选定非常关键。阈值设定得过大，漏报率就会很高；阈值设定得过小，误报率就会提高。合适的参考阈值的选定是决定这一检测方法准确率的至关重要的因素。由此可见，异常检测技术难点是“正确”行为特征轮廓的确定、特征量的选取、特征轮廓的更新。由于这几个因素的制约，异常检测的误报率很高，但对于未知的入侵行为的检测非常有效。此外，由于需要实时建立和更新系统或用户的特征轮廓，因此需要的计算量很大，对系统的处理性能要求很高。

2. 误用检测

误用检测(misuse detection)是根据已定义好的入侵模式，通过判断在实际的安全审计数据中是否出现这种入侵模式来完成检测功能，又称为基于知识的检测。误用检测假设所有可能的入侵行为都能被识别和表示。首先，设定一些入侵活动的特征，通过比对现在的活动是否与这些特征匹配来检测。这种方法是依据是否出现攻击签名来判断入侵行为，是一种直接的方法。

常用的具体实现方法有：基于专家系统的误用入侵检测方法、基于模型推理的误用入侵检测方法、基于状态转换分析的误用入侵检测方法、基于条件概率的误用入侵检测方法、基于键盘监控的误用入侵检测方法等。

(1) 基于专家系统的误用入侵检测方法。

专家系统是基于知识的检测中运用最多的一种方法。该方法将有关入侵的知识转化成 if-then 结构的规则，即将构成入侵所要求的条件转化成 if 部分，将发现入侵后采取的相应措施转化成 then 部分，当其中某个或某部分条件满足时，系统就判断为入侵行为发生。其中的 if-then 结构构成了描述具体攻击的规则库。对于条件部分，即 if 后的规则化描述，可根据审计事件得到，然后根据规则和行为进行判断，执行 then 后的动作。

在具体实现中，专家系统需要从各种入侵手段中抽象出全面的规则化知识，需处理大量数据，这在大型系统上尤为明显。因此，大多运用与专家系统类似的特征分析法。特征分析不是将攻击方法的语义描述转化为检测规则，而是在审计记录中能直接找到的信息形式，这就大大提高了检测效率。这种方法的缺陷也和所有基于知识的检测方法一样，即需要经常为新发现的系统漏洞更新知识库，而且由于对不同操作系统平台的具体攻击方法和审计方式可能不同，特征分析检测系统必须适应这些不同。

(2) 基于模型推理的误用入侵检测方法。

模型推理是指结合攻击脚本来推断入侵行为是否出现。其中有关攻击者行为的知识被描述为攻击目的、攻击者为达此目的可能的行为步骤以及对系统的特殊使用等。基于模型推理的误用检测方法工作过程如下。

① 根据攻击知识建立攻击脚本库，每一脚本都由一系列攻击行为组成。

② 用这些攻击脚本的子集匹配当前行为模式，发现系统正面临的可能攻击。

③ 将当前行为模式输入预测器模块，产生下一个需要验证的攻击脚本子集，并将它传给决策器。

④ 决策器根据这些假设的攻击行为在审计记录中可能出现的方式，将它们转换成与特定系统匹配的审计记录格式，然后在审计记录中寻找相应信息来判断这些行为模式是否为攻击行为。

(3) 基于状态转换分析的误用入侵检测方法。

状态转换分析是将状态转换图应用于入侵行为分析，它最早由凯默勒提出。状态转换法将入侵过程看作一个行为序列，这个行为序列导致系统从初始状态转到被入侵状态。分析时首先针对每一种入侵方法确定系统的初始状态和被入侵状态，以及导致状态转换的转换条件，即导致系统进入被入侵状态必须执行的操作(特征事件)；然后用状态转换图来表示每一个状态和特征事件，这些事件被集成于模型中，所以检测时不需要一个个查找审计记录。但是，状态转换是针对事件序列分析，所以不宜分析十分复杂的事件，而且不能检测与系统状态无关的入侵。

(4) 基于条件概率误用入侵检测方法。

基于条件概率的误用入侵检测方法将入侵方式对应于一个事件序列，然后通过观测事件发生的情况来推测入侵的出现。这种方法的依据是外部事件序列，根据贝叶斯定理进行推理。

(5) 基于键盘监控的误用入侵检测方法。

该方法假设入侵对应特定的击键序列模式，然后检测用户击键模式，并将这一模式与入侵模式匹配，即能检测入侵。

误用检测的关键问题是攻击签名的正确表示。误用检测是根据攻击签名来判断入侵，根据对已知攻击方法的了解，用特定的模式语言来表示这种攻击，使得攻击签名能够准确表示入侵行为及其所有可能的变种，同时又不会把非入侵行为包含进来。由于多数入侵行为是利用系统的漏洞和应用程序的缺陷，所以通过分析攻击过程的特征、条件、排列及事件间的关系就可以具体描述入侵行为的迹象。这些迹象不仅对分析已经发生的入侵行为有帮助，而且对即将发生的入侵也有预警作用。

误用检测将收集到的信息与已知的攻击签名模式库进行比较，从中发现违背安全策略的行为。由于只需要收集相关的数据，这样系统的负担明显减少。该方法类似病毒检测系统，检测的准确率和效率都比较高。但是它也存在以下一些缺点。

① 不能检测未知的入侵行为：由于其检测机理是对已知的入侵方法进行模式提取，

因此对未知的入侵方法就不能进行有效的检测。也就是说漏检率比较高。

② 与系统的相关性很强：对于不同实现机制的操作系统，由于攻击的方法不尽相同，很难定义统一的模式库。另外，误用检测技术也难以检测出内部人员的入侵行为。

异常检测和误用检测各有优势，又互有不足。在实际系统中，可考虑将两者结合起来使用，如将异常检测用于系统日志分析，将误用检测用于数据网络包的检测，这种方式是目前比较通用的方法。

10.2.3 基于工作方式

根据工作方式，入侵检测系统分为离线检测系统和在线检测系统。

1. 离线检测系统

离线检测系统是非实时工作的系统，它在事后分析审计事件，从中检查入侵活动。事后入侵检测由网络管理人员进行，他们具有网络安全的专业知识，根据计算机系统对用户操作所做的历史审计记录判断是否存在入侵行为，如果有就断开连接，并记录入侵证据，进行数据恢复。事后入侵检测是管理员定期或不定期进行的，不具有实时性。

2. 在线检测系统

在线检测系统是实时联机的检测系统，它包含对实时网络数据包分析和实时主机审计分析。其工作过程是实时入侵检测在网络连接过程中进行，系统根据用户的历史行为模型、存储在计算机中的专家知识以及神经网络模型对用户当前的操作进行判断，一旦发现入侵迹象，立即断开入侵者与主机的连接，并收集证据和实施数据恢复。这个检测过程是不断循环进行的。

10.3 入侵检测实现的过程

入侵检测实现的过程分为 3 部分，分别为信息收集、信息分析和结果处理。

1. 信息收集

入侵检测的第一步是信息收集，收集内容包括系统、网络、数据及用户活动的状态和行为。由放置在不同网段的传感器或不同主机的代理来收集信息，包括系统和网络日志文件、目录和文件中不期望的改变、程序执行中的异常行为以及物理形式的入侵信息。具体内容如下。

(1) 系统和网络日志文件。

日志文件中包含发生在系统和网络上的异常活动的证据。通过查看日志文件，能够发现黑客的入侵行为。入侵者经常在系统日志文件中留下他们的踪迹，充分利用系统和网络日志文件信息是检测入侵的必要条件。

日志记录了发生在系统和网络上的不寻常和不期望活动的证据，这些证据可以指出有人在入侵或已成功入侵过系统。通过查看日志文件，就能够发现成功的入侵或入侵企图。

日志文件中记录了各种行为类型，每种类型又包含不同的信息，例如记录“用户活动”类型的日志就包含登录、用户 ID 改变、用户对文件的访问、授权和认证信息等内容。所谓不正常的或不期望的行为，就是指重复登录失败、登录到不期望的位置以及非授权的访问企图等等。日志文件也是入侵留下信息最多的地方，因此要经常检查自己的日志文件，及时发现可疑的行为记录。

(2) 目录和文件中不期望的改变。

网络环境中的文件系统包含很多软件和数据文件，包含重要信息的文件和私有数据的文件经常是被破坏的目标。信息系统中的目录和文件中的异常改变(包括修改、创建和删除)，特别是那些限制访问的重要文件和数据的改变，很可能就是一种入侵行为。

黑客经常替换、修改和破坏他们可以获得设置访问权的系统上的文件；同时都会尽力替换系统程序或修改系统日志文件，以达到隐藏系统中他们的表现及活动痕迹的目的。这要求熟悉文件系统，注意检查系统目录文件或重要数据目录文件的变动情况。做好相关记录，通过是否发生改动来判断系统是否被入侵过。

(3) 程序执行中的异常行为。

信息系统上的程序执行一般包括操作系统、网络服务、用户启动程序和特定目的的应用。每个在系统上执行的程序由一个或多个进程来实现，每个进程执行在具有不同权限的环境中，这种环境控制着进程可访问的系统资源、程序和数据文件等。一个进程出现了异常行为，表明黑客可能正在入侵系统。

(4) 物理形式的入侵信息。

这包括两方面的内容，一是未授权的网络硬件连接；二是对物理资源的未授权访问。若黑客能够在物理上访问内部网络，就能安装自己的设备和软件，这些设备或软件成为入侵的后门，可以从这里随意进出网络。

这种入侵可以寻找可疑网络连接设备，也可能利用网络设备的电磁泄漏来窃取信息或入侵系统，这种设备就可能不是和系统设备直接物理连接。另外，还可以寻找网上由用户添加的“不安全”的设备，然后利用这些设备访问网络。

2. 信息分析

将收集到的有关系统、网络、数据及用户活动的状态和行为等信息送到检测引擎，检测引擎驻留在传感器中，一般通过3种技术手段进行分析：模式匹配、统计分析和完整性分析。其中前两种方法用于实时的入侵检测，而完整性分析则用于事后分析。

(1) 模式匹配。

模式匹配就是将收集到的信息与已知的网络入侵和系统误用模式数据库进行比较，从而发现违背安全策略的行为。该过程可以很简单(如通过字符串匹配寻找一个简单的条目或指令)，也可以很复杂(如利用正规的数学表达式表示安全状态的变化)。一般来讲，一种进攻模式可以用一个过程(如执行一条指令)或一个输出(如获得权限)来表示。该方法的一大优点是只需收集相关的数据集合，显著减少系统负担，且技术已相当成熟。它与杀毒软件及防火墙采用的方法一样，检测准确率和效率都相当高。该方法的弱点是需要不断地升级，以对付不断出现的新的黑客攻击手法，不能检测到从未出现过的黑客攻击手段。

(2) 统计分析。

分析方法首先给信息对象(如用户、连接、文件、目录和设备等)创建一个统计描述，统计正常使用时的一些测量属性(如访问次数、操作失败次数和延时等)。测量属性的平均值将被用来与网络、系统的行为进行比较,任何观察值在正常偏差之外时,就认为有入侵发生。例如,统计分析可能标识一个不正常行为,因为它发现一个在晚八点至早六点不登录的账户却在凌晨两点试图登录。其优点是可检测到未知的入侵和更为复杂的入侵,缺点是误报、漏报率高,且不适应用户正常行为的突然改变。具体的统计分析方法如基于专家系统的、基于模型推理和基于神经网络的分析方法,目前正处于研究热点和迅速发展之中。

(3) 完整性分析。

完整性分析主要关注某个文件或对象是否被更改,这经常包括文件和目录的内容及属性,在发现被更改的、被安装木马的应用程序方面特别有效。完整性分析利用强有力的加密机制,称为消息摘要函数,能识别极其微小的变化。其优点是不管模式匹配方法和统计分析方法能否发现入侵,只要是成功地攻击导致文件或其他对象的任何改变,它都能够发现。缺点是一般以批处理方式实现,不用于实时响应。这种方式主要应用于基于主机的入侵检测系统。

3. 结果处理

控制台按照告警产生预先定义的响应采取相应措施,可以是重新配置路由器或防火墙、终止进程、切断连接、改变文件属性,也可以只是简单的告警。

10.4 入侵防御系统

入侵防御系统是计算机网络安全设施,是对防病毒、防火墙以及入侵检测的补充。它能够监视网络或网络设备的网络信息传输行为,及时中断、调整或隔离一些不正常或具有伤害性的网络信息传输行为。

10.4.1 入侵防御系统的概念

入侵防御既能发现又能阻止入侵行为。它通过检测发现网络入侵后,能自动丢弃入侵报文或阻断攻击源,从而从根本上避免攻击行为。入侵防御的主要优势表现如下。

① 实时阻断攻击。在检测到入侵时,能够实时对入侵活动和攻击性网络流量进行拦截,把其对网络的入侵降到最低。

② 深层防护。由于新型的攻击都隐藏在 TCP/IP 协议的应用层里,入侵防御能检测报文在应用层的内容,还可以对网络数据流重组进行协议分析和检测,并根据攻击类型、策略等来确定哪些流量应该被拦截。

③ 全方位防护。入侵防御可以提供针对蠕虫、病毒、木马、僵尸网络、间谍软件、广告软件、CGI(common gateway interface)攻击、跨站脚本攻击、注入攻击、目录遍历、信息泄露、远程文件包含攻击、溢出攻击、代码执行、拒绝服务、扫描工具、后门等攻击的防护措施,全方位防御各种攻击,保护网络安全。

④ 内外兼防。入侵防御不但可以防止来自企业外部的攻击,还可以防止发自于企业内部的攻击。系统对经过的流量都可以进行检测,既可以对服务器进行防护,也可以对客

户端进行防护。

⑤ 不断升级,精准防护:持续更新入侵防御特征库,以保持最高水平的安全性。

10.4.2 与入侵检测系统的区别

一般来说,入侵检测系统对那些异常的、可能入侵行为的数据进行检测和报警,告知使用者网络中的实时状况,并提供相应的解决、处理方法,是一种侧重于风险管理的安全功能。而入侵防御对那些被明确判断为攻击行为,会对网络、数据造成危害的恶意行为进行检测,并实时终止,降低或是减免使用者对异常状况的处理资源开销,是一种侧重于风险控制的安全功能。

入侵防御技术在传统入侵检测的基础上增加了强大的防御功能,具体内容如下。

① 传统的入侵检测很难对基于应用层的攻击进行预防和阻止。入侵防御设备能够有效预防应用层的攻击行为。

由于重要数据通常夹杂在一般性数据中,入侵检测很容易忽视真正的攻击,误报和漏报率居高不下,日志和告警过多。而入侵防御功能则可以对报文层层剥离,进行协议识别和报文解析,对解析后的报文分类,并进行专业的特征匹配,保证了检测的精确性。

② 入侵检测设备只能被动检测保护目标遭到何种攻击。为阻止进一步的攻击行为,只能通过响应机制报告给防火墙,由防火墙来阻断攻击。入侵防御是一种主动积极的入侵防范阻止系统。检测到攻击企图,会自动将攻击包丢掉或将攻击源阻断,有效实现了主动防御功能。

10.4.3 入侵防御系统的工作原理

入侵防御系统实现实时检查和阻止入侵的原理在于入侵防御系统拥有数目众多的过滤器,能够防止各种攻击。当新的攻击手段被发现后,入侵防御系统就会创建一个新的过滤器。入侵防御系统数据包处理引擎是专业化定制的集成电路,可以深层检查数据包的内容。如果有攻击者利用介质访问控制层至应用层的漏洞发起攻击,入侵防御系统能够从数据流中检查出这些攻击,并加以阻止。

传统的防火墙只能对网络层或运输层进行检查,不能检测应用层的内容。防火墙的包过滤技术不会针对每一个字节进行检查,因而也就无法发现攻击活动,而入侵防御系统可以做到逐一字节地检查数据包。所有流经入侵防御系统的数据包都被分类,分类的依据是数据包中的报头信息,如源 IP 地址和目的 IP 地址、端口号和应用域。每种过滤器负责分析相对应的数据包。通过检查的数据包可以继续前进,包含恶意内容的数据包会被丢弃,被怀疑的数据包需要接受进一步的检查。

针对不同的攻击行为,入侵防御系统需要不同的过滤器。每种过滤器都设有相应的过滤规则,为了确保准确性,这些规则的定义非常广泛。在对传输内容进行分类时,过滤引擎还需要参照数据包的信息参数,并将其解析至一个有意义的域中进行上下文分析,以提高过滤准确性。

过滤器引擎集合了流水和大规模并行处理硬件,能够同时执行数千次的数据包过滤检查。并行过滤处理可以确保数据包不间断地快速通过系统，不会对速度造成影响。这种硬件加速技术对于入侵防御系统具有重要意义，因为传统的软件解决方案必须串行进行过滤检查，会导致系统性能大打折扣。

入侵防御系统的设计宗旨是预先对入侵活动和攻击性网络流进行拦截，避免其造成损失，而不是简单地在恶意流量传送时或传送后才发出警报。入侵防御系统通过一个网络端口接收来自外部系统的流量，经过检查，确认其中不包含异常活动或可疑内容后，再通过另外一个端口将它传送到内部系统中。这样一来，有问题的数据包以及所有来自同一数据流的后续数据包都能在入侵防御系统中被清除掉。

10.4.4 入侵防御系统的分类

入侵防御系统可分为基于主机的入侵防御、基于网络的入侵防御以及基于应用的入侵防御。

基于主机的入侵防御(host-based intrusion prevent system，HIPS)：基于主机的入侵防御技术可以根据自定义的安全策略以及分析学习机制来阻断对服务器、主机发起的恶意入侵。它通过在主机/服务器上安装软件代理程序防止网络攻击入侵操作系统以及应用程序，从而保护服务器的安全弱点不被不法分子利用。HIPS与具体的主机/服务器操作系统平台有关，不同的平台需要不同的软件代理程序。

基于网络的入侵防御(network-based intrusion prevent system，NIPS)：基于网络的入侵防御通过检测流经的网络流量，提供对网络系统的安全保护。由于采用在线连接方式，因此一旦辨识出入侵行为，就可以取消整个网络会话。由于实时在线，NIPS需要具备很高的性能，以免成为网络的瓶颈，因此通常被设计成类似于交换机的网络设备，提供线速吞吐率以及多个网络端口。

基于应用的入侵防御(application-based intrusion prevention system，AIPS)：把基于主机的入侵防御扩展成为位于应用服务器之前的网络设备。AIPS被设计成一种高性能的设备，配置在应用数据的网络链路上。

10.4.5 入侵防御系统的技术特征

入侵防御系统的技术特征包括以下几方面。

① 嵌入式运行：只有以嵌入模式运行的IPS设备才能够实现实时的安全防护，实时阻拦所有可疑的数据包，并对该数据流的剩余部分进行拦截。

② 深入分析和控制：IPS必须具有深入分析能力，以确定哪些恶意流量已经被拦截，根据攻击类型、策略等来确定哪些流量应该被拦截。

③ 入侵特征库：高质量的入侵特征库是IPS高效运行的必要条件，IPS还应该定期升级入侵特征库，并快速应用到所有传感器。

④ 高效处理能力：IPS必须具有高效处理数据包的能力，对整个网络性能的影响保持在最低水平。

10.5　蜜罐及蜜网技术

入侵诱骗技术是相对传统入侵检测技术更为主动的一种安全技术，主要包括蜜罐(honeypot)和蜜网(honeynet)两种。

10.5.1　蜜罐技术

1. 蜜罐技术概述

蜜罐技术通过一个由网络安全专家精心设置的特殊系统来引诱黑客，并对黑客进行跟踪和记录。其最重要的功能是特殊设置的对于系统中所有操作的监视和记录。网络安全专家通过精心的伪装，使得黑客在进入到目标系统后仍不知晓自己所有的行为已处于系统的监视之中。

2. 蜜罐的几种类型

(1) 实系统蜜罐。

实系统蜜罐即为真实的蜜罐，其上运行着真实的系统，并且具备真实的可被入侵的漏洞，这些漏洞具有一定的危险性，但可以记录下真实的入侵信息。把蜜罐连接到网络上，根据网络扫描频繁度来看，这样的蜜罐很快就能吸引到目标，并接受攻击，系统运行着的记录程序会记下入侵者的一举一动。但同时它也是最危险的，因为入侵者的每一个入侵都会引起系统真实的反应，如被溢出、渗透、夺取权限等。

(2) 伪系统蜜罐 。

伪系统蜜罐也是建立在真实系统基础上的，但是它与实蜜罐系统的最大区别就是“平台与漏洞非对称性”。不同的操作系统，漏洞缺陷也不尽相同，也就是说，很少有能同时攻击几种系统漏洞的代码。根据这种特性，就产生了“伪系统蜜罐”，它利用一些工具程序强大的模仿能力伪造出不属于自己平台的“漏洞”，入侵这样的“漏洞”，只能是在一个程序框架里打转，即使成功“渗透”，也仍然是程序制造的梦境——系统本来就没有让这种漏洞成立的条件。实现“伪系统”并不困难，Windows 平台下的一些虚拟机程序、Linux 自身的脚本功能加上第三方工具就能轻松实现。实现跟踪记录也很容易，只要在后台开着相应的记录程序即可。伪系统蜜罐的好处在于，它可以最大程度防止被入侵者破坏，也能模拟不存在的漏洞，甚至可以让一些 Windows 蠕虫攻击 Linux。

3. 蜜罐系统中采用的主要技术

蜜罐的主要技术有网络欺骗、端口重定向、攻击(入侵)报警和数据控制以及数据捕获等。

(1) 网络欺骗技术。

为了使蜜罐对入侵者具有吸引力，通常采用各种欺骗手段。如在欺骗主机上模拟一些网络攻击者“喜欢”的端口和各种有入侵可能的漏洞。

(2) 端口重定向技术。

端口重定向技术可以在工作系统中模拟一个非工作服务。如正常使用 Web 服务器(80)，而用 Telnet(23)和 FTP(21)重定向到蜜罐系统中，而实际上这两个服务没有开启。攻击者扫描时发现这两个端口是开放的，实际上这两个端口是蜜罐虚拟出来的，对其服务器不产生危害性。

(3) 攻击(入侵)报警和数据控制。

蜜罐系统本身可以模拟一个操作系统,把其本身设定成易攻破的一台主机,也就是开放一些端口和弱口令,并设定相应的回应程序。当攻击者"入侵"进入系统后,就相当于攻击者进入一个设定的"陷阱",攻击者所做的一切都在其监视之中。

(4) 数据捕获技术。

在攻击者入侵的同时,蜜罐系统将记录攻击者的输入输出信息、键盘记录信息、屏幕信息以及攻击者曾使用过的攻击,并分析攻击者所要进行的下一步操作。捕获的数据不能放在加有蜜罐的主机上,因为有可能被攻击者发现,从而使其察觉到这是一个"陷阱"而提早退出。

10.5.2 蜜网技术

1. 蜜网技术概念

"蜜网"是一种特殊的蜜罐。蜜罐物理上通常是一台运行单个操作系统或借助虚拟化软件运行多个虚拟操作系统的"牢笼"主机。单机蜜罐系统最大的缺陷是数据流直接进入网络,管理者难以控制蜜罐主机外出流量,入侵者容易利用蜜罐主机作为跳板来攻击其他机器。解决这个问题的办法是把蜜罐主机放置在防火墙的后面,所有进出网络的数据都会通过这里,并可以控制和捕获这些数据,这种网络诱骗环境称为"蜜网"。

2. 蜜网的组成

蜜网作为蜜罐技术中的高级工具,一般是由防火墙、路由器、入侵检测系统以及一台或多台蜜罐主机组成的网络系统,也可以使用虚拟化软件来构件虚拟蜜网。相对于单机蜜罐,蜜网的实现和管理更加复杂,但是这种多样化的系统能够更多地揭示入侵者的攻击特性,极大地提高蜜罐系统的检测、分析、响应和恢复受侵害系统的能力。

当一个攻击者试图侵入蜜网时,入侵检测系统会触发一个报警,一个隐藏的记录器会记录下入侵者的一切活动。当入侵者试图从蜜网中转向真实主机时,一个单独的防火墙会随时把主机从 Internet 上断开。

在蜜网中,防火墙的作用是限制和记录网络数据流,入侵检测系统通常用于观察潜在的攻击和译码,并在系统中存储网络数据流。蜜网中装有多个操作系统和应用程序,供黑客探测和攻击。特定的攻击者会瞄准特定的系统或漏洞,通过部署不同的操作系统和应用程序更准确地了解黑客的攻击趋势和特征。另外,所有放置在蜜网中的系统都是真实的系统,没有模拟的环境或故意设置的漏洞。而且利用防火墙或路由器的功能能在网络中建立相应的重定向机制,将入侵者或可疑的连接主动引入蜜网,提高蜜网的运行效率。

10.6 实验:仿真实现入侵防御系统

1. 计算机网络管理虚拟仿真实验平台

计算机网络管理虚拟仿真实验平台主要实现在计算机网络管理课程教学过程中教师对实验项目的演示,以及方便学生独立完成计算机网络管理课程的实验项目。实际实验平台的搭建需要购买价格昂贵的网络设备、比较严格的场地以及专业管理维护人员。在实际使用过程中，对现场出现的一些问题的解决往往影响整个实验的教学效果，也不方便教师的现场演示。这时搭建虚拟仿真实验平台就很有必要，具体搭建的仿真平台如图 10.2 所示。

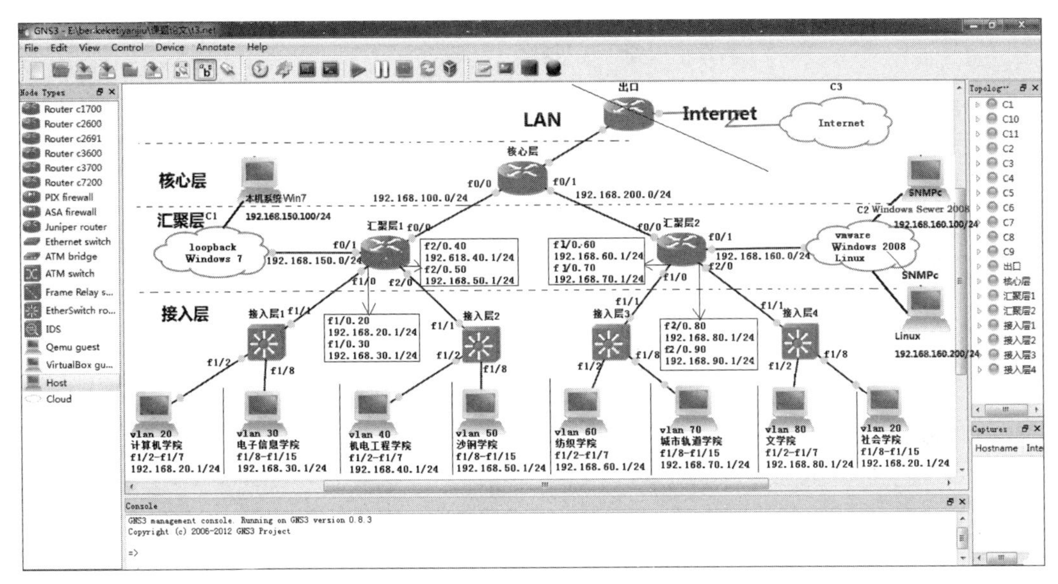

图 10.2　计算机网络管理仿真实验平台的拓扑设计

该仿真平台整合了 GNS3、VMware 以及 SNMPc。由于网络设备大都采用 MIPS 处理器，而计算机采用复杂指令集计算机（complex instruction set computer，CISC）的 x86 结构开发，GNS3 将 MIPS 处理器指令转换成 x86 指令，通过加载网络设备的真实镜像文件 IOS 完美地仿真网络设备，达到和真实设备同样的效果。

VMware 是一款功能强大的桌面虚拟计算机软件，用户可在单一的桌面上同时运行不同的操作系统。特别是它能够和 GNS3 仿真软件完美地交互，为整个网络拓扑的架构提供真实的不同类型的终端操作系统。

整个计算机网络管理仿真实验平台的拓扑设计遵循主流的三层网络架构，分别为面向终端设备的接入层、起汇聚作用的汇聚层以及处于整个拓扑环境核心的核心层。为了测试网络的连通性效果，体现网络管理系统软件 SNMPc 对整个网络管理的可视化效果，平台利用 VMware 仿真了几台安装不同操作系统的终端设备。具体如图 10.2 所示。

2. 入侵防御系统实验拓扑设计

入侵防御实验的目的主要是直观地体现入侵防御的过程。这需要设计攻击端与被攻击端，在实际工程项目中，具有特定功能的服务器组往往成为攻击者攻击的对象，而作为被攻击端。如图 10.3 所示，该实验项目中设计一个服务器组，与该服务器组相连的交换机和核心层设备之间通过入侵防御设备相连，从而达到入侵防御设备对服务器组进行入侵防御的目的。另外，将社会学院一台安装 Window Server 2003 操作系统的终端计算机作为攻击端。该台计算机上安装了用于对被攻击端设备进行攻击的软件。当然，作为攻击端的计算机,不仅仅可能出现在内部网络中,也可能来自外部网络,同样,入侵防御系统来自外部网络对服务器组进行的攻击行为,也能够进行入侵防御。另外,在 IPS 设备的 e0 口中连接了一台用于图形化管理 IPS 设备的终端计算机。

该拓扑图中涉及的 3 台计算机均安装在虚拟机 VMware 中,其中安装 Windows Server 2008 系统的被攻击端服务器的网络适配器的连接模式自定义为特定虚拟网络 VMnet2(仅主机模式),同样在 GNS3 中,将服务器端的 Cloud 的 NIO Ethernet 设置为 VMware Network Adapter VMnet2,达到将 VMware 中安装 Windows Server 2008 的计算机作为服务器组中被攻击的计算机,同样配置另两台计算机,其中攻击端的计算机通过 VMnet4 相连,配置端计算机通过 VMnet3 相连。具体拓扑设计如图 10.3 所示。

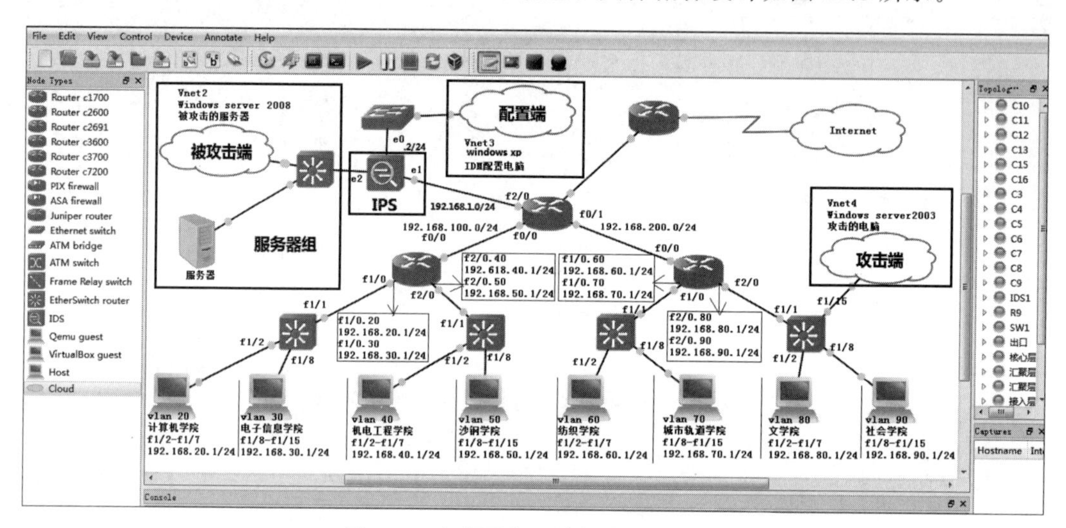

图 10.3　入侵防御系统仿真实验拓扑

3. 入侵防御配置过程

(1) 配置网络,使整个网络互联互通。

入侵防御系统仿真实验拓扑设计主要依据典型的三层网络架构进行,网络互联主要配置接入层、汇聚层和核心层设备。接入层设备的配置主要为划分 VLAN,以及配置连接汇聚层设备的端口的工作模式为 Trunk 模式。汇聚层设备的基本配置主要为配置端口 IP 地址,由于该拓扑汇聚层设备的每个接口连接两个不同的 VLAN,需要配置两个不同的地址作为不同 VLAN 的网关地址,因此需要通过配置子接口的形式来解决,另外需要配置连接核心层设备接口的 IP 地址。核心层设备的基本配置比较简单,仅仅配置端口的 IP 地址。具体如图 10.3 所示。接下来配置动态路由协议,使整个网络互联互通。动态路由协议分为内部网关协议(IGP)和外部网关协议(EGP),内部网关协议有 RIP、OSPF、EIGRP、IS-IS 等,外部网关协议有 BGP 等,这里配置基本的 RIP 路由协议,使整个内部网络互联互通。

(2) 对 IPS 设备进行基本配置。

在 GNS3 中使用 IPS 设备,需要先加载 IPS 设备的操作系统镜像文件,该设备的镜像文件有两个,分别为 ips-disk1.img 和 ips-disk2.img。加载时,首先选择 GNS3 菜单中的

Edit→Preferences，在窗口中选择 Qemu→IDS，将 ips-disk1.img 的路径导入到 Binary image 1(hda)中，将 ips-disk2.img 的路径导入到 Binary image 2(hda)中。IPS 设备的使用需要进行基本的配置，主要包括配置 IPS 设备的管理地址，配置设备名，定义可以对该设备进行管理的网段，另外特别需要开启设备的 Web 管理功能以及管理的端口号。特别需要注意的是，IPS 设备的配置与其他网络设备的配置不太一样，配置命令不是立即生效，需要在退出配置的过程中同意保存改变后才能生效。具体基本配置如下。

```
sensor(config)#service host                          //进入主机的配置模式
sensor(config-hos)#network-settings                  //进入对主机网络配置的模式
sensor(config-hos-net)#host-ip 192.168.1.2/24,192.168.1.1
                                                    //配置 IPS 管理地址/掩码及默认网关
sensor(config-hos-net)#host-name IPS4240             //配置 IPS 设备的设备名
sensor(config-hos-net)#telnet-option enabled         //开启设备 Telnet 功能,便于远程
                                                     //Telnet 管理
sensor(config-hos-net)#access-list 192.168.1.0/24
                                                    //定义可以对设备进行管理的管理网段
sensor(config-hos-net)#exit
sensor(config-hos)#exit
apply changes? [yes]:yes                            //保存配置,使配置生效
sensor(config)#service web-server                   //启动 Web 管理方式,利用 IDM 管理、配
                                                    //置、调试 IPS
sensor(config-web)#enable-tls true                  //允许 Web 管理
sensor(config-web)#port 443                         //配置对设备管理的端口号
sensor(config-web)#exit
apply changes? [yes]:yes                            //保存配置,使配置生效
sensor(config)#exit
sensor#exit
cisco_IPS login:                                    //退出到登录模式
```

对 IPS 设备进行以上的基本配置后，才能通过配置端计算机进入 IPS 的 IDM 管理界面，对设备进行具体的配置。

(3) 通过配置端计算机进入 IPS 的 IDM 配置界面配置。

首先，通过浏览器进入设备的配置界面，浏览器中需要安装 Java 虚拟机插件才能正常访问，如图 10.4 所示。

其次，运行 Run IDM 进入 IPS 设备的 IDM 管理界面，如图 10.5 所示。

在 IDM 的 Configuration 配置界面中对 IPS 的接口进行配置，选择 Interface configuration 下的 Interfaces，将 GigabitEthernet0/1 和 GigabitEthernet0/2 的接口激活，具体操作为选择这两个接口，将这两个接口的 Enabled 值设置为 Yes，单击 Apply 按钮，保存设置。

选择 Interface Configuration 下的 Interface Pairs，单击 Add，在弹出的窗口中设置 Interface Pair Name 为 InIPS，在 Select Two Interfaces 窗口中选中 GigabitEthernet0/1 和 GigabitEthernet0/2 两个接口，单击 Apply 按钮保存。该设置表示凡是穿越 IPS 的流量都会被检测。

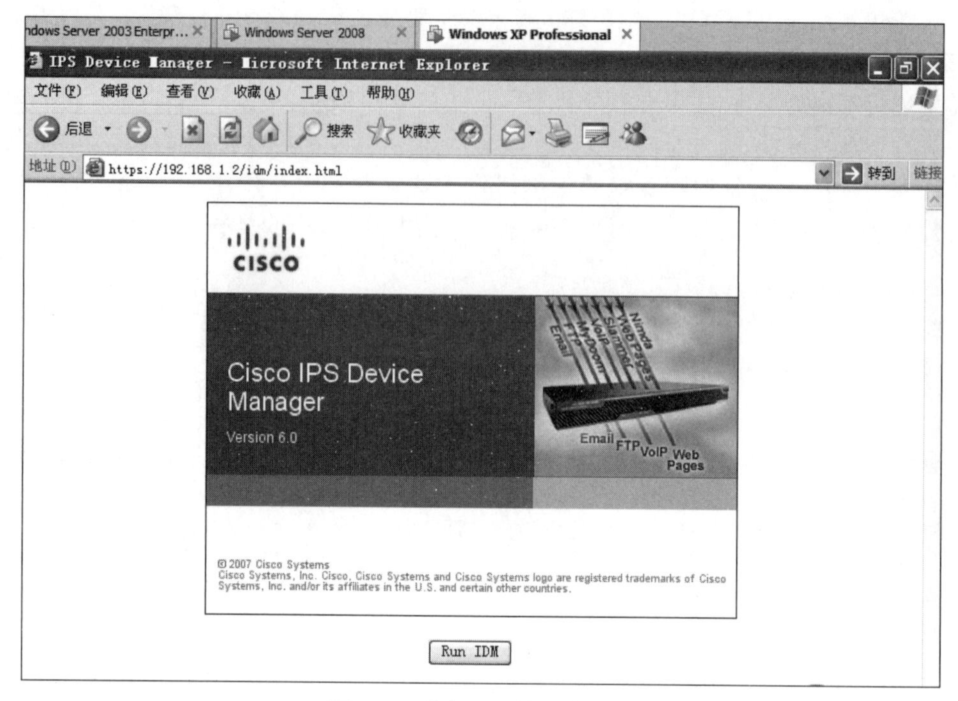

图 10.4 访问 IPS 管理首页面

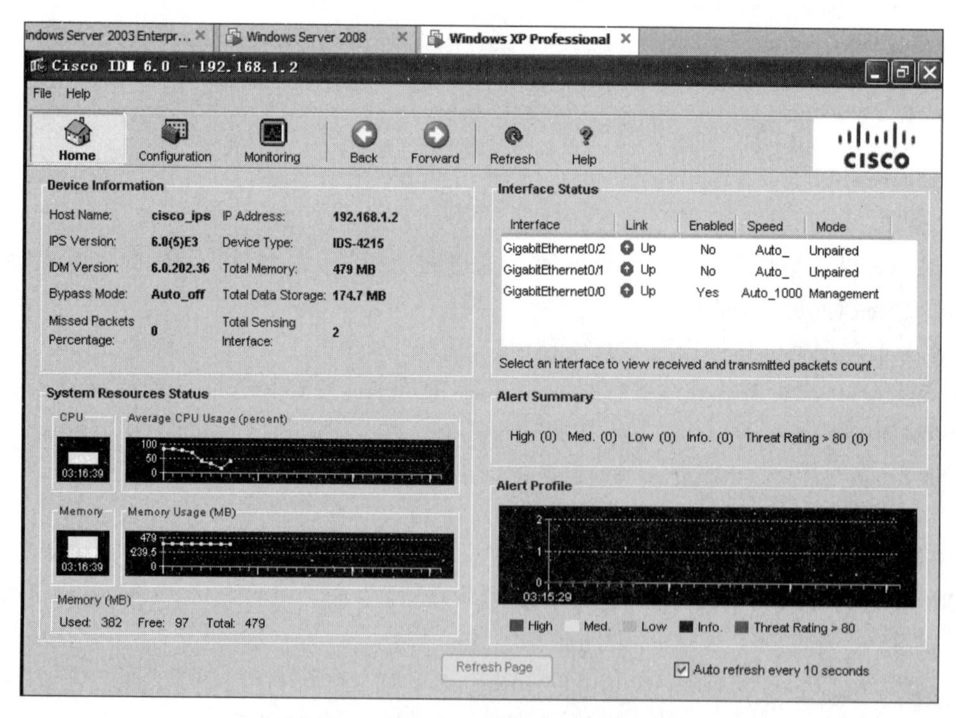

图 10.5 利用 IDM 管理 IPS 配置界面

在 Virtual Sensor 中指派接口，选择 Analysis Engine 里的 Virtual Sensor 将刚刚创建的 InIPS 的 Assigned 设置为 Yes，单击 OK 按钮，在弹出的窗口中选择 Apply Changes，保存所做的配置。选择 Interface Configuration 下的 Summary，可以发现刚刚创建的接口已经关联到 Assigned Virtual Sensor 的 vs0 中了，vs0 为系统已经设置的规则。

(4) 通过攻击端电脑对服务器进行攻击，验证入侵防御设备的功能。

为了验证该仿真系统是否能够真正体现入侵检测、入侵防御的效果，在攻击端的电脑上安装网络扫描软件 X-Scan，利用该扫描软件对服务器端电脑进行网络扫描。在 IPS 的 IDM 管理界面中打开事件查看器查看，具体为选择“Monitoring”→“Events”→“View”命令，从打开的 Event Viewer 界面中可以查看图 10.6 所示的攻击事件。结果表明与真实的网络环境做出的实验效果相同，达到了非常好的仿真效果。

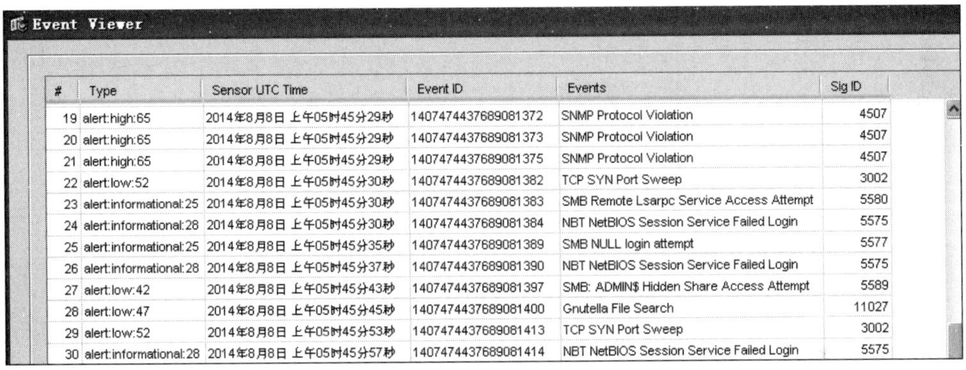

Event Viewer

#	Type	Sensor UTC Time	Event ID	Events	Sig ID
19	alert:high:65	2014年8月8日 上午05时45分29秒	1407474437689081372	SNMP Protocol Violation	4507
20	alert:high:65	2014年8月8日 上午05时45分29秒	1407474437689081373	SNMP Protocol Violation	4507
21	alert:high:65	2014年8月8日 上午05时45分29秒	1407474437689081375	SNMP Protocol Violation	4507
22	alert:low:52	2014年8月8日 上午05时45分30秒	1407474437689081382	TCP SYN Port Sweep	3002
23	alert:informational:25	2014年8月8日 上午05时45分30秒	1407474437689081383	SMB Remote Lsarpc Service Access Attempt	5580
24	alert:informational:28	2014年8月8日 上午05时45分30秒	1407474437689081384	NBT NetBIOS Session Service Failed Login	5575
25	alert:informational:25	2014年8月8日 上午05时45分35秒	1407474437689081389	SMB NULL login attempt	5577
26	alert:informational:28	2014年8月8日 上午05时45分37秒	1407474437689081390	NBT NetBIOS Session Service Failed Login	5575
27	alert:low:42	2014年8月8日 上午05时45分43秒	1407474437689081397	SMB: ADMIN$ Hidden Share Access Attempt	5589
28	alert:low:47	2014年8月8日 上午05时45分45秒	1407474437689081400	Gnutella File Search	11027
29	alert:low:52	2014年8月8日 上午05时45分53秒	1407474437689081413	TCP SYN Port Sweep	3002
30	alert:informational:28	2014年8月8日 上午05时45分57秒	1407474437689081414	NBT NetBIOS Session Service Failed Login	5575

图 10.6 查看到的攻击事件

10.7 本章小结

本章首先讲解入侵、入侵检测以及入侵检测系统的概念，分别从识别黑客常用入侵与攻击手段、监控网络异常通信、鉴别对系统漏洞及后门的利用、完善网络安全管理 4 方面介绍了入侵检测系统的功能，接着介绍入侵检测系统的通用模型及常见的入侵检测产品。

接着分别从信息来源的不同、检测方法的差异以及工作方式的不同对入侵检测系统进行分类，以及从信息收集、信息分析和结果处理 3 方面分析入侵检测实现的过程。

接着讲解入侵防御系统的概念，并分析了入侵防御系统与入侵检测系统的区别。接着分析入侵防御系统的工作原理，接下来分别从基于主机的入侵防御、基于网络的入侵防御以及基于应用的入侵防御对入侵防御系统进行分类，并分析了入侵防御技术的特征。

最后介绍了蜜罐与蜜网技术。本章实验部分完成入侵防御系统的仿真实现过程。

10.8 习 题 10

一、简答题

1. 什么是入侵、入侵检测、入侵检测系统？
2. 入侵检测系统的功能是什么？
3. 入侵检测系统的通用模型是什么？
4. 谈谈入侵检测系统的实现过程。
5. 什么是入侵防御系统？
6. 谈谈入侵防御系统与入侵检测系统的区别。
7. 谈谈入侵防御系统的工作原理。
8. 谈谈入侵防御系统的特征。
9. 什么是蜜罐？
10. 蜜罐的类型有哪些？
11. 蜜罐采用的主要技术有哪些？
12. 什么是蜜网？
13. 谈谈蜜网的组成。

二、论述题

1. 谈谈入侵检测系统的分类。
2. 谈谈入侵防御系统的分类。

第 11 章 VPN 技术

本章学习目标

- 掌握 VPN 的概念
- 熟悉 VPN 的分类
- 了解 VPN 的相关技术
- 掌握 IPSec VPN 的实验过程
- 掌握基于 GRE over IPSec VPN 技术实现异地网络互联实验过程

11.1 VPN 概述

VPN 属于远程访问技术，简单地说就是利用公用网络假设专用网络。如某单位员工出差到外地，他想访问企业内网的服务器资源，这种访问就属于远程访问。

在传统的企业网络配置中，要进行远程访问，传统的方法是租用数字数据网(digital data network，DDN)专线或帧中继，这样的通信方案必然导致高昂的网络通信和维护费用。对于移动用户与远端个人用户而言，一般会通过拨号线路进入企业的局域网，这样必然带来安全上的隐患。

让外地员工访问到内网资源，利用 VPN 的解决方法就是在内网中假设一台 VPN 服务器。外地员工在当地连上互联网后，通过互联网连接 VPN 服务器，然后通过 VPN 服务器进入企业内网。为了保证数据安全，VPN 服务器和客户机之间的通信数据都进行了加密处理。有了数据加密，就可以认为数据是在一条专用的数据链路上进行安全传输，就如同专门假设了一个专用网络一样。但实际上 VPN 使用的是互联网上的公用链路，因此 VPN 称为虚拟专用网络，其实质上就是利用加密技术在公网上封装出一个数据通信隧道。有了 VPN 技术，用户无论在外地出差还是在家中办公，只要能上互联网就能利用 VPN 访问内网资源，这就是 VPN 在企业中应用得如此广泛的原因。

11.1.1 VPN 简介

1. VPN 的概念

VPN 指的是以公用开放的网络(如 Internet)作为基本传输媒体，通过加密和验证网络流量来保护在公共网络上传输的私有信息不会被窃取和篡改，从而向最终用户提供类似私有网络(private network)性能的网络服务技术。

利用公共网络来构建的私人专用网络称为虚拟私有网络，用于构建 VPN 的公共网络包括 Internet、帧中继、ATM 等。在公共网络上组建的 VPN 就像企业现有的私有网络一样，具有安全性、可靠性和可管理性等。

VPN 可通过服务器、硬件、软件等多种方式实现。它涵盖了跨共享网络或公共网络的封装、加密和身份验证链接的专用网络的扩展。VPN 主要采用了隧道技术、加解密技术、密钥管理技术和使用者与设备身份认证技术。

2. VPN 的主要功能

VPN 是在公用网络上建立专用网络，进行加密通信。它在企业网络中有广泛应用。VPN 网关通过对数据包的加密和数据包目标地址的转换实现远程访问。

VPN 主要提供加密、数据完整性以及来源验证 3 种功能。

① 加密：通过网络传输分组之前对其进行加密，即使被窃听也无法识别。

② 数据完整性：接收方可检查数据传输过程中是否被篡改。

③ 来源验证：接收方可验证发送方的身份，确保信息来源的可靠性。

3. VPN 的主要优缺点

VPN 的主要优点有以下几方面。

① 使用 VPN 可降低成本。通过公网来建立 VPN，可以节省大量的通信费用，不必投入大量的人力和物力安装和维护广域网设备和远程访问设备，费用更低。

② 数据传输安全可靠。VPN 产品均采用加密及身份验证等安全技术，保证连接用户的可靠性及传输数据的安全和保密性。

③ 连接方便灵活。在远程网络之间，若没有 VPN，则需要建立租用线路或帧中继线路建立连接，有了 VPN，双方只需要配置安全连接信息即可。

④ 完全控制。VPN 使用户可以利用互联网服务提供商(ISP)的设施和服务，同时又完全掌握自己网络的控制权。

VPN 的主要缺点有以下几方面。

① 不能直接控制基于互联网的 VPN 的可靠性和性能，必须依靠提供 VPN 的互联网服务提供商保证服务的运行。

② 需要专业人员操作，比较复杂且兼容性较低。

③ 当使用无线设备时，VPN 有安全风险。在接入点之间漫游特别容易出问题。当用户在接入点之间漫游时，任何使用高级加密技术的解决方案都可能被攻破。

11.1.2 VPN 的分类

VPN 有多种分类方式，包括按 VPN 的协议、按 VPN 的应用、按所用的设备类型以及按应用来分类。具体如下。

1. 按 VPN 的协议分类

VPN 的隧道协议主要有 4 种，即点对点隧道协议(point to point tunneling protocol，PPTP)、二层隧道协议(layer 2 tunneling protocol，L2TP)、互联网安全协议(Internet Protocol Security，IPSec)以及安全套接字层 VPN 技术(secure sockets layer VPN，SSL VPN)，其中 PPTP 和 L2TP 协议工作在 OSI 模型的第 2 层，又称二层隧道协议；IPSec 是

第3层隧道协议，也是最常见的协议。Internet协议安全性(IPSecurity)是一种开放标准的框架结构，使用加密的安全服务，以确保在Internet协议网络上进行保密而安全的通信。SSL VPN应用在第4层，即运输层协议。

(1) 点对点隧道协议(PPTP)。

该协议是在PPP协议的基础上开发的一种增强型安全协议，支持多协议虚拟专用网，可以通过密码验证协议(PAP)、可扩展认证协议(extensible authentication protocol，EAP)等方法增强安全性。可以使远程用户通过拨入互联网服务器提供商(ISP)、直接连接互联网或其他网络安全地访问企业网。

(2) 二层隧道协议(L2TP)。

该协议是一种工业标准的Internet隧道协议，常用于VPN，通过在公共网络上建立点到点的L2TP隧道，将PPP数据封装后通过L2TP隧道传输，使得远端用户利用PPP接入公共网络后能够通过L2TP隧道与企业内部网络通信，访问企业内部网络资源，从而为远端用户接入私有的企业网络提供一种安全、经济且有效的方式。

L2TP协议本身并不提供连接的安全性，但它可依赖于PPP提供的认证(如CHAP、PAP等)，因此具有PPP具有的所有安全特性。L2TP通常与IPSec结合起来实现数据安全，使得通过L2TP传输的数据更难被攻击。

L2TP与PPTP都是使用PPP协议对数据进行封装，然后添加附加包头，用于数据在互联网络上的传输。与PPTP不同的是，PPTP要求网络为IP网络，而L2TP支持包括IP、ATM、帧中继、X.25在内的多种网络；PPTP使用单一隧道，L2TP使用多隧道；L2TP提供包头压缩、隧道验证，而PPTP不支持。

(3) 互联网安全协议(IPSec)。

该协议是IETF制定的三层隧道加密协议，它为Internet上传输的数据提供了高质量、可互操作、基于密码学的安全保证。

IPSec通过IP层，在特定的通信方之间利用加密与数据源认证等方式提供了以下的安全服务。

① 数据机密性。IPSec发送方在通过网络传输包前对包进行加密，以保证数据的私有性。

② 数据完整性。IPSec接收方对发送方发送来的包进行认证，以确保数据在传输过程中没有被篡改。

③ 数据来源认证。IPSec在接收端可以认证发送IPSec报文的发送端是否合法。

IPSec接收方可检测并拒绝接收过时或重复的报文，防止数据包被捕捉并重新投放到网上，即目的地会拒绝老的或重复的数据包，它通过报文的序列号实现。

IPSec的优点表现在以下几方面。

① 支持互联网密钥交换(Internet key exchange，IKE)，可实现密钥的自动协商功能，减少了密钥协商的开销。可以通过IKE建立和维护安全关联(security association，SA)的服务，简化了IPSec的使用和管理。

② 所有使用IP协议进行数据传输的应用系统和服务都可以使用IPSec，而不必对这些应用系统和服务本身做任何修改。

③ 对数据的加密是以数据包为单位,而不是以整个数据流为单位,这不仅灵活而且有助于进一步提高 IP 数据包的安全性,也可以有效防范网络攻击。

IPSec 协议不是一个单独的协议,它给出了应用于 IP 层上网络数据安全的一整套体系结构,包括网络认证协议认证头(authentication header,AH)、封装安全载荷(encapsulating security payload,ESP)、IKE 和用于网络认证及加密的一些算法等。其中,AH 协议和 ESP 协议用于提供安全服务,IKE 协议用于密钥交换。

IPSec 提供两种安全机制:认证和加密。认证机制使 IP 通信的数据接收方能够确认数据发送方的真实身份以及数据在传输过程中是否遭篡改。加密机制通过对数据进行加密运算来保证数据的机密性,以防数据在传输过程中被窃听。

IPSec 协议中的 AH 协议定义了认证的应用方法,提供数据源认证和完整性保证;ESP 协议定义了加密和可选认证的应用方法,提供数据可靠性保证。

(4) 安全套接字层 VPN 技术(SSL VPN)。

该协议指采用 SSL 协议来实现远程接入的一种 VPN 技术。它包括服务器认证、客户认证、SSL 链路上的数据完整性和 SSL 链路上的数据保密性。

使用者利用浏览器内建的安全套接字层封包处理功能,用浏览器通过 SSL VPN 网关连接到公司内部的 SSL VPN 服务器,让使用者可以在远程计算机执行应用程序,读取公司内部的服务器数据。它采用标准的安全套接层 SSL 对传输中的数据包进行加密,从而在应用层保护了数据的安全性。

SSL VPN 是解决远程用户访问公司敏感数据最简单、最安全的解决技术。与复杂的 IPSec VPN 相比,SSL 通过相对简易的方法实现信息远程连通。任何安装浏览器的机器都可以使用 SSL VPN,这是因为 SSL 内嵌在浏览器中,不需要像传统 IPSec VPN 一样必须为每台客户机安装客户端软件。

2. 按 VPN 的应用分类

按 VPN 的应用,可以将 VPN 分为 Access VPN(远程接入 VPN)、Intranet VPN(内联网 VPN)以及 Extranet VPN(外联网 VPN)3 种。

(1) Access VPN。

客户端到网关,使用公网作为骨干网,在设备之间传输 VPN 的数据流量。Access VPN 能使用户随时、随地,以其需要的方式访问企业资源,适合公司内部经常流动的人员远程办公的情况。出差员工利用当地的 ISP 提供的 VPN 服务就可以和单位的 VPN 网关建立私有的隧道连接。图 11.1 所示为 Access VPN 远程登录界面。通过该界面输入用户名和密码,即可通过 Access VPN 远程登录到单位的内部网络。

Access VPN 的结构有两种类型:用户发起(client-initiated)的 VPN 连接以及接入服务器发起(nas-initiated)的 VPN 连接。

Access VPN 的优点有以下几方面。

① 减少调制解调器和终端服务设备的资金及费用,简化网络。

② 本地拨号接入功能取代远距离接入,降低远距离通信费用。

③ 可扩展性强,便于增加新用户。

④ 基于策略功能的安全服务。利用远程认证拨号用户服务(remote authentication

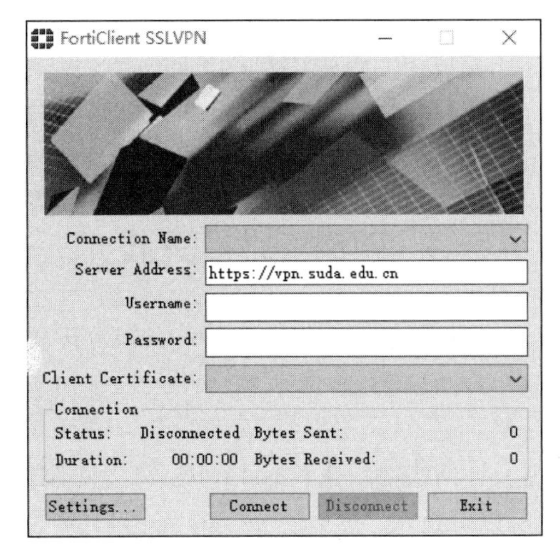

图 11.1　Access VPN 远程登录界面

dial in user service,RADIUS)完成在网络接入设备和认证服务器之间承载认证、授权、计费和配置信息。

(2) Intranet VPN。

网关到网关,通过公司的网络架构连接来自同公司的资源。使用 Intranet VPN 可以将企业内部各分支机构进行互联。企业需要在全国甚至世界范围内建立各种办事机构、分公司、研究所等,各分公司之间传统的网络连接方式一般是租用专线。随着分公司增多,业务开展越来越广泛,网络结构趋于复杂,费用昂贵。利用 VPN 特性可以在 Internet 上组建世界范围内的 Intranet VPN。利用 Internet 的线路保证网络的互联性,利用隧道、加密等 VPN 特性可以保证信息在整个 Intranet VPN 上安全传输。Intranet VPN 通过一个使用专用连接的共享基础设施连接企业总部、远程办事处和分支机构。

Intranet VPN 的优点有以下几方面。

① 减少 WAN 带宽的费用。

② 能使用灵活的拓扑结构,包括全网络连接。

③ 新的站点能更快、更容易地被连接。

④ 通过设备供应商 WAN 的连接冗余,可以延长网络的可用时间。

(3) Extranet VPN。

与合作伙伴企业网构成 Extranet,将一个公司与另一个公司的资源连接。Extranet VPN 既可以向客户、合作伙伴提供有效的信息服务,又可以保证自身内部网络的安全。它通过一个使用专用连接的共享基础设施,将合作伙伴连接到企业内部网络。

Extranet VPN 主要优点是能方便地对外部网络进行部署和管理,外部网的连接可以使用与部署内部网和远程访问 VPN 相同的架构和协议进行。

3. 按所用的设备类型分类

网络设备提供商针对不同客户的需求开发出不同的 VPN。网络设备主要包括交换机、路由器、防火墙等。按所用设备类型不同,可以将 VPN 划分为交换机式 VPN、路由器式 VPN 以及防火墙式 VPN。

(1) 交换机式 VPN：主要应用于连接用户较少的 VPN 网络。

(2) 路由器式 VPN：部署较容易，只要在路由器上添加 VPN 服务即可。

(3) 防火墙式 VPN：是最常见的一种 VPN 的实现方式。

11.2 VPN 的相关技术

VPN 主要采用的技术为隧道技术、加解密技术、密钥管理技术以及使用者与设备身份认证技术。

1. 隧道技术

隧道技术指的是利用一种网络协议来传输另一种网络协议，是路由器把一种网络层协议封装到另一个协议中，以跨过网络传送到另一个路由器的处理过程，其基本功能是封装和加密，主要利用隧道协议来实现，简单地说就是原始报文在 A 地进行封装，到达 B 地后把封装去掉，还原成原始报文，这样就形成一条由 A 到 B 的通信隧道。

隧道技术是 VPN 技术的基础，在创建隧道的过程中，隧道的客户机和服务器双方必须使用相同的隧道协议。按照 OSI 模型的划分，常见的隧道技术可以分为第 2 层数据链路层、第 3 层网络层以及第 7 层应用层隧道技术。第 2 层隧道技术使用帧作为数据交换单位。PPTP、L2TP 都属于第 2 层隧道协议，它们都是将数据封装在点对点协议帧中，通过互联网发送。第 3 层隧道技术使用包作为数据交换单位。目前，实现第 3 层隧道技术的有一般路由封装(generic routing encapsulation，GRE)以及 IPSec 等。

GRE 隧道技术是一种应用较为广泛的网络层协议，用于将一个路由协议的数据包封装在另一协议的数据包中，用来构造 GRE 隧道穿越各种三层网络。隧道技术提供了一种某一特定网络技术的 PDU 穿过不具备该技术转发能力的网络的手段，如组播数据包穿过不支持组播的网络；也有可能是因为管理策略的原因，一个管理者(策略)的子网不能通过另一个管理者(策略)的网络实现连接，无论是 L2 VPN 还是 L3 VPN，都需要利用隧道技术实现。因此，隧道从某种意义上可以概括为穿越不同的网络的技术，不同既可以是技术方面的，也可以是管理策略方面的。

GRE 是由 Cisco 和 Net-Smiths 等公司于 1994 年提交给 IETF 的，标号为 RFC1701 和 RFC1702。得到多数厂商网络设备的支持。GRE 规定了如何用一种网络协议去封装另一种网络协议的方法。GRE 的隧道由两端的源 IP 地址和目的 IP 地址来定义，允许用户使用 IP 包封装 IP、IPX、AppleTalk 包，并支持全部的路由协议(如 RIP2、OSPF 等)。通过 GRE，用户可以利用公共 IP 网络连接 IPX 网络、AppleTalk 网络，使用保留地址进行网络互联，以及在公网中隐藏企业内网 IP 地址。

GRE 协议的主要用途有两个：企业内部协议封装和私有地址封装。GRE 隧道技术用在路由器中，可以满足 Extranet VPN 以及 Intranet VPN 的需求。但在远程访问 VPN 中，多数用户采用拨号上网的方式。这时可以使用 L2TP 以及 PPTP 来解决。

与 IP in IP、IPX over IP 等封装形式很相似，GRE 隧道比它们更通用：它是一种最基本的封装形式，不提供加密功能。

GRE 隧道的优点有以下几方面。

① 多协议的本地网可以通过单一协议的骨干网实现传输。

② 将一些不能连续的子网连接起来,用于组建 VPN。

③ 扩大了网络的工作范围,包括那些路由网关有限的协议。如 IPX 包最多可以转发 16 次(即经过 16 个路由器),而在一个隧道连接中看上去只经过了一个路由器。

2. 加解密技术

数据加密的基本思想是通过变换信息的表示形式来伪装需要保护的敏感信息,使非授权者不能了解被保护信息的内容。加密技术可以在协议栈的任意层进行;可以对数据或报文头进行加密。在网络层中的加密标准是 IPSec。网络层的加密实现,最安全的方法是在主机的端到端进行。另一个选择是"隧道模式":加密只在路由器中进行,而终端与第一跳路由之间不加密。这种方法不太安全,因为数据从终端系统到第一跳路由时可能被截取,而危及数据安全。在终端到终端的加密方案中,VPN 安全粒度达到个人终端系统的标准;而在"隧道模式"方案中,VPN 的安全粒度只达到子网标准。在链路层中,目前还没有统一的加密标准,因此所有链路层加密方案基本上是生产厂家自己设计的,需要特别的加密硬件。

在 VPN 解决方案中,最普遍使用的对称加密算法有 DES、3DES、AES、RC4、RC5 和 IDEA 等。普遍使用的非对称加密算法有 RSA、Diffie-Hellman 和 ECC 等。

3. 密钥管理技术

现行密钥管理技术分为 SKIP 和 ISAKMP/OAKLEY 两种。SKIP 主要利用 Diffie-Hellman 算法,在开放网络上安全传输密钥,而 ISAKMP 则采用公开密钥机制,通信实体双方均有两把密钥:公钥、私钥,不同的 VPN 实现技术选用其一或者兼而有之。

4. 使用者与设备身份认证技术

因为认证协议一般都要采用基于散列函数的信息摘要技术,因而还可以提供消息完整性验证。从实现技术来看,目前 VPN 采用的身份认证技术主要分为非 PKI 体系和 PKI 体系两类。非 PKI 体系一般采用用户 ID+密码的模式,主要包括以下几种。

(1) 密码认证协议(PAP),以明文形式传送,PAP 是一种不安全的协议。

(2) 密码认证协议(shiva password authentication protocol,SPAP),针对 PAP 的不足设计的,它会进行加密,但是加密形式不变,很容易受到攻击。

(3)挑战握手认证协议(challenge-handshake authentication protocol,CHAP)。采用挑战—响应的方式进行身份认证,认证端发送一个随机数给被认证者,被认证者发送给认证端的不是明文口令,而是将口令和随机数连接后经 MD5 算法处理而得到的散列值。一旦 CHAP 输入一次口令失败,就中断连接,不能再次输入。

(4) 微软挑战握手认证协议(MS-CHAP),采用 MPPE 加密方法,将用户的密码和数据同时加密后再发送,应答分组的格式和 Windows 网络的应答格式具有兼容性,散列算法采用 MD4,还具有口令交换功能、认证失败时重输入等扩展功能。

(5) 扩展身份认证协议(EAP)是一个提供对个性化认证方法的协议框架,允许用户根据自己的需要自行定义认证方式。EAP 的认证使用非常广泛,它不仅用于系统之间的身份认证,还用于无线和有线网络的认证。除此之外,相关厂商可以自行开发所需的

EAP 认证方式，如视网膜认证、指纹认证等都可以使用 EAP。

11.3 实　　验

11.3.1 实验一：IPSec VPN

1. IPSec VPN 的工作原理

(1) VPN 的定义与常见类型。

VPN(virtual private network)即“虚拟专用网”。它是利用加密的通信协议，将连接在 Internet 上不同地理位置的企业内部网之间建立通信线路。常见的 VPN 通信方式有 IPSec VPN、SSL VPN 等。

(2) IPSec VPN 简介。

IPSec(internet protocol security) VPN 是采用 IPSec 协议来实现远程接入的一种 VPN 技术，用以提供公用和专用网络的端对端加密和验证服务。IPSec 通过对数据加密、认证、完整性检查来保证数据传输的可靠性、私有性和保密性。

2. Packet Tracer 的软件应用

Packet Tracer 是 Cisco 公司为方便其网络学院老师上课而开发的教学仿真软件，使用者可以在软件的图形用户界面上直接拖曳物件建立网络拓扑，并可在仿真的设备上进行网络设备的配置，最终可验证整个网络工程项目配置的正确性，能够满足 CCNA 和部分 CCNP 的仿真实验。

3. IPSec VPN 配置实验

(1) 实验目的。

① 了解 IPSec VPN 的工作原理。

② 理解 IPSec VPN 的适用场合。

③ 掌握 IPSec VPN 的配置过程。

④ 掌握 Packet Tracer 的使用。

(2) 实验的指导思想和具体实验项目。

IPSec VPN 配置实验的指导思想是遵循工作过程系统化，以真实的工程项目实施为主线贯穿整个实训过程，包括项目的分析、设计、配置、测试、运行以及维护等过程。具体的项目为：南京铁道职业技术学院目前为两地办学，分别为南京本部和苏州校区，两地都有规模庞大的校园网络，由于两地相距很远，导致校园网不能联网，很多工作不能方便完成，这给日常的工作带来了麻烦。现在要求使用 IPSec VPN 技术将两地安全地连接起来，使两地的校园网络构成一个大的校园网络。

(3) 实验拓扑结构分析、设计。

整个网络工程总体结构分为三大块，分别为南京本部校园网、苏州校区校园网以及 Internet 网。这两部分校园网均连入了 Internet 网络。为了完成该实验，设计了图 11.2 所示的网络拓扑图：图中路由器 R1 为南京本部的出口路由器，路由器 R4 为苏州校区出口路由器，路由器 R2 和 R3 属于电信部门的路由器，用它们来模拟 Internet 网络。南京

本部和苏州校区的内部网络中均连接了终端设备，用于测试网络的连通性。苏州校区内部网络中还放置了服务器。

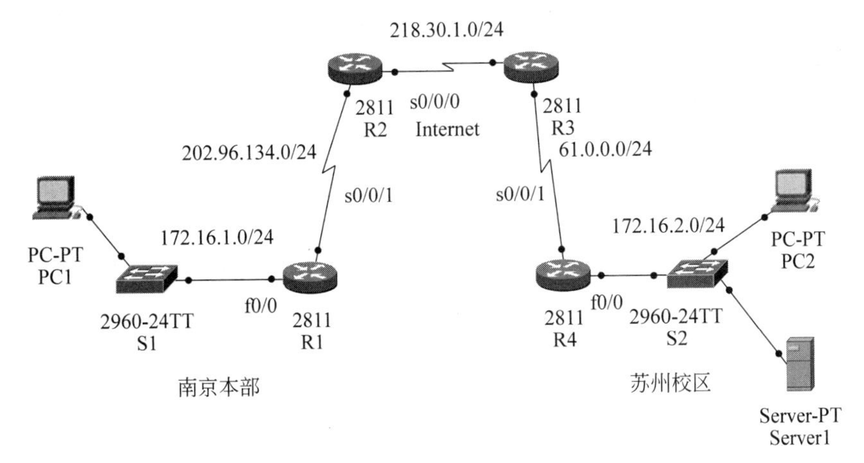

图 11.2　IPSec VPN 配置实验拓扑结构图

(4) 实验环境配置。

① 构建实验拓扑图。

在 Packet Tracer 模拟软件中构建图 11.2 所示的网络拓扑图，包括 4 台 2811 路由器、两台 2960 交换机、两台计算机和 1 台服务器。默认的 2811 路由器是没有广域网模块的，需要添加。步骤为：首先单击路由器，弹出图 11.3 所示的"添加或删除模块"窗口，关闭电源。其次在 Physical 区拖动 WIC-2T 模块至模块槽。最后重新打开电源。用同样的方法添加 WIC-2T 模块到其他路由器。

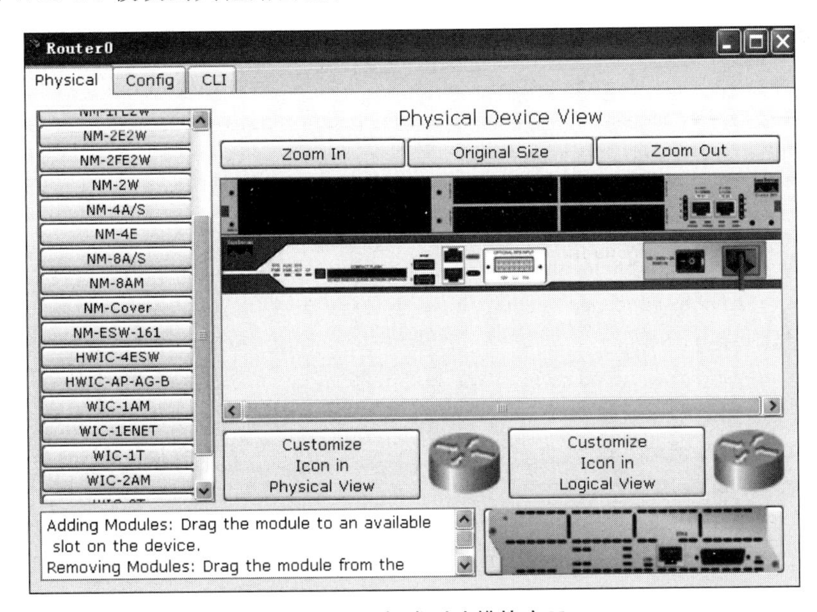

图 11.3　添加或删除模块窗口

接下来根据图 11.2 进行网络连线。

② 规划实验 IP 地址。

规划 IP 地址时，将校园网内部设置为私有 IP 地址，南京本部为 172.16.1.0/24，苏州校区为 172.16.2.0/24。南京本部和 Internet 之间的网段设置为 202.96.134.0/24，苏州校区和 Internet 之间的网段设置为 61.0.0.0/24。两个外网路由器之间的网络设置为 218.30.1.0/24。具体如图 11.2 所示。

接下来为终端机器设置 IP 地址，具体如下。

将南京本部 PC1 的 IP 地址设置为 172.168.1.2，子网掩码为 255.255.255.0，网关地址为 172.16.1.1。将苏州校区 PC2 的 IP 地址设置为 172.16.2.2，子网掩码为 255.255.255.0，网关为 172.16.2.1。Server1 的 IP 地址设置为 172.16.2.3，子网掩码为 255.255.255.0，网关为 172.16.2.1。

(5) 具体实验配置。

① 模拟 Internet 网。

```
Router#config t                                      //将进入全局配置模式
Router(config)#hostname R2                           //将路由器命名为 R2
R2(config)#interface serial 0/0/0                    //进入路由器接口 s0/0/0
R2(config-if)#no shu                                 //激活路由器接口 s0/0/0
R2(config-if)#clock rate 64000                       //设置端口的时钟频率为 64000
R2(config-if)#ip address 218.30.1.1 255.255.255.0    //设置端口的 IP 地址
R2(config-if)#exit                                   //退出
R2(config)#interface serial 0/0/1                    //进入路由器接口 s0/0/1
R2(config-if)#ip address 202.96.134.2 255.255.255.0  //为路由器接口 s0/0/1 设置 IP
                                                     //地址
R2(config-if)#no shu                                 //激活 s0/0/1 接口
R2(config-if)#clock rate 64000                       //设置接口 s0/0/1 的时钟频率
R2(config-if)#exit                                   //退出
R2(config)#ip route 61.0.0.0 255.255.255.0 218.30.1.2  //为路由器 R2 配置静态路由
Router#config t                                      //进入第三台路由器的全局配置
                                                     //模式
Router(config)#hostname R3                           //为路由器命名为 R3
R3(config)#interface serial 0/0/0                    //进入路由器的接口 s0/0/0
R3(config-if)#no shu                                 //激活接口 s0/0/0
R3(config-if)#ip address 218.30.1.2 255.255.255.0    //为路由器接口 s0/0/0 设置
                                                     //IP 地址
R3(config-if)#clock rate 64000                       //设置接口的时钟频率为 64000
R3(config-if)#exit                                   //退出
R3(config)#interface serial 0/0/1                    //进入路由器接口 s0/0/1
R3(config-if)#ip address 61.0.0.1 255.255.255.0      //设置接口的 IP 地址
R3(config-if)#no shu                                 //激活接口
R3(config-if)#clock rate 64000                       //设置接口的时钟频率为 64000
R3(config-if)#exit                                   //退出
```

```
R3(config)#ip route 202.96.134.0 255.255.255.0 218.30.1.1
//为路由器 R3 设置静态路由
```

经过以上设置,模拟的 Internet 网就组建起来了。

② 对路由器 R1 和 R4 进行 IPSec VPN 设置。

首先设置路由器 1。

```
Router#config t                     //进入南京本部连入 Internet 网路由器的全局配置模式
Router(config)#hostname R1                                  //为路由器命名为 R1
R1(config)#interface serial 0/0/1                           //进入路由器的端口 s0/0/1
R1(config-if)#no shu                                        //激活路由器的 s0/0/1 端口
R1(config-if)#ip address 202.96.134.1 255.255.255.0         //设置端口的 IP 地址
R1(config-if)#exit                                          //退出
R1(config)#interface fastEthernet 0/0                       //进入路由器的接口 f0/0
R1(config-if)#ip address 172.16.1.1 255.255.255.0           //为路由器的接口 f0/0 设置
                                                            //IP 地址
R1(config-if)#no shu                                        //激活路由器的 f0/0 端口
R1(config-if)#exit                                          //退出
R1(config)#ip route 0.0.0.0 0.0.0.0 202.96.134.2            //为路由器 R1 设置默认路由
R1(config)#crypto isakmp policy 10                          //创建一个 isakmp 策略,编号
                                                            //为 10。可以有多个策略
R1(config-isakmp)#hash md5
//配置 isakmp 采用什么 Hash 算法,可以选择 sha 和 md5,这里选择 md5
R1(config-isakmp)#authentication pre-share
//配置 isakmp 采用什么身份认证算法,这里采用预共享密码。如果有 CA 服务器,也可以用 CA
//进行身份认证
R1(config-isakmp)#group 5
//配置 isakmp 采用什么密钥交换算法,这里采用 DH group5,可以选择 1、2 和 5
R1(config-isakmp)#exit                                      //退出
R1(config)#crypto isakmp key cisco address 61.0.0.2
//配置对等体 61.0.0.2 的预共享密码为 cisco,双方配置的密码要一致才行
R1(config)#access-list 110 permit ip 172.16.1.0 0.0.0.255 172.16.2.0 0.0.0.255
//定义一个 ACL,用来指明什么样的流量要通过 VPN 加密发送,这里限定的是从南京本部发出到
//达苏州校区的流量才进行加密,其他流量(如到 Internet)不要加密
R1(config)#crypto ipsec transform-set TRAN esp-des esp-md5-hmac
//创建一个 IPSec 转换集,名称为 TRAN,该名称本地有效,这里的转换集采用 ESP 封装,加密
//算法为 AES,Hash 算法为 SHA。双方路由器要有一个参数一致的转换集
R1(config)#crypto map MAP 10 ipsec-isakmp
//创建加密图,名为 MAP,10 为该加密图其中之一的编号,名称和编号都本地有效,如果有多个编
//号,路由器将从小到大逐一匹配
R1(config-crypto-map)#set peer 61.0.0.2                     //指明路由器对等体为路由器 R4
R1(config-crypto-map)#set transform-set TRAN                //指明采用之前已经定义的转换
                                                            //集 TRAN
R1(config-crypto-map)#match address 110                     //指明匹配 ACL 为 110 的定义流
                                                            //量就是 VPN 流量
```

```
R1(config-crypto-map)#exit                          //退出
R1(config)#interface serial 0/0/1                   //进入接口 s0/0/1
R1(config-if)#crypto map MAP                        //在接口上应用之前创建的加密图 MAP
Router#config t       //进入苏州校区连入 Internet 网的路由器的全局配置模式
Router(config)#hostname R4                          //为该路由器命名为 R4
R4(config)#interface serial 0/0/1                   //进入路由器的接口 s0/0/1
R4(config-if)#ip address 61.0.0.2 255.255.255.0 //为路由器接口 s0/0/1 配置 IP 地址
R4(config-if)#no shu                                //激活路由器的接口 s0/0/1
R4(config-if)#exit                                  //退出
R4(config)#interface fastEthernet 0/0               //进入路由器 R4 的以太网口 f0/0
R4(config-if)#no shu                                //激活以太网口
R4(config-if)#ip address 172.16.2.1 255.255.255.0    //为以太网口配置 IP 地址
R4(config-if)#no shu                                //激活以太网口
R4(config-if)#exit                                  //退出
R4(config)#ip route 0.0.0.0 0.0.0.0 61.0.0.1        //为路由器 R1 设置默认路由
R4(config)#crypto isakmp policy 10                  //创建一个 isakmp 策略,编号为 10。
                                                    //可以有多个策略
R4(config-isakmp)#hash md5
//配置 isakmp 采用什么 Hash 算法,可以选择 sha 和 md5,这里选择 md5
R4(config-isakmp)#authentication pre-share
//配置 isakmp 采用什么身份认证算法,这里采用预共享密码。如果有 CA 服务器,也可以用 CA
//进行身份认证
R4(config-isakmp)#group 5
//配置 isakmp 采用什么密钥交换算法,这里采用 DH group5,可以选择 1、2 和 5
R4(config-isakmp)#exit                              //退出
R4(config)#crypto isakmp key cisco address 202.96.134.1
//配置对等体 61.0.0.2 的预共享密码为 cisco,双方配置的密码要一致才行
R4(config)#access-list 110 permit ip 172.16.2.0 0.0.0.255 172.16.1.0 0.0.0.255
//定义一个 ACL,用来指明什么样的流量要通过 VPN 加密发送,这里限定的是从苏州校区发出到
//达南京本部的流量才进行加密,其他流量(如到 Internet)不要加密
R4(config)#crypto ipsec transform-set TRAN esp-des esp-md5-hmac
//创建一个 IPSec 转换集,名称为 TRAN,该名称本地有效,这里的转换集采用 ESP 封装,加密算
//法为 AES,Hash 算法为 SHA。双方路由器要有一个参数一致的转换集
R4(config)#crypto map MAP 10 ipsec-isakmp
//创建加密图,名为 MAP,10 为该加密图其中之一的编号,名称和编号都本地有效,如果有多个编
//号,路由器将从小到大逐一匹配
R4(config-crypto-map)#set peer 202.96.134.1    //指明路由器对等体为路由器 R1
R4(config-crypto-map)#set transform-set TRAN
//指明采用之前已经定义的转换集 TRAN
R4(config-crypto-map)#match address 110
//指明匹配 ACL 为 110 的定义流量就是 VPN 流量
R4(config-crypto-map)#exit                          //退出
R4(config)#interface serial 0/0/1                   //进入路由器的接口 s0/0/1
R4(config-if)#crypto map MAP                        //在接口上应用之前创建的加密图 MAP
```

(6) 实验的运行与测试、实验效果验证。

经过以上的配置过程,对实验结果进行测试如下。

从南京本部的计算机 ping 苏州校区的服务器 s1,结果如下。

```
Packet Tracer PC Command Line 1.0
PC>ping 172.16.2.3
Pinging 172.16.2.3 with 32 bytes of data:
Request timed out.
Request timed out.
Reply from 172.16.2.3: bytes=32 time=157ms TTL=126
Reply from 172.16.2.3: bytes=32 time=203ms TTL=126
```

从南京本部的计算机 ping 苏州校区的计算机 PC2,结果如下。

```
PC>ping 172.16.2.2
Pinging 172.16.2.2 with 32 bytes of data:
Request timed out.
Reply from 172.16.2.2: bytes=32 time=203ms TTL=126
Reply from 172.16.2.2: bytes=32 time=219ms TTL=126
Reply from 172.16.2.2: bytes=32 time=203ms TTL=126
```

以上结果表明南京本部已经和苏州校区实现通信了。

11.3.2　实验二:基于 GRE over IPSec VPN 技术实现异地网络互联

1. GRE over IPSec VPN 的工作原理

GRE 是对某些网络层协议的数据报进行封装,使这些被封装的数据报能够在另一个网络层协议中传输。它采用了一种称为隧道(tunnel)的技术。GRE 通常用来构建站点到站点的 VPN 隧道。

GRE 技术的最大优点是可以对多种协议、多种类型的报文进行封装,并且能够在隧道中传输。缺点是对传输的数据没有加密功能,也就是数据在传输的过程中是不安全的。接下来介绍 IPSec VPN 的相关知识。

IPSec 协议族为 IP 数据包提供了高质量的、可互相操作的、基于密码学的安全保护。它能够保证 IP 数据包传输时的安全性。IPSec 协议不是一个单独的协议,它包括 AH、ESP 和 IKE 3 个协议,其中 AH 协议和 ESP 协议为安全协议,IKE 协议为密钥管理协议。IPSec VPN 适用于局域网到局域网(LAN to LAN)的局域网互联。

IPSec 技术的优点是能够提供安全的数据传输,缺点是不能够对网络中的组播报文进行封装。也就是说不能够在 IPSec 协议封装隧道中传输常见的动态路由协议报文。综合 GRE 和 IPSec VPN 这两种技术,利用 GRE 技术对用户数据和动态路由协议报文进行隧道封装,并且能很好地提供一个真正意义上的点对点的隧道,然后使用 IPSec 技术来保护 GRE 隧道的安全,这样就构成了 GRE over IPSec VPN 技术。

2. 构建实验网络拓扑

本实验网络拓扑结构如图 11.4 所示,构建的网络环境基本状况为:某公司在上海成立了总公司，随着公司业务的发展，北京成立了分公司，两地均有各自独立的局域网络。由于分公司要远程访问总公司的各种内部网络资源，如 FTP 服务器、考勤系统、人事系统、财务系统以及内部 Web 网站等，需要将两地独立的局域网络互联起来。将相距较远的局域网进行互联，需要借助 Internet 网络。

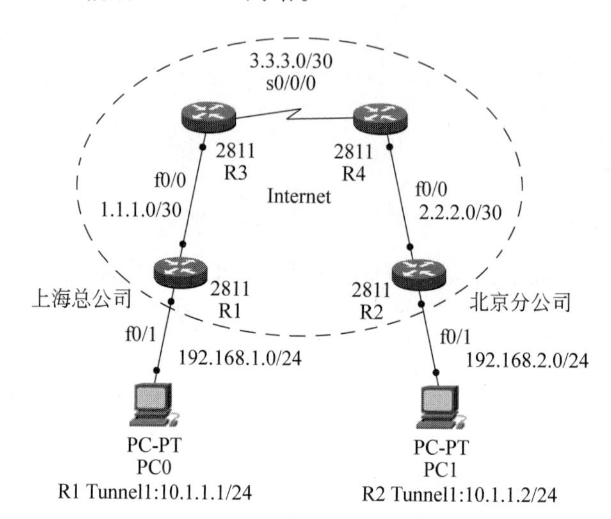

图 11.4　GRE over IPSec VPN 实现异地网络互联网络拓扑图

该网络的拓扑结构总体分为 3 部分：上海总公司、北京分公司以及连接两地的 Internet 网络。利用 4 台路由器和 2 台计算机简单描述该网络拓扑。其中计算机 PC0 表示上海总公司的一台普通的计算机，路由器 R1 为上海总公司的出口路由器，路由器 R3 为上海总公司连接的 Internet 服务提供商的路由器。计算机 PC1 为北京分公司的一台普通的计算机，路由器 R2 为北京分公司的出口路由器，路由器 R4 为北京分公司连接的 Internet 服务提供商的路由器。上海总公司的 Internet 服务提供商和北京分公司的 Internet 服务提供商通过 Internet 互联起来。具体网络拓扑如图 11.4 所示。

3. 规划网络地址

由于上海总公司和北京分公司的内部局域网规模均不大，故将它们规划为 C 类私有地址，上海总公司的网络地址规划为 192.168.1.0/24，北京分公司规划为 192.168.2.0/24。上海总公司出口路由器连接 Internet 服务提供商的网络地址为 1.1.1.0/30，北京分公司为 2.2.2.0/30，上海和北京之间的网络地址为 3.3.3.0/30。

由于两地之间要借助 GRE 隧道进行互联，路由器 R1 连接路由器 R2 的隧道的地址为 10.1.1.1/24，路由器 R2 连接路由器 R1 的隧道的地址为 10.1.1.2/24。

4. 实验具体实现过程

(1) 配置 R1 与 R2 的 Internet 连通性。

① 基本配置。

对路由器 R1、R2、R3、R4 进行基本配置，包括端口地址的配置、端口的激活以及广域网 DCE 端口的时钟配置。具体端口地址配置如表 11.1 所示。

表 11.1 IP 地址分配

端口	设备					
	R1	R2	R3	R4	PC0	PC1
f0/0	1.1.1.1/30	2.2.2.2/30	1.1.1.2/30	2.2.2.1/30	IP 地址：192.168.1.2/24 默认网关：192.168.1.1	IP 地址：192.168.2.2/24 默认网关：192.168.2.1
f0/1	192.168.1.1/24	192.168.2.1/24				
s0/0/0			3.3.3.1/30	3.3.3.2/30		

② 配置路由，使 Internet 连通。

首先在 R1 和 R2 上配置默认路由，使非内网数据包指向 Internet。

```
R1(config)#ip route 0.0.0.0 0.0.0.0 1.1.1.2        //配置 R1 指向 Internet 的默认路由
R2(config)#ip route 0.0.0.0 0.0.0.0 2.2.2.1        //配置 R2 指向 Internet 的默认路由
```

其次在 R3 和 R4 上配置静态路由，使其互相连通。

```
R3(config)#ip route 2.2.2.0 255.255.255.252 3.3.3.2    //配置 R3 指向 R4 的静态路由
R4(config)#ip route 1.1.1.0 255.255.255.252 3.3.3.1    //配置 R4 指向 R3 的静态路由
```

最后测试连通性：在路由器 R1 上 ping 路由器 R2 的端口 F0/0 的 IP 地址 2.2.2.2。结果是通的。

(2) 对路由器 R1 和 R2 进行 GRE 隧道配置。

首先配置路由器 R1。

```
R1(config)#interface tunnel 1                    //在路由器 R1 上创建隧道 1
R1(config-if)#ip address 10.1.1.1 255.255.255.0  //为路由器 R1 的隧道 1 设置 IP 地址
R1(config-if)#tunnel source fastEthernet 0/0     //指定隧道的源接口为 f0/0
R1(config-if)#tunnel destination 2.2.2.2         //指定隧道的目的接口地址为 2.2.2.2
```

其次配置路由器 R2。

```
R2(config)#interface tunnel 1                    //在路由器 R2 上创建隧道 1
R2(config-if)#ip address 10.1.1.1 255.255.255.0  //为路由器 R2 的隧道 1 设置 IP 地址
R2(config-if)#tunnel source fastEthernet 0/0     //指定隧道的源接口为 f0/0
R2(config-if)#tunnel destination 1.1.1.1         //指定隧道的目的接口地址为 1.1.1.1
```

(3) 在 R1 和 R2 上配置动态路由协议。

首先配置路由器 R1。

```
R1(config)#router rip                            //在路由器 R1 上启用动态路由协议 RIP
R1(config-router)#version 2                      //启用动态路由协议 RIP 的版本 2
R1(config-router)#no auto-summary                //取消自动汇总功能
R1(config-router)#network 192.168.1.0            //宣告网络地址 192.168.1.0
R1(config-router)#network 10.0.0.0               //宣告网络地址 10.0.0.0
```

其次配置路由器 R2。

```
R2(config)#router rip                                  //在路由器 R2 上启用动态路由协议 RIP
R2(config-router)#version 2                            //启用动态路由协议 RIP 的版本 2
R2(config-router)#no auto-summary                      //取消自动汇总功能
R2(config-router)#network 192.168.2.0                  //宣告网络地址 192.168.2.0
R2(config-router)#network 10.0.0.0                     //宣告网络地址 10.0.0.0
```

最后测试网络的连通性。

PC0 ping PC1 的结果是通的。

```
PC>ping 192.168.2.2
Reply from 192.168.2.2: bytes=32 time=156ms TTL=126
Reply from 192.168.2.2: bytes=32 time=139ms TTL=126
```

(4) 配置 R1 的 IKE 参数和 IPSec 参数。

首先配置 R1 的 IKE 参数。

```
R1(config)#crypto isakmp policy 1                          //创建 IKE 策略
R1(config-isakmp)#encryption 3des                          //使用 3DES 加密算法
R1(config-isakmp)#authentication pre-share                 //使用预共享密钥验证方式
R1(config-isakmp)#hash sha                                 //使用 sha-1 算法
R1(config-isakmp)#group 2                                  //使用 DH 组 2
R1(config-isakmp)#exit
R1(config)#crypto isakmp key 123456 address 2.2.2.2 //配置预共享密钥
```

其次配置 R1 的 IPSec 参数。

```
R1(config)#crypto ipsec transform-set 3des_sha esp-sha-hmac
//配置 IPSec 转换集,使用 ESP 协议、3DES 算法和 sha-1 散列算法
R1(cfg-crypto-trans)#mode transport                    //指定 IPSec 工作模式为传输模式
R1(config)#access-list 100 permit gre host 1.1.1.1 host 2.2.2.2
//针对 GRE 隧道的流量进行保护
R1(config)#crypto map to_R2 1 ipsec-isakmp             //配置 IPSec 加密映射
R1(config-crypto-map)#match address 100                //应用加密访问控制列表
R1(config-crypto-map)#set transform-set 3des_sha           //应用 IPSec 转换集
R1(config-crypto-map)#set peer 2.2.2.2                 //配置 IPSec 对等体地址
R1(config-crypto-map)#exit
R1(config)#interface fastEthernet 0/0
R1(config-if)#crypto map to_R2                         //将 IPSec 加密映射应用到接口
```

(5) 配置 R2 的 IKE 参数和 IPSec 参数。

首先配置 R2 的 IKE 参数。

```
R2(config)#crypto isakmp policy 1                      //创建 IKE 策略
R2(config-isakmp)#encryption 3des                      //使用 3DES 加密算法
R2(config-isakmp)#authentication pre-share             //使用预共享密钥验证方式
R2(config-isakmp)#hash sha                             //使用 sha-1 算法
R2(config-isakmp)#group 2                              //使用 DH 组 2
```

```
R2(config-isakmp)#exit
R2(config)#crypto isakmp key 123456 address 1.1.1.1        //配置预共享密钥
```

其次配置 R2 的 IPSec 参数。

```
R2(config)#crypto ipsec transform-set 3des_sha esp-sha-hmac
//配置 IPSec 转换集,使用 ESP 协议、3DES 算法和 sha-1 散列算法
R2(cfg-crypto-trans)#mode transport                  //配置 IPSec 工作模式为传输模式
R2(config)#access-list 100 permit gre host 2.2.2.2 host 1.1.1.1
                                                     //针对 GRE 隧道的流量进行保护
R2(config)#crypto map to_R1 1 ipsec-isakmp           //配置 IPSec 加密映射
R2(config-crypto-map)#match address 100              //应用加密访问控制列表
R2(config-crypto-map)#set transform-set 3des_sha     //应用 IPSec 转换集
R2(config-crypto-map)#set peer 1.1.1.1               //配置 IPSec 对等体地址
R2(config-crypto-map)#exit
R2(config)#interface fastEthernet 0/0
R2(config-if)#crypto map to_R1                       //将 IPSec 加密映射应用到接口
```

(6) 实验的运行与测试、实验效果验证。

PC0 ping PC1 的结果是通的,表示构建 GRE over IPSec VPN 隧道建立成功。

```
PC>ping 192.168.2.2
Reply from 192.168.2.2: bytes=32 time=156ms TTL=126
Reply from 192.168.2.2: bytes=32 time=139ms TTL=126
```

11.4 本章小结

本章主要讲解虚拟专用网 VPN 的相关知识。首先讲解 VPN 的概念,接着从提供加密、数据完整性以及来源验证 3 方面探讨 VPN 的主要功能,接着探讨 VPN 技术的优缺点。接下来分别从 VPN 的协议、VPN 的应用、所用的设备类型几方面探讨了 VPN 的分类。最后探讨了 VPN 的相关技术,包括隧道技术、加解密技术、密钥管理技术以及使用者与设备身份认证技术。

实验部分完成 IPSec VPN 实验过程以及基于 GRE over IPSec VPN 技术实现异地网络互联的实验过程。

11.5 习题 11

简答题

1. 什么是 VPN?
2. VPN 的功能有哪些?
3. VPN 分别有哪些优缺点?
4. 谈谈 VPN 的分类。
5. 谈谈 VPN 使用的相关技术有哪些。

参考文献

[1] 吴礼发，洪征. 计算机网络安全原理[M]. 北京：电子工业出版社，2020.
[2] 唐灯平. 网络互联技术与实践[M]. 北京：清华大学出版社，2019.
[3] 唐灯平. 计算机网络技术原理与实验[M]. 北京：清华大学出版社，2020.
[4] 王叶. 黑客攻防大全[M]. 北京：机械工业出版社，2015.
[5] 马丽梅，王方伟. 计算机网络安全与实验教程[M]. 2 版. 北京：清华大学出版社，2016.
[6] 谷利泽，郑世慧，杨义先. 现代密码学教程[M]. 2 版. 北京：北京邮电大学出版社，2015.
[7] William S. 密码编码学与网络安全：原理与实践 [M]. 北京：电子工业出版社，2017.
[8] 唐灯平. 整合 GNS3 VMware 搭建虚实结合的网络技术综合实训平台[J]. 浙江交通职业技术学院学报，2012(2)：41-44.
[9] 唐灯平，王进，肖广娣. ARP 协议原理仿真实验的设计与实现[J]. 实验室研究与探索，2016(12)：126-129.
[10] 唐灯平，朱艳琴，杨哲，等. 计算机网络管理虚拟仿真实验平台设计[J]. 实验室科学，2016(4)：76-80.
[11] 唐灯平，朱艳琴，杨哲，等. 计算机网络管理仿真平台接入互联网实验设计[J]. 常熟理工学院学报，2016(2)：73-78.
[12] 唐灯平，朱艳琴，杨哲，等. 基于虚拟仿真的计算机网络管理课程教学模式探索[J]. 计算机教育，2016(2)：142-146.
[13] 唐灯平. 职业技术学院校园网建设的研究[J]. 网络安全知识与应用，2009(4)：71-73.
[14] 唐灯平，吴凤梅. 大型校园网络 IP 编址方案的研究[J]. 电脑与电信，2010(1)：36-38.
[15] 唐灯平. 基于 Packet Tracer 的访问控制列表实验教学设计[J]. 长沙通信职业技术学院学报，2011(1)：52-57.
[16] 唐灯平. 基于 Packet Tracer 的帧中继仿真实验[J]. 实验室研究与探索，2011(5)：192-195，210.
[17] 唐灯平. 基于 GRE Tunnel 的 IPv6-over-IPv4 的技术实现[J]. 南京工业职业技术学院学报，2010(4)：60-62.
[18] 唐灯平. 基于 Packet Tracer 的 IPSec VPN 配置实验教学设计[J]. 张家口职业技术学院学报，2011(1)：70-73.
[19] 唐灯平. 基于 Packet Tracer 的混合路由协议仿真通信实验[J]. 武汉工程职业技术学院学报，2011(2)：33-37.
[20] 唐灯平. 基于 Spanning Tree 的网络负载均衡实现研究[J]. 常熟理工学院学报，2011(10)：112-116.
[21] 唐灯平，凌兴宏. 基于 EVE-NG 模拟器搭建网络互联计算实验仿真平台[J]. 实验室研究与探索，2018(5)：145-148.
[22] 唐灯平. 职业技术学院计算机网络实验室建设的研究[J]. 中国现代教育装备，2008(10)：132-134.

图书资源支持

感谢您一直以来对清华版图书的支持和爱护。为了配合本书的使用，本书提供配套的资源，有需求的读者请扫描下方的“书圈”微信公众号二维码，在图书专区下载，也可以拨打电话或发送电子邮件咨询。

如果您在使用本书的过程中遇到了什么问题，或者有相关图书出版计划，也请您发邮件告诉我们，以便我们更好地为您服务。

我们的联系方式：

地　　址：北京市海淀区双清路学研大厦 A 座 714

邮　　编：100084

电　　话：010-83470236　010-83470237

客服邮箱：2301891038@qq.com

QQ：2301891038（请写明您的单位和姓名）

资源下载：关注公众号“书圈”下载配套资源。

资源下载、样书申请

书圈

图书案例

清华计算机学堂

观看课程直播